Relativer Quantenquark

Holm Gero Hümmler

Relativer Quantenquark

Kann die moderne Physik die Esoterik belegen?

2., erweiterte Auflage

 Springer

Holm Gero Hümmler
Bad Homburg, Deutschland

ISBN 978-3-662-58419-4   ISBN 978-3-662-58420-0   (eBook)
https://doi.org/10.1007/978-3-662-58420-0

Die Deutsche Nationalbibliothek verzeichnet diese Publikation in der Deutschen Nationalbibliografie; detaillierte bibliografische Daten sind im Internet über http://dnb.d-nb.de abrufbar.

Einbandabbildung: deblik, Berlin
Planung/Lektorat: Lisa Edelhäuser

Springer ist ein Imprint der eingetragenen Gesellschaft Springer-Verlag GmbH, DE und ist ein Teil von Springer Nature
Die Anschrift der Gesellschaft ist: Heidelberger Platz 3, 14197 Berlin, Germany

Vorwort

Es schadet doch nicht.

Wer immer sich die Mühe macht, auf die tatsächliche Irrationalität irrationaler Welterklärungsmodelle hinzuweisen, sieht sich früher oder später mit der Aufforderung konfrontiert, den Menschen doch ihren Glauben zu lassen. Wir Skeptiker gelten als notorische Spielverderber, als Partyschreck, als herzlose Analytiker ohne den Blick fürs Ganze.

Warum will man Partygästen den Spaß verderben, über ihre Sternzeichen zu parlieren? Warum sollte man kranken Kindern nicht erst einmal harmlose Kügelchen geben, bevor man sie beängstigend klingenden Inhaltsstoffen aus der Pharmaindustrie aussetzt? Warum will man todkranken Menschen die letzte Hoffnung auf einen Wunderheiler nehmen? Wo ist das Problem damit, sich im Nachtprogramm Dokumentationen über angeblich ungelöste Mysterien oder aufgedeckte Verschwörungen anzuschauen? Es schadet doch nicht.

Doch, tut es.

Irrationale Glaubenssätze existieren nicht im leeren Raum. Hinter ihnen stehen Welterklärungsansätze, die ein gefährliches Eigenleben entwickeln können. Wer sein Schicksal in den Sternen sucht, spricht sich selbst die Verantwortung für das eigene Leben ab. Wahrsager und Sektenführer stehen bereit, einem diese Verantwortung abzunehmen – sowie gegebenenfalls auch das Vermögen und den Verstand. Immer wieder sterben Kinder, die für eine Impfung noch zu jung waren, an den Folgen von Masern, weil die Eltern älterer Kinder in ihrem Umfeld der Homöopathie mehr vertrauten als lebensrettenden Impfstoffen. Immer wieder sterben Menschen an heilbaren oder medikamentös beherrschbaren Krankheiten, weil sie oder ihre Eltern

Wunderheilern vertraut haben. Mysterienglauben und Verschwörungstheorien sind beliebte Wegbereiter rassistischer und antisemitischer Ideologen.

Niemand ist immer rational. Das ist nicht möglich, und die meisten Menschen fänden es wohl auch nicht wünschenswert. Wer irrational argumentiert oder handelt, verdient aber wenigstens einen warnenden Hinweis und bestmögliche, ehrliche Information.

Physiker wie ich stehen bei den Vertretern irrationaler Überzeugungssysteme in einem besonders schlechten Ruf. Wissenschaftsgläubig sollen wir sein und reduktionistisch, alles in seine Einzelteile zerlegen und Ganzheitlichkeit vernachlässigen.

Tatsächlich hat es die Physik einfacher als andere Wissenschaften, sogar als andere Naturwissenschaften, subjektive oder anderweitig unkontrollierbare Einflüsse in ihren Messungen so weit wie möglich auszugrenzen. Das will sie nicht deshalb, weil sie diese für unerheblich hält, sondern weil diese das Forschungsgebiet anderer Disziplinen mit anderen Instrumentarien sind, zum Beispiel der Psychologie. Dadurch kann die Physik einerseits nicht alles erklären, aber bei dem, was sie erklären kann, besitzt sie eine Zuverlässigkeit, die auch andere Naturwissenschaften kaum erreichen können. Ist zum Beispiel die behauptete Wirksamkeit einer Therapie physikalisch unmöglich, dann erübrigen sich alle Patientenstudien. Natürlich könnte die Physik als wissenschaftliche Disziplin sich in ihrer Beschreibung der Natur irren, aber die physikalischen Zusammenhänge in der Natur selbst sind unbestechlich. Wollte man aber tatsächlich einen Fehler in den Ergebnissen der Wissenschaft Physik nachweisen, dann wären die notorisch unzuverlässigen und schwer reproduzierbaren Patientenstudien ohnehin ein unzureichendes Mittel.

Die Physik bildet also in vielen Fällen einen besonders harten Prüfstein für Behauptungen aus den Grenzbereichen des Wissenschaftlichen. Damit genießt sie auch ein besonderes Vertrauen bei Menschen, die diesen Grenzbereichen eher skeptisch gegenüberstehen. Die Physik ist schließlich das letzte Gebiet, in dem sich pseudowissenschaftliche Behauptungen ungehindert breitmachen können – sollte man meinen.

Was ist aber, wenn die Physik selbst als Begründung für Irrationales angeführt wird? Was ist, wenn Geistheiler mit Quanten heilen und ihr Wissen aus einem inneren Quantentempel beziehen? Wie geht man damit um, wenn Schamanen mittels der Relativitätstheorie in die Vergangenheit reisen oder Massagen mit nicht existierenden Elementarteilchen angeboten werden? Kann ein Fußballtrainer eine Quantenverschränkung zwischen seinen Spielern erzeugen? Wie bewertet man eine mathematisch komplexe Feldtheorie, die die Relativitätstheorie ablösen soll und spirituelle Dimensionen mit einbezieht?

Bei vielen dieser Themen dürfte bei skeptisch orientierten Menschen der Unsinns-Detektor Alarm schlagen. Dummerweise ist es oft schwierig, solchen Behauptungen fundiert zu widersprechen, wenn man sich die entsprechenden fachlichen Hintergründe erst erarbeiten müsste. Wenn solche Themen eine gewisse Prominenz erreichen, äußern sich auch immer wieder Physiker dazu und bringen fachliche Kritik ein. Manche schreiben Blogartikel; andere äußern sich in Zeitschriften oder nehmen in Buchkapiteln zu Einzelaspekten Stellung. Leider bieten solche Artikel kaum den Platz, einen einzigen wichtigen Aspekt wie zum Beispiel die Quantenverschränkung richtig zu erklären und einige Beispiele zu bewerten. Versucht man im Internet ein solches Thema erschöpfend zu behandeln, dann erschöpft man höchstens die Geduld der Leser. So bin ich in den vergangenen Jahren so manche nachgefragte Literaturempfehlung schuldig geblieben. Man will dem wissenschaftlich interessierten Leser ja kein allzu allgemeines Buch über skeptisches Denken empfehlen, ebenso wenig ein Buch über Alternativmedizin oder grenzwissenschaftliche Phänomene, das auf Quantenquark wieder nur am Rande eingeht. Ein Physik-Lehrbuch oder ein wissenschaftliches Fachbuch will man auch nicht vorschlagen.

Ein wissenschaftliches Fachbuch ist *Relativer Quantenquark* nicht, so wie ich auch kein aktiver Wissenschaftler mehr bin. Ich war bis zum Jahr 2000 wissenschaftlich tätig in der Kern- und Teilchenphysik, allerdings als Experimentalphysiker, nicht in der theoretischen Physik. Ergebnisse der Relativitätstheorie und der Quantentheorien waren dabei zwar Teil der täglichen Arbeit, nicht aber die unmittelbare Anwendung und Weiterentwicklung dieser Theorien. Dieses Buch versteht sich somit nicht als Beitrag zur Wissenschaft, sondern als Versuch, diese zu erklären und von unwissenschaftlichen Behauptungen abzugrenzen. Wissenschaftliche Aussagen werden dabei soweit möglich mit Quellen belegt.

Ein bisschen Physik wird dabei natürlich vorkommen, und auch der eine oder andere Blick in die Wissenschaftsgeschichte sowie auf Personen, die im Rahmen grenzwissenschaftlicher Behauptungen gerne zitiert werden. Falls Ihnen ein Unterabschnitt in der einen oder in der anderen Hinsicht zu viel wird, dann scheuen Sie sich nicht, einfach weiterzublättern: Am Ende jedes Abschnitts sind die Kernaussagen in wenigen Sätzen unter der Überschrift „Zum Mitnehmen" zusammengefasst. Bizarre Beispiele aus dem wahren Leben finden Sie zwischendurch in den ebenfalls entsprechend markierten „Quarkstückchen".

Personen, die bestimmte sinnvolle oder fragwürdige Thesen vertreten, sind im Buch in der Regel namentlich genannt. Nur das ermöglicht eine Auseinandersetzung im wissenschaftlichen Sinne. Unternehmen oder Produkte werden hingegen in der Regel nicht namentlich genannt. Der Sinn des Buches ist ja nicht, einzelne Anbieter anzuprangern, sondern sich mit Konzepten auseinanderzusetzen. Viele Unternehmen der Esoterikbranche sind ohnehin kurzlebig, oder sie wechseln auch plötzlich Namen und Standort. Wer sich für einen bestimmten Unternehmensnamen interessiert, kann diese Information in der Regel problemlos anhand der Quellenangaben herausfinden.

Manches Einzelthema im Buch wurde letztlich persönlicher, als ich es anfangs gedacht hätte. Am Europäischen Teilchenforschungszentrum CERN, das in Abschn. 7.4 eine zentrale Rolle einnimmt, habe ich während meiner Diplomarbeit insgesamt sechs Monate verbracht. Im gleichen Abschnitt geht es auch um den Widerstand gegen die Inbetriebnahme der Beschleunigeranlage Relativistic Heavy Ion Collider (RHIC) am Brookhaven National Laboratory, von der wie später auch über das CERN behauptet wurde, sie könne zum Weltuntergang führen. Meine Doktorarbeit drehte sich um Vorbereitungen für die RHIC-Inbetriebnahme und sollte ursprünglich schon erste Messergebnisse enthalten. Beschäftigt war ich damals am Max-Planck-Institut für Physik in München, und in meinen ersten Monaten dort war Hans-Peter Dürr noch einer der Institutsdirektoren. Um Dürr und seine Äußerungen während und nach dieser Zeit dreht sich Abschn. 6.1. Ich kann mich zwar nicht erinnern, ihm damals persönlich begegnet zu sein, aber es hätte mich dennoch gefreut, hier weniger deutliche Kritik anbringen zu müssen.

Zum Zustandekommen dieses Buches haben mehrere Leute entscheidende Beiträge geleistet. Der erste Anstoß, mich zunächst in einem Vortrag ausführlicher mit diesem Thema zu beschäftigen, kam von Peter Menne vom Frankfurter Club Voltaire. Im Gespräch mit ihm entstand auch der Titel „Relativer Quantenquark". Ohne die Anregung und die wiederholte Ermutigung von Dr. Angela Lahee von Springer Spektrum wäre um diesen Vortrag herum aber wahrscheinlich kein Buch entstanden. Viele Denkanstöße und Inspirationen, manche auch schon länger zurückliegend, stammen von meinen Mitskeptikern Prof. Dr. Martin Lambeck, Dr. Philippe Leick und Dr. Markus Pössel. Die Künstlerin Birte Svea Metzdorf hat eigens für das Buch wunderbare Illustrationen zur Relativitätstheorie und zu Schrödingers Katze geschaffen. Dr. Lisa Edelhäuser von Springer Spektrum verdankt der Text manchen kritischen Blick nicht nur hinsichtlich der Lesbarkeit, sondern auch von fachlicher Seite. Dr. Stephanie Dreyfürst danke ich für ausführliches und offenes Feedback, Ermutigung, Unterstützung, Geduld und vieles mehr.

Holm Gero Hümmler

Inhaltsverzeichnis

1

Einleitung – Ein Quantum Esoterik

„Und jetzt stellen Sie sich vor, sie sind geheilt. Stellen Sie sich vor, Ihre Schmerzen sind weg!"

Ein traumhafter Gedanke. Die Rückenschmerzen begleiten Herrn Kaufmann schon seit Jahren. Die Schmerzen sind da beim Arbeiten und in der Freizeit, beim Gehen und Stehen, beim Liegen und vor allem beim Sitzen. Seine Ärztin hat ihm Salben, Spritzen und Physiotherapie verordnet. Er hat es mit Homöopathie, mit Osteopathie und mit einem Chiropraktiker versucht. Nach den Massagen ging es ihm für einige Tage besser; er konnte sogar ein- oder zweimal seine krankengymnastischen Übungen machen. Dann waren die Schmerzen wieder da, an Übungen war nicht zu denken. Ein Orthopäde hat eine leichte Wirbelsäulenverkrümmung diagnostiziert, ein anderer meinte, Herr Kaufmann sei kerngesund. Seine Frau hat ihn sogar einmal zur Rückengymnastik des örtlichen Seniorenkreises geschleift, dabei steht Herr Kaufmann doch noch mitten im Berufsleben und fühlt sich kein bisschen als Senior. Er hat nur Rückenschmerzen, quälende Rückenschmerzen, gegen die ihm noch niemand wirklich helfen konnte.

Schließlich hat ihm ein Bekannter Frau Born empfohlen. Frau Born ist Heilpraktikerin und arbeitet mit den neuesten Erkenntnissen der Physik. Sie gilt als absolute Expertin für Quantenheilung. Die Quantenheilung, hat sie ihm erklärt, basiert darauf, dass kleinste Teilchen, die Quanten, einerseits mit dem menschlichen Bewusstsein, andererseits mit der Materie in Wechselwirkung treten können. Auf der Welt sei alles mit allem verbunden, wisse die Physik heute, und genau das könne Herr Kaufmann für seine Gesundheit nutzen. Für neue Ideen und Konzepte ist Herr Kaufmann

© Springer-Verlag GmbH Deutschland, ein Teil von Springer Nature 2019
H. G. Hümmler, *Relativer Quantenquark*, https://doi.org/10.1007/978-3-662-58420-0_1

immer offen, und wenn ihm die Schulmedizin sowieso nicht helfen kann, und offenbar noch nicht einmal die gängigen Methoden der Alternativmedizin, dann vielleicht die Physik.

Untersucht hat Frau Born ihn nicht. Sie hat auch erstaunlich wenig nach der Entstehung und den genauen Umständen seiner Rückenschmerzen gefragt. Eine Anamnese sei für die Quantenheilung gar nicht nötig, hat sie Herrn Kaufmann erklärt, weil Heiler und Patient bei der Quantenheilung durch einen quantenphysikalischen Effekt miteinander verschränkt seien. So würden alle notwendigen Informationen durch diesen Tunneleffekt zu ihr übertragen. So wie die berühmte Katze nach der Physik gleichzeitig tot und lebendig sein könne, so sei sein Rücken in der Quantenrealität gleichzeitig krank und gesund, und sie müsse ihm helfen, den Zugang zu seinem gesunden Rücken wiederzufinden.

So sitzt Herr Kaufmann in der Praxis von Frau Born unter einem Bild von Albert Einstein und gegenüber einer Statue von Buddha und ist bemüht, sich vorzustellen, seine Schmerzen seien verschwunden. Frau Born steht hinter ihm, berührt ihn sanft mit einer Hand am Kopf, mit der anderen an der Schulter und konzentriert sich ganz auf den Gedanken, er werde geheilt. So hat sie ihm das zumindest erklärt. Nach einigen Minuten darf Herr Kaufmann schon wieder aufstehen. Er werde schon bald eine gewisse Besserung spüren, verspricht sie, aber von einer einzigen Behandlung solle er keine Wunder erwarten. Sie macht gleich den nächsten Termin für die kommende Woche aus. In der Zwischenzeit solle Herr Kaufmann die Übung aber auch zu Hause für sich allein wiederholen.

Auf dem Heimweg ist sich Herr Kaufmann nicht ganz sicher, welche Übung er denn zu Hause wiederholen soll. Wirklich verstanden hat er die Quantenheilung noch nicht. Er fühlt sich tatsächlich entspannt, ruhig. Vielleicht haben die Rückenschmerzen tatsächlich schon etwas nachgelassen. Er ist aber auch ein bisschen verunsichert. Eine Behandlung nach den neuesten Erkenntnissen der Physik hatte er sich irgendwie anders vorgestellt.

Angefangen haben die ganzen Probleme mit dem Kraftwerk. Beim Arbeiten an seinem Kraftwerk sind die Schmerzen zuerst aufgetreten, vielleicht wegen der schweren Teile, die Herr Kaufmann ohne Hilfe herumwuchten musste, vielleicht wegen der Anspannung, wegen des Gefühls, zu versagen, als er die Anlage nie wirklich zum Laufen bringen konnte, oder wegen der Diskussionen mit seiner ewig zweifelnden Frau.

In gewisser Weise hätte das Kraftwerk die Erfüllung eines Jugendtraums sein sollen. Alternative Energiequellen, dezentrale Energieversorgung, das waren schon in der Schulzeit seine Themen gewesen. Mit 16 hatte er schon gegen Atomkraftwerke demonstriert, war zum Entsetzen seiner Mutter bei einer Sitzblockade vorübergehend festgenommen worden. In der Oberstufe hatte er in einer Projektarbeit eine Kleinwindanlage mit Holzflügeln und Fahrraddynamos gebaut und damit tatsächlich an einigen Sommerabenden die Gartenhütte seines Vaters beleuchtet, während er dort mit Freunden zusammensaß und bei einigen Flaschen Bier und einem gelegentlichen Joint über die Revolution der Energiegewinnung diskutierte. Gleichzeitig war ihm die Begrenztheit herkömmlicher erneuerbarer Energien schon damals schmerzlich bewusst. Es musste doch eine bessere Lösung geben. Die unerschöpfliche Energie, die ganz offensichtlich überall dort draußen war, musste doch irgendwie sinnvoller zu nutzen sein als über einen Wald von Windrädern, die bei ruhigem Wetter stillstanden und bei Sturm beschädigt werden konnten. Irgendjemand musste doch die Antwort haben, sie vielleicht nur für sich behalten, während die Energiekonzerne sich eine goldene Nase verdienten.

Die Antwort fand Herrn Kaufmann erst viele Jahre später, ganz zufällig, bei einer Recherche über ein ganz anderes Thema. In einem Internetforum begegnete ihm zum ersten Mal ein Hinweis auf die sogenannte Ätherenergie. Jeder könne diese Energie dezentral durch ein eigenes Kraftwerk nutzen, hieß es dort. Natürlich war Herr Kaufmann zunächst einmal skeptisch. Er recherchierte nach, machte den Hersteller der kleinen Kraftwerke ausfindig, las sich in die Theorie dazu ein, gelangte in den engeren Kreis der Interessenten.

Grundlage der Ätherenergie, so fand er heraus, war die Relativitätstheorie. Nach der Relativitätstheorie, hatte Einstein schon 1920 erklärt, sei ein Raum ohne Äther undenkbar. Nikola Tesla hatte daran gearbeitet, die Ätherenergie praktisch nutzbar zu machen, aber dann musste Teslas Wissen irgendwo verschwunden sein. Für die Großkonzerne, die ihr Geld mit Kohle, Öl und später Atomenergie verdienten, musste solche Forschung ja auch eine echte Bedrohung sein. Herr Kaufmann stieß im Internet auf manche Pioniere, die die Ätherenergie erforscht hatten, denen es offenbar auch gelungen war, sie zu nutzen, deren Erfindungen aber nie einer breiten Öffentlichkeit zugänglich gemacht wurden.

Hierin lag das Besondere dieser kleinen Kraftwerke. Von anderen Unternehmen, die in diesem Bereich forschten, konnte man zum Teil Anteile kaufen, aber hier sah Herr Kaufmann die Chance, tatsächlich sein eigenes Kraftwerk zu erwerben und zu betreiben. Das Konzept war genau das, wonach Herr Kaufmann gesucht hatte, ein dezentraler Zugang zu einer unerschöpflichen, vom Wetter unabhängigen Energiequelle, nutzbar für jeden, der dazu bereit war. Und das alles basierte auf den Gedanken des größten Genies des 20. Jahrhunderts, auf der Relativitätstheorie, diesem faszinierenden Gedankenwerk, das nur einige wenige Menschen überhaupt verstehen konnten.

In der aktuellen Vorserienphase waren diese Kleinkraftwerke für zu Hause nur als Bausatz erhältlich, aus Haftungs- und Kostengründen, wie der Hersteller erklärte, aber auch um das Engagement der Käufer zu fordern. Die neue, freie Energie sollte nicht einfach für jeden zu kaufen sein; jeder Investor sollte gleichzeitig zur Entwicklung aktiv beitragen. Die Käufer waren gleichzeitig Erbauer und Betreiber, echte Pioniere, die Vorreiter einer neuen Zeit, und Herr Kaufmann würde dabei sein. Die Anlagen sollten mit Netzstrom in Gang gesetzt werden und über einen komplizierten Mechanismus Bewegungsarbeit verrichten, aus der schließlich wieder Strom erzeugt werden konnte, mit einer Ausbeute deutlich über die eingesetzte elektrische Energie hinaus.

Seine Frau hielt die Hersteller für Betrüger, und die Anlage war tatsächlich nicht billig, aber das hatte Herrn Kaufmann nicht aufgehalten. Für den Preis eines einfachen Kleinwagens oder einer gewöhnlichen Solaranlage fürs Hausdach erhielt man sein eigenes Kraftwerk, das über Jahrzehnte kostenlose Energie aus einer revolutionären neuen Quelle liefern sollte.

Nach der ersten Anzahlung dauerte es noch relativ lange bis zur Ankunft des Bausatzes, aber nach ungeduldigem Warten und wiederholten Anfragen war Herr Kaufmann schließlich stolzer Besitzer seines eigenen Kraftwerkes – oder vielmehr der Bauteile dafür. In den folgenden Monaten verbrachte er praktisch jedes Wochenende und manchen Abend in der leer geräumten Garage, baute die Anlage zusammen, zerlegte Teile davon wieder, änderte Einstellungen. Während der Arbeit begann sein Rücken zu schmerzen. Die Anlage lief, aber die Stromerzeugung blieb ausgesprochen spärlich. Er fragte beim Hersteller nach, erhielt mehr oder weniger hilfreiche Hinweise. Im vom Hersteller moderierten internen Forum tauscht er sich bis heute mit anderen Besitzern aus. Die meisten scheinen mit ihren Anlagen deutlich weiter zu sein als er, aber das erklärte Ziel „Overunity", also mehr Strom zu erzeugen, als eingesetzt wurde, hat offenbar noch keiner erreicht. Der Hersteller erklärt, sobald mit einer hinreichenden Zahl von Käufern und dem Überwinden der letzten Kinderkrankheiten die Serienproduktion aufgenommen werden könne, würden auch die Vorserienkäufer einen umfassenden Kundendienst erhalten. Bis dahin bleibt Herrn Kaufmann aber zunächst einmal nichts anderes übrig, als abzuwarten. Das Kraftwerk steht, fast fertig und fast funktionsfähig in der Garage, und Herr Kaufmann hat immer noch Rückenschmerzen.

Herrn Kaufmanns Frau wirft ihm vor, für das Kraftwerk hätte er nicht nur Geld aus dem Fenster geworfen, sondern auch noch seine Firma vernachlässigt. Manchmal gibt sie dem Kraftwerk sogar die Schuld an den Schwierigkeiten des Betriebs, dabei haben sich doch einfach die Zeiten geändert. Die Firma hat Herrn Kaufmanns Vater aufgebaut, als es noch keine Konkurrenz aus dem Internet gab, weniger Beeinträchtigungen der Mitarbeiter durch Elektrosmog, Radioaktivität und Impfungen. Heute hat es Herr Kaufmann als Unternehmer wesentlich schwerer, und ihm ist längst klar, wenn er seine Firma erfolgreich in die Zukunft führen will, braucht er Hilfe.

Schon seit längerer Zeit hat Herr Kaufmann sich nach einem geeigneten Berater umgesehen, um seine Firma für die heutige Zeit zu rüsten. Die meisten Unternehmensberater und Unternehmercoaches, mit denen er gesprochen hat, haben aber Tagessätze von 1000 EUR und mehr, und viele kalkulieren schon für die Analyse des Unternehmens, der Kunden und Wettbewerber mehrere Tage, manche sogar Wochen ein. Für das Ableiten von Maßnahmen und deren Umsetzung fallen noch einmal Kosten an, und viele Berater wollen sich noch nicht einmal im Vorfeld festlegen, welche Maßnahmen denn auf das Unternehmen zukommen. Wenn die Berater ihre Methoden erklären, hat Herr Kaufmann außerdem immer das Gefühl, dass er darauf auch selbst hätte kommen können.

Inzwischen hat Herr Kaufmann aber ein Beratungsunternehmen gefunden, das seine Firma zu einem günstigen Pauschalpreis unterstützt – und zwar mithilfe der Physik. Quantenquark-Consulting macht keine tagelangen Marktanalysen mit banalen Methoden, sondern kann das energetische Informationsfeld eines Unternehmens quantenphysikalisch auswerten. Durch weißes Rauschen können die Berater Informationen über seine Firma, seine Kunden und seine Konkurrenten direkt aus dem Nullpunktfeld herauslesen. Durch die Nichtlokalität der Quantenphysik ist dieses Feld mit allen Aspekten seiner Firma verbunden; so hat das Herr Kaufmann jedenfalls verstanden. Diese Informationen werden mit speziellen Datenbanken verglichen, und Herr Kaufmann erhält regelmäßig eine detaillierte Auswertung aller Problemfelder, gegliedert nach Organisation, Marketing, Vertrieb und so weiter. Aus der Datenbank kommen dann auch die Daten, mit denen die Informationen im Nullpunktfeld optimal für Herrn Kaufmanns Firma geordnet werden können. Das ist ein entscheidender Vorteil für Herrn Kaufmann, weil die Abläufe im Unternehmen durch die Berater nicht gestört werden. Mit Quantenquark-Consulting arbeitet er erst seit wenigen Monaten zusammen, aber Herr Kaufmann hat schon den Eindruck, dass die Umsatzrückgänge sich deutlich verlangsamt haben.

Herr Kaufmann ist also guter Dinge, dass er die Probleme in seiner Firma wirksam angegangen hat und dass sich dort bald alles zum Guten wenden wird. Er hat auch immer noch Hoffnung, dass sein Kraftwerk irgendwann Strom liefern wird. Seine wirklichen Sorgen liegen eher im privaten Bereich.

Da sind nicht nur die ständigen, quälenden Rückenschmerzen, da sind auch noch die regelmäßigen Konflikte mit seiner ewig skeptischen Ehefrau, die keinerlei Verständnis für die wirklich wichtigen Dinge im Leben hat.

Der Einzige, mit dem Herr Kaufmann offen über die Differenzen mit seiner Frau sprechen kann, ist Albert, sein Schamane. Albert hat ihm auch Frau Born und die Quantenheilung empfohlen.

Normalerweise wäre Herr Kaufmann sicher niemand, der sich von einem Schamanen beraten ließe, aber Albert beruft sich auf eine solide wissenschaftliche Basis: Der Schamanismus, so hat er Herrn Kaufmann erklärt, basiert auf den gleichen Grundlagen wie die Relativitätstheorie. Wie Einsteins berühmte Gleichung $E = mc^2$ gehe auch der Schamanismus davon aus, dass der materiellen Welt, also der Masse m, eine immaterielle Welt der reinen Energie, E, entspreche. Nur die von Natur aus begrenzte und endliche materielle Welt der Massen und Geschwindigkeiten sei der Naturwissenschaft zugänglich. Nicht naturwissenschaftlich erforschbar sei aber die andere Seite der Gleichung, die unbegrenzte, endlose Welt der Energie, also des Geistes oder Bewusstseins. Die beiden Seiten des Daseins, also der Gleichung müssten aber stetig in einem Gleichgewicht gehalten werden, was heutzutage besonders schwierig sei, weil unsere Welt sich so einseitig mit dem Materiellen beschäftige. Der Schamane hingegen habe Zugang zur Seite der reinen Energie, könne also sozusagen auf dem Gleichheitszeichen von Einsteins berühmter Formel hin und her tanzen.

Auf der Ebene dieser Energie, also des Geistes, könnten Schamanen auch Reisen an ferne Orte oder in andere Zeiten unternehmen. In schamanischen Kulturen sei dies seit Jahrtausenden bekanntes Wissen, und dank Einstein habe auch die Physik begriffen, dass Raum und Zeit keine absoluten Größen seien, sondern lediglich eine Konstruktion unseres Geistes.

Angesichts der überzeugenden wissenschaftlichen Hintergründe überlegt sich Herr Kaufmann jetzt, sich in Zukunft auch in Geschäftsdingen schamanisch beraten zu lassen. Die Frage ist, wie sich das mit der quantenphysikalischen Unternehmensberatung verträgt. Vor längerer Zeit hat Herr Kaufmann einmal gelesen, zwischen Quantenmechanik und Relativitätstheorie gebe es Widersprüche...

Herr Kaufmann mag uns beim Lesen übertrieben naiv vorkommen. Möglicherweise erscheint die kleine einleitende Geschichte auch vollkommen lächerlich, und selbstverständlich ist sie frei erfunden. Nicht erfunden sind aber die esoterischen Angebote, auf die Herr Kaufmann so bereitwillig eingeht. Vertreter der sogenannten Quantenheilung schreiben ihrer suggestiven Behandlung tatsächlich eine Wirkung aufgrund quantenphysikalischer Phänomene zu [1, 2]. Anhänger sogenannter freier Energie berufen sich wirklich auf Einsteins Erwähnung eines „relativistischenÄthers"[3]. Es gibt nicht nur einzelne, sondern eine ganze Reihe von Unternehmensberatern, die behaupten, ihre Informationen nach quantenphysikalischen Prinzipien aus dem Nullpunktfeld oder der „Quantenfeld-Cloud" zu beziehen [4–6]. Die Äquivalenz von Masse und Energie $E = mc^2$ und die Relativität von Raum und Zeit werden regelmäßig von Schamanen zur Legitimation ihrer angeblichen Fähigkeiten herangezogen [7–9].

Und tatsächlich begegnet uns allen Herr Kaufmann relativ regelmäßig, in der Person von Bekannten, Freunden, mitunter Journalisten, deren Artikel wir lesen, möglicherweise auch in der Person von Familienmitgliedern. Mit Begeisterung berichten sie von Angeboten, die dem gesunden Menschenverstand zunächst einmal fragwürdig erscheinen, die aber angeblich durch die Quantenphysik oder die Relativitätstheorie belegt sind. Wissenschaftler mit wohlklingenden Titeln werden als Beleg zitiert. In vielen Fällen wird ein naturwissenschaftlich interessierter Laie ein ungutes Gefühl haben, aber wer hat wirklich die Zeit und das Vorwissen, sich in derartige Behauptungen zu vertiefen und ihnen kritisch auf den Grund zu gehen? Sich auf Einstein, Schrödinger oder Heisenberg zu berufen, spiegelt nicht nur Seriosität vor, es schützt auch vor allzu kritischen Fragen.

Tatsächlich muss man aber nicht Einsteins Feldtensoren berechnen können, um sich ein Bild davon zu machen, welche Aussagen über unser Alltagsleben sich aus der Relativitätstheorie begründen lassen und welche nicht. Man muss keine Schrödinger-Gleichungen lösen, um zu verstehen, wo der Geltungsbereich und wo die Grenzen der verblüffenden Effekte der Quantenmechanik liegen. Natürlich können beide Theorien, angewandt auf konkrete, reale Beispiele, zu extrem komplizierten mathematischen Modellen führen. Das kann aber bei entsprechend komplexen Systemen auch schon in der klassischen Mechanik geschehen, von der die meisten Menschen sagen würden, dass sie diese wenigstens im Prinzip verstehen. Wie die klassische Mechanik haben auch die Theorien der sogenannten modernen Physik – also spezielle und allgemeine Relativitätstheorie, Quantenmechanik und Quantenfeldtheorien – Grundkonzepte, die durchaus nachvollziehbar und gut verständlich sind, selbst für denjenigen, dem das mathematische Rüstzeug für detaillierte Berechnungen noch fehlt. Anders als im Fall der klassischen Mechanik sind diese Grundkonzepte mitunter verblüffend oder verwirrend, weil sie unserer Alltagserfahrung widersprechen. Das ist aber gar nicht so verwunderlich, wenn man bedenkt, dass diese Theorien gigantisch große oder unsichtbar kleine Phänomene beschreiben, die in unserer Alltagserfahrung eben nicht vorkommen.

Die Theorien der modernen Physik sind keine esoterischen Weisheiten, die nur wenigen Auserwählten zugänglich sind. Sie sind auch nicht als Geistesblitze übermenschlicher Genies entstanden. Sie sind Abbildungen ganz bestimmter Bereiche unserer Realität, an deren Zustandekommen und Akzeptiertwerden eine Vielzahl von Theoretikern und Experimentatoren oft über Jahrzehnte mitgewirkt haben.

In den folgenden Kapiteln werden wir zunächst die Entstehung, die Grundlagen und die zum Teil tatsächlich verblüffenden Kernaussagen von Relativitätstheorie und Quantenmechanik betrachten. Wir werden etwas Zeit mit der Entstehungsgeschichte dieser Theorien verbringen und dabei ihre bedeutendsten Persönlichkeiten kennenlernen. Das ist wichtig, weil gerade diese Menschen auch von unseriösen Autoren immer wieder zitiert werden. Dabei werden uns die erläuterten Begriffe immer wieder auch in absurden, irrtümlichen oder missbräuchlichen Verwendungen begegnen, die im Text als „Quarkstückchen" kenntlich gemacht sind. Wir werden uns fragen, was eine gute wissenschaftliche Theorie ausmacht, und Bereiche der aktuellen Spitzenforschung betrachten, in denen spektakuläre Ergebnisse auf mitunter noch spekulative Theorien treffen und viele Fragen noch offen sind. Dann werfen wir einen Blick über die Grenzen der seriösen Wissenschaft auf Theoretiker, die vollends ins Spekulative abgedriftet sind, deren Theorien weiterleben, obwohl sie seit Jahrzehnten widerlegt sind oder von Anfang an nichts mit der Realität zu tun hatten. Schließlich gelangen wir zu Anwendungen, die sich auf die moderne Physik berufen, aber mit ernsthafter Physik nichts zu tun haben, und wir fragen nach einfachen Grundsätzen, die es erlauben, spannende Grenzbereiche der Wissenschaft vom Quantenquark zu trennen.

Zunächst wenden wir uns der Relativitätstheorie zu und begegnen dabei nicht nur überraschenden Zusammenhängen, sondern auch spannenden Persönlichkeiten: einem genialen Erfinder, dessen Name untrennbar mit einer Erfindung verknüpft ist, die er nicht gemacht hat, einem akribischen Experimentator, der seine ganze Karriere lang immer wieder dieselbe Zahl gemessen hat und dessen größter Beitrag zur Wissenschaft ein Scheitern war, einem Vordenker, der schon alle Gleichungen einer neuen Theorie hingeschrieben, aber etwas ganz anderes gesucht hat, und einem Superstar, der seinen Nobelpreis nicht für das bekommen hat, womit ihn jeder in Verbindung bringt.

Zum Mitnehmen

Viele Fälle, in denen die Relativitätstheorie oder die Quantenphysik als Belege für Heilmethoden, seltsame Gerätschaften oder Psychotechniken zitiert werden, dienen vor allem dazu, nicht verstanden und nicht hinterfragt zu werden.

Literatur

1. Pietza M (2014) Kontrollierte Studien zur Wirksamkeit der Quantenheilung. Dissertation, Europa Universität Viadrina, Frankfurt (Oder)
2. Chopra D (1990) Quantum healing: exploring the frontiers of mind/body medicine. Bantam Books, New York
3. Volkamer K (2014) Die Grundzüge einer Neuen Physik, freie Energiegewinnung und mehr. http://klaus-volkamer.de/?p=104. Zugegriffen: 28. Dez. 2015
4. Klar-Consulting GmbH (2015) Mit mehr Energie zum Unternehmenserfolg. http://klar-consulting.com/wp-content/uploads/Fachartikel-lesen1.pdf. Zugegriffen: 28. Dez. 2015
5. Fretz+Partner AG (2015) So funktioniert's. http://unternehmensberatung-mit-quantenphysik.ch/so-funktionierts/. Zugegriffen: 28. Dez. 2015
6. Impuls consulting & arts (2015) Timewaver BIZ Ihr eigener Unternehmensberater? http://www.impuls-consulting-arts.ch/index.asp?inc=unternehmer-beratung.asp. Zugegriffen: 28. Dez. 2015
7. Villoldo A (2010) Erleuchtung ist in uns: Der schamanische Weg zur Heilung. Goldmann, München
8. Mabit J (2015) Schamanismus im Urwald. http://www.takiwasi.com/docs/arti_ale/schamanismus_im_urwald.pdf. Zugegriffen: 28. Dez. 2015
9. Nagel T (2012) Vierte Druidenbroschüre. Books on Demand, Hamburg

2

Am Anfang war die Lichtgeschwindigkeit – Die Grundlagen der Relativitätstheorie

Licht ist Teil unseres Alltags. Auch optische Geräte wie Spiegel, Brillen, Lupen, Kameras oder Ferngläser benutzen wir regelmäßig, und normalerweise haben wir das Gefühl, zu verstehen, wie diese funktionieren. Dennoch ist die eindrucksvolle Relativitätstheorie unmittelbar aus der Erforschung der Optik entstanden. Die entscheidende Frage dabei war: Wie schnell ist das Licht?

2.1 Die Vordenker – Warum braucht man eigentlich eine Relativitätstheorie?

Io war noch da. Seit zehn Minuten sollte der Jupitermond eigentlich im Schatten des Planeten verschwunden sein (siehe Abb. 2.1). Nun hat ein Mond ja in der Regel nicht die Neigung, sich zu verspäten, und die Umlaufzeiten der Jupitermonde waren Ende des 17. Jahrhunderts eigentlich gut bekannt und berechnet. Dennoch hatte der dänische Astronom Ole Rømer es 1676 geschafft, die Verspätung sogar auf die Minute genau vorherzusagen. Je weiter sich die Erde auf ihrer jährlichen Umlaufbahn um die Sonne vom Jupiter entfernte, desto später wurden die Verfinsterungen der Jupitermonde sichtbar. Da die weit entfernte, vergleichsweise winzige Erde kaum wirklich Einfluss auf den Jupiter haben konnte, war es offensichtlich das Licht, das unterschiedlich lange brauchte, je nachdem, wie weit der Weg zur Erde war.

Rømers Berechnung der Lichtgeschwindigkeit war noch extrem ungenau, aber sie war dennoch ein Durchbruch. Jegliche früheren Versuche, die

© Springer-Verlag GmbH Deutschland, ein Teil von Springer Nature 2019
H. G. Hümmler, *Relativer Quantenquark*, https://doi.org/10.1007/978-3-662-58420-0_2

Abb. 2.1 Der Jupiter mit den Monden Ganymed, Io und Europa (von links unten nach rechts oben) durch ein Amateurteleskop gesehen. Ähnlich muss der Planet auch durch das Teleskop von Ole Rømer ausgesehen haben. Zum Zeitpunkt dieser Aufnahme ist der vierte größere Jupitermond Kallisto nicht zu erkennen, weil er sich vor dem Jupiter befindet. Durch die Größenverhältnisse und ihre kurzen Umlaufzeiten verschwinden die Monde regelmäßig im Schatten des Planeten oder werden durch diesen verdeckt. (Foto: Oliver Debus, astronomieschule.de)

Geschwindigkeit eines Lichtstrahls zu messen, hatten nur ergeben, dass Licht schneller war als irgendwelche Messgeräte der damaligen Zeit erfassen konnten. Man hatte also durchaus annehmen können, dass Licht entlang eines Strahls überall gleichzeitig auftauchte. Mit Rømers Beobachtung wurde die Lichtgeschwindigkeit zu einem endlichen Wert – der erste Schritt auf dem Weg zur Relativitätstheorie.

Eine genauere Bestimmung der Lichtgeschwindigkeit gelang 50 Jahre später James Bradley, ebenfalls durch eine astronomische Beobachtung. Bradley vermaß die genaue Position von Sternen. Machte er seine Messung quer zur Bewegung der Erde um die Sonne, schienen die Sterne um einen winzigen Winkel, die sogenannte Aberration, verschoben: Während das Licht sich auf die Erde zubewegt, bewegt sich gleichzeitig die Erde mit einem Zehntausendstel der Lichtgeschwindigkeit quer dazu, sodass das Licht aus einem etwas anderen Winkel zu kommen scheint. Der Effekt ist letztlich der gleiche wie bei Regentropfen, die schräg von vorne auf die Autoscheibe auftreffen, wenn man fährt, obwohl sie in Wirklichkeit senkrecht fallen.

Allein Rømers Feststellung, dass das Licht überhaupt eine endliche Geschwindigkeit hat, genügte aber, um gleich zwei neue, konkurrierende Theorien über die Ausbreitung des Lichts zu befeuern, die nicht nur für die Relativitätstheorie, sondern auch für die Quantenmechanik wichtig sein würden.

Schon zwei Jahre nach Rømers Entdeckung berief sich Christiaan Huygens ausdrücklich darauf, als er ein Modell veröffentlichte, das die Reflexion und Brechung von Licht in Form von Wellen erklärte [1]. Etwa gleichzeitig gelangte Isaac Newton, vor allem durch die Untersuchung von Farbspektren und möglicherweise unter dem Einfluss alchemistischer Ideen [2], zu einem Modell, das Licht als Teilchen beschreibt. Beide Ideen erfordern eine endliche Lichtgeschwindigkeit: Während ein Strahl gleichzeitig an mehreren Orten sein kann, sind sowohl eine sich ausbreitende Welle als auch ein sich fortbewegendes Teilchen nicht ohne eine definierte Geschwindigkeit vorstellbar. Das Problem mit den beiden Theorien ist, dass sie, zumindest nach damaligem Wissensstand, ganz offensichtlich unvereinbar waren und es für die nächsten 100 Jahre keine experimentellen Ergebnisse gab, die es ermöglicht hätten, sich eindeutig für die eine oder die andere zu entscheiden.

Eine (vorläufige) Entscheidung zwischen den konkurrierenden Theorien von Lichtteilchen und Lichtwellen ergab sich erst Anfang des 19. Jahrhunderts, als bei Licht mit der Interferenz eine typische Wellenerscheinung entdeckt wurde. Die Interferenz ist ein etwas ungewöhnlicheres Phänomen, das aber bei näherer Betrachtung nichts Geheimnisvolles enthält. Die nähere Betrachtung lohnt sich hier, weil uns auch die Interferenz bei der Quantenmechanik wieder begegnen wird.

Zur Verdeutlichung der Interferenz eignet sich die Vorstellung von gleichförmigen Wellen auf einem ansonsten stillen Gewässer. Die Wellen können durch wenige klar definierte Begriffe charakterisiert werden:

- Die Amplitude bezeichnet die Höhe der Wellenberge gegenüber dem mittleren Wasserspiegel.
- Die Auslenkung ist die Abweichung vom mittleren Wasserspiegel an einem bestimmten Punkt.
- Als Wellenlänge bezeichnet man den Abstand von einem Wellenberg zum nächsten.
- Die Frequenz ist die Anzahl der Wellenberge, die in einem bestimmten Zeitraum an einem Punkt vorbeizieht. Sie ergibt sich aus der Bewegungsgeschwindigkeit der Wellenberge (der sogenannten Phasengeschwindigkeit) geteilt durch die Wellenlänge: Je kürzer die Wellen und je schneller sie sich bewegen, desto mehr Wellenberge kommen im gleichen Zeitraum an einer bestimmten Stelle vorbei.

Überlagern sich nun unterschiedliche Wellen, dann summieren sich ihre Effekte; die Auslenkungen an jedem Ort und zu jedem Zeitpunkt können also einfach addiert werden. Wenn sich dabei die Wellenlängen und Amplituden hinreichend ähnlich sind, führt dies zu interessanten Effekten, die als Interferenz bezeichnet werden (siehe Abb. 2.2): Treffen jeweils die Berge beider Wellen aufeinander, dann verstärken sich die Wellen (konstruktive Interferenz). Fällt ein Berg einer Welle mit dem Tal der anderen zusammen, dann löschen sie sich gegenseitig aus (destruktive Interferenz). Unterscheiden sich die Wellenlängen geringfügig, dann wechseln sich konstruktive und destruktive Interferenz im Laufe der Zeit ab, und die Amplitude der resultierenden Welle schwankt – man spricht von einer Schwebung, die zum Beispiel zwischen einem verstimmten und einem nicht verstimmten Musikinstrument auftritt. Treffen hingegen Wellen gleicher Wellenlänge aus unterschiedlichen Richtungen aufeinander, dann erscheinen ortsfeste Muster, bei

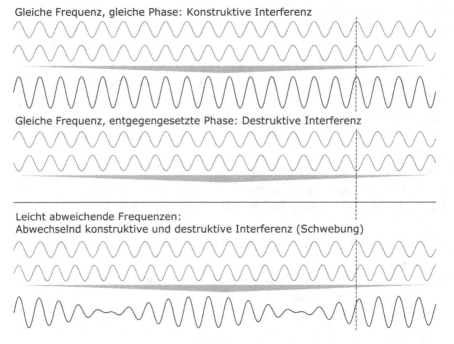

Gleiche Frequenz, gleiche Phase: Konstruktive Interferenz

Gleiche Frequenz, entgegengesetzte Phase: Destruktive Interferenz

Leicht abweichende Frequenzen:
Abwechselnd konstruktive und destruktive Interferenz (Schwebung)

Abb. 2.2 Beispiele für die Interferenz bei der Überlagerung von Wellen gleicher oder ähnlicher Wellenlänge, zum Beispiel im Wasser. Die schwarze Linie zeigt jeweils den Gesamteffekt bei der Überlagerung der beiden grau dargestellten Wellen in Abhängigkeit von der Position der Wellenberge und Wellentäler zueinander. Die senkrechten gestrichelten Linien dienen zur Verdeutlichung der Auslenkungen an jeweils gleichem Ort

denen an bestimmten Stellen konstruktive Interferenz (also besonders hohe Wellen), an anderen Stellen destruktive Interferenz auftritt (also die Wellen vollständig verschwinden).

Interferenz ist also kein sonderlich mysteriöser Effekt: Treffen zwei Wellen aufeinander, dann addieren sich ihre Effekte, was unter genau passenden Bedingungen dazu führen kann, dass sie sich an einer Stelle gerade aufheben. Das funktioniert natürlich nur zwischen tatsächlichen, physikalisch gleichartigen Wellen: Wasserwellen mit Wasserwellen, elektromagnetische mit elektromagnetischen Wellen.

Quarkstückchen

Aus der Interferenz und der Vorstellung, alles habe irgendetwas mit Wellen zu tun, lässt sich natürlich nicht ableiten, dass sich auch in unserem Alltag ähnliche Dinge generell gegenseitig aufheben. Das behauptet zum Beispiel die Heilpraktikerin und Astrologin Barbara Thielmann aus dem Allgäu auf ihrer Internetseite: „Welleninterferenz als Basis für natürliche Heilung. Auf diesem Prinzip basiert jede Form einer erfolgreichen Heilung bzw. Hilfe zur Heilung." Dass die Homöopathie versuche, Krankheiten durch Substanzen zu heilen, die ähnliche Symptome auslösen, wie die Krankheit selbst, sei durch „hilfreiche Interferenzen" zu erklären [3]. Hier von Welleninterferenz zu sprechen und so den Eindruck zu erwecken, die Homöopathie habe eine physikalische Grundlage, ist natürlich vollkommener Unsinn. Die Heilpraktikerin erklärt auch weder, um welche Art von Wellen es sich da handeln soll, noch wie sie verhindern will, dass statt der destruktiven Interferenz durch eine Verschiebung der Wellen eine konstruktive Interferenz auftritt, die dann ja die Krankheit verstärken müsste.

Ein echter und besonders charakteristischer Fall eines Interferenzmusters ist die Interferenz von Wellen, die sich von zwei Ausgangspunkten aus in den dahinterliegenden Raum ausbreiten. Diese Ausgangpunkte können zum Beispiel zwei Durchlässe in einer Barriere sein, auf die eine ansonsten gleichförmige Welle auftrifft (siehe Abb. 2.3). Diesen Fall erzeugte der englische Augenarzt und Physiker Thomas Young mit Hilfe von zwei Schlitzen in einer Blende im sogenannten Doppelspaltexperiment. Da die Lichtwellen erst beim Auftreffen auf eine Fläche sichtbar werden, ist das Ergebnis in diesem Fall ein charakteristisches Streifenmuster auf der Fläche. Bereiche konstruktiver Interferenz erscheinen hell; in Bereichen mit destruktiver Interferenz bleibt die Fläche dunkel.

Durch die von Young nachgewiesenen Wellenphänomene war Anfang des 19. Jahrhunderts klar, dass es sich bei Licht um eine Welle handeln musste. Daraus ergab sich jedoch eine neue Komplexität: Während Teilchen sich

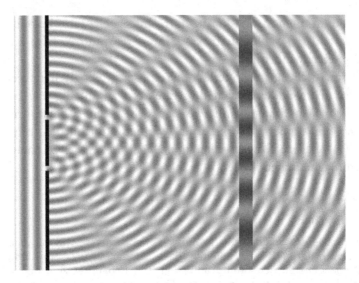

Abb. 2.3 Simuliertes Wellenmuster der Interferenz hinter einem Doppelspalt. Die Wellen treffen von links auf die Blende und breiten sich nach dem Doppelspalt in den dahinterliegenden Raum aus. In den sternförmig auseinanderlaufenden, verwischten grauen Streifen zwischen den Wellen liegt jederzeit destruktive Interferenz vor, sodass keine Wellen auftreten. Auf dem dunklen Streifen in der rechten Bildhälfte ist das Streifenmuster der Helligkeitsverteilung angezeigt, die ein Bildschirm an dieser Stelle zeigen würde, wenn es sich um Lichtwellen handelte. Die Reduzierung der Amplitude hinter der Blende, vor allem bei großen Winkeln zur ursprünglichen Ausbreitungsrichtung, ist in der Berechnung vernachlässigt. Mit der Beobachtung solcher Interferenzen beim Licht war nachgewiesen, dass es sich bei Licht um eine Welle handeln musste. Durch Lichtteilchen ist ein solches Phänomen nicht zu erklären

im Prinzip durchaus durch leeren Raum bewegen können, mussten Wellen sich nach damaliger Vorstellung in irgendeinem Medium ausbreiten. Mit dem Nachweis der Wellennatur des Lichts erschien also gleichzeitig auch der Nachweis der Existenz eines Äthers erbracht, der den gesamten Raum bis zu den fernsten sichtbaren Sternen ausfüllen musste.

Für die damalige Wissenschaft war die Vorstellung dieses sogenannten Lichtäthers keine besondere Komplikation: Auch die Wirkung der Schwerkraft sowie elektrischer oder magnetischer Kräfte über die Distanz zwischen unterschiedlichen Objekten konnte man sich kaum ohne eine direkte mechanische Verbindung durch einen Äther vorstellen, der diese Kräfte übertrug. Wie unsichtbare Antriebsketten und Getriebe, so stellte man sich vor, verbanden die unterschiedlichen Äther alle Objekte des Universums und übertrugen so die einzelnen Kräfte. So wurden die Schwerkraft, die

Elektrizität und der Magnetismus einfach zu Formen der Mechanik mit einer Art von unsichtbaren Bauteilen im Äther. Ob es sich bei diesem Äther um eine tatsächliche, unsichtbare Substanz oder nur um eine gitterähnliche Eigenschaft des umgebenden Raumes handelte, blieb bei diesen Vorstellungen zunächst offen. Als gesichert galt aber, dass der Raum überall mit etwas ausgefüllt war, das Kräfte übertragen konnte und in dem Wellen auftreten konnten.

Mitte des 19. Jahrhunderts kam auch die Messung der Lichtgeschwindigkeit wieder in Schwung. Bis dahin beruhten immer noch alle Berechnungen der Lichtgeschwindigkeit auf astronomischen Beobachtungen. Eine direkte Messung der Lichtgeschwindigkeit auf der Erde war aber auch ausgesprochen anspruchsvoll: Wenn man davon ausgeht, dass eine realistische Messstrecke von einer Messapparatur zu einem Spiegel und zurück kaum länger als 30 km sein konnte, dann hätte ein Lichtstrahl diese Zeit in gerade einer Zehntausendstel Sekunde zurückgelegt. So kurze Zeiten zu messen, erschien mit der damaligen Technik fast unmöglich.

Das Verfahren, mit dem bis weit ins 20. Jahrhundert hinein die genauesten Messungen der Lichtgeschwindigkeit vorgenommen werden konnten, ist eine Idee des Pariser Physikers und Erfinders Léon Foucault. Foucault wird eine Vielzahl von Erfindungen zugeschrieben, aber sein Name ist, nicht erst seit Umberto Ecos Roman, untrennbar verbunden mit dem Foucault'schen Pendel. Es macht bis heute im Pariser Panthéon, aber auch im Deutschen Museum in München die Drehung der Erde für jeden sichtbar [4]. Ironischerweise ist gerade das Pendel nicht die Erfindung von Foucault. Ein praktisch identischer Versuch mit gleichem Ergebnis wird bereits im Jahr 1661 von Vincent Viviani beschrieben, wobei Viviani offenbar noch nicht erkennen konnte, dass die Erddrehung die Ursache für die Drehung der Pendelebene ist [5].

Foucaults Ansatz zur Messung der Lichtgeschwindigkeit beruht auf einem schnell rotierenden Spiegel, über den ein Lichtstrahl zu einem zweiten, festen Spiegel geleitet wird (siehe Abb. 2.4). Wenn das zurückgeworfene Licht wieder beim rotierenden Spiegel ankommt, hat dieser sich weitergedreht, leitet das Licht also nicht zur Lichtquelle zurück, sondern auf einen Punkt daneben. Aus dieser Ablenkung lässt sich dann leicht errechnen, um welchen Winkel sich der Spiegel in der Laufzeit des Lichts gedreht hat. Der Vorteil gegenüber anderen Versuchen jener Zeit liegt darin, dass das reflektierte Licht als langer Zeiger genutzt werden kann, der den Drehwinkel des Spiegels sehr genau anzeigt. 1862 gelang Foucault die bis dahin genaueste Messung der

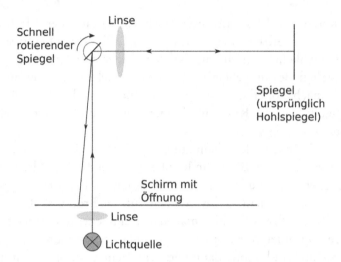

Abb. 2.4 Schematischer Aufbau der Drehspiegelmethode zur Messung der Licht-geschwindigkeit. Je weiter sich der Drehspiegel gedreht hat, während das Licht den Weg von dort zum Spiegel und zurück bewältigt, desto weiter verschiebt sich der Lichtpunkt der Reflexion auf dem Schirm. Michelson gelang es durch geschickte Anordnung der Linsen, das Licht aus der Lichtquelle zu einem parallelen Strahl zu bündeln, sodass er den von Foucault verwendeten Hohlspiegel durch einen ebenen Spiegel ersetzen und die Abstände deutlich vergrößern konnte

Lichtgeschwindigkeit trotz einer vergleichsweise kurzen Messstrecke von nur 20 m [6]. Foucault konnte auch nachweisen, dass die Lichtgeschwindigkeit in dichter Materie wie Wasser oder Glas deutlich langsamer ist als in Vakuum oder Luft. Wenn im Folgenden von der Lichtgeschwindigkeit die Rede ist, ist jedoch immer der Wert im Vakuum oder in Luft gemeint, die sich beide nur geringfügig unterscheiden.

Zwar wurden schon zu Foucaults Zeiten die experimentellen Messungen immer genauer und umfangreicher und die theoretische Beschreibung in Form der unterschiedlichen Äther immer schwieriger, aber das Entstehen einer neuen Physik würde auch eine neue Art von Physikern erfordern.

Praktisch alle bislang genannten Wissenschaftler waren Gelehrte mit Interessen in unterschiedlichen Teilgebieten der Physik, oft auch in anderen Disziplinen. Diese Vielseitigkeit hatte sich oft als befruchtend erwiesen: Huygens' Wellentheorie entstand zum Beispiel beim Versuch, bessere Linsen für die Teleskope in seinen astronomischen Beobachtungen zu entwickeln. Bradley versuchte eigentlich, die Entfernung zu den Sternen zu bestimmen, konnte stattdessen aber aus dem sich verändernden Winkel des Sternenlichts die Lichtgeschwindigkeit messen.

Quarkstückchen

Andererseits führten gerade diese breiten Interessen manche dieser frühen Forscher auf unwissenschaftliche und mitunter vollkommen unsinnige Wege, die von Esoterikern der heutigen Zeit genüsslich ausgeschlachtet werden. So folgert der esoterische Online-Videokanal Nexworld.tv aus Newtons Interesse an der Alchemie: „Aussergewöhnliche wissenschaftliche Leistungen, die die Menschheit stets mit Riesenschritten voran brachten, fussten IMMER auf dem Initial der Esoterik" [7]. So etwas aus der simplen Tatsache zu folgern, dass einzelne Personen in der Frühzeit der Wissenschaft trotz esoterischer Neugier auch gute wissenschaftliche Leistungen vollbracht haben, ist zwar einigermaßen abenteuerlich, mag aber auf den ersten Blick überzeugend klingen, wenn man seine Betrachtung genau auf diese Personen eingrenzt.

Albert Michelson hingegen, der Physiker, dessen Experimente alle herkömmlichen Theorien der Optik überfordern sollten, kokettierte nicht nur selbst damit, das zu sein, was man heute als Fachidioten bezeichnet; selbst wohlmeinende Kollegen bescheinigten ihm ein bemerkenswertes Desinteresse an Themen, die nicht sein unmittelbares Forschungsgebiet betrafen [8]. Sogar beim Malen in der knappen Freizeit beschäftigte ihn vor allem das Licht [9]. Seine Berufung fand er 1878, im Alter von 24 Jahren, als Lehrbeauftragter an der Marineakademie in Annapolis: Beim Vorbereiten einer Vorlesung über Foucaults Messung der Lichtgeschwindigkeit stieß er auf eine entscheidende Verbesserung der Methode. Durch eine veränderte Anordnung der Linsen konnte er das Licht so bündeln, dass er den Hohlspiegel durch einen ebenen Spiegel ersetzen und den Laufweg des Lichtstrahls fast beliebig verlängern konnte. So gelang ihm schon mit den einfachen Mitteln der Marineakademie eine deutliche Verbesserung von Foucaults Messung. Zwei Jahre später und mit finanzieller Hilfe seines Schwiegervaters gelang ihm die Messung der Lichtgeschwindigkeit in Luft mit einer Abweichung von unter einem Tausendstel. Immer genauere optische Messungen, vor allem rund um die Lichtgeschwindigkeit, würden Michelson für den Rest seines Lebens beschäftigen und ihn zum ersten amerikanischen Nobelpreisträger machen. Als er im Alter von 74 Jahren gefragt wurde, warum er noch einmal eine noch genauere Anlage zur Messung der Lichtgeschwindigkeit entwickelt hatte, antwortet er zunächst mit der Bedeutung von Präzisionsmessungen für die Wissenschaft, korrigierte sich dann aber: „Der wahre Grund ist, dass es solchen Spaß macht" [10].

Auf einer Forschungsreise nach Europa arbeitete Michelson mit den bedeutendsten Optikexperten seiner Zeit und begann die Interferenz von Wellen zur Untersuchung der Lichtgeschwindigkeit zu verwenden: Wenn zwei Lichtwellen sich gegenseitig verstärken oder auslöschen, je nachdem, ob die Wellenberge beider Wellen aufeinander oder jeweils auf die Wellentäler treffen, dann musste man das nutzen können, um selbst kleinste Unterschiede in der Lichtgeschwindigkeit zu erkennen. Selbst wenn die Unterschiede viel zu klein waren, um eine Veränderung in der absoluten Geschwindigkeit zu messen – für eine sichtbare Veränderung der Interferenz genügt eine Verschiebung der Wellenberge um weniger als eine halbe Wellenlänge, bei sichtbarem Licht einem Viertausendstel Millimeter. In Europa war dieses Verfahren schon von Hippolyte Fizeau verwendet worden, um eine Veränderung in der Lichtgeschwindigkeit zwischen fließendem und stehendem Wasser nachzuweisen. Gemeinsam mit dem Chemiker Edward Morley verbesserte Michelson diese Messungen, aber die größte Chance, die er in dieser Methode sah, war, die Geschwindigkeit der Erde durch den Äther zu messen.

Ob man sich den Äther nun als eine Art Flüssigkeit, als unsichtbares Gitter oder einfach nur als ein Koordinatensystem im Raum vorstellte, in dem sich die Wellen ausbreiten: Sich durch den Äther zu bewegen, müsste die Lichtgeschwindigkeit verändern. Tatsächlich konnte man sich die von Bradley beobachteten Winkel bei der Vermessung von Sternen nur dadurch erklären, dass der Äther stillstand und sich die Erde durch ihn hindurchbewegte. Hätte sich der Äther mit der Erde mitbewegt, dann hätte man den gleichen Effekt erwartet wie bei einem Auto, das genau mit der Geschwindigkeit des Rückenwindes durch den Regen fährt: Die Tropfen würden anscheinend von oben kommen, und die Bewegung des Autos wäre aus der Beobachtung des Regens nicht zu erkennen.

Nun hätte man sich theoretisch auch vorstellen können, dass die Geschwindigkeit des Lichts nicht vom Medium abhängt, in dem es sich bewegt, sondern von der Geschwindigkeit der Lichtquelle. Schließlich erreicht auch ein Speerwerfer im Lauf eine höhere Wurfgeschwindigkeit als aus dem Stand. Auch das war aber durch Bradleys Beobachtungen und ähnliche spätere Experimente ausgeschlossen. Sterne bewegen sich sehr unterschiedlich, und wenn zum Beispiel zwei Sterne umeinander kreisen, sind sie dabei oft schneller als die Erde auf ihrem Weg um die Sonne. Hinge die Lichtgeschwindigkeit von der Quelle ab, dann müsste sich die Lichtgeschwindigkeit von solchen Doppelsternen nicht nur unterscheiden – sie müsste sich auch ständig verändern, je nachdem, welcher Stern sich gerade auf die Erde zu- oder von ihr wegbewegt. Das hätten Bradley und seine Nachfolger bei der Messung der Winkel feststellen müssen: Diese Sterne müssten sozusagen am Himmel hin- und herwandern. Das tun sie aber nicht – die Lichtgeschwindigkeit muss also von der Bewegung der Quelle unabhängig sein.

Wenn sich also die Erde im Laufe des Jahres durch den stillstehenden Äther bewegte und auch die Ausbreitung des Lichts durch den Äther erfolgte, dann müsste sich die Lichtgeschwindigkeit in der Richtung der Erdbewegung gegenüber der Richtung quer dazu um ein Zehntausendstel unterscheiden – eben um die Geschwindigkeit der Erde gegenüber dem Licht. Die Messung der Lichtgeschwindigkeit als Zahl mit dem rotierenden Spiegel war zu ungenau, um eine so kleine Veränderung erkennen zu können, aber durch die Interferenz musste es möglich sein, den Unterschied der Lichtgeschwindigkeit in den beiden Richtungen nachzuweisen. Genau das war Michelsons großes Ziel. Die erste Messung machte er noch während seines Aufenthalts in Berlin – und fand nichts. Er verlagerte sein Experiment nach Potsdam, um den empfindlichen Aufbau vor dem geschäftigen Stadtleben zu schützen: wieder kein Ergebnis. Jahre später, wieder in Amerika, verbesserte er gemeinsam mit Morley sein Experiment, sodass es sicher in der Lage sein sollte, den kleinen Einfluss der Erdbewegung auf die Lichtgeschwindigkeit deutlich sichtbar zu machen. Das Ergebnis war wieder null. Weitere Verbesserungen folgten. Eine Bewegung der Erde durch den Äther war aus der Lichtgeschwindigkeit in der Luft oder im Vakuum nicht zu erkennen.

Quarkstückchen

Generationen von Einstein-Kritikern haben inzwischen versucht, die Relativitätstheorie zu widerlegen, und die meisten scheitern schon beim Versuch, Michelsons Ergebnis zu erklären. Ein über tausendseitiges Werk eines angeblichen G. O. Mueller, das 2002 ungefragt diversen deutschen Medien und Bibliotheken zugeschickt wurde, beruft sich auf die Messungenauigkeit von Michelsons Experiment [11]. Es verschweigt aber, dass die gleiche Messung inzwischen vielfach mit deutlich höherer Genauigkeit und dem gleichen Nullergebnis wiederholt wurde. Peter Graf von Ingelheim, der Patente für „Elektrische Antriebssysteme für Strassenfahrzeuge theoretisch unbegrenzter Reichweite" vermarktet [12], behauptet, die Lichtgeschwindigkeit hinge von der Lichtquelle ab [13]. Das ist, wie bereits erwähnt, durch Bradleys Messungen schon lange vor Michelson ausgeschlossen worden. Der Elektrotechniker Hartwig Thim unterscheidet zwischen der Geschwindigkeit von Wellenpaketen und der Geschwindigkeit einzelner Wellenberge, vergisst aber zu erwähnen, dass beide im Vakuum und näherungsweise auch in Luft identisch sind [14].

Somit stand die theoretische Beschreibung der Lichtgeschwindigkeit durch den Äther beim Anbruch des 20. Jahrhunderts vor dem Problem, offensichtlich widersprüchliche Messungen erklären zu müssen:

- Nach Bradleys Messungen des Winkels von Sternen konnte die Lichtgeschwindigkeit nicht von der Bewegung der Lichtquelle abhängen, sondern nur von der Bewegung des Äthers.
- Ebenfalls nach Bradleys Messungen musste dieser Äther stillstehen, während sich die Erde und auch die umgebende Luft durch ihn hindurchbewegten.
- Nach den von Michelson und Morley verbesserten Messungen der Lichtgeschwindigkeit in Wasser musste der Äther sich mit dichter Materie wie Wasser oder Glas teilweise (aber nicht vollständig) mitbewegen.
- Nach den Messungen der Lichtgeschwindigkeit von Michelson und Morley musste sich der Äther aber auch in der Luft noch mit exakt gleicher Geschwindigkeit mit der Erde mitbewegen.

Alle diese Experimente wurden jeweils durch weitere, ähnliche Messungen anderer Wissenschaftler bestätigt, aber in der Summe waren sie ein Problem. Je nachdem, wie man versuchte, die Bewegung des Äthers zu messen, bewegte er sich einmal gar nicht, einmal teilweise und einmal genau wie die Erde.

Renommierte Physiker an den bekanntesten Universitäten Europas begannen, die Theorien an die neuen Beobachtungen anzupassen. Ergänzungen wurden eingeführt; Korrekturen oder Täuschungen des Beobachters sollten erklären, warum Messungen nicht das Ergebnis zu haben schienen, das sie doch offensichtlich haben mussten. Inzwischen führten aber auch Messungen zur Elektrizität und mit radioaktiven Materialien zu unerklärlichen Ergebnissen. Es lag etwas in der Luft.

Zum Mitnehmen

Die Relativitätstheorie ist nicht als geniale Idee vom Himmel gefallen. Eine neue Theorie war notwendig, weil die klassische Physik wichtige neue Beobachtungen nicht mehr erklären konnte.

2.2 Durch den gordischen Knoten – Die spezielle Relativitätstheorie

Das verrückte Licht in einer normalen Welt?

Einer der bis heute bekanntesten Theoretiker, die sich um 1900 mit dem Problem der Lichtausbreitung im Äther beschäftigten, war der Leidener Physikprofessor Hendrik Lorentz, im engen Austausch mit Henri Poincaré in Paris. Der Anspruch von Lorentz' Elektronentheorie ging weit über die Optik hinaus: Er suchte eine umfassende Theorie von Materie und Kräften. Der Äther war darin keine unsichtbare Substanz, in der sich Wellen ausbreiteten und die von der Erde auf ihrem Weg durchs All mitgeschleift werden konnte, sondern eine Art abstraktes, festes Koordinatensystem im Raum. Das Problem mit einem solchen festen Koordinatensystem ist, dass sich die Lichtgeschwindigkeit darin nach Michelsons Messungen höchst merkwürdig verhält.

Um die gemessene Eigenschaft des Lichts anhand eines Alltagsobjekts zu verdeutlichen, stelle man sich folgende offenbar paradoxe Situation vor: Drei Beobachter versuchen, die Geschwindigkeit eines vorbeifahrenden schnellen Sportwagens zu messen. Ein Beobachter am Straßenrand misst die Zeit, die der Sportwagen für eine gewisse Strecke braucht und kommt zum Ergebnis, dass der Wagen 200 km/h fährt. Inzwischen ist ein zweites Fahrzeug auf der gleichen Straße unterwegs; der Tacho zeigt 100, während es vom Sportwagen überholt wird. Aus der Zeit, die der Sportwagen zum Überholen braucht, errechnet der Fahrer des zweiten Fahrzeugs, dass der Flitzer volle 200 km/h schneller sein muss als er, also 300 km/h. Ein drittes Fahrzeug fährt in der Gegenrichtung, ebenfalls mit Tempo 100. Auch dieser Fahrer sieht den Sportwagen an sich vorbeiflitzen, ebenfalls mit 200 km/h Unterschied zu seinem eigenen Auto. Seiner Messung nach kann der Sportwagen also nur 200 minus seine eigenen 100, also 100 km/h schnell sein. Es handelt sich aber bei allen drei Messungen um den gleichen Sportwagen zum gleichen Zeitpunkt. Dieses Bild beschreibt nicht irgendeine Theorie – genau wie dieser Sportwagen verhält sich nach Michelsons Messungen das Licht. Egal wie schnell und in welcher Richtung man sich selbst bewegt; das Licht bewegt sich im leeren Raum immer mit gleicher Geschwindigkeit am Beobachter vorbei.

Ausgehend von Lorentz' Prämisse, dass die Messungen nicht durch Bewegungen des Äthers zu erklären sind, müssen die unterschiedlichen Messergebnisse von den Beobachtern verursacht werden. Was unterscheidet aber die drei Beobachter? Nur ihre Bewegung. Jeder Beobachter bestimmt die Lichtgeschwindigkeit relativ zu seiner eigenen Geschwindigkeit, physikalisch ausgedrückt „in seinem Bezugssystem".

Über die Umrechnung (Transformation) von Messungen von einem Bezugssystem in ein anderes hatte sich schon Galileo Galilei Gedanken gemacht. Die Galilei-Transformation besagt, einfach ausgedrückt, dass Längen und Zeiten in allen Bezugssystemen gleich sind und man beim Umrechnen von einem System in ein anderes einfach die Geschwindigkeit des Systems zur gemessenen Geschwindigkeit im System addieren kann. Genau das tun wir, wenn wir berechnen, dass ein Auto, das 200 km/h schneller fährt als eines, das 100 km/h fährt, 300 km/h fahren muss. Diese Rechnung ist für unser Alltagserleben so selbstverständlich, dass wir kaum darüber nachdenken, dass wir damit überhaupt eine Umrechnung zwischen Bezugssystemen unterschiedlicher Beobachter vornehmen.

Für Messungen der Lichtgeschwindigkeit war die Galilei-Transformation aber offensichtlich nicht geeignet. Lorentz suchte also eine Umrechnung, bei der in jedem Bezugssystem der gleiche Wert für die Lichtgeschwindigkeit gemessen wird. Gleichzeitig sollte die neue Transformation natürlich auch auf alle anderen Geschwindigkeiten anwendbar sein. Sie musste also bei den Geschwindigkeiten unseres Alltagserlebens wieder zum gleichen Ergebnis führen wie unsere alltägliche Galilei-Transformation. Schließlich musste die Umrechnung von einem bewegten System zu einem stillstehenden und dann weiter in ein anderes bewegtes System zum gleichen Ergebnis führen wie die direkte Transformation von einem bewegten System in ein anderes.

Aus diesen Anforderungen ergab sich auch automatisch eine weitere Eigenschaft von Lorentz' neuer Transformation. Eine Geschwindigkeit ist eine Länge pro Zeit. Wenn in beiden Bezugssystemen die in der gleichen Zeit vom Licht innerhalb des Systems zurückgelegte Länge gleich ist, obwohl sich die Systeme unterschiedlich bewegen, dann können die Begriffe von Länge und Zeit in beiden Systemen nicht dieselben sein. Entweder vergeht die Zeit in einem System langsamer als im anderen oder die gleiche Strecke (und damit auch derselbe Gegenstand) hat je nach System eine andere Länge. Beides klingt verrückt, aber auch das ist nicht das Ergebnis einer Theorie, sondern es ist für eine Theorie zu der gemessenen, konstanten Lichtgeschwindigkeit eigentlich von Anfang an unvermeidlich.

Lorentz orientierte sich bei der Entwicklung seiner Äthertheorie an allen bis dahin bekannten Experimenten. Systematisch versuchte er, seine Formeln so anzupassen, dass sie möglichst alle Messungen erklären konnten. Gleichzeitig stand er im regen Austausch mit Kollegen in den wissenschaftlichen Zentren

Europas, nahm Anregungen und Teile ihrer Formeln auf und reagierte auf Kritik. In der mathematischen Lösung, zu der dieses sehr modern anmutende Forschernetzwerk über einen Zeitraum von fast 20 Jahren schließlich kam, hängen sowohl die Längen als auch die Zeit vom System ab. Für einen Beobachter, der sich gegenüber dem Äther bewegt, vergeht die Zeit langsamer. In der Richtung, in der er sich bewegt, sind auch die Längen aller nicht mit ihm bewegten Objekte verkürzt. Je schneller sich der Beobachter bewegt, desto langsamer vergeht für ihn die Zeit, und desto stärker verkürzen sich die Längen dieser Objekte. Physiker sprechen von einer Zeitdilatation und einer Längenkontraktion.

In der von Lorentz formulierten Theorie sind diese verlangsamte Zeit und diese verkürzten Längen aber nicht die tatsächlichen, objektiven Werte. Seine tatsächliche Länge hat ein Objekt, wenn es im Äther stillsteht, und ein in diesem absoluten Raum stillstehender Beobachter würde auch die tatsächliche Zeit vergehen sehen. Nur durch die Bewegung gegenüber dem Äther entsteht eine falsche, rein rechnerische „Ortszeit", und nur durch diese Bewegung erscheinen dem Beobachter auch Längen verzerrt. Anders als wir es gleich in der Relativitätstheorie sehen werden, gibt es für Lorentz also durchaus eine eindeutige Zeit, und Objekte haben klar bestimmte Ausdehnungen und Abstände. Wir können nur beides nicht direkt messen, weil wir samt der Erde, auf der wir leben, in ständiger Bewegung durch den Äther sind. Nur für die Lichtgeschwindigkeit messen wir genau den gleichen Wert wie ein stillstehender Beobachter, weil sich die Veränderungen der Zeit und der Längen in der Bewegung wunderbarerweise gerade so ergänzen, dass auch in dem bewegten System das Licht in der gleichen Zeit die gleiche Strecke zurücklegt.

Bevor wir uns der eigentlichen Relativitätstheorie zuwenden, lohnt es sich, einen Blick auf die grundlegenden Berechnungen der Lorentz-Transformation in Anhang 1 zu werfen. Die Formeln tauchen nämlich völlig identisch auch in der Relativitätstheorie auf. Wer sich auf den kleinen mathematischen Exkurs einlässt, kann darin die Zusammenhänge sowohl zur Entstehung der Lorentz-Transformation als auch zu unserer Alltagsphysik wiederfinden. Die dargestellten Formeln setzen lediglich Schulmathematik voraus. Aus diesen Formeln lässt sich dann auch erkennen, dass die Lorentz-Transformation immer mehr der Galilei-Transformation unserer klassischen Physik ähnelt, je langsamer sich die Beobachter bewegen. Bei den im Vergleich zur Lichtgeschwindigkeit sehr geringen Geschwindigkeiten unseres Alltags kommt mit der Lorentz-Transformation mit extrem hoher Genauigkeit das Gleiche heraus wie in der klassischen Physik.

Zum Mitnehmen

Die unserer Alltagserfahrung widersprechenden Ergebnisse, die sich aus der Relativitätstheorie ergeben, sind keine Erfindung der Theoretiker. Schon die damals beobachteten Eigenschaften des Lichts entsprechen nicht unseren Alltagserfahrungen, und jede Theorie, die sie beschreiben sollte, musste zwangsläufig zu ganz neuen Aussagen führen.

Von harmlosen Annahmen zur ganz neuen Sicht der Welt

Von der Grundidee her hat Lorentz' Theorie mit dem, was wir heute als Relativitätstheorie bezeichnen, nicht viel zu tun. Seine Gleichungen hat Lorentz entwickelt, um die Ergebnisse sehr unterschiedlicher Experimente mit der Idee eines feststehenden Äthers vereinbaren zu können. Die Zeit vergeht für den bewegten Beobachter nur rechnerisch langsamer, und die veränderten Längen erklärt Lorentz durch einen elektromagnetischen Effekt. Damit verletzt seine Theorie aber ein Grundprinzip, das der Physik seit Galilei sehr wichtig war, nämlich das Relativitätsprinzip. Nach dem Relativitätsprinzip muss für jeden Beobachter, der sich gleichförmig (also weder beschleunigt noch abgebremst) bewegt, die gleiche Physik gelten. Alle gleichförmig bewegten Systeme (physikalisch als Inertialsysteme bezeichnet) sollten voneinander nicht unterscheidbar sein. Dann kann aber nicht ein stillstehender Beobachter die richtige Zeit messen und ein gleichförmig dazu bewegter eine rein rechnerische Ortszeit.

Genau dieses Relativitätsprinzip war aber der Ausgangspunkt der Überlegungen eines jungen Mannes, der sich gleichzeitig mit Lorentz mit den gleichen Problemen beschäftigte. Albert Einstein war vor 1905 kein etablierter Wissenschaftler, sondern junger Angestellter des Berner Patentamts, der nebenbei an mehreren theoretischen Arbeiten, darunter seiner Doktorarbeit, schrieb. Ohne ein Netzwerk internationaler Kollegen, wie es Lorentz hatte, folgte er nicht den neuesten Fragestellungen und experimentellen Messungen, sondern war auf bekannte, lange veröffentlichte Ergebnisse angewiesen. So versuchte Einstein nicht, einzelne Messungen zu erklären, sondern baute seine Theorie auf zwei zentralen Voraussetzungen auf. Beide Voraussetzungen waren natürlich mit dem damaligen Wissensstand vereinbar, konnten aber keineswegs als gesichert gelten. Einstein ging also das Risiko ein, eine weitgehend nutzlose Theorie zu produzieren, falls sich diese Voraussetzungen später als unhaltbar erweisen würden. Dieses Risiko war in seiner persönlichen Situation aber überschaubar: Einstein arbeitete an mehreren sehr unterschiedlichen Themen gleichzeitig, und eine kreative, sauber ausgearbeitete Theorie hätte ihn einer wissenschaftlichen Karriere auch dann nähergebracht, wenn ihre Annahmen später widerlegt worden wären.

Die erste zentrale Voraussetzung dessen, was heute als die spezielle Relativitätstheorie bezeichnet wird, ist das bereits genannte Relativitätsprinzip. Wenn sich mehrere Beobachter mit unterschiedlicher Richtung oder Geschwindigkeit bewegen und dabei nicht beschleunigt werden (es sich also um Inertialsysteme handelt), gelten aus der Sicht jedes einzelnen Beobachters die gleichen physikalischen Gesetze. Die Beobachter werden die Bewegungen von Objekten unterschiedlich wahrnehmen, aber jeder kann diese Bewegungen mit denselben Gleichungen und denselben Naturkonstanten beschreiben. Somit kann man auch nicht sagen, dass die Messungen im Bezugssystem eines Beobachters richtiger sind als in einem anderen. Folglich ist nicht bestimmbar, welcher Beobachter stillsteht und welcher sich bewegt. Man kann die Bewegungen nur relativ zueinander beschreiben. Diese Idee stammt nicht von Einstein, sondern schon von Galilei.

Die zweite Voraussetzung ist, dass die Lichtgeschwindigkeit in jedem dieser Bezugssysteme den gleichen Wert hat, unabhängig von Bewegungen der Lichtquelle oder des Beobachters. Das ist in gewisser Weise eine Verallgemeinerung der Messungen von Michelson und Morley, wobei Einstein später gern behauptet hat, dieses Experiment damals noch gar nicht gekannt zu haben. Zumindest theoretische Abhandlungen über die Konsequenzen aus diesem und ähnlichen Experimenten waren ihm aber bekannt [15].

Die mathematische Formulierung, zu der Einstein auf Basis dieser Annahmen kam, ist bemerkenswerterweise die gleiche, zu der gleichzeitig auch Lorentz in seiner Äthertheorie gelangte. Die Umrechnung, die in der Relativitätstheorie vom Bezugssystem eines bewegten Betrachters zu einem anderen führt, ist identisch mit der, die Lorentz verwendete, um Ergebnisse von einem bewegten Bezugssystem in den ruhenden Äther umzurechnen. Deshalb wird heute die Lorentz-Transformation als Teil der Relativitätstheorie betrachtet.

Tatsächlich unterscheiden sich beide Theorien aber nicht nur in ihrer Entstehung, sondern auch in der Interpretation ihrer Ergebnisse. Während bei Lorentz nur Zeiten und Längen im ruhenden Äther korrekt sind und jeder bewegte Beobachter (somit auch jeder auf der Erde) im Prinzip falsche Werte misst, sind nach der Relativitätstheorie die Zeit- und Längenmessungen in allen Inertialsystemen gleichwertig, selbst wenn sie zu unterschiedlichen Ergebnissen führen. Damit kann man auch von keinem System sagen, dass es in Ruhe ist. Ein Äther kommt in dieser Theorie nicht vor, weder als ein Medium, in dem sich Wellen bilden könnten, noch als eine in irgendeiner Form feste Struktur oder auch nur als unbewegtes Koordinatensystem im Raum.

Dass die entscheidenden Gleichungen beider Theorien identisch sind, hat aber eine wichtige Konsequenz: Kein Experiment, dessen Ergebnisse auf diesen Gleichungen beruhen, kann zwischen der Lorentz'schen Äthertheorie und der Relativitätstheorie entscheiden. Misst jemand in einem Experiment mit schneller Bewegung eine Zeitdilatation oder eine Längenkontraktion (und genau das tun die meistzitierten Tests der speziellen Relativitätstheorie), dann kann er diese ebenso gut mit der Lorentz'schen Äthertheorie wie mit der speziellen Relativitätstheorie erklären [16].

Dass sich Einsteins Sichtweise letztlich durchgesetzt hat, liegt vor allem daran, dass sich aus ihr noch wesentlich weitergehende Aussagen ableiten lassen, die sich in Experimenten ebenfalls gut bewährt haben. Gerade diese Folgerungen sind es aber, die die Relativitätstheorie für unseren an Alltagsphänomene gewöhnten Verstand so schwer verdaulich machen. Sie ergeben sich vor allem daraus, dass in der Relativitätstheorie die Zeitdilatation und die Längenkontraktion nicht nur als rechnerische Größen oder Messeffekte, sondern als tatsächliche Veränderungen von Raum und Zeit betrachtet werden. Das hat entscheidende Konsequenzen.

> **Zum Mitnehmen**
>
> Es war nicht von Anfang an aufgrund irgendeiner Genialität klar, dass die Relativitätstheorie zutreffend sein musste. Sie war zunächst eine rein theoretische Überlegung basierend auf spekulativen Annahmen, von der sich erst im Laufe der Zeit herausgestellt hat, dass sie die Natur korrekt beschreibt.

Ungeahnte Konsequenzen

Ein bekannter, weil besonders verblüffender Effekt der speziellen Relativitätstheorie ist das sogenannte Zwillingsparadoxon: Man stellt sich vor, man beschleunigt eine von zwei gleich alten Versuchspersonen mit einem sehr schnellen Raumschiff auf eine Geschwindigkeit nahe an der Lichtgeschwindigkeit, lässt sie längere Zeit mit dieser Geschwindigkeit reisen und bringt sie dann mit gleicher Geschwindigkeit zum Ursprungsort zurück. Dann wäre für den Reisenden aufgrund seiner hohen Geschwindigkeit die Zeit langsamer vergangen, und er wäre am Ende seiner Reise weniger gealtert als der zurückgebliebene Partner (siehe Abb. 2.5). Hier entsteht scheinbar ein Widerspruch zum Relativitätsprinzip, denn aus der Sicht des Reisenden müsste man ja eigentlich annehmen können, selbst stillgestanden zu haben, während die andere Versuchsperson sich bewegt hat. Genau das kann man in diesem Fall aber nicht, denn der Reisende ist auf seinem Weg in die Ferne und zurück ja zweimal beschleunigt und wieder abgebremst worden. Er war also zwischenzeitlich nicht in einem Inertialsystem und das Relativitätsprinzip gilt für ihn nicht.

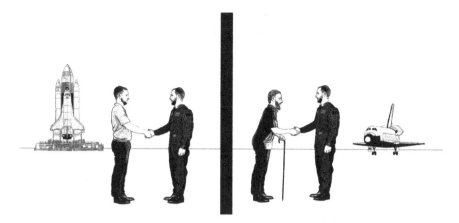

Abb. 2.5 Zwillingsparadoxon: Ein Weltraumreisender, der eine lange Strecke bei Geschwindigkeiten nahe an der Lichtgeschwindigkeit zurückgelegt hat, wäre bei seiner Rückkehr weniger gealtert als sein auf der Erde gebliebener Zwilling, weil bei den hohen Geschwindigkeiten für ihn die Zeit langsamer vergangen ist. (Illustration: Birte Svea Metzdorf)

Eine Verjüngungskur wäre eine solche Reise auch nicht. So würde der rasende Astronaut zwar aus der Sicht der zurückgebliebenen Erdlinge langsamer altern, aber mehr vom Leben hätte er dadurch nicht. Seine Zeit verginge ja langsamer; er könnte also in seinem nur aus Erdensicht längeren Leben keine einzige zusätzliche Zeile lesen oder die scheinbar gewonnene Zeit überhaupt wahrnehmen. Praktische Relevanz für echte Menschen hat das Zwillingsparadoxon ohnehin nicht. Keine Geschwindigkeit, die ein Mensch mit heutiger Technologie erreichen kann, hätte einen Effekt, der für die Dauer unseres Lebens irgendwie biologisch relevant wäre. Neben dem Energieaufwand und dem technologischen Problem, entsprechende Energievorräte auf der Reise mitzuführen, stünde einer solchen Reise auch die begrenzte Belastbarkeit des menschlichen Körpers für große Beschleunigungen entgegen. Schnelles Autofahren genügt jedenfalls nicht, um das Leben zu verlängern, sondern bewirkt unter Umständen höchstens das Gegenteil. Bei Weltraumreisen käme noch hinzu, dass durch die allgemeine Relativitätstheorie mit zunehmender Entfernung von Erde und Sonne die Zeit sogar schneller verginge, wie wir in Abschn. 2.4 sehen werden – von beschleunigter Zellalterung durch kosmische Strahlung ganz zu schweigen.

Für kurzlebige kleinste Teilchen hingegen ist das verlangsamte Altern bei schneller Bewegung mit vergleichsweise einfachen Mitteln messbar. Myonen, eine Art schwereres Gegenstück zu den Elektronen, haben, wenn sie sich nicht schnell bewegen, eine mittlere Lebensdauer von rund zwei Millionstel Sekunden, was im Labor messbar ist. Wenn aus der Sicht der Teilchen einige Millionstel Sekunden vergangen sind, sind die meisten von ihnen schon zerfallen. Solche Myonen entstehen ständig in der Atmosphäre in Höhen von etwa 10 bis 50 km aus der kosmischen Strahlung, die aus dem All auf die Erdatmosphäre trifft. Bei ihrer gemessenen Lebensdauer müssten diese Myonen selbst mit beinahe Lichtgeschwindigkeit von 300.000 km/s nur eine mittlere Weglänge etwa 600 m zurücklegen, bevor die meisten von ihnen zerfallen sind. Es dürften also praktisch keine Myonen aus diesem Prozess die Erdoberfläche erreichen. Durch die Zeitdilatation vergeht für diese schnellen Myonen aber die Zeit wesentlich langsamer, sodass jeder Quadratmeter Erdboden pro Sekunde von rund 100 Myonen getroffen wird. Die Relativitätstheorie so bei der Arbeit zu beobachten, ist sogar relativ einfach: 2014 gelang der Dresdner Gymnasiastin Rowina Caspary der Nachweis solcher Myonen mit einer selbst gebastelten Nebelkammer aus haushaltsüblichen Materialien wie Plastikfolie, Spiritus, einer Wärmflasche und Kühlkompressen [17]. Das Prinzip dieser Nebelkammer ist noch sehr ähnlich wie beim ersten Nachweis von Myonen im Jahr 1936, spannend ist aber der von der Schülerin entwickelte, sehr einfache Aufbau aus alltäglich verfügbarem Material.

Für unsere Vorstellungskraft ist die Relativitätstheorie aber eine umso größere Herausforderung. So führt die Vorstellung eines Signals, das schneller als das Licht übertragen werden könnte, nicht nur zu einer negativen Zahl unter einer Wurzel in der Lorentz-Transformation, sondern zu handfesten logischen Widersprüchen. Man stelle sich eine Weltraumschlacht zwischen Raumschiff Enterprise und einem Raumschiff der Romulaner vor, in dem beide Schiffe mit überlichtschnellen Strahlenwaffen und ohne Schutzschilde aufeinander schießen. Beide Kapitäne erteilen den Schießbefehl, während die Schiffe mit hoher Geschwindigkeit – aber langsamer als das Licht – aneinander vorbeifliegen. Eine Sekunde später feuern die Waffen beider Schiffe. Aus der Sicht von Captain Picard, der sich selbst in seinem Bezugssystem Raumschiff Enterprise ja als stillsitzend erlebt, würde die Zeit für das sich schnell davonbewegende Romulanerschiff langsamer vergehen, sodass dieses getroffen wird, bevor dort die eine Sekunde vergangen ist und es selbst schießen kann. Aus der Sicht des Romulanerkapitäns ist es aber genau umgekehrt, und die Zeit vergeht für die Enterprise langsamer, sodass diese getroffen wird, bevor Lieutenant Worf den Befehl von Captain Picard umsetzen kann. Jedes der beiden Schiffe wird also zerstört, bevor es selbst geschossen hat, sodass eigentlich keines der beiden Raumschiffe zum Schuss kommt, wodurch keines zerstört wird, also doch beide schießen können und so weiter (siehe Abb. 2.6). Nur wenn sich die Strahlen der Waffen maximal mit Lichtgeschwindigkeit ausbreiten, ist gesichert, dass sie sich im Flug begegnen, sodass beide Schiffe erst getroffen werden, nachdem sie

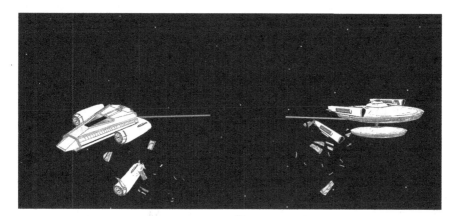

Abb. 2.6 Duell von zwei fiktiven Raumschiffen, deren Strahlenwaffen ihr Ziel schneller erreichen als das Licht. Da für beide Schiffe durch ihre eigene Bewegung die Zeit langsamer vergeht, könnten sich beide Schiffe je nach Beobachter schon gegenseitig zerstört haben, bevor sie überhaupt geschossen haben. Widersprüche dieser Art könnten nach der Relativitätstheorie immer auftreten, wenn Information schneller übertragen würde als mit Lichtgeschwindigkeit. (Illustration: Birte Svea Metzdorf)

selbst gefeuert haben, wodurch der logische Widerspruch aufgehoben wird. Jede Annahme einer Information, die sich schneller ausbreitet als das Licht im Vakuum, kann in der Relativitätstheorie zu Widersprüchen dieser Art führen. Dementsprechend darf sich nach der Relativitätstheorie keine Information (und somit auch keine Materie) schneller fortbewegen als mit der Vakuum-Lichtgeschwindigkeit.

Quarkstückchen

Rein mathematisch kann man mit einigen Tricks (sogenannten imaginären Zahlen) auch in der Relativitätstheorie die Bewegung von Objekten berechnen, die schneller wären als das Licht. Sie würden aber zu den eben genannten logischen Problemen führen, und beobachtet hat solche Objekte in über 100 Jahren auch niemand, nicht einmal in der Form kleinster Teilchen. Neue physikalische Theorien, die solche überlichtschnellen Teilchen, sogenannte Tachyonen, vorhersagen, werden also eher mit Skepsis betrachtet. Sie müssten zumindest eine Erklärung liefern, warum man diese Tachyonen noch nie gefunden hat. Das hielt ein Wellnessbad in Oberbayern aber nicht davon ab, eine Massage mit der Hilfe solcher Tachyonen anzubieten. Der Begriff wurde dabei offensichtlich nicht in einem übertragenen Sinn verwendet, denn der Anbieter erläuterte: „Tachyonen sind überlichtschnelle ‚Teilchen', die von Quantenphysikern als die Basis bzw. Quelle aller Materie und Formen in unserem Universum beschrieben werden" [18]. Was immer diese Massage bewirken soll, diese Erklärung ist weder mit der Relativitätstheorie noch mit dem heutigen Stand der Quantenphysik vereinbar.

Wenn sich Information nicht schneller ausbreiten kann als das Licht, verliert bei den zeitlichen und räumlichen Maßstäben, für die die Relativitätstheorie relevant wird, der ganze Begriff von Gleichzeitigkeit an Bedeutung. Wenn zwei Ereignisse an unterschiedlichen Orten gleichzeitig stattfinden sollten, müsste die Information darüber ja auch gleichzeitig, also mit unendlicher Geschwindigkeit, übertragen werden. Tatsächlich erlebt aber ein Betrachter an einem Ort das Ereignis am anderen Ort immer verzögert, weil das Signal darüber ihn nur mit Lichtgeschwindigkeit erreicht. Auch Uhren an unterschiedlichen Orten zeigen nach der Relativitätstheorie nie dieselbe Zeit an, weil das Signal zum Stellen der jeweils anderen Uhr eine endliche Zeit braucht, um diese zu erreichen.

Ähnlich seltsam wird es, wenn man sich die Massen schnell bewegter Objekte ansieht. Nehmen wir an, von einer Raumstation entfernen sich zwei gleich schwere Raumschiffe in genau entgegengesetzter Richtung mit jeweils 90 % der Lichtgeschwindigkeit (siehe Abb. 2.7). Dann muss für alle Beobachter im Prinzip die gleiche Physik gelten. Unter anderem sollte für jeden Beobachter der Schwerpunkt des Gesamtsystems gleich sein. Für einen

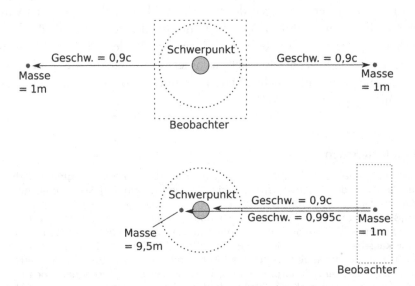

Abb. 2.7 Zwei Raumschiffe, die sich von einer Raumstation entfernen, einmal aus der Sicht der Station und einmal aus der Sicht eines der Schiffe. Aus der Sicht der Station haben beide Schiffe die gleiche Masse und entfernen sich mit 0,9-facher Lichtgeschwindigkeit. Aus der Sicht eines Raumschiffs entfernt sich die Station mit 0,9-facher Lichtgeschwindigkeit, das zweite Schiff nach der Lorentz-Transformation mit 0,995-facher Lichtgeschwindigkeit. Da der Schwerpunkt des Gesamtsystems weiterhin bei der Station liegen sollte, muss die Masse des sich entfernenden Schiffes deutlich größer geworden sein

Beobachter in der Raumstation ist das sehr einfach: Beide Raumschiffe sind gleich schnell und gleich schwer, also bleibt der Schwerpunkt immer in der Mitte, bei der Raumstation. Damit ist klar, dass der Schwerpunkt auch aus der Sicht der anderen Betrachter immer bei der Raumstation liegen muss.

Für einen Beobachter auf einem der beiden Raumschiffe sieht die Situation aber komplizierter aus. Auch dieser Beobachter erlebt sich selbst als stillstehend. Aus seiner Sicht entfernt sich also die Raumstation mit 90 % der Lichtgeschwindigkeit. Das zweite Raumschiff entfernt sich noch schneller als die Raumstation, kann aber natürlich nicht mit 180 % der Lichtgeschwindigkeit fliegen. Nach der Lorentz-Transformation erlebt der Beobachter, dass sich das zweite Raumschiff mit 99,5 % der Lichtgeschwindigkeit entfernt. Aus der Sicht dieses Beobachters ist also die Raumstation nicht mehr in der Mitte zwischen den beiden Schiffen, sondern deutlich näher am anderen Schiff. Wie kann es aber sein, dass der Schwerpunkt beider Schiffe immer noch bei der Raumstation ist, obwohl aus der Sicht dieses Betrachters das andere Schiff deutlich näher an der Station ist als sein eigenes? Das Problem erlaubt eigentlich nur eine Lösung: Beide Raumschiffe können nicht mehr gleich schwer sein. Die Masse des anderen Raumschiffs muss zugenommen haben.

Allgemeiner ausgedrückt, je näher ein Objekt an die Lichtgeschwindigkeit heranbeschleunigt wird, desto größer wird seine Masse. Jetzt kann man die Energie E berechnen, die man einem Teilchen zuführen muss, damit seine Masse um den Wert m zunimmt, während es sich der Lichtgeschwindigkeit c annähert. Dann erhält man eine sehr bekannte Formel:

$$E = mc^2.$$

Diese Gleichung bedeutet also nicht, dass der materiellen Welt irgendeine nichtmaterielle Welt der reinen Energie entspricht. Sie bedeutet zunächst einmal einfach nur, dass Materie, wenn man ihr Energie zuführt, ein wenig an Masse gewinnt. Diese Energie muss man irgendwie auf die Materie übertragen, zum Beispiel durch elektromagnetische Strahlung. Damit kann man jetzt auch der Strahlung rechnerisch eine sogenannte relativistische Masse zuordnen, nämlich genau die Masse, die Materie gewinnt, wenn man ihr die Energie dieser Strahlung zuführt. Das wird sinnvoller erscheinen, wenn wir in Kap. 3 sehen, dass sich Strahlung unter bestimmten Bedingungen tatsächlich sehr ähnlich wie Materie verhalten kann.

Da c^2 eine extrem große Zahl ist, braucht man allerdings gigantische Mengen an Energie, um einen messbaren Massenunterschied zu erzeugen. Die Energie, die für einen Massenzuwachs von nur einem Gramm notwendig ist, entspricht dem Heizwert von mehr als 2000 t Heizöl.

Wenn man aber nun einen solchen Zusammenhang von Energie und Masse gefunden hat und weiß, dass das Universum in einem energiereichen Ereignis entstanden sein muss, das wir Urknall nennen, dann liegt es relativ nahe, sich diesen Urknall so vorzustellen, dass dabei alle Masse im Universum aus gigantischen Mengen Energie entstanden ist. Nachprüfbar ist das natürlich nur in Form indirekter Hinweise, aber von der Relativitätstheorie her ist es denkbar. Bei der Quantenmechanik in Kap. 3 werden wir sehen, dass es aber doch ein wenig komplizierter ist, als es sich auf den ersten Blick ausnimmt.

Als Einstein 1905 die spezielle Relativitätstheorie veröffentlichte, konnte man außer den in Abschn. 2.1 erwähnten Experimenten kaum eindeutige Tests zu seinen Aussagen machen. Den Bezug der Formeln zur physikalischen Realität konnte Einstein oft nur durch Gedankenexperimente herstellen. In den folgenden 100 Jahren konnte aber praktisch jede Vorhersage der speziellen Relativitätstheorie in unterschiedlichsten Variationen getestet werden. Immer wieder wurden und werden solche Tests systematisch gemacht, um die Gültigkeit der Relativitätstheorie auch in Extremsituationen auf die Probe zu stellen. In Tausenden anderen Experimenten wird die Relativitätstheorie inzwischen als selbstverständlich vorausgesetzt. Eine Abweichung von ihren Vorhersagen würde aber auch in diesen Experimenten in Form von Messfehlern auffallen. Bis heute wurden dabei niemals nachprüfbare Abweichungen von den Aussagen der Relativitätstheorie gefunden. Schon lange bevor wir uns in Kap. 4 der Frage zuwenden, was eine gute wissenschaftliche Theorie ausmacht, können wir somit auf alle Fälle eines festhalten: Die spezielle Relativitätstheorie, so seltsam ihre Aussagen unserem auf Alltagsphänomene trainierten Verstand auch vorkommen, gehört zu den erfolgreichsten Ideen der Wissenschaftsgeschichte.

Zum Mitnehmen

Längen, Zeiten und Massen, die ein Beobachter misst, hängen nach der Relativitätstheorie von seiner eigenen Bewegung ab – aber auch nur von seiner Bewegung. Sobald man weiß, wie sich der Beobachter bewegt, kann man berechnen, welche Werte er messen wird. Aus der Relativitätstheorie folgt aber auf keinen Fall, dass „alles relativ" wäre oder gar die physische Realität durch subjektive Wahrnehmung oder gar Gedanken bestimmt würde.

2.3 Das Undenkbare weitergedacht – Die allgemeine Relativitätstheorie

So erfolgreich die spezielle Relativitätstheorie auch ist, sie hat einen entscheidenden Makel: Sie beschreibt die Welt aus der Sicht von Beobachtern, die so eigentlich nirgends existieren. Damit ist nicht gemeint, dass menschliche Beobachter auf absehbare Zeit kaum mit einem Tempo nahe der Lichtgeschwindigkeit durchs All rasen werden. Wie schon die Experimentatoren des 19. Jahrhunderts erkannt haben, genügt auch schon die Geschwindigkeit der Erde um die Sonne, um bei sehr genauen Messungen kleinste Abweichungen von den Erwartungen der klassischen Physik festzustellen.

Das Problem mit der speziellen Relativitätstheorie samt der Lorentz-Transformation ist, dass sie nur Systeme beschreibt, die sich ohne jegliche Beschleunigung in gerader Linie bewegen, sogenannte Inertialsysteme. Ein solches System fände sich zum Beispiel innerhalb eines Autos, das mit konstanter Geschwindigkeit über die Autobahn fährt. Versucht der PS-protzende Fahrer aber seine Mitreisenden zu beeindrucken, indem er das Gaspedal durchtritt, dann wird das Auto beschleunigt, und die Insassen werden in die Sitze gepresst. Am Auftreten dieser Kraft können die Insassen erkennen, dass sie sich nicht mehr in einem Inertialsystem befinden. Das Gleiche gilt natürlich beim Bremsen. Aber auch in der nächsten Kurve wirkt eine Kraft auf die Insassen des Wagens, die sie dann zur Seite zieht: Eine Kurvenfahrt ist nichts weiter als eine Beschleunigung zur Seite; das Fahrzeug in der Kurve ist also kein Inertialsystem, und die spezielle Relativitätstheorie kann es nicht mehr exakt beschreiben.

Wie das Auto in der Kurve wird jeder, der sich auf einer Kreis- oder Ellipsenbahn bewegt, ununterbrochen zur Rotationsachse hin beschleunigt. Das merken wir mitunter nicht, wenn die Krümmung sehr gering ist und die Schwerkraft sehr viel stärker als die auftretende Fliehkraft. So spüren wir die Erddrehung nicht, aber wir bewegen uns ständig auf einer Kreisbahn um die Erdachse, werden also wie die Insassen des Autos in der Kurve ständig beschleunigt. Ohne diese Beschleunigung müssten wir uns geradeaus weiterbewegen, während sich die Erde unter uns hinwegdreht. Auch die für die Erforschung der Lichtgeschwindigkeit so wichtige Bewegung der Erde um die Sonne erfolgt eben nicht geradlinig. Zudem kreist unser ganzes Sonnensystem um das Zentrum der Milchstraße, die sich wiederum unter dem Einfluss der Schwerkraft anderer Galaxien bewegt. Im ganzen Universum finden wir weit und breit kein sich wirklich gleichförmig bewegendes Objekt.

Die spezielle Relativitätstheorie geht also eigentlich von falschen Annahmen aus. Korrekter ausgedrückt beschreibt sie die Realität nur mit gewissen Ungenauigkeiten, die davon abhängen, wie stark ein Objekt von einer geradlinigen Bewegung abweicht. Ziemlich gut ist die Näherung dann, wenn es um kleinste Teilchen wie die Myonen geht, deren extrem schneller Flug durch ihre geringe Schwerkraft nur minimal beeinflusst wird. Schlecht wird die Näherung allerdings immer dann, wenn sich tatsächlich menschliche Beobachter einmal einigermaßen schnell bewegen, denn das tun sie in der Regel auf einer Umlaufbahn. Menschliche Beobachter kann man sich aber besonders gut vorstellen, weshalb sie in Gedankenexperimenten wie dem Zwillingsparadoxon oder den kämpfenden Raumschiffen häufig vorkommen.

Einstein machte sich also auf die Suche nach einer Form von Relativitätstheorie, die auch in Nicht-Inertialsystemen gelten konnte. Zu Hilfe kam ihm dabei, dass er jetzt nicht mehr ein unbekannter Berufseinsteiger war, dem zudem der Ruf eines in Vorlesungen oft abwesenden Studenten nachgehangen hatte. Nach 1905 galt er als ein zumindest im deutschsprachigen Raum viel beachteter junger Wissenschaftler mit mehreren, wenn auch nicht von jedem akzeptierten, aber auf alle Fälle lebhaft diskutierten Veröffentlichungen. So unterstützte ihn jetzt auch ein Netzwerk von Fachkollegen, die seine Konzepte aufgriffen, weiterentwickelten und ihre Ideen zurückspielten. Als besonders fruchtbar erwies sich die Zusammenarbeit mit erfahrenen Mathematikern wie Hermann Minkowski und David Hilbert. Minkowskis Konzept, die drei Dimensionen des Raums und die Zeit als vierdimensionale Raumzeit zusammenzufassen, machte die Formulierungen der Relativitätstheorie mathematisch abstrakter, aber auch wesentlich übersichtlicher. Dies bildete nur den Anfang von vielen mathematischen Zusammenfassungen und Neudefinitionen, die notwendig sein würden, um eine Verallgemeinerung der Relativitätstheorie mathematisch handhabbar zu machen.

Die Ausgangsüberlegungen für die neue Theorie waren aber wesentlich greifbarer und grundlegender, so grundlegend, dass auch diese uns eigentlich ganz selbstverständlich vorkommen. Zunächst stellt sich die Frage, worin unterscheidet sich ein beschleunigtes System eigentlich von einem Inertialsystem?

Wir stellen uns vor, unser Beobachter wurde entführt und in den fensterlosen Laderaum eines Möbelwagens gesperrt. Er versucht sich jetzt die Bewegungen des Möbelwagens einzuprägen, um die Fahrt später beschreiben zu können. Woran merkt der Beobachter, dass der Wagen beschleunigt oder abbremst (oder eine Kurve fährt)? So formuliert, ist die Antwort offensichtlich: an den scheinbar aus dem Nichts auftretenden Kräften, die während einer solchen Beschleunigung auf alle Gegenstände im Wagen, auch auf den Beobachter selbst, wirken. In einer Kurve wird der Beobachter vielleicht gegen die Seite des Wagens gedrückt, oder beim Bremsen rutscht schlecht gesicherte Ladung nach vorne. Dabei wird auf die große Masse einer Waschmaschine eine größere Kraft wirken als auf die vergleichsweise kleine Masse eines Stuhls. Bei der Betrachtung eines beschleunigten Bezugssystems spielen also zwangsläufig unterschiedliche Massen eine zentrale Rolle.

Unser alltägliches Verständnis von Masse ist fast untrennbar mit der Schwerkraft verbunden. Ganz selbstverständlich antworten wir mit unserer Masse in Kilogramm, wenn wir nach unserem Gewicht gefragt werden, obwohl das Gewicht eigentlich eine Kraft bezeichnet. So hätten wir auf dem Mond mit seiner geringeren Schwerkraft zwar die gleiche Masse, aber nur ein Sechstel unseres Gewichts.

Wenn der Beobachter im Möbelwagen feststellt, dass beim Beschleunigen des Wagens auf die Waschmaschine eine größere Kraft wirkt als auf den Stuhl, bemerkt er den Massenunterschied der beiden Objekte in Form der sogenannten trägen Masse. Die träge Masse legt fest, welche Beschleunigung eine Kraft auslöst, wenn sie auf einen Körper wirkt. Stellt man die beiden Objekte stattdessen auf eine Waage, dann bestimmt man ihre schwere Masse. Die schwere Masse gibt an, wie stark die Schwerkraft auf einen Körper wirkt. Nach unserer Gewohnheit erscheint es zunächst ganz natürlich, dass beide Messungen zum selben Wert der Masse führen. In der klassischen Physik bedeuten die Trägheit und die Schwerkraft aber völlig getrennte Konzepte. Es gibt also keine Notwendigkeit, dass die träge Masse und die schwere Masse übereinstimmen. Eine stählerne Waschmaschine, die zehnmal so viel wiegt wie ein hölzerner Stuhl, müsste nicht unbedingt auch genau die zehnfache Trägheit besitzen. Der Zusammenhang von träger und schwerer Masse könnte vom Material abhängen, oder eine Verzehnfachung der einen könnte zu einer geringeren Veränderung der anderen führen.

Andererseits hatte in den über 200 Jahren zwischen der Formulierung der klassischen Mechanik durch Newton und der speziellen Relativitätstheorie niemand einen solchen Unterschied zwischen den beiden Massendefinitionen in einem Experiment gesehen. Loránd Eötvös hatte 1899 gezielt und mit hoher Empfindlichkeit danach gesucht und ebenfalls keinen messbaren Unterschied gefunden, ein Ergebnis, das in den folgenden 100 Jahren mit immer größerer Genauigkeit bestätigt werden sollte. Heute wissen wir aus regelmäßigen Lasermessungen der Entfernung der Erde zum Mond, dass sich beide Massen maximal um ein Zehntausendstel eines Milliardstels unterscheiden könnten. So war es zwar keine gesicherte Tatsache, aber auch kein sonderlich abseitiger Gedanke, wenn Albert Einstein bei der

Verallgemeinerung der Relativitätstheorie als weitere Grundannahme hinzufügte, dass schwere und träge Masse von Natur aus identisch sind.

Mit Hilfe dieser Grundannahme lässt sich aber eine interessante Überlegung weiterspinnen. Nehmen wir an, unser im rollenden Möbelwagen eingeschlossener Beobachter bemerkt eine kleine Kraft, die ihn und die Möbel um ihn herum im Wagen nach hinten zieht. Diese Kraft könnte offensichtlich zwei Ursachen haben: Entweder der Wagen beschleunigt und die Kraft entsteht durch die Trägheit, oder die Fahrt führt über eine leichte Steigung und die Möbel werden durch die Schwerkraft nach hinten gezogen. Wenn träge und schwere Masse identisch sind, dann hat der Beobachter ohne Information von außen (etwa durch ein Fenster oder das Motorengeräusch) keine Möglichkeit, zwischen beiden Fällen zu unterscheiden, wie in Abb. 2.8 dargestellt. Erst wenn die Steigung groß genug wäre, würde der Teil der Schwerkraft, der zum Wagenboden hin gerichtet ist, messbar nachlassen. Von den Folgen her wäre aber eine Beschleunigung des Bezugssystems Möbelwagen nicht vom Wirken der Schwerkraft zu unterscheiden. Piloten begegnet dieser Effekt in ihrer Ausbildung gleich mehrfach: Zum einen nutzen Flugsimulatoren durch eine ausgeklügelte hydraulische Aufhängung die Schwerkraft, um Beschleunigungen zu simulieren. Zum anderen ist es beim Durchfliegen sehr dichter Wolken für den Piloten ohne Instrumente unmöglich, den Neigungswinkel des Flugzeugs nach oben oder auch seitwärts zu erkennen, weil sich die Schwerkraft mit den Beschleunigungen des Flugzeugs überlagert. Deshalb haben Flugzeuge einen durch Kreisel stabilisierten künstlichen Horizont.

Diese zunächst rein praktische Ununterscheidbarkeit von Beschleunigungen des Bezugssystems und Effekten der Schwerkraft führte Einstein zur nächsten zentralen Annahme der allgemeinen Relativitätstheorie, dem Äquivalenzprinzip

Abb. 2.8 Nach dem Äquivalenzprinzip ist es physikalisch nicht unterscheidbar, ob eine in einem System auftretende Kraft das Ergebnis einer Beschleunigung des Systems oder der Schwerkraft ist. Ein an der Decke des Fahrzeugs befestigtes Lot würde in gleicher Weise abgelenkt, ob das Fahrzeug beschleunigt (links) oder ob es eine Steigung hinauffährt oder an einer solchen steht (rechts)

[19]. Es macht letztlich zur allgemeinen Regel, was unser Beobachter im Möbelwagen feststellt: Eine konstante Beschleunigung und ein Wirken der Schwerkraft führen zu identischen Auswirkungen.

Tatsächlich ist es nur durch das Äquivalenzprinzip möglich, dass unsere Astronauten wirklich Schwerelosigkeit erleben. In den typischen Flughöhen von Raumstationen wie ISS oder Mir ist die Schwerkraft nur circa 15 % geringer als am Boden. Mit der Entfernung von der Erde hat die Schwerelosigkeit also wenig zu tun. Dafür bewegt sich aber die Raumstation die meiste Zeit ohne weitere Beschleunigung um die Erde und wird nur durch den Einfluss der Schwerkraft auf ihrer Umlaufbahn gehalten. Sie befindet sich also sozusagen ständig im freien Fall um die Erde, wodurch auf die Astronauten im Inneren eine Fliehkraft wirkt, die die Schwerkraft genau ausgleicht. Die Schwerelosigkeit entsteht also nicht durch den Aufenthalt im All, sondern durch die Bewegung auf einer Umlaufbahn und durch das Äquivalenzprinzip. Der gleiche Effekt lässt sich auch kurzzeitig in einem Flugzeug erzeugen, wenn es im Parabelflug genau der Bewegung im freien Fall folgt.

Durch das Äquivalenzprinzip lässt sich theoretisch in einer hinreichend großen Raumstation auch künstlich Schwerkraft erzeugen. Versetzt man eine radförmige Raumstation in eine Drehung mit geeigneter Umlaufzeit, dann entsteht in diesem Rad eine Fliehkraft zum außen liegenden Fußboden hin, deren Wirkung wiederum nicht von der Schwerkraft zu unterscheiden ist. Die Idee einer solchen radförmigen Raumstation mit künstlicher Schwerkraft wurde unter anderem durch den Film *2001 – Odyssee im Weltraum* bekannt. Die Aufhebung der Schwerkraft in einer Umlaufbahn und die künstliche Schwerkraft in einer rotierenden Raumstation sind in Abb. 2.9 schematisch dargestellt.

Bis zu diesem Punkt, der etwa dem Gedankengang Einsteins bis zum Jahr 1907 entspricht [20], ergeben sich aus den Ansätzen zur Verallgemeinerung der Relativitätstheorie noch keine allzu überraschenden Einsichten. Zu vertraut erscheinen uns heute die Schwerelosigkeit aus unzähligen Fernsehübertragungen und rotierende Raumstationen aus der Science Fiction. Das ändert sich aber, wenn wir zu Ende denken, was die Äquivalenz eines beschleunigten Bezugssystems mit der Schwerkraft in letzter Konsequenz bedeutet. Zu diesem Zweck wenden wir uns wieder der Ausbreitung des Lichts zu.

Wir betrachten dazu ein Raumschiff in den Tiefen des Alls, in einem Bereich, in dem der Einfluss der Schwerkraft der umliegenden Sterne sich gegenseitig in etwa aufhebt. Das Raumschiff kann innerhalb von kürzester Zeit auf Geschwindigkeiten nahe der Lichtgeschwindigkeit beschleunigen,

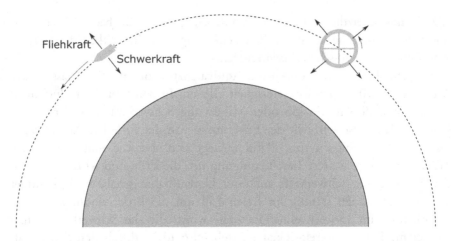

Abb. 2.9 Schwerelosigkeit entsteht im Orbit dadurch, dass die Raumstation durch die Schwerkraft auf ihrer Umlaufbahn gehalten wird, sodass sich nach dem Äquivalenzprinzip in der Station die Schwerkraft und die Fliehkraft der Kreisbewegung gerade ausgleichen. Durch eine Rotation der Station um die eigene Achse lässt sich zusätzlich wieder eine künstliche Schwerkraft erzeugen, die in ihren Auswirkungen von der echten Schwerkraft nicht zu unterscheiden ist

und der Beobachter darin gehört einer Spezies an, die das auch überlebt. Durch ein nur extrem kurzzeitig transparentes Fenster in der Seitenwand des Raumschiffs wird das Licht von einem Stern als sehr kurzer Lichtblitz in die Kabine eingelassen, und der Beobachter vermisst den Weg des so entstandenen Lichtsegments im Raumschiff in festgelegten Abständen zur Kabinenwand mit hoher Genauigkeit.

Solange sich das Raumschiff mit konstanter Geschwindigkeit bewegt, bleibt alles so, wie wir es aus der speziellen Relativitätstheorie kennen. Für jeden Abstand, den das Licht in die Kabine hinein zurückgelegt hat, hat sich das Schiff samt Beobachter einen entsprechenden, konstanten Weg weiterbewegt. Wir erinnern uns an das Beispiel mit dem Auto und den Regentropfen. Die senkrecht fallenden Tropfen scheinen sich für den Fahrer des Autos schräg zu bewegen. Der Weg des Lichtsegments in der Kabine ist für den bewegten Beobachter also gegenüber der tatsächlichen Richtung zum Stern gekippt. Das ist genau die Aberration, also der Effekt, der es schon im 18. Jahrhundert ermöglicht hatte, die Lichtgeschwindigkeit aus den Sternenbeobachtungen von James Bradley zu berechnen.

Spannend wird es, wenn das Schiff seine Geschwindigkeit ändert, während das Lichtsegment sich durch die Kabine bewegt. In diesem Fall wäre der vom Beobachter gemessene Weg des Lichtsegments durch die Kabine nicht mehr nur schräg, sondern auch noch gekrümmt. Für einen gleichmäßig beschleunigten Beobachter hätte der Weg des Lichts die Form einer Parabel. Interessant daran ist nicht die Vorstellung, solche Versuche tatsächlich durchzuführen. Um in einem riesigen Raumschiff von 300 m Breite eine Verformung des Lichtstrahls in der Größe von Zentimetern messen zu können, müsste man es innerhalb von einer Millionstel Sekunde auf 100.000 km/h beschleunigen. Dadurch würde jede uns bekannte technische oder biologische Struktur einschließlich unseres Körpers zerquetscht. Interessant ist, dass wenigstens prinzipiell ein beschleunigter Beobachter den Ausbreitungsweg von Licht als gekrümmt wahrnehmen würde, denn jetzt kommt das Äquivalenzprinzip hinzu: Was durch gleichmäßige Beschleunigung des Beobachters funktioniert, muss auch als Effekt der Schwerkraft möglich sein. Anders gesagt, die Schwerkraft einer sehr großen Masse, zum Beispiel eines Sterns, muss in der Lage sein, einen Lichtstrahl zu krümmen. Das ergibt sich, ohne eine einzige Formel gerechnet zu haben, schon aus den Grundannahmen der allgemeinen Relativitätstheorie.

Das führt aber unmittelbar zum nächsten Problem: Wenn selbst ein Lichtstrahl keine gerade Linie bildet, was definiert dann überhaupt eine gerade Linie? Wenn wir auf der Erde, ob als Wissenschaftler oder als Maurer, ein perfektes Lineal haben wollen, verwenden wir einen Laserstrahl. Im All gibt es eigentlich gar keine andere Möglichkeit, sich eine gerade Linie vorzustellen, als entlang der Ausbreitung des Lichts. Schon die spezielle Relativitätstheorie hatte mit dem Relativitätsprinzip den Äther als festgelegte Struktur des Raums für hinfällig erklärt. Wenn mit dem Äquivalenzprinzip auch das Licht keine gerade Linie mehr wäre, wäre es nicht mehr möglich, im All überhaupt eine gerade Linie zu definieren. Wenn man nicht mehr weiß, was die gerade Linie von A nach B ist, kann man aber auch keine Entfernung von A nach B mehr definieren.

Dieses Dilemma löste Einstein in krassem Widerspruch zu unserem Alltagsverständnis – aber völlig analog zur bestehenden speziellen Relativitätstheorie: Wenn nach der speziellen Relativitätstheorie die Lichtgeschwindigkeit immer gleich sein soll, dann müssen sich für schnell bewegte Beobachter Raum und Zeit verändern; in der mathematischen Formulierung von Minkowski muss sich für einen solchen Beobachter also die vierdimensionale Raumzeit verformen. Wenn nach der allgemeinen Relativitätstheorie der Weg des Lichts immer gerade sein soll, dann muss sich in der Anwesenheit großer Massen die Raumzeit ebenfalls entsprechend verformen, in diesem Fall in Form einer Krümmung. Das Prinzip ist das gleiche: Das Licht gibt den Maßstab vor; die Raumzeit wird entsprechend angepasst. Diese Verformungen sind aber nicht in irgendeiner Weise beliebig oder unklar. Die Raumzeit verformt sich in genau festgelegter Weise in der Nähe großer Massen oder aus der Sicht eines schnell bewegten Beobachters. Wie sie sich verformt, ist durch die Relativitätstheorie mathematisch exakt vorgegeben. Sie kann sich auch nur exakt so und nicht anders verformen, weil nur so die Ausbreitung des Lichts, das ultimative Lineal, in der Raumzeit geradlinig bleibt.

Genau diese Krümmung der Raumzeit ist es auch, die Einstein mit dem Begriff des „relativistischen Äthers " zu beschreiben versucht hat. Um sich vorstellen zu können, dass sich in der Gegenwart von Massen die Raumzeit krümmt, muss man einen Begriff davon haben, was sich da eigentlich krümmt, und um das zu erklären, griff Einstein auf den etablierten Begriff von Lorentz' Äther zurück [21]. Dieser Äther ist aber weder bei Lorentz noch bei Einstein eine Substanz oder ein Medium im eigentlichen Sinne, sondern einfach ein Koordinatensystem, das die Raumzeit beschreibt und damit ihre Krümmung überhaupt erst als solche beschreibbar macht.

Quarkstückchen

Dass Einstein den Begriff eines relativistischen Äthers nur vereinzelt und in einem übertragenen Sinn verwendet hat, hält Esoteriker wie den Freie-Energie-Autor Klaus Volkamer nicht davon ab, zu behaupten, Einstein habe die Existenz eines Äthers vorhergesagt, dessen Eigenschaften noch irgendwie zu klären wären. Über „feinstoffliche" Elementarteilchen im Äther kommt Volkamer dann zum „Ätherkörper" des Menschen als Sitz eines unsterblichen Bewusstseins [22]. Noch einfältiger bedient sich zum Beispiel die Dr. Johanna Budwig Stiftung bei den Begrifflichkeiten der Relativitätstheorie, um absurden Thesen den Anstrich von Wissenschaftlichkeit zu geben. Im Artikel „Sonnen-Energie gegen Krebs" werden das angebliche Zitat „Alles ist relativ" und die Relativitätstheorie herangezogen, um zu begründen, dass Einläufe mit Leinöl das Wohlbefinden von Krebspatienten steigern [23].

Von der Festlegung des Äquivalenzprinzips als zentrale Annahme bis zur umfassenden mathematischen Formulierung der allgemeinen Relativitätstheorie vergingen weitere acht Jahre, während Einstein und die mit ihm im Austausch stehenden Wissenschaftler natürlich nicht ausschließlich, aber doch lange an dieser neuen Theorie arbeiteten. Die Berechnungen sind kompliziert und verwenden Methoden und Schreibweisen, mit denen sich auch die meisten Physiker in ihrem Arbeitsalltag so gut wie nie beschäftigen. Sie führen aber zu Ergebnissen, die für Fragen zur Entstehung des Universums, für die Erforschung ferner Himmelskörper und für Präzisionsmessungen – zum Beispiel in der Raumfahrt – bis heute verwendet werden.

Zum Mitnehmen

Nach der allgemeinen Relativitätstheorie hängen gemessene Längen und Zeiten nicht nur von der Bewegung des Beobachters, sondern auch von der Anwesenheit großer Massen wie von Sternen oder Planeten ab. Das bedeutet aber immer noch nicht, dass die physische Realität subjektiv oder nicht klar bestimmt wäre. Was man beobachtet, hängt nur davon ab, wo man sich befindet und wie man sich bewegt.

2.4 Unglaublich oder unglaubwürdig? Einstein und der Rest der Wissenschaft

Vertreter von Außenseitertheorien berufen sich gerne auf die Behauptung: „Einstein hat damals auch niemand geglaubt." Der Satz gehört zu den zentralen Einstein-Mythen, ähnlich wie seine angeblich schlechten Schulnoten (sein im Internet leicht zu findendes Schulabschlusszeugnis enthält allein fünfmal die damalige Schweizer Bestnote 6). Als Wissenschaftler wurde Einstein schon bald nach der Veröffentlichung der speziellen Relativitätstheorie aber weder ausgegrenzt noch ignoriert, sondern er machte relativ schnell Karriere: Seine Doktorarbeit hatte er erst 1905, Monate vor der speziellen Relativitätstheorie, veröffentlicht; 1908 folgte seine Habilitation, und 1909 wurde er Professor. Widerstände gegen seine Berufung gründeten sich allenfalls auf seine jüdische Abstammung [20] – seine Qualifikation stand außer Zweifel.

Wie aber stand es mit der Akzeptanz der Relativitätstheorie selbst? Mit der Frage, was den Erfolg einer wissenschaftlichen Theorie ausmacht, werden wir uns in Kap. 4 ausgiebiger beschäftigen. Manches davon war Anfang des 20. Jahrhunderts noch gar nicht als Wissenschaftstheorie ausformuliert. Schon damals war aber klar, dass es für eine neu veröffentlichte naturwissenschaftliche Theorie nicht darum gehen kann, „geglaubt" zu werden. Theorien sind keine Glaubenssätze. Eine neue Theorie soll Teil der wissenschaftlichen Diskussion werden, sie soll wahrgenommen, hinterfragt, kritisiert, weitergedacht und möglichst experimentell getestet werden. Bei einer erfolgreichen Theorie werden einige Wissenschaftler aufspringen und an ihrer Weiterentwicklung und Interpretation mitarbeiten. Andere werden an konkurrierenden Theorien weiterarbeiten, solange man diese nicht experimentell zweifelsfrei ausgeschlossen hat. Manche werden die neue Theorie für besonders aussichtsreich halten; andere werden sie aus grundsätzlichen Erwägungen als weniger plausibel, weniger Erfolg versprechend oder schlechter anwendbar einschätzen.

Alles das passierte mit der Relativitätstheorie. Da sich noch keine weltweite Wissenschaftssprache etabliert hatte, erhielt die Theorie im deutschsprachigen Raum zunächst die größte Aufmerksamkeit. Dort wurde die spezielle Relativitätstheorie am schnellsten und am lebhaftesten diskutiert und fand bald einflussreiche Unterstützer wie Max Planck, Max Born und Arnold Sommerfeld. Auch Hendrik Lorentz und Albert Einstein begegneten sich mit gegenseitigem Respekt und großer Wertschätzung [20]. Im französischsprachigen Raum trafen die Arbeiten von Lorentz und dem in Frankreich besonders angesehenen Poincaré, wenig überraschend, zunächst auf größeres Interesse. In den angelsächsischen Ländern hingegen zögerten viele Physiker, sich auf eine Theorie einzulassen, die sich derart weit von der Newton'schen Mechanik und der Kraftübertragung durch den Äther entfernte [16].

Tatsächlich hielt niemand die spezielle Relativitätstheorie für experimentell bewiesen – auch Einstein nicht. Der Grund dafür ist einfach: Es gab keine experimentellen Beweise. Die experimentelle Lage erschien sogar eher ungünstig für die Relativitätstheorie. Die Theorie stand zwar im Einklang mit den wichtigen Experimenten der Optik aus den 19. Jahrhundert, aber das traf auf im gleichen Zeitraum entstandene, konkurrierende Vorstellungen ebenfalls zu. Freunde der Relativitätstheorie hielten ihr zugute, dass sie diese Experimente erklären konnte, obwohl sie nicht aus den Ergebnissen der Experimente hergeleitet war, sondern auf einfachen, abstrakten Grundannahmen aufbaute. Das Argument ließ sich jedoch auch als Nachteil sehen: Die Annahmen selbst waren unbewiesen und eher noch schwerer experimentell nachzuprüfen als die Ergebnisse der Theorie.

Die Äthertheorie von Hendrik Lorentz war durch Experimente von der speziellen Relativitätstheorie überhaupt nicht zu unterscheiden. Beide Theorien führten zu den Gleichungen der Lorentz-Transformation und machten über messbare Effekte völlig identische Vorhersagen. Tatsächlich betrachteten viele Physiker der damaligen Zeit beides als dieselbe Theorie und hielten die Unterschiede in den Grundannahmen und in der Interpretation für rein philosophisch.

Zur Äquivalenz von Masse und Energie formulierte Max Abraham eine konkurrierende Theorie und gelangte auf Basis elektrodynamischer Überlegungen zu einem anderen Zusammenhang:

$$E = \frac{3}{4}mc^2.$$

Allerdings waren die damaligen Experimente an Elektronen aus radioaktiven Zerfällen noch zu ungenau, um den Unterschied der gemessenen Masse zweifelsfrei nachweisen zu können. Nach den ersten groben Messungen sprachen sie eher gegen die Relativitätstheorie und damit auch gegen die Theorie von Lorentz. Mit immer genaueren Messungen klärten sich die Indizien jedoch immer mehr zugunsten von Einsteins Zusammenhang von Energie und Masse. Direkte experimentelle Messungen von Längenkontraktion und Zeitdilatation waren aber erst Jahrzehnte später möglich.

Es war also um 1910 herum durchaus nicht unsinnig, eine mit der Relativitätstheorie konkurrierende Vorstellung für plausibler zu halten. Dazu sollte man aber beachten, dass auch die mit der Relativitätstheorie ernsthaft konkurrierenden Modelle sich zwangsläufig relativ weit von rein klassischen Vorstellungen wie der mechanischen Kraftübertragung im Äther sowie festem Raum und konstanter Zeit entfernt hatten. Wer an rein klassischen Theorien festhalten wollte, musste entweder wichtige Experimente des 19. Jahrhunderts wie das Michelson-Morley-Experiment vollständig ignorieren oder zentrale Fragen von Optik und Elektrodynamik für ungelöst halten. Die Gründe, das dennoch zu tun, waren auch nicht immer wissenschaftlicher Natur: Für den Nobelpreisträger Philipp Lenard stand im Vordergrund, dass er „gegen den Unfug auftrat, den der Jude Einstein (…) an dem artgegebenen Naturverstehen des deutschen Volkes anrichten wollte." In der Zeit des Nationalsozialismus begründete der glühende Hitler-Verehrer eine alle modernen Theorien ablehnende „deutsche Physik" [24].

Quarkstückchen

Es ist also keineswegs wahr, dass eine offensichtlich geniale Idee Einsteins aus reinem Unverständnis und Festhalten am Alten nicht geglaubt wurde. Dennoch wird der Mythos des angeblich verkannten Genies immer wieder zitiert. Mit den Worten „Einstein hat man anfangs auch nicht geglaubt" rechtfertigte sich zum Beispiel 2007 der österreichische Pendler Gerhard Pirchl in einem Zeitungsinterview. Pirchl glaubte, Unfallschwerpunkte durch angebliche Wasseradern und von prähistorischen Kulturen im Boden vergrabene Steine begründen zu können, die er mit seinem Plastikpendel aufspürte. Hierfür soll er tatsächlich einen Auftrag von der österreichischen Straßenbaugesellschaft ASFINAG erhalten haben. Im gleichen Artikel kündigt Pirchl auch einen Blindversuch seiner Fähigkeiten an [25].

Um derartige Fähigkeiten wirklich nachzuweisen, müsste er wiederholt und mit einer zweifelsfrei vom Zufall abweichenden Häufigkeit ein kontrolliert an einem zufälligen Ort platziertes Ziel aufspüren können, zum Beispiel einen solchen Stein, der immer an wechselnden Stellen vergraben wird. Der Versuch müsste außerdem doppelblind sein: Außer Pirchl selbst dürften auch alle Personen, die während des Versuchs mit ihm in Kontakt kommen, nicht wissen, wo dieses Mal der Stein liegt.

Solche Versuche unter wissenschaftlicher Kontrolle ermöglicht die Gesellschaft zur wissenschaftlichen Untersuchung von Parawissenschaften (GWUP). Für den Nachweis seiner Fähigkeiten würde Pirchl dort ein Preisgeld von 10.000 EUR winken. Dem Test gestellt hat er sich jedoch bislang nicht.

Der Durchbruch für Einsteins Idee kam ausgerechnet durch ihren abstrakten, die Intuition besonders strapazierenden Teil. Die entscheidenden Ergebnisse hierzu lieferten nicht Experimente auf der Erde, sondern einmal mehr astronomische Beobachtungen.

Schon sehr schnell beantwortete die allgemeine Relativitätstheorie elegant eine offene Frage zu den Planetenbahnen in unserem Sonnensystem. Die Planetenbahnen um die Sonne sind keine perfekten Kreise, sondern je nach Planet mehr oder weniger elliptisch. Im Fall der Erde ist dieser Effekt klein: Der Abstand zur Sonne variiert nur um 1,7 % um seinen Mittelwert. In einem einfachen Sonnensystem mit nur einem Planeten wäre die Ellipsenbahn unveränderlich – der Planet wäre nach einem Umlauf genau wieder an derselben Stelle. Unsere Planeten beeinflussen sich aber und lenken sich durch ihre Schwerkraft gegenseitig minimal von ihrer ungestörten Bahn ab. Somit bewegt sich in der Praxis nicht nur der Planet selbst auf seiner Bahn, sondern auch die Bahn selbst (und damit ihr sonnennächster Punkt) rotiert sehr langsam um die Sonne, wie in Abb. 2.10 dargestellt. Da der sonnennächste Punkt einer Planetenbahn als Perihel bezeichnet wird, heißt dieser Effekt die Periheldrehung. Im Fall des sonnennahen, kleinen Merkur mit seiner sehr elliptischen Bahn wurde die Periheldrehung im 19. Jahrhunderts

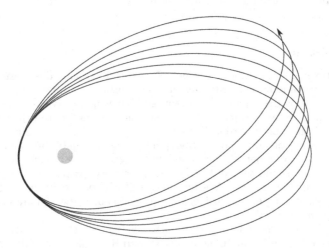

Abb. 2.10 Schematische Darstellung der sogenannten Periheldrehung der elliptischen Umlaufbahnen eines Planeten. Mit jedem Umlauf des Planeten um die Sonne bewegt sich seine Umlaufbahn ein Stück weiter. Sowohl die Abweichung der Planetenbahn von einer Kreisform als auch die Drehung der Umlaufbahn sind für den Merkur am ausgeprägtesten. In dieser Skizze sind sie jedoch zur Verdeutlichung stark übertrieben. Beim Merkur ist der größte Abstand zur Sonne ca. 1,5-mal so groß wie der kleinste. Die Merkurbahn verändert sich in 627 Jahren oder 2600 Umläufen des Planeten nur um ein Grad

schon recht genau vermessen und konnte auch aus der Schwerkraft der anderen Planeten errechnet werden. Allerdings war die gemessene Drehgeschwindigkeit der Bahnachse fast acht Prozent schneller als der nach der klassischen Mechanik berechnete Wert. Berechnet man die Schwerkraft von Sonne und Planeten aber nach der allgemeinen Relativitätstheorie, dann passen berechnete und gemessene Werte sehr gut zusammen. Zum damaligen Zeitpunkt gab es aber noch andere denkbare Erklärungen für die zu schnelle Drehung der Bahnachse, von einer Verformung der Sonne über unbekannte Asteroiden bis zu einem noch unentdeckten Planeten. In allen Fällen konnten die Eigenschaften des möglichen Störfaktors aber nur aus der Messung der Merkurbahn selbst abgeleitet werden, und es fehlte jegliche unabhängige Bestätigung. Die allgemeine Relativitätstheorie hingegen lieferte das richtige Ergebnis, ohne dass in die Berechnung irgendwelches Wissen über Planetenbahnen einfließen musste. In diesem Fall lieferte die allgemeine Relativitätstheorie also deutlich die einfachste, aber keineswegs die einzig mögliche Erklärung für den gemessenen Effekt.

Die allgemeine Relativitätstheorie macht aber noch wesentlich spektakulärere Aussagen zur Astronomie. Wenn das Licht von einem weit entfernten Stern an einem massereichen Objekt, zum Beispiel der Sonne, vorbeifliegt, dann ist um dieses Objekt herum die Raumzeit gekrümmt; in dem von uns als geradlinig wahrgenommenen Raum scheint sich also der Lichtstrahl zu krümmen. Beobachtet man daher einen Stern von der Erde aus gesehen knapp an der Sonne vorbei, dann müsste man ihn an einer etwas anderen Position gegenüber dem Rest des Sternenhimmels sehen als sonst. Ein solcher Effekt war noch nie beobachtet worden, und keine andere damals etablierte Theorie sagte ihn voraus. Allerdings ist das in der Atmosphäre und in optischen Instrumenten gestreute Licht bei kleinen Winkeln zur Sonne so hell, dass es mit damaligen Mitteln normalerweise unmöglich war, dort überhaupt Sterne zu sehen. Dazu müsste das Licht der Sonne schon außerhalb der Erdatmosphäre abgedeckt werden – und genau das geschieht bei einer Sonnenfinsternis. Diese Möglichkeit bot sich nach der Veröffentlichung der allgemeinen Relativitätstheorie und dem Ende des Ersten Weltkriegs erstmals im Mai 1919 in Südamerika und Westafrika. Den britischen Astronomen Frank Watson Dyson und Arthur Eddington gelangen in Nordbrasilien und auf der Insel Principe vor der Küste Afrikas Fotoaufnahmen von Sternen in der Nähe der vom Mond verdeckten Sonne. Die Aufnahmen zeigten tatsächlich die von der allgemeinen Relativitätstheorie vorhergesagten Abweichungen [26].

Die Veröffentlichung der Ergebnisse der Expedition auf einer Konferenz der Royal Astronomical Society im November 1919 machte Einstein

über Nacht von einem Forscher nationalen Rangs zum wissenschaftlichen
Weltstar. Die New York Times titelte: „Die Lichter der Himmel sind alle
verrutscht". Mit dem Untertitel „Ein Buch für 12 Weise" begründete die
Zeitung auch gleich einen neuen Einstein-Mythos, der bis in die heutige
Zeit fortlebt: Einstein selbst habe behauptet, es gäbe auf der Welt nur zwölf
Menschen, die die Relativitätstheorie verstehen könnten [16]. Tatsächlich
hatte Einstein schon 1917 eine bis heute lesenswerte allgemein verständ-
liche Zusammenfassung der speziellen und allgemeinen Relativitätstheorie
für eine breitere Öffentlichkeit verfasst [27]. Der Artikel in der New York
Times, der Einstein auch noch zehn Jahre älter machte, begründete das
Image als kauziges Supergenie, das ihn vor allem in den amerikanischen
Medien sein weiteres Leben hindurch begleiten sollte. Immerhin kamen
auch diverse andere Wissenschaftler zu Wort, die betonten, die Relativitätstheorie sei für die Astronomie von großer Bedeutung, für den Alltag aber
eher irrelevant [28].

Eine wissenschaftliche Institution tat sich offenbar tatsächlich schwer mit
Einstein und der Relativitätstheorie: Das Komitee für die Verleihung des
Nobelpreises. Einstein war diverse Male von namhaften Wissenschaftlern
vorgeschlagen worden, lange bevor ihm der Preis 1922 (für das Jahr 1921)
verliehen wurde. Bei früheren Nominierungen war mehrfach beschlossen worden, auf bessere experimentelle Ergebnisse zur Relativitätstheorie zu warten.
Schließlich erhielt er den Preis ausdrücklich für seine Arbeit zum Fotoeffekt,
auch schon aus dem Jahr 1905, und nicht für die Relativitätstheorie, was
möglicherweise auch damit zu tun hat, dass die Gutachter des Stockholmer
Komitees offenbar Schwierigkeiten hatten, die Theorie zu verstehen [20].

Im Laufe eines Jahrhunderts ist tausendfach erfolglos versucht worden, experimentell Abweichungen von den Vorhersagen der Relativitätstheorie nachzuweisen. Durch die Fortschritte in der Astronomie und der
Beschleunigerphysik gibt es heute ganze Forschungsgebiete, in denen relativistische Effekte nicht mehr Gegenstand der Forschung, sondern alltäglicher
Begleitumstand sind. Grenzen ihrer Gültigkeit findet die Relativitätstheorie
bis heute nur in spezifischen Effekten der Quantenmechanik, die wir in
Kap. 3 betrachten werden.

Die Astronomie und darin vor allem die Kosmologie, also die
Betrachtung des Universums als Ganzes, haben mit der allgemeinen
Relativitätstheorie im wahrsten Sinne des Wortes neue Welten entdeckt.
Unser ganzes Bild von der Entstehung und Entwicklung des Universums
basiert auf der allgemeinen Relativitätstheorie. Neutronensterne und
schwarze Löcher wurden mittels der allgemeinen Relativitätstheorie vorhergesagt und sind heute gut erforschte, über ihre Effekte zu beobachtende,

mehr oder weniger alltägliche Teile unserer astronomischen Umwelt. Wenn sich die Verformungen der Raumzeit durch die Schwerkraft schnell verändern, weil zum Beispiel zwei große Objekte im All kollidieren, dann können sich diese Verformungen wellenförmig bis in die Tiefen des Alls fortpflanzen. Die so entstehenden Gravitationswellen wurden schon von Einstein selbst vorhergesagt, aber erst 2015 experimentell nachgewiesen.

In jüngster Zeit hat erstmals auch ein Gerät Einzug in unseren Alltag gehalten, in dessen Funktion die Relativitätstheorie eine gewisse Rolle spielt: Das Satellitennavigationssystem GPS berechnet Positionen aus der Laufzeit, die Signale von unterschiedlichen Satelliten bis zum Empfänger brauchen. Es verwendet dazu Zeitsignale von Satelliten, die sich in 20.000 km Höhe mit Geschwindigkeiten von rund 14.000 km/h bewegen. Aufgrund dieser Geschwindigkeit müssten die Atomuhren auf den Satelliten im Vergleich zur Erde nach der speziellen Relativitätstheorie langsamer gehen. In ihrer Höhe befinden sich die Satelliten allerdings weiter außen im Schwerefeld der Erde, wodurch nach der allgemeinen Relativitätstheorie ihre Uhren schneller gehen. In der Summe überwiegt der zweite Effekt und ergibt mit kleineren Korrekturen einen Wert von 38,6 µs/Tag, die die Uhren auf den Satelliten vorgehen. Wollte man also seine Position durch Vergleich der Satellitensignale ohne relativistische Korrekturen mit einer Uhr auf der Erde berechnen, wäre die Ortsbestimmung schon nach einem Tag um 10 km falsch. Für die alltägliche Verwendung in Navigationsgeräten ist dieser Effekt aber nicht von Bedeutung, denn das Navigationsgerät berechnet seine Position durch Vergleich der Zeitsignale mehrerer Satelliten miteinander, die alle mit gleicher Geschwindigkeit in gleicher Höhe fliegen. Dadurch würden sich die falschen Zeitsignale auch unkorrigiert bis auf kleine Korrekturen gegenseitig aufheben. Für technische Anwendungen, vor allem wenn sie das GPS auch für die Zeitmessung verwenden, ist es aber wichtig, dass die Satelliten ein entsprechend korrigiertes Signal senden. Die Messung eines nicht korrigierten Zeitsignals vom ersten GPS-Satelliten über 20 Tage im Jahr 1977 war denn auch ein weiterer, vergleichsweise einfacher Test für die Relativitätstheorie [29].

Auch wenn die Relativitätstheorie eine der erfolgreichsten wissenschaftlichen Theorien aller Zeiten ist und unser Bild von der Welt über mehr als ein Jahrhundert geprägt hat, bleibt sie unserer Vorstellungskraft seltsam fremd. Mit unserem Alltagserleben hat sie wenig zu tun, obwohl sie mit Geräten wie dem GPS oder einfachen Teilchendetektoren deutlich näher an unsere Alltagswelt herangerückt ist. In ihrer Fremdheit hat die Relativitätstheorie aber nichts Mystisches oder Esoterisches. Sie macht ganz reale, quantitative, nachprüfbare Aussagen über Dinge, die uns deshalb fremd sind, weil sie uns im normalen Leben selten begegnen. Auf die Maßstäbe unseres Alltags angewendet, liefert sie die gleichen Ergebnisse wie die klassische Mechanik, Elektrodynamik oder Thermodynamik. Auch in der Relativitätstheorie gilt die Erhaltung von Größen wie Ladung, Impuls oder Energie. Sie enthält keine verborgenen Energien, die wir anzapfen könnten, schon gar keine Ätherenergie, denn sie enthält keinen Äther. Sie macht auch keinerlei Aussagen über eine „geistige Welt" oder ein Jenseits. Wenn davon die Rede ist, dass Raum und Zeit relativ seien, dann ist relativ eben nicht gleichbedeutend mit subjektiv oder beliebig. Raum und Zeit verändern sich nach genau festgelegten Regeln nur für einen bewegten Beobachter oder in der Nähe großer Massen. Relativität heißt auch nicht, dass es keine absoluten Maßstäbe mehr gibt, denn ihr neuer Maßstab ist die Lichtgeschwindigkeit.

Letztlich basiert die Relativitätstheorie mit dem Relativitätsprinzip und dem Äquivalenzprinzip auf einfachen, klaren Grundsätzen, und auch einen absoluten Maßstab bringt sie gleich mit: die Ausbreitung des Lichts, immer geradlinig und immer gleich schnell.

So gesehen ist die Relativitätstheorie eigentlich bemerkenswert normal. Das gilt auch für die fast gleichzeitig entstandene Theorie, die wir uns als Nächstes ansehen werden.

Zum Mitnehmen

Einsteins theoretische Überlegungen wurden – völlig sinnvoll – zunächst eben als theoretische Überlegungen diskutiert und erst als brauchbare Beschreibungen der Realität anerkannt, nachdem sie durch Experimente bestätigt waren. Er war kein verkanntes Genie, dessen Ideen von den Wissenschaftlern seiner Zeit abgelehnt wurden. Auf keinen Fall kann man aus Einsteins Biografie folgern, dass jeder, dessen Ideen von Wissenschaftlern abgelehnt werden, genial sein muss!

Literatur

1. Huyghens C (1890) Abhandlung über das Licht. Verlag von Wilhelm Engelmann, Leipzig
2. Newman WR (2010) Newton's early optical theory and its debt to chymistry. In: Jacquart D, Hochmann M (Hrsg) Lumière et vision dans les sciences et dans les arts. De l'Antiquité au XVIIe siècle. Droz, Genf, S 283–307
3. Thielmann BM (2016) Natur heilt in der Praxis. http://www.caduceum.de/ganzheitliche-methodik.html. Zugegriffen: 7. März 2016
4. Aczel AD (2004) Léon Foucault: his life, times and achievements. Sci Educ 13:675–687

5. Hagen JG, Rom JS (1930) Die zwei unabhängigen Beweise der Erddrehung beim Foucaultschen Pendelversuch. Naturwissenschaften 18(38):805–807
6. Lauginie P (2004) Measuring speed of light: why? Speed of what? Fifth international conference for history of science in science education 2004:75–84
7. Gaspard J (2010) Newton und die Alchemie. http://www.nexworld.tv/talk-shows/cafe-23/story/news/newton-und-die-alchemie. Zugegriffen: 7. März. 2016
8. Millikan RA (1939) Albert Abraham Michelson. The first American nobel laureate. Sci Mon 48(1):16–27
9. Root-Bernstein R (2006) Albert Michelson, painter of light. Leonardo 39(3):232
10. Weber RL (1980) Pioneers of science. Adam Hilger, Bristol
11. Mueller GO (2009) Über die absolute Größe der Speziellen Relativitätstheorie. http://www.ekkehard-friebe.de/buch.pdf. Zugegriffen: 7. März 2016
12. Graf von Ingelheim P (2016) Patentangebote. http://www.ingelheim-consulting.de/Patentangebote/patentangebote.html. Zugegriffen: 7. März 2016
13. Graf von Ingelheim P (2016) Alternative zur SRT. http://www.ingelheim-consulting.de/Log__Gegenbeweis_SRT/Alternative_zur_SRT/alternative_zur_srt.html. Zugegriffen: 7. März 2016
14. Thim H (2006) The long history of the mass-energy relation. https://ia700406.us.archive.org/12/items/TheLongHistoryOfTheMass-energyRelation/TheLongHistoryOfTheMass-energyRelation2006.pdf. Zugegriffen: 7. März 2016
15. Van Dongen J (2009) On the role of the Michelson-Morley experiment: Einstein in Chicago. Arch Hist Exact Sci 63:655
16. Goldberg S (1984) Understanding relativity. Birkhäuser, Boston
17. Brinckmann F (2016) Netzwerk Teilchenwelt. Projekt-, Fach- und Forschungsarbeiten. http://www.teilchenwelt.de/mitmachen/jugendliche/projekt-fach-und-forschungsarbeiten. Zugegriffen: 7. März 2016
18. Ruhpolding Tourismus GmbH (2015) Massagen. http://www.vita-alpina.de/sauna-wellness/massagen. Zugegriffen: 5. Jan. 2016
19. Sexl RU, Urbantke HK (2002) Gravitation und Kosmologie. Spektrum Akademischer, Heidelberg
20. Pais A (2000) Raffiniert ist der Herrgott … Albert Einstein. Eine wissenschaftliche Biographie. Spektrum Akademischer, Heidelberg
21. Einstein A (1920) Äther und Relativitätstheorie (Rede gehalten am 5. Mai 1920 an der Reichs-Universität zu Leiden). Springer, Berlin
22. Volkamer K (2014) Die Grundzüge einer Neuen Physik, freie Energiegewinnung und mehr. http://klaus-volkamer.de/?p=104. Zugegriffen: 28. Dez. 2015
23. Budwig J (1966) Sonnen-Energie gegen Krebs. http://www.budwig-stiftung.de/dr-johanna-budwig/ihre-vortraege/vortrag-2.html. Zugegriffen: 7. März 2016
24. Schirrmacher A (2010) Philipp Lenard: Erinnerungen eines Naturforschers. Springer, Heidelberg
25. Rauner M (2007) Der Magier von Bludenz. Zeit Wissen, S 1

26. Dyson FW, Eddington AS, Davidson C (1920) A determination of the deflection of light by the Sun's gravitational field from. Observations made at the total eclipse of May 29, 1919. Phil Trans R Soc A 220:291–333
27. Einstein A (2009) Über die spezielle und allgemeine Relativitätstheorie, 24. Aufl. Springer, Heidelberg
28. New York Times (1919) Lights all askew in the heavens. New York Times, 10. November, S 17
29. Pascual-Sanchez JF (2007) Introducing relativity in global navigation satellite systems. Ann Phys 16(4):258–272

3

Materie in Auflösung – Die Grundlagen der Quantenmechanik

Als der große alte Mann der britischen Physik, Lord Kelvin, im Jahr 1900 auf die Erkenntnisse der Physik aus dem vergangenen Jahrhundert zurückblickte, sprach er von zwei Wolken, die über den wichtigsten Theorien der Physik lägen. Eine dieser Wolken, so Kelvin, sei die Frage der Bewegung der Erde durch den Äther, die schon wenige Jahre später zur Formulierung der Relativitätstheorie führen würde. Die zweite Wolke sah Kelvin bei der Frage, wie viel Energie nötig ist, um eine bestimmte Menge eines Gases um eine bestimmte Temperatur zu erwärmen [1]. Die Entwicklung der statistischen Mechanik hatte es ermöglicht, große Teile der Wärmelehre durch die Mechanik von Molekülen zu erklären, aber zur Wärmekapazität von Gasen und zur Abstrahlung von Energie durch warme Körper lieferte die Theorie regelmäßig falsche Ergebnisse. Hinter dieser zweiten Wolke sollten Erkenntnisse auftauchen, aus denen sich mit der Quantenmechanik die zweite zentrale Idee der modernen Physik entwickeln würde.

Wie die Relativitätstheorie war auch die Quantenmechanik kein Geistesblitz aus heiterem Himmel. Auch an ihrem Anfang standen Fragen, auf die die Physik keine Antworten mehr fand. Die Entstehung der Quantentheorien ist aber weniger geradlinig als die der Relativitätstheorie, mit weitaus mehr beteiligten Forschern, unterschiedlicheren Vorläufern, mehr Teilgebieten und resultierenden Einzeltheorien [1, 2]. Es gibt nicht eine kontinuierliche Entwicklung, die man verfolgen könnte, um die wichtigsten Inhalte der Quantentheorien im historischen Ablauf kennenzulernen. Dieses Kapitel wird daher eher schlaglichtartig auf die entscheidenden Durchbrüche eingehen, die für die Entstehung der grundlegenden Quantentheorie, der

© Springer-Verlag GmbH Deutschland, ein Teil von Springer Nature 2019
H. G. Hümmler, *Relativer Quantenquark,* https://doi.org/10.1007/978-3-662-58420-0_3

Quantenmechanik, wichtig waren. Dabei werden wir auch die wichtigsten Personen kennenlernen, die im Zusammenhang mit der Quantenmechanik bis heute am häufigsten zitiert und am meisten missverstanden werden. Besonders wichtig dafür sind die Besonderheiten, die die Erkenntnisse der Quantenmechanik von den Erfahrungen unseres Alltags unterscheiden.

3.1 Die Entstehung der Quantenmechanik und der Abschied vom festen Ort

Mit der von Kelvin angesprochenen Frage, wie viel Energie man braucht, um Materie zu erwärmen, ist natürlich auch die Überlegung verbunden, wie viel Energie ein so erwärmter Körper wieder abgibt und in welcher Form das geschieht. An dieser Stelle tauchte erstmals die Idee auf, dass sich in der Physik kleinster Teilchen der Materie einige Dinge ganz anders abspielen könnten, als wir das aus der Welt normal großer Objekte kennen.

Max Planck und das heiße Eisen der Strahlung

Wenn in einer Schmiede ein Stück Eisen erhitzt wird, beginnt es irgendwann, rötliches Licht abzustrahlen, und man bezeichnet es als rotglühend. Erhitzt man es weiter, wird es irgendwann weißglühend: Die Strahlung wird insgesamt intensiver, enthält aber auch mehr Licht kürzerer Wellenlängen, und zum roten Licht kommen gelbe und schließlich auch blaue Anteile hinzu. Zum noch wesentlich heißeren Draht einer Glühlampe hin verstärkt sich dieser Effekt immer mehr. Wenn sich das geschmiedete Eisen etwas abkühlt und nicht mehr glüht, gibt es immer noch Strahlung ab, was man leicht spüren kann, wenn man sich mit der Hand nähert. Diese Strahlung enthält aber kein sichtbares Licht mehr, sondern nur noch die langen Wellenlängen des Infrarotbereichs, die unsere Augen nicht sehen können. Je heißer ein Material, desto mehr Wärmestrahlung gibt es ab, und desto mehr kurze Wellenlängen kommen zu dieser Strahlung hinzu.

Ende des 19. Jahrhunderts gelang es vor allem Wilhelm Wien an der Physikalisch-Technischen Reichsanstalt, diese Temperaturen und die dazugehörenden Spektren mit hoher Genauigkeit zu messen. Farbige oder spiegelnde Oberflächen verändern die Spektren etwas. Um diese Effekte auszuschließen, verwendet man für ein ungestörtes Ergebnis die Strahlung aus gleichmäßig heißen Hohlräumen, weshalb man von Hohlraumstrahlung oder Schwarzkörperstrahlung spricht.

Schwierig wurde es, als man versuchte, die Wärmestrahlung wie andere Wärmeeffekte durch statistische Mechanik zu erklären. Stellt man sich die elektromagnetischen Wellen wie die Schwingungen einer Gitarrensaite vor, dann passen rein geometrisch auf eine gleich lange Saite mehr Wellen, je kürzer die Wellenlänge ist. Versetzt man also eine große Zahl von Saiten zufällig in irgendwelche Schwingungen, müsste man insgesamt mehr kurze als lange Wellen erhalten. Das Gleiche beobachtet man zunächst auch bei der Wärmestrahlung: Bei kurzen Wellenlängen wird mehr Energie abgegeben als bei langen. Ab einem gewissen Punkt steigt die abgestrahlte Energie aber nicht immer weiter an, sondern fällt ab einer gewissen Wellenlänge wieder ab. Je niedriger die Temperatur, desto größer die Wellenlänge, bei der die Strahlung abfällt, sodass das glühende Eisen zwar noch rotes, aber kein blaues Licht ausstrahlt (siehe Abb. 3.1). Für diese experimentelle Beobachtung liefert die einfache Vorstellung von Wellen auf einer Saite keine Erklärung – und die bis dahin üblichen Vorstellungen der statistischen Mechanik auch nicht.

Letztlich war es der Berliner Physikprofessor Max Planck, dem es 1900 gelang, die Wärmestrahlung in einer einheitlichen Formel zu beschreiben, aus

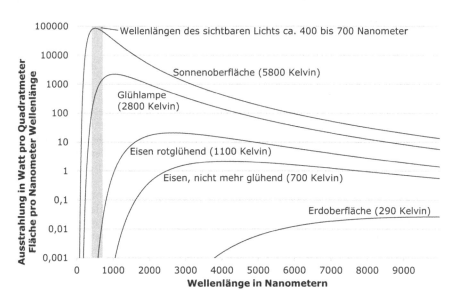

Abb. 3.1 Strahlungsspektren unterschiedlich heißer „schwarzer" Oberflächen nach dem Planck'schen Strahlungsgesetz. Das Spektrum zeigt jeweils an, wie viel Strahlung bei welcher Wellenlänge abgegeben wird. Die Skala der senkrechten Achse ist logarithmisch; jeder Teilstrich bedeutet also eine Verzehnfachung der Strahlungsintensität. Nur sehr heiße Oberflächen emittieren Strahlung im (grau unterlegten) Bereich des sichtbaren Lichts

der sich die Spektren, wie in Abb. 3.1 dargestellt, berechnen lassen. Plancks Strahlungsgesetz basiert nicht wie die Relativitätstheorie auf gewagten Annahmen, sondern beschreibt zunächst einmal präzise die Ergebnisse der damals bekannten Messungen. Spannend wurde es aber bei der Interpretation, was Plancks Berechnung eigentlich bedeutet. Sein Strahlungsgesetz ist nämlich tatsächlich aus der statistischen Betrachtung von Wellen abzuleiten. Der revolutionäre Gedanke dabei ist, dass die ausgesandte Strahlung sozusagen aus kleinen Päckchen besteht, deren Energie von der Wellenlänge abhängt. Je kürzer die Wellenlänge, desto mehr Energie hat eines der entstehenden Wellenpäckchen. Für Päckchen mit langen Wellenlängen ist in der Regel immer genügend Energie vorhanden. Je nach Temperatur des strahlenden Körpers reicht aber ab einer gewissen Wellenlänge die abgegebene Energie nicht mehr aus, um weitere Wellenpäckchen zu bilden, sodass die Spektren zu kürzeren Wellenlängen hin steil abfallen, wie es die Messungen ergeben hatten. Für Planck und seine Zeitgenossen in der Physik war das ein höchst befremdliches Ergebnis. Sollte das Licht Energie tatsächlich in Paketen transportieren, die durch die Wellenlänge genau festgelegt sind? Das klang bedenklich nach der alten Vorstellung von Lichtteilchen, die uns schon in Abschn. 2.1 begegnet ist und die Thomas Young 80 Jahre zuvor zu Grabe getragen hatte. Für diese Wellenpakete, also die teilchenartigen Eigenschaften von Licht, etablierte sich später der Begriff „Quanten".

Quarkstückchen

Die Lichtpakete oder Quanten, die sich aus Plancks Strahlungsgesetz ergeben, sind weder elektrisch positiv noch negativ geladen, sondern neutral – es handelt sich einfach um elektromagnetische Wellen, wie zum Beispiel Licht, Mikrowellen oder Röntgenstrahlung. Ein Esoterikanbieter aus dem Rheinland behauptet jedoch, sogenannter Elektrosmog bestehe aus positiv geladenen Planck'schen Quantenteilchen, die die Gesundheit zerstörten. Zum Schutz dagegen verkauft der Anbieter Quantenkraftsteine, knapp handtellergroße, bunte Objekte, die laut Produktbeschreibung aus gepresstem Holz bestehen und vom Nutzer am Körper getragen werden sollen. Der Preis eines solchen Quantenkraftsteins, der negativ geladene Quantenteilchen enthalten soll, liegt bei 800 EUR [3].

Zu den ersten Wissenschaftlern, die die Vorstellung von Lichtquanten nicht nur als Rechenmodell in Erwägung zogen, gehörte Albert Einstein. Schon als unbekannter Patentamtsmitarbeiter hatte er mehrere Veröffentlichungen zum Strahlungsgesetz und seiner Interpretation geschrieben. 1905, im gleichen Jahr wie die spezielle Relativitätstheorie, erschien seine Theorie zum sogenannten Fotoeffekt, für die er viele Jahre später den Nobelpreis bekommen würde. Beim Fotoeffekt geht es darum, dass Licht Elektronen aus der Oberfläche von Metallen herauslösen kann, vor allem wenn es sich um sehr kurzwelliges UV-Licht handelt. Einstein erklärte den Zusammenhang mit der Wellenlänge dadurch, dass jedes Elektron immer nur die Energie eines einzelnen Lichtquants aufnehmen kann und somit nur kurzwellige Lichtquanten mit ihrer höheren Energie in der Lage sind, Elektronen aus der Bindung an das Metall herauszureißen. Die Messungen, die Einsteins Theorie zum Fotoeffekt möglich machten, stammten übrigens ausgerechnet vom späteren Einstein-Hasser und „deutschen Physiker" Philipp Lenard [1].

Bis zu diesem Punkt beschränkte sich die Vorstellung von Quanten darauf, dass die Energie elektromagnetischer Wellen aus irgendeiner Form von Paketen besteht. Für das Alltagsleben und die meisten physikalischen Berechnungen jener Zeit spielte das keine Rolle, weil die einzelnen Energiepakete winzig klein sind. Für Energien des Alltags von typischerweise einigen Joule (ein Joule ist etwa die Fallenergie eines Päckchens Butter, das aus 40 cm Höhe auf den Boden klatscht) ist es unerheblich, dass das der Energie von zehntausend Milliarden von Milliarden Lichtquanten des sichtbaren Lichts entspricht. Die Energien einzelner Quanten sind so klein, dass wir sie ebenso wenig wahrnehmen können wie die einzelnen Atome, aus denen wir und alle unsere Alltagsobjekte bestehen.

Nach dem Planck'schen Strahlungsgesetz und dem Fotoeffekt konnte man die Quanteneffekte noch als rein rechnerische Eigenschaften des Lichts ansehen. Der entscheidende Schritt zur Quantenmechanik als einer eigenen Theorie mit umfassenderem Erklärungsanspruch war die Beschreibung des Atoms, und die zentrale Rolle dabei spielte Niels Bohr.

Zum Mitnehmen

„Quanten" sind keine besonderen Teilchen und keine andere Form von Materie. Als Quanten wurden einfach nur die kleinsten Energiemengen oder Wellenpakete bezeichnet, aus denen eine elektromagnetische Welle, zum Beispiel Licht, aufgebaut ist. Später zeigte sich, dass auch andere Wellen in Form von Quanten beschrieben werden können.

Niels Bohr und die Teile der Unteilbaren

Die grundsätzliche Idee, dass Materie aus „unteilbaren" (griechisch *átomos*) Bausteinen, sozusagen Materiequanten, bestehen könnte, ist in gewisser Weise der Urgroßvater der Quantentheorien. Sie stammt bereits aus der klassischen Antike und ist vom Philosophen Demokrit überliefert. Als Planck und Einstein ihre Theorien zu Lichtquanten veröffentlichten, hatte der „Atomismus" in Physik und Chemie zwar viele Anhänger, galt aber keineswegs als sicher. Man wusste, dass chemische Stoffe immer in den gleichen Massenverhältnissen miteinander reagieren. So reagieren zum Beispiel knapp vier Gramm Kupfer mit einem Gramm Schwefel zu Kupfersulfid. Eine elegante Erklärung dafür war, dass sich in diesen Reaktionen Atome in immer gleichen Formen zu Molekülen (oder im Fall des Kupfersulfids zu einer Kristallstruktur) zusammenfügen. Das passte auch dazu, dass die Volumenverhältnisse miteinander reagierender Gase typischerweise zueinander in Verhältnissen von 1:1, 1:2 oder ähnlich kleiner Zahlen standen. Schon seit 100 Jahren wurde deswegen spekuliert, dass die gleiche Anzahl Moleküle jeglichen Gases das gleiche Volumen einnehmen müsste. Das Periodensystem der chemischen Elemente ließ sich am sinnvollsten interpretieren, wenn man davon ausging, dass die unterschiedlichen Elemente Atomen bestimmter Massen entsprechen. Die sich immer mehr etablierende Beschreibung thermodynamischer Zusammenhänge als statistische Mechanik, vor allem durch den Mathematiker und theoretischen Physiker Ludwig Boltzmann, basiert praktisch komplett auf der Annahme, dass Gase aus umherfliegenden Teilchen, also Atomen oder Molekülen bestehen. Dennoch war die Atomhypothese auch zum Beginn des 20. Jahrhunderts noch nicht unumstritten, vor allem weil ein direkter Nachweis noch fehlte [1].

Direkt beobachtet hatte ein Atom noch niemand. Völlig abstrakt war die Vorstellung, dass Materie und Licht aus vielen kleinen Teilchen bestehen könnte, jedoch nicht, denn eine Art kleinstes Teilchen war immerhin 1897 vom Experimentalphysiker Joseph John Thomson zweifelsfrei nachgewiesen worden: Negative elektrische Ladung, die man durch Hochspannung in einer Vakuumröhre in Bewegung versetzen konnte, bestand aus Teilchen mit klar definierter Masse, den Elektronen. Positive Ladung ließ sich nicht so einfach beschleunigen. Damit war dann wirklich nur noch schwer vorstellbar, dass der Rest der Materie samt der positiven Ladung nicht aus ähnlichen Bausteinen, eben den Atomen, bestehen sollte. Wie aber hingen die Elektronen mit den Atomen zusammen, und wie viele Elektronen gehörten zu einem Atom? Thomson sah das Atom als eine Art Klümpchen positiv geladener Masse, die Elektronen aufnehmen und so elektrisch neutral werden konnte.

Die entscheidenden Experimente, die Informationen über den Aufbau von Atomen liefern sollten, machte der in Kanada forschende gebürtige

Neuseeländer Ernest Rutherford. Er experimentierte mit der erst 1896 entdeckten Radioaktivität und erkannte, dass sie aus unterschiedlichen Arten von Strahlung besteht. Einen Teil dieser Strahlung, die er als Beta-Strahlung bezeichnete, erkannte er als die Elektronen, die Thomson erst wenige Jahre zuvor entdeckt hatte. Einen anderen Teil, die Alpha-Strahlung, konnte er als positiv geladene Heliumatome identifizieren. Nach Rutherfords Wechsel vom kanadischen Montreal nach Manchester als frisch geehrter Nobelpreisträger gaben sich Europas führende Physiker in seinem Labor die Klinke in die Hand. Dabei kam es zur entscheidenden Messung: Alpha-Strahlung kann dünne Metallfolien durchdringen. Atome können also durch viele geschlossene Schichten anderer Atome hindurchfliegen. Somit konnten Atome unmöglich massive Kugeln sein. Ein kleiner Teil der Heliumatome aus der Alpha-Strahlung prallte aber doch an etwas ab: Atome mussten einen sehr kleinen massiven Kern und eine durchlässige Hülle haben. Nun lag der Schluss nahe: Im massiven Kern ruht offenbar die positive Ladung des Atoms, und die durchlässige Hülle besteht aus den negativ geladenen Elektronen, die durch elektromagnetische Kräfte an den Kern gebunden sind.

Bis zu diesem Punkt gab es noch keinen erkennbaren Zusammenhang zwischen dem von Rutherford beobachteten Aufbau des Atoms und den von Planck und Einstein hergeleiteten Lichtquanten. Einen solchen Zusammenhang musste es aber geben, wenn Lichtquanten Elektronen aus einem Atom herauslösen konnten, wie es Einstein in seiner Theorie des Fotoeffekts gefunden hatte.

Einen weiteren Zusammenhang zwischen den Materieatomen und den Lichtquanten musste es bei den Lichtspektren unterschiedlicher chemischer Elemente geben. Materie emittiert elektromagnetische Wellen, darunter Licht, nicht nur in Form der von Planck untersuchten Wärmestrahlung, mit einem breiten Spektrum von Wellenlängen gleichzeitig. Abhängig von den enthaltenen chemischen Elementen emittieren Materialien Strahlung auch bei einzelnen, genau bestimmten Wellenlängen. Bringt man Natrium (zum Beispiel in Form von Kochsalz) in eine sehr heiße Flamme, dann emittiert die Flamme orange-gelbes Licht der Wellenlänge 589 nm. Genau dieser Effekt wird in Natriumdampflampen verwendet, die in vielen Städten noch als typisch gelbe Straßenbeleuchtung verwendet werden. Diese Spektren waren in der Chemie schon länger bekannt und werden bis heute zum Nachweis chemischer Elemente verwendet.

Quarkstückchen

Die Lichtspektren der chemischen Elemente ergeben sich daraus, dass die Atome dieser Elemente nach Energiezufuhr Licht bestimmter Wellenlängen abgeben und Licht genau dieser Wellenlänge auch stark absorbieren. Die Atome werden durch das absorbierte Licht aber nicht dauerhaft verändert, sondern das Material wird durch die Energie des absorbierten Lichts in der Regel einfach nur erwärmt. Manche Heilpraktiker glauben aber, weil Knochen Kalzium enthalten, könne man sie in der sogenannten Farbtherapie dadurch stärken, dass man den Körper mit Licht in den Spektralfarben des Kalziums anstrahlt [4].

Wenn die Elemente sich durch ihre jeweiligen Atome unterschieden, dann musste die Grundlage dieser Spektren im Aufbau der Atome liegen. Diesen Zusammenhang fand der dänische Physiker Niels Bohr 1913, nach einem Forschungsaufenthalt bei Rutherford in Manchester. Er ging davon aus, dass sich die chemischen Elemente durch die Anzahl der positiven Ladungen im Atomkern unterscheiden. Entsprechend mussten Atome für jede positive Ladungseinheit im Kern genau ein Elektron in ihrer Hülle enthalten. Da der positiv geladene Atomkern die negativ geladenen Elektronen anziehen musste, nahm Bohr an, dass die Elektronen um den Atomkern kreisen wie Planeten um die Sonne. Verlagerte sich jetzt ein Elektron von einer weiter außen gelegenen Bahn auf eine Bahn enger am Kern, dann wurde dabei Energie frei, und diese Energie musste als Lichtquant abgestrahlt werden. Die genau festgelegten Wellenlängen der Spektren bestimmter Elemente entsprachen also offensichtlich genau festgelegten Energien von Lichtquanten und damit ebenso genau festgelegten Abständen zwischen möglichen Elektronenbahnen, die ein chemisches Element charakterisierten. Mit den Elektronenbahnen erklärte Bohr auch die je nach Element unterschiedlichen chemischen Bindungen, die ein Atom eingehen kann.

Damit hatte Bohr nicht nur die Lichtquanten mit dem Aufbau von Atomen verbunden, sondern auch mit den chemischen Eigenschaften der einzelnen Elemente. Die neu entstehende Quantenphysik wurde somit gleichzeitig auch zur Grundlage der Chemie. Bohrs Atommodell lässt aber zwei wichtige Punkte offen: Zum einen ist nicht wirklich klar, warum bei jedem Element nur bestimmte Elektronenbahnen möglich sind. Planeten könnten schließlich auch auf völlig unterschiedlichen Bahnen um die Sonne kreisen. Zum anderen wäre ein um einen Atomkern kreisendes Elektron ja eine bewegte elektrische Ladung, deren elektrisches Feld sich als elektromagnetische Welle in den umgebenden Raum ausbreiten müsste. Jedes

Elektron in jedem Atom müsste also eigentlich ununterbrochen Strahlung aussenden und damit Energie abgeben, bis es irgendwann alle Energie abgestrahlt hat und in den Kern stürzt. Das tun Elektronen jedoch ganz offensichtlich nicht.

Zum Mitnehmen

Durch die Beschreibung der Eigenschaften von Atomen erklärte die entstehende Quantenmechanik die Chemie auf Basis der Physik.

Heisenberg, Schrödinger und die unwahrscheinlichen „Deutungen" der Quantenmechanik

Was wir heute als Quantenmechanik bezeichnen, erhielt seine Form im Wesentlichen in den 1920er-Jahren. Eine zentrale Rolle spielten dabei die theoretischen Physiker Werner Heisenberg und Erwin Schrödinger.

Die von Bohr geprägte Vorstellung von Elektronenbahnen um den Atomkern kennen wir bis heute als Symbol von Atomen vom Wappen der Internationalen Atomenergieorganisation [5] bis zum Logo der US-Fernsehserie *The Big Bang Theory* [6]. Tatsächlich ist sie seit den 1920er-Jahren überholt. Nach der Quantenmechanik gehören zu einem Elektron innerhalb eines Atoms kein festgelegter Ort, keine Geschwindigkeit und keine eindeutige Richtung, in die es sich bewegt. Solange es im Atom gebunden ist, verhält es sich kaum wie ein Teilchen, eher wie eine Art Wolke: Das Elektron ist irgendwo innerhalb des Atoms, aber es bewegt sich in keiner bestimmten Weise, also gibt es keine bewegte Ladung, die Strahlung aussenden würde.

Damit unterscheidet sich ein quantenmechanisches Teilchen wie zum Beispiel das Elektron grundsätzlich von Objekten, wie wir sie aus unserem Alltag kennen. Wenn wir versuchen, uns ein Teilchen vorzustellen, denken wir normalerweise automatisch an ein kugelförmiges Objekt, ähnlich einer sehr, sehr kleinen Billardkugel. Tatsächlich verhält sich ein quantenmechanisches Teilchen aber völlig anders als eine solche Kugel. Eine Billardkugel befindet sich an einem eindeutig festgelegten Ort, und man kann zu jedem Zeitpunkt ebenso eindeutig ihre Bewegung festlegen. Sowohl ihr Ort als auch ihre Bewegung lassen sich mit hoher Genauigkeit messen, ohne dass man dabei eine Veränderung an der Kugel vornehmen muss.

Das alles ist im Fall unseres Elektrons anders, wie Werner Heisenberg herausgefunden hat. Nicht nur Quantenquark, sondern auch harte Wissenschaft bietet mitunter bizarre Geschichten, denn Heisenbergs Entdeckung verdanken wir seinem Heuschnupfen: Um den quälenden Pollen zu entgehen, hatte er sich einen Frühsommer lang nach Helgoland zurückgezogen, wo er in weitgehender Abgeschiedenheit mit viel Zeit zum ungestörten Nachdenken zu seinen größten Durchbrüchen kam. Ort und Bewegung des Elektrons sind nur bis auf eine gewisse Ungenauigkeit, die Heisenberg'sche Unschärferelation, bestimmt: Je genauer der Ort des Elektrons festgelegt ist, zum Beispiel durch eine sehr enge Bindung an einen stark positiv geladenen Atomkern, desto ungenauer wird seine Bewegung. Ist hingegen die Bewegung eines Elektrons festgelegt, weil es zum Beispiel im Elektronenstrahl einer Bildröhre eine genau bestimmbare Beschleunigung erfahren hat, dann lässt sich sein Ort entlang dieses Strahls nicht mehr genau bestimmen. Es handelt sich insbesondere nicht um eine Frage der Messgenauigkeit oder um eine Bewegung, die wir nicht kennen: Das Teilchen hat tatsächlich keinen genauer bestimmten Ort oder keine genauer bestimmte Bewegung.

Auch der Versuch, Eigenschaften eines quantenmechanischen Teilchens zu messen, unterscheidet sich deutlich von dem an einem klassischen Objekt. Damit wir überhaupt Informationen zum Beispiel über ein Elektron gewinnen können, muss es in eine Wechselwirkung mit einem oder mehreren anderen Teilchen treten, zum Beispiel über sein elektrisches Feld. Wenn das Elektron eine solche Kraft auf etwas ausübt, das die Information in unser Messgerät bringen könnte, wirkt die gleiche Kraft auch auf das Elektron. Damit hat sich genau der Zustand, den wir eben gemessen haben, durch die Messung wieder verändert. Dieses Beispiel illustriert nur ein generelles Prinzip: Man kann in einem quantenmechanischen System keine Messungen vornehmen, ohne das System dabei zu verändern. Obgleich dieses Prinzip eher durch die technischen Voraussetzungen der Messung als durch den menschlichen Beobachter hervorgerufen wird, bezeichnet man es als Beobachtereffekt.

Dass für ein quantenmechanisches Teilchen wie das Elektron so völlig andere Regeln gelten sollen als für ein klassisches Objekt wie die Billardkugel, führt zu einem scheinbaren Widerspruch: Die Billardkugel besteht ja selbst aus Elektronen und Atomkernen, die Atomkerne, wie wir heute wissen, aus Protonen und Neutronen, und für alle diese Teilchen gilt die Quantenmechanik. Müssten dann die sonderbaren Regeln der Quantenmechanik nicht auch für die ganze Kugel gelten? Müssten nicht auch Ort und Bewegung der Kugel unbestimmt sein, und müsste es nicht auch unmöglich sein, den Ort der Kugel zu messen, ohne ihn zu beeinflussen? Und in der Tat gilt die Quantenmechanik auch für die komplette Billardkugel, wir merken es nur nicht, und es ist auch tatsächlich bedeutungslos. Die Unschärferelation liegt in der gleichen Größenordnung wie die winzig kleinen Energien einzelner Lichtquanten. Wenn wir davon ausgehen, dass wir die Position der Billardkugel auf einen Mikrometer genau bestimmen können, dann ergäbe sich nach der Heisenberg'schen Unschärferelation eine Unbestimmtheit ihrer Bewegung in der Größenordnung von einem Tausendstel Milliardstel eines Milliardstel Mikrometers pro Sekunde. Die Ungenauigkeit der Bewegung ist also um viele Größenordnungen zu klein, um irgendwie messbar zu sein. Da wir eine Billardkugel in der Regel bei Zimmertemperatur lagern, bewegen sich alle ihre Atome außerdem aufgrund ihrer Wärmeenergie unkontrolliert hin und her. Auch die Ungenauigkeiten durch diese Wärmeenergie, die man aus der Schule als Brown'sche Molekularbewegung kennt, übertreffen die Effekte der Unschärferelation für Objekte unseres Alltags um ein Vielfaches. Die Größenordnung von Objekten, für die quantenmechanische Effekte allmählich anfangen, relevant zu werden, liegt bei einigen Nanometern, also Millionstel Millimetern. Das ist einer der Gründe für die besonderen Möglichkeiten, die Partikel dieser Größenordnung bieten, zum Beispiel in der sogenannten Nanotechnologie [7].

Auch das zweite wichtige quantenmechanische Prinzip, der oben erwähnte Beobachtereffekt, gilt ebenso für die Billardkugel. Wir können die Position der Kugel natürlich berührungsfrei messen, indem wir sie mit optischen Instrumenten anpeilen. Dann vermessen wir genau genommen das von der Kugel reflektierte Licht. Ohne dass Licht auf die Kugel fällt, wäre diese berührungsfreie Messung nicht möglich. Aus der Sicht der Quantenmechanik verändert dieses Licht aber die Kugel: Es erwärmt die Oberfläche, führt damit zu einer Ausdehnung, und die Reflexion des Lichts verursacht sogar einen Rückstoß in der Kugel. Alle diese Effekte sind jedoch wieder so klein, dass sie für die Genauigkeit, mit der wir die Kugel vermessen können, völlig belanglos sind. Wir sehen daran aber einen sehr wichtigen Aspekt der Quantenmechanik, der häufig falsch verstanden wird: Es ist nicht die Messung an sich, die das gemessene System verändert, denn ob wir das reflektierte Licht vermessen oder nicht, verändert die Kugel tatsächlich nicht. Vielmehr ist die Wechselwirkung mit dem Licht, die die Kugel verändert, eine Voraussetzung dafür, dass eine Messung überhaupt möglich ist.

Quarkstückchen

Schon durch seinen Namen treibt der Beobachtereffekt in der Fantasie von Esoterikern seltsame Blüten. In seinem Buch *Aus heiterem Himmel – Die sieben geheimen Gesetze der Liebe* erklärt Torsten J. Schuster, aufgrund der Quantenphysik könne konzentrierte Beobachtung Materie verändern. Deswegen, so behauptet er, funktioniere das Besprechen von Warzen, und das Essen würde durch ein Tischgebet gesünder [8].

Hinter der Unbestimmtheit von Größen lauert noch eine weitere Tücke der Quantenmechanik, für die die Theoretiker der 1920er-Jahre eine elegante Lösung gefunden haben. Ist die Billardkugel einmal bewegt worden, genügt es, sie wieder an die gleiche Stelle zu platzieren und sie in die gleiche Bewegung zu versetzen – dann ist sie wieder im gleichen Zustand wie vorher. Eine nicht perfekt runde Kugel müsste man eventuell noch in die gleiche Richtung drehen. Der Zustand der Kugel ist durch ihren Ort, ihre Bewegung und gegebenenfalls ihre Drehung vollständig bestimmt. Das ist im Fall des Elektrons nicht so einfach, wenn Ort und Bewegung zum Teil unbestimmt sind. Wie können zwei Zustände gleich oder nicht gleich sein, wenn ein Teil ihrer Eigenschaften unbestimmt ist?

Tatsächlich ist ein Zustand in der Quantenmechanik nicht durch seine messbaren Eigenschaften festgelegt. Der eigentliche quantenmechanische Zustand ist festgelegt durch sogenannte Quantenzahlen. In einigen Fällen ist die Quantenzahl eine messbare Größe, zum Beispiel bei der elektrischen Ladung, aber im Allgemeinen kann man sich den Zusammenhang zwischen einer messbaren Größe und einer Quantenzahl etwa so vorstellen wie zwischen dem, was ein Mensch sagt und dem, was er tatsächlich denkt. Wie die Gedanken eines Menschen sind auch die Quantenzahlen eines quantenmechanischen Zustandes überwiegend nicht direkt zu bestimmen, aber sie existieren, und sie haben eine Wirkung auf das zu Bestimmende.

Ein Experimentalphysiker, der versucht, aus seinen Messungen einen quantenmechanischen Zustand zu bestimmen, ist somit in einer ähnlichen Situation wie ein Beobachter, der aus einer Analyse des Straßenverkehrs die Verkehrsregeln erkennen möchte. Das Verhalten eines einzelnen Verkehrsteilnehmers ist von den Regeln beeinflusst, aber über diese Regeln und gewisse Streubreiten hinaus bleibt es unbestimmt und letztlich zufällig. Erst aus der Beobachtung vieler Verkehrsteilnehmer lassen sich statistisch die zufälligen Variationen von den Regeln trennen. Das Problem für unseren Beobachter ist, dass er immer nur einen kurzen Blick auf die Situationen hat, weil ein quantenmechanischer Zustand ja nicht gemessen werden kann, ohne ihn zu zerstören. Hier behilft man sich, indem man immer wieder möglichst identische Zustände erzeugt und zum Beispiel identische Teilchen immer wieder mit gleicher Energie beschleunigt. So kann man eine große Zahl von Messungen an praktisch gleichen Quantenzuständen vornehmen.

Die Messwerte quantenmechanischer Größen sind innerhalb der durch den Zustand definierten Unbestimmtheiten tatsächlich zufällig. Selbst wenn man alle relevanten Quantenzahlen eines Zustandes kennt, kann man für die Messwerte jeweils nur Wahrscheinlichkeitsverteilungen angeben. Beispielsweise kann man für ein Elektron in einem bestimmten Bindungszustand in einem Atom keinen Ort bestimmen, man kann aber für jeden Ort innerhalb des Atoms eine Wahrscheinlichkeit angeben, das Elektron dort anzutreffen. Genau das leistet die von Erwin Schrödinger 1926 entwickelte Schrödinger-Gleichung. Sie beschreibt die Aufenthaltswahrscheinlichkeit von Teilchen in Form einer sich ausbreitenden oder innerhalb eines Atoms hin- und herlaufenden Welle, ähnlich wie die Schwingungen einer Gitarrensaite. Mathematisch formuliert man diese Materiewelle als sogenannte Wellenfunktion.

Aus der Vorstellung, dass sich ein Elektron innerhalb eines Atoms mathematisch wie die Schwingung einer Gitarrensaite beschreiben lässt, kann man eine weitere Art von Quantenzahlen ableiten (siehe Abb. 3.2). Eine Saite kann einfach mit ihrer vollen Länge zwischen ihren beiden Endpunkten hin- und herschwingen. Dies entspricht in der Musik dem Grundton der Saite, in der Physik der Quantenzahl 1. Sie kann aber auch um die Saitenmitte oder in Dritteln oder Vierteln der Saitenlänge schwingen, entsprechend den Obertönen in der Musik oder den höheren Quantenzahlen. Da ein Atom nicht eindimensional ist wie eine Saite, entsprechen diese Quantenzahlen in einem tatsächlichen Atom einem komplexeren System von sogenannten Haupt- und Nebenquantenzahlen. Basierend auf diesen Quantenzahlen war

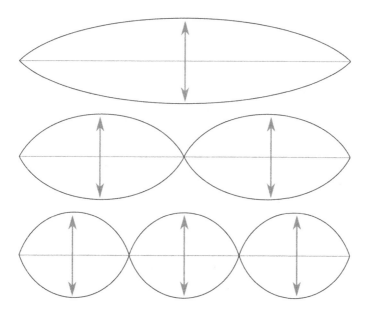

Abb. 3.2 Mögliche Schwingungen einer Gitarrensaite als Modellvorstellung für die Bindungszustände eines Elektrons im Atom. Die obere Schwingung entspricht musikalisch dem Grundton und physikalisch der Quantenzahl 1. Darunter sind die ersten beiden Obertöne entsprechend den Quantenzahlen 2 und 3 dargestellt

es möglich, die Energiezustände von Elektronen im Atom und damit die Lichtspektren der chemischen Elemente wesentlich besser zu erklären und vorauszuberechnen als mit Bohrs Elektronenbahnen.

Die von Schrödinger entwickelte Wellenfunktion eines Teilchenzustands enthält alle Informationen über den Zustand in Form seiner Quantenzahlen und beschreibt für jeden Ort und jeden Bewegungszustand des Teilchens die Wahrscheinlichkeit, das Teilchen dort anzutreffen. Dass die messbaren Größen in der Quantenmechanik zu einem gewissen Anteil zufällig sind, war auch für viele der Begründer der Theorie nicht leicht zu akzeptieren. So ist von Einstein das Zitat überliefert, er sei überzeugt, dass Gott nicht würfelt [9]. Jahrzehntelang wurde darüber spekuliert, ob hinter dieser Zufallskomponente vielleicht eine versteckte höhere Ordnung liegen könnte, die in der bisherigen Quantenmechanik einfach noch nicht erfasst ist. Inzwischen konnte aber auch experimentell gezeigt werden, dass es eine solche versteckte Ordnung nicht geben kann [10]. Quantenmechanische Messwerte müssen also tatsächlich zufällige Komponenten enthalten, die bis zum Zeitpunkt der Messung unbestimmt sind.

Dass die gemessene Realität zu einem nennenswerten Teil vom Zufall abhängt, hat von Anfang an zu umfassenden Diskussionen über die philosophische Interpretation der Quantenmechanik geführt. Von der Vielzahl der Denkansätze werden drei bis heute häufiger erwähnt:

- Die Standardinterpretation oder auch Kopenhagener Deutung der Quantenmechanik geht davon aus, dass die Wellenfunktion, die den quantenmechanischen Zustand des Teilchens mit allen seinen Möglichkeiten beschreibt, bei der Messung zu einem konkreten Messwert von Ort oder Bewegung „kollabiert", das physikalische Teilchen also sozusagen erst bei der Messung aus der Welle entsteht. Diese Vorstellung wurde bereits 1927 von Niels Bohr und Werner Heisenberg geprägt [11].
- Die Viele-Welten-Theorie nimmt an, dass alle möglichen Zustände des Teilchens tatsächlich gleichzeitig existieren und bei der Messung einer davon ausgewählt wird.
- Nach der vom amerikanischen Theoretiker David Bohm begründeten Bohm'schen Mechanik existiert die ganze Zeit nur ein Teilchen, das von der Wellenfunktion geführt wird. Das Teilchen springt in dieser Bewegung aber, anders als man von einem Teilchen erwartet, auch plötzlich an andere Orte.

Quarkstückchen

Mehr noch als die Quantenmechanik selbst werden diese Interpretationen quantenmechanischer Erklärungen von Teilchenphänomenen immer wieder falsch auf unsere Alltagswelt übertragen. Der Esoterikautor Dieter Broers vermengt im selben Artikel den zur Erläuterung der Bohm'schen Mechanik verwendeten Begriff des Hologramms mit der Viele-Welten-Theorie und den Schriften frühchristlicher Gnostiker. Daraus folgert er, die Wissenschaft halte es für sehr wahrscheinlich, dass unser Bewusstsein nur das Ergebnis einer Computersimulation und die Welt nur vorgetäuscht sei [12]. Dass diese Vorstellung einem Hollywoodfilm entstammt *(Die Matrix)* scheint weder Broers noch seine Anhänger zu stören.

Bekannt wurde Broers allerdings vor allem durch die Ankündigung, im Jahr 2012 würde durch dramatische Veränderungen der Sonne und des Erdmagnetfelds ein neues Zeitalter anbrechen [13].

Es hat immer wieder Versuche gegeben, experimentell zwischen den Interpretationen der Quantenmechanik zu unterscheiden. Messbar unterschiedliche Aussagen hat man aber bis heute nicht finden können [14]. Innerhalb der theoretischen Physik gibt es bis heute Arbeitsgruppen, die sich mit diesen Interpretationen und ihren Konsequenzen beschäftigen. Bei den meisten Physikern, die alltäglich mit den Quantentheorien und ihren Ergebnissen arbeiten, hat das Interesse daran aber im Laufe der Jahrzehnte deutlich abgenommen. Einer der Gründe dafür ist, dass die philosophische Interpretation der Wellenfunktionen und ihrer Bedeutung für die meisten Forschungsfragen, vor allem aber für die immer wichtigeren praktischen Anwendungen, keine Rolle spielen. Dafür genügt es, diese fremde Welt messen, die Messergebnisse vorab berechnen und die resultierenden Technologien nutzen zu können. Hierfür spielt letztlich keine Rolle, ob der auf unsere Alltagswelt ausgerichtete Begriff von Realität dieser Welt der Teilchen überhaupt gerecht wird. Man erkennt auch immer mehr, dass die in diesen Interpretationen aufgeworfenen Fragen Effekte betreffen, die nur bei isolierten Teilchen eine Rolle spielen und für unsere direkt erfassbare Welt eher belanglos sind, wie wir im weiteren Verlauf dieses Kapitels sehen werden.

Zum Mitnehmen

Die Quantenmechanik beschreibt die Welt kleinster Teilchen, und diese verhalten sich mitunter anders als die großen Objekte unserer Alltagswelt. So kann man Eigenschaften wie den Ort solcher Teilchen nicht messen, ohne sie durch die Messung selbst wieder zu verändern. Außerdem sind sogar bei einem vollständig bekannten Zustand (zum Beispiel einem in einem Atom gebundenen Elektron) bestimmte Eigenschaften (zum Beispiel der Ort dieses

Elektrons innerhalb des Atoms) nur in Form von Wahrscheinlichkeiten festgelegt. Über die Bedeutung dieser Unbestimmtheit für unseren Begriff von
Realität gibt es philosophische Diskussionen, die aber für die messbare Physik
eher uninteressant sind.

3.2   Durch zwei Türen gleichzeitig gehen – Der Welle-Teilchen-Dualismus und die Überlagerung von Wellenfunktionen

Schon das Planck'sche Strahlungsgesetz und die theoretische Modellierung
des Fotoeffekts machten klar, dass Licht Eigenschaften von Teilchen hat. Die
Schrödinger-Gleichung beschreibt die Wahrscheinlichkeit, Materieteilchen
an einem bestimmten Ort oder in einem bestimmten Bewegungszustand
anzutreffen, und sie tut dies in Form einer Welle. Die Quantenmechanik
erkennt also sowohl in Licht und anderen elektromagnetischen Wellen als
auch in Materieteilchen gleichzeitig Wellen- und Teilcheneigenschaften.
Diese Überlagerung von Eigenschaften wird als Welle-Teilchen-Dualismus
bezeichnet und führt häufig zur Verwirrung in populärwissenschaftlichen
Darstellungen.

In Abschn. 2.1 hatten wir die Interferenzmuster betrachtet, die Thomas
Young gefunden hatte, als er Licht durch eine Blende mit einem Doppel-
spalt scheinen ließ. Diese waren nur dadurch zu erklären gewesen, dass es
sich bei Licht um eine Welle handeln musste. Wenn die Bewegung von
Materieteilchen nach der Schrödinger-Gleichung ebenfalls in der Form
einer Welle erfolgt, dann müssten sich solche Interferenzen auch bei
Strahlen beschleunigter Materieteilchen zeigen. Tatsächlich gelang ein
solcher Nachweis bereits 1927, ein Jahr nach der Veröffentlichung der
Schrödinger-Gleichung, mit einem Strahl beschleunigter Elektronen [15].
Der Welle-Teilchen-Dualismus ist somit nicht nur eine Eigenschaft der
Quantenmechanik als Theorie; er ist eine Eigenschaft der tatsächlichen
Naturphänomene, die die Quantenmechanik beschreibt. Hier gilt also für
die Quantenmechanik das, was wir schon bei der Relativitätstheorie fest-
gestellt haben: Nicht die Theorie ist seltsam, sondern sie ist eine logische
Beschreibung von Vorgängen in der Natur, die uns seltsam vorkommen, weil
sie nicht Teil unseres Alltagserlebens sind.

Wenn solche Interferenzmuster nun aber aus etwas entstehen, das
unzweifelhaft Teilchencharakter hat, dann stellt sich die Frage, wie sich

die Auftreffpunkte der einzelnen Teilchen zu einem Interferenzmuster zusammenfügen. Löscht ein Teilchen im Bereich destruktiver Interferenz den Effekt früherer Teilchen aus und verstärkt ihn in Bereichen konstruktiver Interferenz, oder kommt jedes einzelne Teilchen tatsächlich bevorzugt in den Bereichen mit konstruktiver Interferenz an? Wie man an hochauflösenden Abbildungen solcher Interferenzmuster von Teilchenstrahlen (zum Beispiel in [16]) sieht, häufen sich tatsächlich die Auftreffpunkte der Teilchen in den Zonen konstruktiver Interferenz, während in Zonen destruktiver Interferenz überhaupt keine Teilchen ankommen. Jedes einzelne Teilchen scheint auf seinem Weg durch den Doppelspalt die Information beider Spalte zu berücksichtigen (siehe Abb. 3.3), obwohl es klassisch gesehen als Teilchen eigentlich nur durch einen Spalt hindurchfliegen und mit dem anderen gar keinen Kontakt haben kann.

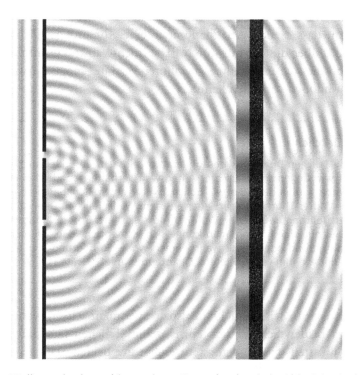

Abb. 3.3 Wellenausbreitung hinter einem Doppelspalt wie in Abb. 2.3 mit dem entstehenden Interferenzmuster auf einem Bildschirm (rechts im Bild) und direkt daneben den simulierten Auftreffpunkten einzelner ankommender Teilchen. Es kommen so gut wie keine Teilchen in den dunklen Bereichen an, in denen sich die Wellen durch Interferenz auslöschen. Jedes einzelne Teilchen scheint also der Information des fertigen Interferenzmusters zu folgen

Am Welle-Teilchen-Dualismus zeigt sich ein Grundproblem beim Erklären der Quantenmechanik: Man kann sich Konzepte der Quantenmechanik mit bildhaften Darstellungen vorstellbar machen, aber diese sind immer nur eine unvollständige Wiedergabe dessen, was nach der Theorie eigentlich passiert. Insbesondere kann man aus diesen bildhaften Darstellungen keine Schlussfolgerungen über die Realität ableiten, schon gar nicht ohne experimentelle Überprüfung.

In einer solchen bildhaften Beschreibung des Welle-Teilchen-Dualismus könnte man sagen, dass sich das Teilchen, nachdem es den definierten Ort der Quelle verlassen hat, sozusagen in eine Materiewelle auflöst. Diese Welle kann sich dann in den Raum verteilen und durch beide Spalte ausbreiten. Erst mit dem Auftreffen auf die Abbildungsfläche wird die Welle wieder zum Teilchen, und zwar an einem zufälligen Punkt gemäß der Aufenthaltswahrscheinlichkeiten, die die Welle definiert hat. Nach dieser Vorstellung würde sich also das Teilchen je nach Situation in eine Welle und wieder zurück verwandeln. Wir müssen aber bei allen diesen Vorstellungen im Gedächtnis behalten, dass es sich um Phänomene einer für uns gänzlich fremden Welt handelt, über die wir nur durch Experimente abstrakte Informationen erhalten und die sich unser alltagsgewohnter Verstand möglicherweise überhaupt nicht bildlich vorstellen kann.

Quarkstückchen

Der Welle-Teilchen-Dualismus besagt letztlich einfach, dass kleinste Teilchen sich nicht wie Gegenstände unserer Alltagswelt verhalten, sondern eben auch Eigenschaften aufweisen, die wir üblicherweise als Wellen beschreiben. Der Ingenieur Walter Thurner folgert aber aus dem Welle-Teilchen-Dualismus, dass unsere aus Teilchen bestehende Welt gar nicht existiert. Unsere Alltagswelt, so Thurner, sei nur eine Illusion, man könne sich also entscheiden, ob man seine Organe als gesund oder krank wahrnehmen wolle. So begründet er auch die Funktion der von ihm vermarkteten „Quantentherapie"-Geräte [17].

Was passiert, wenn wir beim Doppelspaltexperiment wissen wollen, durch welchen der beiden Schlitze sich ein einzelnes Teilchen tatsächlich bewegt hat? Dazu müssten wir an wenigstens einem der beiden Schlitze ein Messgerät anbringen, das registriert, wenn ein Teilchen diesen Schlitz passiert. Für elektrisch geladene Materieteilchen wie Elektronen ist das möglich, indem man das (sehr schwache) elektromagnetische Signal registriert, das die vorbeifliegende elektrische Ladung auslöst. Wie schon am Beispiel des Elektrons und der Billardkugel erwähnt, erfordert aber eine Messung an einem quantenmechanischen Teilchen immer eine Wechselwirkung, die den zu messenden Zustand verändert. Im Fall des Doppelspalts führt diese Veränderung dazu, dass das Interferenzmuster verschwindet und die Teilchen so auf den Bildschirm auftreffen, wie man es klassischerweise ohne Quantenmechanik erwarten würde.

Führt man das Doppelspaltexperiment mit Licht durch, dann kann man den Spalt durchfliegende Lichtquanten nicht messen, ohne sie zu absorbieren. Ein Messgerät an einem Spalt würde diesen also undurchlässig machen, sodass nur noch ein Spalt vorhanden wäre und kein Interferenzmuster mehr entstehen könnte. In diesem Fall könnte man höchstens noch feststellen, welchen Spalt ein Lichtquant passiert hat, indem man Polarisationsfilter verwendet. Polarisationsfilter kennt man aus der Fotografie, wo sie verwendet werden, um Spiegelungen im Bild zu reduzieren. Ein Polarisationsfilter lässt jeweils nur Licht durch, dessen elektrisches Feld eine bestimmte Richtung (senkrecht oder waagerecht) einnimmt. Unser Auge kann die Polarisation von Licht nicht sehen, aber Bienen sind dazu in der Lage und nutzen sie, um sich auch bei bedecktem Himmel am Stand der Sonne zu orientieren. Bringt man an einem Spalt einen senkrecht polarisierenden Filter an, am anderen einen waagerecht polarisierenden, dann wäre am Bildschirm aus der Polarisation eines Lichtquants erkennbar, durch welchen Spalt es gekommen sein muss. Allerdings bildet sich zwischen senkrecht und waagerecht polarisiertem Licht keine Interferenz – die Wellen können sich nicht gegenseitig aufheben. Also verschwindet auch hier das Interferenzmuster, sobald man die Polarisationsfilter an den Spalten einbaut. In diesem Fall kann man den Effekt der Polarisation sogar rückgängig machen, indem man zwischen Doppelspalt und Bildschirm einen dritten, schräg stehenden Polarisationsfilter anbringt, der die unterschiedliche Polarisation des Lichts von beiden Spalten wieder aufhebt. Dann können die Lichtquanten am Schirm nicht mehr identifiziert werden, und das Interferenzmuster wird wieder sichtbar. Dieser dritte Polarisationsfilter wird gerne – sehr plakativ, aber wenig erhellend – als Quantenradierer bezeichnet, weil er die Markierung der Lichtquanten wieder rückgängig macht.

Wie erklärt man jetzt diesen merkwürdigen Effekt, dass das Interferenzmuster verschwindet, sobald wir versuchen, herauszufinden, wie es zustande kommt? Im Prinzip sieht man hier den gleichen Messeffekt, den wir schon in Abschn. 3.1 am Beispiel von Elektron und Billardkugel angesprochen haben: Es ist nicht möglich, an einem quantenmechanischen System eine Messung vorzunehmen, ohne es dabei zu verändern.

Für die frühen Teilchenphysiker, für die eine Messung immer mit der bewussten Wahrnehmung eines Menschen zu tun hatte, war das durchaus eine gedankliche Herausforderung. Konnte es sein, dass das Bewusstsein eines Menschen die Bewegung eines Teilchens beeinflusste? Das Experiment mit den Polarisationsfiltern schien darauf hinzudeuten.

In der heutigen Physik findet aber ein großer Teil der Messungen automatisiert und völlig ohne einen menschlichen Beobachter statt. Daten werden von Computersystemen vorsortiert, gespeichert und später noch einmal von Computern ausgewertet, bevor ein Mensch sie überhaupt zur Kenntnis nimmt. Selbst wenn die Daten verloren gehen oder gelöscht werden und nie von einem Menschen gesehen werden, verschwinden durch die Messung aber Quanteneffekte wie das Interferenzmuster. Auch hier zeigt sich also, dass der sogenannte Beobachtereffekt von der Messapparatur und nicht vom menschlichen Bewusstsein verursacht wird.

Quarkstückchen

Wie das Beispiel des Interferenzmusters zeigt, hat der Welle-Teilchen-Dualismus ganz offensichtlich nichts mit der Person des Beobachters zu tun. Der schon im letzten Quarkstückchen erwähnte Walter Thurner schreibt jedoch in einem Interview mit dem rechtsesoterischen Internet-TV-Kanal Quer-Denken.tv wegen des Beobachtereffekts sogar den Teilchen selbst ein Bewusstsein zu:

„Die Quanten sind sehr extreme Wesenheiten, wenn die wissen, bei einem Versuch, ob ich hinschau oder wegschau, die haben keine Augen, die wissen aber, dass ich hinschau und bringen andere Ergebnisse als wenn ich wegschau. (…) Das bringt mich auf den Plan, das müssen Wesenheiten sein; die müssen ein Bewusstsein haben" [17].

Für das Verschwinden des Interferenzmusters gibt es keinen Unterschied zwischen einer Messung und einer anderen Wechselwirkung mit der Außenwelt. Ist die Wechselwirkung nur sehr gering, zum Beispiel durch ein schlechtes Vakuum auf dem Weg des Teilchens, dann wird die Interferenz nur etwas gedämpft. Wird der Einfluss der Umwelt stärker, was für eine Messung unvermeidlich ist, verschwindet die Interferenz ganz. Genau genommen kann man die Interferenz nur deshalb beobachten, weil im dargestellten Versuchsaufbau die Teilchen auf ihrem Weg durch den Doppelspalt bis zum Schirm so sorgfältig von jeglicher Wechselwirkung mit der Außenwelt abgeschottet werden [18].

In einem quantenmechanischen Zustand kann nicht nur der Ort eines Teilchens oder sein Weg durch zwei Spalte unbestimmt sein. Es kann auch unbestimmt sein, ob ein Teilchen überhaupt noch existiert. Von vielen Teilchen wissen wir, dass sie instabil sind, sich also im Laufe der Zeit in andere Teilchen umwandeln. Ein Beispiel dafür sind Myonen, die wir in

Abschn. 2.2 kennengelernt haben. Myonen entstehen bei Kollisionen hochenergetischer Teilchen, entweder in Beschleunigern oder wenn kosmische Strahlung auf die Erdatmosphäre trifft.

Auch Atomkerne können instabil sein. Solche instabile Kerne wandeln sich unter Freisetzung von Energie (und eventuell auch von Teilchen) in andere Kerne um. Eine solche Umwandlung eines instabilen Atomkerns in einen anderen unter Freisetzung von Energie bezeichnet man als radioaktiven Zerfall, wobei freigesetzte Energie und Teilchen die radioaktive Strahlung bilden.

Wie die Bewegung und der Ort quantenmechanischer Teilchen ist auch der Zeitpunkt des Zerfalls eines instabilen Kerns unbestimmt: Für jeden Kern und jeden Zeitraum kann man immer nur die Wahrscheinlichkeit angeben, dass der Kern in diesem Zeitraum zerfallen ist. Für identische Kerne werden auch diese Wahrscheinlichkeiten immer gleich sein. Angegeben wird in der Regel die Halbwertszeit, die Zeit, nach der von einer Anzahl identischer Kerne durchschnittlich die Hälfte zerfallen sein wird. Für die dann noch nicht zerfallenen Kerne gilt anschließend wieder die gleiche Halbwertszeit. Alternativ zur Halbwertszeit kann auch die durchschnittliche Lebensdauer der instabilen Kerne angegeben werden, die immer um knapp die Hälfte länger ist als die Halbwertszeit.

Betrachtet man einen instabilen Kern vor dem Zerfall aus quantenmechanischer Sicht, dann bildet er einen quantenmechanischen Zustand. Das Endprodukt des Zerfalls ist ebenfalls ein quantenmechanischer Zustand. Ohne eine Messung des Kerns oder der emittierten Strahlung ist der aktuelle Zustand nicht feststellbar. Ähnlich wie der tatsächliche Aufenthaltsort eines Teilchens ist auch der Zerfallszustand des Kerns im Sinne der Quantenmechanik nicht nur unbekannt, sondern tatsächlich nur als Wahrscheinlichkeit festgelegt. Die Wellenfunktion des Kerns ist eine Überlagerung der Wellenfunktionen des zerfallenen und des nicht zerfallenen Kerns, wie das Interferenzmuster hinter dem Doppelspalt eine Überlagerung der Wellen durch die beiden Spalte ist. Erst durch eine Messung oder eine andere Wechselwirkung mit der Außenwelt ist der Zustand wieder eindeutig bestimmt. Der überlagerte quantenmechanische Zustand enthält aber nicht weniger Informationen als der gemessene, sondern in gewisser Weise sogar mehr: Er gibt für jeden beliebigen Zeitpunkt in der Zukunft an, mit welcher Wahrscheinlichkeit das Teilchen zerfallen sein wird.

Ein solcher überlagerter Zustand ist für unseren an die Realitätsbegriffe unseres Alltags gewöhnten Verstand nur schwer vorstellbar. Die Überlagerung hat für unseren Alltag aber auch keinerlei Relevanz: Damit uns ein einzelner Atomkern in irgendeiner Weise betreffen kann, muss er durch seinen Zerfall oder eine andere Wechselwirkung mit der Außenwelt in Kontakt getreten sein. Jede Wirkung zum Beispiel der entstehenden Strahlung auf uns ist aber letztlich eine Messung, auch wenn wir sie nicht bewusst als solche wahrnehmen.

Zum Mitnehmen

Wenn man sie perfekt von der Außenwelt isoliert, zeigen beschleunigte Teilchen Eigenschaften von Wellen, zum Beispiel die für Wellen typischen Interferenzmuster. Umgekehrt haben Licht und andere Wellenphänomene Teilcheneigenschaften, die sich nur bei Betrachtung sehr kleiner Energien zeigen. Diese Phänomene beschreibt die Quantenmechanik. Im Experiment verschwinden solche Effekte, sobald der Kontakt zur Außenwelt wieder hergestellt ist, zum Beispiel durch eine Messung.

Ein ähnlich verblüffender Effekt ist die Überlagerung von einem zerfallenen und einem nicht zerfallenen Zustand. Im klassischen Sinne ist der Zustand des Teilchens hierbei bis zur Messung nicht definiert. Erst im Kontakt mit der Außenwelt nimmt das Teilchen wieder einen klar definierten Zustand an.

3.3 Direkt durch die Wand gehen – Der Tunneleffekt

Eine andere, möglicherweise noch befremdlichere Eigentümlichkeit der Quantenmechanik gehört letztlich zu den Voraussetzungen dafür, dass wir überhaupt auf der Erde leben können. Der Tunneleffekt beruht darauf, dass die Aufenthaltsorte von Teilchen nach der Quantenmechanik immer nur im Rahmen gewisser Wahrscheinlichkeiten bestimmt sind.

Trifft ein Objekt, das über eine gewisse Energie verfügt, auf eine Barriere, dann wird nach der klassischen Mechanik seine Energie entweder ausreichen, die Barriere zu überwinden, oder es wird daran abprallen. Rollt also zum Beispiel ein Auto mit abgeschaltetem Motor auf einen Hügel zu, dann lässt sich aus der Geschwindigkeit und der Höhe des Hügels berechnen, ob der Schwung des Autos ausreicht, um die Kuppe zu erreichen und so das Hindernis zu überwinden. Für das Auto ist der Ort, an dem es zum Stehen kommt, also klar bestimmt.

Genau das ist für ein quantenmechanisches Teilchen aber ausgeschlossen: Kommt es zum Stillstand, dann ist sein Bewegungszustand klar bestimmt, und dementsprechend muss nach der Unschärferelation sein Ort entsprechend unbestimmt sein. Anders gesagt, sein Ort ist durch seine Wellenfunktion nur im Rahmen bestimmter Wahrscheinlichkeiten festgelegt. Dadurch kann es mit entsprechend geringer Wahrscheinlichkeit auch vorkommen, dass ein Teilchen, das ein Hindernis eigentlich nicht überwinden könnte, plötzlich hinter dem Hindernis auftaucht. Dieser Effekt, der wegen seiner Unvorhersehbarkeit eher als Sprungeffekt bezeichnet werden könnte, hat in der Quantenmechanik historisch die Bezeichnung „Tunneleffekt" erhalten. Mit einem Tunnel hat er aber kaum Gemeinsamkeiten: Weder führt der Tunneleffekt zu einem bestimmten Punkt, noch steht das Tunneln eines Teilchens in irgendeiner Beziehung zu dem eines anderen.

Dass sich Teilchen mit einer gewissen Wahrscheinlichkeit an einem anderen Ort aufhalten, als man erwartet, geschieht ständig. So hat jedes eigentlich in einem Atom gebundene Elektron dennoch eine sehr geringe Aufenthaltswahrscheinlichkeit in großen Entfernungen zum Atom. In den meisten Fällen bleibt das ohne Konsequenzen: Entweder wird das Elektron durch elektrische Kräfte zum Atom zurückgeführt, oder das Atom fängt sich ein anderes Elektron ein.

Spannend wird der Tunneleffekt, wenn das Teilchen in einem Zustand, in dem es ohne diesen Effekt gar nicht sein dürfte, eine Wechselwirkung auslöst, die es sonst nicht gäbe. Das geschieht zum Beispiel in der Sonne. Hier fusionieren die Kerne von Wasserstoffatomen, die nur aus einem einzelnen Proton bestehen, zu unterschiedlichen größeren Atomkernen. Dabei wird die Energie freigesetzt, die unter anderem alles Leben auf der Erde ermöglicht. Im ersten Schritt müssen sich dazu zwei Protonen zu einem gemeinsamen Atomkern verbinden. Dieser Zwischenzustand wandelt sich anschließend in einen schweren Wasserstoffkern aus einem Proton und einem Neutron um und strahlt dabei Energie in Form hochenergetischer Teilchen ab. Die starke Kernkraft, die die beiden Protonen verbindet, hat Eigenschaften, die an einen Klebstoff erinnern: Sie wirkt extrem stark, aber nur auf kürzeste Distanz. So nah werden sich zwei Protonen normalerweise kaum kommen, weil sie beide positiv geladen sind, sich also über elektrische Kräfte abstoßen. Diese elektrischen Kräfte sind schwächer als die starke Kernkraft, haben aber eine wesentlich größere Reichweite. Um diese elektrische Abstoßung zu überwinden, müssen die Protonen mit extremen Energien aufeinander zufliegen. Genau das macht es so schwer, die Kernfusion in Reaktoren auf der Erde zu nutzen. Solche Energien treten selbst bei der Dichte und Temperatur der Sonne rechnerisch viel zu selten auf, als dass eine regelmäßige Fusion möglich wäre. Durch den Tunneleffekt ist es aber möglich, dass sich immer wieder Protonen nahe genug kommen, um eine Fusion auszulösen, obwohl sie eigentlich zu wenig Energie hätten, um die elektrische Abstoßung zu überwinden. Dieses Tunneln ist eigentlich auch ein seltener Effekt, reicht aber bei der ungeheuren Masse der Sonne aus, um so viele Fusionen zu ermöglichen, dass die Sonne mit der heutigen Energie leuchtet [19].

Technisch wird der Tunneleffekt zum Beispiel im Rastertunnelmikroskop genutzt, um winzigste Unebenheiten in Oberflächen zu vermessen. Dazu nähert man die sehr feine Spitze einer Metallnadel einer Oberfläche gerade so weit an, dass normalerweise gerade noch kein Strom fließen sollte. Durch den Tunneleffekt können dann dennoch einzelne Elektronen zwischen Spitze und Oberfläche hin- und herspringen. Je kleiner der Abstand wird, desto stärker wird dieser winzige Tunnelstrom. Damit kann man sogar die Form der Elektronenhüllen einzelner Moleküle vermessen [20]. Auch in Halbleiter-Speicherchips spielt der Tunneleffekt eine wichtige Rolle.

Inzwischen gibt es Hinweise, dass der Tunneleffekt auch biologische Auswirkungen hat. Die DNA in unseren Zellkernen ist eigentlich so konstruiert, dass Erbinformation möglichst fehlerfrei von einer Zellgeneration an die nächste weitergegeben wird. Allerdings ist der Anteil von nicht durch äußere Einflüsse erklärbaren Übertragungsfehlern deutlich höher, als aus der Stabilität dieser Moleküle eigentlich zu erwarten wäre. Die aus diesen Fehlern resultierenden Mutationen können einerseits Missbildungen und Tumore verursachen, ermöglichen Lebewesen aber andererseits, sich evolutionär an veränderte Umweltbedingungen anzupassen. Die nach heutigem Forschungsstand wahrscheinlichste Erklärung für die unerwartet hohe Mutationsrate ist, dass durch den Tunneleffekt ein Proton von einem DNA-Strang zum anderen verschoben wird [21].

Quarkstückchen

In den 1990er-Jahren gab es in der Physik einige Spekulationen, ob der Tunneleffekt eventuell dazu genutzt werden könnte, Signale schneller als mit Lichtgeschwindigkeit zu übertragen. Zusammenhängen sollte dies mit einer denkbaren, aber nie nachgewiesenen Vorstellung aus der allgemeinen Relativitätstheorie, den Wurmlöchern [22].

Diese Spekulationen sind längst widerlegt [23]. Das hindert aber Grazyna Fosar und Franz Bludorf nicht daran, sie in ihrem Buch *Vernetzte Intelligenz: die Natur geht online* mit der Idee möglicher Quanteneffekte in der DNA zu unsäglichem Unsinn zu verrühren. So behaupten die beiden, mithilfe des Tunneleffekts baue die DNA in den menschlichen Zellen einen Kommunikationstunnel zwischen dem Gehirn und einer „höheren, geistigen Ebene" auf [24].

Wenn quantenmechanische Teilchen durch eigentlich unüberwindliche Hindernisse tunneln können und Menschen aus solchen Teilchen bestehen, müsste es dann nicht möglich sein, dass auch Menschen zum Beispiel durch eine Wand tunneln könnten?

Dazu muss man beachten, dass die dargestellten Beispiele von Tunneleffekten sich auf einzelne Bausteine von Atomen beziehen, die sich dabei um Entfernungen in der Größenordnung weniger Atomdurchmesser verlagern. Schon in diesen winzigen Größenordnungen sind die Wahrscheinlichkeiten, mit denen solche Effekte auftreten, verschwindend gering. Die Wahrscheinlichkeit, dass ein komplettes Atom mit all seinen Bestandteilen durch den Tunneleffekt über Entfernungen von mehreren Zentimetern springt, ist für alle praktischen Zwecke null. Der menschliche Körper besteht aber aus unglaublich vielen Atomen (die tatsächliche Zahl wäre 28-stellig), die alle gleichzeitig um genau die gleiche Distanz in die gleiche Richtung springen müssten. Das kann nicht passieren, weil der Tunneleffekt für jedes einzelne Teilchen ein zufälliger, vollkommen ungesteuerter und nicht einmal vorhersehbarer Prozess ist. Wie viel wahrscheinlicher müsste es sein, dass Menschen spontan vor unseren Augen in ihre Atome zerfallen? Unsere Erfahrung lehrt uns, dass auch das in unserer Welt normal großer Objekte nicht passiert.

Zum Mitnehmen

Beim sogenannten Tunneleffekt taucht ein einzelnes Teilchen mit sehr geringer Wahrscheinlichkeit zufällig an einem Ort auf, den es aufgrund seiner Energie eigentlich nicht erreichen könnte. Für größere Objekte, die aus vielen einzelnen Teilchen aufgebaut sind, ist dies nicht möglich. Der Tunneleffekt ist also zum Beispiel keine Bestätigung für die Behauptung, Menschen könnten durch eine Wand gehen.

3.4 An zwei Orten gleichzeitig sein ist kein Spuk – Verschränkung und Nichtlokalität

Die vorigen Abschnitte haben gezeigt: Quantenmechanische Teilchen verhalten sich nur dann so, wie wir es klassischerweise von Teilchen erwarten, wenn sie mit den relativ großen, ungeordneten Systemen unserer Alltagswelt wechselwirken. Solange sie von der Außenwelt isoliert sind, verhalten sie sich wie Wellen. Wir haben dort auch gesehen, dass die besonderen Wellenphänomene der Quantenmechanik gerade dann verschwinden, wenn diese Wellen die Außenwelt durch Wechselwirkungen mit einbeziehen müssten. Diesen Vorgang, das Verschwinden der Wellenphänomene unter dem Einfluss der Unordnung der Außenwelt, bezeichnet man als Dekohärenz.

Solche Wellenphänomene können aber durchaus mehr als ein einzelnes Teilchen umfassen, solange diese alle hinreichend von der Außenwelt isoliert sind. Physiker sprechen in diesem Fall von einer Verschränkung der Teilchen. Eine solche Welle, die aus zwei verschränkten Teilchen besteht, entsteht zum Beispiel dann, wenn beide Teilchen aus einem gemeinsamen Prozess hervorgehen. In diesem Fall haben wir eine Welle, die sich in unterschiedlichen Richtungen ausbreiten kann und später die Eigenschaften von zwei Teilchen annimmt, wenn sie mit der Außenwelt wechselwirkt. Bis dahin kann man sogar gewisse Beeinflussungen auf die Welle ausüben, solange man vorsichtig darauf achtet, damit keine Dekohärenz auszulösen. Es darf also keine vollständige Verbindung mit der Umwelt entstehen. Wie wir ebenfalls in Abschn. 3.2 gesehen haben, kann eine solche Einflussnahme beim Licht zum Beispiel ein Polarisationsfilter sein. Bei elektrisch geladenen Materieteilchen kann ein Magnetfeld einen solchen subtilen Einfluss ohne zwangsläufige Dekohärenz verursachen.

Spannend wird es, wenn eine solche Welle aus zwei verschränkten Teilchen sich über eine größere Strecke ausgebreitet hat. Misst man dann die Eigenschaften eines dieser Teilchen und kennt den Entstehungsmechanismus, dann kennt man gleichzeitig die Eigenschaften des anderen Teilchens. Bei einigen grundlegenden Eigenschaften von paarweise produzierten Teilchen ist das nicht weiter überraschend, denn es gibt Analogien aus der Alltagswelt: Findet man irgendwo einen rechten Schuh, dann ist der Schluss, dass es dazu einen linken Schuh gleicher Größe geben muss, recht naheliegend, selbst wenn dieser linke Schuh momentan gar nicht in Reichweite ist.

Überraschender wäre schon, wenn man dem rechten Schuh ansehen könnte, ob der Schnürsenkel des abwesenden linken Schuhs gerade offen oder zugebunden ist. So ähnlich verhält es sich aber mit verschränkten Teilchen. Legt man bei einem verschränkten Paar von Lichtquanten die Polarisation des einen Partners fest, dann definiert man damit gleichzeitig die Polarisation des anderen Lichtquants. Das funktioniert sogar über Hunderte von Kilometern hinweg [25]. Der Grund dafür ist, dass Licht sich durch Luft relativ ungestört ausbreiten kann, ohne dass durch eine Wechselwirkung Dekohärenz eintritt. Verschränkte Materieteilchen können nennenswerte Entfernungen allenfalls in einem Hochvakuum zurücklegen, weil sie sonst sehr schnell mit Atomen der Luft wechselwirken, womit die Verschränkung verloren ginge.

Da es sich aus der Sicht der Quantenmechanik bei den verschränkten Teilchen um einen einzigen Zustand handelt, ist über die Festlegung der Polarisation an einem Ort gleichzeitig auch die Polarisation am anderen Ort definiert – und gleichzeitig heißt in diesem Fall tatsächlich im selben Moment, nicht etwa verzögert durch die Lichtgeschwindigkeit. Das ist besonders befremdlich, wenn man bedenkt, dass wir in Abschn. 2.2 festgestellt hatten, dass jede Informationsübermittlung mit mehr als Lichtgeschwindigkeit nach der Relativitätstheorie zu logischen Widersprüchen im Zeitablauf führen kann. Verstößt die Quantenmechanik also gegen die Grundprinzipien der Relativitätstheorie? Einstein und andere Physiker seiner Zeit interpretierten die Ergebnisse so und formulierten eben diesen Zusammenhang in einem Beispiel, das in der Physik als das Einstein-Podolsky-Rosen-(EPR)-Paradoxon bekannt wurde. In genau diesem Kontext sprach Einstein von einer „spukhaften Fernwirkung" in der Quantenmechanik. Seine Vermutung war, dass die Photonen auch diese Information als versteckten Parameter von Anfang an mitführen mussten, im Beispiel der Schuhe also der Zustand der Schnürsenkel ebenso wie „rechts" oder „links" schon bei der Herstellung festgelegt sein musste. Er suchte also nach noch fehlenden Informationen in der Quantenmechanik, von denen wir aber heute aus Experimenten wissen, dass sie nicht existieren können [26]. Auch hier ist also nicht die Quantenmechanik seltsam, sondern die Welt der kleinsten Teilchen, die von der Quantenmechanik beschrieben wird.

Quarkstückchen

Wenn schon der große Einstein von Spuk spricht, dann muss die Quantenmechanik ja der Beweis sein, dass es mehr Dinge zwischen Himmel und Erde gibt ... Diese Argumentation findet sich in esoterischen Texten häufiger. Der 2012-Prophet Dieter Broers versteigt sich sogar zu der Behauptung, der Mitbegründer der Quantenmechanik Albert Einstein hätte die ganze Theorie abgelehnt [27]. So spukhaft kommt einem Einsteins „spukhafte Fernwirkung" aber eigentlich nur vor, wenn man noch sehr an der Vorstellung hängt, dass sich quantenmechanische Zustände wie Gegenstände unserer Alltagswelt verhalten müssten.

Verletzen aber nun diese kleinsten Teilchen tatsächlich die Relativitätstheorie? Könnte man über verschränkte Teilchen doch Informationen schneller als das Licht übertragen? Dem steht entgegen, dass schon die Information, dass zu einem bestimmten Zeitpunkt ein verschränktes Teilchen zu messen ist, nur mit Lichtgeschwindigkeit übertragen werden kann. Zudem kann man alle quantenmechanischen Größen, wie etwa den Ort eines Teilchens, nur bis auf einen gewissen Zufallsanteil messen. Diese zufälligen Anteile und das Zeitsignal machen es unmöglich, allein durch Quantenverschränkung sinnvolle Informationen zu übertragen. Man braucht immer einen zweiten Informationskanal, um die Verschränkung anzukündigen und zu überprüfen, ob die Information aus der Verschränkung richtig angekommen ist. Dieser zweite Kanal funktioniert dann wieder höchstens mit Lichtgeschwindigkeit.

Zur Informationsübertragung mit Überlichtgeschwindigkeit taugt die Verschränkung also nicht. Sie hat aber eine andere, interessante Anwendung, nämlich die Verschlüsselung von Daten durch die sogenannte Quantenkryptografie. Hierbei wird ein Teil der Information über einen „normalen" Informationskanal übertragen, zum Beispiel Funk oder eine Telefonleitung. Der zur Entschlüsselung notwendige zweite Teil (der Quantenschlüssel) wird durch verschränkte Teilchen übermittelt. Der Zufallsanteil beim Messen der verschränkten Teilchen führt dabei zwangsläufig zu einer gewissen Fehlerrate. Diese Fehler werden aber beim Entschlüsseln entdeckt, und die verlorene Information kann neu übertragen werden. Der Vorteil dieser etwas umständlichen Form der Kommunikation liegt darin, dass man feststellen kann, ob sie von jemandem abgehört wurde. Die Verschränkung existiert schließlich immer nur so lange, bis sie gemessen worden ist. Ein Spion, der den Quantenschlüssel abhören will, müsste also die verschränkten Teilchen messen und auf Basis seiner Ergebnisse neue verschränkte Teilchen erzeugen, die er an den Empfänger weiterschickt. Das ist physikalisch nicht möglich, ohne die Fehlerrate der Kommunikation zu erhöhen, wodurch sich der Spion verraten würde.

Interessant ist die Quantenkryptografie vor allem deshalb, weil viele heute als sicher geltende Verschlüsselungsmechanismen in Zukunft wahrscheinlich entschlüsselt werden können. Der Grund dafür sind Quantencomputer, die in Abschn. 5.4 kurz vorgestellt werden.

Zum Mitnehmen

Zwei Teilchen, die aus demselben Prozess hervorgegangen sind, können quantenmechanisch einen gemeinsamen Zustand bilden. In diesem verschränkten Zustand bleiben sie, bis sie mit der Außenwelt wechselwirken, auch wenn sie sich als Teilchen inzwischen voneinander entfernt haben. Dass zwei Teilchen an unterschiedlichen Orten quantenmechanisch ein Objekt sein können, ist für unsere Vorstellungskraft schwierig, weil sie an Vorstellungen aus der Alltagswelt gewöhnt ist. Einstein hatte diese Schwierigkeiten auch und sprach von einer „spukhaften Fernwirkung" zwischen den beiden Teilchen, was heute oft missverstanden wird.

Angesichts des schon in Abschn. 2.4 angesprochenen Personenkults um Albert Einstein ist es wenig überraschend, dass sein Zitat von einer „spukhaften Fernwirkung" bis heute in den merkwürdigsten Kontexten immer wieder zitiert wird, obwohl sich die Gründe für seine Bedenken längst geklärt haben. Bedauerlicherweise taucht Einsteins Spuk immer wieder in fragwürdig rei-ßerischer Kommunikation seriöser Wissenschaft auf, wenn zum Beispiel die Österreichische Akademie der Wissenschaften in einer Pressemitteilung titelt: „Wiener Quantenphysiker konnten ,spukhafte Fernwirkung' vollständig nach-weisen" [27]. Diese Art der Wissenschaftskommunikation trägt leider dazu bei, dass Schamanen und Geistheiler sich den Anstrich der Wissenschaft-lichkeit geben können, wenn sie mit dem gleichen Begriff der spukhaften Fernwirkung für ihre Leistungen werben [28, 29].

3.5 Das vielleicht unglücklichste Beispiel in der Geschichte der modernen Physik: Schrödingers Katze

Wie kann man sich und anderen begreiflich machen, dass in der Welt der kleinsten Teilchen oder zerfallender Atomkerne andere Regeln und Zusammenhänge auftreten als im Alltag? Diese Frage beschäftigte die Begründer der Quantenmechanik wahrscheinlich noch mehr als heutige Physiker. Der Versuch, die Überlagerung von Zuständen als eine der Selt-samkeiten der Quantenwelt zu verdeutlichen, führte Erwin Schrödinger 1935 zu einem Beispiel, das er selbst schon damals als „burlesk" bezeichnete.

Eine Katze wird, zur Beruhigung aller Tierschützer nur gedanklich, in eine fest verschlossene, von außen nicht einsehbare Stahlkammer gesperrt. Ebenfalls in der Kammer befindet sich, gut gesichert, ein Messgerät mit einer kleinen Menge einer radioaktiven Substanz. Die Menge der Substanz ist so gewählt, dass darin innerhalb der nächsten Stunde mit einer Wahr-scheinlichkeit von 50 % ein radioaktiver Zerfall auftritt. Wenn das Messgerät einen Zerfall registriert, dann sollte es einen Mechanismus auslösen, der die Katze innerhalb von kurzer Zeit tötet. Basierend auf dem Verständnis der Quantenmechanik zu Schrödingers Zeit führt dieses einfache Gedanken-experiment zu einem verblüffenden Paradoxon: Wie in Abschn. 3.2 dar-gestellt, ist jedes einzelne instabile Atom immer eine Überlagerung von Wellenfunktionen des zerfallenen und des noch nicht zerfallenen Zustands. Das Atom ist für die Quantenmechanik also gleichzeitig zum Teil zerfallen und zum Teil nicht zerfallen, wobei der zerfallene Anteil im Laufe der Zeit zunimmt. Theoretisch könnte man nach der gleichen Logik eine (unglaub-lich komplizierte) quantenmechanische Wellenfunktion des gesamten Systems samt Stahlkammer, Katze, Messgerät und Tötungsmechanismus

aufstellen. Diese Wellenfunktion wäre dann nach einer Stunde zwangsläufig eine Überlagerung der Wellenfunktionen mit und ohne Zerfall. Die
Zustände mit lebender und toter Katze würden sich also überlagern, und
naiv betrachtet wäre die Katze zur Hälfte tot und zur Hälfte lebendig.
Nimmt man dazu den sogenannten Beobachtereffekt wörtlich, würde die
überlagerte Katze erst durch den Blick eines bewussten Beobachters in die
Kammer auf einen der beiden Zustände festgelegt.

In den folgenden Jahrzehnten beschäftigte die Frage nach den
sogenannten Interpretationen der Quantenmechanik theoretische Physiker
und Philosophen, und regelmäßig tauchten in den Texten darüber halb tote
Katzen auf. Die von Schrödinger beabsichtigte Absurdität des Beispiels hielt
viele Autoren nicht davon ab, das geisterhafte Haustier auf unterschiedlichste
Art zu erklären: Nach der in Abschn. 3.1 angesprochenen Kopenhagener
Deutung der Quantenmechanik kollabiert die Wellenfunktion erst durch die
Messung, sodass die Katze erst durch die Beobachtung einen Zustand von tot
oder lebendig annimmt. Andere Autoren sehen eine tote und eine lebendige
Katze in unterschiedlichen Welten existieren oder verlegen beide Zustände
parallel in eine höhere Dimension. Bei wieder anderen entsteht die quanten-
mechanische Überlagerung erst durch die hypothetische Existenz eines
Ensembles unendlich vieler Katzen in unendlich vielen Stahlkammern. Mitunter werden sogar bestimmte überlagerte Zustände aus wenigen Teilchen als
„Katzenzustände" bezeichnet. Unter Berufung auf sein Katzenbeispiel wird
Schrödinger in der Philosophie schließlich als Kronzeuge dafür zitiert, dass
jede Realität erst durch subjektive Beobachtung entsteht.

Schrödingers eigene Beschreibung seines Gedankenspiels legt jedoch
nahe, dass es ihm gerade nicht darum ging, die Existenz halb lebendiger und
halb toter Katzen nahezulegen. Vielmehr zeigt das Katzenbeispiel wunderbar, wie absurd der Versuch ist, quantenmechanische Begriffe auf normal
große Objekte unseres Alltagslebens anzuwenden. Schrödinger schreibt
unmittelbar im Anschluss an sein Beispiel ausdrücklich, dass es nur diese
Anwendung auf die „grobsinnliche" Welt unserer Alltagsobjekte ist, die es
uns erschwert, ein Modell anzuerkennen, das in der Welt kleinster Teilchen
gerade nichts Unklares oder Widersprüchliches enthält.

Der Grund, warum aus der Quantenmechanik nicht folgt, dass eine
Katze gleichzeitig tot und lebendig sein kann, ist die schon beim Doppelspaltexperiment dargestellte Dekohärenz. Das Messgerät, das den Zerfall des
todbringenden Atoms registrieren und dann den Exekutionsmechanismus
auslösen soll, ist ein aus unzähligen Teilchen bestehendes großes Objekt. Der
Tötungsmechanismus, die Stahlkammer und die Katze selbst sind ebensolche
Vielteilchensysteme mit ebenso vielen zufälligen Zuständen. Die Messung

im quantenmechanischen Sinne erfolgt also nicht etwa durch das Öffnen der Stahlkammer und den Blick hinein, sondern, wie der Name schon sagt, durch das Messgerät. Spätestens ab diesem Punkt bildet der zerfallende Atomkern keinen isolierten quantenmechanischen Zustand mehr.

Wäre es aber möglich, auch das komplette System mit Messgerät, Tötungsmechanismus und Katze als einen überlagerten quantenmechanischen Zustand zu betrachten? Theoretisch wäre das denkbar, aber besondere quantenmechanische Effekte würden in einem solchen „großen" Zustand nicht mehr auftreten. Wie schon in Abschn. 3.2 dargestellt, würde die darin vorhandene Unordnung der Energien zur Dekohärenz führen. Außerdem wäre ein solcher Zustand immer noch nicht von der weiteren Außenwelt isoliert – man müsste ihn also im Prinzip immer mehr erweitern, bis er schließlich auch das Labor und den Beobachter selbst einbezieht, und zwar schon, bevor er in die Kammer gesehen hat. Ein solches Gedankenspiel wird zwar auch durch das Verständnis der Dekohärenz nicht prinzipiell ausgeschlossen [18], es ist aber weder notwendig noch führt es zu sinnvollen Erkenntnissen. Zusätzliche Informationen liefert die Quantenmechanik für solche dekohärenten Systeme nicht. Der Marburger theoretische Physiker Günter Ludwig bezeichnete solche Überlegungen daher schon 1990 als „Märchentheorien" und kam zur Schlussfolgerung: „Die Katze ist tot" [30].

In den 1960er-Jahren wurden solche Überlegungen aber auch in der Physik noch ernsthaft diskutiert. So spekulierte der Nobelpreisträger Eugene Wigner, selbst ein zweiter Beobachter mit jederzeitigem Einblick in die Stahlkammer würde möglicherweise den Zustand der Katze noch nicht festlegen, solange er diesen nicht dem endgültigen Beobachter mitteilt. In dieser Vorstellung, die als „Wigners Freund" bezeichnet wird, müssten also für beide Beobachter unterschiedliche Realitäten gelten [18]. Dieses Gedankenspiel lässt sich jedoch problemlos ins völlig Absurde weiterspinnen. Genügt für eine bewusste Beobachtung schon ein Tier mit höherer Intelligenz als eine Katze, zum Beispiel ein Menschenaffe, oder ist tatsächlich ein Mensch erforderlich? Wäre eine Beobachtung auch erfolgt, wenn der endgültige Beobachter einer von Herrn Schrödingers Wiener Studenten gewesen wäre, der das Experiment vielleicht gar nicht vollständig verstanden hätte? Was veränderte sich, wenn sein Bewusstsein möglicherweise auch noch von einigen Gläsern Heurigem getrübt wäre? Die Vorstellung, die physikalische Realität sollte vom Getränkekonsum eines willkürlichen Beobachters abhängen, ist dann doch wesentlich absurder, als die Eigentümlichkeiten der Quantenmechanik jemals erscheinen könnten.

Der einzige physikalisch relevante Beobachter von Schrödingers Katze ist also nicht Schrödinger, sondern sein Apparat. Hierin erweist sich der

Begriff des Beobachtereffekts als irreführend – nicht der Beobachter oder die Beobachtung haben einen physikalischen Effekt, sondern die Dekohärenz, die erforderlich ist, damit ein subatomares Teilchen überhaupt beobachtet werden kann. Realistisch betrachtet bleibt damit auch die Überlagerung auf die Welt kleinster Teilchen beschränkt, genau wie alle anderen quantenmechanischen Phänomene.

Natürlich stellen sich auch im Zusammenhang mit der Dekohärenz interessante Fragen, an denen bis heute geforscht wird. Diese liegen vor allem im Bereich des Übergangs von einzelnen isolierten Teilchen, bei denen quantenmechanische Effekte auftreten, zu Vielteilchensystemen mit Verbindung zur Außenwelt, in denen diese Effekte verschwunden sind. Bei kleinen Zahlen identischer Teilchen oder bei schwachen Einflüssen der Außenwelt geraten die Effekte der Quantenmechanik in Grenzbereiche, die sowohl für die Theorie als auch experimentell äußerst anspruchsvoll sind. Sie laden aber weitaus weniger zum Philosophieren ein als eine scheinbare Überlagerung von Leben und Tod.

Für heutige Physiker sind die Quantentheorien Teil ihres Alltags, die Dekohärenz selbstverständlich und Phänomene wie Verschränkung, Tunneleffekt oder Überlagerung Normalität. Das Bedürfnis, nach der noch fehlenden genialen Theorie zu suchen, die alle scheinbaren Absurditäten der Quantenmechanik auflöst und die Welt wieder in Ordnung bringt, hat sich gelegt. Wir brauchen keine Interpretationen der Quantenmechanik, um uns die Welt unserer Alltagsphänomene zu erklären. Die Quantentheorien beschreiben die Welt kleinster Teilchen, und diese widerspricht unserer Alltagserfahrung einfach deshalb, weil diese kleinsten Teilchen nicht zu unserem Alltagsleben gehören.

Dennoch führt Schrödingers nicht totzukriegende Katze (siehe Abb. 3.4) bis heute ein fragwürdiges Eigenleben in den Köpfen populärwissenschaftlicher Autoren, postmoderner Philosophen und vieler Esoteriker. Junge Physiker, für die das Thema ähnlich weit weg ist wie Petticoat und Nierentisch, werden von Laien im Smalltalk mit dem untoten Vierbeiner konfrontiert, als sei das ein aktuelles wissenschaftliches Thema. Stephen Hawking wird das Zitat zugeschrieben: „Wenn ich auf Schrödingers Katze angesprochen werde, greife ich nach einer Schusswaffe" [31]. Kaum eine Einführung in den philosophischen Konstruktivismus kommt ohne eine entstellende Wiedergabe des berühmten Katzenbeispiels aus. Als Quelle werden dabei besonders häufig die populärwissenschaftlichen Bücher des britischen Autors John Gribbin zitiert (zum Beispiel in [32–34]), dessen reißerische Wissenschaftsdarstellungen auch bei anderen Themen gerne ins Spekulative abgleiten und der seine Fantasie auch als Science-Fiction-Autor ausgelebt hat. In Sachbüchern ist er aber nicht weniger erfinderisch: 1974 sagte der promovierte

Abb. 3.4 Lebend oder tot – seine berühmte Katze verfolgt die Erinnerung an Erwin Schrödinger bis in unsere Zeit. (Illustration: Birte Svea Metzdorf)

Astrophysiker Gribbin im Buch *The Jupiter Effect* für das Jahr 1982 schwere Naturkatastrophen voraus, die bekanntermaßen nie eintraten – Grund sollte eine besondere Anordnung der Planeten im Sonnensystem sein [35].

Quarkstückchen

Neben ernsthaften philosophischen Büchern berufen sich auch Texte über Geistheilung [36], zweifelhafte Coachingtechniken [37], asiatische Religionen [38], Alternativmedizin [39] und Mystik [40] auf John Gribbins entstellende Wiedergabe von Schrödingers Gedankenspiel. Ein besonders erschreckender Fall ist das Buch *Unerklärliche Phänomene* von Viktor Farkas. Unter Berufung auf Gribbins Katzenversion erklärt er ein ganzes Sammelsurium von Schauer- und Wundergeschichten über Hellseher, Botschaften aus dem Jenseits und wiederkehrende Tote zu „weißen Flecken auf der Landkarte der Wissenschaft" [41].

Erwin Schrödingers Versuch, den Geltungsbereich der Quantenmechanik in einem anschaulichen Alltagsbeispiel abzugrenzen, kann also durchaus als missglückte Wissenschaftskommunikation betrachtet werden. Es wäre eine spannende Frage für die Kulturwissenschaft, welche Rolle dabei Ort und Figur der Handlung spielen. Katzen lösen besonders starke Emotionen aus, wie schon an der großen Verbreitung von Katzenbildern und -videos in sozialen Netzwerken zu erkennen ist. Wäre die Geschichte in gleicher Weise missverstanden worden, wenn sie ein gewöhnlicheres Versuchstier enthielte? Wären Schrödingers Ratte oder Schrödingers Fruchtfliege auch zu Aushängeschildern der Pseudowissenschaft geraten? Ein stark emotional besetztes Motiv, vertraut schon aus dem Kinderfernsehen, ist auch die verschlossene Kiste. Fast alle populären Nacherzählungen verlagern die Handlung von der ursprünglichen Stahlkammer in eine Kiste.

Die heutige Wissenschaftskommunikation agiert in Bezug auf das Katzenbeispiel jedoch keineswegs glücklicher als die Begründergeneration der Quantenmechanik. Auf der Suche nach Aufmerksamkeit spielen Wissenschaftler und ihre Pressestellen wissenschaftlicher Einrichtungen völlig unbekümmert mit dem Katzenbild und sorgen so auf dem Umweg über die Massenmedien dafür, dass Mythen und Missverständnisse nicht aussterben. „Schrödingers Katze verdoppelt" titelte 2016 die Pressestelle der Yale-University [42]. Sogar die Originalveröffentlichung zu dem Experiment in der Zeitschrift *Science* versprach im Titel „eine Schrödinger-Katze, die in zwei Kisten lebt". Dem Text war dann zu entnehmen, dass es sich bei der angeblichen Katze nur um ein Mikrowellensignal aus weniger als 100 Photonen handelte, das in kleinen Metallhohlräumen bei Temperaturen nahe am absoluten Nullpunkt hin und her reflektiert wurde [43]. Auch hier geht es also, wie bei anderen Anwendungen der Quantenmechanik auch, nur um einzelne oder identische Teilchen, die mit hohem technischen Aufwand von der Außenwelt abgeschirmt werden müssen, um die Dekohärenz und die ihr folgenden Gesetze der klassischen Physik auszusperren.

Wie uns die Relativitätstheorie einen Einblick gibt in die Welt extrem schneller oder extrem massiger Objekte in den Tiefen des Alls, so erschließt uns die Quantenmechanik die Welt der kleinsten Teilchen. Es ist eine Welt, die uns seltsam und bizarr vorkommt, weil unser Gehirn über Millionen Jahre der Evolution an die Größenordnungen unserer Alltagswelt angepasst ist. Unsere persönliche Erfahrung wie die unserer Vorfahren bezieht sich auf feste Objekte mit klar abgegrenztem Ort und eindeutigen Bewegungen. So ungewohnt die Welt der kleinsten Teilchen für uns ist, sie ist nicht unlogisch oder absurd. Sie unterliegt klaren, logischen Regeln – nur eben völlig anderen Regeln, als wir aus unserer Erfahrung heraus erwarten.

Zum Mitnehmen

Schrödingers Katze ist tot.

Literatur

1. Mehra J, Rechenberg H (1982) The historical development of quantum theory, Bd 1. Springer, New York
2. Hund F (1975) Geschichte der Quantentheorie. Bibliographisches Institut, Mannheim
3. Edinger E (2015) Enki Quantenkraftstein Energiespender und Beschützer. http://enki-institut.eu/enki-quantenkraftstein.html. Zugegriffen: 23. Mai 2016
4. Arndt U (1994) Energie in Grün – Heilung durch Farbe und Licht (III). Esotera 2(1994):22–27
5. International Atomic Energy Agency (2016) https://www.iaea.org. Zugegriffen: 14. März 2016
6. Internet Movie Database (2016) The Big Bang Theory. http://www.imdb.com/title/tt0898266. Zugegriffen: 14. März 2016
7. Schuster TJ (2014) Aus heiterem Himmel – Die sieben geheimen Gesetze der Liebe. Zwiebelzwerg, Willebadessen
8. Rubahn HG (2004) Nanophysik und Nanotechnologie, 2. Aufl. B. G. Teubner, Stuttgart
9. Einstein A, Born H, Born M (1972) Briefwechsel 1916–1955. Rowohlt Taschenbuch, Reinbek
10. Aspect A (1999) Bell's inequality test: more ideal than ever. Nature 398:189–190
11. Mehra J, Rechenberg H (1982) The historical development of quantum theory, Bd 3. Springer, New York
12. Mahler DH et al (2016) Experimental nonlocal and surreal Bohmian trajectories. Sci Adv 2:e1501466
13. Broers D (2015) Ist das Ego eine künstliche Entität in einer Computersimulation? http://dieter-broers.de/ist-das-ego-eine-kuenstliche-entitaet-in-einer-computersimulation/. Zugegriffen: 14. März 2016
14. Broers D (2009) (R)Evolution 2012: Warum die Menschheit vor einem Evolutionssprung steht. Scorpio, München
15. Davisson C, Germer LH (1927) Diffraction of electrons by a crystal of Nickel. Phys Rev 20(6):705–740
16. Gerthsen C, Kneser HO, Vogel H (1992) Physik, 16. Aufl. Springer, Berlin
17. Vogt MF (2014) Informationsverarbeitung mit Quantentherapie. http://querdenken.tv/522-informationsverarbeitung-mit-quantentherapie/. Zugegriffen: 23. Mai 2016
18. Schlosshauer M (2007) Decoherence and the quantum-to-classical transition. Springer, Berlin
19. Oberhummer H (1993) Kerne und Sterne. Einführung in die Nukleare Astrophysik. Barth, Leipzig
20. Repp J, Meyer G (2006) Molekulare Hüllen im Portrait. Phys Unserer Zeit 6(37):266–271

21. Al-Khalili J, McFadden J (2014) Life on the edge: the coming age of quantum biology. Bantam Press, London
22. Nimtz G, Haibel A (2003) Tunneleffekt – Räume ohne Zeit: Vom Urknall zum Wurmloch. Wiley VCH, Weinheim
23. Sokolovski D (2004) Why does relativity allow quantum tunnelling to ‚take no time'? Proc R Soc Lond A 460:499–506
24. Fosar G, Bludorf F (2001) Vernetzte Intelligenz: Die Natur geht online. Omega, Aachen
25. Broers D (2015) Der Spuk hat ein Ende! Albert Einsteins „spukhafte Fernwirkung" ist endlich erklärbar. http://dieter-broers.de/der-spuck-hat-ein-ende-albert-einsteins-spukhafte-fernwirkung-ist-endlich-erklaerbar. Zugegriffen: 14. März 2016
26. Herbst T et al (2015) Teleportation of entanglement over 143km. Proc Nat Acad Sci 112(46):14202–14205
27. Österreichische Akademie der Wissenschaften (2015) Wiener Quantenphysiker konnten ‚spukhafte Fernwirkung' vollständig nachweisen. http://www.oeaw.ac.at/oesterreichische-akademie-der-wissenschaften/die-oeaw/article/wiener-quantenphysiker-konnten-spukhafte-fernwirkung-vollstaendig-nachweisen. Zugegriffen: 19. März 2016
28. Steding CLE (2015) Module- instrumentelle Biokommunikation und schamanische Transformationstechniken. http://schamanischescoaching.de/module-instrumentelle-biokommunikation-und-schamanische-transformationstechniken. Zugegriffen: 19. März 2016
29. Fröböse R (2009) Ist die Quantenmedizin die sanfte Medizin des 21. Jahrhunderts? http://www.extremnews.com/berichte/gesundheit/133512824d4bc88. Zugegriffen: 19. März 2016
30. Ludwig G (1990) Die Katze ist tot. In: Audretsch A, Mainzer K (Hrsg) Wie viele Leben hat Schrödingers Katze? BI Wiss, Mannheim, S 183–208
31. Johnson G (1996) On skinning Schrodinger's cat. http://www.nytimes.com/1996/06/02/weekinreview/on-skinning-schrodinger-s-cat.html. Zugegriffen: 3. Juni 2016
32. Jensen S (1999) Erkenntnis – Konstruktivismus – Systemtheorie. Westdeutscher, Opladen
33. Bolscho D, de Haan G (2000) Konstruktivismus und Umweltbildung. Leske + Budrich, Opladen
34. Vogd W (2014) Empirische Sozialforschung und komplexer Kommunikationsbegriff – lässt sich in Bezug auf die Modellierung von Unbestimmtem von der Quantentheorie als einer nichtklassischen Theorie lernen? In: Malsch T, Schmitt M (Hrsg) Neue Impulse für die soziologische Kommunikationstheorie. Springer VS, Wiesbaden
35. Gribbin JR, Plagemann SH (1974) The Jupiter effect. Walker, New York
36. Johannson S (2014) Quanten matrix transformation. http://quantenheilung.webs.com/matrixintransformation.htm. Zugegriffen: 3. Juni 2016

37. Ötsch W, Stahl T (2003) Das Wörterbuch des NLP. Junfermann, Paderborn
38. Rosenschon A (2014) Hinduismus und Buddhismus: Indiens Religionen im Lichte moderner Erkenntnisse. Tredition, Hamburg
39. Abele J (2010) Das Schröpfen, 5. Aufl. Urban & Fischer, München
40. Becker VJ (2009) Gottes geheime Gedanken: Was uns westliche Physik und östliche Mystik über Geist, Kosmos und Menschheit zu sagen haben. Lotos Ebooks, München
41. Farkas V (1988) Unerklärliche Phänomene – jenseits des Begreifens. Umschau, Frankfurt
42. Shelton J (2016) Doubling down on Schrödinger's cat. Yale News. http://news.yale.edu/2016/05/26/doubling-down-schr-dinger-s-cat. Zugegriffen: 3. Juni 2016
43. Wang C et al (2016) A Schrödinger cat living in two boxes. Science 352(6289):1087–1091

4

Alles nur Theorie? Was eine wissenschaftliche Theorie ausmacht

4.1 Was ist überhaupt eine wissenschaftliche Theorie?

„Grau, teurer Freund, ist alle Theorie." Der Satz, mit dem Mephisto in Goethes Faust den besessenen Wissenschaftler vom Pfad der Tugend abbringen will, ist bezeichnend. Theorien haben im allgemeinen Sprachgebrauch keinen guten Ruf. Was „in der Theorie" richtig ist, davon erwarten wir schon fast, dass es in der Praxis versagt. Oftmals wird Theorie gar als das Gegenteil des praktisch Richtigen oder Machbaren aufgefasst.

Für einen Wissenschaftler hingegen ist eine Theorie die höchste Form von Erkenntnis, die er mit seinen Methoden überhaupt erreichen kann. Während in der Öffentlichkeit der Wissenschaft gelegentlich ein arroganter Glaube an die eigene Unfehlbarkeit unterstellt wird, erscheint die wirkliche Zielsetzung von Wissenschaft ausgesprochen bescheiden: Jede wissenschaftliche Erkenntnis ist vorläufig. Welches Wissen unsere Forschung auch produzieren mag, sie tut dies immer in der Annahme, dass auch dieses neue Wissen irgendwann überholt sein könnte.

Ob diese ständige Weiterentwicklung wissenschaftlicher Erkenntnisse als Fortschritt bezeichnet werden kann, ist in der Wissenschaftstheorie als philosophischer Disziplin durchaus umstritten. Tatsächlich behauptet der philosophische Relativismus, dass zum Beispiel die Quantenmechanik den Aufbau der Materie nicht besser beschreibt als die klassische Physik und Chemie, sondern nur anders. Da sich die Vorstellung, was zum Beispiel ein Teilchen ist, von einem dieser Konzepte zum nächsten geändert hat, halten

© Springer-Verlag GmbH Deutschland, ein Teil von Springer Nature 2019
H. G. Hümmler, *Relativer Quantenquark,* https://doi.org/10.1007/978-3-662-58420-0_4

die Relativisten diese Teilchenbegriffe für eine Art unterschiedlicher Sprachen. Das macht einen unmittelbaren Vergleich, was sich im Einzelnen verbessert hat, nach Ansicht des Relativismus unmöglich. Wollte man diese Sichtweise ernst nehmen, dann müsste man sich allerdings fragen, wozu man überhaupt neues Wissen schaffen sollte, wenn dieses nicht besser ist als das, welches man vorher hatte. In letzter Konsequenz führt eine solche Sichtweise praktisch zwangsläufig zu der Überzeugung, nichts zu wissen und auch zukünftig nichts wissen zu können [1]. Wozu sollte man dann überhaupt forschen oder irgendeine Form von Bildung anstreben?

Zumindest in den Naturwissenschaften dürfte eine überwältigende Mehrheit der Forschenden davon ausgehen, an einer Fortentwicklung und Erweiterung des Wissens in ihrem Feld mitzuarbeiten. Dazu passt, dass alte Konzepte ja nicht verloren gehen, sondern weiterhin bekannt sind und genutzt werden können, wo sie noch korrekte Vorhersagen liefern. Gerade im Bereich der Physik umfassen sowohl die Relativitätstheorie als auch die Quantenmechanik die klassische Physik immer noch als Sonderfall. Sie gilt nämlich immer dann, wenn es um Objekte alltäglicher Größe und Geschwindigkeit geht – dann liefern Relativitätstheorie und Quantenmechanik keine anderen Ergebnisse als die klassische Physik auch. Es würde auch kaum ein Physiker anzweifeln, dass die allgemeine Relativitätstheorie einen Fortschritt gegenüber der klassischen Mechanik darstellt: Beide Theorien beschreiben korrekt die beobachteten Einflüsse der Schwerkraft auf weit voneinander entfernte Objekte im All, aber die allgemeine Relativitätstheorie beschreibt zusätzlich die beobachtete Bewegung von Objekten in der Nähe extrem großer Massen. Das hält Physiker nicht davon ab, weiter nach neuen Theorien zu suchen, zum Beispiel für die Vorgänge im Inneren extrem massereicher Objekte wie schwarzer Löcher. Dort kommt nämlich wiederum die Relativitätstheorie an ihre Grenzen. Eine neue umfassende Theorie der Schwerkraft müsste aber auch die Beobachtungen naher und ferner Objekte außerhalb dieser großen Massen erklären. In diesen Bereichen müsste sie also wieder zu den gleichen Ergebnissen führen wie die allgemeine Relativitätstheorie oder die klassische Physik. Das Streben nach Fortschritt ist demnach vom Selbstverständnis der Naturwissenschaft kaum zu trennen.

Wie formuliert aber nun die Wissenschaft ihre Erkenntnisse, zunächst einmal unabhängig davon, ob man diese Erkenntnisse nun besser oder nur anders als ihre Vorgänger findet? Die Bewegung des Planeten Merkur um die Sonne zu beobachten, wie wir sie in Abb. 2.10 gesehen haben, erklärt ja nicht die Ursachen dieser Bewegung. Die Beobachtung allein sagt auch nichts über die Bewegung anderer Planeten aus – streng genommen noch nicht einmal über die Bewegung des Merkurs im kommenden Jahr. Ziel der Wissenschaft ist es daher, zu allgemeineren Aussagen zu gelangen, die Sachverhalte in der Natur beschreiben, erklären und vorhersagen, wie zum Beispiel in diesem Fall die Bewegung eines Planeten. Genau solche allgemeinen Aussagen bezeichnet man in der Wissenschaft als Theorie. Eine Theorie beschreibt eine Beobachtung, liefert eine Erklärung, warum der beobachtete Sachverhalt in dieser Weise abgelaufen ist, und macht Vorhersagen über noch nicht beobachtete Sachverhalte. Der Begriff der Vorhersage bedeutet nicht unbedingt, dass der zu beobachtende Sachverhalt in der Zukunft liegen muss. In der Astronomie oder Astrophysik sind ja praktisch alle Beobachtungen außerhalb unseres Sonnensystems wegen der begrenzten Lichtgeschwindigkeit Bilder aus der Vergangenheit. Entscheidend ist, dass das Ergebnis beim Aufstellen der Theorie noch nicht bekannt war. In vielen Fällen tritt die wissenschaftliche Theorie als komplexere und ganz bewusst immer vorläufige Beschreibung der Realität mit ihren Zusammenhängen an die Stelle dessen, was man früher möglicherweise als unabänderliches Naturgesetz betrachtet hat. Die Theorie dient dabei nicht nur dazu, von bisherigen Beobachtungen auf zukünftige zu schließen. Ihre Formulierung ist auch Grundlage dafür, die eigenen Ergebnisse und Interpretationen mit anderen Wissenschaftlern diskutieren zu können, und macht in vielen Fällen die Arbeit unterschiedlicher Forscher erst vergleichbar.

Eine Theorie ist in jedem Fall das Produkt eines Prüfungsprozesses, der nach festgelegten Regeln abläuft. Wie dieser Prüfungsprozess abläuft, ist je nach Fachrichtung unterschiedlich. Wo Physiker und viele andere Naturwissenschaftler Experimente machen würden, sind Historiker auf das Studium historischer Quellen angewiesen. Auf jeden Fall gehören zu dieser Prüfung der Austausch mit anderen Wissenschaftlern und die gegenseitige Kritik. Eine Überlegung zu allgemeinen Zusammenhängen, die bereits wissenschaftlich formuliert ist und mit anderen Wissenschaftlern diskutiert werden kann, die sich aber noch nicht im Prüfungsprozess bewährt hat, bezeichnet man als Hypothese.

Der Theoriebegriff in der Wissenschaft im Vergleich zum allgemeinen Sprachgebrauch ist in Abb. 4.1 noch einmal zusammengefasst. Dieser Theoriebegriff ist in den Naturwissenschaften geradezu idealtypisch umgesetzt; er lässt sich aber relativ problemlos auf viele andere Forschungsgebiete übertragen. Schließlich geht es in der Wissenschaft praktisch immer darum, zu möglichst allgemeinen Aussagen zu kommen und diese mit anderen Wissenschaftlern auszutauschen und zu diskutieren. Lediglich die Mechanismen des Prüfungsprozesses unterscheiden sich von Fach zu Fach.

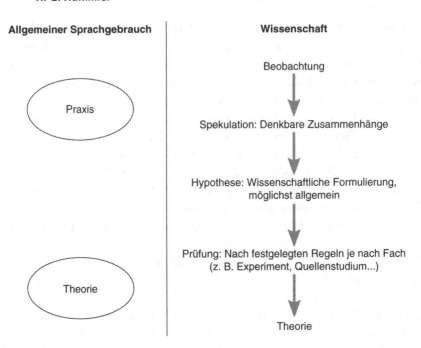

Abb. 4.1 Theoriebegriff in der Wissenschaft im Vergleich zum allgemeinen Sprachgebrauch. Die wissenschaftliche Theorie ist das Ergebnis eines Prozesses mit fachspezifischen, klar festgelegten Regeln

---

Quarkstückchen

Die christlich-fundamentalistische Zeitschrift *Christadelphian Advocate* begründet ihre Ablehnung der Evolution damit, es handele sich ja nur um eine Theorie. In der Folge amüsiert sich der anonyme Autor über die ihm absurd erscheinende Vorstellung, Sterne könnten aus rotierenden Gaswolken entstanden sein – ein Prozess der inzwischen in Aufnahmen des Hubble-Teleskops direkt zu sehen ist. Dann verweist er auf die Ankündigung des Apostels Paulus, Gott werde das Wissen der Menschen vernichten [2].

Wissenschaftler weisen im Gegenzug gerne darauf hin, dass auch die Fallgesetze nur eine Theorie sind. Trotzdem würde wohl niemand deshalb freiwillig aus dem Fenster springen, weil er an der Existenz der Schwerkraft zweifelt. Die Evolutionstheorie beschreibt die Tatsache Evolution so, wie die Gravitationstheorie die Tatsache Schwerkraft beschreibt.

Theorien haben auch einen Einfluss darauf, was und wie beobachtet wird. Wer zum Beispiel als Naturwissenschaftler ein Experiment plant, wird es in der Regel so auswählen und gestalten, dass es eine Theorie testet. Es soll die Theorie entweder grundsätzlich infrage stellen, ihren Gültigkeitsbereich abgrenzen oder Sachverhalte beleuchten, über die die Theorie bislang keine klaren Vorhersagen treffen kann. Sachverhalte, die abseits aller gängigen Theorien liegen, werden dadurch möglicherweise sehr lange überhaupt nicht untersucht. Das kann die Wissenschaft blind oder zumindest relativ kurzsichtig für völlig unerwartete Ereignisse machen. Andererseits ist eine solche Vorgehensweise auch effizient. Angesichts der begrenzten Zahl leistungsfähiger, professionell eingesetzter Teleskope können nicht alle Bereiche des Himmels mit gleicher Intensität beobachtet werden. Die Astronomie richtet ihre Kapazitäten also bevorzugt dahin aus, wo aufgrund aktuell zu prüfender Theorien am ehesten interessante Ergebnisse erwartet werden. Das führt unter anderem dazu, dass immer wieder Kometen, die sich aus der Tiefe des Alls der Erde nähern, von Amateurastronomen entdeckt werden, bevor sie in den Beobachtungen professioneller Observatorien auftauchen. Forschung abseits gängiger Theorien und damit oft ohne klar vorgegebene Fragestellung, sogenannte explorative Forschung, findet vor allem dann statt, wenn die Forschenden im Fach das Fehlen geeigneter Theorien zu einem Thema schon als Problem erkannt haben.

Theorien sind natürlich auch nicht die einzigen Faktoren, die wissenschaftliche Beobachtungen beeinflussen. Was und wie beobachtet wird und ob eine neue Beobachtung überhaupt als solche wahrgenommen oder möglicherweise als Fehler abgetan wird, unterliegt einer Vielzahl von Einflüssen. Hierzu gehören zum Beispiel der soziale und kulturelle Hintergrund der Forscher, vorherige Erfahrung, aber auch die Finanzierung der Forschung und politische Einflüsse. Wissenschaftler sind Menschen und wie alle Menschen bringen sie ihre Voreingenommenheiten mit, die auch die Ergebnisse von Wissenschaft beeinflussen. Derartige Einflüsse betreffen aber jede Art der Erkenntnisgewinnung und sind, anders als der Einfluss der Theorie, nicht spezifisch für die Wissenschaft. Die wissenschaftliche Methode strebt außerdem an, solche Einflüsse erkennbar zu machen und einzugrenzen – vor allem durch den weltweiten Austausch mit anderen Wissenschaftlern und das ständige gegenseitige Hinterfragen.

Eine wichtige Rolle für diesen Austausch spielen wissenschaftliche Fachzeitschriften. Während man im Prinzip seine Ergebnisse in jedem Medium, auch auf der eigenen Internetseite, veröffentlichen kann, garantieren diese Fachzeitschriften eine gewisse Mindestqualität der veröffentlichten Arbeiten. Dazu dient in der Regel das sogenannte Peer-Review-Verfahren: Kollegen aus dem jeweiligen Fachgebiet beurteilen als meist anonyme Gutachter, ob ein Forschungsergebnis den Anforderungen für eine Veröffentlichung in der jeweiligen Zeitschrift genügt. Wie immer, wenn Menschen entscheiden, ist dieses Verfahren nicht perfekt, aber es definiert einen Qualitätsstandard. So können zum Beispiel Chemiker, die ein Ergebnis aus der Physik verwenden wollen, einfach einschätzen, ob es sich um eine innerhalb des Fachs anerkannte Veröffentlichung handelt.

Insgesamt versucht die wissenschaftliche Methode nichts weiter, als bestmöglich mit der Tatsache umzugehen, dass jedes Wissen falsch sein kann, egal wie sicher man sich ist. Hierzu streben praktisch alle wissenschaftlichen Arbeitsweisen an, das angenommene Wissen möglichst klar und sachlich zu formulieren (eben in Theorien), es systematisch immer wieder selbst infrage zu stellen und es auch durch andere Forschende infrage stellen zu lassen. Auf diese Weise will Wissenschaft sich an die Wahrheit Schritt für Schritt heranarbeiten. Darin steckt implizit immer die Annahme, dass es eine Wahrheit gibt und dass es grundsätzlich möglich ist, sich dieser Wahrheit zu nähern, also Wissen zu erlangen. Diese Grundannahme kann man ablehnen, entweder im Sinne einer grundsätzlichen Skepsis gegenüber jedem Wissen oder im Sinne einer dogmatischen Festlegung auf ein mehr oder weniger beliebiges Überzeugungssystem. Wissenschaft ist aber dann, ohne die Hoffnung auf Wissen, sinnlos.

Wie wissenschaftliche Theorien infrage gestellt werden, wo dabei Probleme und Grenzen liegen und was die Ergebnisse letztlich philosophisch bedeuten, darüber debattieren Wissenschaftstheoretiker seit mehr als einem Jahrhundert. Wissenschaftler unterschiedlicher Fachgebiete bevorzugen zum Teil unterschiedliche Ansätze der Wissenschaftstheorie. Einen Überblick über die einzelnen Schulen und Denkweisen bietet zum Beispiel [3]. Wir werden uns in Abschn. 4.2 dagegen eher pragmatisch der Frage nähern, nach welchen Kriterien man eine Theorie als nützlich einstufen kann. Die großen Denkrichtungen der Wissenschaftstheorie werden dabei nur schlaglichtartig eine Rolle spielen.

Zum Mitnehmen

In der Wissenschaft ist eine Theorie nicht das Gegenteil von Praxis, sondern eine möglichst allgemeine und eindeutige Formulierung von wissenschaftlichen Erkenntnissen. Das Bilden und Prüfen von Theorien ist somit die zentrale Aufgabe von Wissenschaft.

4.2   Was unterscheidet eine gute Theorie vom Quantenquark?

Anfang 1996 reichte der New Yorker Physikprofessor Alan Sokal einen Artikel bei der wissenschaftlichen Fachzeitschrift *Social Text* ein. *Social Text*, spezialisiert auf postmoderne Konzepte in den Kulturwissenschaften, veröffentlichte den Artikel in einer Sonderausgabe zu den Diskussionen über die Wissenschaftlichkeit solcher postmodernen Ansätze. Der Artikel hatte den Titel „Die Grenzen überschreiten: Auf dem Weg zu einer transformativen Hermeneutik der Quantengravitation" und enthielt, wie der Autor selbst wenig später enthüllte, puren Unsinn. Der Text hatte alle formalen Merkmale einer wissenschaftlichen Abhandlung, zitierte wissenschaftliche Autoritäten seines Feldes, enthielt Fußnoten und Quellenangaben, aber keinerlei sinnvolle Argumentation [4].

Von wissenschaftlichen Ergebnissen muss man also mehr erwarten als nur die Einhaltung formaler Kriterien. Wissenschaft braucht Kriterien, nach denen sie eine Theorie einer anderen vorziehen kann. Wer Entscheidungshilfen sucht, muss eine Theorie oder einen Satz von Theorien als aktuellen „Stand der Wissenschaft" erkennen können. Andere Theorien muss die Wissenschaft als diskussionsfähig, noch unbewiesen oder abgelehnt einordnen können. Diese Entscheidungen müssen Wissenschaftler irgendwie treffen, aber nach welchen Kriterien kann das erfolgen? So wie die Wissenschaft akzeptierte von abgelehnten Theorien unterscheidet, müssten wir dann auch in der Lage sein, echte Physik vom Quantenquark zu trennen. Nehmen wir also als Beispiel an, wir wollten die wissenschaftliche Aussage bewerten, dass Geistersichtungen natürliche Ursachen haben. Das ist natürlich keine vollständige wissenschaftliche Theorie. Es handelt sich vielmehr um einen Kernaspekt aus dem philosophischen Konzept des Naturalismus: „Es geht in der Welt mit rechten Dingen zu." Diese Aussage ist aber einerseits kürzer als vollständige Theorien, und zeigt andererseits die typischen Probleme, die man auch mit Theorien in der Naturwissenschaft hat: Sie verbindet nachprüfbare Fragen (zum Beispiel „Können wir für dieses unheimliche Geräusch eine natürliche Ursache feststellen?") mit Definitions- und Abgrenzungsfragen („Was verstehen wir eigentlich unter einem Geist?" „Was ist eine natürliche Ursache?"). Nach welchen Kriterien könnten wir bei einer solchen Frage vorgehen?

Auf den ersten Blick erscheint es selbstverständlich, dass die Wissenschaft diejenigen Theorien akzeptieren sollte, die richtig sind, also die Wahrheit korrekt wiedergeben. Tatsächlich ist aber allein schon der Begriff der Wahrheit selbst im noch vergleichsweise eindeutig erscheinenden Fall der Naturwissenschaften nicht unproblematisch. Je länger sich die Wissenschaftstheorie mit diesem Begriff beschäftigt hat, desto weniger greifbar wurde er. Der in Abschn. 3.2 beschriebene Welle-Teilchen-Dualismus wird gerne als Beleg zitiert, dass Wahrheit in der Natur nicht eindeutig sei [5]. Das trifft natürlich vor allem dann zu, wenn man diese Wahrheit in der Teilchenwelt genau in der Form der Begriffe unserer Alltagswelt sucht, in der

Wellen und Teilchen unterschiedliche Dinge sind und nicht Aspekte desselben Sachverhalts. In den vergangenen 50 Jahren wurde der Begriff der Wahrheit in der Wissenschaft aber noch stärker infrage gestellt. So wurde von einigen Philosophen ernsthaft die These vertreten, wahr und falsch seien ausschließlich subjektive Bewertungen des einzelnen Betrachters [6]. Letztlich handelt es sich hierbei um eine radikale Form des schon in Abschn. 4.1 erwähnten philosophischen Relativismus. Eine solche Sichtweise erklärt sich aber natürlich in letzter Konsequenz auch selbst zu einer rein subjektiven Bewertung. Wenn unsere Frage nach einer guten wissenschaftlichen Theorie einen Sinn haben soll, muss es dabei um mehr als nur um Meinungen gehen.

Bei der Suche nach einem Kriterium für die Auswahl könnte man sich am zurzeit wohl anerkanntesten Konzept der Wissenschaftstheorie orientieren, der Theorie des amerikanischen Wissenschaftsphilosophen Thomas S. Kuhn. Sie beschreibt Wissenschaft als Abfolge von Umwälzungen, die Kuhn als Paradigmenwechsel bezeichnet. Dazwischen kommt es immer wieder zu Phasen des Einverständnisses zwischen den führenden Wissenschaftlern [7]. Zu akzeptieren wäre demnach die Theorie, über die zwischen den meisten Wissenschaftlern Einverständnis herrscht, was sich unter anderem darin niederschlägt, dass sie in Lehrbüchern auftaucht. Wir könnten uns im Beispiel der Geister darauf berufen, dass wohl die allermeisten Wissenschaftler tatsächlich denken, Geistersichtungen hätten natürliche oder psychologische Ursachen. Für die Bewertung einer Theorie hat dieser Ansatz aber zwei Nachteile: Erstens kann sich natürlich auch eine breite Mehrheit der Wissenschaftler irren, und zweitens sagt das Konzept nichts darüber aus, nach welchen Kriterien sie zu diesem Einverständnis gelangen. Wir brauchen es also doch etwas konkreter.

Wunderbar einfach wäre es, wenn man eine Theorie dann akzeptieren könnte, wenn ihre Richtigkeit bewiesen ist. Unpraktischerweise ist aber gerade das bei den meisten naturwissenschaftlichen Theorien unmöglich. Nehmen wir als Beispiel die Fallgesetze aus dem letzten Quarkstückchen. Galileis Fallgesetze gehören zu den wohl unumstrittensten naturwissenschaftlichen Theorien überhaupt. Im Kern besagen die Fallgesetze einfach, dass ein Objekt im freien Fall ohne Luftwiderstand immer schneller wird, je länger es fällt, und zwar nach der doppelten Falldauer doppelt so schnell und so weiter. Physikalisch ausgedrückt heißt das, die Fallbeschleunigung ist konstant, und sie ist auch für jeden Körper gleich, unabhängig von seiner Masse. Die Fallgesetze haben seit ihrer Veröffentlichung 1639 mehrere Paradigmenwechsel überstanden, denn sie ergeben sich als Sonderfall aus Newtons Gravitationsgesetz, und das Gravitationsgesetz ist selbst ein

Sonderfall der allgemeinen Relativitätstheorie. Es handelt sich also über die Jahrhunderte um eine höchst erfolgreiche Theorie, und kaum ein Physiker dürfte ernsthaft an der Richtigkeit der Fallgesetze zweifeln.

Nur bewiesen sind die Fallgesetze nicht. Wie kann das sein? Die Fallgesetze zu überprüfen erscheint doch so einfach. Man muss nur ein Objekt in einer möglichst luftleeren Röhre fallen lassen und seine Geschwindigkeit messen. Die Fallgesetze machen aber nicht nur eine Aussage über die Fallbeschleunigung eines bestimmten Objekts: Sie machen diese Aussage über die Fallbeschleunigung jedes beliebigen Objekts. Um die Fallgesetze mit experimentellen Mitteln zu beweisen, müsste man also jedes denkbare Objekt messen, um nachzuweisen, dass keines von der Gesetzmäßigkeit abweicht. Das ist im Rahmen einer empirischen, also auf gemessenen Daten basierenden Naturwissenschaft wie der Physik unmöglich. Das gleiche Problem gilt letztlich für jede Theorie in den Naturwissenschaften: Sie machen allgemeine Aussagen, und um ihre Gültigkeit zu beweisen, müsste man nachweisen, dass es keinerlei Ausnahmen gibt. Das gleiche Problem hätten wir auch mit dem Beispiel der Geister, denn auch hier geht es ja nicht um eine bestimmte Geistersichtung, sondern um alle.

Der Philosoph Karl Popper hat das Problem mit der Beweisbarkeit umgedreht. Wenn man eine Theorie wie die Fallgesetze nicht durch ein Experiment beweisen kann, dann könnte man sie zumindest durch ein Experiment widerlegen. Es würde ausreichen, ein einziges Objekt zu finden, das nicht mit der berechneten Beschleunigung fällt. Bei den Fallgesetzen ist das in fast 400 Jahren niemandem gelungen, aber wenn man ein solches Objekt fände, wäre die Theorie widerlegt. Eine brauchbare naturwissenschaftliche Theorie muss also widerlegbar sein, und für viele Wissenschaftstheoretiker gilt sie nur dann überhaupt als wissenschaftlich [1]. Dass eine Theorie widerlegbar ist, aber in hinreichend vielen Anläufen nicht widerlegt wurde, ist also schon einmal ein gutes Qualitätsmerkmal. Als besonders gutes Zeichen gilt es, wenn eine Theorie ansonsten unerwartete experimentelle Ergebnisse korrekt vorhergesagt hat. Ein Beweis für die Richtigkeit der Theorie ist aber auch das nicht. Unsere Beispielbehauptung, dass Geistersichtungen natürliche Ursachen haben, wäre widerlegbar: Ein einziger Geist, der die Erkenntnisse der Physik nachweislich verletzt, würde entweder bedeuten, dass die Naturwissenschaft neue Theorien braucht oder dass es doch übernatürliche Geister gibt, auf die die Erkenntnisse der Naturwissenschaft nicht zutreffen.

Eine gängige Anforderung an eine Theorie ist auch, dass sie, auf gewissen Annahmen aufbauend, logisch in sich schlüssig und frei von Widersprüchen ist. Für die Fallgesetze wäre das zweifelsfrei erfüllt. Als Mindestanforderung für eine gute Theorie ist das sicherlich notwendig, aber auf keinen Fall hinreichend. Schließlich ist es durchaus möglich, eine Vielzahl von logisch und mathematisch widerspruchsfreien Rechenmodellen aufzustellen, die absolut nichts mit der Realität zu tun haben. Als naturwissenschaftliche Theorien wären solche Modelle natürlich völlig unbrauchbar.

Gerade theoretische Physiker formulieren oft noch eine weitere Anforderung an eine gute Theorie: Sie soll einfach und elegant sein. In gewisser Weise ist das verständlich: Eine einfache Theorie macht nicht nur das Arbeiten damit angenehmer, sondern sie erfüllt auch unsere grundsätzliche Erwartung, dass die zentralen Fragen der Welt und unserer Existenz eigentlich einfach sein müssten. Was einfach und elegant ist, ist natürlich eine durchaus subjektive Einschätzung. Relativitätstheorie und Quantenmechanik galten zunächst vielen Physikern als mathematisch zu komplex. Andere fanden sie besonders einfach und elegant, weil sie sehr komplexe Zusammenhänge aus wenigen Grundannahmen heraus erklären konnten. Die Fallgesetze sind hingegen unumstritten eine einfache und elegante Theorie. Dass sie sich nahtlos in das später entstandene Gravitationsgesetz und in die allgemeine Relativitätstheorie einfügen, kann man auch als elegant bezeichnen.

Die Idee, dass einfache Erklärungen komplizierteren vorzuziehen sind, stammt schon aus dem Mittelalter und wurde unter anderem vom englischen Franziskanermönch William of Ockham formuliert. In skeptisch-wissenschaftlichen Kreisen wird sie heute gerne als „Ockhams Rasiermesser" bezeichnet, und die Einfachheit wird schon beim Prüfen von Hypothesen eingefordert. Das Rasiermesser ist sozusagen die Klinge, über die eine Hypothese springen muss und an der zu komplizierte Erklärungen scheitern. Für das Beispiel der Fallgesetze lieferte Isaac Newton eine Erklärung mit seinem Gravitationsgesetz. Massen ziehen sich gegenseitig an, also werden in der Nähe der großen Masse der Erde alle Massen zum Erdmittelpunkt beschleunigt. Das wunderbar Einfache daran ist, dass genau dasselbe Gravitationsgesetz auch ausreicht, um die Bewegungen der Planeten um die Sonne (und schließlich aller anderen Himmelsobjekte) zu erklären. Man könnte auch versuchen, die Fallgesetze durch unsichtbare Zwerge zu erklären, die alle Objekte mit unsichtbaren Seilen zum Boden ziehen. Das wäre aber komplizierter, denn man müsste die Existenz unsichtbarer Zwerge und unsichtbarer Seile annehmen und hätte die Bewegung von Planeten immer noch nicht erklärt. Der Vorteil der einfacheren Erklärung liegt in der Überprüfbarkeit: Hat man sich einmal auf unsichtbare Zwerge und Seile eingelassen, dann kann man jeden Versuch, diese zu widerlegen, durch wieder andere unsichtbare Helfer mit anderen unsichtbaren Werkzeugen umgehen. Um das Gravitationsgesetz zu widerlegen, würde es ausreichen, einen einzigen Planeten zu beobachten, der sich „falsch" bewegt. Auch hier könnte man sich um die Widerlegung herumwinden, indem man eine Ausnahme für Planeten (oder auch nur für diesen Planeten) einführt. Dann wären die Fallgesetze aber nicht mehr so einfach. Die Forderung nach Einfachheit dient also vor allem dazu, dass Hypothesen widerlegbar bleiben, indem man möglichst wenige Ausnahmen und Sonderfälle zulässt. Bei konkurrierenden Hypothesen ist damit derjenige in der Beweispflicht, der die kompliziertere Erklärung vorbringt.

Im Beispiel der Geister wäre die Vorstellung, dass Geistersichtungen natürliche Ursachen haben, tatsächlich die einfachere Erklärung: Für manche Einzelsichtung erscheinen natürliche Erklärungen vielleicht komplizierter als die Pauschalerklärung, es handele sich um einen Geist. Die Einfachheit liegt aber gerade darin, dass man komplett auf die Annahme übernatürlicher Wesen verzichten kann, denn mit der Annahme übernatürlicher Wesen kann man sich wieder um jede Widerlegung herummogeln.

Bei vielen Entdeckungen der modernen Physik scheint die Natur uns bei der Erwartung von Einfachheit und Eleganz allerdings immer wieder einen Strich durch die Rechnung zu machen. Oft haben sich in den vergangenen Jahrzehnten wunderbar elegant erscheinende Theorien in experimentellen Tests als falsch erwiesen. Quantenmechanik und Relativitätstheorie selbst werden zwar von vielen theoretischen Physikern als elegant empfunden, aber einfach sind sie im Vergleich zur klassischen Physik nicht. Der aktuelle Wissensstand zur Physik kleinster Teilchen und höchster Energien ist im sogenannten Standardmodell der Physik zusammengeführt. Dieses Standardmodell hat über fast 50 Jahre praktisch alle experimentellen Ergebnisse der Teilchenphysik und der Astrophysik nicht nur erklärt, sondern viele auch schon vor der Messung korrekt vorhergesagt. Es ist aber alles andere als einfach und elegant: Es besteht aus unterschiedlichen, scheinbar zusammenhanglosen und zum Teil widersprüchlichen Theorien (darunter mehrere Quantentheorien und die allgemeine Relativitätstheorie). Diese Theorien werden im Standardmodell auf eine Vielzahl von Teilchen angewendet, deren Arten und Anzahl sich aus der Theorie zumindest nicht zwingend ergeben.

Es gibt also kein eindeutiges Kriterium für die Richtigkeit einer wissenschaftlichen Theorie. Wissenschaft liefert keine absoluten Wahrheiten, und schon gar keine letztgültigen. Auch bei der anerkanntesten wissenschaftlichen Theorie werden Forscher immer danach streben, sie durch eine bessere zu ersetzen. Dieses Ersetzen funktioniert aber nicht willkürlich, sondern jede wissenschaftliche Disziplin setzt dafür klare Regeln, die sie auch selbst immer wieder versuchen wird, zu verbessern. Naturwissenschaftler werden immer danach streben, mit jeder neuen Theorie der Natur näher zu kommen als mit der vorigen. Unwissenschaftliche Denksysteme streben in der Regel danach, die Lehren verehrter Vordenker gegen jeden Widerspruch zu verteidigen. Die Wissenschaft strebt hingegen immer danach, ihre besten Theorien zu widerlegen und durch noch bessere zu ersetzen.

Quarkstückchen

Ein Musterbeispiel für einen als unfehlbar erachteten Vordenker ist Rudolf Steiner, der Begründer der Anthroposophie und Waldorfpädagogik. Die Landesarbeitsgemeinschaft der Waldorfschulen in Berlin-Brandenburg behauptet ernsthaft, Rudolf Steiner hätte schon sechs Jahre vor Schrödinger in einem Vortrag eine mit der Schrödinger-Gleichung „mathematisch identische" Gleichung aufgestellt [8]. Tatsächlich hat Steiners pseudowissenschaftlicher Vortrag über „Wärmewesen" und „Luftwesen" mit Quantenmechanik oder irgendwelcher experimentell geprüfter Physik absolut nichts zu tun [9]. Es ist nicht einmal wirklich eine mathematische Ähnlichkeit von Steiners merkwürdiger Berechnung zur Schrödinger-Gleichung zu erkennen, wobei eine solche Ähnlichkeit ohne korrekte Interpretation physikalisch ohnehin bedeutungslos wäre.

Eine gute Theorie bewährt sich in einer Kombination von Kriterien. Sie muss widerlegbar sein; es muss also einen Maßstab geben, was passieren müsste, damit man sie als falsch betrachten kann; sonst kann sie keine wissenschaftliche Theorie sein. Außerdem gehört zu den Mindestvoraussetzungen, dass sie nicht unlogisch ist oder sich selbst widerspricht. Je einfacher sie ist, je mehr Versuche, sie zu widerlegen, eine Theorie überstanden hat und je mehr spätere Messungen und Experimente sie korrekt vorhergesagt hat, desto eher wird sie die Zustimmung vieler Experten finden und zur aktuell gültigen Lehrmeinung werden.

Zum Mitnehmen

Jede wissenschaftliche Theorie ist vorläufig und nur so lange gültig, bis sie durch eine bessere ersetzt wird. So strebt die Wissenschaft danach, jederzeit das bestmögliche Wissen zusammenzutragen, obwohl menschliche Erkenntnis auch falsch sein kann. Hierzu setzt sich die Wissenschaft klare Regeln. Insbesondere muss klar sein, durch welches Ergebnis eine Theorie als widerlegt angesehen würde.

Literatur

1. Kanitscheider B (1981) Wissenschaftstheorie in der Naturwissenschaft. De Gruyter, Berlin
2. The Creation and Evolution (2004) Things Concerning, Supplement to The Christadelphian Advocate 7, 1. http://www.christadelphian-advocate.org/features/concerning/pdf/2004–01.pdf. Zugegriffen: 12. Juli 2016
3. Chalmers AF (2006) Wege der Wissenschaft, 6. Aufl. Springer, Berlin
4. Sokal A, Bricmont J (1998) Fashionable nonsense. Postmodern intellectuals' abuse of science. Picador, New York
5. Žižek S (2005) Körperlose Organe: Bausteine für eine Begegnung zwischen Deleuze und Lacan. Suhrkamp, Frankfurt
6. Barnes B, Bloor D (1982) Relativism, rationalism and the sociology of knowledge. In: Hollis M (Hrsg) Rationality and relativism. MIT Press, Cambridge
7. Kuhn TS (1967) Die Struktur wissenschaftlicher Revolutionen. Suhrkamp, Frankfurt
8. Hardorp D (2002) Zwei biographische Schlüsselerlebnisse Rudolf Steiners. Zur Entwicklung und Ausbreitung der Waldorfpädagogik. http://www.waldorf.net/html/texte/rs.htm. Zugegriffen: 23. Juli 2016
9. Baiaster DA, Dollfus A (Hrsg) (2000) Rudolf Steiner. Geisteswissenschaftliche Impulse zur Entwickelung der Physik. Rudolf Steiner, Dornach

5

Spektakuläres und Spekulatives – Spitzenforschung in der modernen Physik

Wenn die wissenschaftlichen Erkenntnisse von heute schon morgen von gestern sein können, stellt sich die Frage, was mit den wissenschaftlichen Erkenntnissen von morgen ist. Am Anfang jeder anerkannten wissenschaftlichen Theorie stand irgendwann eine Hypothese, eine noch (in der Naturwissenschaft in der Regel durch Experimente) zu prüfende, aber schon wissenschaftlich formulierte und kommunizierte Behauptung. Vor dem Aufstellen von Hypothesen kommen spekulative Überlegungen und Gedanken, die erst noch in eine prüfbare oder überhaupt wissenschaftlich diskutierbare Form gebracht werden müssen. Auch Spekulationen haben also ihren Platz in der Wissenschaft; sie dürfen nur nicht mit wissenschaftlichen Erkenntnissen verwechselt werden.

Quarkstückchen

Dass jede wissenschaftliche Theorie einmal mit spekulativen Gedanken begonnen hat, bedeutet natürlich nicht, dass jeder spekulative Gedanke der Anfang einer Wissenschaft ist. Dieser Trugschluss erfreut sich in der Esoterik aber größter Beliebtheit. So begründet der Yogalehrer Friedrich Asen die Sinnhaftigkeit der vedischen Astrologie damit, dass jemand, der vor 150 Jahren Radio und Fernsehen vorhergesagt hätte, auch für einen Spinner gehalten worden wäre [1].

© Springer-Verlag GmbH Deutschland, ein Teil von Springer Nature 2019
H. G. Hümmler, *Relativer Quantenquark*, https://doi.org/10.1007/978-3-662-58420-0_5

5.1   Die Stringtheorie – Physik abseits der Realität?

In Forschungsgebieten, in den gerade viele neue Entdeckungen gemacht werden, gibt es natürlich auch besonders viele neue Ansätze für Theorien. Neben anerkannten Theorien und gesicherten Messergebnissen stehen noch ungeprüfte Hypothesen und viele spekulative Gedanken. Ein Gebiet, das die theoretische Physik seit vielen Jahren beschäftigt, ist der Versuch, eine tiefere Logik hinter dem schon in Abschn. 4.2 erwähnten Standardmodell der Physik zu finden. Das Standardmodell umfasst ein ganzes Sortiment unterschiedlicher Teilchen, die sich zwar in ein gewisses Schema einordnen lassen, aber warum sich gerade dieses Schema ergibt und wie viele unterschiedliche Teilchen es überhaupt gibt, ist aus dem Standardmodell zumindest nicht offensichtlich. Dass diese Teilchen eine Masse haben, wird durch eine Quantentheorie, die Higgs-Theorie, erklärt. Die Kräfte, die zwischen den Teilchen wirken, beschreiben im Standardmodell zwei weitere Quantentheorien: Die Quantenchromodynamik beschreibt die starke Kernkraft, die Atomkerne zusammenhält, und die elektroschwache Theorie verbindet den Elektromagnetismus mit der schwachen Kernkraft, die unter anderem die Lebensdauer vieler Teilchen bestimmt, zum Beispiel der als Test der Relativitätstheorie erwähnten Myonen aus der kosmischen Strahlung. Nur für die Schwerkraft gibt es keine Quantentheorie, sondern nur die allgemeine Relativitätstheorie, die auch Teil des Standardmodells ist. Dieses unübersichtliche Theorie-Sammelsurium würden die meisten Physiker heute gerne hinter sich lassen. Dabei gibt es nur ein Problem: Das Standardmodell hatte in der Vergangenheit eigentlich immer Recht. Es existiert seit den 1960er-Jahren, und seit dieser Zeit gab es kein nachprüfbares experimentelles Ergebnis, das nicht mit dem Standardmodell oder gegebenenfalls gewissen Erweiterungen dazu vereinbar gewesen wäre.[1] Gleichzeitig hat das Standardmodell eine Vielzahl experimenteller Ergebnisse korrekt vorhergesagt. Mehrere Ansätze, in denen versucht wurde, wenigstens Teile

---

[1]Die aktuell wohl bedeutendste Physik „jenseits des Standardmodells" betrifft einerseits das errechnete Vorkommen von Masse und Energie im Universum (die sogenannte dunkle Materie und dunkle Energie, die das Standardmodell nicht aus sich heraus erklärt), andererseits die Eigenschaften von Neutrinos, einer Gruppe von elektrisch neutralen und Materie fast beliebig durchdringenden Teilchen. Nach jüngeren Forschungsergebnissen müssen Neutrinos eine von null unterscheidbare (aber bis Anfang 2019 noch nicht messbare) Masse haben, während das Standardmodell ursprünglich davon ausgeht, die Neutrinomasse sei null. Grundsätzlich ist es aber möglich, das Standardmodell um zusätzliche Erklärungen für diese Phänomene zu erweitern – wodurch es natürlich noch komplizierter würde.

des Standardmodells durch eine neue, vereinheitlichte Theorie zu ersetzen, konnten jedoch experimentell widerlegt werden.

Die theoretische Physik sucht also schon seit Jahrzehnten nach einer Theorie, die zu praktisch allen bisherigen Experimenten die gleichen Ergebnisse liefert wie das Standardmodell, aber wenigstens Teile davon durch eine übergeordnete Struktur erklärt. Gesucht wird sozusagen die tiefere Logik hinter dem unsystematisch erscheinenden Sammelsurium von Einzeltheorien. Der aktuell wohl angesehenste und meistdiskutierte Kandidat dafür ist die Stringtheorie, von der immer wieder Fragmente ihren Weg in die Begründungen des absurdesten Quantenquarks finden.

Die Stringtheorie beschreibt unsere üblicherweise als vierdimensional betrachtete Welt (drei Raumdimensionen und die Zeit als vierte Dimension) als eingebettet in mindestens sechs weitere Dimensionen. Wir können von diesen zehn oder mehr Dimensionen nur unsere üblichen vier (oder drei zu jedem Zeitpunkt) wahrnehmen, ähnlich wie man auf dem Display eines Fernsehers nur ein zweidimensionales Abbild des dreidimensionalen Fernsehstudios sieht. Jedes in unserer Welt punktförmige Teilchen entspricht in den höheren Dimensionen der Stringtheorie einem ausgedehnten, verformbaren Objekt, ähnlich einem Faden *(string)* oder einer Folie *(membrane* oder kurz *brane)*. Unsere unterschiedlichen Teilchen entstehen dann daraus, dass diese Strings in den höheren Dimensionen unterschiedlich schwingen. Für die Einbettung unserer Dimensionen in weitere Dimensionen wird in Texten über die Stringtheorie gelegentlich der Begriff des Hologramms verwendet, weil in einem Hologramm ja auch Eigenschaften eines dreidimensionalen Objekts in einer zweidimensionalen Abbildung erfasst werden.

Tatsächlich ist es grob vereinfachend, von der Stringtheorie als einer einzigen Theorie zu sprechen. Hinter diesem Begriff verbirgt sich ein Ansatz, aus dem sich seit den 1980er-Jahren eine Vielzahl ähnlicher und zum Teil aufeinander aufbauender Einzeltheorien entwickelt hat. Die umfassendsten davon könnten tatsächlich die gesuchte tiefere Logik bilden, mit der sich das komplette ungeliebte Standardmodell erklären ließe. Allerdings haben alle umfassenderen Formen der Stringtheorie ein gemeinsames Problem: Es ist ausgesprochen problematisch, daraus experimentell nachprüfbare Aussagen abzuleiten. Dadurch ist es bis heute nicht nur unmöglich, durch Experimente zwischen diesen Einzeltheorien zu unterscheiden. Man kann die Stringtheorie noch nicht einmal im Grundsatz experimentell testen, jedenfalls nicht mit heute realisierbaren Experimenten und auf Basis der Aussagen, die sich nach heutigem Stand aus der Stringtheorie ableiten lassen. Ähnliche Probleme haben allerdings auch andere Theorien, die mit der Stringtheorie konkurrieren.

Bekanntheit außerhalb von Fachkreisen erlangte die Stringtheorie erstmals 1999 mit dem Buch *Das elegante Universum* von Brian Greene [2]. Zwei Jahre später beschrieb auch Stephen Hawking die Stringtheorie in *Das Universum in der Nußschale* [3]. Beide Autoren wiesen zwar auf die Probleme mit der experimentellen Überprüfbarkeit der Stringtheorie hin, aber populärwissenschaftliche Texte und Rezensionen (z. B. [4]), die Greene und Hawking zitieren, tun das oft nicht. So wurde dieser interessante, aber noch ungeprüfte Ansatz von vielen Laien als gesicherte wissenschaftliche Erkenntnis verstanden. Greenes Darstellung, die Stringtheorie könne „der heilige Gral" der modernen Wissenschaft sein, trägt nicht unbedingt dazu bei, die Erwartungen auf dem Teppich zu halten.

Quarkstückchen

Dass die unterschiedlichen Teilchen nach der Stringtheorie durch die Schwingungen ihrer Strings in anderen Dimensionen definiert sind, ändert natürlich nichts am Charakter der Materie in den für uns wahrnehmbaren Dimensionen. Allein die Verwendung der Begriffe „Schwingung", „Hologramm" und „höhere Dimensionen" führt jedoch dazu, dass sich allerlei Quantenquark auf die Stringtheorie beruft. Die Ärztin Diane Hennacy Powell sieht zum Beispiel Gedankenübertragung, Hellsehen und Telekinese als belegt an, denn auf der subatomaren Ebene sei nach der Stringtheorie ja „alles in Schwingung" [5]. Für den Ingenieur Jim Elvidge ist ein Hologramm dasselbe wie eine Computersimulation, woraus er folgert, nach der Stringtheorie werde uns die Welt nur vorgespielt, wie im Film *Die Matrix* [6].

In der jüngeren Vergangenheit ist mehrfach heftige Kritik an der Stringtheorie geäußert worden, die sich vor allem an den fehlenden experimentellen Belegen festmacht. Autoren erklären, die Stringtheorie sei nicht wissenschaftlich, weil sie nicht widerlegbar sei [7], sie richte Schaden für die Physik an [8], oder die moderne Physik hätte sich komplett von der Realität verabschiedet [9]. Diese Debatte wird nicht etwa auf wissenschaftlichen Konferenzen oder in Fachzeitschriften ausgetragen, sondern vor allem in populärwissenschaftlichen Büchern und Publikumsmedien. Wird die Physik in Zeiten der Stringtheorie also zur Pseudowissenschaft?

Verfechter der Stringtheorie verweisen auf Konzepte, die sich als Teil der Stringtheorie begreifen lassen und die durchaus prüfbare Aussagen machen [10]. In die Stringtheorie kann man zum Beispiel die sogenannte Supersymmetrie einbetten. Die Supersymmetrie ist eine Theorie, die zu jedem bekannten Teilchen noch mindestens ein sogenanntes supersymmetrisches Teilchen vorhersagt. Die Welt wird also zunächst einmal noch komplizierter, aber im Gegenzug erlaubt die Supersymmetrie Ansätze, um alle Wechselwirkungen außer der Schwerkraft in einer Theorie zusammenzufassen. Diese zusätzlichen supersymmetrischen Teilchen müssten sich aber im Prinzip an Beschleunigern nachweisen lassen. Ebenfalls über die Stringtheorie beschreiben lässt sich das Quark-Gluon-Plasma. Das ist ein extremer Zustand von Materie, der nach neueren Messungen kurzzeitig in Kollisionen schwerer Atomkerne auftreten könnte. Dabei lösen sich die Protonen und Neutronen, aus denen die Kerne bestehen, sozusagen auf, und ihre Bestandteile, die Quarks, die sonst nur als Bausteine größerer Teilchen auftreten, können sich innerhalb des Plasmas frei bewegen. Die Physik beschreibt dieses Auflösen der Protonen und Neutronen als einen Phasenübergang, ähnlich wie das Schmelzen von Eis oder das Verdampfen von Wasser.

Allerdings lassen sich sowohl die Supersymmetrie als auch die Theorie zum Quark-Gluon-Plasma problemlos auch ohne die heutige Stringtheorie formulieren, und beide Theorien existierten tatsächlich schon vor dieser. Dass experimentelle Tests zu diesen Theorien möglich sind, heißt auch nicht, dass sie unbedingt positiv verlaufen sind. Es wurde erwartet, dass der Large Hadron Collider (LHC), der am CERN seit 2009 im Betrieb ist, wenigstens einige der neuen Teilchen würde nachweisen können, die von der Supersymmetrie vorhergesagt werden. Bis Anfang 2019 wurde dort allerdings keines dieser Teilchen gefunden. Um die Supersymmetrie noch mit den experimentellen Daten vereinbaren zu können, muss man also Annahmen zu den darin vorkommenden Energien machen, die bislang als eher unwahrscheinlich galten. Das Quark-Gluon-Plasma gilt zwar durch Messungen des CERN und des Brookhaven National Laboratory allgemein als experimentell bestätigt, aber für viele dieser Messergebnisse wurden auch schon alternative Erklärungen diskutiert [11]. Die Beweislage zur Stringtheorie ist somit bestenfalls als unübersichtlich zu bezeichnen.

Ein interessierter Laie stößt also einerseits auf Pseudowissenschaftler, die sich mit den absurdesten Behauptungen auf die Stringtheorie berufen, andererseits auf Kritiker, die die Stringtheorie selbst zur Pseudowissenschaft erklären. Wissenschaftstheoretisch betrachtet ist die Stringtheorie zum heutigen Stand vielleicht tatsächlich noch eher eine Hypothese als eine Theorie. Wissenschaftlich ist die theoretische Forschung an Strings und höheren Dimensionen aber auf alle Fälle, denn ihr Ziel ist es ganz selbstverständlich, irgendwann nachprüfbare Aussagen zu schaffen. Hier ist einfach noch viel Arbeit zu leisten – aufseiten der Theoretiker, aber möglicherweise auch aufseiten der Experimentaltechnik. Bis sie dieses Ziel erreicht, ist die Stringtheorie allerdings für einen Experimentalphysiker einigermaßen uninteressant – und für unser tägliches Leben erst recht.

Zum Mitnehmen

Die Stringtheorie ist weder der heilige Gral der Physik noch ein unwissenschaftliches Glaubenssystem. Sie ist ein Versuch, die grundlegenden Phänomene der Astro- und Teilchenphysik in einer einheitlichen Theorie zu beschreiben. Über ihren Realitätsgehalt kann man zurzeit noch wenig sagen, weil es noch sehr schwierig ist, aus der Stringtheorie mit heutiger Technik experimentell prüfbare Aussagen abzuleiten.

5.2   Beam mich rauf, Scotty, hier wird Teleportation falsch verstanden

„Beamen bald möglich?", fragt das österreichische Wochenmagazin *News* als Schlagzeile eines Artikels über aktuelle Forschungsergebnisse zur Quantenmechanik [12]. *Fokus Online* erklärt, Forscher planten ein Lebewesen, das sich an zwei Orten gleichzeitig befindet [13]. Selbst das Onlineportal *Pro-Physik,* das sich überwiegend an Physiker wendet, erklärt: „Schrödingers Katze leuchtet in der Makro-Welt" [14]. Die Quantenmechanik ist immer wieder für spektakuläre Schlagzeilen gut, vor allem dann, wenn es um Quanteneffekte in der makroskopischen Welt, also in unserer Welt alltäglich großer Objekte geht. Wie wir in Kap. 3 gesehen haben, beschreibt die Quantenmechanik die Welt kleinster Teilchen. Die ungewöhnlichen Effekte, die dabei auftreten, sind für uns gerade deshalb ungewöhnlich, weil sie in unserer normal großen Welt eben nicht auftreten. In der makroskopischen Welt sollten sich die Ergebnisse der Quantenmechanik ja gerade nicht von denen der klassischen Physik unterscheiden und Effekte wie Verschränkung oder überlagerte Zustände sollten nicht vorkommen. Tun sie es etwa doch, wie es diese Schlagzeilen suggerieren?

Tatsächlich liegen zwischen der Welt einzelner kleinster Teilchen und den Ausmaßen, die wir als groß bezeichnen, viele Größenordnungen, in denen sich eine Menge interessante Physik abspielt. Effekte wie die Verschränkung treten auf zwischen einzelnen kleinsten Teilchen in vollständiger Isolation von der Außenwelt. Sie treten nicht mehr auf bei aus vielen solchen Teilchen aufgebauten Objekten in den Größen und Temperaturen unserer Alltagswelt. Wir wissen aber aus Versuchen der vergangenen Jahrzehnte, dass diese Effekte nicht schlagartig beim Kontakt mit dem nächsten Teilchen oder bei jeder noch so schwachen Wechselwirkung mit der Außenwelt verschwinden. Es gibt also keine Grenze zwischen der Quantenwelt und der klassischen

Physik, sondern einen Bereich des Übergangs, in dem sich die Quanteneffekte allmählich verlieren. Hier ergeben sich interessante Forschungsfelder.

Bei einem Typ von Experimenten dieser Art erzeugt man zum Beispiel immer wieder Paare verschränkter Teilchen (wie in Abschn. 3.4 beschrieben) und lässt sie eine Umwelt durchfliegen, in der ein schwacher Einfluss der Außenwelt besteht. Ein solcher störender Einfluss kann für Lichtquanten zum Beispiel beim Durchfliegen von Luft oder durchsichtigen Materialien auftreten, aber auch elektrische oder magnetische Felder können einen solchen eingeschränkten Kontakt zur Außenwelt bilden. Nach einer gewissen Wegstrecke wird dann bei einem bestimmten Prozentsatz der erzeugten Teilchenpaare noch eine Verschränkung bestehen, während sie sich bei anderen schon verloren hat. Durch geschickte experimentelle Anordnungen kann man jetzt versuchen, eine Verschränkung trotz Störungen möglichst lange zu erhalten. Man versucht sogar, noch Informationen aus Verschränkungen herauszulesen, die bereits mit einer hohen Wahrscheinlichkeit gestört worden sind.

Bei solchen Experimenten mit verschränkten Teilchen unter suboptimalen Bedingungen waren die Fortschritte in jüngster Vergangenheit besonders groß – die Missverständnisse in der Öffentlichkeit aber leider auch. Der grundlegende Effekt wurde schon in Abschn. 3.4 ausführlicher beschrieben: Wenn eine Wechselwirkung zwischen zwei ansonsten von der Außenwelt abgeschnittenen Teilchen stattgefunden hat oder die Teilchen in einer gemeinsamen Wechselwirkung entstanden sind, dann bilden diese Teilchen aus Sicht der Quantenmechanik zunächst einen gemeinsamen Zustand. Dann bezeichnet man die Teilchen als miteinander verschränkt. Dieser sehr geordnete gemeinsame Zustand bleibt so lange bestehen, bis eines der Teilchen mit der ungeordneten Außenwelt in Wechselwirkung tritt, also Dekohärenz eintritt. Durch vorsichtige Einflussnahmen, zum Beispiel eine Wechselwirkung mit einem dritten, ebenfalls isolierten Teilchen, ist es dann möglich, diesen gesamten Zustand zu verändern. Solange keine Wechselwirkung mit der Außenwelt stattgefunden hat, kann man also eine Veränderung an einem der beiden Teilchen vornehmen, und das andere Teilchen passt sich automatisch an. Der Grund dafür ist, dass es sich für die Quantenmechanik eben nicht um zwei Teilchen, sondern nur um einen Zustand mit einer gemeinsamen Wellenfunktion handelt. Das funktioniert auch dann, wenn sich die Teilchen inzwischen voneinander entfernt haben, also als Fernwirkung. Warum es dennoch nicht möglich ist, auf diesem Weg Informationen schneller als mit Lichtgeschwindigkeit zu übertragen, ist schon in Abschn. 3.4 kurz zusammengefasst. Dort steht auch, warum es auf diesem Weg möglich sein sollte, Informationsübertragung abhörsicher zu machen. Diese Abhörsicherheit bietet interessante Anwendungsmöglichkeiten und macht solche verschränkten Teilchen für die Experimentalphysik besonders interessant.

Die Herausforderung bei solchen Experimenten besteht darin, dass die Teilchen auf ihrem Weg nicht mit der Außenwelt wechselwirken dürfen, damit keine Dekohärenz entsteht, womit die Verschränkung verloren ginge. Für alle Teilchen, aus denen unsere Materie besteht, ist das nur in einem Hochvakuum und abgeschirmt von jeglicher Strahlung möglich. Die einzigen Teilchen, die sich einerseits zuverlässig messen lassen, die aber andererseits auch außerhalb des Labors nicht sofort mit der Außenwelt wechselwirken, sind Photonen. Die Experimente betrachten also häufig Verschränkungen von Lichtteilchen. Die Information, die dabei übermittelt werden kann, ist die Polarisationsrichtung des Lichts. Besonders spektakuläre Ergebnisse mit verschränkten Photonen lieferte zuletzt eine Arbeitsgruppe um den Präsidenten der Österreichischen Akademie der Wissenschaften, Anton Zeilinger. Dieser gelang die Messung verschränkter Photonen über eine Strecke von drei Kilometern durch die vom Wetter bewegte Luft in der Dunstglocke von Wien [15]. In einem anderen Versuch vergrößerten die Forscher die Entfernung bis auf 143 km zwischen den Kanareninseln La Palma und Teneriffa [16]. Solche Entfernungen sind für die Informationsübermittlung besonders interessant: Wenn eine solche Kommunikation über mehr als 100 km innerhalb der Atmosphäre möglich ist, müsste sie auch aus der Erdatmosphäre heraus zu einem Satelliten und wieder zurück funktionieren. Erste erfolgreiche Nachweise einer Verschränkung von einem Satelliten zu zwei Bodenstationen gab es 2017 [17]. Es müsste also im Prinzip möglich sein, direkt in Quanteninformation verschlüsselt über Satelliten zu kommunizieren. Problematisch ist die abhörsichere Kommunikation damit immer noch, denn einen Abhörversuch erkennt man bei dieser Form der Datenübertragung daran, dass er zusätzliche Übertragungsfehler verursacht. Wenn die Atmosphäre ebenfalls solche Fehler verursacht, wird es schwieriger, Spionen auf die Schliche zu kommen. Da die aktuellen Versuche in der Regel Photonen des sichtbaren Lichts als Träger der Quanteninformation verwenden, bleibt auch noch das Problem zu lösen, wie man das Signal auch bei geschlossener Wolkendecke zum Satelliten und zurück transportiert bekommt.

Quarkstückchen

Mit seinen Verschränkungsexperimenten und einigen (eigentlich) allgemein verständlich geschriebenen Büchern ist der oben erwähnte Anton Zeilinger zum unfreiwilligen Stichwortgeber für allerlei Quantenunsinn geworden. Die Foundation for Shamanic Studies gibt ein Buch von Zeilinger [18] als Quelle für einen Artikel an, der die Behauptung aufstellt, auch Physiker fragten, ob es ein Jenseits gibt. Belebte und unbelebte Welt seien miteinander verschränkt und kommunizierten miteinander [19].

Verstanden hat der Autor Zeilingers Buch aber ganz offensichtlich nicht: Er erklärt, neben den bekannten Wechselwirkungen starker und schwacher Kernkraft, Elektromagnetismus und Gravitation sei die Verschränkung als neue Wechselwirkung der Physik entdeckt worden. Verschränkung ist aber keine Wechselwirkung zwischen zwei Teilchen, sondern vielmehr Ausdruck der Tatsache, dass mehrere „Teilchen" quantenmechanisch einen gemeinsamen Zustand bilden können. Die Verschränkung entsteht in allen hier genannten Experimenten als Folge der längst bekannten elektromagnetischen Wechselwirkung. Die Verschränkung ist auch kein „neues" Phänomen, sondern schon seit den 1930er-Jahren bekannt.

Spannend sind die Messungen der Wiener Forscher auf alle Fälle. Sie haben aber wenig damit zu tun, was in der Presse daraus geworden ist: „Forscher ‚beamen' 143 km weit" und ähnliche Schlagzeilen konnte man in deutschen Zeitungen über diese Ergebnisse lesen [20, 21]. In den Artikeln wird zwar meist darauf verwiesen, dass es mit der gleichen Technik nicht möglich ist, Menschen zu transportieren, aber die Anspielung auf Science-Fiction-Technologie ist offensichtlich. Unter „Beamen" oder Teleportation versteht man in der Science-Fiction das Verschwinden von Lebewesen oder Gegenständen an einem Ort bei gleichzeitigem, gezieltem Wiederauftauchen an einem anderen Ort. Bekannt wurde die fiktionale Technologie vor allem durch die Serie *Star Trek/Raumschiff Enterprise* und durch den Spielfilm *Das Philadelphia-Experiment*. Was hat das mit einem Experiment mit verschränkten Photonen zu tun? Realistisch betrachtet so gut wie nichts.

Zu den vielen physikalischen Problemen, die einer tatsächlichen Teleportation von Lebewesen entgegenstehen, gehört zwar, dass man jedes einzelne Teilchen eines Lebewesens am Zielort in genau den gleichen Quantzustand bringen müsste, in dem es vorher war, damit das Lebewesen weiterlebt. Einzelne Quantenzahlen des Quantzustands einzelner, isolierter Teilchen könnte man tatsächlich durch eine Verschränkung der Teilchen an einen anderen Ort übermitteln. Für den kompletten Quantzustand einer riesigen Menge von Teilchen, die jederzeit miteinander und mit der Umwelt wechselwirken, also dekohärent sind, würde einen das nach heutigem Wissen der Physik aber auch nicht weiterbringen, vom Problem des Transports der Materie selbst ganz zu schweigen. Die einzige tatsächliche Verbindung zwischen verschränkten Photonen und dem Beamen ist vielmehr die Verwendung des Begriffs der Teleportation. Als 1993 eine internationale Forschergruppe erstmals vorschlug, man könne den Effekt der Verschränkung verwenden, um Eigenschaften eines Teilchens über ein zweites auf ein entferntes drittes zu übertragen, bezeichneten sie diesen Vorgang als Teleportation. Die Wortwahl war eine bewusste Anleihe aus der Science-Fiction, wobei die Autoren damals ausdrücklich betonten, dass es sich um einen völlig anderen Vorgang handelt und die Teleportation aus der Science-Fiction physikalisch unmöglich ist [22]. Den beteiligten Wissenschaftlern mag diese Wortwahl damals originell vorgekommen sein, aber in der Kommunikation mit wissenschaftlichen Laien führt sie regelmäßig zu Missverständnissen.

In der wissenschaftlichen Veröffentlichung der Wiener Forscher zu ihrem Experiment wird das Wort „Beamen" oder eine Teleportation im Sinne der Science-Fiction mit keinem Wort erwähnt, auch nicht in der entsprechenden Pressemitteilung der Österreichischen Akademie der Wissenschaften und der Universität Wien [23]. In der deutschsprachigen Presse war hingegen nicht nur in den Schlagzeilen von „Beamen" die Rede. Die Artikel selbst erwähnten zwar in der Regel, dass die Technik des aktuellen Experiments nicht zum Teleportieren von Gegenständen oder Lebewesen geeignet sei, erweckten aber den Eindruck, es handele sich um eine Vorstufe davon. Angesichts der auffälligen Parallelen zwischen den Artikeln ist davon auszugehen, dass Ingenieur Scotty und Captain Kirk den Wiener Pressetext in der Redaktion einer Presseagentur geentert haben.

Quarkstückchen

Die Vermischung der unterschiedlichen Teleportationsbegriffe in Quantenmechanik und Science-Fiction hat es bis in einen Forschungsauftrag der US-Luftwaffe geschafft. In der „Teleportation Physics Study" untersuchte im Jahr 2003 Eric Davis, immerhin promovierter Astrophysiker, Ansätze zur Teleportation von Gegenständen und ihre militärische Nutzbarkeit.

Davis berichtet über die Experimente zur quantenmechanischen Teleportation und empfiehlt ein durchaus sinnvoll klingendes, wenngleich mit einer Million Dollar pro Jahr eher bescheidenes Forschungsprogramm über entsprechende Verschlüsselungstechnologien. In der gleichen Studie bezeichnet Davis jedoch auch die Zaubertricks des Unterhaltungskünstlers Uri Geller als erwiesene Teleportation und empfiehlt auch hierzu ein Forschungsprogramm in vergleichbarer Größenordnung [24].

Der für Laien missverständliche Begriff der Teleportation treibt sein Unwesen aber auch in der Kommunikation über andere Experimente. „Erstmals Atome gebeamt", titelte schon 2004 das Magazin *Bild der Wissenschaft* und erweckte damit den Eindruck, es sei tatsächlich Materie von einem Ort zu einem anderen teleportiert worden. Tatsächlich war nur eine Quanteneigenschaft eines Atoms über ein verschränktes Photon zu einem anderen Atom übertragen worden, und zwar über eine Strecke von einem Zehnmillionstel Millimeter [25]. 2014 gelang es einer Forschergruppe aus Delft, eine Quanteneigenschaft eines Elektrons in einem extrem kalten Kristall über ein damit verschränktes Photon auf ein drei Meter entferntes zweites Elektron zu übertragen [26]. Dies veranlasste wieder eine ganze Anzahl von Zeitungen zu wüsten Spekulationen über das Beamen von Menschen. Zuerst tauchte die merkwürdige Interpretation der Forschungsergebnisse offenbar im britischen *The Telegraph* auf. Der Artikel zitiert den Leiter des Delfter Experiments, Professor Ronald Henson, mit der Aussage, das Teleportieren von Menschen sei nicht durch physikalische Gesetze ausgeschlossen [27]. Merkwürdigerweise steht in der Pressemeldung von Hensons Universität vom gleichen Tag das exakte Gegenteil dieser Aussage. Allerdings ist die Pressemeldung in anderer Hinsicht seltsam reißerisch und bezeichnet den Test eines altbekannten Prinzips, der in einem Folgeexperiment angestrebt wird, als „heiligen Gral der Quantenmechanik" [28].

Die österreichische Schlagzeile „Beamen bald möglich?" vom Beginn dieses Abschnitts bezieht sich auf ein Experiment, in dem die Polarisation eines Laserstrahls auf einen anderen übertragen wurde [29]. Für diese Form der Verschränkung müssen sich die Strahlen allerdings am selben Ort überlagern, womit es vollends absurd erscheint, von Teleportation (in die Ferne tragen) zu sprechen.

Alle diese Experimente zeigen, dass die Physik dem Ziel näher kommt, eine praktisch umsetzbare, durch Quantenverschränkung abhörsichere Kommunikation zu ermöglichen. Bei der Kommunikation mit Presse und Öffentlichkeit hingegen bleibt noch einiges zu verbessern: Zum einen sollte bei Begriffen, die im Alltagssinn eine andere Bedeutung haben als in der Physik, konsequenter auf diesen Unterschied hingewiesen werden. Zum anderen sollten die Pressesprecher wissenschaftlicher Institutionen der Versuchung widerstehen, ihre Forschung interessant zu machen, indem sie unrealistische Erwartungen wecken.

> **Zum Mitnehmen**
>
> Der Begriff Teleportation bezeichnet in der Quantenmechanik das Übertragen von Quanteneigenschaften eines Teilchens auf ein anderes mithilfe der Verschränkung. Eine Teleportation von Menschen wie in Science-Fiction-Filmen ermöglicht dies nicht, und außer dem Namen haben beide Effekte wenig gemeinsam.

5.3   Wie groß ist „makro" in der Quantenmechanik?

Neben den Experimenten zur Verschränkung gibt es noch andere Ansätze, die Effekte der Quantenmechanik genau in den Grenzbereichen zu untersuchen, in denen sie üblicherweise gerade verschwinden. Diese Experimente bewegen sich immer gerade an der Grenze der in Abschn. 3.2 beschriebenen Dekohärenz. Mit solchen Messungen hofft man, nicht nur die einzelnen quantenmechanischen Effekte, sondern auch die Quantenmechanik insgesamt besser zu verstehen. Was genau passiert beim Einsetzen von Dekohärenz in einem quantenmechanischen System, und in welchem Zusammenhang steht das zur experimentellen Beobachtung? An welcher Stelle werden Wahrscheinlichkeiten einer Wellenfunktion wieder zu real existierenden Teilchen? Experimente dieser Art bieten aber leider auch immer wieder den Anlass für reißerische Darstellungen und mitunter groteske Fehlinterpretationen in den Publikumsmedien.

Ein interessanter Ausgangspunkt für Messungen im Grenzbereich von Quanteneffekten ist das Doppelspalt-Experiment, das schon in Abschn. 3.2 dargestellt wurde. In dem Experiment zeigt sich, dass beschleunigte Teilchen, die durch einen Doppelspalt auf ein Messgerät treffen, dort ähnliche Interferenzmuster bilden wie Lichtwellen. Die Teilchen fliegen also nicht, wie man es klassischerweise erwarten würde, jeweils durch einen bestimmten Spalt, sondern breiten sich als Welle durch beide Spalte aus. In Abschn. 3.2 ist auch schon ein Grenzbereich beschrieben, in den man dieses Experiment führen kann: Experimentatoren versuchen, näherungsweise Informationen zu gewinnen, welchen Weg die Teilchen durch die Spalte genommen haben, und beobachten, unter welchen Bedingungen das Interferenzmuster verschwindet.

Eine andere Möglichkeit, die Quanteneffekte im Doppelspaltexperiment an ihre Grenzen zu führen, ist es, anstatt einfacher Teilchen größere, komplexere Gebilde durch den Doppelspalt zu beschleunigen. Die ersten derartigen Experimente gelangen schon zwei Jahre nach dem ersten Nachweis mit einzelnen Teilchen: 1929 konnte Otto Stern in Hamburg Interferenzmuster in Strahlen von Wasserstoffmolekülen und Heliumatomen erzeugen [30]. Für größere Moleküle wird ein solcher Nachweis allerdings schon schwieriger. Je größer und komplexer ein Molekül ist, desto eher kann es sich in sich verformen und schwingen. Diese Schwingungen führen dazu, dass es nach einer Beschleunigung Wärmestrahlung abgibt und so eine Wechselwirkung mit der Außenwelt stattfindet. Dieser Kontakt zur Außenwelt führt zur Dekohärenz, sodass kein Interferenzmuster mehr entstehen kann. Um diese Wärmestrahlung zu verhindern, müsste man die Moleküle bis nahe an den absoluten Nullpunkt abkühlen, was aber nur funktioniert, wenn man sie nicht beschleunigt, sie also auch nicht durch den Doppelspalt schicken kann.

Interferenzen von relativ großen Molekülen hinter einem Doppelspalt konnten erst 1999 nachgewiesen werden, und zwar von einer Arbeitsgruppe um Anton Zeilinger, der schon in Abschn. 5.2 mit seinen Experimenten zur Verschränkung von Photonen in Erscheinung getreten ist. Zeilinger verwendete dafür allerdings sehr spezielle, fast kugelförmige Moleküle. Diese konnten aufgrund ihrer symmetrischen Form und ihrer großen Stabilität kaum Schwingungen aufbauen und gaben so nur wenig Wärmestrahlung ab [31].

Ein Ableger der gleichen Arbeitsgruppe präsentierte 2011 ein ähnliches Experiment mit noch größeren Molekülen, bei denen die Wärmestrahlung durch ihre geringe Beschleunigung minimiert wurde. Ein gewisser Anteil dieser Strukturen aus bis zu 430 Atomen verhielt sich tatsächlich so, als würde jedes Molekül auf seinem Weg gleichzeitig durch mehrere Schlitze in einem extrem feinen Gitter fliegen. Das Ergebnis zeigte sich allerdings nur in winzigen Variationen der Auftreffwahrscheinlichkeit der Moleküle. Die Moleküle sind nur mit empfindlichen Detektoren nachweisbar, und die Größe des Interferenzmusters liegt bei zehntausendstel Millimetern. Trotz der relativ großen Moleküle handelt es sich also um einen eindeutig mikroskopischen Effekt.

Die wissenschaftliche Publikation zu diesem Experiment bezeichnet in der Diskussion der Ergebnisse die organischen Moleküle als „mit die fettesten Schrödinger-Katzen, die bis heute realisiert wurden" [32]. Die Formulierung mit dem unglücklichen Verweis auf Schrödingers Gedankenspiel aus Abschn. 3.5 kommt daher, dass es sich in Teilen der Experimentalphysik etabliert hat, relativ große Teilchengruppen mit quantenmechanischen Eigenschaften als Katzenzustände zu bezeichnen.

Das Problem mit dieser Begriffsschöpfung ist das gleiche wie bei der Teleportation: Der Begriff weckt bei Außenstehenden einen völlig falschen Eindruck. Publikumsmedien, auch solche mit wissenschaftlichem Schwerpunkt, haben mit derlei schillernden Begriffsschöpfungen aus der Fachwelt regelmäßig ihre Schwierigkeiten. Die Wissenschaftsseite des Österreichischen Rundfunks bemüht sich in einem Online-Artikel ernsthaft, das Experiment mit den Riesenmolekülen und seine Hintergründe auf rund zwei Seiten Text zu erklären. Der Leiter des Experiments kommt auch mit dem Zitat zu Wort, dass solche Quantenzustände mit echten Katzen nicht möglich wären. Dass im Artikel dennoch fast so viel von Katzen die Rede ist wie vom eigentlichen Experiment, dürfte aber beim Leser genauso wenig zur Klarheit beitragen wie der Titel „Schrödingers Katze aus 430 Atomen" [33]. Noch schwerer tat sich *Bild der Wissenschaft* mit dem früheren Doppelspalt-Experiment von 1999: Der Titel des Artikels verkündet zunächst, es werde das Urteil über Schrödingers Katze gesprochen. Drei Viertel des Artikels beschreiben dann Schrödingers Gedankenspiel, das letzte Viertel das eigentliche Experiment. Was das eine mit dem anderen zu tun hat, bleibt im Dunkeln [34]. Wenn selbst die Fachjournalisten in Wissenschaftsredaktionen Probleme haben, solche Meldungen realistisch einzuordnen und zu erklären, dann liegt die Verantwortung dafür natürlich bei der Wissenschaft. Forscher und ihre Institutionen müssen ihre Arbeit so erklären, dass keine falschen Eindrücke entstehen, und sie sollten dabei auf missverständliche Fachausdrücke und übertriebene Sensationsmeldungen möglichst verzichten.

Die dargestellten Experimente bieten faszinierende Einblicke in das Wirken der Quantenmechanik in den Grenzbereichen, in denen allmählich die Dekohärenz einsetzt und sich die Quanteneffekte verlieren. Man darf aber nicht vergessen, dass sich diese Quanteneffekte immer noch auf jeweils ein einzelnes Molekül aus einer überschaubaren Zahl von Teilchen beziehen, das quantenmechanisch durchaus wie ein einzelnes Teilchen mit entsprechenden Quantenzahlen beschrieben werden kann. In den Experimenten werden diese gezielt ausgewählten Moleküle mit hohem technischem Aufwand so präpariert und mit einem Hochvakuum und Strahlungsabschirmungen isoliert, dass eine Wechselwirkung mit der Außenwelt gerade so verhindert werden kann. Die untersuchten Moleküle sind also nicht nur von der Größe her sehr, sehr weit entfernt von irgendetwas, das wir im normalen Leben als Objekt betrachten würden. Sie bewegten sich in den Experimenten auch unter Bedingungen, die von unserer Alltagswelt kaum weiter entfernt sein könnten. Die erzeugten Quanteneffekte waren auch nicht größer als solche, die mit einzelnen Teilchen erreicht werden können, und damit ohne empfindlichste Messgeräte weder wahrnehmbar noch relevant. Insofern sind weder die untersuchten Objekte noch die erzielten Effekte im Verständnis eines normalen Menschen makroskopisch: Der Duden erklärt die Bedeutung von „makroskopisch" als „mit bloßem Auge erkennbar".

Quarkstückchen

Selbst relativ große Moleküle sind beim besten Willen nicht makroskopisch. Der Mathematiker Wolfgang Mueller argumentiert aber in der Esoterikzeitschrift *Raum & Zeit*, die Doppelspaltexperimente mit Molekülen zeigten, dass der Welle-Teilchen-Dualismus auch im Makrokosmos zu finden sei. Damit begründet er dann esoterische Konzepte wie Geistheilung oder Erleuchtungserlebnisse [39].

Ähnlich wie beim Begriff der Teleportation sollten sich Wissenschaftler also bei Worten wie „groß", „makro-" oder „Katze" in der Kommunikation mit der Öffentlichkeit im Klaren sein, dass diese von den meisten Menschen anders verstanden werden als in Fachkreisen. Tatsächlich werden solche missverständlichen Begriffe häufig bewusst in der Außenkommunikation eingesetzt, um die eigene Tätigkeit oder die Wissenschaft insgesamt besonders spannend erscheinen zu lassen. Häufig kommen auch noch rein wissenschaftsgeschichtlich interessante Begriffe wie Einsteins „Spuk" hinzu. Die ehrwürdige Eidgenössische Technische Hochschule in Zürich verbreitet allen Ernstes Lehrmaterial für Schüler ab Klasse 11 mit dem Titel „Es spukt also doch bei den Quanten". Die reißerische Überschrift dürfte den meisten Schülern weitaus nachhaltiger im Gedächtnis bleiben als der recht anspruchsvolle Inhalt der Lehreinheit. Zu allem Überfluss wird abschließend auch noch als gleichwertiger Standpunkt zur philosophischen Interpretation der Quantenmechanik verbreitet, dass das menschliche Bewusstsein über den Zustand von Materie bestimme – und zwar einschließlich tatsächlicher, lebender Katzen [35].

Mitunter erliegt aber nicht nur die öffentliche Kommunikation von Wissenschaft einem fragwürdigen Bedürfnis, sich interessant zu machen. Die am Anfang von Abschn. 5.2 erwähnte *Fokus*-Schlagzeile von einem Lebewesen an zwei Orten gleichzeitig bezieht sich auf ein tatsächlich von Wissenschaftlern vorgeschlagenes Experiment, das eigentlich nur als Effekthascherei zu bezeichnen ist. Hintergrund ist eine Gruppe von ernsthaft wissenschaftlich interessanten Experimenten aus dem Bereich der Nanotechnologie. Bauteile aus Metall oder Keramik, die winzig klein sind, aber doch aus viel mehr als nur einigen Atomen bestehen, werden mechanisch oder elektromagnetisch so befestigt, dass sie hin und her schwingen können. Die Bauteile schwingen, einmal angeregt, mehrere Millionen Mal pro Sekunde, in Frequenzen, die man sonst eher aus dem Kurzwellenfunk kennt. Wenn man ein solches Bauteil bis nahe an den absoluten Nullpunkt abgekühlt hat, ist es durch elektromagnetische „Bremsen" oder durch Laserstrahlung möglich, die Intensität dieser Schwingungen immer mehr zu dämpfen, bis die Energie der Schwingung die Größenordnung einzelner Quanten erreicht. Da es sich bei dieser Energie, ähnlich wie beim Schall, um mechanische Schwingungen handelt, bezeichnet man solche Quanten von Schwingungsenergie als Phononen, als handele es sich um Schallteilchen. Die Bewegungen des Bauteils sind dann fast null, und es ist nicht mehr möglich, zu unterscheiden, in welche Richtung es sich gerade bewegt oder welche Position innerhalb seiner Schwingung es einnimmt. Man kann nur noch durch aufgenommene oder abgegebene Energie erkennen, dass es eine minimale Schwingung geben muss. Aus der Sicht der Quantenmechanik befindet sich das Bauteil dann auf allen Punkten entlang seiner mikroskopisch kurzen Schwingungsbahn jeweils mit einer gewissen Wahrscheinlichkeit. Man spricht quantenmechanisch von einem Überlagerungszustand aller Aufenthaltsorte. Alltagsrelevant ist auch diese Ortsunsicherheit natürlich nicht, weil die Größe dieser Schwingungsbewegungen selbst im Verhältnis zur schon winzigen Größe der Bauteile verschwindend klein ist.

Das ist wie die Verschränkungen entfernter Photonen oder die Interferenzen großer Moleküle auch ein interessanter Effekt an der Grenze des Auftretens von Quanteneffekten. Solche Anordnungen sind aber vor allem aus anderen Gründen interessant: Sie eignen sich möglicherweise als kurzzeitige Datenspeicher in zukünftigen Quantencomputern, wie wir sie in Abschn. 5.4 betrachten werden. Ein Bauteil, mit dem ein solcher Aufbau gelungen ist, ist eine winzige Metallmembran, die nur an einem Ende befestigt ist und am anderen Ende frei schwingen kann. Die Länge und Breite der Membran entspricht nur einem Viertel des Durchmessers eines menschlichen Haares, und die Dicke der Membran ist noch einmal um einen Faktor 150 kleiner [36]. Auch dieses Bauteil ist also nicht einmal wirklich makroskopisch im Sinne von mit bloßem Auge sichtbar, aber im Vergleich zu einem Molekül ist es gigantisch.

Zwei chinesisch-amerikanische Physiker schlugen 2016 in einer wissenschaftlichen Publikation in einer ernsthaften Fachzeitschrift vor, auf einer solchen Membran ein besonders kleines Bakterium festzufrieren (siehe Abb. 5.1) Solange das Bakterium deutlich leichter ist als die Membran, sollte es die Schwingungen nicht nennenswert stören. Damit, so die Autoren, hätte man erstmals ein Lebewesen in einen quantenmechanischen

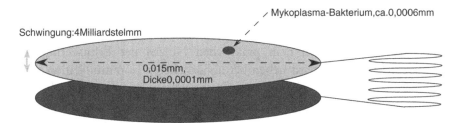

Abb. 5.1 Vorgeschlagene Anordnung, um ein Bakterium „an zwei Orte gleichzeitig" zu bringen. Das Bakterium wird auf einer winzigen, schwingenden Membran befestigt, und diese wird dann nahe an den absoluten Nullpunkt abgekühlt und abgebremst, bis die Schwingungsenergie die Größenordnung einzelner Quanten erreicht hat. Die erreichbare Ortsungenauigkeit liegt etwa bei einem Zwanzigstel eines Atomdurchmessers

Überlagerungszustand gebracht [37]. Abgesehen von der unvermeidlichen Sensationsmeldung ist nicht wirklich zu erkennen, worin der Nutzen eines solchen Aufbaus liegen soll. Etwas Neues gelernt hätte man bei einem solchen Experiment mit vorhersehbarem Ausgang jedenfalls nicht. Sonderlich lebendig wäre das sogenannte Lebewesen auch nicht: Bei Temperaturen nahe am absoluten Nullpunkt wären jegliche Stoffwechselprozesse im Bakterium eingefroren. Allerdings können viele Bakterien ein solches Einfrieren unbeschadet überstehen und würden wenigstens später, nach dem Auftauen, wieder im landläufigen Sinne leben.

Für Schlagzeilen in den Publikumsmedien genügte jedenfalls schon 2015 die Ankündigung, einen Artikel mit dem Vorschlag zu einem solchen Experiment veröffentlichen zu wollen. Der englische *Guardian* zitierte einen der beiden Wissenschaftler zum Sinn des Experiments: „Es ist cool, ein Lebewesen an zwei Orte gleichzeitig zu bringen" [38]. Dass die so beschriebene Ortsungenauigkeit viel kleiner wäre als der Durchmesser des Bakteriums, sogar kleiner als der Durchmesser eines einzigen Atoms, müsste ihm als Physiker klar gewesen sein, schien ihn aber nicht weiter zu beschäftigen.

Zum Mitnehmen

„Große" oder „makroskopische" Quanteneffekte sind immer für Schlagzeilen gut, oft in Verbindung mit kaum erklärten Verweisen auf Schrödingers Katze. Einzelne Distanzen oder Bauteilgrößen in den Experimenten mögen manchmal tatsächlich einigermaßen groß erscheinen. Die gemessenen Effekte sind aber in der Regel verschwindend klein und ohne eine eventuelle spätere Nutzung durch noch zu entwickelnde technische Geräte für den Alltag völlig irrelevant.

5.4   Wenn die Quanten rechnen lernen

Fragt man Physiker nach dem praktischen Nutzen der Erforschung von Quanteneffekten, dann wird neben der abhörsicheren Kommunikation wohl am häufigsten die Entwicklung von Quantencomputern genannt. In den vergangenen Jahren gingen die Einschätzungen weit auseinander, welche Bedeutung Quantencomputer in der Zukunft haben werden und wann sie überhaupt nutzbringend eingesetzt werden können [40, 41]. Ab 2014 präsentierten dann mehrere Unternehmen noch sehr aufwendige und in ihren Fähigkeiten begrenzte, aber immerhin im Prinzip funktionierende Quantencomputer [42]. 2016 erklärte IBM, die Firma mache einen Quantencomputer in ihrem Forschungszentrum der Öffentlichkeit zur Nutzung über das Internet zugänglich [43]. Bereits absehbar ist, dass Quantencomputer Bereiche der Informationstechnik nachhaltig verändern werden. Sie werden möglicherweise unsere Vorstellung davon verändern, wie ein Computer funktioniert, und sie werden wahrscheinlich die Art und Weise verändern, wie wir das Internet nutzen. Das gilt auch dann, wenn sich herausstellen sollte, dass wir zukünftig nicht jeder einen Quantencomputer zu Hause oder gar in der Hosentasche haben können. Schon bei absehbarer Weiterentwicklung der heutigen Technik sollten Quantencomputer in der Lage sein, die heute üblichen Verschlüsselungsmechanismen für die Internetkommunikation zu überwinden. Aber wie funktionieren Quantencomputer überhaupt, und was unterscheidet sie von den Computern, die wir heute verwenden?

Ein großer Teil des Fortschritts bei unserer heutigen Computertechnik beruht darauf, dass immer komplexere integrierte Schaltkreise auf immer kleineren Bauteilen untergebracht werden können. Ein Smartphone des Jahres 2019 hat rund 100.000-mal so viel Arbeitsspeicher wie ein Arbeitsplatzrechner aus dem Jahr 1984. Schon im Jahr 1965 schrieb der Mitgründer des Unternehmens Intel, Gordon E. Moore, in einem Zeitschriftartikel, zuletzt habe sich die Zahl der Elemente auf einem Computerchip jedes Jahr verdoppelt, und eine ähnliche Entwicklung werde voraussichtlich noch zehn Jahre anhalten. Die regelmäßige Verdoppelung würde tatsächlich eher alle eineinhalb Jahre erfolgen, aber vom Prinzip her war Moores berühmte Faustregel für mehr als 50 Jahre die Grundlage für die Entwicklungsprogramme in der Chipindustrie [44]. Immer kleinere integrierte Schaltungen bedeuten nicht nur, dass mehr Speicher in ein Gerät passt; kleinere Schaltungen sind auch die Voraussetzung dafür, dass ein Rechner schneller arbeitet: Die Signallaufzeiten werden kürzer, und die einzelnen Rechenschritte können schneller getaktet werden. Die immer feineren Leiterbahnen führen aber auch dazu, dass für die gleichen Rechenoperationen immer weniger Strom fließen muss. Computer verbrauchen dadurch weniger Energie und produzieren weniger Abwärme. Diese Entwicklung hat aber eine unüberwindliche Grenze: Strukturen wie Leiterbahnen und Transistoren auf den Chips können logischerweise niemals schmaler werden als ein Atom. Das klingt für vom Menschen gemachte Technologie extrem winzig, aber das Smartphone des Jahres 2019 enthält bereits Strukturen, die nur noch die Größe von rund 35 Atomen haben. Noch entscheidender als die Breite der Leiterbahnen ist aber ihr Abstand, der ja für die Isolierung sorgen muss: Wird dieser Abstand zu klein, treten Quanteneffekte auf, die in konventionellen Computern höchst unerwünscht sind. Durch den Tunneleffekt (Abschn. 3.3) können zum Beispiel Signale von einer Leiterbahn in die benachbarte überspringen und so Fehler verursachen. Außer einem gewissen Mindestabstand gibt es praktisch nichts, was diesen Tunneleffekt verhindern kann. Sicherlich werden die Entwickler Strategien finden, um die Entwicklung nicht völlig zum Stillstand kommen zu lassen, aber im Tempo von Moores Faustregel kann der Fortschritt konventioneller Computer sich nicht fortsetzen.

Es gibt durchaus Ideen, auch die heutige Computertechnik unter Ausnutzung von Quanteneffekten weiterzuentwickeln und zum Beispiel den Tunneleffektselbst als Schaltmechanismus in Chips zu nutzen [45]. Auch diese führen aber letztlich nur zu einer graduellen Weiterentwicklung der bestehenden Technologie. Quantencomputer haben eine grundsätzlich andere Arbeitsweise, bis hin zu den Grundideen dessen, was einen Computer ausmacht: Quantencomputer rechnen nicht mehr digital.

Der entscheidende Unterschied zwischen einem herkömmlichen Computer und einem Quantencomputer besteht in der jeweils kleinsten Speichereinheit. An einem Schaltelement in einem Computerchip kann entweder eine Spannung anliegen oder nicht; es codiert somit entweder eine 1 oder eine 0. Diese Werte von Spannung oder Nicht-Spannung sind die Bits, in denen die gesamte Information in einem Rechner vorliegt. Quantencomputer basieren ebenfalls auf Speichereinheiten, deren Werte jeweils als 0 oder 1 gemessen werden können und die als QBits bezeichnet werden. Da es sich bei den QBits um Quantenzustände handelt, sind die gemessenen Werte von 0 oder 1 aber nur ein kleiner Teil der Wahrheit. Der tatsächliche Quantenzustand eines QBits ist vielmehr eine genau definierte Überlagerung der beiden messbaren Zustände 0 oder 1, es kann also zum Beispiel zu 85 % den Wert 1 und zu 15 % den Wert 0 enthalten. In diesem Fall würde das Auslesen des QBits, also eine Messung des Quantenzustandes, mit einer Wahrscheinlichkeit von 85 % 1 und ansonsten 0 ergeben (siehe Abb. 5.2). Das Auslesen des Quantenspeichers ergibt also letztlich nur einen Zufallswert, dessen Wahrscheinlichkeiten durch die Werte im Speicher festgelegt werden. Außerdem

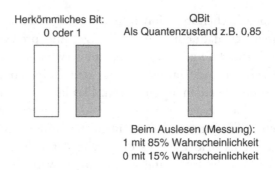

Abb. 5.2 Entscheidender Unterschied zwischen den Bits eines herkömmlichen Computers und den QBits eines Quantencomputers. Die QBits können nicht nur Werte von 0 oder 1 annehmen und damit rechnen, sondern auch beliebige Werte dazwischen. Erst das Auslesen ergibt wieder Werte von 0 und 1, wobei die QBit-Werte die jeweiligen Wahrscheinlichkeiten festlegen

wird der Speicher mit den vollständigen Wahrscheinlichkeitswerten beim Auslesen gelöscht, weil die Messung den Quantenzustand zerstört. Das macht das Arbeiten mit Quantencomputern und das Verwenden ihrer Ergebnisse ausgesprochen trickreich.

Bis zum Zeitpunkt des Auslesens kann ein QBit aber eben nicht nur die Werte 0 oder 1 codieren, sondern auch jeden beliebigen Wert dazwischen. Ein QBit kann also ungleich mehr Informationen speichern als ein digitales Bit. Diese Information kann zwar nicht vollständig und fehlerfrei ausgelesen werden, aber es ist möglich, mit den nicht-digitalen Werten mehrerer QBits zu rechnen, ohne sie auszulesen. Die Rechenoperationen erfolgen dabei durch den Austausch mit den QBit-Zuständen verschränkter Teilchen zwischen den einzelnen QBits.

Quarkstückchen

Die QBits in einem Quantencomputer ermöglichen es einfach ausgedrückt, anstatt 0 oder 1 auch beliebige andere Zahlenwerte abzubilden und damit zu rechnen. Das Auslesen der Ergebnisse erfolgt aber bei Quantencomputern zwangsläufig wieder in Form von Nullen und Einsen.

Der Tantralehrer Edgar Hofer zitiert auf seiner Seite erleuchtung.at aber einen schwammig formulierten *Spiegel*-Artikel über Quantencomputer als Beleg dafür, dass die Wissenschaft sich dem „nondualen" Denken zuwende und damit einem „Energiefeld", mit dem Heiler und „Bewusstseinsarbeiter" schon seit Jahrtausenden arbeiteten. Daraus folgert er, zukünftige Quantencomputer könnten in der Lage sein, eine Feldintelligenz anzuzapfen, die er mit Gott identifiziert [46].

Da die Technologie der Quantencomputer sich noch im Anfangsstadium befindet, experimentieren unterschiedliche Firmen und Entwicklungslabors noch mit sehr unterschiedlichen technischen Lösungen. Selbst für die Frage, wie ein QBit physikalisch realisiert ist, gibt es aktuell noch völlig unterschiedliche Lösungen. Das war in der Frühzeit der Digitalrechner auch nicht anders: In den 1940er-Jahren bestanden die Bits der ersten Computer noch entweder aus Relais (also elektrisch gesteuerten Schaltern) oder aus Elektronenröhren. In den 1950er-Jahren kamen Transistoren als stromsparendere Möglichkeit hinzu, und erst in den 1960ern setzten sich integrierte Schaltungen auf Siliziumchips durch. Als QBit kommt im Prinzip jedes quantenmechanische System infrage, in dem sich zwei Zustände überlagern. Es muss außerdem möglich sein, das QBit gezielt auf einen bestimmten Wert zu setzen, es mit anderen QBits zu verschränken, Werte kurzzeitig zu speichern oder innerhalb des Systems zu übertragen und eine Messung der Ergebnisse vorzunehmen. Außerdem muss das QBit lange genug von der Außenwelt isoliert bleiben, dass die Berechnungen abgeschlossen werden können, bevor Dekohärenz eintritt. Diese Ziele stehen in der Regel miteinander im Konflikt [47], und unterschiedliche technische Lösungen haben unterschiedliche Vor- und Nachteile. Experimentiert wird unter anderem mit Photonen in Laserstrahlen, Ionen (elektrisch geladenen Atomen), die von Magnetfeldern festgehalten werden, besonderen Elektronenzuständen in Halbleitern und Elektronenpaaren in Supraleitern. Häufig erfordern diese Lösungen eine Kühlung auf extrem tiefe Temperaturen oder ein Vakuum, um unerwünschte Wechselwirkungen mit der Außenwelt zu verhindern. Teilweise wird auch mit unterschiedlichen Lösungen innerhalb eines Systems experimentiert.

Quarkstückchen

Welche von den vielen möglichen technischen Lösungen für Quantencomputer sich durchsetzen wird, ist bis heute unklar, und vor der Jahrtausendwende existierten Quantencomputer nur auf dem Papier. Der Verschwörungstheoretiker Harald Kautz-Vella behauptet aber, schon im Anschluss an den Falklandkrieg 1982 hätten die Briten das von Außerirdischen stammende Wunderöl *Black Goo* von den Falklandinseln abtransportiert, um es für den Bau von Quantencomputern zu verwenden. Das Öl selbst soll demnach künstliche Intelligenz und ein Bewusstsein besitzen, telepathisch mit Menschen kommunizieren können und den Nutzer „an das Kollektivbewusstsein der Erde anbinden" [48]. Kautz-Vella vermarktet auch *Black-Goo*-Globuli, die das Gleiche bewirken sollen [49].

Neu ist bei den Quantencomputern aber nicht nur die Technik, aus denen sie aufgebaut sind. Da die Bits nicht mehr nur aus 0 und 1 bestehen und die Operationen, die zwischen diesen Bits möglich sind, sich von denen heutiger Computer unterscheiden, ist auch die Programmierung von Quantencomputern völlig anders. So gibt es für QBits keine einfachen Wenn-Dann-Bedingungen. Dafür lassen sich bestimmte komplexe mathematische Verknüpfungen von Gruppen von QBits, für die man in klassischen Computern einen längeren Programmablauf bräuchte, in einer einzelnen Operation abbilden [50]. Diese programmiertechnischen Besonderheiten sind wohl auch der Hauptgrund dafür, warum IBM Außenstehende auf einem seiner Quantencomputer experimentieren lässt: Das Unternehmen hofft, damit eine Gruppe potenzieller Mitarbeiter und Kunden aufzubauen, die mit dieser neuen, grundsätzlich anderen Technologie vertraut ist – und zwar genau mit der Version, an der IBM gerade arbeitet.

Der technische Aufwand in der Entwicklung und Programmierung ist also sehr hoch und der letztendliche Nutzen noch unklar. Die Visionen reichen von hoch spezialisierten Rechenmaschinen für ganz bestimmte Aufgaben bis zu frei programmierbaren oder sogar selbstprogrammierenden Universalrechnern, die unsere Welt verändern würden.

Der realistischste nächste Schritt wären sicherlich Rechenmaschinen, die speziell für einen bestimmten Zweck entwickelt werden, für den sie klassischen Computern überlegen sind. Es müsste sich voraussichtlich um komplexe Berechnungen handeln, die auf klassischen Computern kaum noch zu bewältigen sind. Außerdem müsste es einfach zu überprüfen sein, ob ein Ergebnis richtig ist oder nicht, weil beim Auslesen der QBits ja immer der Zufall eine Rolle spielt. Bei einem falschen Ergebnis müsste dann einfach die gesamte Berechnung wiederholt werden können, und der Prozess müsste immer noch schneller sein als auf klassischen Computern. Eine der meistgenannten Aufgaben, auf die diese Kriterien zutreffen könnten, ist das Knacken von Verschlüsselungen.

Viele Verschlüsselungsmethoden für die Internetkommunikation haben das Problem, dass Sender und Empfänger sich vor der Kommunikation nicht abhörsicher über den verwendeten Code austauschen können. Wer die Kommunikation selbst belauscht, könnte auch die Übermittlung des Schlüssels abhören. Daher verwenden Verschlüsselungen wie der für sichere Webseiten und das Online-Banking verwendete RSA-Algorithmus einen öffentlichen Schlüssel, der dem Sender vom Empfänger vorgegeben wird, und einen privaten Schlüssel, den nur der Empfänger kennt. Die Idee ist, dass man mit dem öffentlichen Schlüssel nur verschlüsseln, aber nicht entschlüsseln kann, während der private Schlüssel nur zum Entschlüsseln verwendet wird.

Das realisiert man auf Basis von Berechnungen, die in einer Richtung sehr schnell ablaufen, in umgekehrter Richtung aber extrem langwierig wären. Eine solche Berechnung ist zum Beispiel die Multiplikation von zwei sehr großen Primzahlen (also Zahlen, die ohne Rest durch keine Zahl außer der Eins und sich selbst teilbar sind). Die Multiplikation selbst geht sehr schnell, aber aus dem Ergebnis wieder die beiden ursprünglichen Primzahlen herauszufinden ist eine Aufgabe, für die selbst sehr schnelle klassische Computer bei hinreichend großen Primzahlen Jahrtausende bräuchten. Ein Lauscher hätte also keine realistische Chance, die Verschlüsselung auf diesem Wege zu knacken. Gerade das ist aber der Musterfall einer Aufgabe, die ein Quantencomputer theoretisch wesentlich schneller lösen können müsste. Das Ergebnis kann natürlich falsch sein, aber das lässt sich in diesem Fall sehr einfach überprüfen, indem man zur Kontrolle die viel einfachere Gegenrechnung, die Multiplikation der beiden Zahlen, auf einem normalen Computer ausführt. Falls das Ergebnis nicht stimmt, muss der Quantencomputer eben noch einmal von vorne anfangen. Ein praktisch umgesetztes Programm für einen Quantencomputer, das die gesuchte Berechnung im Prinzip ausführen könnte, wurde 2016 veröffentlicht. Bis zur Veröffentlichung des Programms war damit allerdings nur die eher bescheidene Aufgabe gelungen, die Zahl 15 in das Produkt der Primzahlen 3 und 5 zu zerlegen [51]. Im Sommer 2018 war die größte überhaupt von einem Quantencomputer zerlegte Zahl immerhin schon nicht mehr ganz so offensichtlich und lag bei 961.307 [52]. Sollte ein solches Programm aber tatsächlich einmal auf entsprechend leistungsfähigen Quantencomputern laufen, dann wäre das wichtigste Verschlüsselungsverfahren, das wir heute für vertrauliche E-Mails, sichere Internetseiten und für Online-Bankgeschäfte verwenden, nicht mehr sicher. Die Konsequenzen hingen sicherlich auch davon ab, wer sich dann solche Quantencomputer leisten könnte: Geheimdienste? Großkonzerne? Kriminelle Banden? Jeder?

Es ist zurzeit noch kaum zu sagen, welche Bedeutung Quantencomputer in der Zukunft haben werden. Sie könnten herkömmliche Computer irgendwann ganz ersetzen oder diese auf die Rolle von Taschenrechnern und Markisensteuerungen reduzieren. Sie könnten auch gemeinsam mit herkömmlicher digitaler Elektronik zu spezialisierten Bauteilen in zukünftigen Arbeits- und Kommunikationsgeräten werden, ähnlich heutigen Videochips oder Speichermodulen. Sie könnten auch eine aufwendige Nischentechnologie bleiben, die nur von Regierungen oder Großunternehmen betrieben und Verbrauchern allenfalls als Dienstleistung über das Netz für Verfügung gestellt wird.

Zu unserer Kernfrage bleibt festzuhalten: Quantencomputer sind hoch spezialisierte technische Geräte, in denen mit großem Aufwand einzelne Teilchen oder kleine Einheiten von Teilchen von der Außenwelt isoliert werden, um beim Rechnen Quanteneffekte nutzen zu können. Sie rechnen nicht mehr digital, aber dennoch nach klar mathematisch festgelegten Regeln. Beim Auslesen der Daten treten wie bei allen Messungen quantenmechanischer Systeme Zufallseffekte auf, die mit den Regeln der Statistik berechnet und eingeplant werden können. Es gibt Ideen für die Nutzung von Quantencomputern für die künstliche Intelligenz (KI), aber Quantencomputer führen weder zwangsläufig zu KI, noch sind sie für Fortschritte in der KI unbedingt erforderlich.

In den Jahrzehnten, die inzwischen an Quantencomputern geforscht wird (viele der grundlegenden Ideen wurden schon von Richard Feynman in den 1980er-Jahren formuliert [53]), wurde inzwischen auch klar umrissen, was mit dem Begriff Quantencomputer gemeint ist. Nicht jedes System, in dem Quantenprozesse vorkommen, ist ein Quantencomputer, denn Quantenprozesse kommen schlichtweg überall vor, wenn man auf der Ebene einzelner Teilchen schaut. Unser Gehirn, die Erde oder gar das Universum als Quantencomputer zu bezeichnen, ist somit im günstigsten Fall eine schlechte Metapher, im ungünstigeren Fall einfach Quantenquark.

> **Zum Mitnehmen**
>
> Quantencomputer nutzen Quanteneffekte, um mit beliebigen Zahlen anstatt nur mit Nullen und Einsen zu rechnen. So können sie bestimmte Rechenaufgaben möglicherweise effizienter lösen als klassische Computer. Der technische Aufwand bei Herstellung und Betrieb, die Datenausgabe und die Programmierung bereiten aber noch Probleme. Quantencomputer befinden sich zurzeit noch in frühen Phasen der Entwicklung, und es lässt sich noch schwer absehen, welche Rolle sie in Zukunft spielen werden.

5.5 Quantenbiologie: Ein Riecher für Quanteneffekte?

Wenn er allzu geschäftstüchtig vermarktet wird, hat Quantenquark mitunter etwas Anrüchiges, und einem seriösen Physiker stinkt er manchmal ganz gewaltig. Dass wir aber überhaupt etwas riechen können, hat sehr wahrscheinlich mit dem Tunneleffekt zu tun, und das ist tatsächlich kein Quantenquark. In lebenden Organismen vermuten Wissenschaftler inzwischen sogar ein ganzes Sortiment an Spezialeffekten aus der Trickkiste der Quantenmechanik. Mit der Quantenbiologie bildet sich dazu gerade ein eigenes Forschungsgebiet heraus. Ähnlich wie andere junge Forschungsgebiete enthält die Quantenbiologie noch wenige bewährte Theorien, aber viel Spekulatives. Wissenschaftlich ist sie aber schon, denn ihre Arbeit ist selbstverständlich darauf ausgerichtet, prüfbare Hypothesen und für die Überprüfung geeignete Experimente zu entwickeln.

Dass Quanteneffekte in biologischen Systemen überhaupt möglich sind, sollte nach der Lektüre der bisherigen Kapitel zunächst einmal einigermaßen überraschend sein: Um solche Effekte im Labor nachweisen zu können, muss man einzelne Teilchen mit hohem Aufwand von der Außenwelt abschirmen, man braucht ein Hochvakuum, und man muss meist die Umgebung auf Temperaturen nahe dem absoluten Nullpunkt abkühlen, um Wärmestrahlung zu verhindern. Ansonsten tritt sehr schnell Dekohärenz ein, und anstelle der Quanteneffekte findet man nur die Ergebnisse der klassischen Physik. Leben findet aber in der Regel weder in einem Hochvakuum noch nahe am absoluten Nullpunkt statt, und in den Zellen lebender Wesen ist kein Molekül von der Außenwelt isoliert. Auch als Ganzes können zumindest mehrzellige Lebewesen in der Regel nicht einmal kurzzeitig vollständig von der Außenwelt isoliert werden, ohne dass sie dabei ihr Leben verlieren. Deshalb kann ja auch Schrödingers Katze nicht gleichzeitig tot und lebendig sein.

Das heißt aber nicht, dass nicht zum Beispiel in der Nase der Katze innerhalb einzelner Moleküle Quanteneffekte auftreten können. Moleküle sind Strukturen aus einer überschaubaren Zahl von Atomen, und dass in Atomen Quanteneffekte auftreten, war ja gerade der Auslöser für die Entdeckung großer Teile der Quantenmechanik. Innerhalb großer Moleküle gibt es, ähnlich wie in Kristallen, Zonen, in denen einzelne Teilchen hinreichend gut von der Welt außerhalb des Moleküls abgeschirmt sind, um Quanteneffekte für eine gewisse Zeit aufrecht zu erhalten. Für Messgeräte sind diese Quanteneffekte dort, anders als in den ultrakalten Vakuumkammern eines Labors, kaum zugänglich, aber das ist für das Lebewesen ja auch nicht erforderlich. Die Quanteneffekte müssen nur lange genug existieren und weit genug reichen, um innerhalb des Moleküls oder an seiner Oberfläche eine bestimmte chemische Reaktion auszulösen. Genau das ist es auch, was es so schwierig macht, diesen Effekten experimentell auf die Spur zu kommen.

Die ersten Untersuchungen von Quanteneffekten in Lebewesen, die auch als Quanteneffekte erkannt wurden und nach denen der Begriff der Quantenbiologie geprägt wurde, machte schon Friedrich Dessauer im Jahr 1922. Dessauer untersuchte die Schädigung von Lebewesen durch radioaktive Strahlung und

Röntgenstrahlung und stellte die Hypothese auf, dass die Schädigung einzelner Zellen jeweils durch „Treffer" eines Strahlungsquants verursacht wird [54]. Dessauers Hypothese war damals nur schwer direkt zu prüfen, aber sie hat sich im Laufe der Zeit bestätigt. Letztlich bildet sie die Grundlage der für kleine Dosen nicht immer unumstrittenen [55], aber bis heute im Strahlenschutz verwendeten linearen Hypothese der Strahlungswirkung: Eine Verdoppelung der Strahlungsdosis führt danach zur Verdoppelung des Risikos, durch Strahlung an Krebs zu erkranken.

In den folgenden Jahrzehnten blieben viele Versuche, auch normale Abläufe in ungeschädigten Organismen mithilfe von Quanteneffekten zu erklären, meistens im Spekulativen stecken. Pascual Jordan versuchte 1934, Begriffe und Vorstellungen aus der Quantenmechanik auf Biologie und Psychologie anzuwenden. Er verlor sich aber in fragwürdigen Analogien und Ähnlichkeitsargumenten, ähnlich wie einige moderne Autoren, die uns in Kap. 7 begegnen werden. So hat der Beobachtereffekt der Quantenmechanik bestenfalls oberflächliche Ähnlichkeit mit dem von Jordan verglichenen Problem der Biologie, dass man einen lebenden Organismus in der Regel nicht aufschneiden kann, ohne ihn zu töten [56]. In den Folgejahren war seine Argumentation zudem immer mehr mit nationalsozialistischer Ideologie durchsetzt [57].

Erwin Schrödinger spekulierte in seinem Buch *Was ist Leben?* unter anderem aufgrund der Dichte von Erbinformationen in Zellkernen darüber, dass bei der Vererbung Quanteneffekte eine Rolle spielen müssten, aber experimentell waren seine Ideen zu diesem Zeitpunkt nicht überprüfbar. Mit der Entdeckung der DNA als Träger der Erbinformation verschwanden Schrödingers Spekulationen aus der ernsthaften Wissenschaft [58].

Quarkstückchen

Vertreter fragwürdiger parawissenschaftlicher Konzepte berufen sich bis heute gerne auf Schrödingers überholte biophysikalische Spekulationen. Der in der Wissenschaft gescheiterte Biophysiker Fritz-Albert Popp zitiert zum Beispiel Schrödingers durchaus sinnvolle Überlegung, dass Organismen deshalb einen Stoffwechsel haben, um eine natürliche Zunahme der Unordnung (Entropie) im Körper zu verhindern. Das nutzt Popp aber für seine These, dass die Zellen in lebenden Organismen durch den Austausch extrem schwacher Lichtsignale miteinander kommunizierten, die er Biophotonen nennt [59]. Mit Popps Biophotonen-These wird eine Vielzahl esoterischer Produkte und Therapieangebote beworben. Eine einfache Berechnung der Strahlungsdichte zeigt, dass die von Popp gemessenen Photonen für jede Art sinnvoller Kommunikation völlig unzureichend sind.

Benötigt werden die Biophotonen zur Erklärung biologischer Vorgänge auch nicht, da die längst nachgewiesene Kommunikation von Zellen über chemische Signale dafür völlig ausreicht.

1994 kam eine weitere Spekulation hinzu, die inzwischen physikalisch ebenso unhaltbar ist wie Schrödingers Vermutungen, die außerhalb der Physik aber bis heute ähnlich gerne zitiert wird (z. B. in [60, 61]). Der britische Mathematiker Roger Penrose spekulierte, das Gehirn sei ein Quantencomputer. Dazu veröffentlichte er sogar Vermutungen, welche Strukturen in Nervenzellen die QBits sein müssten. Tatsächlich lassen sich alle nennenswerten dafür vorgebrachten Argumente durch die ganz normale Aktivität von Nervenzellen im Gehirn erklären. Umgekehrt können die von Penrose angenommenen Quanteneffekte in der dichten, warmen Materie des Gehirns nicht existieren: Die Abstände im Gehirn sind viel zu groß und die Signallaufzeiten viel zu lang, als dass dafür in einer solchen Umgebung Verschränkungen aufrecht erhalten werden könnten, ohne dass Dekohärenz auftritt [62].

Quarkstückchen

In der Esoterikszene erfreut sich die Vorstellung vom Gehirn als Quantencomputer besonderer Beliebtheit, zum Beispiel bei der Maharishi-Sekte, sonst eher bekannt für Transzendentale Meditation, die „Naturgesetz-Partei" und yogisches Fliegen für den Weltfrieden. Bei den Maharishi-Anhängern wird diese Idee aber aus den altindischen Veden und der daraus entwickelten Idee eines „Digitalen Universums" abgeleitet, in dem Quantencomputer von einer kosmischen Regierung eingesetzt werden [63, 64].

Im Umfeld der Maharishi-Bewegung arbeitet auch der Elektroingenieur und Astrologe Heinz Krug [65]. Er ruft dazu auf, mittels sechsmonatiger Meditation eine fortgeschrittene Version der Gehirnsoftware zu laden und so den unendlich schnell rechnenden Quantencomputer im Gehirn zu aktivieren. So könne man eine Multimediaverbindung zum allmächtigen kosmischen Computer herstellen. Als Lohn winkt neben vollständiger Ich-Bezogenheit auch die Kenntnis aller Stellen der unendlich langen Kreiszahl Pi [66, 67].

Inzwischen wurde aber auch eine ganze Anzahl von Vorgängen in lebenden Organismen entdeckt, bei denen Quanteneffekte entweder die einzig plausible oder zumindest die wahrscheinlichste Erklärung sind. Das dabei am häufigsten erwähnte und wahrscheinlich auch am wenigsten überraschende Phänomen ist der Tunneleffekt (Abschn. 3.3).

Beim Tunneleffekt taucht ein Teilchen plötzlich auf der anderen Seite einer Barriere auf, die es mit seiner vorhandenen Energie eigentlich nicht überwinden könnte. Das kann sich zum Beispiel darin äußern, dass eine chemische Reaktion wesentlich häufiger vorkommt, als sie das bei der herrschenden Temperatur eigentlich dürfte: Chemische Reaktionen haben häufig mit dem Austausch von Elektronen zwischen Atomen oder Molekülen zu tun, und die Elektronen müssen dazu den Abstand zwischen den beiden

Reaktionspartnern überwinden. Thermische Energie ist zufallsverteilt; es gibt also auch bei niedrigen Temperaturen immer einzelne Elektronen, die eine relativ hohe Energie haben und dennoch eine Reaktion auslösen können. Je niedriger die Temperatur, desto weniger Elektronen haben die nötige Energie und schaffen den Sprung zum anderen Molekül. Der Tunneleffekt hat aber auch temperaturunabhängige Anteile durch die sogenannte Nullpunktsenergie. Eine Möglichkeit, dem Tunneleffekt von Elektronen in chemischen Reaktionen auf die Schliche zu kommen, ist also, diese Reaktionen bei immer niedrigeren Temperaturen ablaufen zu lassen. Normalerweise sinkt die Anzahl der Reaktionen bei fallender Temperatur immer weiter ab – wenn aber bei weiter fallenden Temperaturen die Zahl der Reaktionen irgendwann gleich bleibt, ist sehr wahrscheinlich der Tunneleffekt am Werk.

Mit dieser Methode konnte schon 1974 gezeigt werden, dass der Tunneleffekt bei den Reaktionen der Enzyme unseres Zellstoffwechsels eine Rolle spielt [68]. Zellen verwenden eine Substanz namens ATP (Adenosintriphosphat), um ihre Bestandteile mit Energie zu versorgen. Bei der Spaltung des ATP wird Energie frei, die zum Beispiel benötigt wird, um neue Eiweiße aufzubauen. In den Mitochondrien gewinnt die Zelle Energie durch die Oxidation von Nährstoffen. Die Reaktionen, in denen aus dieser Oxidationsenergie neues ATP gebildet wird, würden ohne den Tunneleffekt nicht oder nur erheblich langsamer stattfinden.

Der Tunneleffekt von Elektronen spielt möglicherweise auch eine Rolle bei unserem Geruchssinn. Das ist aber deutlich schwieriger zu untersuchen, denn die Wahrnehmung von Gerüchen ist ja sehr subjektiv. Lange Zeit war noch nicht einmal wirklich klar, welche Eigenschaft eines Stoffes unsere Nase beim Riechen eigentlich wahrnimmt. Nach dem aktuellen Stand der Forschung spielt dabei offenbar einerseits die Form eines Moleküls eine gewisse Rolle, andererseits aber auch die Frequenzen, mit denen ein Molekül schwingt. Die Nervenzellen in unserer Nase verfügen über spezialisierte Rezeptoren für unterschiedliche Arten von Substanzen, und ein Geruch entsteht offenbar dadurch, dass eine bestimmte Art von Rezeptor oder eine Gruppe solcher Rezeptoren aktiviert werden. Nach der Hypothese, die Forscher als die wahrscheinlichste ansehen, riechen wir ein Molekül dann, wenn sowohl bestimmte Strukturen in seiner Form als auch seine Schwingungsfrequenz zu einem Rezeptor passen: Dann kann ein Elektron zwischen Molekül und Rezeptor tunneln und so den Rezeptor aktivieren.

Sehr wahrscheinlich sind Elektronen aber nicht die einzigen Teilchen in unseren Zellen, die sich mittels des Tunneleffekts bewegen. Einzelne

Protonen, die als Atomkerne des Wasserstoffs eine wichtige Rolle in der organischen Chemie spielen, sind zwar wesentlich massiver als Elektronen, was ihren Tunneleffekt hemmt, aber wie wir in Abschn. 3.3 gesehen haben, kommt ein Tunneleffekt von Protonen noch häufig genug vor, um immerhin unsere Sonne am Leuchten zu halten. Protonen müssen also auch von Molekül zu Molekül oder innerhalb eines Moleküls an eine andere Position tunneln können. Derartige Positionswechsel vollziehen Protonen in chemischen Reaktionen aber regelmäßig, und meistens sind dabei elektrische Kräfte am Werk. Wie kann man in einem solchen Fall nachweisen, ob der Tunneleffekt wirkt?

Um dem Tunneleffekt von Protonen in chemischen Reaktionen auf die Schliche zu kommen, verwendet man einen Trick: Man ersetzt das verdächtige Proton in einem Molekül durch einen Atomkern des schweren Wasserstoffs Deuterium, der aus einem Proton und einem Neutron besteht. Dadurch ist der Atomkern rund doppelt so schwer wie das Proton allein, aber chemisch verhält sich das resultierende Molekül völlig identisch. Nur der Tunneleffekt hängt von der Masse eines Teilchens ab: Je schwerer ein Teilchen, desto geringer ist die Wahrscheinlichkeit, dass es eine Barriere durchtunnelt. Mit diesem Trick konnte man herausfinden, dass auch das Tunneln von Protonen in den Enzymreaktionen unseres Stoffwechsels eine Rolle spielt, unter anderem beim Abbau von Alkohol [69].

Dass der Tunneleffekt in lebenden Zellen auftritt, ist zunächst einmal nicht sonderlich überraschend: Die dargestellten Mechanismen betreffen durchgehend einzelne Teilchen, und die zu überwindenden Distanzen innerhalb eines Moleküls oder zum Nachbarmolekül sind gering. Da der Tunneleffekt im Moment seines Eintretens sofort wirksam wird, muss das betreffende Teilchen auch nicht über einen längeren Zeitraum vor Dekohärenz geschützt werden. Spannender ist schon, dass die Evolution Möglichkeiten gefunden hat, einen solchen völlig zufällig auftretenden Effekt tatsächlich zu nutzen.

Noch spannender wäre es natürlich, wenn man in lebenden Zellen auch Quanteneffekte fände, bei denen Teilchen über eine gewisse Strecke oder für eine gewisse Zeit von der Außenwelt abgeschirmt sein müssen, um Dekohärenz zu verhindern. Das wäre zum Beispiel der Fall, wenn ein Teilchen sich erkennbar in der Form einer Welle bewegt oder wenn eine Überlagerung zweier sich eigentlich ausschließender Zustände eintritt. So etwas würde man in lebenden Zellen nicht unbedingt erwarten, weil eine solche Umgebung voller Materie, voller Wärmeenergie und mit ständig und überall ablaufenden chemischen Reaktionen als Abschirmung reichlich ungeeignet

erscheint. Im Labor braucht man dafür schließlich meistens ein Hochvakuum, Temperaturen nahe am absoluten Nullpunkt und eine Strahlungs-
abschirmung. Dennoch hat man inzwischen gute Indizien gefunden, dass
auch diese Effekte in lebenden Organismen eine Rolle spielen.

Man weiß von Zugvögeln und einigen Insekten, dass sie in der Lage
sind, sich bei ihren Wanderungen am Erdmagnetfeld zu orientieren. Für
uns Menschen ist das eine besonders überraschende und für die Biologie
rätselhafte Fähigkeit, weil uns Menschen ein solcher eingebauter Kompass vollkommen fehlt. Lange Zeit suchte man nach einer Art von winzigen Magnetnadeln in Zugvögeln, aber Studien mit Vögeln in künstlichen
Magnetfeldern haben inzwischen gezeigt, dass der Kompass zumindest
der untersuchten Vogelarten völlig anders funktioniert als eine Magnet-
nadel. Eine Reihe trickreicher Experimente spricht für die Hypothese, dass
der innere Kompass von Vögeln durch eine auf Magnetfelder empfindliche
quantenmechanische Überlagerung in Molekülen auf der Netzhaut funktioniert. Vögel können also wahrscheinlich durch einen quantenmechanischen
Effekt das Erdmagnetfeld sehen [58].

Diese Forschung ist experimentell ausgesprochen anspruchsvoll und verbindet sehr unterschiedliche Forschungsdisziplinen: Tierverhaltensforscher
arbeiten normalerweise völlig anders als Molekularbiologen, von theoretischen Physikern ganz zu schweigen. Es ist auch ausgesprochen spannend,
dass das Leben im Laufe der Evolution Moleküle gefunden hat, die solche
überlagerten Zustände bilden und sie dann auch noch hinreichend gut von
der Außenwelt abschirmen, um einen in Nervenzellen wahrnehmbaren chemischen Effekt zu erzielen. Aus Sicht der Quantenmechanik ist es aber nicht
unplausibel: Der ganze Effekt geschieht zeitlich begrenzt innerhalb eines
einzelnen Moleküls, das mit seiner geordneten Struktur die Überlagerung
gegenüber ungeordneter Energie von außen abschirmen kann. Ein einzelnes
Molekül leistet hier das, was im Labor einen Versuchsaufbau von der Größe
eines Autos und den Kosten eines Einfamilienhauses erfordert, aber der
Effekt ist eben auch auf die Ausdehnung dieses Moleküls begrenzt.

Gibt es in lebenden Zellen vielleicht noch ungewöhnlichere Quanteneffekte, möglicherweise auch solche, die länger andauern als der Tunneleffekt und dennoch über die Grenzen eines einzelnen Moleküls hinausreichen?
Tatsächlich deutet einiges darauf hin, und zwar bei einem der wichtigsten
Prozesse für das Leben auf der Erde überhaupt, der Fotosynthese.

In der Fotosynthese erzeugen Pflanzen, Algen oder Bakterien energie-
reiche organische Moleküle aus anorganischen wie Wasser und Kohlendioxid

und nutzen dafür die Energie des einfallenden Lichts. Dazu dienen unterschiedliche Farbstoffmoleküle, bei Pflanzen vor allem Chlorophylle. Die Chlorophyllmoleküle sind dazu in sogenannten Lichtsammelkomplexen angeordnet: Die äußeren Chlorophyllmoleküle nehmen das Licht auf und leiten die Energie zu einem anderen Chlorophyll im Reaktionszentrum des Komplexes weiter, wo die erste chemische Reaktion der eigentlichen Fotosynthese abläuft. Der Energietransport erfolgt in Form von Anregungen, sozusagen fehlenden Elektronen in den Molekülen, die an den Molekülstrukturen weitergeleitet werden. Die Chlorophyllmoleküle bilden dabei aber keine geraden Ketten, sondern eher ein kompliziertes Netz, und lange war unklar, wie die Anregungen an den Knotenpunkten auf den richtigen Weg zum Reaktionszentrum geführt werden. An der falschen Stelle des Netzes würde eine solche Anregung nutzlos als Wärme verpuffen.

Aktuelle Experimente zeigen einen interessanten Effekt: Beschießt man einen solchen Lichtsammelkomplex mit einem kurzen Laserblitz, dann zeigt das ankommende Signal im Reaktionszentrum im Zeitverlauf eine wellenförmige Schwankung wie von einem Interferenzmuster. Das legt nahe, dass sich die Anregung im Netz der Moleküle als eine Welle ausbreitet und so alle möglichen Wege durch das Netz gleichzeitig nutzt [70]. Diese Form von Anregungszuständen, die sich einerseits wie eine Welle, andererseits wie ein Teilchen verhalten, kennt man aus Kristallen. Allerdings muss man diese Kristalle im Labor auf extrem kalte Temperaturen herunterkühlen, um Dekohärenz zu verhindern.

Wenn die Interpretation dieser Messungen stimmt, hat sich im Laufe der Evolution eine Struktur von Lichtsammelkomplexen herausgebildet, die diese Anregungszustände auch bei den Temperaturen lebender Pflanzenzellen vollständig von der Außenwelt abschließt, während sie sich als Welle über mehrere Moleküle ausbreiten. Möglicherweise kann man aus diesen Strukturen für die Entwicklung zukünftiger, ungekühlter Quantencomputer lernen. Die erreichte Abschirmung von Dekohärenz ist erstaunlich, aber quantenmechanisch doch nicht unplausibel: Das Ganze geschieht in einer fest gefügten Struktur miteinander verbundener Moleküle, und die gesamte Größe eines solchen Lichtsammelkomplexes entspricht nur etwa 50 Atomdurchmessern. Dass sich ein Quanteneffekt wie der Welle-Teilchen-Dualismus auf einen solchen Komplex erstrecken kann, bedeutet also keinesfalls, dass er auch über ein ganzes Gehirn hinweg oder gar über die Grenzen eines Organismus hinaus wirksam sein könnte.

Quarkstückchen

Die dargestellten Beispiele zeigen, dass sich die Quantenbiologie inzwischen zu einem seriösen Forschungsgebiet mit höchst spannenden Entdeckungen entwickelt hat. Leider wird der Begriff aber auch immer wieder missbraucht, um haarsträubende Pseudowissenschaft zu verbreiten.

Der Hamburger Motivationstrainer Akuma Saningong zeigt auf seiner Webseite *Einstein Coaching* einen Artikel mit der Überschrift „Quantenbiologie und Spiritualität". Zur Quantenbiologie oder überhaupt seriöser Physik findet sich in dem Artikel kein Wort, dafür eine Ansammlung unsinniger Behauptungen, die schon mit Schulwissen in Biologie zu entlarven sein sollten. So schreibt Saningong, unsere Überzeugungen bestimmten die Gene. Als Nächstes behauptet er, alle Organismen kommunizierten mit Vibrationen, die die Eiweiße im Körper verändern. Damit kommt er zur Behauptung, Gedanken seien die Hauptursache von Krankheiten. Menschen würden krank, weil sie nach einer Krankheit suchen. In diesem neuen Paradigma müsse „die Medizin eines Tages wissenschaftlich für gültig erklärt werden" [71]. Den Opfern schwerster Leiden die Schuld für ihre Krankheit zuzuschieben, wie es Saningong tut, ist nicht nur wissenschaftlich falsch – es ist vor allem zutiefst unmenschlich.

Der Physiker Jim Al-Khalili und der Molekularbiologe Johnjoe McFadden haben den aktuellen Stand der Quantenbiologie in ihrem Buch *Life on the Edge* spannend und verständlich zusammengefasst und viele der in diesem Abschnitt erwähnten Effekte ausführlich erläutert [58]. Den Abschluss des Buches bilden zwei spekulativere Kapitel über eine mögliche Rolle von Quanteneffekten im Nervensystem und über die Rolle von Quanteneffekten für Leben generell. Möglicherweise kann man es als grundsätzliches Merkmal von Prozessen in lebenden Zellen betrachten, dass sie in der Lage sind, bestimmte Quanteneffekte innerhalb von Molekülen von der Außenwelt abzuschirmen. Kann diese Abschirmung nicht mehr aufrechterhalten werden und Dekohärenz tritt ein, dann kommen lebenswichtige Prozesse zum Stillstand und die Zelle stirbt ab. Das Aufrechterhalten dieser Quanteneffekte wäre damit sozusagen ein Grundmerkmal von Leben. Dabei ist in dem Buch von Al-Khalili und McFadden jederzeit klar zu erkennen, wo die Ergebnisse experimentell getesteter Theorien aufhören und wo das Spekulative anfängt. Genau darin liegt der entscheidende Unterschied zwischen einem guten Wissenschaftsbuch und Quantenquark.

Ironischerweise kam eine glühende Empfehlung für das Buch auf Twitter ausgerechnet vom amerikanischen Esoterik-Autor Deepak Chopra [72]. Chopras eigene Äußerungen über „Quantenheilung" oder „Quantenbewusstsein" lassen allerdings nicht vermuten, dass er viel von dem Buch verstanden hat …

Zum Mitnehmen

Die Quantenbiologie erforscht das mögliche Auftreten von Quanteneffekten in Lebewesen. Einige der dabei gefundenen Effekte sind vor allem deshalb bemerkenswert, weil sie in lebenden Zellen, also warmen, ungeordneten Umgebungen ablaufen. Ihre Ausdehnung beschränkt sich aber in der Regel auf Größenordnungen zwischen einzelnen Teilchen und dem Durchmesser großer Moleküle.

Literatur

1. Asen F (2012) Astrologie und Wissenschaft. http://blog.yogabuch.com/vedische-astrologie/2012/06/20/astrologie-und-wissenschaft.html. Zugegriffen: 9. Aug. 2016
2. Greene B (1999) The elegant universe. WW Norton, New York
3. Hawking S (2001) Das Universum in der Nußschale. Hoffmann & Campe, Hamburg
4. Kreisel M (2016) Buchkritik – Brian Greene – Das elegante Universum. http://www.inkultura-online.de/green.html. Zugegriffen: 11. Aug. 2016
5. Powell DH (2009) Das Möbius-Bewusstsein. Goldmann-Arkana, München
6. Elvidge J (2016) Die Welt – eine Computersimulation? http://www.nexus-magazin.de/artikel/lesen/die-welt-eine-computersimulation. Zugegriffen: 11. Aug. 2016
7. Woit P (2006) Not even wrong. Jonathan Cape, London
8. Smolin L (2006) Trouble with physics. Houghton Mifflin Harcourt, Boston
9. Baggott J (2013) Farewell to reality. Constable, London
10. Gubser SS (2010) Das kleine Buch der Stringtheorie. Spektrum, Heidelberg
11. Riccati L, Masera M, Vercellin E (Hrsg) (1999) Quark matter 99. In: Proceedings of the 14th international conference on ultra-relativistic nucleus-nucleus-collisions. Elsevier, Amsterdam
12. News (2016) Beamen bald möglich? http://www.news.at/a/forschung-beamen-teleportation. Zugegriffen: 12. Aug. 2016
13. Fokus Online (2015) Irrer Effekt: Forscher planen das Unmögliche: ein Lebewesen an zwei Orten gleichzeitig. http://www.focus.de/wissen/videos/irrer-effekt-forscher-planen-das-unmoegliche-ein-lebewesen-an-zwei-orten-gleichzeitig_id_4957794.html. Zugegriffen: 12. Aug. 2016
14. Scharf R (2013) Schrödingers Katze leuchtet in der Makro-Welt. http://www.pro-physik.de/details/opnews/5049911/Schroedingers_Katze_leuchtet_in_der_Makro-Welt.html. Zugegriffen: 12. Aug. 2016
15. Krenn M et al (2014) Communication with spatially modulated light through turbulent air across Vienna. New J Phys 16:113028
16. Herbst T et al (2015) Teleportation of entanglement over 143 km. Proc Natl Acad Sci 112(46):14202–14205

17. Yin J et al (2017) Satellite-based entanglement distribution over 1200 kilometers. Science 356(6343):1140–1144
18. Zeilinger A (2005) Einsteins Schleier. Goldmann, München
19. Uccusic P (2008) Auch Physiker fragen: Gibt es ein Jenseits? http://www.shamanicstudies.net/Page/ID/178. Zugegriffen: 12. Aug. 2016
20. Fokus Online (2012) Rekord-Teleportation Forscher „beamen" 143 Kilometer weit. http://www.focus.de/wissen/diverses/rekord-teleportation-forscher-beamen-143-kilometer-weit_aid_813863.html. Zugegriffen: 12. Aug. 2016
21. Frankfurter Rundschau (2012) Forscher „beamen" 143 Kilometer weit. http://www.fr-online.de/wissenschaft/quantenkommunikation-forscher–beamen–143-kilometer-weit,1472788,17177932.html. Zugegriffen: 12. Aug. 2016
22. Bennett CH et al (1993) Teleporting an unknown quantum state via dual classical and Einstein-Podolsky-Rosen channels. Phys Rev Lett 70(13):1895–1899
23. Suchanek B, Schallhart V (2012) Quantenphysik mit Fernblick. Presseinformation, Österreichische Akademie der Wissenschaften
24. Davis EW (2003) Teleportation physics study. https://www.fas.org/sgp/eprint/teleport.pdf. Zugegriffen: 17. Aug. 2016
25. Bild der Wissenschaft (2004) Erstmals Atome gebeamt. Bild der Wissenschaft 9:13
26. Pfaff W et al (2014) Unconditional quantum teleportation between distant solid-state quantum bits. Science 345(6196):532–535
27. The Telegraph (2014) Beam me up, Scotty: teleportation ‚could become reality'. http://www.telegraph.co.uk/news/science/science-news/10863929/Beam-me-up-Scotty-teleportation-could-become-reality.html. Zugegriffen: 12. Aug. 2016
28. Hanson R (2014) Beam me up, data. Presseinformation, TU Delft
29. Guzman-Silva D et al (2016) Demonstration of local teleportation using classical entanglement. Laser Photonics Rev 10(2):317–321
30. Estermann I, Stern O (1930) Beugung von Molekularstrahlen. Z Phys 61:95–125
31. Arndt M et al (1999) Wave-particle duality of C_{60} – molecules. Nature 401:680–682
32. Gerlich S et al (2011) Quantum interference of large organic molecules. Nat Commun 2:263
33. Wieselberg L (2011) Schrödingers Katze aus 430 Atomen. http://sciencev2.orf.at/stories/1680547/. Zugegriffen: 12. Aug. 2016
34. Tillemans A (2004) Tot oder lebendig: Wie das Urteil über Schrödingers Katze gesprochen wird. http://www.wissenschaft.de/home/-/journal_content/56/12054/1122214/. Zugegriffen: 12. Aug. 2016
35. Mandrin P, Dreyer HP (2002) Es spukt also doch bei den Quanten. https://www.ethz.ch/content/dam/ethz/special-interest/dual/educeth-dam/documents/Unterrichtsmaterialien/physik/Quantenphysik%20(Leitprogramm)/quantenspuk.pdf. Zugegriffen: 12. Aug. 2016

36. Palomaki TA et al (2013) Coherent state transfer between itinerant microwave fields and a mechanical oscillator. Nature 495:210–214
37. Li T, Lin ZQ (2016) Quantum superposition, entanglement, and state teleportation of a microorganism on an electromechanical oscillator. Sci Bull 61(2):163–171
38. Sample I (2015) Schrödinger's microbe: physicists plan to put living organism in two places at once. https://www.theguardian.com/science/2015/sep/16/experiment-to-put-microbe-in-two-places-at-once-quantum-physics-schrodinger. Zugegriffen: 12. Aug. 2016
39. Mueller W (2006) Quantenphysik und Erleuchtung. Raum & Zeit 142:94–99
40. Schafferhofer J (2014) Konkurrenz für den NSA-Supercomputer. http://www.kleinezeitung.at/politik/4119149/Zeilinger-im-Gespraech_Konkurrenz-fur-den-NSASupercomputer. Zugegriffen: 19. Aug. 2016
41. Condlife J (2013) What's wrong with quantum computing. http://gizmodo.com/whats-wrong-with-quantum-computing-1444793497. Zugegriffen: 19. Aug. 2016
42. Anthony A (2016) Has the age of quantum computing arrived? https://www.theguardian.com/technology/2016/may/22/age-of-quantum-computing-d-wave. Zugegriffen: 19. Aug. 2016
43. IBM (2016) IBM makes quantum computing available on IBM cloud to accelerate innovation. http://www-03.ibm.com/press/us/en/pressrelease/49661.wss. Zugegriffen: 19. Aug. 2016
44. Poeter D (2015) How Moore's law changed – and is still changing-history. PC Mag 5:12–16
45. Nigam K et al (2016) Temperature sensitivity analysis of polarity controlled electrostatically doped tunnel field-effect transistor. Superlattices Microstruct 97:598–605
46. Hofer E (2015) Nondualer Quantencomputer – bald Quantenbewusstsein? http://erleuchtung.at/2015/12/nondualer-quantencomputer-quantenbewusstsein. Zugegriffen: 19. Aug. 2016
47. Schlosshauer M (2007) Decoherence and the quantum-to-classical transition. Springer, Berlin
48. Schmitt T (2014) Black Goo, das intelligente Öl und seine Wirkung auf den Menschen. http://www.extremnews.com/berichte/wissenschaft/109414f143ec6ca. Zugegriffen: 19. Aug. 2016
49. Kautz-Vella H (2014) Black Goo Globuli. http://www.timeloopsolution.de/blackgoo.html. Zugegriffen: 19. Aug. 2016
50. Brands G (2011) Einführung in die Quanteninformatik. Springer, Heidelberg
51. Monz T et al (2016) Realization of a scalable Shor algorithm. Sci 351(6277):1068–1070
52. Dang A et al (2018) Optimising Matrix Product State Simulations of Shor's Algorithm. Quantum 3:116 (arXiv:1712.07311v3 [quant-ph])
53. Hey T, Walters P (2003) The new quantum universe. Cambridge University Press, Cambridge

54. Sommermeyer K (1951) Ergebnisse und Probleme der Treffertheorie in der Strahlenbiologie. Die Naturwissenschaften 38(13):289–298
55. Langeheine J (2014) Die Dosis macht das Gift – auch bei Strahlenbelastung. atw 59(11):2–4
56. Jordan P (1934) Quantenphysikalische Bemerkungen zur Biologie und Psychologie. Erkenntnis 4:215–252
57. Beyler RH (2007) Extending the quantum revolution to biology: Jordans biophysical initiatives. In: Pascual Jordan (1902–1980) Mainzer Symposium zum 100. Geburtstag. MPI für Wissenschaftsgeschichte, Berlin
58. Al-Khalili J, McFadden J (2014) Life on the edge. Bantam, London
59. Popp FA (1999) Das Licht des Lebens. http://www.broeckers.com/Popp.htm. Zugegriffen: 24. Aug. 2016
60. Wrobel N, Sedlacek KD (2015) Was ist Krankheit? Quanteneffekte in der Medizin. BoD, Norderstedt
61. Brüntrup G (2014) Die Bedeutung des Erlebens des eigenen Sterbens. Eine philosophische Betrachtung zur sogenannten "Nahtoderfahrung". Evang Wiss 35(1):42–56
62. Litt A et al (2005) Is the brain a quantum computer? Cogn Sci 30:593–603
63. Maharishi-Weltfriedens-Stiftung (2007) Optimierung des Gehirns. http://www.tm-konstanz.de/Pressemitteilung-Handzettel.pdf. Zugegriffen: 24. Aug. 2016
64. Routt TJ (2005) Quantum computing: the vedic fabric of the digital universe. 1st world publishing, Fairfield
65. Krug H (2004) Welcome to birthtime. http://birthtime.info/html/welcome_and_contact.html. Zugegriffen: 24. Aug. 2016
66. Rudat L, Heine R (2016) Dr. Heinz Krug. http://enlightcamp.blogspot.de/p/dr-heinz-krug.html. Zugegriffen: 24. Aug. 2016
67. Krug H (2015) Introduction of courses on enlightening science. http://www.enlighteningscience.com/enlightening-science-videos/. Zugegriffen: 24. Aug. 2016
68. Hopfield JJ (1974) Electron transfer between biological molecules by thermally activated tunneling. Proc Natl Acad Sci 1:3640–3644
69. Cha Y et al (1989) Hydrogen Tunneling in Enzyme Reactions. Science 243(4896):1325–1330
70. Whaley KB et al (2011) Quantum entanglement phenomena in photosynthetic light harvesting complexes. Procedia Chemistry 3:152–164
71. Saningong A (2016) Quantenbiologie und Spiritualität. http://www.drsaningong.com/de/wissenschaft-und-spiritualitaet/quantenbiologie-und-spiritualitaet. Zugegriffen: 4. Sept. 2016
72. Chopra D (2015) @jimalkhalili. https://twitter.com/DeepakChopra/status/635977969413025792. Zugegriffen: 24. Aug. 2016

6

Missverständliches und Fehlgeleitetes – Jenseits der Grenzen des Seriösen

Bis in die 1980er-Jahre hinein berief sich die Friedensbewegung auf zwei Erklärungen berühmter Wissenschaftler aus dem Juli 1955 [1]: In der Mainauer Nobelpreisträger-Deklaration und dem Russell-Einstein-Manifest hatten insgesamt 26 führende Wissenschaftler vor den Gefahren eines nuklearen Krieges gewarnt. Die Erklärungen unterschieden sich in ihrer politischen Tendenz, aber sie hatten zwei Gemeinsamkeiten: Ihre Unterzeichner waren durchweg Naturwissenschaftler, obwohl die Aussagen vom naturwissenschaftlichen Standpunkt nichts Neues enthielten. Dennoch war ihre politische Wirkung erheblich. Der Erfolg hat dazu geführt, dass es seitdem immer wieder politische Aufrufe von Nobelpreisträgern gab, darunter die Mainauer Erklärung zum Klimaschutz von 2015 mit 76 Unterzeichnern [2] und den Aufruf zugunsten der Gentechnik in der Landwirtschaft von 2016 mit 113 Unterzeichnern [3]. In der Regel sind die Fachleute für das angesprochene Thema bei Erklärungen dieser Art unter den Unterzeichnern deutlich in der Minderzahl.

Wenn sich bekannte Wissenschaftler äußern, finden sie Beachtung, auch wenn das Thema, zu dem sie Stellung beziehen, wenig mit ihrem Fachgebiet zu tun hat. Das reicht weit über wissenschaftsnahe und politische Stellungnahmen hinaus bis hin zu privaten Meinungsäußerungen oder persönlichen Marotten. Religiöse Autoren zitieren gerne, in der Regel ohne Quellenangabe, ein angebliches Zitat von Max Planck: „Für den gläubigen Menschen steht Gott am Anfang, für den Wissenschaftler am Ende aller seiner Überlegungen." Albert Einstein wird die Aussage zugeschrieben, er besäße sieben

© Springer-Verlag GmbH Deutschland, ein Teil von Springer Nature 2019
H. G. Hümmler, *Relativer Quantenquark,* https://doi.org/10.1007/978-3-662-58420-0_6

identische graue Anzüge, damit er sich keine Gedanken darüber machen müsse, welchen davon er anzieht. Warum beschäftigt uns das eigentlich?

Tatsächlich sind Aussagen von Wissenschaftlern nicht automatisch wissenschaftliche Aussagen. Wie wir in Kap. 4 gesehen haben, folgt Wissenschaft ganz klaren Regeln. Um eine wissenschaftliche Aussage zu treffen, muss auch ein Nobelpreisträger eine Hypothese anführen und erklären, aufgrund welcher Überprüfungen und Belege er diese Hypothese unterstützt oder verwirft. Die Bedeutung dieser wissenschaftlichen Aussage ergibt sich aber erst aus der gegenseitigen Überprüfung und der kritischen Diskussion mit Fachkollegen. Die Wissenschaft würdigt bedeutende Beiträge, aber sie hat den Anspruch, keine Hörigkeit gegenüber Autoritäten aufkommen zu lassen. Und wie überall, wo Menschen am Werk sind, wird man solchen Ansprüchen manchmal mehr und manchmal weniger gerecht.

Der Grund für diese klaren methodischen Festlegungen und gegenseitigen Kontrollen ist eben, dass Wissenschaftler Menschen sind. Menschen machen nicht nur Fehler, sondern hängen auch subjektiven Überzeugungen an und lassen sich mitunter von ganz und gar nicht wissenschaftlichen Motivationen leiten. Wer noch unbekannt ist und sich profilieren muss, profitiert möglicherweise von neuen, als originell empfundenen Ideen. Wer sich um eine Professur bewirbt, will hingegen nicht als wissenschaftlicher Außenseiter dastehen. Wer erfolgreich ist und seine Bekanntheit für politische Ziele einsetzen will, akzeptiert möglicherweise, wie Einstein, den Ruf als kauziger Wissenschaftler, wenn er dadurch in den Medien bleibt. Wer die wissenschaftliche Karriere hinter sich und die Pension gesichert hat, will möglicherweise Ideen verbreiten, die ihn schon lange bewegt haben, die aber nicht von belastbaren Forschungsdaten unterstützt werden. Aus allen diesen fehleranfälligen Beiträgen versucht die wissenschaftliche Methode das Beste zu erkennen und weiterzuentwickeln. Natürlich sind auch Gruppen mit gegenseitiger Kontrolle nicht unfehlbar, aber je vielseitiger und internationaler ein Forschungsfeld ist, desto geringer ist das Risiko, dass ein Aspekt nicht kritisch hinterfragt wird.

In der öffentlichen Diskussion wird dieser Unterschied zwischen einer Aussage eines Wissenschaftlers und einer wissenschaftlichen Aussage oftmals nicht wahrgenommen. Immer wieder werden Äußerungen, die entweder gar nicht als Wissenschaft gedacht waren, die wissenschaftlichen Kriterien nicht genügen oder die in der wissenschaftlichen Diskussion schon lange durchgefallen sind, als neueste Erkenntnisse oder zumindest als noch zu prüfende Hypothesen verbreitet. Je renommierter die Urheber sind und je eher sich aus diesen Äußerungen politisches oder wirtschaftliches Kapital schlagen lässt, desto problematischer werden solche Verwechslungen von Meinung und Wissenschaft.

Ein Beispiel für die Verwechslung von Wissenschaftlern und Wissenschaftlichkeit in politisch kontroversen Themen sind die Äußerungen des amerikanischen Physik-Nobelpreisträgers Ivar Giaever zum Klimawandel. Der 1929 geborene Giaever erhielt 1973 den Nobelpreis für Physik für seine Experimente zum Tunneleffekt in Kristallen, die später für die Halbleitertechnik wichtig waren. Giaever könnte also sicher zu vielen der in diesem Buch dargestellten Quantenphänomene als Experte gelten. In einem Vortrag bei der Lindauer Nobelpreisträgertagung 2012 erklärte er aber die Erforschung des Klimawandels zur Pseudowissenschaft [4]. Giaevers Argumentation ist streckenweise von geradezu rührender Naivität. So verweist er darauf, dass Wasserdampf ein wesentlich stärkeres Treibhausgas sei als Kohlendioxid. Das ist zwar im Prinzip richtig, aber einem Naturwissenschaftler sollte klar sein, dass sich der Wasserdampfgehalt der Atmosphäre durch Verdunstung und Niederschläge ständig selbst reguliert, während Speichermechanismen für Kohlendioxid eher über Zeiträume von Jahrhunderten oder Jahrtausenden wirken. Von Klimawandelleugnern wird Giaever aber immer wieder gerne zitiert, als handele es sich bei seinen Äußerungen um wissenschaftliche Ergebnisse [5, 6].

Leugner des Klimawandels können sich allerdings nicht nur auf gleichgesinnte und damit meist fachfremde Wissenschaftler stützen. Auch Vertreter des wissenschaftlichen Mainstreams treten öffentlich nicht immer nur mit fundierten wissenschaftlichen Aussagen in Erscheinung. So wurde der Klimaforscher Mojib Latif im Jahr 2000 nach einem milden Winter im *Spiegel* mit der Aussage zitiert, „Winter mit starkem Frost und viel Schnee wie noch vor zwanzig Jahren wird es in unseren Breiten nicht mehr geben" [7]. Nachdem diese Äußerung in den Folgejahren von Klimawandelleugnern in jedem kalten Winter wieder genüsslich hervorgeholt wurde, distanzierte sich Latif zwölf Jahre später ausdrücklich von Alarmismus und erklärte, das Zitat sei damals aus dem Zusammenhang gerissen worden [8].

Natürlich gehören auch Quantenphysik und Relativitätstheorie zu den Themen, zu denen sich Wissenschaftler regelmäßig öffentlich äußern oder zumindest öffentlichkeitswirksam zitiert werden. Nicht alle dieser Wissenschaftler sind oder waren tatsächlich zu den angegebenen Themen wissenschaftlich tätig oder auch nur kompetent.

Wieder andere Wissenschaftler treten mit Äußerungen in Erscheinung, die zwar in einem gewissen Zusammenhang mit ihrem Forschungsgebiet stehen, aber nicht wissenschaftlichen Ansprüchen genügen und auch nicht in wissenschaftlichen Publikationen veröffentlicht sind. Möglicherweise sind sie überhaupt nicht als wissenschaftliche Aussagen gedacht. Sie werden aber als Aussagen „der Wissenschaft" verstanden, weil ihr Urheber über beträchtliches wissenschaftliches Renommee verfügt. In diese Kategorie fällt das folgende Beispiel.

6.1   Hans-Peter Dürr: Einsichten oder doch nur Ansichten eines vielfach Geehrten?

Als Hans-Peter Dürr[1] 2014 starb, wurde er in Nachrufen als unbequemer, aber auch bedeutender Wissenschaftler geehrt [9]. Er galt als der wissenschaftliche Erbe Werner Heisenbergs und stand an der Spitze eines Instituts, das außer von Heisenberg auch schon von Albert Einstein und Carl Friedrich von Weizsäcker geführt worden war: Im Alter von 33 Jahren wurde er einer der Direktoren des Max-Planck-Instituts für Physik in München und blieb dort bis zum Ende seines Berufslebens. In dieser Zeit wurde er zum vielleicht bekanntesten lebenden theoretischen Physiker in Deutschland und war regelmäßig im Fernsehen und in Talkshows zu sehen. Andererseits verbreitete er in diesen Talkshows mystische Vorstellungen von Heilung [10], förderte als Herausgeber die Verbreitung von pseudowissenschaftlichen Texten [11] und war gern gesehener Redner auf Esoterikkongressen [12, 13].

Dürrs fachliche Eignung war unter seinen Kollegen durchaus umstritten. Murray Gell-Mann, im gleichen Arbeitsgebiet tätig wie Dürr und selbst immerhin Nobelpreisträger für Physik, soll Dürrs Ernennung zum Institutsdirektor einmal als Heisenbergs größten Fehler bezeichnet und Dürr vorgeworfen haben, er bringe die Physik nicht voran [14]. Dürr selbst kokettierte damit, dass seine Ansichten von moderner Physik von der Mehrzahl der Wissenschaftler abgelehnt würden [15]. Auch bei den Mitarbeitern innerhalb seines eigenen Instituts wurden Dürrs öffentliche Auftritte häufig nur mit einem resignierten Augenrollen zur Kenntnis genommen.

Hans-Peter Dürrs Popularität beruhte aber nicht auf seinen fachlichen Leistungen, sondern vor allem auf seinem politischen Engagement. Er war aktiv in der Friedensbewegung, erklärter Kernenergiegegner und Vorstandsmitglied von Greenpeace. 1987 wurde er mit dem Right Livelihood Award

---

[1]Der Münchener Physiker Hans-Peter Dürr ist nicht zu verwechseln mit dem Tübinger Mediziner Hans-Peter Dürr oder dem Heidelberger Ethnologen und Kulturhistoriker Hans Peter Dürr, der als Herausgeber der Zeitschrift *Unter dem Pflaster liegt der Strand* bekannt wurde.

ausgezeichnet, dem sogenannten „Alternativen Nobelpreis". Er war Mitglied des Club of Rome und der aus dem Russell-Einstein-Manifest hervorgegangenen wissenschaftskritischen Pugwash-Gruppe, die 1995 den Friedensnobelpreis erhielt.

Bis zum Alter von 54 Jahren veröffentlichte Dürr noch regelmäßig wissenschaftliche Beiträge, vor allem zu Quantenfeldtheorien. Dann behandelten seine Arbeiten praktisch nur noch politische, weltanschauliche und esoterische Themen. In der Öffentlichkeit galt er aber weiterhin als bedeutender Kern- und Teilchenphysiker. Inwieweit er das jemals war, ist durchaus fraglich: Bei der Vielzahl seiner Ehrungen und Preise fällt auf, dass auch ausführliche Darstellungen seiner Biografie, abgesehen von einer Prämierung seiner Doktorarbeit durch die eigene Universität, keine einzige wissenschaftliche Auszeichnung für seine Forschungstätigkeit im Fach enthalten [16]. Angesichts seiner herausgehobenen Position als Institutsdirektor ist das einigermaßen ungewöhnlich. Seine Ehrendoktorwürde von der Universität Oldenburg erhielt er nicht etwa aus der Physik, sondern vom Fachbereich für Philosophie, Psychologie und Sportwissenschaft [17]. Dass er als Westdeutscher 1987 noch unter Erich Honecker Mitglied der Akademie der Wissenschaften der DDR wurde, dürfte auch vor allem seinem Eintreten für einseitige Abrüstung im Westen zu verdanken sein. Bizarr ist auch die Auszeichnung als International Scientist of the Year des International Biographical Centre in Cambridge, auf die unter anderem die Biografie auf der Seite des von Dürr selbst gegründeten Global Challenges Network hinweist [18]. Staatliche Verbraucherschutzorganisationen aus englischsprachigen Ländern warnen vor dem International Biographical Centre und werfen ihm den Handel mit Auszeichnungen genau dieser Art gegen Bezahlung vor [19, 20].

Dürrs politisches Engagement war selbstverständlich vollkommen legitim. Fraglich ist schon eher, ob es wünschenswert ist, dass ein Direktor eines Max-Planck-Instituts mehr als zehn Jahre vor seiner Emeritierung seine Forschungstätigkeit praktisch einstellt, um sich anderen Dingen zu widmen – selbstverständlich bei vollen Bezügen. Dürr hatte dazu seine eigene Auffassung: „Ich kann doch nicht seelenruhig an Elementarteilchen forschen, wenn es vielleicht eines Tages niemanden mehr gibt, den das interessiert." [21]. Laut Satzung der Max-Planck-Gesellschaft sind die wissenschaftlichen Mitglieder „im Rahmen des Instituts" in ihrer wissenschaftlichen Tätigkeit frei. Solange Dürr sagen konnte, dass er sich mit Physik beschäftigte, konnte ihm als Direktor des Max-Planck-Instituts für Physik also niemand Vorschriften machen.

Hans-Peter Dürrs politische Stellungnahmen waren für die Öffentlichkeit vor allem deshalb unproblematisch, weil politische Meinungen in einer Demokratie in der Regel als Meinungen erkannt werden. Anders war es, wenn er in Talkshows, Interviews oder Büchern seine Privatmeinung zu weltanschaulichen und esoterischen Themen äußerte und sich dabei auf die Quantenphysik oder auf Einstein berief. Dem Leser oder Zuschauer wurde Dürr als Professor und Direktor des Max-Planck-Instituts für Physik, mitunter auch sachlich nicht falsch als Nachfolger Einsteins und Heisenbergs vorgestellt. Von einem solchen bedeutenden Wissenschaftler erwarteten die Menschen eben keine Privatmeinungen, sondern die neuesten Erkenntnisse aus der Wissenschaft.

Dürrs Neigung, Elemente der Quantenmechanik mit weltanschaulichen Fragen zu vermischen, zeigte sich erstmals 1986 in dem von ihm herausgegebenen Band *Physik und Transzendenz*. Das Buch ist eine Sammlung von Texten bekannter Physiker aus der Entstehungs- und Entwicklungszeit der Quantenmechanik, die Fragen von Erkenntnistheorie oder Religion berühren. Es handelt sich bei den Texten überwiegend um interessante historische Dokumente von wissenschaftlichen Vordenkern in einer Umbruchszeit. Die Autoren stehen fragend zwischen einer noch stark von Religion geprägten Umwelt, der eher mechanistischen Weltsicht der klassischen Physik und der faszinierend verwirrenden Quantenmechanik. Für diese Forscher war zum Teil noch offen, welche tieferen Einsichten über die Welt sich hinter den Zuständen der Quantenmechanik verbergen mochten. In den 1980er-Jahren hatte sich unter Physikern längst die Einsicht durchgesetzt, dass in den Quantenzuständen eben keine tiefere Erkenntnis über die Welt an sich liegt, sondern letztlich wieder nur Physik, nur eben mit anderen Gesetzmäßigkeiten. Diese längst etablierte Einsicht weist Dürr in seinem Vorwort vehement zurück und vergleicht das Verhältnis von Messwerten und Quantenzuständen mit dem erkenntnistheoretischen Begriff der Transzendenz zwischen erfahrbarer Welt und nicht erfahrbarem Jenseits. Während viele der Autoren des Bandes sich verständlicherweise Gedanken machen, was ihre neue Theorie zu bedeuten hat, verspricht schon der Untertitel von Dürrs Sammlung, sie schrieben „über ihre Begegnung mit dem Wunderbaren" [22].

Deutlicher werden Dürrs eigene Vorstellungen von der Wissenschaft schon in seinem folgenden Buch, *Das Netz des Physikers*. Das Buch enthält eine relativ unzusammenhängende Sammlung eigener Texte überwiegend zu politischen Themen, einige aber auch zur Erkenntnistheorie. Darin verbreitet Dürr das gängige Klischee, naturwissenschaftliches Denken sei geeignet zum Erfassen von Einzelteilen, versage aber bei vernetzten oder komplexen Zusammenhängen. Dementsprechend plädiert er für eine „intuitive, ganzheitliche Betrachtungsweise der Welt" [23]. Einige Jahre später wird er noch deutlicher und erklärt, die Ganzheit der Welt sei „nicht durch die zerlegende Methode der Naturwissenschaft, sondern durch subjektive Innenansicht, durch religiöse Schau erfahrbar." Daneben macht er der Naturwissenschaft zum Vorwurf, dass sie wertfrei ist, ihre Forschungsgegenstände also nicht von vornherein in Form von Werturteilen betrachtet [24]. Dieser bizarre Vorwurf ist nur in Dürrs Vorstellung von Wissenschaftsethik zu verstehen: Darin plädiert er dafür, schon die Grundlagenforschung in allen Bereichen zu verbieten, in denen die Möglichkeit besteht, dass sich daraus irgendwann gefährliche Technologien entwickeln könnten. Das widerspricht natürlich dem Prinzip von Grundlagenforschung, dass man eben nicht weiß, zu welchen Erkenntnissen sie führen wird. Im Prinzip formuliert Dürr die fortschrittsfeindliche Umkehrung der heutzutage populären, aber ebenso unrealistischen Forderung, Grundlagenforschung nach ihrem zukünftigen Nutzen zu bewerten.

Dürrs folgende Bücher hatten wieder eher politische Schwerpunkte, und als er 1997 zu naturwissenschaftlichen Themen zurückkehrte, hatte er den Boden des Seriösen vollends verlassen. Er gab ein Buch über das pseudowissenschaftliche Konzept der morphischen Felder heraus, nach dem Strukturen und Formen in der Natur von einem geheimnisvollen, nicht messbaren Feld gesteuert sein sollen. In dem Buch wurde auch eine Art telepathische Verbindung zwischen Haustieren und Besitzern durch dieses morphische Feld behauptet. Obwohl es keinerlei vernünftige Anhaltspunkte für diese Vorstellung gibt, verteidigte Dürr die morphischen Felder und verglich sie mit Feldbegriffen aus den Quantentheorien. Bemerkenswert ist auch Dürrs Vorstellung, die morphischen Felder könnten zu einer „nachmaterialistischen Wissenschaft" führen, die „schon von der modernen Physik vorgezeichnet" werde [25]. Die Peinlichkeit für Dürrs Max-Planck-Institut wurde ein wenig dadurch gemildert, dass das Buch erst etwa gleichzeitig mit seinem Wechsel in den Ruhestand erschien.

2002 war Dürr wieder Mitherausgeber eines Buches mit pseudowissenschaftlichen Inhalten. In *What is Life* tauchten nicht nur die morphischen Felder wieder auf, sondern es konnten auch gleich mehrere Vertreter der Biophotonen-Lehre mit Dürrs Segen ihre Vorstellungen ausbreiten [26]. Wie sich in Abschn. 7.2 noch zeigen wird, ist dieses Konzept physikalisch vollkommen unplausibel und erklärt nichts, was nicht biologisch ohnehin schon besser erklärt worden wäre. Das hinderte Dürr nicht daran, 2012 beim Kongress „Erfahrung" in Köln aufzutreten, der inhaltlich in weiten Teilen wie eine Biophotonen-Werbeveranstaltung wirkte. Dort wurde auch der Erfinder der unseriösen Lehre, Fritz-Albert Popp, mit dem „Mind Award" für sein Lebenswerk ausgezeichnet [27].

Noch wesentlich problematischer als Dürrs Bücher waren seine Fernsehauftritte und Interviews, in denen er seine spekulativen, quasireligiösen Vorstellungen von der Quantenmechanik auch noch stark verkürzt und missverständlich darstellte [15, 28]. Zudem wurde der extreme Außenseiter dort auch noch regelmäßig als Repräsentant der wissenschaftlichen Lehrmeinung vorgestellt. Dabei wirkte Dürrs besonderes, aber fragwürdiges Talent: Er konnte Menschen das Gefühl geben, die Quantenmechanik endlich verstanden zu haben, während er in Wirklichkeit vor allem mit sachlich mehr oder weniger begründbaren, aber missverständlichen Schlagworten jonglierte. „Hans-Peter ist der erste Physiker, der mir das Gefühl gibt, dass es ihm wichtig ist, dass ich ihn verstehe", schrieb der Sänger Konstantin Wecker über Dürr. Die neue Weltsicht, die die Quantenmechanik Wecker eröffnet haben soll, gipfelt dann aber doch darin, dass in der Welt nichts geschehe, was nicht Auswirkungen auf das Gesamtgefüge hätte [29]. Diese These ließe sich weitaus eher aus der klassischen Physik herleiten als aus der Quantenmechanik, in der letztlich doch immer der Zufall eine Rolle spielt.

Einen besonderen Beitrag zur Verbreitung gefährlichen Halbwissens leistete ein Interview mit Dürr in der Zeitschrift *P.M.* im Mai 2007. Äußerungen wie „Im Grunde gibt es Materie gar nicht" oder Materie und Energie seien „geronnener, erstarrter Geist" werden in der Esoterikszene bis heute gerne zitiert. In dem Interview verglich Dürr auch menschliche Gefühle mit dem Feldbegriff der Quantenmechanik: „Es ist ein reines Informationsfeld – wie eine Art Quantencode." [30]. Der absurde Vergleich war möglicherweise nur als Analogie gemeint, verstanden wurde aber von vielen Laien, dass unsere Gefühle eine Verbindung zu einem universellen Informationsfeld seien. So zitiert der Münchener Heilpraktiker Michael Neuperth ganze Passagen aus dem Interview, wenn er „Heilung durch Harmonisierung der Lebenskraft" verspricht [31].

Berührungsängste hatte Dürr bei der Verbreitung seiner Botschaften ganz offensichtlich nicht. So ließ er sich 2011 im Auftrag der Biophotonen-Firma Quantica von der Journalistin Vesna Kerstan interviewen [32]. Kerstan hatte kurz vorher noch beim Internetprojekt Secret.tv des rechten Verschwörungstheoretikers Jan van Helsing gearbeitet, dessen Bücher zeitweise wegen Verdachts der Volksverhetzung beschlagnahmt waren [33].

Angesichts dieser wenig selektiven Auswahl seiner Gesprächspartner wundert es nicht, dass Dürr noch über seinen Tod hinaus eine Fangemeinde hat, die er sich als linker Friedensaktivist und Mitglied des August-Bebel-Kreises wahrscheinlich nicht hätte träumen lassen. So bezeichnet der Blogger

Aleksander Armbrust in seinem von sachlichen Fehlern strotzenden Nachruf Dürr als „eines meiner größten Idole und Mentoren" und rühmt sich, Dürr persönlich kennengelernt zu haben. Armbrust, der sich selbst als „der vegane Germane" bezeichnet, erklärt, Dürr beschriebe alles, wofür Armbrust „genauso einstehen würde" [34]. Wofür Armbrust ganz offen einsteht, ist die Verbreitung von Propaganda der verfassungsfeindlichen Reichsbürger-bewegung [35] und des Nazi-esoterischen Neuschwabenland-Forums [36] sowie Schlagzeilen wie „Europas Vermischung zu einer Negroid-Asiatischen Mischrasse mit IQ 90" [37]. Außerdem behauptet er ernsthaft, die Erde sei eine Scheibe [38].

Falls es Dürrs Absicht war, mit seinen weltanschaulichen Überlegungen innovative Beiträge zur Wissenschaft zu leisten, dann hat er das schlicht in den falschen Medien getan. Als wissenschaftliche Hypothesen hätte er sie in den entsprechenden Fachzeitschriften und auf Fachkonferenzen zur Diskussion stellen müssen. Dort hätten sich andere Wissenschaftler mit ähnlichen Schwerpunkten kompetent mit seinen Überlegungen auseinandersetzen können, hätten sie kritisieren, hinterfragen, übernehmen oder weiterentwickeln können.

Wenn jemand hingegen seine Vorstellungen in einer Talkshow äußert, können darauf nur Personen reagieren, die zufällig in dieselbe Talkshow eingeladen sind. Wer seine Thesen auf einer Esoterikerkonferenz äußert, kann sie dort eben nur mit Esoterikern diskutieren. Dürr hat also nicht die wissenschaftliche Diskussion gesucht, sondern sich da geäußert, wo von ihm Aussagen über den Stand der Wissenschaft erwartet wurden. Diesem Anspruch wurde er nicht gerecht, weshalb er bis heute als Kronzeuge für allerlei Unsinn zitiert wird.

Er hat sich also zumindest in einem Punkt selbst widerlegt: Es ist keineswegs ein Ergebnis der Physik, dass geronnener Geist zu Materie wird, jedenfalls nicht immer. Manchmal gerinnen derlei hochgeistige Gedanken auch einfach zu Quark.

Zum Mitnehmen

Als Direktor eines Max-Planck-Instituts galt Hans-Peter Dürr als bedeutender Physiker. Bekannt wurde er jedoch vor allem durch politische Aktivitäten mit Kontakten zum Regime der damaligen DDR. Später verbreitete er vor allem spekulative, religiöse und esoterische Aussagen, von denen an der Öffentlichkeit fälschlich der Eindruck entstand, sie enthielten wissenschaftlich gesicherte Erkenntnisse aus der Physik.

6.2 Burkhard Heim – ein Einzelgänger in der Sackgasse

Der 2001 verstorbene theoretische Physiker Burkhard Heim gilt Esoterikern als wissenschaftliches Genie, zu vergleichen mit Einstein, Heisenberg oder Stephen Hawking. In den 1950er-Jahren versuchte er sich an einer einheitlichen Theorie von Schwerkraft und Elektromagnetismus, später an einer Theorie der Elementarteilchen.

Wenn man Illobrand von Ludwiger, dem Autor diverser UFO-Bücher, glauben will, dann war Heim einer der größten deutschen Denker des 20. Jahrhunderts [39]. Der Esoteriker Dieter Broers, Autor reißerischer Bücher zur angeblichen Zeitenwende 2012, bezeichnet Heim als Ausnahmeerscheinung der modernen Wissenschaft und maßgeblichen Vordenker der Naturwissenschaft [40]. Der „Forschungskreis Heimsche Theorie" behauptet, Heim sei es gelungen, Einsteins Traum zu verwirklichen und „eine vollständig geometrische Beschreibung sämtlicher Kräfte und die Aufstellung einer Formel für die Massen der Elementarteilchen" zu entwickeln [41]. Jenseitsforscher meinen in seinen Arbeiten Ergebnisse zu finden, „die sich weitgehend mit den Übermittlungen unserer jenseitigen Lehrer decken" [42].

Den meisten heutigen Physikern dürfte Heim jedoch völlig unbekannt sein. Heims einzige wissenschaftliche Veröffentlichung in einer Fachzeitschrift mit dem in Abschn. 4.1 beschriebenen Peer-Review [43] wird in der Fachliteratur nicht zitiert, von anderen Wissenschaftlern also offenbar kaum wahrgenommen.

War Burkhard Heim also ein Spinner? War er ein wissenschaftlicher Außenseiter, ein Sonderling oder einfach nur unbedeutend – oder vielleicht doch ein verkanntes Genie? Wusste Burkhard Heim vielleicht gar zu viel und wird von einem Kartell der Wissenschaftler totgeschwiegen?

Ein Teil der Faszination von Burkhard Heim geht sicherlich von seiner tragischen Lebensgeschichte aus. 1925 geboren wurde er nach dem Abitur 1943 zum Militärdienst eingezogen und wegen seines Interesses für die Chemie von der Front zur Chemisch-Technischen Reichsanstalt abgestellt. Dort verlor er bei einer Explosion im Labor beide Hände und blieb zudem stark seh- und hörbehindert [44]. Da eine Tätigkeit im Labor nicht mehr infrage kam, studierte er nach dem Krieg Physik, spezialisierte sich in theoretischer Physik und erhielt 1956 sein Diplom [45]. Schon während des Studiums arbeitete Heim aber an einem ehrgeizigen Plan: Er wollte eine einheitliche Theorie der Schwerkraft und der elektromagnetischen Kräfte schaffen. An einer solchen Theorie hatte schon Einstein lange Zeit gearbeitet, und auch Heisenberg versuchte sich etwa gleichzeitig an diesem Thema – die Idee war also nicht ungewöhnlich. Auch Heims heute von seinen Verehrern als revolutionär gefeierte Vorgehensweise war schon für die damalige Zeit recht konventionell. Wie zuvor Einstein ging Heim von den Grundideen der allgemeinen Relativitätstheorie aus und versuchte, Schwerkraft und Elektromagnetismus zu verbinden, indem er zur vierdimensionalen Raumzeit zusätzliche Dimensionen hinzufügte, in denen er versuchte, die Kräfte zusammenzuführen. So gelangte er zu einer Theorie mit insgesamt sechs Dimensionen, in der die allgemeine Relativitätstheorie als Spezialfall enthalten ist.

Was Heim von den meisten Naturwissenschaftlern unserer Zeit unterschied, war seine Arbeitsweise: Er arbeitete bevorzugt allein und von zu Hause, gehörte keiner Arbeitsgruppe und keinem Institut an. Später arbeitete er zeitweise mit jeweils einem einzelnen, jüngeren, ihn verehrenden Mitarbeiter zusammen, den er aber von seiner Kriegsversehrtenrente nicht bezahlen konnte. Die selbstgewählte Isolation mag mit seiner Seh- und Hörbehinderung zu tun haben, die es ihm offenbar schwer machte, Gesprächen zu folgen oder auch nur regelmäßig ein Institut aufzusuchen, aber sie schnitt ihn auch von einem wichtigen Element moderner wissenschaftlicher Arbeit ab. Ohne den unmittelbaren Austausch von Ideen und die Möglichkeit, auch in einem vertraulichen Rahmen Kritik aufzunehmen, ist die Gefahr, sich in einen nicht zielführenden Ansatz zu verrennen, natürlich wesentlich größer. Stattdessen schickte Heim immer wieder Zusammenfassungen seiner Ergebnisse an prominente Wissenschaftler wie Albert Einstein, den amerikanischen Kernwaffenentwickler Robert Oppenheimer oder den sowjetischen Raketenbauer Leonid Sedov. Er erhielt nicht immer die erhofften Antworten. Sein Einzelgängertum führte außerdem dazu, dass er häufig eigene Symbole und Begriffe verwendete oder gebräuchliche Begriffe anders definierte, sodass seine Berechnungen für andere immer unverständlicher wurden.

Tatsächlich führte Heims mathematisch extrem anspruchsvolle Theoriebildung noch während seines Studiums zu einem interessanten Ergebnis: Die Verbindung von elektromagnetischen Kräften und der Schwerkraft in höheren Dimensionen führte zu der Vorhersage, dass es möglich sein müsste, durch elektromagnetische Wellen eine negative, also abstoßende Schwerkraft zu erzeugen. Heim bezeichnete diesen Effekt mit dem von ihm erfundenen Begriff „Kontrabarie". Da eine abstoßende Schwerkraft weder auf der Erde noch in astronomischen Messungen jemals beobachtet worden war, hätte der Schluss nahegelegen, dass die Theorie möglicherweise einfach nicht der Realität entspricht. Das kann bei einer neuen physikalischen Theorie immer der Fall sein, selbst wenn sie logisch und mathematisch vollkommen schlüssig ist. Das Gleiche hätte auch Einstein passieren können.

Heim war aber von der Richtigkeit seiner Theorie überzeugt, und er machte sie öffentlich – allerdings nicht unter seinen Fachkollegen aus der theoretischen Physik, mit denen er sie kritisch hätte diskutieren können. Da Heim die Chance sah, mit der abstoßenden Schwerkraft Raumschiffe anzutreiben, präsentierte er seine Ideen auf einer Konferenz über Raumfahrt. Auch die erste schriftliche Veröffentlichung der Theorie erfolgte nicht etwa in einer physikalischen Fachzeitschrift mit Peer-Review. Stattdessen erschien der Artikel in *Flugkörper,* einem Branchenblatt für Ingenieure, Techniker und Kaufleute aus der Rüstungs- und Raumfahrtbranche [46]. Heims extrem abstrakte mathematische Abhandlungen müssen für die überwältigende Mehrheit der Leser vollkommen unverständlich gewesen sein. Zu allem Überfluss erschien der Artikel auch noch auf vier Ausgaben der Zeitschrift verteilt, und der erste Teil erwähnt mit keinem Wort, was die ganzen Formeln eigentlich mit Flugkörpern zu tun haben. Dass es um einen Antrieb für Raumschiffe ging, konnte der Leser dann am Ende des zwei Monate später erschienenen Teils erfahren – falls er denn so lange durchhielt [47].

Die ausgesprochen ungeschickte und unwissenschaftliche Kommunikation war typisch für Heim. Er fühlte sich verfolgt, stellte seine Arbeiten immer nur bruchstückhaft oder in groben Zusammenfassungen vor und behielt den größten Teil seiner Arbeit für sich. Ein Heims Theorien ansonsten offenbar eher zugetaner Physiker, der die Gelegenheit hatte, in seinem Nachlass nach interessantem, unveröffentlichtem Material zu suchen, bezeichnete Heims Texte als „in didaktischer Hinsicht schlichtweg katastrophal" [48]. Wortschöpfungen wie „syntrometrische Maximentelezentrik", die er in einem anderen Text dann wieder „synmetronisch" nannte, hätte auch in Fachmedien niemand verstanden. Stattdessen tauchte Heim aber in Illustrierten wie *Bunte* oder *Quick* auf, in denen ohnehin niemand den Anspruch hatte, den bizarr erscheinenden Physiker zu verstehen [39].

Immerhin genügte Heims Präsentation seiner Theorie in der Raumfahrtbranche, um einige Unternehmen zu interessieren, die ihm Experimente zum Testen seiner Theorie finanzierten. Als Unterstützer Heims galt damals auch der frühere Mitbegründer der Quantenfeldtheorie, Pascual Jordan, der selbst seit Langem nicht mehr in der Forschung aktiv und unter Physikern wegen seiner Begeisterung für den Nationalsozialismus weitgehend isoliert war. Positive Ergebnisse seiner Experimente konnte Heim aber nicht präsentieren. Er kam jedoch nicht zu dem Schluss, dass er die von seiner Theorie vorhergesagte negative Schwerkraft deshalb nicht nachweisen konnte, weil sie schlicht nicht existiert und die Theorie daher offensichtlich falsch ist. Stattdessen begann er in den 1960er-Jahren, sich für Esoterik zu interessieren. Zusammen mit dem Freiburger Parapsychologen Hans Bender experimentierte Heim mit sogenannten Tonbandstimmen: Im Rauschen schlechter Tonbandaufnahmen meinte man damals, Stimmen aus dem Jenseits zu hören. Wenig überraschend brachte das weder Erfolge noch nennenswerte Forschungsgelder für eine Fortführung der Studien.

Unter dem Druck seiner Geldgeber, endlich Ergebnisse zu liefern, bemühte sich Heim um 1970 herum doch noch, seine Theorie in einem wissenschaftlichen Fachblatt zu publizieren. Den meisten kontaktierten Zeitschriften waren Heims Abhandlungen aber entweder zu lang oder zu vage, sodass er oft schon vor dem Peer-Review scheiterte. So bemängelte die Zeitschrift *Physical Review,* Heim kündige in der Überschrift bestimmte Gleichungen an, die im Artikel überhaupt nicht vorkämen [45]. Mit Unterstützung von Hans-Peter Dürr (siehe Abschn. 6.1) gelang es ihm schließlich 1977, in der *Zeitschrift für Naturforschung* seinen einzigen Artikel in einer Physik-Fachzeitschrift zu veröffentlichen. Darin skizziert er einen eigentlich schon damals veralteten Ansatz zur Beschreibung von Elementarteilchen. Der Artikel ist auch für Fachleute kaum zu verstehen, weil er nur einen Auszug aus Heims eigentlicher Arbeit darstellt, in dem Gleichungen und Ergebnisse ohne jede Herleitung vom Himmel fallen. Dem verwirrten Leser wird am Schluss empfohlen, sich direkt an Heim zu wenden, von dem er dann wiederum einen, immerhin detaillierteren, Auszug bestellen kann [43]. Warum die Gutachter im Peer-Review einen solchen Artikel zur Veröffentlichung angenommen haben, bleibt rätselhaft.

Eine negative Schwerkraft tauchte in Heims Artikel nicht mehr auf. Dafür behauptete er nun, die Massen aller Elementarteilchen aus Naturkonstanten errechnen zu können. Die Berechnungen zu dieser Behauptung fehlen im Artikel natürlich. Tatsächlich präsentierte Heim Jahre später eine Formel, mit der sich Werte reproduzieren lassen, die ungefähr den Massen der damals bekannten Teilchen entsprechen. Die Formel enthält aber eine Anzahl frei wählbarer Parameter, die er mal als „Konfigurationszonenparameter", mal als „strukturelle Besetzungskennziffern" bezeichnete und die man so setzen kann, dass immer die richtigen Ergebnisse herauskommen. Dem Mathematiker John von Neumann wird zu Berechnungen dieser Art das Zitat zugeschrieben: „Mit vier Parametern kann ich eine Formel an einen Elefanten anpassen, und mit fünf lasse ich ihn mit dem Rüssel wackeln." [49]. Unklar bleibt die Frage, wie sich diese Massenformel aus dem Rest von Heims Theorie ableitet. Ein entsprechender Artikel seiner Anhänger erklärt an den entscheidenden Stellen entweder, die betreffenden Teile der Formel seien empirisch (also auf Basis gemessener Werte) ermittelt, oder sie seien von Heim auf nicht näher erklärte Weise berechnet worden [50].

Anfang der 1980er-Jahre veröffentlichte Heim seine physikalische Theorie sowie mehrere eher esoterisch-mystische Texte schließlich doch noch in
Buchform. Das zweibändige Werk *Elementarstrukturen der Materie* erschien
allerdings nicht bei einem Wissenschaftsverlag, der auf die Einhaltung
gewisser Mindeststandards geachtet hätte, sondern bei einem österreichischen Esoterikverlag, der sonst Traktate wie *Wunder der Seligen* oder *Geheime
Mächte* verkauft. Entsprechend unlesbar ist Heims Werk: Es steckt voll von
eigenen Wortschöpfungen, selbstdefinierten Schreib- und Rechenweisen
sowie unbegründeten Behauptungen. Der erste Band entspricht nicht einmal formal den Mindestvoraussetzungen für wissenschaftliches Arbeiten:
Ohne Quellenangaben und ein Register ist es nicht möglich, die Begründung von Behauptungen nachzuprüfen oder gezielt nach Informationen im
Buch zu suchen [51].

Zu den Lesern, die am Versuch, Heims Logik zu verstehen, gescheitert
sind, gehört unter anderem der ganz sicher nicht unbegabte theoretische
Physiker Carl Friedrich von Weizsäcker [45]. Die Verantwortung dafür ist
nicht beim Leser zu suchen. Um zur Wissenschaft beizutragen, ist es zwingend erforderlich, seine Hypothesen, Methoden und Ergebnisse anderen
Wissenschaftlern mitzuteilen, damit diese sie prüfen und gegebenenfalls
verbessern können. Von den Kollegen im eigenen Fach nicht verstanden
zu werden, ist also kein Zeichen überlegenen Genies, sondern schlicht der
Beweis wissenschaftlich-methodischer Inkompetenz.

Kann es aber nicht doch sein, dass Burkhard Heim tatsächlich die Lösung
für eine der großen Fragen der Physik gefunden hat und ihm durch die Folgen seiner Verletzung schlicht die Möglichkeiten fehlten, sich angemessen
mitzuteilen? Schlummert im Nachlass des 2001 verstorbenen Physikers vielleicht doch ein Schatz, der nur auf einen ähnlich genialen Physiker wartet,
der in der Lage ist, ihn zu heben? Solange mögliche Kritiker Heims Theorie
nicht verstehen, können sie ja auch keine Fehler darin nachweisen …

Tatsächlich ist es aber, wie schon in Kap. 4 erwähnt, für eine brauchbare
naturwissenschaftliche Theorie nicht ausreichend, dass darin keine Fehler
gefunden werden. Eine Theorie muss die Realität beschreiben, sonst ist sie
wertlos, selbst wenn sie in sich völlig logisch und fehlerfrei wäre. Genau an
diesem Punkt sieht es für Heims Feldtheorie aber schlecht aus:

- Heims Anhänger verweisen als Argument für seine Theorie gerne auf
  die Massen der Elementarteilchen, die sich mit ihrer Formel berechnen
  lassen. Diese Berechnung ist aber keine Vorhersage, denn die zitierten
  Massen waren ja bei der Entwicklung der Formel schon gemessen, und
  durch die frei einstellbaren „Konfigurationszonenparameter" lässt sich die

Formel an viele Werte anpassen. Gibt man andere Parameter an, kommen Ergebnisse heraus, die zu keinem existierenden Teilchen passen. Eine beliebig komplexe Formel aufzustellen, die nicht einmal stringent aus der Theorie folgt und Zahlen reproduziert, die man schon kennt, ist keine besondere Errungenschaft.

- Das ursprüngliche Kernergebnis der Theorie war die Existenz negativer Schwerkraft aus elektromagnetischen Wellen, die im Labor messbar sein müsste. Da diese nicht gefunden wurde und sie bei den gewaltigen Fortschritten der Astronomie in den letzten 60 Jahren auch im All in Erscheinung treten müsste, wenn sie denn vorkäme, ist Heims Theorie in diesem Punkt als widerlegt anzusehen.

- Heims Theorie ist in vielerlei Hinsicht völlig antiquiert. Sie stammt aus den 1950er-Jahren und wurde notdürftig an experimentelle Erkenntnisse auf dem Stand von etwa 1980 angepasst, aber sie basiert ursprünglich auf dem Wissensstand der 1920er-Jahre. Die starke und schwache Kernkraft, die mit der Entstehung der Kernphysik entdeckt wurden, kommen in Heims Darstellungen seiner Theorie aus den 1980er-Jahren überhaupt nicht vor. Zu diesem Zeitpunkt wusste man längst aus einer weitaus belastbareren Theorie und entsprechenden Experimenten, dass die elektromagnetische Kraft, mit der Heim herumgerechnet hat, mit der von ihm übergangenen schwachen Kernkraft zusammengehört.

- Heim bestand auf Basis seiner Theorie noch 1982 darauf, dass Teilchen wie Protonen und Neutronen nicht aus Quarks oder anderen Unterstrukturen aufgebaut seien, obwohl das damals schon seit mehr als 15 Jahren weithin akzeptiert war. Inzwischen liegt eine solche überwältigende Menge an experimentellen Daten für die Quarks und die damit verbundene Theorie der starken Kernkraft vor, dass Heims Theorie auch in dieser Hinsicht eindeutig falsche Aussagen liefert.

- Schließlich behauptete Heim auf Basis seiner Theorie auch noch in den 1980er-Jahren, dass das Universum sich nicht ausdehne und kein Urknall stattgefunden habe. Gegen die überwältigenden experimentellen Belege dazu äußerte Heim damals einige Vorbehalte, die sich inzwischen zerschlagen haben. Auch in dieser Hinsicht ist seine Theorie also widerlegt.

Anstelle der sechs Dimensionen von Heims physikalischer Theorie der Materie ist in der Esoterikszene immer wieder von einer zwölfdimensionalen Theorie von Heim die Rede [52]. Die höheren Dimensionen werden dabei mit der Seele, Gott und ähnlichen Vorstellungen identifiziert. Die Idee der zwölf Dimensionen stammt aus der letzten Weiterentwicklung von Heims Theorie, die er 1996 mit dem Koautor Walter Dröscher veröffentlichte [53].

Hier tauchen plötzlich die starke und schwache Kernkraft sowie Quarks auf, das Universum dehnt sich aus, und die Theorie ähnelt auch formal weit mehr einer tatsächlichen Quantenfeldtheorie. Viele Formulierungen legen allerdings die Vermutung nahe, dass dieses Buch überwiegend von Dröscher geschrieben wurde. Es handelt sich jedoch auch hier um ein reines Physikbuch. Die „nichtmaterielle Seite", die darin mit den höheren Dimensionen identifiziert wird, bezeichnet einfach nur die physikalischen Wechselwirkungen. Seelen oder Gott kommen darin nicht vor. Unabhängig davon veröffentlichte Heim noch drei kleine Bändchen, im Wesentlichen Manuskripte seiner Vorträge, zu esoterisch-weltanschaulichen Themen, in denen er auch mathematische Formalismen benutzt, diese aber nicht aus seiner Feldtheorie herleitet [54–56]. Der angebliche Zusammenhang der höheren Dimensionen seiner Feldtheorie mit einem Informationsraum, der Seele oder Gott wurde Heim offensichtlich erst nach seinem Tod von seinen Anhängern untergeschoben. Er findet sich auch nicht bei Heims Biografen Illobrand von Ludwiger, aber zum Beispiel 2008 in einem Artikel des Hare-Krishna-Anhängers Marcus Schmieke [57].

Zusammenfassend muss man sagen, dass Heim anfangs sicher ein ernsthaft bemühter und wahrscheinlich auch im Prinzip begabter Physiker war. Seine Feldtheorie war ein interessantes und als Denkleistung respektables Konzept, aber sie war schon bei ihrer Formulierung in den 1950er-Jahren als Beschreibung der Realität widerlegt. Bei der Veröffentlichung in Buchform Anfang der 1980er-Jahre war sie auch noch konzeptionell hoffnungslos veraltet und nicht einmal im Ansatz eine Konkurrenz für das wesentlich modernere, experimentell gut bestätigte Standardmodell. Sie heute noch zu verbreiten, ist aus wissenschaftlicher Sicht einfach vollkommen lächerlich. Dennoch gab es noch im Jahr 2010 Versuche, Heims Vorstellungen wieder in der ernsthaften Wissenschaft zu platzieren. Merkwürdigerweise geschah das genauso, wie Heim damals angefangen hatte: Mit der Idee eines Antriebs durch negative Schwerkraft auf Raumfahrtkonferenzen – nur jetzt in den USA [58].

Der besondere Wert von Heims Texten für seine Verehrer dürfte heute aber in einem ganz anderen Bereich liegen. Gerade ihre Unverständlichkeit macht sie geheimnisvoll und gibt ihnen den Anschein, sogar den Horizont der besten Wissenschaftler unserer Zeit zu übersteigen. Dass Heim sich auch noch mit Esoterik beschäftigt hat, macht ihn zu einer Art neuzeitlichem Nostradamus: In seine kryptischen Texte und Berechnungsfragmente kann man hineininterpretieren, was einem gerade nützlich erscheint. Widerspruch hat man kaum zu befürchten.

Zum Mitnehmen

Burkhard Heim war kein zweiter Einstein, sondern ein aufgrund seiner Behinderung isolierter wissenschaftlicher Außenseiter. Seine zentrale Theorie ist nur unvollständig dokumentiert, kaum nachvollziehbar und führt zu nachweisbar falschen Ergebnissen.

6.3 Markolf Niemz – ein Physiker behauptet, die Ewigkeit zu entschlüsseln

Kehren wir kurz zu Herrn Kaufmann aus der Einleitung zurück. Einige Monate nach seinen wirtschaftlichen und gesundheitlichen Problemen erleidet Herr Kaufmann einen Herzinfarkt. In seinem Nervensystem werden Endorphine und andere Botenstoffe ausgeschüttet, um die Schmerzen und die Panik verarbeiten zu können. Diese Stoffe, auch als körpereigene Drogen bekannt, verzerren seine Wahrnehmung. Kurz darauf hört sein Herz auf zu schlagen. Das Gehirn wird nicht mehr mit Sauerstoff versorgt. Nervenzellen sterben daraufhin nicht sofort ab, aber ihre Funktion wird von Minute zu Minute immer mehr beeinträchtigt, und ihr Zusammenspiel funktioniert nicht mehr. Schon nach Sekunden, noch bevor die Funktion des Gehirns eingeschränkt wird, versagt die Netzhaut der Augen; ein Effekt, den Kampfpiloten als den gefürchteten Blackout bei extremen Flugmanövern erleben. Herr Kaufmann hat Glück im Unglück. Nach wenigen Minuten wird er wiederbelebt; die bleibenden Schäden am Herzmuskel halten sich in Grenzen, und sein Gehirn ist nicht dauerhaft geschädigt. Während er das Bewusstsein wiedererlangt, konstruiert sich sein Gehirn eine Erinnerung an die Zeit seiner Bewusstlosigkeit. Darin vermischen sich Reste von Sinneswahrnehmungen mit Halluzinationen, Erinnerungen an frühere Ereignisse und traumähnlichen Erfahrungen beim Aufwachen. Hinzu kommen die psychologisch gut untersuchten Erinnerungsverfälschungen, Interpretationen und Sinnzuschreibungen, die unser Gehirn immer vornimmt, wenn es die Vergangenheit aufarbeitet.

Über seine Erfahrungen rund um den Herzstillstand berichtet Herr Kaufmann Folgendes: Er hatte den Eindruck, eine Grenze zu überschreiten, und befand sich nach den vorhergehenden Schmerzen in einem Gefühl der Ruhe und des Friedens. Er hatte die Wahrnehmung, seinen Körper zu verlassen und sich in einem dunklen Raum zu befinden. Herr Kaufmann hatte also eine sogenannte „Nahtoderfahrung".

Um Erfahrungen dieser Art hat sich ein ganzes Forschungsfeld mit einer Unzahl mehr oder weniger wissenschaftlicher Veröffentlichungen gebildet, wobei ein großer Teil der verbreiteten Interpretationen stark religiös geprägt ist. Tatsächlich sind solche Phänomene aber ausgesprochen selten: Nur jede zehnte wiederbelebte Person berichtet von Erinnerungen, die ins Schema der „Nahtoderfahrungen" passen [59]. Alle anderen haben entweder gar keine oder völlig andere Erinnerungen. Dementsprechend basieren die meisten Publikationen dazu auf sehr kleinen Patientenzahlen, und man findet in den entsprechenden Studien regelmäßig absurde Scheingenauigkeiten wie „11,1 % der 63 Überlebenden berichteten über Erinnerungen". Im zitierten Fall basiert also die ganze Studie auf den Erzählungen der elf Prozent von 63, also sieben Patienten [60]. Der von Nahtod-Autoren gerne verwendete Begriff „klinisch tot" für solche Patienten mit vorübergehender Bewusstlosigkeit ist ebenfalls irreführend. Mit dem Tod scheinen solche „Nahtoderfahrungen" jedenfalls wenig zu tun zu haben: Unter den Personen, die von solchen Erfahrungen berichten, war tatsächlich nur rund die Hälfte überhaupt in Lebensgefahr. Eine größere Rolle spielt offenbar die Psyche: Die meisten glaubten nämlich beim Verlust ihres Bewusstseins, sie würden sterben [61]. Von sehr ähnlichen Erfahrungen berichten auch Menschen, die (zum Beispiel im Krieg) Momente extremer Angst durchlitten haben, auch wenn sie keinen Herzstillstand hatten. Sehr ähnlich sind auch die Erinnerungen von Menschen mit extremen Schlafstörungen wie Schlafparalyse oder Narkolepsie – nur sind Außenstehende dort heutzutage weitaus weniger geneigt, in die Berichte etwas Übersinnliches hineinzuinterpretieren [59]. Schließlich sind die Berichte über „Nahtoderfahrungen" auch alles andere als einheitlich: Die Mehrzahl der Betroffenen berichtet von einem angenehmen Gefühl; manche haben den Eindruck, sie hätten ihren Körper verlassen; einige berichten von einem dunklen Raum, andere von einem hellen Licht. Ein Teil der Betroffenen hat auch die Erinnerung, einer anderen Person oder einem übernatürlichen Wesen begegnet zu sein [62].

Trotz all dieser Ungereimtheiten und der Tatsache, dass sich alle beschriebenen Erfahrungen problemlos durch ein Zusammenspiel organischer und psychologischer Faktoren erklären lassen, werden solche „Nahtoderfahrungen" immer wieder als angeblicher Beleg zitiert für ein außerhalb des Gehirns existierendes Bewusstsein oder für ein Leben nach dem Tod. Wirklich bizarr wird es aber, wenn derlei fragwürdige Thesen auch noch mit pseudowissenschaftlichen Behauptungen über angebliche physikalische Erkenntnisse aus diffusen Patientenerinnerungen vermengt werden.

Am fehlenden physikalischen Verständnis kann es bei Markolf Niemz eigentlich nicht liegen, denn er ist Professor für Physik und Medizintechnik an der Universität Heidelberg. Seine Publikationen weisen ihn als Experten für medizinische Anwendungen von Lasern aus. Ein Physikprofessor, der auf den Titelseiten seiner Bücher wissenschaftliche Erkenntnisse über ein Leben nach dem Tod verspricht – das Interesse in religiösen und esoterischen Kreisen war groß und der Sprung auf die Sachbuch-Bestsellerlisten nicht weit. Auf Niemz' ersten Erfolg, *Lucy mit c: Mit Lichtgeschwindigkeit ins Jenseits,* der im Jahr 2005 noch im Selbstverlag erschien [63], folgten noch zwei Bände nach dem gleichen Prinzip: eine fiktionale Rahmenhandlung, in die der Erzähler pseudophysikalische Behauptungen einbettet, weshalb die Bücher mal als Wissenschaftsromane, mal als Sachbücher bezeichnet werden. Inzwischen bei namhaften Verlagen etabliert, konnte Niemz dann 2013 in *Bin ich, wenn ich nicht mehr bin?* behaupten, die Ewigkeit entschlüsselt zu haben [62].

Die Argumentation in Niemz' Büchern dreht sich immer wieder um einen zentralen Punkt: Ein kleiner Teil der Menschen mit „Nahtoderfahrungen" berichtet, in einem dunklen Raum oder Tunnel ein heller werdendes oder sich näherndes Licht gesehen zu haben. Hierin meint Niemz einen Effekt aus der Relativitätstheorie wiedererkannt zu haben. In Abschn. 2.1 hatten wir gesehen, dass die erste brauchbare Messung der Lichtgeschwindigkeit auf der Aberration des Lichts von Sternen basierte: Während sich die Erde um die Sonne bewegt, scheint das Licht der Sterne etwas mehr von vorne zu kommen, als es nach der Position der Sterne eigentlich sollte, ähnlich wie Regentropfen von schräg vorne auf die Windschutzscheibe eines fahrenden Autos treffen. Könnte man sich extrem schnell bewegen und schließlich der Lichtgeschwindigkeit annähern, dann müsste ein immer größerer Teil des Lichts von vorne einfallen und man müsste die Wahrnehmung haben, eine sehr helle Lichtquelle vor sich zu haben. Dieses Gedankenexperiment wird gelegentlich auch als Scheinwerfereffekt bezeichnet. Aus der vagen Ähnlichkeit dieses Effekts mit der Beschreibung einzelner „Nahtoderfahrungen" folgert Niemz, dass die Seele nach dem Tod auf Lichtgeschwindigkeit beschleunigt wird und so ins Jenseits eingeht. Einen weiteren irgendwie sinnvollen oder nachprüfbaren Beleg für diesen behaupteten Zusammenhang liefert er nicht. Es handelt sich um ein klassisches Argumentationsmuster der Esoterik: Was ähnlich aussieht, und sei die Ähnlichkeit noch so sehr an den Haaren herbeigezogen, muss doch irgendeinen tieferen Sinnzusammenhang haben.

Auf dieser abenteuerlichen Überlegung baut der gesamte Rest von Niemz' Argumentation auf: Die These, die Seele werde nach dem Tod auf Lichtgeschwindigkeit beschleunigt, setzt er im Folgenden voraus. Da ein Objekt, das Masse hat, nach der Relativitätstheorie nie die Lichtgeschwindigkeit erreichen kann, muss die Seele masselos sein – alles Materielle bleibt also auf der Erde zurück. (Dass das nicht einmal nach der Relativitätstheorie Sinn ergibt, unterschlägt Niemz: Etwas Masseloses müsste immer Lichtgeschwindigkeit haben, könnte also nicht mehr beschleunigt werden.) Je schneller ein Beobachter beschleunigt wird, desto langsamer vergeht für ihn die Zeit. Bei Lichtgeschwindigkeit müsste die Zeit folglich stehenbleiben – logisch, genau das muss die Bibel meinen, wenn von der Ewigkeit die Rede ist. Die Längen stehender Objekte werden aus der Sicht eines beschleunigten Beobachters immer kürzer – auch das ergibt für Niemz Sinn, denn die Welt der Sterblichen verliert für die beschleunigende Seele an Bedeutung. Schließlich mengt er auch noch fröhlich die Quantenmechanik in seine Physik der Sauerstoffmangel-Halluzinationen: Nach dem Welle-Teilchen-Dualismus sei die Seele auch eine Welle, die sich in alle Richtungen gleichzeitig ausbreitet und sich damit im zur Bedeutungslosigkeit zusammengeschrumpften Raum der realen Welt auch überall gleichzeitig aufhält.

Zur Rechtfertigung seiner Thesen greift Niemz in *Bin ich, wenn ich nicht mehr bin?* in eine altbekannte Kiste: Darwin, Einstein und Heisenberg seien auch von Kollegen für verrückt erklärt worden und hätten schließlich Recht behalten. Was zumindest in Bezug auf Einstein von dieser Argumentation zu halten ist, findet sich ja bereits ausführlich in Abschn. 2.4. Daraus folgert Niemz, jede Hypothese müsse als wahr gelten, bis man das Gegenteil beweisen kann. Damit stellt er die Logik der Wissenschaftstheorie auf den Kopf: Dass eine Hypothese nicht widerlegt ist, heißt nur, dass sie wahr sein könnte, nicht, dass sie wahr ist. Glaubwürdigkeit erhält sie nur durch erfolgreiche Überprüfung. Um überhaupt als Hypothese gelten zu können, muss eine Behauptung aber wenigstens im Prinzip widerlegbar sein – es muss also klar sein, durch welche Beobachtung sie widerlegt wäre – und bizarrerweise gibt Niemz gleich im folgenden Absatz selbst zu, dass seine Jenseitsthesen genau das nicht sind [62].

Als Hinführung zu seiner Interpretation der „Nahtoderfahrungen" verspricht Niemz auch noch „die wichtigste Botschaft der Quantentheorie". Bei der vollmundig angekündigten Erkenntnis handelt es sich aber um eine der üblichen, missverständlichen Plattitüden, die in der Welt des Quantenquarks regelmäßig strapaziert werden: „Alles hängt mit allem zusammen." Da diese Behauptung nicht nur bei Niemz, sondern auch bei vielen anderen religiösen und esoterischen Autoren auftaucht, lohnt sich ein etwas genauerer Blick.

Begründet wird die angeblich in allem zusammenhängende Welt meist mit der Möglichkeit, dass entfernte Teilchen miteinander verschränkt sein können, wie in Abschn. 3.4 dargestellt. Dummerweise verschwindet diese Verschränkung aber gerade, sobald eines der Teilchen in irgendeinen Kontakt mit der Außenwelt kommt und Dekohärenz eintritt. Hinzu kommt, dass, wie wir in Abschn. 3.4 gesehen haben, über Verschränkung allein keine Informationen übertragen werden können. Die Verschränkung einzelner Teilchen ist als Beleg für das angebliche globale Zusammenhängen also denkbar ungeeignet. Die Annahme, man müsse die ganze Welt in eine Berechnung einbeziehen, ist in der Quantenmechanik also genauso sinnlos wie in der klassischen Physik.

Dass es Niemz nicht in erster Linie um Wissenschaft, sondern um Glaubenssätze geht, zeigt sich am deutlichsten, wenn er sich zur Biologie äußert. So präsentiert er Bilder von sechseckigen Strukturen in Eiskristallen, Insektenaugen und Bienenwaben sowie von spiralförmigen Strukturen in Pflanzen, Schneckenhäusern und Galaxien und erklärt dazu: „So viel Ordnung lässt sich mit Zufall allein nicht erklären, sondern verlangt geradezu nach einer übergeordneten Vernunft – nach einem Gott." Das ist das zentrale Argument des *Intelligent Design,* eines aus den USA stammenden Versuchs, die biblische Schöpfungslehre zur Wissenschaft zu erklären. Einige Seiten später distanziert Niemz sich ausdrücklich vom *Intelligent Design* und bezeichnet es als pseudowissenschaftlich. Dann kündigt er eine dritte Antwort neben Schöpfungslehre und Evolution an. Diese dritte Antwort führt aber direkt wieder in die Denkweise des *Intelligent Design* und damit der Schöpfungslehre: „Hier ist jemand oder etwas am Werk gewesen und hat diese lebensstiftenden Naturgesetze aufgestellt." [62].

Selbstverständlich steht es jedem Menschen frei, seine religiösen Überzeugungen zu pflegen und weiterzuverbreiten. Problematisch wird es, wenn dabei der Eindruck erweckt wird, es handele sich um wissenschaftliche Erkenntnisse. Das passiert, wenn die Glaubenssätze mit pseudowissenschaftlichen Argumenten untermauert werden und immer wieder betont wird, der Autor spreche als Physiker. Die Universität Heidelberg scheint mit dem merkwürdigen Wissenschaftsverständnis ihres Professors jedoch kein Problem zu haben: Das Erscheinen seiner Bücher wurde mehrfach in Pressemeldungen oder im universitätseigenen Journal freudig verkündet [64–66].

Zum Mitnehmen

Die Beschreibungen von „Nahtoderlebnissen" haben mit der Relativitätstheorie etwa so viel zu tun wie das „Sternesehen", wenn man sich den Kopf gestoßen hat, mit der Astronomie.

In der Quantenmechanik hängt genauso viel oder genauso wenig „alles mit allem zusammen" wie in der klassischen Physik. Dementsprechend lassen sich aus keiner dieser Theorien irgendwelche Aussagen über ein „Jenseits" ableiten.

6.4 Die schwache Quantentheorie – zwar eine schwache Theorie, aber ohne Quanten

In diesem Kapitel hat sich gezeigt, dass private Meinungsäußerungen von Physikern nicht notwendigerweise etwas mit Physik oder überhaupt mit Wissenschaft zu tun haben, selbst wenn ihre Urheber Professoren, Institutsdirektoren oder sogar hochdekorierte Preisträger sind. Auch dass ein Außenseiter seine Ideen in einzelnen wissenschaftlichen Veröffentlichungen in Fachmagazinen platzieren konnte, macht sie noch nicht zu wissenschaftlichen Erkenntnissen. Was ist aber, wenn Professoren gemeinsam gleich mehrere Publikationen in Fachzeitschriften zu ein und demselben Konzept verfasst haben? Das klingt nach einem guten Indiz für Wissenschaftlichkeit.

Wenn man sich an Kap. 3 erinnert, sollte man aber hellhörig werden, wenn ein bekannter Wissenschaftler in einer großen deutschen Tageszeitung unter Berufung auf genau das genannte Konzept behauptet, der Trainer der Fußball-Nationalmannschaft müsse eine quantenmechanische Verschränkung zwischen seinen Spielern herstellen [67]. Verschränkung ist ein Phänomen, das nur zwischen einzelnen Teilchen oder extrem kalten, kleinen Teilchensystemen (bis zur Größe von Molekülen) auftritt, die komplett von der Außenwelt abgeschnitten sind. Eine Verschränkung im Sinne der Quantenmechanik kann es also zwischen Menschen, die zwangsläufig in vielfältiger Weise mit ihrer Umwelt verbunden sind, nicht geben. Nun könnte man annehmen, der Urheber der merkwürdigen Behauptung, der Parapsychologe und Physiker Walter von Lucadou, habe hier einfach bildhafte sprachliche Anleihen bei der Physik gemacht, um ein völlig anderes Phänomen zu verdeutlichen, für das es keine eigenen Begriffe gibt. Dazu passt seine Argumentation aber nicht. Erstens handelt es sich nicht um eine erkennbar bildhafte Übertragung von Begriffen, denn von Lucadou spricht in dem Interview immer wieder von Quantenphysik und beschreibt ausführlich Phänomene aus der Physik. Wer bildhaft eine empfindliche Person als Mimose bezeichnet, verbindet das in der Regel nicht mit einem ausgiebigen botanischen Traktat über tropische Zierpflanzen. Zweitens verdeutlicht die Verwendung von Fachbegriffen aus der Physik überhaupt nichts, denn die allermeisten Menschen können sich unter einer quantenmechanischen Verschränkung wesentlich weniger vorstellen als unter dem Mannschaftsgeist, um den es hier eigentlich geht. Drittens besteht auch überhaupt keine Notwendigkeit, hier neue Begriffe einzuführen, denn das, worüber von Lucadou spricht, ist in der Sozialpsychologie altbekannt, lange erforscht und mit ganz normalen, verständlichen Begriffen belegt [68].

Noch hellhöriger kann man werden, wenn aus dem gleichen Konzept abgeleitet wird, dass Arzneimittel eine von einem Wirkstoff abhängige Wirkung haben, obwohl sie diesen Wirkstoff überhaupt nicht enthalten. Ziemlich verblüffend wäre auch ein wissenschaftlich fundiertes Konzept, aus dem sich ergibt, dass Menschen in der Lage sind, Nachrichten von Toten zu empfangen oder technische Geräte durch die Kraft ihrer Gedanken zu beeinflussen.

An dem Konzept, um das es hier geht, der sogenannten schwachen Quantentheorie, zeigt sich, dass die Grundsätze der wissenschaftlichen Methode, wie sie in Kap. 4 dargestellt sind, im realen Wissenschaftsbetrieb nicht immer optimal umgesetzt sind. Formuliert wurde die schwache Quantentheorie von dem Psychologieprofessor Harald Walach in Zusammenarbeit mit dem Physikprofessor Hartmann Römer und dem Physiker Harald Atmanspacher. Die erste Veröffentlichung erfolgte 2002 in einer Zeitschrift über spekulative, philosophische Themen zur Physik [69]. Bei dieser Zeitschrift gibt es einen Peer-Review, aber die Grundsätze der Zeitschrift sagen ausdrücklich, eine Veröffentlichung bedeute nicht, dass die Gutachter den veröffentlichten Ideen zustimmen. Sie sollen lediglich sicherstellen, dass die Darstellung klar genug ist und ein fachkompetenter Leser sich selbst ein Bild machen kann. Ein Leser aus einem anderen Fach wird das in der Regel nicht können. Die zweite Veröffentlichung war ein Jahr später in einer Zeitschrift für Alternativmedizin zu lesen, bei der der Autor Walach selbst der Herausgeber ist [70]. In den kommenden Jahren folgte eine Flut von Artikeln unter Beteiligung der immer gleichen drei Autoren in unterschiedlichen, aber sich wiederholenden Zeitschriften über Philosophie, Psychologie, Biologie und Alternativmedizin. Über die Veröffentlichung in einer Zeitschrift entscheiden im Peer-Review Gutachter aus dem jeweiligen Fachgebiet. Eigentlich soll das der erste Schritt der kritischen wissenschaftlichen Prüfung einer These sein. Wenn eine Idee, die sich auf die Physik beruft, einmal in einer Zeitschrift zur Physik veröffentlich ist, dann wird ein Gutachter aus der Psychologie kaum noch Kritik an ihrer physikalischen Argumentation vorbringen, wenn er diese denn überhaupt versteht. Kritik gab es aber natürlich immer wieder, vor allem von Physikern und außerhalb der Fachzeitschriften [71, 72]. Die Kritik hatte auch mindestens einen Effekt: Inzwischen bezeichnen die Autoren ihre eigene Schöpfung lieber als generalisierte Quantentheorie, was offenbar weniger Angriffsfläche für Wortspiele gibt als der ursprüngliche Name.

Inhaltlich fällt an der schwachen Quantentheorie vor allem eines auf: Quanten kommen darin überhaupt nicht vor. Stattdessen entnehmen Walach und Kollegen aus der Quantenmechanik vor allem zwei Begriffe:

Komplementarität und Verschränkung. Diese werden dann auf Sachverhalte übertragen, die mit Quanten oder überhaupt mit Physik nichts mehr zu tun haben.

Dass zwei Größen komplementär sind, bedeutet in der Physik, dass zwischen diesen Größen die Heisenberg'sche Unschärferelation (siehe Abschn. 3.1) gilt, sie also nicht gleichzeitig mit beliebiger Genauigkeit gemessen werden können. Je genauer man eine der beiden Größen misst, desto weniger kann man noch über die andere erfahren. Komplementarität ist also ein für die Physik genau festgelegter Fachbegriff, der nur innerhalb der Quantenmechanik einen Sinn ergibt. Walach überträgt diesen Fachbegriff auf mehr oder weniger beliebige Wortpaare aus der Alltagswelt, die einen Sachverhalt aus unterschiedlichen Blickwinkeln beschreiben. Als Beispiele nennt Walach selbst Begriffspaare wie „Materie – Geist" oder „Prozess – Ergebnis" [73]. In welchen Fällen ein solcher komplementärer Zusammenhang zwischen Größen überhaupt relevant ist, wäre in der Quantenmechanik leicht auszurechnen: Die Unschärferelation gibt das Verhältnis an, wie genau man eine Größe messen kann, wenn man gleichzeitig die andere misst. Für Objekte in der Größe unseres Alltagslebens sind diese Ungenauigkeiten völlig irrelevant, und die entsprechenden Komplementaritäten damit auch.

Walach kann zu seinen komplementären Begriffen natürlich keine Unschärferelation angeben. Die Ähnlichkeit der schwachen Quantentheorie mit einer tatsächlichen Quantentheorie reicht in diesem Punkt also nicht sonderlich weit. Daher können Walach und seine Koautoren die Sinnhaftigkeit ihrer Begriffsdefinition auch nicht aus der Quantenmechanik ableiten. Es ist natürlich legitim, gleiche Begriffe anders zu definieren als in der Physik. Der Begriff „komplementär" im Sinne von „ergänzend" existierte ja auch lange, bevor ihn die Quantenmechanik mit ihrer konkreten Definition versehen hat. Es muss aber klar sein, dass mit dieser anderen Definition auch etwas anderes gemeint ist. Wie sieht es mit dem Begriff der Verschränkung aus?

In der Quantenmechanik bedeutet Verschränkung, dass mehrere Teilchen oder kleine Teilchensysteme einen gemeinsamen Zustand bilden und sich wie ein Objekt verhalten. Dies tritt nur dann auf, wenn diese Teilchen vollständig von der Außenwelt abgeschlossen sind. Auch wenn das gerne behauptet wird, ist nach der Quantenmechanik eben nicht alles mit allem verschränkt. Will man für ein Teilchen eine Verschränkung mit Objekten der Außenwelt erzeugen, ist das Ergebnis nichts weiter als eine Messung: Alle Quanteneffekte verlieren sich, und das ganze System verhält sich einfach nach den Regeln der klassischen Physik. Walach wendet auch diesen Begriff auf Alltagsobjekte an: Psychotherapeuten sind für ihn mit ihren

Patienten verschränkt, Jäger mit ihren Beutetieren. Die Voraussetzung dafür soll das Vorliegen komplementärer Größen sein. Warum das eine Voraussetzung sein soll, bleibt rätselhaft – in der Physik gibt es einen solchen Zusammenhang zwischen komplementären Größen und Verschränkung nicht. Dort werden je nach betrachtetem System bei manchen Messungen an verschränkten Teilchen komplementäre Größen gemessen, in anderen Fällen nicht. Auch das Konzept der Verschränkung in der schwachen Quantentheorie ist also etwas grundsätzlich anderes als in der Quantenmechanik. Es kann nicht mit der Physik begründet werden, dass sich aus einer Verschränkung im Sinne der schwachen Quantentheorie irgendwelche Konsequenzen ergeben. Wenn die schwache Quantentheorie Objekte als verschränkt bezeichnet, ergibt sich nicht aus der Physik, ob zwischen diesen Objekten irgendein Informationsaustausch stattfindet oder sie anderweitig gemeinsame Eigenschaften haben. Ein solcher Beweis müsste für die schwache Quantentheorie komplett neu erbracht werden.

Ein weiterer Aspekt aus der Quantenmechanik, der in die schwache Quantentheorie übernommen wurde, ist die Idee eines sehr abstrakten mathematischen Formalismus. In der Quantenmechanik dient ein solcher Formalismus dazu, die Zusammenhänge von Quantenzuständen und messbaren Observablen abzubilden. Damit kann die Quantenmechanik konkrete, quantitative Vorhersagen über die zu messenden Werte dieser Observablen machen. Diese konkreten und zutreffenden Vorhersagen sind letztlich der Hauptgrund, weshalb sich die Quantenmechanik als physikalische Theorie durchgesetzt hat. Der Formalismus der schwachen Quantentheorie imitiert diese mathematische Vorgehensweise. Er geht von einfacheren Annahmen aus als die Quantenmechanik, weil Aspekte wie die Unschärferelation für die betrachteten Objekte und Begriffe offensichtlich nicht relevant sind. Aus diesem vereinfachten Satz von Annahmen entwickelt die schwache Quantentheorie einen Formalismus, der dem der Quantenmechanik stark ähnelt.

Auch diese Vorgehensweise ist im Prinzip legitim und ähnelt der Vorgehensweise bei der Entwicklung neuer physikalischer Theorien. Einen Sinn hat das Ganze letztlich nur, wenn sich daraus auch Erkenntnisse über die Realität gewinnen lassen. Dazu müssten die folgenden Punkte erfüllt sein:

1. Den einzelnen Elementen des mathematischen Modells müssten konkrete Größen aus der Realität zugeordnet sein.
2. Diese Größen müssten quantitativ abbildbar gemacht werden, sodass man Werte erhält, mit denen ein mathematischer Formalismus rechnen kann.

3. Die so aus dem Formalismus abgeleiteten Vorhersagen müssten experimentell überprüft werden.
4. Die dabei gewonnenen Erkenntnisse über die Realität müssten über das hinausgehen, was man aufgrund anderer Theorien ohnehin schon weiß.

Zu Punkt 1 gab es seit der Vorstellung der schwachen Quantentheorie einige Bemühungen, vor allem in Grenzbereichen der Psychologie und in der Alternativmedizin (zum Beispiel in [70, 74, 75]). Selbst Schritt 2 liegt jedoch nach Aussage der Entwickler der schwachen Quantentheorie „noch für eine lange Zeit außer Reichweite" [76].

Interessanterweise räumen die Autoren der schwachen Quantentheorie selbst ein, dass ihr Konzept ohne experimentellen Nachweis reine Science-Fiction ist. Das Ziel müsste also eigentlich sein, diesen experimentellen Nachweis möglichst schnell zu erbringen. Bedauerlicherweise erklären aber die gleichen Autoren im nächsten Moment, dass die von ihnen behaupteten Verschränkungen gar nicht experimentell prüfbar seien [77]. Experimente setzten kausale Strukturen voraus, die es in den von ihnen behaupteten Systemen nicht gäbe. Dabei wird der Eindruck erweckt, diese Probleme mit der Wahrheitsfindung träfen auch auf die realen Verschränkungen der Quantenmechanik zu. Walach erklärt ausdrücklich, die Nachweise von wirklichen quantenmechanischen Verschränkungen seien keine echten Experimente, weil die Messwerte nur mit Erwartungen aus der Quantenmechanik verglichen würden [78]. Das ist schlicht falsch, denn gerade bei Photonen lassen sich Verschränkungen auch völlig ohne Rückgriff auf die Quantenmechanik nachweisen [79]. Tatsächlich gehören Verschränkungen, gerade wegen ihrer scheinbar paradoxen Eigenschaften und der spannenden Fragen, die sich daraus ergeben, zu den am besten experimentell untersuchten Phänomenen der modernen Physik.

Letztlich bleiben mangels experimenteller Nachweise als Begründung für die schwache Quantentheorie nur Aussagen der folgenden Art: „Vermutlich ist die ganze Welt, ob Makro, Meso oder Mikro, nach den gleichen Gesetzmäßigkeiten bzw. Strukturen aufgebaut." [78]. Oben wie unten, groß wie klein – das hat nichts mit Wissenschaft zu tun, sondern ist einer der zentralen Glaubenssätze der Esoterik.

Mit einem Konzept, das mehr oder weniger nach Belieben Zusammenhänge zwischen nicht zusammenhängenden Dingen konstruiert, lässt sich natürlich so ziemlich jeder esoterische oder pseudowissenschaftliche Unsinn begründen. Die Erfinder der schwachen Quantentheorie präsentieren reichlich mögliche Anwendungsfelder – durchweg ohne Experimente, die die Anwendbarkeit belegen könnten. Neben der Verschränkung von Therapeut und Patient in der Psychoanalyse sollen bei den haarsträubenden und mitunter menschenverachtenden sogenannten Familienaufstellungen wildfremde Stellvertreter durch Verschränkungen Nachrichten von abwesenden oder toten Personen empfangen [69]. In der Homöopathie soll laut Walach nicht nur Wasser, das nach wiederholtem Verdünnen kein einziges Wirkstoffmolekül mehr enthält, mit dem fehlenden Wirkstoff verschränkt sein. Er sieht auch noch eine Verschränkung zwischen den Symptomen der Patienten und den zum Teil völlig absurden Wirkstoffauswahlen der Homöopathie [70] (zu denen zum Beispiel Hundekot, radioaktiver Abfall oder Reste der Berliner Mauer gehören). Zweideutigkeiten und Täuschungen unserer Wahrnehmung, aus denen man eigentlich viel über (selbst-)kritisches Denken und die Notwendigkeit wissenschaftlichen Hinterfragens lernen könnte, werden ebenfalls aufgrund vager Ähnlichkeiten als Quanteneffekte verkauft [74]. Auch in der Parapsychologie soll die schwache Quantentheorie durch Verschränkungen fragwürdige Effekte wie Telepathie, Fernheilung, Hellsehen und Psychokinese plausibler erscheinen lassen [75].

Angesichts dieser vielfältigen Anwendungsmöglichkeiten sollte man eigentlich erwarten, dass Esoteriker unterschiedlichster Couleur die schwache Quantentheorie mindestens ebenso begeistert aufnehmen und zitieren müssten wie Burkhard Heims Feldtheorie oder Hans-Peter Dürrs geronnenen Geist. Tatsächlich wird Walachs Theorie aber vergleichsweise selten als Beleg angeführt. Die meisten Anhänger finden sich noch unter den Quantenheilern, über die in Kap. 7 noch zu sprechen sein wird, und gelegentlich bei den Familienaufstellern. Auf der Tagung der Deutschen Gesellschaft für Systemaufstellungen 2016 wurde in einem Vortrag über „Quantenphysik und Aufstellungen" die schwache Quantentheorie immerhin kurz erwähnt, aber dann ist dem Referenten Walachs Theorie offenbar doch zu anspruchsvoll. In der Folge argumentiert er lieber damit, dass eine Skizze von vier Zuständen in einem Quantencomputer (vier Punkte als Raute angeordnet) doch ähnlich aussähe wie die Anordnung von vier Personen in einer Aufstellung. Die Frage, welche Anordnung von vier Punkten ihn *nicht* an eine Aufstellung erinnert hätte, bleibt zumindest im schriftlichen Konferenzbericht unbeantwortet [80].

Aus der Homöopathie kommen sogar eher ablehnende Stimmen zur schwachen Quantentheorie. In einem Buch mit dem Titel „Wissenschaftliche Homöopathie" wird die schwache Quantentheorie abgelehnt, weil sie den unantastbaren Lehren des 1843 verstorbenen Säulenheiligen der Homöopathie, Samuel Hahnemann, widerspricht [81]. Auf dem „Quantenhomöopathie"-Blog findet der gleiche Autor die schwache Quantentheorie „nicht zielführend", weil sie die Verschränkung nicht mit Hahnemanns Lebenskraft und „der Kommunikation der elementaren Lebensformen" in Verbindung bringe [82].

Bemerkenswert große, wenngleich wenig wohlwollende Aufmerksamkeit erfährt die schwache Quantentheorie ausgerechnet in der Skeptikerszene, die Heim bislang kaum zur Kenntnis nimmt und Dürr eher mit pietätvoller Zurückhaltung behandelt [71, 83]. 2012 erhielt Harald Walach von der deutschen Skeptikerorganisation Gesellschaft zur wissenschaftlichen Untersuchung von Parawissenschaften (GWUP) und der österreichischen Gesellschaft für kritisches Denken (GkD) den satirischen Negativpreis „Das Goldene Brett vorm Kopf" [84]. Die auf den ersten Blick überraschende Entrüstung über eine Theorie, die es kaum aus dem Elfenbeinturm herausgeschafft hat, hat ihre Gründe: Hinter der schwachen Quantentheorie verbirgt sich ein Angriff auf die Wissenschaftlichkeit an sich. Während Walach einerseits einräumt, dass ihm experimentelle Belege für seine Thesen fehlen, bestreitet er gleichzeitig mithilfe seiner These die Aussagekraft gerade der sorgfältig durchgeführten Experimente.

Experimente zu gesundheitlichen Fragen am Menschen gehören zu den schwierigsten und zugleich wichtigsten Forschungsthemen überhaupt. Man will logischerweise möglichst wenige Patienten Belastungen und Risiken aussetzen, muss aber gleichzeitig irgendwie nützliche Informationen aus einem der komplexesten Untersuchungsgegenstände überhaupt, dem Menschen, herausholen. Um in diesem Dilemma die bestmöglichen Ergebnisse zu erzielen, hat sich eine Methode etabliert, die nach heutigem Wissensstand die mit Abstand beste ist, um systematische Fehler ebenso wie bewusste oder unbewusste Manipulationen zu minimieren. Die Patienten werden im Losverfahren in mindestens zwei etwa gleich große Gruppen eingeteilt, von denen eine die tatsächliche Behandlung, die andere eine möglichst identisch wirkende Scheintherapie erhält. Weder Patienten noch Behandler, Untersucher oder irgendjemand anders, der die Möglichkeit hätte, Patienten oder Ergebnisse zu beeinflussen, darf bis zum Feststehen der Ergebnisse erfahren, welcher Patient zu welcher Gruppe gehört. Daher bezeichnet man diese Form von Studien als Doppelblindversuche.

Solche methodisch sauberen Versuche findet Walach allerdings „überhaupt keine gute Idee", weil sie zu angeblichen Verschränkungen zwischen den beiden Patientengruppen führen würden [70]. Stattdessen schlägt er unpraktikable und fehlerträchtige Studiendesigns vor, die dazu führen würden, dass wirkungslose Therapien scheinbare Heilungserfolge zeigten und wissenschaftlich bestätigt erschienen – zum Schaden kranker Menschen.

Auch in der Parapsychologie wird die schwache Quantentheorie genutzt, um gerade die wissenschaftlich soliden Arbeitsweisen abzulehnen. Da die Grundidee der wissenschaftlichen Methode das gegenseitige kritische Hinterfragen von Ergebnissen ist, kommt dem Wiederholen angezweifelter Experimente eine zentrale Rolle zu. Wenn ein Experiment ein brauchbares

Ergebnis geliefert hat, dann muss eine Wiederholung durch andere Wissenschaftler unter gleichen Bedingungen im Rahmen der statistischen Streubreiten das gleiche Ergebnis liefern. Führen solche Wiederholungsexperimente mehrfach zu widersprechenden Ergebnissen, dann muss man davon ausgehen, dass das erste Experiment durch methodische Fehler oder einen unglücklichen statistischen Ausreißer ein falsches Ergebnis geliefert hat. Wiederholungsexperimente und Experimente mit hohen Fallzahlen und guter Statistik sind also unverzichtbare Kontrollmechanismen. Ausgerechnet diese lehnen Walach und seine Koautoren gerade für die statistisch anspruchsvolle Parapsychologie ab. Auch hier sehen sie eine Verschränkung am Werk, und zwar zwischen den Ergebnissen der einzelnen Experimente. Da eine Verschränkung aber keine Information transportieren dürfe, könne bei solchen Wiederholungsexperimenten ja kein gleiches Ergebnis herauskommen [85]. Die Argumentation ist so albern, dass sie sich kaum ein Satiriker ausdenken könnte, aber sie läuft letzten Endes darauf hinaus, fehlerhafte oder zufällige, aber erwünschte Ergebnisse in der Parapsychologie vor kritischer Überprüfung zu schützen.

Zusammenfassend muss man sagen, dass die schwache Quantentheorie ihrem Namen nicht gerecht wird. Es handelt sich schon allein deshalb nicht um eine Quantentheorie, weil darin keine Quanten vorkommen. Die Quantisierung, also die Einteilung von Energie in kleinste Einheiten, die der Quantenmechanik ihren Namen gegeben hat, ist in der schwachen Quantentheorie nicht enthalten. Enthalten sind vor allem zwei Begriffe, die aus der Quantenmechanik abgekupfert sind, aber eine andere Bedeutung erhalten haben, und ein mathematischer Formalismus, dessen Realitätsbezug vorsichtig gesagt unbewiesen ist. Um der schwachen Quantentheorie eine Aussagekraft für die Realität zuschreiben zu können, wäre eine sorgfältige experimentelle Überprüfung unverzichtbar. Bis dahin handelt es sich streng genommen überhaupt nicht um eine Theorie, sondern allenfalls um eine Hypothese. Selbst eine Hypothese muss, um wissenschaftlich zu sein, aber wenigstens das Ziel verfolgen, experimentell prüfbar zu werden. Dafür fehlen derzeit nicht nur prüfbare klare Aussagen: Die schwache Quantentheorie wird auch noch verwendet, um gerade die zuverlässigsten experimentellen Methoden für eine Überprüfung anzugreifen.

Zum Mitnehmen

Die schwache oder verallgemeinerte Quantentheorie hat mit Quanten nichts zu tun. Sie entnimmt der Quantenmechanik lediglich Begriffe und Formalismen, gibt ihnen dabei aber neue Definitionen. Experimentelle Belege, dass dabei eine sinnvolle Theorie herausgekommen ist, gibt es nicht.

6.5   Brauchen wir eine Quantenphilosophie?

Tiefgreifende neue Erkenntnisse der Naturwissenschaft haben immer auch philosophische Fragen aufgeworfen. Die Ersten, die sich diese Fragen gestellt haben, waren in der Regel schon die Naturwissenschaftler, die diese Theorien aufgestellt hatten. Schon Galilei, Newton und Darwin haben sich ausgiebig mit den philosophischen und damit zur damaligen Zeit zwangsläufig auch theologischen Implikationen ihrer Arbeit auseinandergesetzt. Im Fall von Galilei und Darwin waren es auch gerade diese philosophischen Betrachtungen und nicht etwa nur die naturwissenschaftlichen Ergebnisse, die zu den heftigen Reaktionen aus dem religiösen Umfeld geführt haben.

Im Fall der Relativitätstheorie war es vor allem das zunehmende Auseinanderfallen von naturwissenschaftlicher Erkenntnis und subjektiver Wahrnehmung der Realität im Alltag, das philosophische Fragen aufgeworfen hat. Begriffe, die wir ganz selbstverständlich benutzen, wie „gleichzeitig", ergeben nach der Relativitätstheorie für Objekte an unterschiedlichen Orten keinen Sinn mehr. Auch hier wurde die philosophische Diskussion vor allem von fachkundiger Seite geführt: Bertrand Russell, der sich, neben Einstein selbst, ausgiebig mit der Problematik beschäftigt hat, war nicht nur Philosoph, sondern auch Mathematiker [86].

Das gleiche Problem eines Auseinanderlaufens von Wissenschaft und Alltagsverstand besteht natürlich auch bei der Quantenmechanik. Das gilt insbesondere für das seltsam anmutende Verhältnis von Quantenzuständen zu messbaren Größen, Werten und Objekten, das im Rahmen der Diskussionen über die „Interpretation" der Quantenmechanik von Anfang an philosophische Fragen aufgeworfen hat. Innerhalb der Philosophie betrifft dies vor allem das Gebiet der Ontologie, also die Frage, was eigentlich Wirklichkeit ist. Ein Quantenzustand kann eindeutig definiert sein, aber zu ganz unterschiedlichen Messwerten führen, die im Rahmen der vom Zustand vorgegebenen statistischen Wahrscheinlichkeiten zufällig sind. Daher gibt es gute Argumente dafür, den Quantenzustand als die eigentliche Wirklichkeit und den Messwert nur als ein Abbild davon zu betrachten. Was aber passiert dann bei dem Schritt zwischen dieser Wirklichkeit der Quantenzustände und unserer wahrnehmbaren Wirklichkeit aus Objekten, Messgrößen und ihren gemessenen Werten? Die in Abschn. 3.1 als denkbare Antworten auf diese Frage vorgestellten Interpretationen der Quantenmechanik sind letztlich auch rein philosophische Überlegungen: Es ist bis heute nicht gelungen, aus den unterschiedlichen Interpretationen experimentell unterscheidbare Schlussfolgerungen zu ziehen. Auch wenn Versatzstücke aus diesen

Interpretationen immer wieder dafür herangezogen werden: Parapsychologische Phänomene, eine Wirkung nicht vorhandener Wirkstoffe, ein Leben nach dem Tod oder Energie aus dem Nichts sind mit einer Interpretation nicht plausibler als mit einer anderen.

Auch hier wurde die philosophische Diskussion zunächst einmal von den Fachwissenschaftlern geführt. Heisenberg zum Beispiel diskutierte ausführlich und auch an ein nicht fachkundiges Publikum gerichtet die grundlegenden Fragen, die sich aus Quantenmechanik und Relativitätstheorie ergeben. So kontrastierte er die von ihm vertretene Kopenhagener Deutung mit anderen Interpretationen der Quantenmechanik, und er erläuterte die Probleme für Begriffe von Ursache und Wirkung, wenn die Ergebnisse einer Messung im Rahmen statistischer Wahrscheinlichkeiten zufällig sind. In der Folge diskutierte er auch die politischen und ethischen Auswirkungen der Erforschung der Physik, einerseits bei der Entwicklung von Kernwaffen, andererseits als Modell für internationale Zusammenarbeit am Beispiel des damals gerade gegründeten Teilchenforschungszentrums CERN. Er sah die moderne Physik auch im Kontrast zum westlichen Materialismus des 19. Jahrhunderts und spekulierte, ein Verständnis fernöstlicher Philosophie könnte Studierenden das Verstehen der modernen Physik eventuell erleichtern. Anders als viele moderne Esoteriker behaupten, sagte er aber nicht, antike fernöstliche Lehren würden durch die moderne Physik bestätigt – es ging ihm lediglich um strukturell ähnliche Modellvorstellungen. Vielmehr bekannte er sich klar zur Rationalität und leitete aus der modernen Physik die Notwendigkeit ab, Begriffe klar zu definieren und ihren Gültigkeitsbereich abzugrenzen [87]. Dass genau das oft nicht getan wird, ist, wie wir noch sehen werden, eine der wichtigsten Ursachen von Quantenquark.

Deutlich spekulativer als Heisenberg äußerte sich etwa zur gleichen Zeit, in den 1950er-Jahren (und damit rund 20 Jahre nach seinem Katzenbeispiel), Erwin Schrödinger. Schrödinger setzte voraus, dass die Welt im Gehirn entstünde, drückte sich aber recht schwammig dazu aus, ob er damit die tatsächliche Existenz einer realen Welt bestreiten oder nur unserer wahrgenommenen Welt eine eigene Bedeutung zuschreiben wollte. Das Problem, dass eine solche Welt dann ja gleichzeitig in sehr unterschiedlichen Gehirnen entstehen müsste, umging Schrödinger, indem er die Welt als „Gedanken Gottes" bezeichnete und sich dazu auf den Philosophen Baruch de Spinoza aus dem 17. Jahrhundert berief [88]. Auffällig ist, dass Schrödinger seine Vorstellungen nicht etwa aus der Quantenmechanik, sondern eher aus allgemeinen philosophischen Betrachtungen und religiösen Überzeugungen herleitete. Die Vorstellung, dass sich, wenn nicht die Entstehung der Welt, so doch zumindest der Übergang von Quantenzuständen zu messbaren Objekten und Werten, im Gehirn des Beobachters vollziehen könnte, wurde zur damaligen Zeit auch von anderen Pionieren der modernen Physik wie Eugene Wigner und John von Neumann diskutiert [89].

Diese Überlegungen sind bezeichnend für eine Generation von Physikern, die noch in der Welt der klassischen Physik – und in einer Welt, in der Gottesglaube ein ganz selbstverständlicher Teil des Lebens war – aufgewachsen sind und damit kämpften, den Sinn und die Tragweite ihrer eigenen Entdeckungen einzuordnen. Ihre weltanschaulichen Überlegungen sollten aus der Zeit heraus betrachtet und keinesfalls als Erkenntnisse der Physik missverstanden werden. Das Gefühl, am Entstehen einer neuen Sicht der Welt mitzuarbeiten, mag auch die Versuchung mit sich gebracht haben, die Bedeutung dieser neuen Erkenntnisse außerhalb der Physik zu überschätzen oder in populärwissenschaftlichen Darstellungen zu übertreiben. Diese Gefahr müssen Werner Heisenberg, Erwin Schrödinger und Max Born selbst gesehen haben, als sie alle in eigenen Schriften davor warnten, Konzepte aus der Physik anderen Lebensbereichen überzustülpen. Heisenberg riet auch ausdrücklich davon ab, mit der Autorität des Physikers politische Aussagen zu treffen – ein Ratschlag, an den sich gerade sein Günstling Hans-Peter Dürr später nicht halten würde.

Wie weit sich spätere Physikergenerationen auch in ihren philosophischen Betrachtungen von solchen Überlegungen entfernt haben, zeigte sich schon in den 1990er-Jahren bei dem Begründer des Quarkmodells, Murray Gell-Mann. Für Gell-Mann war es ganz selbstverständlich, dass Quantenzustände die eigentliche Realität sind, aus der die Objekte und Messwerte der klassischen Physik durch Dekohärenz hervorgehen. Er wehrte sich jedoch bereits nachdrücklich gegen „Tatsachenverdrehungen" wie die Behauptung, über die Quantenverschränkung ließen sich übernatürliche Phänomene erklären oder Informationen schneller als mit Lichtgeschwindigkeit übertragen. Hinsichtlich der Interpretationen der Quantenmechanik folgte er einer Art weiterentwickeltem Viele-Welten-Modell. Darin betrachtete er alles, was dekohärent, also mit der Außenwelt in Kontakt ist, als Teil derselben Welt auch im Sinne der klassischen Physik – und damit als Teil unserer normalen Realität [90]. Heutige Physiker mögen unterschiedlichen Interpretationen zuneigen oder sich vielleicht auch gar nicht damit beschäftigen; ein weit überwiegender Teil von ihnen dürfte aber dahingehend mit Gell-Mann übereinstimmen, dass sie zwischen der Gültigkeit der Quantenmechanik und dem Existieren einer Realität auch im klassischen Sinne keinen Widerspruch sehen. Die Fragen, auf die Heisenberg oder Schrödinger keine Antworten gefunden haben, sind also bis heute nicht abschließend beantwortet, und möglicherweise sind sie auch gar nicht beantwortbar. Sie sind aber dennoch in der Physik kaum noch Teil des Diskurses – ähnlich wie die noch für Galilei entscheidende Frage, was es weltanschaulich bedeutet, dass die Erde nicht der Mittelpunkt des Universums ist.

Philosophische Debatten über die Bedeutung der modernen Physik werden allerdings nicht nur unter Physikern geführt. Das ist so lange kein Problem, wie die Aussagen, mit denen argumentiert wird, die Erkenntnisse der Physik korrekt und halbwegs dem aktuellen Stand entsprechend wiedergeben. Auch hier gilt natürlich der Grundsatz, dass nicht jede Aussage eines Wissenschaftlers eine wissenschaftliche Aussage ist.

Dass diese einfache Minimalanforderung auch bei angesehenen Autoren aus der Welt der akademischen Philosophie nicht immer berücksichtigt wird, zeigt sich insbesondere in der Strömung des radikalen Konstruktivismus, der die Existenz einer vom einzelnen Beobachter unabhängigen Realität komplett bestreitet. Der Begründer des radikalen Konstruktivismus, Ernst von Glasersfeld, zitierte in seinem 1995 erschienenen Grundlagenwerk *Radical Constructivism* eine zum damaligen Zeitpunkt bereits 40 Jahre alte Aussage von Werner Heisenberg, der Gegenstand der Naturwissenschaft sei heute „nicht mehr die Natur an sich, sondern die der menschlichen Fragestellung ausgesetzte Natur". Zwar bedauerte Glasersfeld im nächsten Satz, in ihrer täglichen Arbeit folgten dieselben Physiker weitaus eher dem Standpunkt des Realismus, berief sich aber in einer Fußnote gleich noch auf acht weitere, ausnahmslos schon seit Jahrzehnten verstorbene, berühmte Physiker [91]. Ob Heisenbergs Zitat überhaupt als Bestätigung für den Konstruktivismus taugt, ist fraglich, denn dass das Ergebnis einer wissenschaftlichen Untersuchung von der Untersuchungsmethode abhängt, dürfte auch kein Realist bestreiten. Dass viele Pioniere der Quantenmechanik sich uneindeutig über die Physik als Beschreibung der Realität geäußert haben, dürfte jedoch vor allem damit zusammenhängen, dass viele ihrer Zeitgenossen und anfangs möglicherweise auch sie selbst Schwierigkeiten hatten, die Quantenzustände anstelle der leichter vorstellbaren Teilchen als die Realität zu akzeptieren. Indes ist es wenig überraschend, dass Physiker in ihrer überwältigenden Mehrheit im philosophischen Sinne Realisten sind: Was sollte einen Menschen, der der Ansicht ist, es gäbe keine Realität, dazu motivieren, als Naturwissenschaftler sein Leben der Erforschung eben der Realität zu verschreiben?

Glasersfelds Kooperationspartner Leslie Steffe beruft sich in seiner Darstellung des radikalen Konstruktivismus mit Max Born auf einen noch älteren Physiker und zitiert dafür eine Aussage von Born, ihm sei klar geworden, ausnahmslos alles sei subjektiv [92]. Diese Folgerung Borns bezog sich jedoch überhaupt nicht auf die moderne Physik, sondern auf eine Diskussion über die Wahrnehmung der Farbe von Laub. Diese Diskussion, so Born, habe er schon zu Schulzeiten geführt, also lange vor dem Entstehen der Quantenmechanik. Liest man das Essay „Symbol and Reality", aus dem das aus dem Zusammenhang gerissene Zitat stammt, zu Ende, so wird deutlich, dass Born alles andere als konstruktivistisch gedacht hat: „Ein Theoretiker, der, abgetaucht in seine Formeln, die Phänomene vergisst, die er erklären will, ist kein wirklicher Wissenschaftler, und wenn seine Bücher ihn von der Schönheit und Vielfalt der Natur entfremdet haben, würde ich ihn als bedauernswerten Narren bezeichnen" [93].

Neben antiquierten Betrachtungen aus der Frühzeit der modernen Physik sind es vor allem populärwissenschaftliche Darstellungen, über die Zerrbilder der Physik den Eingang in wissenschaftliche Texte der Philosophie und angrenzender Fächer finden. Dabei tauchen immer wieder die Bücher des schon in Abschn. 3.5 erwähnten Wissenschaftsjournalisten und Astrophysikers John Gribbin auf. In seinem Beitrag für einen Band zu „Konstruktivismus und Umweltbildung" zitiert der Hamburger Pädagogikprofessor Helmut Schreier ein Buch von Gribbin, es könne sein, dass wir durch die Beobachtung kosmischer Strahlung „den Urknall und das Universum erschaffen" [94]. Der Mainzer Politologieprofessor Siegfried Schumann zitiert in seiner Zusammenfassung zur empirischen Sozialforschung unter der Kapitelüberschrift „Zusammenbruch des materialistisch-deterministischen Weltbildes" gleich mehrfach lange Passagen aus den Büchern von Gribbin. Auf dieser zweifelhaften Basis folgert er nicht nur, die Quantenphysik sei holistisch in dem Sinne, dass alles mit allem zusammenhinge, sondern auch, dass bei einer Messung der Beobachter das Ergebnis bestimme [95]. In seinem Lehrbuch zur Einführung in die Philosophie der konstruktivistischen Wissenschaft schreibt Stefan Jensen eingangs, seine Argumentation setze Grundkenntnisse der Quantenphysik voraus. Unter seinen Quellen findet sich neben antiquierten Texten aus der Vorkriegszeit, vor allem von Einstein, und populärwissenschaftlichen Büchern des Einstein-Biografen Abraham Pais auffällig häufig John Gribbins Buch über Schrödingers Katze. So gelangt er zur verzerrten Interpretation der Quantenmechanik, Realität entstünde immer nur lokal durch das Handeln eines menschlichen Beobachters [96]. Josef Größchen, bis 2013 Fachleiter für die Ausbildung der Philosophielehrer an der Universität Koblenz, erklärt zur Wissenschaftstheorie, ausdrücklich unter Berufung auf die Physik, der Beobachter sei aufgefordert, sich selbst in seine Beobachtungen mit einzubeziehen. Zur Begründung zitiert er einen Vortrag von Niels Bohr aus dem Jahr 1927 nach einem populärwissenschaftlichen Buch von John Gribbin [97].

Im Nachgang zu seinem bereits in Abschn. 4.2 erwähnten Nonsens-Artikel in der Zeitschrift *Social Text* arbeitete Alan Sokal gemeinsam mit dem belgischen Physikprofessor Jean Bricmont die Motivation für sein provokantes Täuschungsmanöver in einem Buch auf. Darin prangerten die beiden eine Vielzahl verzerrender oder schlicht falscher Darstellungen von Physik und Mathematik in postmodernen Strömungen der Geistes- und Sozialwissenschaften an. Unter den kritisierten Autoren finden sich anerkannte Wissenschaftler wie die Psychoanalytiker Jacques Lacan und Luce Irigaray, die Literaturwissenschaftlerin Julia Kristeva, der Soziologe Bruno Latour sowie die Philosophen Gilles Deleuze und Félix Guattari [98].

Die hier oder bei Sokal und Bricmont angeführten Extrembeispiele von verzerrter Physik sollten natürlich nicht ernsthaft auf das gesamte Feld der Philosophie oder gar auf die gesamten Geisteswissenschaften verallgemeinert werden. Sie sind jedoch auch keine reinen Einzelfälle und erklären die Frustration, die sich im pointierten Kommentar der Frankfurter Quantengravitationsforscherin Sabine Hossenfelder entlädt: „Wenn ein Philosoph über Elementarteilchen spricht, lauf weg." [99].

Hochgradig spekulative philosophische Überlegungen zur Interpretation der Quantenmechanik gibt es natürlich auch heute noch, auch von sachlich kompetenten Physikern. Sie werden nur weitaus weniger beachtet, weil die meisten Physiker dort heute schlicht kein Problem mehr sehen, das es zu lösen gäbe.

Solche Überlegungen kommen zum Beispiel von Hossenfelders Frankfurter Physikerkollegen Thomas Görnitz, bis zu seinem Ruhestand 2009 Professor für Didaktik der Physik, und seiner Frau, der Psychologin Brigitte Görnitz. Die beiden betrachten die Welt als aufgebaut aus kleinsten Informationseinheiten, analog zur Quantisierung von Kräften in der Quantenfeldtheorie, und bezeichnen dies als Protyposis. Davon ausgehend diskutieren sie Experimente im Grenzbereich zwischen Quantenzuständen und sich klassisch verhaltenden Teilchen, zum Beispiel mit dem schon in Abschn. 3.2 erwähnten Quantenradierer. Diese Experimente zeigen, dass der Übergang zwischen beiden Zuständen fließend ist, und die Ergebnisse sind oft selbst aus der Sicht der klassischen Physik wenig spektakulär, weil die Quanteneffekte in diesem Übergangsbereich häufig nur als kleine Korrekturen zu den statistisch zu erwartenden klassischen Messwerten auftreten. Görnitz betrachtet dies aber nun aus der Sicht einzelner Informationseinheiten und fordert eine genaue Festlegung, wann in diesem Übergangsbereich die Information eines Teilchens unveränderbar feststeht. Görnitz' Antwort ist: spätestens dann, wenn ein menschlicher Beobachter sie wahrgenommen hat. So führt er den bei diesem fließenden Übergang eigentlich überflüssigen bewussten Beobachter wieder ein und gelangt zu einer im Prinzip legitimen, aber sehr altmodischen Variante dessen, was wir in Abschn. 3.1 als Kopenhagener Deutung der Quantenmechanik kennengelernt haben. Auf dieser Überlegung bauen Thomas und Brigitte Görnitz ein ganzes Quantenmodell des Bewusstseins auf [100]. Die Aussagen zu physikalisch messbaren Phänomenen entsprechen denen der Quantenmechanik und somit auch den anderen Interpretationen und den experimentellen Messungen. Somit ergibt sich eine legitime, aber zumindest aktuell nicht experimentell prüfbare Spekulation, die aus den genannten Gründen in Fachkreisen auf wenig Interesse stößt. Problematisch wird es, wenn sich eine solche Spekulation, die auch noch Bezüge zum menschlichen Bewusstsein enthält, in Esoterikkreisen verbreitet, dort als wissenschaftliche Erkenntnis missverstanden und ähnlich den Ideen von Dürr oder Heim als Rechtfertigung für allerlei Quantenquark missbraucht wird. Die Gefahr besteht in diesem Fall durchaus: 2011 und 2012 veröffentlichten Thomas und Brigitte Görnitz ihre Ideen in der der Hare-Krishna-Bewegung nahestehenden Esoterikzeitschrift *Tattva Viveka*, buchstäblich im selben Heft mit Hans-Peter Dürr, Harald Walach, dem Biologie-Pseudowissenschaftler Rupert Sheldrake und dem Hare-Krishna-Begründer Bhaktivedanta [101, 102]. 2017 erschien dann in der gleichen Zeitschrift ein Artikel von Stephan Krall, in dem Görnitz' Protyposis unter anderem als Erklärung für Gedankenübertragung präsentiert wird [103]. Ein Buch über den Umgang mit dem Tod aus dem Jahr 2015 zitiert Görnitz neben Sheldrake und Dürr als Beleg für die Existenz einer unsterblichen Seele [104].

Da das Philosophieren ja grundsätzlich nicht den Philosophen an Universitäten vorbehalten ist, finden sich weltanschauliche Betrachtungen zur Bedeutung der Quantenmechanik durchaus auch außerhalb des Wissenschaftsbetriebs. In diesen Fällen wird eventuellen Missverständnissen oder verzerrten Darstellungen dann eben auch nicht einmal mehr durch die mehr oder weniger sachkundige Kritik aus dem eigenen Fach begegnet.

Zu dieser Art Quantenphilosophie zählt das Buch *Der Quantensprung des Denkens* der promovierten Philosophin und Fernsehredakteurin Natalie Knapp. Der Untertitel „Was wir von der modernen Physik lernen können" und der Klappentext legen zunächst die Vermutung nahe, es ginge lediglich darum, tatsächliche oder vermeintliche Prinzipien der Physik in einer Art Analogieschlüsse als Anstöße zum Denken zu wählen. Stattdessen wird ein Zerrbild der Quantenmechanik dafür missbraucht, das Streben nach nachprüfbarem Wissen und somit das wissenschaftliche Denken überhaupt zu diskreditieren. Die Autorin spricht vom „Mythos der Objektivität" und bezeichnet die Existenz einer objektiven Wirklichkeit als „nur ein Weltbild".

Populärwissenschaftlich vertretbare Darstellungen von Physik wechseln mit typischen Argumentationsmustern des Quantenquarks: Aus einem falsch verstandenen Beobachtereffekt wird gefolgert: „Auf paradoxe und unverständliche Weise ist unser Bewusstsein ein Teil der Materie." Dazwischen taucht die bekannte Behauptung auf, nach der modernen Physik stünde alles mit allem in Verbindung. Schließlich wird ausgerechnet die pseudowissenschaftliche Biophotonen-Lehre, die uns in Abschn. 7.2 noch beschäftigen wird, als zweifelsfreie wissenschaftliche Erkenntnis verkauft. Als Grund für ihren Frontalangriff auf das wissenschaftliche Denken gibt die Autorin an, dass dieses „unsere gegenwärtigen ökologischen, ökonomischen und sozialen Probleme" nicht zu lösen vermöge [105]. In einer Welt, in der sich schon wenige Jahre nach Erscheinen des Buchs Wissenschaftler weltweit gegen „alternative Fakten", Verschwörungsglauben und Klimawandelleugnung verbünden müssen, scheint ein solcher Aufruf zum faktenfreien Denken einer seltsam fernen Zeit zu entstammen.

Vollends dem Bereich der Esoterik zuzurechnen sind die „Quantenphilosophie"-Bücher des Biologen und Erfinders elektromagnetischer Therapiegeräte Ulrich Warnke. Sie beschränken sich nicht auf die philosophische Reflexion tatsächlicher oder vermeintlicher Erkenntnisse aus der Physik, sondern machen auch Tatsachenbehauptungen, die experimentell nachprüfbar wären, wenn sie nicht in so offensichtlichem Widerspruch zu geprüften Erkenntnissen der Naturwissenschaft stünden, dass sich weitere Experimente vollends erübrigen. Warnkes Faktenresistenz beschränkt sich auch nicht auf die Physik: Bereits im ersten Kapitel von „Quantenphilosophie und Spiritualität" betet er die zentralen Scheinargumente des *Intelligent Design* nach, der pseudowissenschaftlichen Formulierung der biblischen Schöpfungslehre. Die physikalischen Behauptungen sind vergleichbar blödsinnig. So behauptet Warnke, die Lichtgeschwindigkeit sei im Vakuum unendlich groß, obwohl schon seit Ole Rømers Jupiterbeobachtungen im 17. Jahrhundert klar ist, dass das nicht stimmen kann (siehe Kap. 2). Anschließend behauptet er, im Vakuum könne es keine Kräfte geben, beantwortet aber nicht die damit offensichtliche Frage, was dann zum Beispiel den Mond auf seiner Umlaufbahn um die Erde hält. Anschließend erklärt er, Materie bestünde aus demselben Stoff wie unsere Gedanken und zitiert als Beleg dazu ein Artikel von Görnitz über dessen unbelegbare Spekulationen. Der folgende Mischmasch von sinnentleerten Schlagworten aus der Quantenmechanik, fehlinterpretierten Experimenten, haltlosen Behauptungen, Küchenpsychologie und buddhistischer Mystik ist so wirr, dass eine detaillierte Auseinandersetzung damit ein eigenes Buch füllen würde. Unvermeidlich ist natürlich die Behauptung, nicht nur die Materie, sondern auch die Zeit entstünden durch Bewusstsein. Damit erklärt Warnke dann unmittelbar angebliche Fernwahrnehmung und Beeinflussung der Vergangenheit zu physikalischen Phänomenen und Träume zu realen Ereignissen, die an anderen Orten oder zu anderen Zeiten stattfinden. In der Folge verdreht er dann den Beobachtereffekt, indem er behauptet, der Beobachter könne nach der Quantenmechanik aus dem „Meer der Möglichkeiten" ein gewünschtes Ergebnis selektieren oder zumindest beeinflussen [106]. Tatsächlich besagt die Quantenmechanik genau das Gegenteil: Welchen Wert ein Beobachter (oder auch ein seelenloser Apparat) misst, ist im Rahmen der durch den Quantenzustand vorgegebenen Wahrscheinlichkeiten völlig zufällig und durch nichts zu beeinflussen. Im zweiten „Quantenphilosophie"-Band wird dieser Wunsch-Bullshit (eine Begriffsprägung von Hugo Egon Balder, die sich ursprünglich auf Wünsche ans Universum und nicht auf Warnke bezog, aber hier ebenso gut passt) zu einer „Interwelt" aufgebläht. Umfassen soll diese Interwelt „geistige Phänomene, die schon immer spirituelle Meister und Philosophen in ihren Bann schlugen". So will er von Telekinese über Telepathie, Hellsehen und Levitation bis hin zu Engeln und Dämonen praktisch beliebigen Unsinn als physikalisch begründet verkaufen [107]. Im dritten Band will er dann das „dritte Auge" öffnen, das er mit der Zirbeldrüse identifiziert, die im Gehirn einige Hormone produziert und zum Beispiel den Schlafrhythmus steuert. Mit einem zunehmenden Anteil an Pseudo-Neurowissenschaft tritt die falsche Physik etwas in den Hintergrund, aber was bleibt, ist schlimm genug. So schreibt Warnke ein rund eine Seite langes, für Laien völlig unverständliches Traktat über die Teilchen, die die schwache Kernkraft übertragen, und schließt mit der Behauptung, durch die Information dieser Teilchen werde die Kreisbahn der Elektronen im Atom zur Spiralbahn [108]. Selbst Warnke müsste klar sein, dass die Quantenmechanik schon vor der Entdeckung der schwachen Kernkraft festgestellt hat, dass sich Elektronen in Atomen weder auf Spiral-, noch auf Kreis- oder sonstigen Bahnen bewegen, sondern Quantenzustände bilden, die sich nicht angemessen als Bewegung beschreiben lassen.

Betrachtet man die Anfänge des Philosophierens über Quantenmechanik, dann zeigt sich, dass ein großer Teil der Verwirrung früher Quantenphysiker über ihre eigenen Ergebnisse damit zusammenhängt, dass man sich lange schwertat, Quantenzustände als materiell oder wenigstens als real existierend anzusehen. Somit konnte in Verbindung mit einem ungenauen Beobachterbegriff der Eindruck entstehen, bei der Messung eines Quantenzustandes, bei der ein klassisches Teilchen auftaucht, erschaffe das Bewusstsein des Beobachters Materie oder gar Realität. Tatsächlich ist in einem Quantenzustand eines Elektrons aber alles in Form von Quantenzahlen festgelegt, was das Elektron ausmacht: seine Teilchenart, seine elektrische Ladung, seine magnetische Ausrichtung (Spin). Lediglich sein genauer Ort und seine Bewegung sind nur in Form von Wahrscheinlichkeiten festgelegt, aber auch diese Festlegung ist vollständig: Der Quantenzustand gibt für jeden vorstellbaren Ort eine Aufenthaltswahrscheinlichkeit an, und die Summe dieser Aufenthaltswahrscheinlichkeiten ist eins; das Elektron ist also genau einmal irgendwo. Misst man nun Ort oder Bewegung des Elektrons, dann erhält man einen zufälligen Wert im Rahmen dieser Wahrscheinlichkeiten. Diesen Vorgang kann man als tiefgründig und geheimnisvoll interpretieren – muss man aber nicht.

Dass historischen Aussagen berühmter Physiker, die vor allem diese Verwirrung widerspiegeln, in der heutigen Philosophie mitunter ein Stellenwert zugeschrieben wird, der ihnen aus naturwissenschaftlicher Sicht längst nicht mehr zukommt, ist verständlich. Schließlich kommt in der Philosophie ein heutiger Denker nicht zwangsläufig zu Erkenntnissen, die denen von Kant oder Platon vorzuziehen wären. Ein heutiger Physiker kann jedoch auf Wissen zurückgreifen, das zu Zeiten von Bohr oder Heisenberg schlicht noch nicht existierte. Hier wären vor allem zu diesen Themen aktiv forschende Physiker gefordert, abseits von Sensationslust und Selbstvermarktung eine realistische und vor allem zeitgemäße Behandlung der Quantenmechanik in der Philosophie anzumahnen und die Hintergründe zu erklären. Bei dieser Gelegenheit könnten sie auch dem pseudophysikalischen Unsinn deutlicher entgegentreten, wie er zum Beispiel bei Warnke auftaucht – womit wir schon mitten im Thema von Kap. 7 sind.

Zum Mitnehmen

Dass die Pioniere der Quantenmechanik von ihren Entdeckungen zu philosophischen Betrachtungen inspiriert wurden, ist verständlich, aber viele der Ideen von damals sind inzwischen veraltet. Insbesondere lässt sich aus der Quantenmechanik nicht schließen, dass es keine Realität geben könne. Entsprechende Überlegungen kursieren aber noch heute im radikalen Konstruktivismus, in spekulativen Interpretationen auch von Physikern und, verbunden mit abseitigen Tatsachenbehauptungen, als Quantenquark.

Literatur

1. Albrecht S (Hrsg) (2009) Wissenschaft – Verantwortung – Frieden: 50 Jahre VDW. BWV, Berlin
2. Agre P et al (2015) Mainau declaration 2015 on climate change. http://www. mainaudeclaration.org/home. Zugegriffen: 4. Sept. 2016

3. Alferov ZI et al (2016) 113 Laureates supporting precision agriculture (GMOs). http://supportprecisionagriculture.org/view-signatures_rjr.html. Zugegriffen: 4. Sept. 2016

4. Giaever I (2012) The strange case of global warming. http://www.mediatheque.lindau-nobel.org/videos/31259/the-strange-case-of-global-warming-2012/meeting-2012. Zugegriffen: 4. Sept. 2016

5. Nova J (2012) Nobel prize winner – Ivar Giaever – "climate change is pseudoscience". http://joannenova.com.au/2012/07/nobel-prize-winner-ivar-giaever-climate-change-is-pseudoscience/. Zugegriffen: 4. Sept. 2016

6. DiChristina M (2012) Rücksturz zur Erde. http://www.eike-klima-energie.eu/climategate-anzeige/nobelpreistraeger-giaever-in-lindau-die-pseudo-wissenschaft-vom-klimawandel/. Zugegriffen: 4. Sept. 2016

7. Spiegel Online (2000) Winter ade: Nie wieder Schnee? http://www.spiegel.de/wissenschaft/mensch/winter-ade-nie-wieder-schnee-a-71456.html. Zugegriffen: 4. Sept. 2016

8. Schmilewski J (2012) Alarmismus ist mindestens genauso schlimm wie Skeptizismus. http://www.zeit.de/wissen/umwelt/2012-02/mojib-latif-klimaskepsis-interview. Zugegriffen: 4. Sept. 2016

9. Süddeutsche Zeitung (2014) Physik und Frieden. http://www.sueddeutsche.de/wissen/tod-von-hans-peter-duerr-physik-und-frieden-1.1969632. Zugegriffen: 13. Sept. 2016

10. Fliege J (2009) Heilung aus der Mitte: Werde der, der du bist, Teil 3. https://www.youtube.com/watch?v=qdD8jdF3ec4. Zugegriffen: 13. Sept. 2016

11. Popp FA (2002) Biophotonics – a powerful tool for investigating and understanding life. In: Dürr HP et al (Hrsg) What is life?. World Scientific, Singapore

12. Müller C (2012) Kongress Zeitenwende. https://www.sein.de/kongress-zeitenwende/. Zugegriffen: 13. Sept. 2016

13. Heede G (2011) Wissenschaftliche Konferenz zu Quantenphysik und Bewusstsein. https://heede-institut.de/2011/04/20/wissenschaftliche-konferenz-zu-quantenphysik-und-bewusstsein-10-rabatt-fuer-matrix-inform-kunden/. Zugegriffen: 13. Sept. 2016

14. Biegert C (2014) Nachruf auf Hans-Peter Dürr. http://www.oya-online.de/blog/172-/view.html. Zugegriffen: 13. Sept. 2016

15. Fliege J (2009) Heilung aus der Mitte: Werde der, der du bist. https://www.youtube.com/watch?v=596VS3FWAFA. Zugegriffen: 13. Sept. 2016

16. Munzinger Online/Personen (2014) Dürr, Hans-Peter. http://www.munzinger.de/search/go/document.jsp?id=00000018373. Zugegriffen: 13. Sept. 2016

17. Schulz R (2002) Ehrendoktorwürde für Physiker Hans-Peter Dürr. Pressemitteilung, Carl-von-Ossietzky-Universität, Oldenburg

18. Global Challenges Network (2014) Lebenslauf. http://www.gcn.de/lebenslauf.html. Zugegriffen: 13. Sept. 2016

19. Portland State Vanguard (2007) Paying for prestige: the cost of recognition. http://psuvanguard.com/paying-for-prestige-the-cost-of-recognition/. Zugegriffen: 13. Sept. 2016

20. Western Australia Department of Commerce (2016) International Biographical Centre. http://www.scamnet.wa.gov.au/scamnet/Scam_Types-Directory_Listings_and_registry_schemes-International_Biographical_Centre.htm. Zugegriffen: 13. Sept. 2016

21. Grosse A (2004) Dürr – ein Querdenker wird 75. http://www.abendblatt.de/ratgeber/wissen/forschung/article106914763/Duerr-ein-Querdenker-wird-75.html. Zugegriffen: 13. Sept. 2016

22. Dürr HP (Hrsg) (1986) Physik und Transzendenz. Scherz, Bern

23. Dürr HP (1988) Das Netz des Physikers. Hanser, München

24. Dürr HP et al (1997) Gott, der Mensch und die Wissenschaft. Pattloch, Augsburg

25. Dürr HP, Gottwald FT (1997) Rupert Sheldrake in der Diskussion. Scherz, Bern

26. DürrHP et al (Hrsg) (2002) What is life?. World Scientific Publishing, Singapore

27. Popp A (2012) Kongress „Erfahrung". http://www.kongress-erfahrung.de/. Zugegriffen: 13. Sept. 2016

28. SF1 (2002) Hans-Peter Dürr – Gespräch zur Quantenphysik. https://www.youtube.com/watch?v=anU86pXngMs. Zugegriffen: 23. Okt. 2016

29. Wecker K (2012) Meine rebellischen Freunde – Ein persönliches Lesebuch. LangenMüller, München

30. Fuß H (2007) Am Anfang war der Quantengeist. P.M. Magazin 2007(05):38–46

31. Neuperth M (2016) Lebenskraft und Physik: Hans-Peter Emil Dürr. http://www.lebenskrafttherapie.de/und_physikx_h__p__duerr.html. Zugegriffen: 13. Sept. 2016

32. NuoViso.tv (2011) Hans-Peter Dürr – Ein Leben im Auftrag der Wissenschaft. https://www.youtube.com/watch?v=ZyeJbVrH69E. Zugegriffen: 13. Sept. 2016

33. Schiffer S (2009) Mein Wochenende mit Jan van Helsing. http://www.nrhz.de/flyer/beitrag.php?id=14324. Zugegriffen: 13. Sept. 2016

34. Armbrust A (2015) Nachruf: Prof. Hans-Peter Dürr. https://terraherz.wordpress.com/2015/12/10/nachruf-prof-hans-peter-duerr/. Zugegriffen: 13. Sept. 2016

35. Armbrust A (2016) Alles was Recht ist: Unternehmensgründungen im Königreich Deutschland. https://terraherz.wordpress.com/2016/09/12/alles-was-recht-ist-unternehmensgruendungen-im-koenigreich-deutschland/. Zugegriffen: 13. Sept. 2016

36. Armbrust A (2015) 313. Neuschwabenlandtreffen – 10.10.15. https://terra-herz.wordpress.com/2015/10/13/313-neuschwabenlandtreffen/. Zugegriffen: 13. Sept. 2016

37. Armbrust A (2016) Europas Vermischung zu einer Negroid-Asiatischen Mischrasse mit IQ 90:Kalergie+Barnett. https://terraherz.wordpress.com/2016/09/12/europas-vermischung-zu-einer-negroid-asiatischen-mischras-se-mit-iq-90kalergiebarnett/. Zugegriffen: 13. Sept. 2016

38. Armbrust A (2016) Flache Erde/ Flat Earth: THE POWER OF MEMES. https://terraherz.wordpress.com/2016/09/14/flache-erde-flat-earth-the-power-of-memes/. Zugegriffen: 13. Sept. 2016

39. Ludwiger I (2001) Zum Tode des Physikers Burkhard Heim. http://archiv.mufon-ces.org/text/deutsch/heim.htm. Zugegriffen: 16. Sept. 2016

40. Broers D (2015) Burkhard Heim. http://dieter-broers.de/burkhard-heim/. Zugegriffen: 16. Sept. 2016

41. Ludwiger I (2016) Vorwort. http://heim-theory.com/. Zugegriffen: 16. Sept. 2016

42. Pascu AH (2012) Das neue Weltbild Burkhard Heims. http://www.jenseits-de.com/g/fo-heim.html. Zugegriffen: 16. Sept. 2016

43. Heim B (1977) Vorschlag eines Weges zur einheitlichen Beschreibung der Elementarteilchen. Z Naturforsch A 32:233–243

44. Loidl A (2009) Burkhard Heim. In: Just E (Hrsg) Northeimer Jahrbuch 2009. Heimat- und Museumsverein für Northeim und Umgebung e. V., Northeim

45. Klein HD (2014) Der externe Nachlass des Physikers Burkhard Heim (1. Teil). In: Just E (Hrsg) Northeimer Jahrbuch 2014. Heimat- und Museumsverein für Northeim und Umgebung e. V., Northeim

46. Heim B (1959) Das Prinzip der dynamischen Kontrabarie. Flugkörper 4: 100–102

47. Heim B (1959) Das Prinzip der dynamischen Kontrabarie (II). Flugkörper 6:164–166

48. Klein HD (2012) Der Nachlass des Physikers Burkhard Heim. In: Just E (Hrsg) Northeimer Jahrbuch 2012. Heimat- und Museumsverein für Northeim und Umgebung e. V., Northeim

49. Dyson F (2004) A meeting with Enrico Fermi. Nature 427:297

50. Ludwiger I, Grüner K (2003) Zur Herleitung der Heimschen Massenformel. IGW, Innsbruck

51. Heim B (1980) Elementarstrukturen der Materie. Resch, Innsbruck

52. Pravda N (2014) Unsere mehrdimensionale Matrix. http://www.pravda-tv.com/2014/12/unsere-mehrdimensionale-matrix-videos/. Zugegriffen: 16. Sept. 2016

53. Dröscher W, Heim B (1996) Strukturen der physikalischen Welt und ihrer nichtmateriellen Seite. Resch, Innsbruck

54. Heim B (1982) Der Elementarprozess des Lebens. Resch, Innsbruck

55. Heim B (1980) Postmortale Zustände. Resch, Innsbruck

56. Heim B (1982) Der kosmische Erlebnisraum des Menschen. Resch, Innsbruck
57. Schmieke M (2008) Die Physik des Hyperraums. raum&zeit 152:75–81
58. Hauser J, Dröscher W (2010) Emerging physics for novel field propulsion science. Space, Propulsion & Energy Sciences International Forum SPESIF 2010, Johns Hopkins – APL, Laurel, Maryland 23–25 February 2010
59. Nelson KR (2014) Near-death experience: arising from the borderlands of consciousness in crisis. Ann NY Acad Sci 1330:111–119
60. Parnia S (2001) A qualitative and quantitative study of the incidence, features and aetiology of near death experiences in cardiac arrest survivors. Resuscitation 48:149–156
61. Owens JE et al (1990) Features of "near-death experience" in relation to whether or not patients were near death. Lancet 336:1175–1177
62. Niemz MH (2014) Bin ich, wenn ich nicht mehr bin?. Herder, Freiburg
63. Niemz MH (2005) Lucy mit c: Mit Lichtgeschwindigkeit ins Jenseits. BoD, Norderstedt
64. Schwarz M (2005) Abenteuerliche Reise durch Raum und Zeit. http://www.uni-heidelberg.de/presse/news05/2511reise.html. Zugegriffen: 4. Sept. 2016
65. Schwarz M (2008) Ein Leben jenseits von Raum und Zeit. http://www.uni-heidelberg.de/presse/news08/pm281031-7lucy.html. Zugegriffen: 4. Sept. 2016
66. Salomon I (2008) Die Seele im Lichte der Relativitätstheorie. http://www.uni-heidelberg.de/studium/journal/2007/08/lucy.html. Zugegriffen: 4. Sept. 2016
67. Simeoni E (2015) Eine Katze zu verbuddeln ist blöd. http://www.faz.net/aktuell/sport/mehr-sport/wie-parapsychologie-den-sport-sieht-13969829.html. Zugegriffen: 17. Sept. 2016
68. Benecke L (2016) Sozialpsychologie ist keine Zauberei. Skeptiker 29(1):4–13
69. Atmanspacher H et al (2002) Weak quantum theory: complementarity and entanglement in physics and beyond. Found Phys 32(3):379–406
70. Walach H (2003) Entanglement model of homeopathy as an example of generalized entanglement predicted by weak quantum theory. Forsch Komplementärmed Klass Naturheilkd 10:192–200
71. Leick P (2006) Die „schwache Quantentheorie" und die Homöopathie. Skeptiker 19(3):92–102
72. Schulz J (2013) Schwache Generalisierung der Quantentheorie. http://scilogs.spektrum.de/quantenwelt/schwache-generalisierung-der-quantentheorie/. Zugegriffen: 17. Sept. 2016
73. Walach H (2004) Generalisierte Quantentheorie (Weak Quantum Theory): Eine theoretische Basis zum Verständnis transpersonaler Phänomene. https://www.anomalistik.de/images/pdf/sdm/sdm-2004-10-walach.pdf. Zugegriffen: 17. Sept. 2016
74. Atmanspacher H et al (2004) Quantum Zeno features of bistable perception. Biol Cybern 90:33–40

75. Walach et al (2014) Parapsychological phenomena as examples of generalized nonlocal correlations – a theoretical framework. JSE 28(4):605–631

76. Römer H (2006) Complementarity of process and substance. Mind Matter 4(1):69–89

77. Walach H (2008) Modern or post-modern? Local or non-local? A response to Leick. Homeopathy 97:100–102

78. Walach H (2016) Generalisierte Quantentheorie. http://harald-walach.de/forschung/schwache-quantentheorie/. Zugegriffen: 17. Sept. 2016

79. Guzman-Silva D et al (2016) Demonstration of local teleportation using classical entanglement. Laser Photonics Rev 10(2):317–321

80. Leisering A (2016) Nachlese – Die Tagung in Uslar – Vorträge. Stelland 3: 4–13

81. Brunke L (2014) Wissenschaftliche Homöopathie. Narayana, Kandern

82. Brunke L (2016) Gottsurrogat bei C. G. Jung. http://www.quantenhomöopathie.de/blog/2016/09/03/gottsurrogat-bei-c-g-jung/. Zugegriffen: 17. Sept. 2016

83. Lambeck M (2005) Können Homöopathie und Parapsychologie auf die Quantenphysik gegründet werden? Skeptiker 18(3):111–117

84. Leonhard R (2012) Preis für Scheiß. http://www.taz.de/Pseudowissenschaftlicher-Unfug/!5081319/. Zugegriffen: 17. Sept. 2016

85. Lucadou et al (2007) Synchronistic phenomena as entanglement correlations in generalized quantum theory. J Conscious Stud 14(4):50–74

86. Russell B (1997) Das ABC der Relativitätstheorie, 7. Aufl. Fischer Taschenbuch, Berlin

87. Heisenberg W (1959) Physik und Philosophie. Hirzel, Stuttgart

88. Schrödinger E (1959) Geist und Materie. Vieweg, Stuttgart

89. Schlosshauer M (2007) Decoherence and the quantum-to-classical transition. Springer, Berlin

90. Gell-Mann M (1994) Das Quark und der Jaguar. Piper, München

91. von Glasersfeld E (1995) Radical constructivism. Falmer, London

92. Steffe LP, Thompson PW (2000) Radical constructivism in action: building on the pioneering work of Ernst von Glasersfeld. Falmer, London

93. Born M (1968) My life and my views. Scribner, New York

94. Schreier H (2000) Konstruktivismus, Biophilie und die Vermittlung von Wertvorstellungen. In: Bolscho D, de Haan G (Hrsg) Konstruktivismus und Umweltbildung. Leske + Budrich, Opladen

95. Schumann S (2018) Quantitative und qualitative empirische Forschung. Springer VS, Wiesbaden

96. Jensen S (1999) Erkenntnis – Konstruktivismus – Systemtheorie. Westdeutscher Verlag, Opladen

97. Größchen J (2000) Beiträge zur Diskussion einer Wissenschaftstheorie. https://userpages.uni-koblenz.de/~odsjgroe/konstruktivismus/wissen.htm. Zugegriffen: 6. Jan. 2019

98. Sokal A, Bricmont J (1998) Fashionable nonsense. Picador, New York
99. Hossenfelder S (2019) Electrons don't think. http://backreaction.blogspot. com/2019/01/electrons-dont-think.html. Zugegriffen: 6. Jan. 2019
100. Görnitz T, Görnitz B (2016) Von der Quantenphysik zum Bewusstsein. Springer, Berlin
101. Görnitz G, Görnitz T (2011) Licht, Leben und Bewusstsein. https://www. tattva.de/licht-leben-und-bewusstsein-2/. Zugegriffen: 7. Jan. 2019
102. Görnitz T (2012) Sprung in die Unendlichkeit. https://www.tattva.de/ sprung-in-die-unendlichkeit/. Zugegriffen: 7. Jan. 2019
103. Krall S (2017) Was die Welt im Innersten zusammenhält. https://www.tattva. de/quantenphysik-protyposis-und-geist/. Zugegriffen: 7. Jan. 2019
104. Uschmann O, Witt S (2015) Bis zum Schluss. Pantheon, München
105. Knapp N (2011) Der Quantensprung des Denkens. Rowohlt Taschenbuch, Reinbek
106. Warnke U (2017) Quantenphilosophie und Spiritualität. Goldmann, München
107. Warnke U (2013) Quantenphilosophie und Interwelt. Scorpio, München
108. Warnke U (2017) Die Öffnung des 3. Auges. Scorpio, München

7

Missbräuchliches und Unbrauchbares – Was ganz sicher nichts mit Quantenmechanik und Relativitätstheorie zu tun hat

Sie haben es geschafft. Sie haben mehrere Kapitel mit harten Grundlagen zu den wichtigsten Theorien der modernen Physik hinter sich gebracht, manches davon vielleicht etwas theoriebeladen, vieles anspruchsvoll und hoffentlich auch einiges unterhaltsam. Sie haben sich auf einen Ausflug zu den neuesten Forschungsthemen eingelassen und von überraschenden Erkenntnissen und spekulativen Interpretationen gelesen. Sie haben talentierte Forscher und bewunderte Professoren kennengelernt, die sich ein wenig verlaufen und private Spekulationen mit wissenschaftlichen Ergebnissen verwechselt haben. Das haben Sie alles hinter sich. Wenn Ihnen einige Dinge in diesem Buch von hier ab (abgesehen von Begriffserklärungen) nicht mehr begegnen werden, dann sind es harte, physikalische Grundlagen, talentierte Forscher und wissenschaftliche Erkenntnisse. Wir sind in den Tiefen des Quantenquarks angelangt, in einer Welt voller unpassender Vergleiche, hanebüchener Verallgemeinerungen, naiver Begriffsdeutungen und absurder Behauptungen. Uns werden mitunter tatsächlich noch Experimente begegnen, aber solche, die an die größten Pannen aus Ihrem Physikunterricht erinnern, mit Interpretationen, die jeder Beschreibung spotten. Bei manchen der handelnden Personen stellt sich die Frage, ob man hoffen oder befürchten soll, dass sie ihre Thesen selbst glauben.

In einem der Beispiele wird noch einmal ein Protagonist aus Kap. 6 einen Auftritt in einer Nebenrolle haben, und tatsächlich vermittelt mitunter ein weißer Kittel oder ein Doktorhut einen Anschein von Wissenschaftlichkeit, aber beim Anschein bleibt es auch. Willkommen in den Abgründen der Pseudophysik.

© Springer-Verlag GmbH Deutschland, ein Teil von Springer Nature 2019
H. G. Hümmler, *Relativer Quantenquark,* https://doi.org/10.1007/978-3-662-58420-0_7

7.1 Die seltsame Physik des Herrn Haramein

Nassim Haramein sei Physiker und habe „eine Weltformel, die Vereinbarung von Quantenphysik und Astrophysik" entwickelt, heißt es in der Anmoderation eines Videointerviews, das unter anderem von der Deutschen Gesellschaft für Energie- und Informationsmedizin verbreitet wird. Der Verein, der sich auf den so gelobten Experten beruft, fördert den Einsatz „alternativmedizinischer" Therapien mit Geräten, wie sie uns in Abschn. 7.4 noch begegnen werden, aber auch mit „informiertem Wasser". In dem Interview rühmt sich Haramein, 2012 den Radius von Protonen deutlich genauer vorhergesagt zu haben als die Mainstreamphysik, was schon 2013 in einer sensationellen Messung bestätigt worden wäre. Damit sei das ganze Standardmodell in dramatischer Weise falsch, die Genauigkeit seines Modells aber klar bestätigt worden [1]. Harameins Selbstbeweihräucherung hat einen kleinen Schönheitsfehler: Der neue Messwert, den er 2012 vorhergesagt haben will, wurde schon 2010 in der Zeitschrift *Nature* publiziert und 2013 nur noch einmal bestätigt [2]. Außerdem war der bislang anerkannte Wert nicht etwa eine Berechnung aus dem Standardmodell, sondern auch eine Messung, nur mit einem anderen Verfahren. Warum die Messungen voneinander abweichen und welcher Wert der korrektere ist, ist Anfang 2019 noch zu klären: Es kann sich um einen Fehler eines der Messverfahren, eine falsche Berechnungsannahme bei der Auswertung der Messungen oder tatsächlich um einen noch unbekannten physikalischen Effekt handeln, der sich auf die Verfahren unterschiedlich auswirkt. Der Wert, der mit beiden Verfahren gemessen werden soll, ist der Radius, innerhalb dessen sich die elektrische Ladung des Protons aufhält. Für das Standardmodell ist dieser Radius, anders als Haramein behauptet, zwar ein interessanter Vergleichswert, aber keine sonderlich wichtige Größe, aus der grundlegende Werte berechnet würden.

Für Haramein ist aber der Radius des Protons deshalb wichtig, weil sich sein gesamtes physikalisches Weltbild darum dreht, dass das Proton etwas ganz anderes sei, als die seriöse Physik annimmt. Nach einem Artikel von Haramein aus dem Jahr 2010 gibt es die starke Kernkraft, die die Quarks in einem Proton oder Neutron und die Protonen und Neutronen in einem Atomkern zusammenhält, nämlich nicht. Stattdessen behauptet Haramein, Protonen, Neutronen und Atomkerne würden durch die Schwerkraft zusammengehalten – wofür aber die Schwerkraft der winzigen messbaren Masse eines Protons viel zu schwach wäre. Protonen sind nach Haramein nichts anderes als winzige schwarze Löcher. Für schwarze Löcher kann man einen eindeutigen Zusammenhang angeben zwischen ihrer Masse und dem

Radius des Ereignishorizonts, also dem Radius, ab dem nichts, auch kein Licht, mehr der Massenanziehung des schwarzen Lochs entkommen kann. Aus dieser Annahme und dem Protonenradius berechnet Haramein eine Masse des Protons. Dafür verwendet er eine Gleichung, die Karl Schwarzschild im Jahr 1916 aufgestellt hat und die schwarze Löcher unter der Annahme beschreibt, dass sie nicht rotieren und elektrisch nicht geladen sind. Ein Proton ist aber natürlich elektrisch geladen, und Haramein setzt selbst im selben Artikel voraus, dass das Proton mit beinahe Lichtgeschwindigkeit rotiert. Ein schwarzes Loch wäre unter diesen Bedingungen nicht mehr wie von Haramein unterstellt kugelförmig [3]. Die von ihm errechnete Masse eines einzelnen Protons betrüge 885 Mio. Tonnen – das entspricht einem Würfel aus Eis mit einer Kantenlänge von fast einem Kilometer. Wollte man allerdings die Anzahl der Protonen in einem solchen Eiswürfel angeben, dann bekäme man eine Zahl mit 37 Nullen – obwohl dieser Würfel ja nur der Masse eines einzigen Protons entsprechen soll. Den offensichtlichen Unterschied zwischen seiner Berechnung und der tatsächlichen Protonenmasse erklärt Haramein mit einer Massenzunahme durch die Relativitätstheorie, wenn das Proton extrem schnell, eben fast mit Lichtgeschwindigkeit, rotiert. Allerdings verwendet er die Korrektur in die falsche Richtung: Für einen stillstehenden Beobachter, der das Proton von außen untersucht, müsste es durch die Rotation noch schwerer erscheinen und nicht leichter. Da nach Harameins Modell auch ganze Atomkerne rotieren, müssten die elektrischen Ladungen der um das Zentrum des Kerns rotierenden Protonen ständig massiv Strahlung aussenden – was die meisten Kerne glücklicherweise nicht tun. Nach der Relativitätstheorie kann auch nichts den Ereignishorizont eines schwarzen Lochs verlassen; also dürfte man auch nichts über die innere Struktur eines solchen Schwarzes-Loch-Protons herausfinden können. Tatsächlich kann man die innere Struktur von Protonen vermessen, indem man sie in Beschleunigern mit Elektronen oder mit anderen Protonen beschießt. Harameins Vorstellungswelt widerspricht also in vielerlei Hinsicht messbaren Daten.

Anfang 2013, zweieinhalb Jahre nach der ersten Veröffentlichung der neuen Messung für den Protonenradius, erschien ein weiterer Artikel von Haramein, in dem er eine „holografische Masse" des Protons einführt. Mit der tatsächlich gemessenen Protonenmasse als „holografischer Masse" und einer Formel, die er aus der Quantengravitation hergeleitet haben will, errechnet er einen Radius, der ziemlich gut zu dem neuen Messwert aus dem Jahr 2010 passt [4]. Der anonyme britische Blogger Bobathon hat versucht, Harameins lückenhafte Herleitung der Formel nachzuvollziehen, und kommt zum Ergebnis, dass die Formel nicht nur nichts mit

Quantengravitation zu tun hat, sondern auch Harameins eigener Herleitung widerspricht [5]. 2017 berichtete Bobathon über eine Abmahnung von Harameins Anwaltskanzlei, die offenbar seine Adresse herausgefunden hatte, mit der Aufforderung, alle Artikel über Haramein von seinem Blog zu löschen [6]. Dieser Aufforderung ist er nicht nachgekommen – offenbar (Stand Januar 2019) ohne tatsächliche rechtliche Konsequenzen.

2016 veröffentlichte Haramein dann einen neuen Artikel, nach dem Protonen keine gewöhnlichen schwarzen Löcher, sondern Wurmlöcher seien. Wurmlöcher sind nach der allgemeinen Relativitätstheorie rechnerisch mögliche Abkürzungen in der Raumzeit, durch die Materie oder Strahlung von einem Punkt der Raumzeit an einen anderen, eigentlich weit entfernten, gelangen könnte. Astronomisch gibt es bislang keine Hinweise darauf, dass solche Wurmlöcher tatsächlich existieren. Durch diese Wurmlöcher, so Haramein, seien alle Protonen im Universum miteinander verbunden und bildeten ein universales *spacememory*-Netzwerk. Abgesehen von einer kurzen Abschätzung, wie viele Wurmlöcher auf die Oberfläche eines Protons passen würden (Haramein kommt auf eine Zahl mit 40 Ziffern), enthält der Artikel keinerlei neue Berechnungen, sondern bleibt komplett spekulativ [7]. Über diese Wurmlöcher kann Haramein jedoch auf Basis der Relativitätstheorie behaupten, alles sei mit allem verbunden, eine Vorstellung, die sonst eher der Quantenmechanik untergeschoben wird. Die Wurmloch-Idee war im selben Jahr auch das zentrale Thema des Films *The Connected Universe,* dem Trailer nach eine einzige Glorifizierung Harameins, der in bizarren Computeranimationen als entrückte Lichtgestalt Plasmakugeln in seinen Händen balancieren und Brücken aus dem Nichts entstehen lassen darf. Der größte Coup von Filmemacher Malcolm Carter dürfte jedoch sein, dass es ihm gelungen ist, für sein Machwerk ausgerechnet Sir Patrick Stewart, den Darsteller des Raumschiff-Enterprise-Kapitäns Jean-Luc Picard, als Sprecher anzuheuern [8].

Ein Zeichen für die Qualität einer wissenschaftlichen Arbeit ist natürlich immer, wo sie publiziert ist. Der erste der hier erwähnten Artikel von Haramein erschien 2010 tatsächlich in einer Publikation des seriösen American Institute of Physics. Es handelt sich allerdings um einen Band mit Zusammenfassungen von Vorträgen auf einer Tagung über die Berechnung vorausschauender Systeme. Auf dieser Tagung hat Haramein offenbar einen Vortrag gehalten, wobei schwer zu erkennen ist, was sein Protonenmodell mit dem Thema der Veranstaltung zu tun hat. Solche Vortragszusammenfassungen entsprechen auch nicht wissenschaftlichen Fachartikeln, die über einen Peer Review in eine Fachzeitschrift gelangen.

Der zweite Artikel ist in der Zeitschrift *Physical Review & Research International* erschienen und soll dort tatsächlich einen Peer Review durchlaufen haben. Der Name der Zeitschrift, der seitdem geändert worden ist, ähnelte dem eines renommierten Fachblatts der American Physical Society. Sie gehört jedoch einem Ehepaar aus dem indischen Westbengalen, das mehr als 100 solcher Zeitschriften herausgibt, bei denen nicht wie bei traditionelleren Fachzeitschriften die Leser und Bibliotheken, sondern die Autoren für die Zeitschrift bezahlen [9]. Solche sogenannten *open access journals* sind vor allem durch das Internet möglich geworden und gewinnen inzwischen immer mehr an Bedeutung. Das hat Vorteile, weil es jedem einen kostenlosen Zugang zu wissenschaftlichen Ergebnissen ermöglicht – zum Beispiel auch Autoren von Büchern wie diesem. Außerdem ermöglicht es Wissenschaftlern, Ergebnisse offiziell zu veröffentlichen, auch wenn ihnen für herkömmliche Fachblätter der Neuigkeitswert fehlt, weil sie zum Beispiel schon veröffentlichte Studien noch einmal auf die Probe stellen. Solche Replikationsstudien ziehen oft nur wenige Leser an, sind aber wichtig für die Wissenschaft, weil sie falsche Ergebnisse aufdecken können. Gleichzeitig ist dieses Geschäftsmodell aber auch besonders interessant für unseriöse Verlage, weil sie auch mit einer inhaltlich schlechten Zeitschrift Geld verdienen können. Es kommt hier also ganz besonders auf die Seriosität des Verlags und die Qualität des Peer Reviews an. Indien hat seit einigen Jahren ein großes Problem mit sogenannten *predatory journals,* die wissenschaftlich klingen, es aber mit dem Peer Review nicht allzu genau nehmen, solange der Autor zahlt. Daher gibt es von der indischen Hochschulaufsicht eine Liste seriöser Zeitschriften, in denen Artikel für indische Wissenschaftler als karriererelevant gelten dürfen. Die indische Zeitschrift, in der Haramein publiziert hat, steht (Stand Januar 2019) weder unter ihrem alten noch unter dem neuen Namen auf dieser Liste seriöser Journale [10].

Der Artikel über Wurmlöcher erschien in der Zeitschrift *NeuroQuantology,* die von einem ansonsten vollkommen unbekannten Verlag im türkischen Izmir herausgegeben wird. Der wissenschaftliche Herausgeber der Zeitschrift ist ein Neurologieprofessor aus Istanbul [11]. Angesichts der in Abschn. 5.5 angeführten Grenzen für Quanteneffekte in biologischen Systemen ist zweifelhaft, ob aus dem erklärten Themengebiet der Zeitschrift, der Verbindung von Quantenphysik und Neurowissenschaft, jemals irgendwelche seriösen Erkenntnisse herauskommen werden. Ein Leitartikel in der Neurologieausgabe der angesehenen Medizinzeitschrift *The Lancet* führt *NeuroQuantology* als Beispiel für ein von Grund auf unplausibles Forschungsgebiet an, das mit dem Satz beschrieben wird: „Es ist schwer, über die vielen irrsinnigen Ideen zu berichten und dabei ernst zu bleiben." [12].

Auf den ersten Blick erinnert einiges von Harameins Vorstellungswelt an die Modelle von Burkhard Heim: Beide leiten im Prinzip ihre gesamte Physik aus der Relativitätstheorie her, und beide nutzen eine willkürliche Einteilung in Pseudoquanten in der Größe der Planck-Länge, also der nach heutiger Physik kleinsten denkbaren Größe, unterhalb der selbst das leichteste Teilchen sich wie ein schwarzes Loch verhalten würde. Beide Modelle vernachlässigen oder leugnen die Kernkräfte (bei Heim zumindest bis zur Zusammenarbeit mir Walter Dröscher in seinen letzten Lebensjahren), und beide haben dementsprechend recht seltsame Vorstellungen von den Protonen und Neutronen, aus denen Atomkerne aufgebaut sind. Beide berufen sich als Bestätigung auf eine einzige Formel, mit der sie behaupten, Messwerte vorhergesagt zu haben, die tatsächlich schon vor der Veröffentlichung ihrer Formel vorlagen. Die Unterschiede zwischen den beiden sind jedoch deutlich, und sie beschränken sich nicht auf Harameins unbestreitbar brilliante kommunikative Fähigkeiten. An die Komplexität der theoretischen Leistung und das über viele Jahre ernsthafte wissenschaftliche Bemühen Heims, bis hin zu seinen selbst aufgebauten Experimenten, reicht Harameins Arbeit nicht einmal in Ansätzen heran. Der Unterschied liegt möglicherweise darin begründet, dass Heim tatsächlich Physik studiert und seine Diplomarbeit bei einem der angesehensten theoretischen Physiker seiner Zeit absolviert hat. Ohne die Einschränkungen durch seine Behinderung und dementsprechend mit besseren Möglichkeiten, sich mit Fachkollegen kritisch auszutauschen, wäre er wahrscheinlich auch zu einer Doktorarbeit und einer produktiven wissenschaftlichen Karriere fähig gewesen. In den online auffindbaren Biografien von Nassim Haramein findet sich zwar regelmäßig die Behauptung, er habe schon im Alter von neun Jahren die Basis für eine „vereinigte hyperdimensionale Theorie der Materie und Energie" entwickelt, aber es fehlen jegliche Hinweise darauf, dass er jemals ein Studium abgeschlossen hätte [13].

Der amerikanische Astronom und Wissenschaftskommunikator Phil Plait („The Bad Astronomer") kommentierte 2011 eines von Harameins Videos mit den Worten: „Ein kompletter Teil meines Hirns ist abgestorben und aus meinem Ohr gesickert, nachdem ich das angesehen hatte." Haramein stelle willkürliche Behauptungen auf, ohne sich um deren Wahrheitsgehalt zu kümmern. Der Unsinn sei „so schlimm, dass er nicht einmal mehr falsch ist" [14].

Harameins Anhängerschaft wird von derart vernichtender Kritik offensichtlich nicht abgeschreckt. Neben seinen zum Teil über Spenden finanzierten Filmprojekten ist er regelmäßig in Podcasts und Radiosendungen zu hören und macht organisierte Tourneen, um auf Esoterikkonferenzen aufzutreten, seit 2010 zunehmend auch in Europa. Seine Resonance Science Foundation organisiert Reisen für Anhänger zu Orten wie den Osterinseln,

Peru oder Mexiko und bietet den Zugang zu Onlinekursen für 192 US$ pro Jahr an. In dem eingangs erwähnten Video auf der Seite der Deutschen Gesellschaft für Energie- und Informationsmedizin wirbt Haramein für den Verkauf von in Titan eingefassten künstlichen Quarzkristallen zum Tragen an einer Halskette. Laut der Website der Resonance Science Foundation verstärkt der Kristall „die natürliche Fähigkeit des Körpers, sich mit dem vitalistischen und expansiven Nullpunktsfeld des Quantenvakuums einzuschwingen". Verkauft wird er mit der Halskette für 1200 US$ [15].

In seiner Vermarktung ist Haramein offensichtlich wenig wählerisch hinsichtlich seiner Kooperationspartner. 2016 war er als Redner auf dem kurz vor der Veranstaltung abgesagten WIR-Kongress in Gießen angekündigt. Zu den weiteren angekündigten Rednern gehörten Jo Conrad, der zuvor als Mitinitiator von Reichsbürgerkonferenzen in Erscheinung getreten war, Simon Parkes, der behauptet, mit außerirdischen Reptilienwesen kommunizieren zu können, Franz Hörmann, der als Professor an der Wirtschaftsuni Wien längere Zeit wegen „fragwürdiger Äußerungen zum Holocaust" suspendiert war, sowie Peter Fitzek, selbsternannter oberster Souverän des Königreichs Deutschland [16–19]. Selbst wenn die Konferenz nicht abgesagt worden wäre, hätte zumindest Fitzek ohnehin nicht teilnehmen können, weil er zum fraglichen Zeitpunkt wegen des Verdachts der Veruntreuung von 1,3 Mio. EUR in Untersuchungshaft saß [20].

Zum Mitnehmen

Nassim Haramein hat eine ganz eigene Teilchenphysik entwickelt, zu der er Lehrangebote vermarktet und auf Esoterikkonferenzen auftritt. Danach soll es sich bei den Bestandteilen von Atomkernen tatsächlich um winzige schwarze Löcher handeln. Seine Herleitungen sind jedoch zum Teil so abenteuerlich, dass sie in Fachkreisen eher Kopfschütteln auslösen.

7.2 Der feine Unterschied zwischen Professor Popps Biophotonik und „Professor" Popps Biophotonen

„Heilen ohne Nebenwirkungen mit Biophotonen" pries 2012 ein redaktioneller Beitrag in der Onlineausgabe der *Welt* an. Wissenschaftler hätten herausgefunden, dass Körperzellen über schwache Lichtreize miteinander kommunizierten. Bei der Biophotonen-Therapie würden daher optische Linsen auf bestimmte Körperstellen gelegt und eine gestörte Kommunikation so wiederhergestellt. Migräne, Burnout, Bettnässen, Depressionen, Schlafstörungen, Hautkrankheiten, Rheuma und das Rauchen könnten so behandelt werden, erklärt die *Welt* [21]. Der Schweizer Biophotonen-Therapeut Daniel Schwander nutzt ein Verfahren, bei dem Licht vom Körper über Glasfaserkabel in ein technisches Gerät geleitet und von dort zurückgespielt wird. Damit behandelt er unter anderem Patienten mit Schleudertrauma nach Unfällen, Herz-Kreislauf-Beschwerden, Hormonstörungen, multipler Sklerose, „Impfungen und deren Nebenwirkungen", aber auch mit Krebserkrankungen [22]. Aus bislang unbekannten Gründen setzten die Biophotonen im Körper Prioritäten, sodass das am meisten erkrankte Organ automatisch zuerst behandelt würde, erklärt die Brandenburger Fachärztin für Hals-Nasen-Ohren-Heilkunde Maria Weber [23]. Außer mit Biophotonen behandelt sie ihre Patienten auch mit dem vorsintflutlichen Aderlass sowie nach dem zahlenmagischen Global-Scaling des verurteilten Betrügers Hartmut Müller. *Spiegel Online* schrieb schon 2005: „Die Existenz dieser Biophotonen ist mittlerweile unumstritten" und „Letztlich sind Biophotonen wohl ein Phänomen der Quantenphysik." Den Nobelpreis habe ihr Entdecker Fritz-Albert Popp trotzdem nicht erhalten [24]. Wie unumstritten ist die Existenz der Biophotonen also tatsächlich, und was verbirgt sich hinter dem Begriff?

Mitte der 1970er-Jahre experimentierte der ehrgeizige junge Biophysiker Fritz-Albert Popp an der Universität Marburg mit einem Photomultiplier. Ein Photomultiplier ist eine Art extremer Restlichtverstärker, mit dem selbst einzelne Lichtquanten nachgewiesen werden können. Er basiert auf dem Fotoeffekt, dessen Beschreibung durch Einstein 1905 einer der ersten Schritte zum Entstehen der Quantenmechanik war (siehe Abschn. 3.1): Ein Lichtquant, das auf eine elektrisch leitende Oberfläche trifft, kann dort ein Elektron freisetzen. Im Photomultiplier wird dieses Elektron durch eine Hochspannung zu einer zweiten Metalloberfläche geführt und dabei so stark beschleunigt, dass es beim Auftreffen mehrere neue Elektronen aus dieser zweiten Oberfläche freisetzt. Die neuen Elektronen werden zu einer dritten Oberfläche beschleunigt, wo jedes von ihnen wiederum mehrere Elektronen freisetzt, die wieder beschleunigt werden. Nach typischerweise 10 bis 20 solchen Schritten bildet die Elektronenkaskade ein elektrisches Signal, das sich mit einem gewöhnlichen Verstärker nachweisen lässt.

Unter einem solchen Gerät untersuchte Popp lebendes Material, zum Beispiel Kartoffelkeime, und entdeckte dabei Photonen, die offensichtlich aus den lebenden Zellen kamen. Über unterschiedliche Arten von Zellen hinweg registrierte er im Durchschnitt rund 100 Lichtquanten pro Quadratzentimeter und Sekunde. Die Photonen folgten keinem erkennbaren Muster, und ihre Wellenlängen waren über das gesamte Spektrum des sichtbaren Lichts verteilt. Bei Zugabe aggressiver Chemikalien stieg die Aktivität stark an, und nach dem Tod der Zellen ging sie allmählich zurück.

Popp interpretierte das Vorhandensein von Photonen als einen Beweis für eine Kommunikation mittels Licht. Die Zellen, so Popp, kommunizierten durch den Austausch dieser Photonen. Dies verband er mit einer längst vergessenen These von Aleksandr Gurwitsch aus den 1920er-Jahren. Gurwitsch hatte Zwiebeln in unterschiedlichen Positionen nebeneinander befestigt und sie teilweise durch Glasscheiben getrennt. Im Wachstum der Wurzeln meinte Gurwitsch eine Kommunikation zwischen den Zwiebeln mit UV-Lichtsignalen zu erkennen, die er als morphische Felder bezeichnete. Gurwitsch glaubte, diese morphischen Felder seien der Steuerungsmechanismus für das Wachstum neuer Zellen und damit der Bauplan ganzer Organismen. In den 1940er- und 1950er-Jahren wurde jedoch immer eindeutiger, dass der Steuerungsmechanismus des Zellwachstums die in der DNS des Erbguts codierte Bildung von Proteinen ist. Die vage und weitgehend aus der Luft gegriffene Idee der morphischen Felder geriet in Vergessenheit, bis sie von Popp und kurz darauf dem britischen Pseudowissenschaftsautor Rupert Sheldrake wieder ausgegraben wurde und sich schließlich auch in den Büchern von Hans-Peter Dürr wiederfand. Popps Photonen waren zwar überwiegend im sichtbaren Bereich und kein UV-Licht, aber er meinte dennoch, Gurwitschs Steuerungsmechanismus des Zellwachstums gefunden zu haben – und damit den Schlüssel zur gefährlichsten Störung des Zellwachstums überhaupt: In mehreren Büchern erklärte er, die Biophotonen führten zur „Lösung des Krebsproblems".

Diese Bücher dürften maßgeblich dazu beigetragen haben, Popp den Weg in eine seriöse wissenschaftliche Karriere zu verbauen: Als die Universität Marburg den Physiker Popp zum Professor machen wollte, war es der Dekan der Medizin, der erfolgreich dagegen intervenierte. In den Jahren darauf wurden die Fähigkeiten, die er den angeblichen Biophotonen zuschrieb, immer skurriler und die Institute, die noch mit ihm zusammenarbeiteten, immer obskurer. In den 1980er-Jahren behauptete er, Biophotonen könnten die Wirksamkeit homöopathischer Hochpotenzen erklären, die kein einziges Molekül des angeblichen Wirkstoffs mehr enthalten. In den 1990er-Jahren meinte er, Bio-Lebensmittel anhand ihrer Biophotonen-Emissionen von konventionell erzeugten unterscheiden zu können. Schließlich vermarktete er die sogenannte Regulationsdiagnostik, bei der Heilpraktiker teure Geräte mit wissenschaftlich fragwürdiger Funktion erwerben konnten. Angeblich war er Professor an Universitäten in China und Indien, und schließlich betrieb er sein eigenes International Institute of Biophysics als eingetragenen Verein in Neuss, in dem Heilpraktiker und Esoteriker Seminare zu Popps Biophotonen-Lehre buchen konnten. Je weiter er sich dabei von seriöser Wissenschaft entfernte, desto mehr Beifall erhielt er aus der Esoterikszene. Aus dem Umfeld der ernsthaften Physik ließ sich hingegen schließlich nur noch Hans-Peter Dürr für Popps Aktivitäten einspannen.

Dass Popp von seinen Anhängern regelmäßig als „Professor Popp" tituliert wird, führt bei recherchierenden Journalisten gelegentlich zu Verwechslungen mit Professor Dr. Jürgen Popp, Direktor des Leibniz-Instituts für photonische Technologien in Jena, dessen Forschungsschwerpunkt ausgerechnet die Biophotonik umfasst. Die Biophotonik hat jedoch nichts mit Biophotonen zu tun – es handelt sich dabei vielmehr um einen Sammelbegriff für die Anwendungen optischer Technologien für die biologische Forschung. Hierzu gehören mikroskopische Verfahren, das künstliche Erzeugen von Leuchterscheinungen in biologischem Material und diverse Anwendungen leistungsstarker Laser auch für die Medizin. Fritz-Albert Popps ursprüngliche Messungen von Photonen aus Zellen wären demnach ebenfalls der Biophotonik zuzuordnen – nur eben nicht seine pseudowissenschaftlichen Behauptungen über deren Bedeutung, die er mit dem Begriff der Biophotonen verbindet. Bei Professor Jürgen Popps Forschungsgebiet geht es vor allem um optische Messverfahren mit Licht, das von außen auf lebende Zellen fällt und dort eventuell künstlich eingebrachte Markierungen nachweisbar macht. Dem richtigen Professor Popp scheinen die Verwechslungen nicht geschadet zu haben: Unter anderem erhielt er 2012 die Ehrendoktorwürde der rumänischen Universität Cluj-Napoca. Verliehen wurde die Auszeichnung vom Rektor der Universität mit dem passenden Namen Professor Ioan Aurel Pop.

Wie sieht es aber nun mit der naturwissenschaftlichen Plausibilität von Fritz Albert Popps eigentlicher Entdeckung aus? Existieren die Biophotonen, und was haben sie zu bedeuten?

Um Lichtemissionen von lebenden Organismen zu sehen, braucht man tatsächlich keinen Photomultiplier. Die bekanntesten leuchtenden Lebewesen in unserer Umwelt dürften Glühwürmchen sein, die in Sommernächten auf Wiesen und in Gärten zu beobachten sind. Weniger auffällig, aber in dunklen Nächten ebenfalls mit bloßem Auge zu erkennen, ist das Leuchten von Hallimaschen und anderen Pilzen. Im Meer ist gleich eine ganze Anzahl leuchtender Organismen zu finden. Tiefsee-Anglerfische nutzen mit leuchtenden Bakterien gefüllte Organe, um Beute anzulocken. Der antarktische Krill, in riesigen Schwärmen lebende kleine Krebstiere, verfügt über Leuchtorgane, die vermutlich dazu dienen, die Bewegung im Schwarm zu koordinieren. Auch einige Tintenfische, Quallen, Ringelwürmer und Korallen können Licht emittieren. Im Kielwasser von Schiffen kann man nachts häufig ein helles Schimmern erkennen, das von durch das Schiff verwirbelten einzelligen Lebewesen verursacht wird. Alle diese Phänomene werden unter dem Begriff der Biolumineszenz zusammengefasst, der schlicht das Leuchten von lebenden Organismen bezeichnet. Alle diese Fälle von Biolumineszenz fallen auch unter den Begriff der Chemolumineszenz, also eines Leuchtens, das durch chemische Reaktionen ausgelöst wird. Nichtbiologische Beispiele von Chemolumineszenz sind Knicklichter, die als Notbeleuchtung und von Technoparties bekannt sind, sowie die Reaktion von Luminol mit dem Blutfarbstoff Hämoglobin, die von der Polizei bei der Suche nach Blutspuren eingesetzt wird. Biolumineszente Organismen führen solche lichterzeugenden Reaktionen natürlich gezielt herbei, aber evolutionär müssen solche Effekte aus Reaktionen entstanden sein, die entweder zufällig oder zu ganz anderen Zwecken in den Zellen stattfanden.

Licht entsteht in natürlichen Prozessen auf der Erde eigentlich immer durch einen von zwei Mechanismen, die uns beide schon in Abschn. 3.1 begegnet sind. Die Wärmestrahlung, die Max Planck als Erster korrekt modellieren konnte, enthält bei Temperaturen oberhalb von rund 800 °C nennenswerte Anteile von sichtbarem Licht. Wir kennen diese Art von Licht, dessen Wellenlängen kontinuierlich über das Lichtspektrum verteilt sind, von der Sonne, von Glühlampen oder aus dem Feuer. Die hierfür notwendigen Temperaturen sind aber offensichtlich viel zu hoch, um in lebenden Organismen vorzukommen. Eine andere Art von Licht entsteht bei den von Niels Bohr beschriebenen Übergängen zwischen Quantenzuständen eines Elektrons in einem Atom, Molekül oder Kristallgitter: Springt ein Elektron von einem energetisch ungünstigeren „höheren" Quantenzustand in einen unbesetzten günstigeren Zustand, dann gibt es die freiwerdende Energie als ein Quant einer elektromagnetischen Welle ab. In vielen Fällen entspricht die bei solchen Übergängen freigesetzte Energie der eines Lichtquants im sichtbaren Bereich – wir können den Übergang also in Form von Licht sehen. Die Wellenlänge des emittierten Lichts ist dabei jeweils charakteristisch für einen bestimmten Zustandsübergang in einem Atom, Molekül oder Kristall. In den höheren Energiezustand gelangt sein können die Elektronen vor allem auf drei Arten: Haben sie die Energie einfallender Lichtquanten aufgenommen, dann spricht man von Fluoreszenz; in Leuchtstoffröhren und Leuchtdioden werden sie durch elektrische Spannung in den angeregten Zustand gebracht, und bei der Chemo- oder Biolumineszenz gelangen sie durch die Energie einer chemischen Reaktion dorthin.

Damit ein Material, wie Popps lebende Zellen unter dem Photomulti-plier, Lichtquanten emittieren kann, muss also in chemischen Reaktionen Energie frei werden. Damit diese auf unterschiedlichen Wellenlängen quer durch das sichtbare Spektrum auftauchen, muss das Material zudem unter-schiedliche, idealerweise relativ komplexe, Moleküle enthalten, die Energie aus mehreren Reaktionen als Anregung aufnehmen und in einem einzelnen Photon abgeben können. In lebenden Zellen ist beides in geradezu idealer Weise erfüllt. Natürlich ist es normalerweise das Ziel eines Organismus, die Energie seiner Stoffwechselprozesse nicht in Form von Licht entweichen zu lassen, aber reale Prozesse des Lebens sind so chaotisch, dass eigentlich stän-dig irgendwo Ineffizienzen unterschiedlichster Art auftreten. Auch Popps Beobachtungen zum Verlauf der Lichtemissionen passen genau zu dieser Erklärung. Aggressive Chemikalien verursachen zusätzliche, vom Organis-mus nicht steuerbare chemische Reaktionen, in denen Energie frei wird; sie sollten also solche ungewollten Lichtemissionen erhöhen. Nach dem Zell-tod hingegen kommen die Stoffwechselprozesse, die Energie liefern könn-ten, zum Erliegen, und an ihre Stelle treten Abbauprozesse, die im Lauf der Zeit abklingen. Man muss also keineswegs eine geheimnisvolle Kommuni-kation zwischen den Zellen annehmen, um Popps Messungen erklären zu können: Die Restenergie aus fehlgelaufenen Stoffwechselreaktionen reicht als Erklärung vollkommen aus.

Popp hält eine solche Zellkommunikation aber auch aus biologischer Sicht für notwendig. 10 Mio. mal pro Sekunde sterbe in einem Lebewesen eine Zelle ab, erklärt Popp in einem seiner Vorträge und meint mit dieser Behauptung offensichtlich einen menschlichen Körper. In jedem dieser Fälle müsse die absterbende Zelle die Nachricht des Zelltods an die nächste Zelle übermitteln, damit diese nachwachsen könne. „Wir müssen davon aus-gehen, dass allein nur Licht der Signalträger ist. Alle anderen Signalträger wären viel zu langsam," behauptet Popp dazu [25]. Diese Aussage ist einiger-maßen abenteuerlich, wenn man bedenkt, dass eine solche Todesnachricht zur Nachbarzelle nur über eine Distanz von einigen Mikrometern zu über-tragen wäre. Auch die Eile ist schwer nachvollziehbar: Die Zellteilung einer typischen menschlichen Zelle dauert mit den notwendigen Vorbereitungs-phasen über acht Stunden – es dürfte also wenig ausmachen, wenn sich das Startsignal um einige Millisekunden verzögert. Die bekannten Steuerungs-mechanismen durch chemische Botenstoffe und elektrische Potenziale an der Zelloberfläche sind also vollkommen ausreichend.

Popps Zellkommunikation durch Biophotonen ist also weder durch seine Messungen noch durch seine Behauptungen zum Zelltod zu bestätigen.

Somit bleibt die Frage, ob eine solche Kommunikation überhaupt möglich wäre.

Hierzu wäre zunächst einmal unklar, mit welchem Zellbestandteil eine Zelle diese Photonen überhaupt gezielt senden und empfangen sollte. Im Verlauf von 180 Jahren Forschung hat die Zellbiologie die Funktion praktisch aller nachgewiesenen Bestandteile einer Zelle klären und in immer größerem Detail erforschen können. Selbst seit Popps ersten Messungen wurden mittels Gentechnik und Informationstechnologie noch gigantische Fortschritte gemacht – nur ein Mechanismus zum Senden und Empfangen von Photonen ist dabei nirgends aufgetaucht. Popp spekuliert, Sender und Empfänger sei die DNS des Erbguts, aber gerade die DNS gehört zu den besterforschten Molekülen in lebenden Organismen überhaupt. Sie ist chemisch sehr stabil und wird insbesondere von sichtbarem Licht nicht verändert. Für den „Datenträger" unserer Erbinformation ist das auch gut so, denn sonst könnte nicht nur UV-Licht, sondern auch sichtbares Licht Zellmutationen und Krebs auslösen.

Popps Thesen haben aber noch ein viel größeres Problem: Eine sinnvolle Übertragung selbst primitivster Informationen ist mit den von Popp gemessenen Anzahlen von Photonen schlicht nicht möglich. Er selbst berichtet von 100 Photonen pro Quadratzentimeter Pflanzenmaterial. Beim typischen Durchmesser einer Pflanzenzelle von 50 μm kommen auf einen Quadratzentimeter Pflanzenoberfläche jedoch rund 40.000 Zellen. Im Durchschnitt emittiert jede Zelle damit alle sieben Minuten ein einziges Photon – die Zellen sind also, vorsichtig ausgedrückt, nicht sonderlich gesprächig. Nach Popps eigenen Messungen haben die Photonen weder eine spezifische Wellenlänge noch eine spezifische Richtung oder Polarisation, nach denen sie zu identifizieren wären – und andere Eigenschaften, nach denen es zu identifizieren wäre, hat ein Photon schlicht nicht. Könnte eine Zelle ein Photon wahrnehmen, dann hätte sie also keine Möglichkeit, zu unterscheiden, ob es sich um ein Biophoton von einer kommunizierenden Nachbarzelle oder um ein beliebiges anderes Photon handelt. Andere Photonen gibt es jedoch reichlich, vor allem nahe der Oberfläche eines Organismus: Eine Pflanzenzelle, die an der Blattoberfläche von der Sonne beschienen wird, wird von 10.000 Mrd. Photonen pro Sekunde aus dem Sonnenlicht getroffen, von denen es ein einzelnes Photon von der Nachbarzelle alle sieben Minuten unterscheiden müsste. Nicht verholzte Pflanzenteile, aber auch menschliches Gewebe sind zudem relativ lichtdurchlässig, sodass das Problem auch für Zellen mehrere Millimeter unter der Oberfläche nicht signifikant kleiner wäre. Bei der Kommunikation durch Biophotonen wäre also das Rauschen um viele Größenordnungen stärker als das Signal – und das macht jede sinnvolle Datenübertragung unmöglich.

Gabriele und Reiner Ranftl, die selbst Biophotonen-Therapiegeräte verkaufen, erklären das Fehlen geeigneter Photonen-Rezeptoren in den Zellen damit, dass Photonen ja auch unmittelbar chemische Reaktionen auslösen könnten. Die von Popp gemessenen Photonen sind jedoch schlicht viel zu wenig, um in den Stoffwechselreaktionen von Zellen irgendeinen relevanten Unterschied zu verursachen, außer, sie könnten gezielt die DNA verändern, wozu ihre Wellenlänge jedoch zu lang ist, ihre Energie also nicht ausreicht. Aus dem Problem mit dem viel zu schwachen Signal im Vergleich zum Hintergrundrauschen versuchen die Ranftls sich herauszureden, indem sie darauf verweisen, dass auch beim Satellitenfernsehen das Signal des Satelliten schwächer sei als die Vielzahl anderer elektromagnetischer Signale in der Umwelt [26]. Sie haben offensichtlich nicht verstanden, dass auch beim Satellitenfunk in der Richtung der Parabolantenne und bei der am Empfänger ausgewählten Wellenlänge das Signal natürlich wesentlich stärker sein muss als das Rauschen, damit ein Empfang möglich ist. Die von Popp gemessenen Photonen haben aber eben gerade keine bestimmte Wellenlänge oder Richtung.

Dass Popps Biophotonen-Lehre so offensichtlich unsinnig ist, hält Alternativmediziner und Hersteller von Esoterikprodukten nicht davon ab, eine Vielzahl von Waren und Dienstleistungen zu vermarkten, deren Funktion mit Biophotonen begründet wird. Vergleichsweise harmlos ist noch ein unterfränkisches Weingut, das behauptet, wenn das Chi fließe, nähmen die Trauben die Biophotonen-Lebensenergie für ihren bioenergetischen Cosmowein auf, bevor sie unter Beachtung von Mondphasen, Geomantie und Feng Shui verarbeitet würden [27]. Bei Preisen von fünf bis 30 EUR unterscheiden sich die Abfüllungen, die mit diesem esoterischen Bullshit-Bingo vermarktet werden, immerhin kaum von den „konventionellen Weinen" des gleichen Anbieters, wenngleich sie für die Region eher hochpreisig sind. Auch der österreichische „Weinpfarrer" Hans Denk behauptet, Wein verändere sich mit den Mondphasen, und erklärt dies durch die „Quantenphysik mit den Biophotonen" [28].

Weitaus problematischer ist es, wenn Produkte, deren Funktion ausschließlich mit dem pseudowissenschaftlichen Konzept der Biophotonen begründet wird, für horrende Preise an verzweifelte, kranke Menschen verkauft werden. Ein Unternehmen aus Lindau, das sich ausdrücklich auf Fritz-Albert Popp beruft, verkauft Geräte, die für eine gezielte Anregung der Biophotonen im Zellsystem sorgen sollen. Ein Photonen-Tischgerät zur Selbstbehandlung für Heimanwender, das offenbar mit einigen Leuchtdioden buntes Licht erzeugt, soll unter anderem bei multipler Sklerose, Depressionen und Hyperaktivität von Kindern angewendet werden [29]. Interessierten Patienten wird nahegelegt, sich über die Unterschiede zwischen „irgendeinem Licht" und „Photonen-Licht" zu informieren [30]. Diese Information lässt sich in einem Satz zusammenfassen: Licht besteht aus Photonen – jedes Licht, immer. Angeboten wird das Gerät zum Preis von 4700 EUR, und es werden auch längerfristige Mietverträge ab 150 EUR im Monat angeboten [31].

Mit einem Euro Gerätemiete pro Tag und einer vorbereitenden Laboruntersuchung einer Speichelprobe für 60 EUR ist das Angebot der oben erwähnten Ranftls deutlich günstiger. Sie distanzieren sich auf ihrer Website auch nachdrücklich vom „mysteriösen Geschäft mit Biophotonen" [32]. Gleichzeitig ist ihr eigenes Angebot natürlich ebenso pseudowissenschaftlich wie der Rest der Biophotonen-Szene, und sie versprechen zumindest in angedeuteter Form Hilfe bei Krebs, Autoimmun- und neurologischen Erkrankungen [33].

Biophotonen werden auch als Rechtfertigung und Kritikimmunisierung für durchaus etablierte pseudomedizinische Verfahren herangezogen. Im Fall dubioser Elektro- oder Magnetfeldtherapien oder der sogenannten Laserakupunktur ist das nicht sonderlich überraschend. Der Arzt Lothar Brunke, der einen Blog namens „Quantenhomöopathie" betreibt und Artikel daraus im Selbstverlag unter dem Buchtitel „Wissenschaftliche Homöopathie" veröffentlicht hat, erklärt aber auch die angebliche Wirkung nicht vorhandener Wirkstoffe in der Homöopathie mit Biophotonen [34]. 2004 behaupteten Fritz-Albert Popp und der Alternativmediziner Klaus-Peter Schlebusch, sie könnten die Meridiane der angeblich traditionellen chinesischen Akupunkturlehre sichtbar machen, weil diese die Leitbahnen der Biophotonen seien. Die im Artikel enthaltenen Wärmebildaufnahmen zeigen jedoch nur zum Zeitpunkt der Aufnahme mehr oder weniger gut durchblutete Hautpartien [35].

Daneben findet sich im Netz eine Anzahl von eher skurrilen Biophotonen-Produkten ohne konkrete Heilungsversprechen – allerdings auch mitunter zu skurrilen Preisen. So vermarkten Onlineshops unter Berufung auf Popps Biophotonen-Lehre ein „Lichtquantenpulver" zum Preis von mehr als 40 EUR für 310 g zermahlenes Vulkangestein [36]. Eine „Karte für Zigaretten mit Biophotonen" aus Plastik für 20 EUR soll den Harz-, Teer- und Nikotingehalt von Zigaretten verringern, wenn man sie vor dem Rauchen 15 min lang auf die Zigarettenpackung legt. „Ein wahres Energiewunder" verspricht ein 37 cm langes Stofftier aus Polyester, das „mit den wertvollen Energieschwingungen der Biophotonen aufgeladen" sein und dazu führen soll, dass man ruhiger schläft und sich fit und vital fühlt. Mit 79 EUR bewegt sich das Tier auf dem Preisniveau hochwertiger Sammlerstücke, aber das Versprechen „ein äußerst treuer Kuschelpartner" zu sein, dürfte es auf alle Fälle erfüllen [37].

Zum Mitnehmen

Während Biophotonik die ernsthafte Forschung zur Anwendung optischer Verfahren in der Biologie bezeichnet, sind Biophotonen ein pseudowissenschaftliches Konzept, das verwendet wird, um „alternativmedizinische" Verfahren und funktionslose Esoterikprodukte zu vermarkten.

7.3   Wer heilt die Quantenheiler

Deepak Chopra gehört zu den erfolgreichsten Sachbuchautoren im englischsprachigen Raum, wenn man seine Bücher als Sachbücher bezeichnen kann, denn ihr Inhalt erscheint oft eher fiktional. Von seinen über 80 Büchern haben es 22 auf die Bestsellerliste der *New York Times* geschafft.

In der Skeptikerszene ist Chopra vor allem berüchtigt für seine beliebig interpretierbaren, pseudo-tiefgründigen Weisheiten wie: „Die Forschung hat gezeigt, dass die beste Art, glücklich zu sein, ist, jeden Tag glücklich zu machen." [38] Phrasen dieser Art haben einen gewitzten Programmierer dazu animiert, eine Website einzurichten, die zufallsgesteuert Chopra-artige Weisheiten aus beliebigen Versatzstücken zusammenwürfelt [39]. Was als Scherz gemeint war, wurde schließlich Teil einer ernsthaften wissenschaftlichen Untersuchung. Psychologen ließen Testpersonen die Tiefgründigkeit unterschiedlicher Aussagen bewerten und erhoben gleichzeitig Persönlichkeitsmerkmale mit standardisierten psychologischen Fragebögen. Die Sätze von der Website sollten die Probanden im Vergleich zu ernst gemeinten Behauptungen aus unterschiedlichen Quellen bewerten, unter anderem von Chopra. Wer Chopras Aussagen tiefgründig fand, neigte dazu, auch die Weisheiten aus dem Zufallsgenerator tiefgründig zu finden, war im Durchschnitt weniger intelligent und hatte eine stärkere Neigung zu Religion, Verschwörungstheorien und Alternativmedizin [40].

Zu Chopras erfolgreichsten Büchern gehört *Quantum Healing* (deutsch: *Die heilende Kraft*) [41], worin er das Konzept der Quantenheilung propagiert, das schon im Einleitungskapitel bei Herrn Kaufmann zum Einsatz kam. Für das Buch erhielt Chopra 1998 den Ig-Nobelpreis (dt. *ignobel* = verachtenswert), einen satirischen Preis für „wissenschaftliche" Arbeiten, die nicht reproduziert werden können oder sollten und Leute dadurch zum Lachen und zum Nachdenken bringen. Inhaltlich stützt sich Chopra dabei weniger auf die Physik als auf die angeblich Jahrtausende alten indischen Heilungsrituale des Ayurveda. Quantenheilung definiert er als „die Fähigkeit einer Bewusstseinsform (Geist), spontan die Fehler einer anderen Bewusstseinsform (Körper) zu korrigieren". Basierend auf Chopras Buch entwickelte sich die heute übliche Form der Quantenheilung als Therapieverfahren, das sich in Deutschland offenbar immer größerer Beliebtheit erfreut.

Die Behandlungsmethode selbst ist bei der Quantenheilung nach der in Deutschland in der Regel angebotenen Zwei-Punkt-Methode denkbar einfach. Sie erfordert weder eine körperliche Untersuchung des Patienten noch ein längeres Gespräch über seine Beschwerden. Es genügt, dass sich Behandler und Patient einander bekannt machen und der Patient anschließend die Idee der Quantenheilung erklärt bekommt. Dann muss er sich wiederholt das erwünschte Endergebnis der Behandlung vorstellen. Der Teil der Sitzung, der noch am ehesten als Behandlung bezeichnet werden könnte, besteht darin, dass der Behandler den Patienten an zwei willkürlich ausgewählten Punkten berührt und sich beide auf den Gedanken konzentrieren, der Patient werde geheilt. Sitzungen dieser Art werden in der Regel mehrfach wiederholt. Außerdem soll der Patient ein ähnliches Ritual auch allein wiederholen und sich dabei selbst an zwei Punkten berühren.

Der angebliche Erfinder der Quantenheilung, Frank Kinslow, tritt inzwischen mit einem Verfahren auf, das er „Quantum Entrainment" nennt. Dabei hält er den Patienten mit einer Hand im Genick, berührt mit der anderen Hand seine Stirn und bringt ihm, nach eigener Aussage, „pure Aufmerksamkeit" entgegen. Der Patient soll dabei mental nicht mitwirken, sondern seinen Gedanken freien Lauf lassen. Dieses Vorgehen bezeichnet Kinslow als „sofort wirksame Heilungsmethode, die nicht nur für den Körper, sondern für den Geist wirkt" [42].

Auch in Deutschland tauchen gelegentlich neue Ideen zur Quantenheilung auf. Vornehmlich in rechts-esoterischen Onlinemedien wird für ein Verfahren namens Matrix-Power-Quantenheilung geworben, das angeblich „die wissenschaftlichen Erkenntnisse der Quantenphysik mit der Spiritualität verbindet" [43]. Neben der Quantenheilung nach der Zwei-Punkt-Methode soll dabei durch die „Wiederherstellung der Zirbeldrüse" eine 13-Strang-DNS aktiviert werden. In der DNS (Desoxyribonukleinsäure) oder englisch DNA ist das Erbgut unserer Zellen in Form von Protein-Bauplänen gespeichert. Während die Wissenschaft nur zwei Stränge der DNS kenne, so die Erfinder der Methode, entsprächen die angeblichen zusätzlichen Stränge der sogenannten *Junk*-DNS, in der keine sinnvollen Proteine codiert sind. Sie dienten der telepathischen Kommunikation von Menschen miteinander und mit einer alles umspannenden Matrix [44]. Tatsächlich enthält eine menschliche Zelle 46 Chromosomen, die jeweils aus zwei miteinander verbundenen DNS-Strängen bestehen. Die Erbinformation ist dabei in beiden DNS-Strängen jeweils spiegelbildlich codiert. Die Junk-DNS ist in kleinen Abschnitten kreuz und quer über diese 46 Doppelstränge verteilt. Da die als Basen bezeichneten Bausteine der DNS jeweils über eine Bindungsstelle verfügen, die an den entsprechenden Baustein des anderen Strangs koppelt, wäre es nicht möglich, aus einer ungeraden Zahl von Strängen, also zum Beispiel 13, eine stabile Struktur zu bilden. Bei der Beschreibung der Methode handelt es sich also schlicht um eine pseudowissenschaftliche Ansammlung von Worthülsen, die von den Erfindern offensichtlich selbst nicht verstanden werden.

Das Berühren an zwei Punkten scheint für die Quantenheilung nicht in allen Fällen erforderlich zu sein, denn Quantenheilung wird auch per Telefon angeboten [45]. Andere Anbieter berufen sich darauf, dass die Energie den Gedanken folge, und vermarkten ihre Quantenheilung sogar als Fernbehandlung ohne gleichzeitigen telefonischen Kontakt [46].

Mit diesen Methoden gehören Quantenheiler in Deutschland rechtlich zu den Geistheilern. Sie brauchen damit nach geltender Rechtsprechung weder eine ärztliche Approbation, noch müssen sie die ohnehin schon fragwürdige Mindestqualifikation als Heilpraktiker nachweisen. Die Urteilsbegründung des Bundesverfassungsgerichts ist etwas bizarr: Von einem Geistheiler, so die Richter, würde ohnehin niemand ernsthaft medizinischen Beistand erwarten, also bestünde auch keine Gefahr, dass jemand mit einer gefährlichen Krankheit zum Geistheiler anstatt zum Arzt geht [47]. Die Frage, warum Menschen dann überhaupt einen Geistheiler aufsuchen, wenn nicht wegen einer Krankheit, beantworten die Richter nicht.

Mit der Wirksamkeit dieser Form von Geistheilung beschäftigt sich tatsächlich eine Doktorarbeit, eingereicht von der Psychologin Manuela Pietza am Institut für transkulturelle Gesundheitswissenschaften der Europa-Universität Viadrina in Frankfurt an der Oder [48]. Studien zu fragwürdigen Themen sind an diesem Institut keine Überraschung: Wissenschaftlich höchst umstrittene Personalentscheidungen und ein extrem unkritischer Umgang mit esoterischen und alternativmedizinischen Methoden hat dem Institut in Anlehnung an die Harry Potter-Romane den Beinamen „Hogwarts an der Oder" eingetragen [49]. Zweitgutachter der Doktorarbeit ist niemand anders als Harald Walach, der Miterfinder der zweifelhaften „schwachen Quantentheorie" aus Abschn. 6.4.

Die Hauptstudie der Doktorarbeit umfasste 123 Patienten, die wegen psychischer oder psychosomatischer Beschwerden länger als zwölf Wochen auf eine Psychotherapie warten mussten. Sie wurden während der Wartezeit mehrfach anhand standardisierter Fragebögen nach ihrem subjektiven Befinden befragt. Eine zufällig ausgewählte Untergruppe erhielt nach der ersten Befragung eine Behandlung bei Quantenheilern; die übrigen dienten als Kontrollgruppe und mussten ohne weitere Behandlung die zwölf Wochen bis zur zweiten Befragung abwarten. Das Ergebnis der Studie war, wie man es nicht anders erwarten konnte: Menschen, die mehr als ein Vierteljahr auf eine Psychotherapie warten müssen, fühlen sich besser, wenn sich in der Zwischenzeit jemand mit ihnen beschäftigt, selbst wenn das in der Form von pseudomedizinischem Hokuspokus erfolgt. Über die Wirksamkeit der Quantenheilung, um die es in der Doktorarbeit eigentlich gehen sollte, sagt sie hingegen überhaupt nichts aus – dazu hätte die Kontrollgruppe wenigstens eine vergleichbare Scheinbehandlung erhalten müssen, um eine eventuelle Wirkung von Placeboeffekten zu unterscheiden. Idealerweise sollten auch die Behandelnden selbst nicht wissen, wen sie nur zum Schein behandeln, was bei dieser Art von Therapie aber natürlich schwierig ist, sodass Patientenstudien hier insgesamt nur sehr eingeschränkt aussagefähig sind.

Nun kann man über Schwächen beim Wirkungsnachweis mit den ohnehin eher unzuverlässigen Patientenstudien eventuell hinwegsehen, wenn eine Wirksamkeit wenigstens nach solide im Labor prüfbaren naturwissenschaftlichen Erkenntnissen plausibel wäre. Immerhin ist die Quantenheilung ja im Vergleich zu einer Psychotherapie relativ billig, und unmittelbare Nebenwirkungen sind kaum zu erwarten. Laborexperimente lassen sich, anders als Patientenstudien, relativ beliebig wiederholen, und sie sind frei von den typischen subjektiven Einflüssen, die Patienten eben zwangsläufig mitbringen. Die Zuverlässigkeit ist also wesentlich höher, weshalb an eine Patientenstudie, deren Ergebnisse naturwissenschaftlichen Erkenntnissen widersprechen, wesentlich höhere Anforderungen gestellt werden müssen als an eine, die nur das bestätigt, was nach laborbasierten Erkenntnissen ohnehin anzunehmen ist. Wie sieht es also mit der naturwissenschaftlichen Begründbarkeit der Quantenheilung aus?

Hierzu ist zunächst einmal festzuhalten, dass die Vertreter der Quantenheilung ihre Methode ganz eindeutig naturwissenschaftlich begründen. Bei einer auf Ayurveda basierenden Heilmethode wäre ja grundsätzlich vorstellbar, dass der Quantenbegriff seinen Weg lediglich als eine missglückte Metapher in einen Reklametitel der Methode gefunden hat. Pietza belegt in ihrer Arbeit aber an einer Anzahl von Zitaten führender Vertreter der Quantenheilung, dass diese die Wirksamkeit eindeutig aus der Quantenphysik belegt sehen. Diese Zitate und das darin zum Ausdruck kommende physikalische Grundwissen der Autoren lohnen also einen näheren Blick.

Einer der zitierten Autoren sieht die Grundlage für die Wirksamkeit der Quantenheilung darin, „dass wir an der Basis unserer materiellen Wirklichkeit aus hochenergetischen Photonen bestehen, also den kleinsten bekannten Materieteilchen." In diesem Satz zeigt sich eine so erschreckende Unkenntnis von Abiturwissen in Physik, dass jede physikalisch begründete Argumentation des Autors schlichtweg nicht ernst zu nehmen ist: Materiell bestehen wir nicht aus Photonen, sondern aus Atomen, die ihrerseits aus Protonen, Neutronen und Elektronen aufgebaut sind. Photonen sind überhaupt keine Materieteilchen, sondern übertragen als elektromagnetische Energie lediglich eine Wechselwirkung zwischen den Materieteilchen. Von hochenergetischen Photonen schließlich sollte in unserem Körper möglichst überhaupt keine Rede sein, denn hochenergetische Photonen (Gammastrahlung) sind eine Form radioaktiver Strahlung und lösen Mutationen und Tumore aus.

Auf etwa dem gleichen geistigen Niveau bewegt sich die gesamte physikalisch klingende Argumentation rund um die Quantenheilung. So heißt es, die Quantenheilung könne die Kraft des Nullpunktsenergiefeldes anzapfen. Welcher absurde pseudophysikalische Unsinn um den quantenmechanischen Begriff der Nullpunktsenergie verbreitet wird, wird sich noch in Abschn. 7.5 zeigen.

Kernargument der Quantenheilung ist aber immer wieder ein falsches Verständnis des Einflusses einer Messung auf den gemessenen quantenmechanischen Zustand. Quantenheiler behaupten, es sei das Bewusstsein des Beobachters, durch das bei der Messung eines Quantenzustandes aus den vielen Wahrscheinlichkeiten der quantenmechanischen Wellenfunktion ein fester gemessener Wert entsteht. Das ist aus heutiger Sicht nicht plausibel, wurde aber in der Frühzeit der Quantenmechanik tatsächlich von einigen Physikern ernsthaft in Erwägung gezogen – Quantenheiler können also immer Zitate einer Autorität aus der Vergangenheit für sich in Anspruch nehmen.

In der Folge wird es aber vollkommen absurd: Quantenheiler behaupten, bei diesem Übergang von Wahrscheinlichkeiten zu einem festen Endzustand beeinflussen zu können, welcher Endzustand eintritt, nämlich die Gesundung. Diese Behauptung entspricht dem Wunsch-Bullshit, der schon in Abschn. 6.5 bei Ulrich Warnke aufgetaucht ist. Es ist aber gerade eines der Grundprinzipien der Quantenmechanik, dass dieser Übergang absolut zufällig und durch nichts beeinflussbar ist. Kein ernst zu nehmender Physiker hat jemals behauptet, dass es möglich wäre, diesen Prozess gezielt zu steuern. Im Gegenteil: Die Quantenmechanik ist die Garantie dafür, dass Vorgänge in der Zukunft auf lange Sicht immer zufällige Elemente enthalten und letztlich unvorhersehbar bleiben. Es ist also nicht nur so, dass die Quantenmechanik keine Belege für die Behauptungen der Quantenheilung liefert – Quantenheiler behaupten das exakte Gegenteil der Erkenntnisse der Quantenphysik.

Die Argumentation der Quantenheiler ist also schon für einzelne Teilchen falsch; bezogen auf den ganzen menschlichen Körper oder Organe davon ist sie schlicht nicht anwendbar. So soll der Übergang von Wahrscheinlichkeiten eines Quantenzustands zu festen Werten (was quantenmechanisch einer Messung entspräche) bei der Quantenheilung durch das Berühren des Patienten an zwei Punkten des Körpers ausgelöst werden. Tatsächlich ist natürlich jedes einzelne Molekül im menschlichen Körper zu jedem Zeitpunkt in Wechselwirkung mit anderen Atomen und über diese mit der gesamten Außenwelt. Dieser ständige Kontakt mit der Außenwelt entspricht physikalisch sich ständig wiederholenden Messungen der Zustände jedes einzelnen Atoms. Dadurch können quantenmechanisch unbestimmte Zustände allenfalls für einzelne Teilchen auftreten, die innerhalb großer Moleküle von der Außenwelt isoliert sind, wie wir sie in Abschn. 5.5 kennengelernt haben.

Angereichert wird diese abstruse Pseudophysik mit frei erfundenen Begriffsbildungen und Behauptungen. So ist von einem „Quantenuniversum" die Rede, das aus den Handlungsoptionen bestehen soll, die ein Mensch für sich nutzen kann. Was dieses Fantasieuniversum mit Quanten zu tun haben soll, bleibt allerdings das Geheimnis der Quantenheiler. Das Ganze gipfelt in dem absurden Geschwurbel, Teilchen seien „eine Möglichkeit des Bewusstseins" [48]. Mit dieser Ansammlung physikalischer Begriffe, die frei von jeglichem inhaltlichem Verständnis zusammengestoppelt werden, bildet die Quantenheilung sozusagen den Idealtypus des Quantenquarks. Einwänden dieser Art begegnen Quantenheiler jedoch mit dem Hinweis, bei ihrer Form der Heilung stünde einem der Verstand ohnehin im Weg [50].

Das gilt offensichtlich auch bei der Quantenheilung für Tiere, die unter anderem von der Tierkommunikatorin Gitta Mauri praktiziert wird. Daneben bietet sie auch „geistige Chirurgie" für Tiere an, in der nicht nur die Chakren gereinigt, sondern auch „Tumore, Zysten und Geschwüre jeglicher Art" entfernt werden sollen [51]. Sollte das alles nicht geholfen haben, gibt es bei Frau Mauri zudem die Möglichkeit, auch später noch Gespräche mit dem toten Liebling zu buchen.

Deepak Chopras Anhänger scheinen Probleme mit dem Verstand ebenfalls nicht zu stören: Trotz der durch und durch absurden Behauptung, Quantenheilung hätte etwas mit Quantenphysik zu tun, ist sein Buch nach Angaben des Verlags rund 800.000-mal verkauft worden [52]. Und selbstverständlich hat Chopra auch dazu eine passende Weisheit im Angebot: „Spirituelle Menschen sollten sich nicht schämen, wohlhabend zu sein." [1].

Zum Mitnehmen

Die Quantenheilung ist eine Suggestionstechnik, die als eine Form der Geistheilung praktiziert wird. Mit Quanten- oder sonstiger Physik hat sie absolut nichts zu tun.

7.4 Die guten und die bösen Quanten – und allerlei merkwürdige Gerätschaften

Um zu erkennen, dass Quantenheilung nichts mit Quanten zu tun haben kann, sollte schon ein relativ grundlegendes Verständnis von Physik ausreichen. Quanteneffekte betreffen einzelne Elementarteilchen oder isolierte, ultrakalte Teilchensysteme. Interaktionen zwischen Menschen erfolgen ganz offensichtlich nicht auf der Ebene einzelner Elementarteilchen oder solcher isolierter Teilchensysteme. Es ist auch kaum vorstellbar, dass Teilchen innerhalb eines Körpers einerseits von der Außenwelt abgeschottet sind, andererseits mit den Teilchen in einem anderen Menschen wechselwirken.

Deutlich schwieriger wird die Unterscheidung zwischen Wissenschaft und Quantenquark, wenn technische Geräte ins Spiel kommen. Etablierte bildgebende Verfahren in der Medizin wie die Kernspin- oder Magnetresonanztomografie (MRT) oder die Positronen-Emissions-Tomografie (PET) nutzen Effekte, die sich nur auf der Ebene einzelner Teilchen verstehen lassen. Diese Effekte kommen in unserem Alltag ansonsten nicht vor, und in ihrer detaillierten Berechnung verwendet man tatsächlich die Quantenmechanik. Es handelt sich aber nicht um die Art von Quanteneffekten, die wir in Abschn. 3.2 bis Abschn. 3.5 kennengelernt haben, denn sie lassen sich im Grundsatz auch mit einer sehr klassischen Vorstellung von Teilchen beschreiben. Ähnliches gilt für therapeutische Verfahren, die mit Strahlung arbeiten, zum Beispiel gegen Tumore oder chronische Entzündungen. Dass ein technisches Gerät zur Diagnose oder Therapie auf der Quantenebene mit Organen im menschlichen Körper wechselwirkt, ist also im Prinzip vorstellbar, selbst dann, wenn es den

Körper nur von außen oder gar nicht berührt. Reale Geräte widersprechen dabei jedoch nicht den Gesetzen der klassischen Physik.

Es gibt aber auch im Bereich technischer Geräte und darauf basierender Angebote ein breites Spektrum an Quantenquark. Hierzu sind vermutlich auch Geräte zu einer sogenannten „Magnetfeld-Resonanz-Therapie" zu rechnen, die von Ulrich Warnke entwickelt worden sein sollen, dem Autor der haarsträubenden Bücher über Quantenphilosophie und das dritte Auge aus Abschn. 6.5. Da diese Geräte offenbar nicht mehr hergestellt werden, sondern im Handel nur noch gebraucht zu finden sind, gibt es wenig Information zu den Details der angeblichen Funktionsweise [53].

Ein Unternehmen aus Rheinland-Pfalz bietet eine „Fern-Therapie über die Quantenverschränkung" an. Hierzu soll der Patient ein Foto an das Unternehmen schicken, auf dem nach einem nicht näher erläuterten Quantenprinzip alle Informationen über die Person erhalten bleiben sollen. Eine Software soll dann aus dem Foto Informationen herauslesen, zum Beispiel welche körperlichen Behandlungen oder welche Nährstoffe der Patient benötigt. Diese Informationen werden aber dem Patienten nicht etwa mitgeteilt, damit er diese Nährstoffe zu sich nehmen könnte. Stattdessen werden die Informationen in Frequenzen umgeschrieben und über eine Antenne direkt an das Innere des Patienten gesendet. Mit dieser Information versorgt, muss sein Körper die Nährstoffe gar nicht mehr physisch aufnehmen. Die Wirkung begründet der Anbieter mit einer Quantenverschränkung zwischen dem Patienten und dem verwendeten Gerät. Diese soll auf einer lebenslangen Verschränkung mit der Umwelt beruhen, die schon bei der Geburt entsteht und zum Beispiel auch die enge Verbindung zwischen Mutter und Kind ermöglichen soll [54].

Wie in Abschn. 3.4 dargestellt, existiert eine Verschränkung nur so lange, wie die verschränkten Teilchen von Wechselwirkungen mit der Außenwelt abgeschirmt sind. Während und jederzeit nach einer Geburt stehen aber sowohl Mutter als auch Kind in ständigem Kontakt mit der Außenwelt, denn ohne diesen kann man weder atmen noch Nahrung aufnehmen. Jede Verschränkung mit einem Teilchen im Körper des Kindes würde sofort wieder verschwinden. Eine Ferntherapie über eine Quantenverschränkung mit einem menschlichen Körper ist also vollkommener Unsinn.

Dasselbe Unternehmen bietet aber auch eine Variante des gleichen Verfahrens an, bei dem ein entsprechendes Gerät direkt auf der Haut getragen wird. Das Gerät soll das Bewusstsein umprogrammieren, wenn es 21 Tage lang um den Bauch befestigt wird. Als Begründung wird angegeben, die „Planck'schen Quanten (als kleinste bewusstseinstragende Einheit)" trügen Informationen 21 Tage lang [54]. Dass Quanten, also Elementarteilchen oder Energieeinheiten, ein Bewusstsein hätten, hat mit Physik ganz offensichtlich nichts zu tun, und woher die 21 Tage kommen, ist vollkommen rätselhaft. Dasselbe Unternehmen erklärte dazu auch, die Quanteninformationen der menschlichen Psyche würden durch das am Bauch getragene Gerät 108-fach überschrieben. Damit sei „rein physikalisch" ein Tumor genauso schnell heilbar wie ein Schnupfen [55]. Dass dazu Tumore und Schnupfen allein von der Psyche verursacht sein müssten, wundert neben so viel anderem Unsinn dann auch nicht mehr. Schließlich hat auch die Beschreibung der Wirkung mit nachvollziehbarer, tatsächlicher Physik nichts zu tun. Verkauft wird das Gerät für 1800 EUR [56].

Wie viele Quantenheiler nutzt auch dieser Anbieter die beliebte Masche, als Beleg für die eigenen Behauptungen aus dem Zusammenhang gerissene Zitate von Physikern anzuführen, die den Eindruck erwecken, Quantenphysik könne allerlei magische Effekte erklären. In diesem Fall wird ein Physiker namens Fred Alan Wolf zitiert, Quantenphysik habe nicht mit der Außenwelt der Materie zu tun, sondern „mit Wesenheiten, die in einem ganz realen Sinn traumartig sind".[1] Wolf war tatsächlich Physikprofessor an einer amerikanischen *second tier university*, was etwa einer deutschen Fachhochschule vergleichbar ist. Er bezeichnet sich selbst als „Dr. Quantum" und verbreitet in Büchern mit Titeln wie „Das Yoga der Zeitreisen" seine persönlichen Vorstellungen von Quantenphysik, die wenig mit wissenschaftlich begründbaren Erkenntnissen zu tun haben [59].

Auf ganze 13 zitierte Autoritäten in nicht einmal 300 Wörtern bringt es ein Artikel unter dem Titel „Wissenschaftliche Hintergründe" auf der Seite einer Firma aus Brandenburg, deren Geräte ebenfalls mittels Quantenphysik funktionieren sollen. Logischerweise ist in dem Artikel kein Platz mehr für viel Inhalt, geschweige denn für die versprochenen wissenschaftlichen Hintergründe. Die angeführten Personen reichen von den Begründern der Quantenmechanik über Parapsychologen bis zu reinen Pseudowissenschaftlern. Der Artikel wiederholt die falsche Behauptung, es sei möglich, die Wahrscheinlichkeiten der Quantenmechanik durch unser Bewusstsein zu beeinflussen. Davon ausgehend wird ein „Informationsfeld" behauptet, über das der Geist die Materie beeinflussen soll. Die Entdeckung dieses Informationsfeldes wird dem Erfinder der Bohm'schen

---

[1]Das gleiche Zitat wird an anderer Stelle dem Physiker und Philosophen Henry Stapp zugeschrieben [57], der bereits seit den 1950er-Jahren einige heute sehr antiquierte Ideen zur Interpretation der Quantenmechanik vertritt. Stapp schreibt im Original aber lediglich, dass die Ereignisse (nicht etwa Teilchen) der Quantentheorie „ideenartig" seien, was immer das heißen soll. Er spricht weder von „traumartig" noch von Wesenheiten [58].

Mechanik (Abschn. 3.1) David Bohm untergeschoben. Absurderweise steht auf der Webseite der Firma direkt unter diesem Artikel zu wissenschaftlichen Hintergründen der Hinweis, dass „die Wissenschaft" die Existenz dieser Informationsfelder ebenso wenig anerkennt wie die angebotenen Geräte [60].

Die Firma verspricht, ihre Geräte basierten auf einer quantenphysikalischen Schnittstelle zu diesem Informationsfeld. Wie diese Schnittstelle zu einem frei erfundenen Feld funktionieren soll, wird nicht näher erläutert. Den Beschreibungen zu einzelnen Produktvarianten ist zu entnehmen, dass die Geräte offenbar elektromagnetische Schwingungen aufzeichnen, in Softwarepaketen mit irgendwelchen Datenbanken abgleichen und dann wieder entsprechende Schwingungen abgeben.

Da die Geräte in den medizinischen Varianten bei der Messung der Schwingungen immerhin eine elektrisch leitende Verbindung zum Patienten haben, wäre es physikalisch nicht völlig ausgeschlossen, damit sinnvolle medizinische Daten zu messen. Insofern erinnert die Funktion der Geräte bei der Messung an Elektrokardiogramme (EKG) oder Elektroenzephalogramme (EEG). Bei diesen werden die an der Hautoberfläche ankommenden minimalen Spuren elektromagnetischer Signale aus Nerven- und Muskelzellen im Herz oder Gehirn analysiert. Das Zurückspielen ähnlich starker Signale über die gleichen Elektroden hat jedoch keine Entsprechung in der seriösen Medizin: Um Gehirn oder Herz nachweisbar von außen zu beeinflussen, braucht man um viele Größenordnungen höhere Spannungen, wie sie zum Beispiel ein Defibrillator erzeugt. Der Grund hierfür ist, dass die Signale in den Nervenzellen durch die Zellmembran, den Nerv umgebende Fettzellen, Fettgewebe und die Haut gleich mehrfach gegenüber der Außenwelt isoliert sind. Außerdem werden die Elektroden bei EKG und EEG möglichst nah am Herz oder Gehirn elektrisch leitend auf der Haut platziert. Bei den angeblich quantenphysikalischen Geräten hält der Patient die Elektroden hingegen einfach in beiden Händen.

Gerade weil solche Geräte aus dem Bereich der sogenannten Radionik oder der Bioresonanz (anders als zum Beispiel homöopathische Hochpotenzen, die gar keinen Wirkstoff enthalten) wenigstens im Prinzip mit dem Körper wechselwirken können, wäre es spannend, sich die behauptete Wirkungsweise genauer anzusehen. Gerade dazu machen Hersteller und Vertriebspartner aber in der Regel nur wenige oder unklare Aussagen, zum Beispiel, das Gerät balanciere „Korrelationen im Körper" sowie die „Energie- und die Informationsebenen" [61].

Eine ausführlichere Beschreibung des angeblichen Wirkmechanismus lieferte der Erfinder der Geräte, Marcus Schmieke, jedoch schon 2008 in zwei Artikeln in einer Zeitschrift für Alternativmedizin [62, 63]. Die „Informationsfelder", mit denen seine Geräte wechselwirken sollen, identifiziert er darin mit höheren Dimensionen in Burkhard Heims Feldtheorie aus Abschn. 6.2. Nach Heims Büchern dienen diese Dimensionen jedoch lediglich zur Beschreibung der physikalischen Wechselwirkungen. Schmiekes Behauptung, diese Dimensionen bildeten laut Heim „die Schnittstelle zwischen Geist und Materie" ist aus dem einzigen als Beleg genannten Heim-Artikel nicht einmal in Ansätzen abzuleiten. Daneben beruft sich Schmieke in den Artikeln auf die Biophotonen-Hirngespinste von Fritz-Albert Popp aus Abschn. 7.2. Er fabuliert, zwischen den Gehirnen von Menschen könnten quantenmechanische Verschränkungen bestehen, obwohl menschliche Körperteile zwangsläufig mit der Außenwelt verbunden, also im Sinne der Quantenmechanik dekohärent sind. Nicht minder falsch ist Schmiekes Vorstellung, Krankheit trete „genau dann auf, wenn Körper und Geist nicht miteinander im Einklang stehen". In einer Zeit, in der die organischen Ursachen fast aller ernsthaften Krankheiten bekannt sind, ist eine solche Vorstellung wie der Rest von Schmiekes Erklärungen zur Wirkung seiner Geräte pure Pseudowissenschaft.

Die Datenbanken, auf die die Geräte für medizinische Anwendungen zugreifen sollen, lesen sich wie eine Auflistung esoterischer Pseudotherapien: Homöopathie, Meridiane der „Traditionellen Chinesischen Medizin", systemische Aufstellungen, Aura und Chakren. Um Belege für die Wirksamkeit ist es ganz offensichtlich nicht gut bestellt: Auch unter der Beschreibung der Geräte und Software findet sich ein offenbar juristisch motivierter Hinweis auf fehlende wissenschaftliche Nachweise „im Sinne der Schulmedizin". Bei Geräten, für die als wissenschaftlicher Hintergrund falsch verstandene Quantenmechanik angeführt wird, ist das natürlich auch nicht überraschend. Umso überraschender sind die Preise, die mit solchen Geräten erzielt werden: Der Hersteller selbst veröffentlicht keine Preise für seine Geräte im Internet, aber ein Vertriebspartner bot 2016 die einfache Version für Ärzte und Heilpraktiker zum Preis von 22.780 EUR an [64].

Neben den Geräten für Ärzte, Heilpraktiker oder Patienten bietet der Hersteller nach demselben Konzept auch ein Gerät für Unternehmen an. Das Gerät soll dabei Informationen mit einer sogenannten Quantenfeld-Cloud austauschen. Diese Quantenfeld-Cloud soll alle unternehmensrelevanten Prozesse und Informationen enthalten, so die Behauptung. Die Analyse erfolgt offenbar wieder durch Vergleich der von einer Antenne gemessenen Schwingungen mit im System gespeicherten Schwingungsmustern. Die Anwender können es sich also offenbar sparen, selbst über Kunden, Wettbewerber oder Mitarbeiter zu recherchieren. Auch die aus den

Analysen abgeleiteten Maßnahmen werden als Schwingungen direkt in die Quantenfeld-Cloud übertragen, sodass das Unternehmen diese Maßnahmen praktischerweise gar nicht selbst aktiv umsetzen muss.

Wie die mit dem Gerät in Unternehmen gefundenen Probleme und daraus abgeleitete Maßnahmen aussehen, findet sich zum Beispiel im Erfahrungsbericht einer Unternehmensberaterin, die damit ein Möbelhaus beraten hat. Zu den gefundenen Problemen gehörten blockierte Chakren[2] im Gebäude, „negative Energien im Südwesten" sowie „Inzest-Mutterenergien (auch karmisch)". Wichtigste Gegenmaßnahme war das Senden eines Schwingungsmusters zur „energetischen Reinigung" [65].

Die Geräte sind nach Angaben des Herstellers allein von 2007 bis 2016 an 1200 Praxen und Unternehmen verkauft worden [66]. Hinzu kommt eine nicht genannte Zahl von Geräten zur Heimanwendung bei Patienten zum Preis von „nur" knapp 3000 EUR. Der Hinweis, dass sich nichts davon ernsthaft mit Quanten- oder sonstiger Physik begründen lässt, dürfte sich nach dem zuvor Erwähnten erübrigen.

Wer annimmt, es handele sich bei diesem Anbieter um einen exotischen Einzelfall, irrt. Es gibt allein in Deutschland noch mindestens einen weiteren Hersteller, der nach einem offenbar ähnlichen Konzept aufgebaute Beratungs- und Therapiegeräte vertreibt. Die aktuelle Seite des Münchener Unternehmens ist mit Verweisen auf die Quantenphysik eher sparsam, verweist aber auf ein Buch des Unternehmensgründers mit dem Titel „Physik und Traumzeit". Das Buch, geschrieben von einem Heilpraktiker, folgt dem bekannten Muster und zitiert namhafte Persönlichkeiten aus der Geschichte der Quantenphysik, um eine angebliche Beeinflussbarkeit von Materie durch den menschlichen Geist zu behaupten [67]. Auch der Name des Geräts legt zumindest eine Verbindung zur Quantenmechanik nahe. Die aktuelle Außendarstellung des Unternehmens bezeichnet die Wirkungsweise aber eher als „instrumentelle Biokommunikation" und vergleicht sie mit der Geistheilung oder dem Besprechen von Warzen. Der Hersteller gibt außerdem an, mit dem Gerät Informationen aus dem weißen Rauschen einer Diode herauszulesen [68]. Annähernd weißes Rauschen entsteht in analogen elektronischen Geräten, wenn man versucht, ein Signal zu verstärken, wo kein Signal ist (zum Beispiel in einem Radio, bei dem kein Sender eingestellt ist). Dieses Rauschen ist das Ergebnis von Zufallsprozessen durch die in den

---

[2]Chakren sind in einigen Formen des Hinduismus und Buddhismus sowie im Tantra und Yoga angebliche Energiezentren im menschlichen Körper. Es handelt sich um rein religiöse oder esoterische Vorstellungen ohne jede physische Entsprechung.

Geräten vorhandene Wärmeenergie und enthält keinerlei nutzbare Information, die daraus lesen ließe.

Anders als der Hersteller selbst sind Unternehmensberater, die diese Geräte in Projekten bei ihren Kunden einsetzen, weniger zurückhaltend und erklären ganz klar, ihre Beratung basiere auf Quantenphysik (zum Beispiel [69–71]). Wie die Unternehmensberatung mit diesem Gerät abläuft, stellt ein Partnerunternehmen des Herstellers in einem anonymisierten Kundenbeispiel dar. Die im System verwendeten Datenbanken haben oft Bezeichnungen, die aus einem Esoterikladen stammen könnten, wie „Schamanische Glücksorakel" und „Baubiologie – Geomantie und Tao-Energie". Diese Form der Beratung liegt ganz offensichtlich im Trend: Die Google-Suche nach dem Begriffspaar „Unternehmensberatung Quantenphysik" liefert eine große Zahl von Treffern, und aus den verwendeten Formulierungen und abgebildeten Geräten lässt sich oft schnell erkennen, welche Art von „Physik" dort angeboten wird.

Zum Mitnehmen

Effekte der Quantenmechanik, die sich nicht auch mit klassischer Physik erklären lassen, kommen in biologischen Systemen allenfalls innerhalb einzelner Moleküle vor. Daher ist es auch mit technischen Geräten nicht möglich, entgegen den Gesetzen der klassischen Physik von außen Informationen aus einem Körper zu beziehen oder den Körper zu beeinflussen.

Ebenso ist es unmöglich, über Quanteneffekte in einer Weise, die der klassischen Physik widerspricht, Informationen über Gruppen von Menschen oder Organisationen wie zum Beispiel Unternehmen zu beziehen oder diese zu beeinflussen.

Mit Quanten kann man aber nicht nur angeblich heilen und beraten – sie können offenbar auch furchtbar schädlich sein, wenn man den Anbietern wissenschaftlich fragwürdiger Produkte und Dienstleistungen glaubt. Absolut im Trend liegen bei diesem Thema momentan die Strahlungsquanten von Mobilfunk-, WLAN- und anderen Kommunikationsnetzen, wobei der umgangssprachliche Begriff Elektrosmog nicht zwischen unterschiedlichen Wellenlängen und Verwendungen unterscheidet.

Hierzu ist zunächst einmal festzuhalten, dass es natürlich Strahlungsquanten gibt, die tatsächlich gesundheitsschädlich sind, wenn es sich zum Beispiel um radioaktive Strahlung handelt. Entscheidend dafür ist tatsächlich die Quanteneigenschaft der Strahlung, und zwar in ihrer grundlegendsten Form, wie sie schon in der Frühphase der Quantenmechanik beim Fotoeffekt in Abschn. 3.1 erkannt wurde.

Beim Fotoeffekt hatten wir gesehen, dass elektromagnetische Strahlung in Energiepakete, also Quanten, eingeteilt ist und dass beim Auftreffen der Strahlung auf Materie jedes Quant seine Energie genau auf ein Materieteilchen überträgt. Ein Strahlungsquant kann also ein Elektron in einem Atom oder Molekül in einen höheren Energiezustand versetzen. Entscheidend für die Folgen ist, wie viel Energie das Elektron dabei vom Strahlungsquant übertragen bekommt: Ist die vom Strahlungsquant mitgebrachte Energie größer als die Bindungsenergie des Elektrons an das Molekül, dann kann das Elektron aus dem Molekül herausgerissen werden. Es entstehen ein negativ geladenes freies Elektron und ein positiv geladener Molekülrest, ein Ion. Dadurch können chemische Bindungen zerstört werden oder ungeplant neue entstehen. Falls das im Erbgut einer lebenden Zelle passiert, kann es zum Absterben der Zelle oder im weitaus selteneren, aber schlimmeren Fall zu unkontrollierter Vermehrung, also zu einem Tumor führen. Solche Strahlung, deren Quanten genügend Energie tragen, um ein Elektron aus einem Molekül zu reißen, wird als ionisierende Strahlung bezeichnet, weil dabei vorübergehend ein Ion entsteht. Was bestimmt aber nun darüber, ob Strahlung ionisierend ist? Schon seit Max Planck ist bekannt, dass die Energie der einzelnen Strahlungsquanten nur von der Wellenlänge abhängt: je kürzer die Wellenlänge (und je höher damit die Frequenz), desto höher die Energie. Um ionisierend zu sein, also das Erbgut einer Zelle schädigen zu können, muss Strahlung also besonders kurzwellig sein. Die Grenze liegt dabei etwa beim sichtbaren Licht: Elektromagnetische Strahlung mit Wellenlängen deutlich kürzer als das sichtbare Licht ist ionisierend. Das umfasst Teile der ultravioletten Strahlung, die Röntgenstrahlung und die in der Radioaktivität vorkommende Gammastrahlung. Das entscheidende Problem bei ionisierender Strahlung ist, dass jedes einzelne Strahlungsquant mit sehr geringer Wahrscheinlichkeit einen tödlichen Tumor auslösen kann. Es lässt sich also aus physikalischer Sicht keine Dosisuntergrenze für die Schädlichkeit ionisierender Strahlung angeben, und das Wechselspiel von schädigender Strahlung und körpereigenen Reparaturmechanismen ist komplex. Ob diese Reparaturmechanismen gelegentliche Schädigungen möglicherweise doch vollständig reparieren können und erst bei einer größeren Anzahl von Schäden versagen, ob es also biologisch doch eine Untergrenze der Schädlichkeit geben könnte, ist umstritten. Grenzwerte entstehen also durch Vergleich mit der unvermeidbaren natürlichen Strahlenbelastung und durch lineare Wahrscheinlichkeitsabschätzungen aus den Erkrankungen von Opfern extrem hoher Strahlenbelastung, vor allem in Hiroshima.

Ist die Energie des Strahlungsquants geringer, dann wird das Elektron innerhalb des Moleküls in einen angeregten Zustand versetzt. Weniger stabile chemische Strukturen können dadurch verändert werden, nicht aber die stabilen DNA-Moleküle unseres Erbguts. Die einzelnen Quanten sind also noch über chemische Effekte nachweisbar, aber nicht mehr schädlich. Das geschieht zum Beispiel bei den Wellenlängen des sichtbaren Lichts, und genau dadurch können wir es auch sehen. Ähnlich wirken ans sichtbare Licht angrenzende Bereiche von Ultraviolett und Infrarot, was Tiere wie Insekten oder Schlangen zum Teil zur Orientierung nutzen.

Bei noch wesentlich größeren Wellenlängen ist die Energie der einzelnen Strahlungsquanten kleiner als die Anregungsstufen, in denen ein im Molekül gebundenes Elektron Energie aufnehmen kann. Die Quanteneigenschaft der elektromagnetischen Strahlung spielt dann keine Rolle mehr, und die Strahlung wirkt auf Materie wie eine klassische Welle. Bei Wellenlängen zwischen etwa einem Millimeter und wenigen Metern, sogenannten Mikrowellen, führt das dazu, dass ganze Moleküle in Schwingungen geraten, wodurch das Material erwärmt wird. Dieser Effekt wird in Mikrowellenherden genutzt. Bei ähnlichen Wellenlängen arbeiten aber auch Mobilfunk, WLAN, viele Radaranlagen und ein Teil der Fernsehkanäle. Noch größere Wellenlängen haben eher den Effekt, dass sie freie elektrische Ladungen wie Ionen oder nicht gebundene Elektronen in Bewegung versetzen. Das führt zu dem relativ spektakulären Effekt, dass nicht angeschlossene Leuchtstoffröhren in der Nähe starker Mittelwellensender anfangen können zu leuchten. Solche Sender, die früher wegen ihrer großen Reichweite betrieben wurden, werden jedoch heute immer seltener, da man über das Internet einen Radiosender ohnehin weltweit hören kann. In den Zellen des lebenden Gewebes kommen solche bewegten Ladungsträger allerdings nicht weit und führen letztlich wieder nur dazu, dass das Gewebe erwärmt wird. Bei noch niedrigeren Frequenzen, die üblicherweise nicht mehr in Form einer Wellenlänge ausgedrückt werden, fließen tatsächlich Ströme im Körper, die bei sehr hoher Intensität zu unangenehmen Empfindungen führen können. Typisch ist das für die normalen Frequenzen unseres Wechselstroms, was mitunter, vor allem bei Regen, unter Hochspannungsleitungen spürbar wird [72]. Die Grenzwerte für unseren Alltag sind daran orientiert, einen sicheren Abstand zu schädlicher Überhitzung von Körpergeweben oder allzu unangenehmen Sinneswahrnehmungen einzuhalten.

Ein wie auch immer gearteter Nachweis, dass Mobilfunkstrahlung schädlich ist, würde den Entdeckern mindestens je einen Nobelpreis in Physik und Medizin einbringen. Nach jahrzehntelanger Erfahrung mit diesen Technologien und einer großen Zahl extrem aufwendiger Forschungsprojekte gibt es solche belastbaren Hinweise bis heute nicht. Gelegentlich tauchen in den Medien Berichte auf, einzelne Studien hätten eine in der Regel kausal nicht erklärte schädigende Wirkung gefunden. In der gemeinsamen Betrachtung mit allen vergleichbaren Studien (sogenannten Metaanalysen) zeigt sich jedoch, dass es sich hier einfach um Zufallsergebnisse durch die normale Streubreite im Auftreten seltener Erkrankungen handelt [73, 74].

Als angeblichen Nachweis einer besonderen Gefährlichkeit gepulster elektromagnetischer Wellen, wie sie von modernen Kommunikationsmitteln wie Mobilfunk, WLAN oder schnurlosen Telefonen (DECT) verwendet werden, zitieren Elektrosmoggläubige gerne einen Artikel aus einer wissenschaftlichen Zeitschrift aus dem Jahr 1992. Der Autor ist Ulrich Warnke, dessen absurde Vorstellungen von „Quantenphilosophie" schon in Abschn. 6.5 zur Sprache kamen. Bei der Veröffentlichung handelt es sich um die Zusammenfassung eines Konferenzvortrags – sie hat also nicht die für wissenschaftliche Zeitschriften übliche Überprüfung im Peer Review durchlaufen. Im Text heißt es, in einem Experiment hätten gepulste elektromagnetische Wellen „extrem niedriger Frequenz" an Kopf und Hals von Testpersonen zu einer Erwärmung und gesteigerten Durchblutung geführt. Ob das ein interessantes Ergebnis ist, kann man nicht beurteilen, weil sämtliche Zahlen zu den verwendeten Feldstärken, Pulsdauern und Frequenzen sowie zu den Ergebnissen fehlen. Zum angeblich gemessenen Effekt präsentiert Warnke einen Erklärungsansatz, nach dem die elektrischen Felder Wasserstoffionen durch Zellmembranen bewegen und so den Säurehaushalt von Zellen stören könnten. Auch hier fehlen sämtliche Details zu den gemachten Annahmen [75]. Klar ist nur eines: Pulse elektromagnetischer Wellen extrem niedriger Frequenz, wie sie Warnke untersucht haben will, spielen im Alltag überhaupt keine Rolle. Bei den Frequenzen oberhalb von 900 MHz, bei denen die kritisierten Kommunikationsmittel arbeiten, kann der behauptete Erklärungsansatz jedenfalls nicht funktionieren.

Dennoch bietet eine beeindruckende Zahl von Herstellern technische Lösungen zum Schutz vor dieser wissenschaftlich nicht nachvollziehbaren Gefahr an. Ein Teil dieser sinnlosen Angebote tarnt sich auch unter dem Begriff „Baubiologie", der eigentlich ein seriöses Teilgebiet der Architektur bezeichnet. Als Rechtfertigung für diese Produkte findet man in vielen – wenngleich nicht in allen – Fällen Quantenquark.

Stellvertretend für viele andere Anbieter von Elektrosmog-Schutzprodukten, die ihre Wirkung über Quantenphysik begründen, sei hier nur einer der bekanntesten genannt, ein Unternehmen aus dem Schweizer Kanton St. Gallen. Das Produktportfolio umfasst unter anderem Unterlegmatten für Geräte, Kristalle zum Aufstellen oder Umhängen und Chips zum Aufkleben auf Mobiltelefone. Zum Teil werden die gleichen Produkte auch gegen Erdstrahlen angeboten – die ebenfalls noch niemand nachweisen konnte. Als Technologie wird für die meisten Elektrosmog-Produkte dieses Unternehmens angegeben, sie funktionierten mit Tachyonen. Tachyonen sind uns bereits in einem Quarkstückchen in Abschn. 2.2 begegnet, und sie sind auch sonst recht beliebt in der Esoterikszene. Viele Produkte, die es mit Biophotonen gibt, kann man in ganz ähnlicher Form auch mit Tachyonen kaufen. Es handelt sich dabei um rein hypothetische Teilchen, die schneller als das Licht wären, wenn sie denn existierten. Irgendein Elementarteilchen, das sich tatsächlich schneller bewegt als das Licht, zweifelsfrei nachzuweisen, würde dem Entdecker einen sicheren Nobelpreis garantieren. Kein Experimentalphysiker würde sich eine solche Entdeckung entgehen lassen, und in vielen Experimenten der Kern- und Teilchenphysik würde selbst ein nur gelegentliches, zufällig vorbeikommendes Tachyon als anderweitig unerklärliche Quelle von Störungen unvermeidlich auffallen. Wir können also nicht nur wegen logischer Probleme, die sie in der Relativitätstheorie verursachen würden, sondern auch aufgrund der von Jahr zu Jahr immer größeren Zahl sie ausschließender Experimente davon ausgehen, dass es Tachyonen wohl nicht gibt. Um so überraschender wäre es doch, wenn sie jemand tatsächlich in seinem Produkt einsetzen könnte, und selbst die Theorien, in denen Tachyonen als rechnerische Möglichkeit auftreten, sagen nichts darüber aus, was sie mit Mobilfunkstrahlung zu tun haben sollten.

Der Hersteller bezeichnet Tachyonen als „eine Energieform des Bewusstseins", bestehend aus den drei Elementen Erschaffen, Sein und Auflösen, die auf die Chakren wirkt [76]. Bei derart kreativem Gebrauch physikalischer Fachausdrücke in Vermischung mit Begriffen aus der Esoterik könnte hier, wie schon bei anderen Anbietern, der Eindruck entstehen, dass einfach nur Begriffe aus der Welt der Physik entlehnt wurden, um pseudoreligiöse Konzepte zu bezeichnen. Das Unternehmen macht aber sehr deutlich, dass die physikalische Rechtfertigung seiner Produkte absolut ernst gemeint ist. So ist von der Homepage eine 24-seitige Broschüre mit einem Erklärungsmodell zur Wirkungsweise der Produkte herunterzuladen [77]. Die Broschüre enthält das übliche Gemisch von aus dem Zusammenhang gerissenen Zitaten, überholten Spekulationen aus der Frühzeit der Quantenmechanik, widerlegten Theorien wissenschaftlicher Außenseiter und eigenen Herleitungen, die jeder Beschreibung spotten. Ein Kapitel über die Erkenntnisse der Quantenphysik wiederholt den schon bei anderen Anbietern aufgetauchten Unsinn, durch Quantenverschränkung seien alle Teilchen miteinander verbunden, treibt diesen aber noch auf die Spitze: So könnten alle bewussten Wesen unverzüglich miteinander kommunizieren, wenn sie denn wollten. Besonders entstellend wiedergegeben wird der Beobachtereffekt der

Quantenmechanik, also die einfache Tatsache, dass ein Quantenzustand nach einer Messung nicht mehr unverändert ist. In der Broschüre wird daraus eine Rechtfertigung dafür, wenn die eigenen Produkte in allzu kritischen Tests versagen: Das skeptische Bewusstsein des Beobachters hat dann den positiven Einfluss der Produkte aufgehoben. Das ist wohl auch der Grund dafür, dass das Unternehmen auf jeder seiner Internetseiten in kleiner Schrift den Hinweis anbringt, sein Verfahren sei wissenschaftlich nicht anerkannt: Das Verfahren „erzeugt nach dem aktuellen Stand der westlichen Wissenschaft auch nur zufällige Schwingungsmuster".

Ein Problem hat das Unternehmen offenbar auch mit dem Verständnis von Elektronen. So heißt es in einer Grundlagenpräsentation (und sinngemäß auch in der Broschüre), Elektrosmog entstehe dann, „wenn sich die Elektronen im Stromkreislauf falsch, d. h. im Uhrzeigersinn um sich selbst drehen". Die eigenen Produkte führten dazu, dass sich die falsche Drehrichtung umkehre [78]. Ein Elektron ist nach allem Wissen der heutigen Physik punktförmig, kann sich also nicht um sich selbst drehen. Es gibt eine Quantenzahl „Spin", die hier offenbar falsch verstanden wurde und die in der Quantenmechanik eher eine magnetische Eigenschaft von Teilchen beschreibt. In stabilen Strukturen bilden aber fast alle Elektronen Paare mit jeweils entgegengesetztem Spin. Eine bestimmte Spinrichtung als falsch oder richtig zu bezeichnen, ist also vollkommen absurd.

Am deutlichsten wird das Physikverständnis des Unternehmens in der gleichen Broschüre einige Seiten weiter. Der Artikel eröffnet mit der vulgärphilosophischen Phrase, dass Begeisterung, Absicht, Vision und Willen die stärkste Macht eines Bewusstseins erzeugten. „Das ist Quantenphysik!", heißt es dann dazu. Quantenphysik sind dann wohl auch andere Produkte des gleichen Unternehmens wie das Erzengel-Michael-Elixier. Auf das Herzchakra aufgetragen, soll es davor schützen, von der Energie anderer ausgesaugt zu werden.

Das dargestellte Unternehmen ist keineswegs das einzige, das Produkte zum Schutz vor sogenanntem Elektrosmog mit Quantenquark-Argumenten vermarktet. Es ist nur aufgrund der detaillierten, aber gleichzeitig völlig absurden Darstellung physikalischer Zusammenhänge besonders interessant.

Neben Elektrosmog-Produkten dieser Art, die versprechen, schlechte Strahlung in gute Strahlung umzuwandeln, gibt es natürlich auch andere Produkte, die auf eine Abschirmung oder Absorption der einfallenden Strahlung setzen. Die Hersteller dieser Produkte können zum Teil sogar detaillierte, physikalisch solide Messungen ihrer Strahlungswerte vorweisen [79]. Inwiefern eine solche Lösung für ein nicht existierendes Problem sinnvoll ist, steht auf einem anderen Blatt: Die Abschirmung führt natürlich dazu, dass die Kommunikation über das Netz gestört wird. Im Fall von Mobil-telefonen, die die meiste Zeit nur mit einem Bruchteil ihrer maximalen Sendeleistung arbeiten, führt das dazu, dass die Geräte entsprechend mehr Strahlung aussenden, um die Störung auszugleichen.

Zum Mitnehmen

Elektromagnetische Wellen der Wellenlängen, die als „Elektrosmog" bezeichnet werden, wirken auf biologisches Gewebe praktisch ausschließlich in Form einer Erwärmung. Ob es Sinn hat, sich vor solchen Wellen in Intensitäten, wie sie in unserem Alltag vorkommen, schützen zu wollen, ist höchst zweifel-haft.

Definitiv nicht möglich ist es, schädliche elektromagnetische Wellen mit Aufklebern oder kleinen Geräten in nützliche umzuwandeln. Entsprechende Behauptungen auf Basis angeblicher Quantenphysik sind Unsinn.

7.5 Energie aus dem Vakuum oder dem Nullpunktfeld – neue Physik oder altes Perpetuum mobile?

Bewegt sich ein Objekt im Raum, dann trägt es eine gewisse Bewegungs-energie in sich. Je größer seine Masse und je schneller seine Bewegung, desto größer seine Bewegungsenergie. Steht es still, dann ist die Bewegungs-energie null. Versucht man die gleiche Überlegung mit einem Teilchen nach der Quantenmechanik, dann stößt man auf einen Unterschied: Selbst wenn das Teilchen so gut es geht still steht, gilt immer noch die Unschärfe-relation, das heißt, entweder Ort oder Bewegung sind zu einem gewissen Betrag unbestimmt. Weil das Teilchen sich im Rahmen der Unbestimmtheit bewegen kann, muss es allein deshalb eine Energie haben, die sogenannte Nullpunktsenergie. Könnte man ihm diese Energie entziehen, dann könnte es sich nicht mehr bewegen, und seine Bewegung wäre damit nicht mehr unbestimmt. Da die Unschärferelation aber immer gilt, trägt das Teilchen diese Energie immer, sie kann ihm also auch nicht entzogen und deshalb in keiner Weise genutzt werden.

Eine solche nicht entziehbare Energie haben aber nicht nur real existie-rende Teilchen. Nach der Quantenfeldtheorie können auch im Vakuum jederzeit mit einer gewissen Wahrscheinlichkeit Paare von Teilchen und Antiteilchen entstehen und wieder verschwinden. Die sogenannten Anti-teilchen (Antimaterie) sind dabei ansonsten identische Teilchen mit umgekehrter Ladung. Da das Erzeugen der Teilchen-Antiteilchen-Paare

Energie erfordert, muss folglich auch das Vakuum eine gewisse Mindest-energie enthalten, die als Vakuumenergie bezeichnet wird. Auch diese Energie kann dem Vakuum weder entzogen noch umgewandelt oder auf andere Art genutzt werden.

Nullpunktsenergie und Vakuumenergie müssen in quantenphysikalischen Berechnungen berücksichtigt werden, haben aber darüber hinaus so gut wie keine Konsequenzen, denn diese Energien bleiben immer in dem quantenmechanischen System eingeschlossen. Die Vakuumenergie lässt sich experimentell nachweisen: Sie führt zwischen sehr eng beieinander liegenden Metallplatten zu minimalen Anziehungskräften. Dieses Phänomen bezeichnet man nach dem Entdecker als Casimir-Effekt. Auch aus dem Casimir-Effekt kann man aber keine nutzbare Energie gewinnen, denn zum Auseinanderbewegen der Platten muss man ebenso viel Energie aufwenden, wie man beim Zusammenführen gewinnt.

Dennoch gibt es eine ganze Szene von selbsternannten Forschern, Autoren, Verschwörungstheoretikern, Unternehmern und Kapitalanlegern, die überzeugt sind, diese Energieformen ließen sich nutzen und das Wissen darüber werde von dunklen Mächten unterdrückt. In den gleichen Kreisen wird diese fiktive Energiequelle auch als Raumenergie oder freie Energie bezeichnet. Der Begriff Raumenergie kommt in der seriösen Physik normalerweise nicht vor, und die freie Energie stammt aus der Thermodynamik, hat dort aber eine völlig andere Bedeutung. Vermutlich handelt es sich einfach um eine falsche Übersetzung des englischen *free,* das auch kostenlos bedeuten kann. Bei allen diesen Bezeichnungen geht es letztlich immer darum, dass man meint, eine Maschine betreiben zu können, ohne dafür irgendeine sonst verfügbare Energie aufwenden zu müssen. Eine solche Maschine bezeichnet man normalerweise als Perpetuum mobile, aber während viele von uns in der Schule gelernt haben, dass ein solches Gerät nicht funktioniert, hat das Wort Nullpunktsenergie zunächst einmal eher einen seriösen und wissenschaftlichen Klang.

Den meisten dieser Geräte muss zunächst Energie zugeführt werden, um den Prozess in Gang zu bringen. Hierbei handelt es sich fast immer um eine unmittelbar technisch nutzbare Energieform wie Elektrizität oder einen verarbeiteten Brennstoff wie Benzin. Diese Energie wird zum Teil mehrfach von einer Energieform in eine andere umgewandelt, zum Beispiel in chemische Energie, statische Aufladung oder Kompression eines Materials. Bei genauem Hinsehen ist klar, dass bei jeder dieser Umwandlungen ein Teil der nutzbaren Energie in Form von Wärme verloren geht. Insgesamt entsteht mit einer oft irreführenden Messung aber der Eindruck, dass am Ende mehr Energie zur Verfügung stehe, als am Anfang zugeführt wurde.

Die gleichen Geräte existieren zum Teil schon seit Jahrzehnten, und natürlich sind sie seit Jahrzehnten immer kurz vor der Marktreife. Andere werden geheim gehalten und abgesehen von kurzen Vorführungen nur einem kleinen Kreis von Eingeweihten zugänglich gemacht. Begründet wird dies damit, dass sie ansonsten in die Hände finsterer Industriekonzerne fallen könnten, die sie dem Rest der Menschheit vorenthalten würden, um damit Geld zu verdienen. Man verbirgt eine angebliche Technologie also, damit sie nicht von der Industrie verborgen werden kann, obwohl die Industrie mit einer tatsächlich funktionierenden Technologie natürlich nur Geld verdienen könnte, indem sie sie zum Nutzen ihrer Kunden anbietet. Verbreitet ist auch die nicht minder absurde Behauptung, die Ölkonzerne besäßen derlei Technologie schon seit Langem, hielten sie aber geheim, um mehr Geld mit Öl zu verdienen.

Das Problem bei angeblichen Technologien dieser Art ist nicht nur, dass Menschen Arbeitszeit und beträchtliche Teile ihrer Ersparnisse für fragwürdige Geräte und Geschäftsmodelle aufwenden [80]. Mitunter sind die dabei entstehenden Anlagen auch nicht ungefährlich. Ein beliebter Umwandlungsschritt in Freie-Energie-Maschinen ist die elektrische Aufspaltung (Elektrolyse) von Wasser zu Wasserstoff und Sauerstoff. Das hochexplosive Gasgemisch wird in der Szene als „Browns Gas" bezeichnet – wer im Chemieunterricht aufgepasst hat, dem sollte es allerdings auch unter der treffenden Bezeichnung Knallgas bekannt sein. Die meist wenig professionellen Elektrolyseanlagen weisen auch noch hohe Energieverluste auf, was die Sinnlosigkeit solcher Gefahrenquellen herausstreicht. Allerdings geht auch unter optimalen Bedingungen bei der Elektrolyse von flüssigem Wasser immer rund ein Sechstel der eingesetzten elektrischen Energie verloren [81].

Der größte Teil der Freie-Energie-Vertreter beschäftigt sich fast ausschließlich mit jeweils den eigenen Geräten und behandelt eine theoretische Begründung, woher die angeblich gewonnene Energie eigentlich stammen soll, allenfalls am Rande. Es gibt aber Ausnahmen: Einige Akteure, die tatsächlich eine naturwissenschaftliche Ausbildung vorweisen können und wissenschaftliche Titel tragen, konstruieren seriös klingende Rechtfertigungen für die vom Himmel fallende Energie. Und natürlich landet man dabei unvermeidlich wieder mitten im Quantenquark.

Professor Turtur zwischen der Spielzeugkiste und dem rechten Rand
Claus Turtur ist Professor für Werkstofftechnik an der Ostfalia-Hochschule, der ehemaligen Fachhochschule Braunschweig-Wolfenbüttel. Auf seiner offiziellen Homepage im Rahmen des Internetauftritts seiner Hochschule erklärt er, er habe seine Forschungen zur Vakuumenergie eingestellt. In der

Darstellung seiner Forschungsthemen auf der gleichen Seite findet sich aber kein Hinweis darauf, dass er sich jetzt mit etwas anderem beschäftigt. Vielmehr verweist er auf eine Vielzahl eigener Texte, Präsentationen und Videos über die angeblich von ihm schon erfolgreich nachgewiesene Nutzung der Vakuumenergie. Bei dieser Gelegenheit verlinkt der Professor direkt von der Hochschulseite auch noch auf den rechtsesoterischen Kopp-Verlag, bei dem eines seiner Bücher erschienen ist [82].

Was Turtur in seinen Arbeiten als experimentelle Forschung oder gar als Beweis der Nutzung von Vakuumenergie präsentiert, ist letztlich nichts weiter als ein Beispiel der szenetypischen Basteleien. Im Mittelpunkt steht dabei ein sogenannter Rotor aus schräg stehenden Blättchen von Alufolie, befestigt an kleinen Hölzchen. Dieser Rotor wird auf einem Holzklötzchen montiert, das wiederum in einer Flüssigkeitswanne schwimmt. Beim Anlegen einer Hochspannung zwischen dem Rotor und einer Metallplatte darüber soll sich der Rotor mit einer „Geschwindigkeit" von einer Umdrehung in zwei bis drei Stunden bewegt haben. Da es sich bei dem ganzen unprofessionellen Aufbau sozusagen um einen Mechanismus zur Maximierung von Messfehlern handelt, kann diese minimale Bewegung eine Vielzahl von Ursachen gehabt haben. Die Apparatur zum Messen des Reibungswiderstandes des Schwimmers in der Flüssigkeit stammt, auf einer Abbildung deutlich erkennbar, aus einem Baukasten für Kinder [83]. So ist es wenig verwunderlich, dass selbst wohlwollende Nachahmer nicht in der Lage waren, Turturs Ergebnisse zu reproduzieren. Stattdessen fanden sie völlig unvorhergesehene Störquellen, deren Auswirkungen deutlich größer waren als die Ergebnisse des Wolfenbütteler Professors [84]. Für Turtur beweist sein abenteuerlicher Aufbau aber zweifelsfrei, dass hier die Vakuumenergie am Werk gewesen sein muss.

Von ähnlicher Qualität wie Turturs Experimente sind auch seine theoretischen Herleitungen, warum es eine solche Vakuumenergie überhaupt geben sollte. Seine Artikel und selbst seine Präsentationen für ein Laienpublikum enthalten oft seitenweise Formeln und Berechnungen, die der ganzen Darstellung den Anstrich einer seriösen wissenschaftlichen Arbeit geben. Tatsächlich liegt das Problem bei Turturs Berechnungen aber nicht in den Formeln selbst, sondern darin, dass schon die Grundannahmen vollkommen sinnlos sind.

Turtur macht im Prinzip zwei Berechnungen, deren Ergebnisse er hinterher einander gegenüberstellt. Einmal nutzt er die Formeln der klassischen Elektrostatik, einmal die Quantenelektrodynamik, die elektromagnetische Wechselwirkungen entsprechend dem Formalismus der Quantenmechanik beschreibt. Dabei stellt er in beiden Fällen fest, dass in seinen Berechnungen

Energiebeträge auftauchen, die eigentlich nicht vorhanden sein dürften – die gesuchte Vakuumenergie? Entscheidend ist aber, was er mit seinen Formeln eigentlich berechnet: die Ausbreitung eines unveränderlichen elektrischen oder magnetischen Feldes im Raum. Ausbreiten kann sich aber immer nur eine Veränderung eines Feldes, denn ein unveränderliches Feld ist – nun, eben unveränderlich. Turtur nimmt als Ausgangspunkt seiner Berechnungen also gleichzeitig an, dass sich sein elektrisches Feld im Zeitverlauf verändert und nicht verändert. Das Ergebnis davon ist logischerweise Unsinn, egal ob man es klassisch oder über die Quantenelektrodynamik rechnet.

Zu der Entscheidung, diese Art von Forschung aufzugeben, kann man Professor Turtur eigentlich nur gratulieren. Bedauerlicherweise hält ihn das nicht davon ab, seine absurden Thesen weiterhin in Büchern, in Videointerviews und auf Kongressen zu verbreiten. Neben der Vakuumenergie enthält Turturs veröffentlichte Präsentationsunterlage allerdings noch diverse andere Fragwürdigkeiten: Er glaubt, dass UFO-Sichtungen tatsächlich außerirdische Raumschiffe sind, und wirbt für ein Buch mit Prophezeiungen eines Hellsehers. Aus Statistiken, dass es aus dem 20. Jahrhundert mehr als 100-mal so viele Erdbebenmessungen gibt wie aus dem 12. Jahrhundert, folgert er nicht etwa, dass die Messungen besser geworden sind, sondern dass die Zahl der Erdbeben sich vervielfacht hat. Mit der gleichen Logik behauptet er, es habe zwischen dem Jahr 1400 v. u. Z. und dem Jahr 1 weltweit nur 70 Kriege gegeben [85].

Berührungsängste zu zweifelhaften politischen Ideologien hat Turtur offenbar auch keine. 2011 machte er für den rechtsesoterischen Internet-TV-Kanal Alpenparlament eine rund einstündige Interviewsendung mit dem Reichsbürgeraktivisten Michael Vogt [86]. 2015 war er auf dem Kongress für Grenzwissen einer der Hauptredner neben Udo Ulfkotte, der zu diesem Zeitpunkt vor allem für seine Auftritte bei Pegida-Demonstrationen bekannt war [87]. Seine wohl spektakulärste Konferenz muss die achte Antizensurkonferenz im November 2012 in der Schweiz gewesen sein. Turtur gehörte neben dem iranischen Botschafter zu den Hauptrednern, und den Abschluss der Konferenz bildete ein Vortrag der deutschen Juristin Sylvia Stolz, für den sie später wegen Leugnung des Holocaust zu einer Haftstrafe ohne Bewährung verurteilt wurde [88]. Das offizielle Konferenzvideo zeigt einen sichtlich entspannten Turtur, der wenige Plätze neben Stolz in der ansonsten fast leeren ersten Reihe sitzt, während ihr Vortrag (über einen vorherigen Fall von Holocaustleugnung) schon als politisch besonders brisant angekündigt wird.[3]

---

[3]Auf eine Quellenangabe wird hier verzichtet, da die dort abgebildeten Inhalte Gegenstand eines Strafverfahrens sind.

Klaus Volkamer: Yogisches Fliegen mit freier Energie?
Ebenfalls ein Vertreter der Freie-Energie-Szene, der gerne auf Konferenzen
mit fragwürdiger politischer Tendenz auftritt, ist der Chemiker Klaus Volkamer. Volkamer verfügt über langjährige Erfahrung im Verbreiten originel-
ler, aber unreflektierter Thesen zu wissenschaftlichen Themen. Schon 1981
veröffentlichte er eine Theorie über die Entstehung von Sternensystemen.
Da die Massenverteilung in einem jungen Sternsystem eine grobe Ähnlichkeit mit der quantenmechanischen Aufenthaltswahrscheinlichkeit von
Elektronen in einem Atom hat, meinte Volkamer, die gesamte Materie in
einem Sternsystem müsse einen Quantenzustand bilden [89]. Zu seiner Ent-
schuldigung muss gesagt werden, dass die Dekohärenz damals bei Weitem
noch nicht so gut verstanden und so bekannt war wie heute. Außerdem
kursierten insgesamt noch sehr viel mehr wilde Spekulationen zur Quantenmechanik auch von angesehenen Physikern.

In Volkamers Fall kann man das Abgleiten von ernsthafter Wissenschaft
zu immer absurderen Vorstellungen anhand seiner Veröffentlichungen gut
nachvollziehen. Bis Anfang der 1980er-Jahre war er bei BASF beschäftigt
und veröffentlichte in dieser Funktion hin und wieder Artikel zu technischen Themen in der Chemie. Seine eher spekulative Veröffentlichung zu
Sternensystemen war in der populärwissenschaftlichen Zeitschrift *Sterne und
Weltraum* abgedruckt [89].

1994 veröffentlichte Volkamer erstmals eine Arbeit über die Art von
Experimenten, auf die er seine Thesen bis heute stützt. Durchgeführt haben
Volkamer und einige Kollegen die Experimente in der Maharishi European
Research University, einem Unternehmen aus dem Umfeld der Maharis-
hi-Sekte. Die Maharishi-Bewegung propagiert die transzendentale Medita-
tion und erreichte in den 1990er-Jahren einige Bekanntheit in Form der
„Naturgesetz-Partei", in deren Wahlwerbespots das „yogische Fliegen"
(Hüpfen aus dem Schneidersitz) vorgeführt wurde. (Die Bewegung kam
bereits in einem Quarkstückchen zur Quantenbiologie in Abschn. 5.5 vor.)
In den Experimenten wurde das Gewicht hermetisch verschlossener Glas-
ampullen über mehrere Tage mit Präzisionswaagen überwacht. Solange die
Ampullen wirklich dicht sind, dürfte sich ihr Gewicht nicht verändern,
unabhängig davon, was sich darin befindet oder was chemisch darin passiert.
Volkamer und Kollegen meinten jedoch, minimale Unterschiede zu finden,
abhängig davon, welche chemischen Reaktionen darin abliefen und sogar,
in welcher Form darin enthaltene Folien gefaltet waren. Die Gewichtsunter-
schiede liegen in der Größenordnung weniger Millionstel des gemessenen
Gesamtgewichts, nahe an der Messgenauigkeit der Apparatur und kleiner als die Temperaturkorrekturen, die an den Ergebnissen vorgenommen

werden mussten. Eine mögliche Erklärung hat mit einer Erwärmung der Ampullen durch Lichteinfall zu tun: Die Messungen zeigten zum Teil Tag-Nacht-Unterschiede; die Oberflächen der Materialien in den Ampullen unterscheiden sich erheblich, und das Entladen einer Batterie in einer Ampulle (immerhin auch eine chemische Reaktion) hatte keinen Effekt [90]. Bei aller Fragwürdigkeit der Ergebnisse scheinen die Messungen halbwegs ordentlich durchgeführt, und sie sind in den Veröffentlichungen auch sauber dokumentiert. Als Ursache vermuteten Volkamer und Kollegen den Einfluss dunkler Materie.[4] Auch wenn unklar bleibt, warum diese dunkle Materie zwar mit den einen, aber nicht mit den anderen Ampullen wechselwirken sollte, ist diese Hypothese zumindest nicht offensichtlich abwegig.

Drei Jahre später präsentierte Volkamer dann schon eine wesentlich abstrusere Erklärung für die gleichen Ergebnisse: Die angeblich entdeckte dunkle Materie sollte aus Teilchen bestehen, die sich schneller als mit Lichtgeschwindigkeit bewegen. Um die in Abschn. 2.2 angesprochenen Konflikte mit der Relativitätstheorie zu umgehen, wollte Volkamer diese um mehrere zusätzliche Dimensionen der Raumzeit erweitern [91]. Angesichts von Messungen, bei denen fragwürdig ist, ob es überhaupt etwas zu erklären gibt, bot er damit eine der umständlichsten und unplausibelsten Erklärungen, die man sich vorstellen kann. In den Folgejahren wurden die Erklärungen immer abenteuerlicher: Die Wiegemessungen sollten sich während Mond- oder Sonnenfinsternissen verändern; die Teilchen der angeblichen dunklen Materie waren plötzlich „raumförmig" anstatt „punktförmig" (was immer das heißen soll), und auch die vage Ähnlichkeit der Form astronomischer Objekte und quantenmechanischer Wellenfunktionen im Atom tauchte wieder auf. Immerhin bemühte sich Volkamer bis 2008 noch, seine wirren Thesen auf ernsthaften naturwissenschaftlichen Konferenzen zur Diskussion zu stellen [92, 93].

Seit 2009 propagiert Volkamer gleich eine vollständig „neue Physik", in der anstelle der dunklen Materie eine „feinstoffliche Materie" in einer 12-dimensionalen Raumzeit auftaucht. Mit dieser Feinstofflichkeit begründet Volkamer dann auch zentrale Glaubenssätze seiner Maharishi-Bewegung, wie ein kosmisches Bewusstsein oder eine reduzierte Schwerkraft beim yogischen Fliegen. Die fragwürdigen Wiegeversuche aus der Maharishi

---

[4]Dunkle Materie ist Masse, von der wir aus der Bewegung von Himmelskörpern im Einfluss der Schwerkraft wissen, dass sie praktisch überall im Universum vorhanden sein muss, die aber nicht durch sichtbare Objekte erklärt werden kann. Es muss im Universum etwa fünfmal so viel dunkle wie sichtbare Materie geben. Als wahrscheinlichste Erklärung gelten derzeit noch unentdeckte und schwierig nachweisbare schwere Elementarteilchen.

University bieten immer noch den einzigen Anschein einer experimentellen Bestätigung für Volkamers Theorien. Zuerst vorgestellt hat er seine „neue Physik" auf einer Konferenz für „Bewusstsein, Theater, Literatur und Kunst" [94]. Seitdem tritt er bevorzugt auf Konferenzen über Alternativmedizin, Esoterik und Verschwörungstheorien auf. Inzwischen hat er nicht nur diverse Teilbereiche der Physik, sondern auch Chemie, Biologie, Medizin, Architektur und Landwirtschaft „feinstofflich erweitert". Mit diesem umfassenden Theoriegebäude ist es nun möglich, praktisch jedem beliebigen Hokuspokus einen wissenschaftlichen Anstrich zu geben.

Das hatte er zum Beispiel im Fall eines Unternehmens aus dem Emsland getan, gegen das dann 2015 die Staatsanwaltschaft wegen Betrugsverdachts ermittelte [95]. Das Unternehmen verfügte angeblich über ein Verfahren, um mithilfe freier Energie Wasser durch Verwirbeln in Dieselkraftstoff umzuwandeln. Dazu sollte der Sauerstoffatomkern des Wassers in einen Kohlenstoffkern des Dieselkraftstoffs und zwei schwere Wasserstoffkerne aufgespalten werden. Das ist, wie Volkamer in seiner Konferenzpräsentation richtig bemerkt, nach den heutigen Erkenntnissen der Kernphysik unmöglich, denn der Energieaufwand zum Spalten der Atomkerne ist um viele Größenordnungen höher als die Energieausbeute beim Verbrennen des Dieselöls. Nach einer Darstellung von Volkamers neuer Physik und feinstofflicher Materie ist das aber kein Problem mehr: Die nötige Energiezufuhr erfolgt einfach „durch die Akkumulation feinstofflicher Feldenergie" in der Anlage. Interessanterweise distanziert er sich dabei ausdrücklich von konkurrierenden Theorielieferanten wie Turtur, denn er bemerkt, Vakuumfluktuationen oder Nullpunktsenergie könnten diesen Mechanismus nicht erklären [96].

Professor Meyl: Kraftwerke in der Steinzeit und Funktechnik im alten Rom

Zu den mit Volkamer konkurrierenden Theorielieferanten für Energie aus dem Nichts und anderen Hokuspokus gehört auch der Furtwangener Professor für Elektrotechnik Konstantin Meyl. Er hat eine Theorie aufgestellt, mit der er die heutige Elektrizitätslehre und die Relativitätstheorie ersetzen will. Über seine sogenannte Skalarwellentheorie hat er eine Reihe von Büchern geschrieben, in denen er sie mathematisch herleitet und begründet [97]. Mit dieser Theorie erklärt Meyl dann zum Beispiel, warum bei einem Menschen ein Medikament wirken könne, mit dem er gar nicht in Kontakt gekommen ist [98]. Daneben begründet er diversen pseudomedizinischen Humbug wie Auratherapie, Bioresonanz und den sogenannten Zapper nach Hulda Clark, der mit elektrischen Signalen über die Haut Parasiten im Darm abtöten soll [99]. Elektroautos sollen nach Meyls Theorie keine Batterie mehr brauchen, sondern während der Fahrt per Funk mit Energie versorgt werden können [100]. Das ist umso bemerkenswerter, als er sich an anderer Stelle immer wieder über die Schädlichkeit von Elektrosmog auslässt. In einem Buch, das als Roman getarnt ist, aber Tatsachen suggeriert, erklärt Meyl, schon die Kaiser des Römischen Reichs hätten über Funktechnik verfügt und so Nachrichten ihrer Götter empfangen [101].

Meyls Theorie hat einen entscheidenden Schönheitsfehler: Sie enthält als zentrales Element sogenannte elektromagnetische Skalarwellen. Das wären Wellen, in denen das elektrische Feld nicht quer zur Ausbreitungsrichtung verläuft, die Wellen also weder nach oben und unten noch nach rechts und links schwingen. Skalarwellen haben also keine Polarisation. Solche Wellen kennt man zum Beispiel in Form von Druckwellen beim Schall, aber nicht beim Elektromagnetismus. Elektromagnetische Wellen werden seit 150 Jahren intensiv erforscht und in immer wieder neuer Form technisch genutzt. Es ist schon lange vor Meyl regelmäßig nach solchen Wellen ohne Feldrichtung gesucht worden, und man hätte auch ohne systematische Suche zwangsläufig auf sie stoßen müssen, wenn es sie denn gäbe. Meyls Theorie dreht sich also um eine zentrale Vorhersage, die eigentlich nachprüfbar ist, aber nie bestätigt werden konnte. Dennoch hält er regelmäßig Vorträge über seine Skalarwellentheorie, vor allem auf Kongressen der Esoterik- und Verschwörungstheorieszene.

Praktischerweise hat Meyl mit seinen Theorien neben Erklärungen für allerlei Pseudomedizin auch einen ganz eigenen Ansatz für Energie aus dem Nichts anzubieten. Im Gegensatz zu Turtur oder Volkamer beruft sich Meyl immerhin auf einen physikalischen Effekt, der tatsächlich existiert: Meyls wundersame Energiequelle sind Neutrinos, Elementarteilchen, die in der Sonne, in Kernreaktoren oder in Kollisionen von Teilchen aus der kosmischen Strahlung oder aus Beschleunigern entstehen. Neutrinos gibt es tatsächlich immer und überall, und sie können mitunter für einzelne Teilchen beträchtliche Energien übertragen, wenn sie mit unserer normalen Materie kollidieren. Bedauerlicherweise (oder, bezogen auf das Risiko von Schäden in unserem Erbgut, zum Glück) tun sie das nur sehr selten: Neutrinos können problemlos quer durch die ganze Erde fliegen, ohne dabei mit etwas zu kollidieren oder anderweitig etwas von ihrer Energie abzugeben. In 100 Tonnen Material finden empfindliche Detektoren im Laufe eines Tages gerade einmal 50 Reaktionen mit Neutrinos aus der Sonne [102]. Die dabei übertragene Energie ist verschwindend gering. Wann und wo solche Reaktionen geschehen, ist obendrein rein zufällig und nicht steuerbar: Mehr Kollisionen erhält man nur durch immer mehr Material im Detektor.

Meyl behauptet aber nicht nur, dass es prinzipiell möglich sei, aus Neutrinos größere Mengen an nutzbarer Energie zu gewinnen, sondern auch, dass dies in geheimen Militärexperimenten sogar schon gelungen sei [103]. Und nicht nur in heutiger Zeit soll das Anzapfen der Neutrinoenergie gelungen sein; eine alteuropäische Kultur soll das bereits vor 12.000 Jahren in einer riesigen Pyramide in Bosnien geschafft haben [104]. An dieser Stelle ist Meyl aber selbst den Fantasieprodukten anderer Pseudowissenschaftler aufgesessen: Bei der angeblichen Pyramide handelt es sich schlicht um einen ungewöhnlich geformten Berg [105].

Meyls Arbeitgeber, der Hochschule Furtwangen, sind seine Thesen und seine Auftritte in der Esoterikszene offenbar peinlich. In einem ungewöhnlichen Schritt hat sich die Hochschule öffentlich von ihrem Professor distanziert und gegenüber der Presse erklärt, es sei ihm untersagt, seine Neutrino-Thesen in seinen Vorlesungen einzubringen [106].

> **Zum Mitnehmen**
>
> Energie aus nichts gibt es nicht. Daran ändert sich auch nichts, wenn man sich auf die Quantenmechanik beruft und sie Nullpunktsenergie, Vakuumenergie, freie Energie, Raumenergie, Feldenergie oder Neutrinoenergie nennt.

7.6   Ist das CERN eine Erdbebenmaschine oder öffnet es ein Raumtor zu Satan?

Das europäische Teilchenforschungszentrum CERN (Conseil Européen pour la Recherche Nucléaire) ist vielleicht der bedeutendste Forschungsstandort weltweit. Gegründet 1954 als Zusammenschluss von zwölf europäischen Ländern, war das CERN von Anfang an auf die Forschung mit Beschleunigern ausgerichtet.

Beschleuniger erlauben es Physikern, Kollisionen von Teilchen bei hohen Energien zu untersuchen. Solche Kollisionen kommen zwar auch beim Auftreffen der kosmischen Strahlung auf die Atmosphäre vor, aber ein Beschleuniger ermöglicht es, genau zu wissen, was wo mit welcher Energie kollidiert ist. Aus der Messung solcher Kollisionen kann man Rückschlüsse auf die innere Struktur der kollidierenden Objekte ziehen, zum Beispiel im Fall von Atomkernen. Andererseits wird in Teilchenkollisionen schlagartig die Bewegungsenergie der kollidierenden Teilchen freigesetzt. Ist diese groß genug, dann können daraus neue Teilchen und Antiteilchen entstehen. Darunter können sich auch Teilchen finden, die in der Natur nicht dauerhaft vorkommen, weil sie instabil sind, also innerhalb kurzer Zeit in andere Teilchen zerfallen. Das macht ihren Nachweis auch mitunter schwierig, wenn sie zum Beispiel in andere Teilchen zerfallen, die selbst wieder instabil sind und zerfallen, bevor sie überhaupt ein Messgerät erreichen. Die Experimentatoren müssen dann aus den Zerfallsprodukten der Zerfallsprodukte rekonstruieren, welches Teilchen hier entstanden sein könnte.

Der Aufwand lohnt sich aber: Der Nachweis bislang unentdeckter Teilchen ist einer der aussagekräftigsten Tests für die grundlegenden Theorien der Physik. Das 2012 am CERN erstmals nachgewiesene Higgs-Teilchen war das letzte vom Standardmodell (siehe Abschn. 5.1) vorhergesagte Elementarteilchen, das bis dahin noch nicht gefunden worden war. Wäre kein Higgs-Teilchen oder eines mit deutlich abweichenden Eigenschaften gefunden worden, dann hätte das Standardmodell schon sehr bald ersetzt oder erweitert werden müssen. Stattdessen sieht es nach der Entdeckung am CERN so aus, als müsse die Physik noch über viele Jahre mit dem unhandlichen Theorienpaket leben.

Die grundlegende Bedeutung der Teilchenforschung und die Faszination der mitunter gigantischen Experimente treiben in der Fantasie der beteiligten Physiker sehr menschliche, aber manchmal auch problematische Blüten. Vor allem im Zusammenspiel mit Medienschaffenden außerhalb der Wissenschaft entstehen so oft falsche Eindrücke und irreführende Aussagen. 1993 schrieb der Nobelpreisträger Leon Lederman ein populärwissenschaftliches Buch über das Higgs-Teilchen und versuchte so, politische Unterstützung für einen geplanten riesigen Beschleuniger in Texas zu gewinnen. Aufgrund der enormen Schwierigkeit, das Higgs-Teilchen nachzuweisen, bezeichnete Lederman es in der Entstehungsphase des Buches als „das gottverdammte Teilchen". Da das im religiösen Amerika als Buchtitel nicht akzeptabel war und um der Suche nach dem Higgs-Teilchen eine größtmögliche Dramatik zu verleihen, wurde daraus im fertigen Buch das „Gott-Teilchen" [107]. Die unglückliche Begriffsprägung verselbstständigte sich in den Folgejahren, sorgte für Ablehnung in religiösen Kreisen und führte zu der Schnapsidee, Physiker wollten mit der Suche nach dem noch fehlenden Teilchen „Gott spielen" [108]. Mit Anfeindungen dieser Art hat die Außenkommunikation des CERN bis heute immer wieder zu kämpfen. Viel gelernt haben die Wissenschaftskommunikatoren daraus aber offenbar nicht: Ein aktuelles Projekt von CERN und deutscher Bundesregierung bezeichnet den größten Beschleuniger des CERN, den Large Hadron Collider (LHC) kaum weniger großspurig als „Weltmaschine" [109].

Das CERN, das 1957 mit einem einzelnen Beschleuniger von 15,7 m Länge gestartet ist, hat sich inzwischen zu einer Wissenschaftsstadt entwickelt, in der 3500 Mitarbeiter dauerhaft tätig sind. Hinzu kommen rund 8000 bis 10.000 Gastwissenschaftler von Partnerinstituten, die sich immer nur zeitweise am Standort in der Nähe von Genf aufhalten. Politisch hat das Großlabor einen interessanten Sonderstatus: Von der UN-Kulturorganisation UNESCO als exterritoriales Gebiet ausgewiesen, gehört das CERN weder zur Schweiz noch zu Frankreich, in deren Grenzen seine Standorte liegen. Nationale Behörden sind innerhalb des Labors nicht zuständig, und Mitarbeiter des CERN müssen, ähnlich wie die der UN oder von EU-Behörden, ihr Gehalt nirgends versteuern.

Möglicherweise hat dieser Sonderstatus neben ungeschickter Kommunikation die zum Teil absurde Legendenbildung über das Forschungszentrum begünstigt. Im Bestseller *Illuminati* von Dan Brown verfügt das CERN über ein Hyperschall-Dienstflugzeug, futuristische Gebäude und modernste Sicherheitstechnik. Tatsächlich nutzt das CERN vor allem ein Flotte billiger Großraumkombis (Abb. 7.1); der größte Teil der Verwaltung residiert in Plattenbauten aus den 1960er-Jahren, und die Torwache erkennt CERN-Mitarbeiter an einem Aufkleber an der Windschutzscheibe. Hiervon kann sich auch jeder interessierte Bürger im Rahmen kostenloser Führungen überzeugen. Die Führung, während der man jederzeit fotografieren darf, endet unbeaufsichtigt in der Kantine, von wo aus man unerlaubt, aber ohne weitere Kontrollen beliebig über das Werksgelände spazieren könnte.

Abb. 7.1 Kein Hyperschallflugzeug: Die eigenen Transportmittel des CERN umfassen vor allem Mieträder für die Mitarbeiter und Großraumkombis für den Gerätetransport. Im Hintergrund eines der typischen Verwaltungsgebäude aus den 1960er-Jahren

Dan Browns künstlerische Freiheit ist für die betroffenen Wissenschaftler keineswegs lustig oder belanglos, denn sie begünstigt unter Laien ein oft absurdes Misstrauen gegenüber dem Forschungszentrum und der Teilchenforschung insgesamt. Dieses Misstrauen kann ernsthafte Folgen haben. Vor der Inbetriebnahme des LHC im Jahr 2008 kursierten Behauptungen, die Kollisionen im Beschleuniger könnten zur Bildung von schwarzen Löchern oder von „seltsamer Materie" führen, die die Welt zerstören könnten. Hauptvertreter dieser Behauptungen waren in Deutschland der Biochemiker Otto Rössler, in den USA der Rechtsanwalt Walter L. Wagner, die sich bizarrerweise beide weiten Teilen der Öffentlichkeit als Experten für Teilchenphysik verkaufen konnten [110, 111]. Tatsächlich bestanden ihre Ideen aus halb verstandenen Schlagworten und Versatzstücken von Äußerungen theoretischer Physiker.

Exakt die gleichen Diskussionen (ebenfalls unter Beteiligung von Wagner) gab es bereits vor der Inbetriebnahme des kleineren Relativistic Heavy Ion Collider (RHIC) am Brookhaven National Laboratory in New York im Jahr 2000. Wenngleich die Vorwürfe physikalisch ebenso absurd waren, war prinzipielles Misstrauen gegenüber dem abgeschotteten National Laboratory schon eher verständlich: Durch fehlende Kontrollen war zuvor ein kleines radioaktives Leck an einem Reaktor des Labors jahrelang unentdeckt geblieben.

Die im Vergleich zu Brookhaven bemerkenswerte Offenheit des CERN im Umgang mit Informationen nützte wenig: Begleitet von Schlagzeilen über den bevorstehenden Weltuntergang wurde das Forschungszentrum mit einer Flut von Klagen in unterschiedlichen Ländern überzogen [112–114]. Ein amerikanischer Nobelpreisträger, der den haltlosen Behauptungen widersprochen hatte, erhielt Morddrohungen [115]. Das CERN reagierte, wie Wissenschaftler in solchen Fällen eben reagieren: Eine Gruppe von Theoretikern veröffentlichte eine Studie, die die absurden Behauptungen detailliert widerlegte [116]. Formulierungen wie „sehr unwahrscheinlich" oder „Schlussfolgerungen werden deutlich gestärkt" wurden aber eher als ein Zeichen von Unwissenheit interpretiert, nicht als die klaren Aussagen, die sie hätten sein sollen. Obendrein provozierten sie Fachdiskussionen um belanglose Details und Formulierungen. Erst dann folgte eine klare Aussage des wissenschaftlichen Kontrollgremiums des CERN, dass jedes Risiko ausgeschlossen sei. Ein im Hinblick auf die Gerichtsverfahren viel beachtetes Gutachten eines amerikanischen Juraprofessors verlor sich dennoch in absurden Nutzen-Risiko-Betrachtungen [117].

Woher wusste man aber nun wirklich, dass von den Kollisionen am LHC kein Risiko ausgehen konnte? Was hatte es mit den „Mini-Schwarzen-Löchern" und der „seltsamen Materie" auf sich, vor denen die Menschen Angst hatten? Phänomene mit diesen Namen, allerdings viel kleiner als ein Atom, könnten nach bestimmten Theorien der Teilchenphysik in solchen Kollisionen tatsächlich entstehen. Allerdings hatten frühere Messungen und genau die Theorien, die solche Phänomene vorhergesagt hatten, deren Eigenschaften schon klar eingegrenzt. Es war offensichtlich, dass solche Objekte, falls sie jemals entstehen würden, innerhalb von kürzester Zeit wieder zerfallen mussten.

Man stützte sich aber nicht nur auf wissenschaftliche Theorien, von denen Wissenschaftler immer annehmen müssen, dass sie falsch sein können, wie wir in Kap. 4 gesehen haben. Der Hauptgrund, dass man sich am CERN so sicher war, dass kein Risiko bestand, ist tatsächlich sehr viel einfacher: Kollisionen, wie sie der LHC erzeugt, gibt es nicht erst mit vom Menschen gebauten Beschleunigern. Sie passieren vielmehr seit Bestehen der Erde jeden Tag durch das Auftreffen energiereicher kosmischer Strahlung aus den Tiefen des Alls. Wären sie tatsächlich gefährlich, dürfte es weder die Erde noch irgendeinen der anderen sichtbaren Himmelskörper um uns herum geben. Beschleuniger wie der LHC reproduzieren schlichtweg diese ständig auftretenden Kollisionen im Labor unter kontrollierten, für eine Messung geeigneten Bedingungen.

Tatsächlich hoffte man am CERN, dass „Mini-Schwarze-Löcher", „seltsame Materie" oder etwas Ähnliches entstehen würden, denn eine solche Entdeckung wäre eine wissenschaftliche Sensation gewesen und hätte die Teilchenphysik zu ganz neuen Theorien geführt. An praktisch jedem neuen Großbeschleuniger der letzten Jahrzehnte gab es mindestens ein Experiment, das gezielt nach solchen Phänomenen gesucht hat. Weil solche Kollisionen um uns herum ständig geschehen, war aber von Anfang an klar: Diese Phänomene hätten extrem kurzlebig sein müssen und keinerlei Effekte haben können, die man ohne die gigantischen Detektoren des CERN überhaupt hätte bemerken können. Gefunden hat man (zumindest bis Anfang 2019) übrigens nichts dergleichen.

So irrational diese Ängste waren – sie waren geradezu vernünftig im Vergleich zu den Horrorgeschichten, die seit 2015 über das CERN verbreitet werden. In die Welt gesetzt wurden sie einige Jahre zuvor ausgerechnet vom damaligen Forschungsdirektor des CERN, Sergio Bertolucci. Im Überschwang der Inbetriebnahme des LHC nach 20 Jahren Planungs- und Bauzeit betonte er, wie wichtig es sei, nicht nur nach erwarteten Ergebnissen wie dem Higgs-Teilchen zu suchen, sondern auch auf ganz Neues vorbereitet zu sein. Als Beispiel nannte er im Gespräch mit Technik-Journalisten „eine zusätzliche Dimension" und fügte an: „Aus dieser Tür könnte etwas kommen, oder wir könnten etwas hindurchsenden." [118].

Jedem Physiker musste klar sein, was mit dieser Aussage gemeint ist. Die meisten Theorien, die an die Stelle des Standardmodells treten könnten, enthalten in ihren Berechnungen zusätzliche Dimensionen, über die wir mit bisherigen Experimenten keine Informationen erlangen können. In Kollisionen bei noch unerforschten Energien könnten Auswirkungen dieser zusätzlichen Dimensionen messbar werden. Äußern könnte sich das zum Beispiel im Auftauchen bislang unbekannter Teilchen, im Wirken bislang unbekannter Kräfte oder darin, dass Eigenschaften von Quantenzuständen, die normalerweise unveränderlich erhalten bleiben, sich plötzlich verändern. Physikern musste aber auch klar sein, dass es sich dabei um Dinge handeln muss, die in der Natur durch die kosmische Strahlung ohnehin ständig vorkommen – nur eben bislang nicht zum genau richtigen Zeitpunkt in den Messgeräten eines Forschungszentrums. Allerdings war vielen Physikern und vor allem Bertolucci zu diesem Zeitpunkt aber offenbar nicht klar, dass manche Laien seine Aussage völlig anders verstehen würden.

Bereits unmittelbar nach Bertoluccis Interview titelte das eigentlich eher wissenschaftskompetente Technologieportal *The Register:* „Angriff der hyperdimensionalen Monstermänner". Der Artikel, der offenbar als launige Satire über die Angst vor schwarzen Löchern aus dem LHC gedacht war, fabuliert im Folgenden über Dinosaurier, „dämonische Seelenfresser" und „parallele Globo-Nazis" aus anderen Dimensionen. Und tatsächlich betont der Autor, das sei, ebenso wie die Angst vor schwarzen Löchern, totaler Blödsinn [119].

Die Satire in dem Artikel wurde aber offensichtlich nicht von jedem Leser verstanden. So zitierte vor allem ab 2015 eine Anzahl ultrakonservativer amerikanischer Onlinemedien genau diesen Artikel beim Versuch, dem CERN satanische Absichten nachzuweisen. Die Abneigung gegen das CERN scheint vor allem zwei Hintergründe zu haben: Einerseits steht es repräsentativ für die Wissenschaft insgesamt, die den Anspruch erhebt, die Welt ohne Rückgriff auf Gott zu erklären, und dabei auch die biblische Schöpfungslehre ablehnt. Andererseits ist das CERN ein Musterbeispiel weltweiter Zusammenarbeit, was gerade Bertolucci in seinen Interviews immer wieder betont hat – und die USA spielen dabei mit ihrem Beobachterstatus gegenüber Mitgliedsländern wie Deutschland und Frankreich nur eine untergeordnete Rolle.

Seite an Seite mit dem Zitat über andere Dimensionen finden sich dabei mitunter bizarre Argumentationsmuster. So wird auf der fundamentalchristlichen Seite Rupture Ready der damalige Generaldirektor des CERN, der zurückhaltende Netzwerker Rolf-Dieter Heuer (Abb. 7.2), zu „General Heuer". In der möglicherweise zu entdeckenden zusätzlichen Dimension erkennt der Autor dann auch den Abgrund, aus dem nach der Offenbarung

Abb. 7.2 Sehen so die Führer finsterer Mächte aus? Der ehemalige CERN-General-
direktor Rolf-Dieter Heuer mit seiner Nachfolgerin, Fabiola Gianotti

des Johannes der Zerstörer kommen soll [120]. Die ultrakonservative
Onlinezeitung *Washington Standard* beruft sich ebenfalls auf das Bertolucci-
Zitat aus der Satire des *Register* [121].

Den Grund für das Interesse der Wissenschaftler am Besuch aus einer
anderen Dimension meint der *Standard* auch zu finden, nämlich im Logo
des CERN (zu sehen zum Beispiel am Pfosten vorne in Abb. 7.1). In der
stilisierten Darstellung der Beschleunigerringe des CERN und ihrer Ver-
bindungen in die unterschiedlichen Experimentierhallen sieht der Autor
stattdessen die Zahl 666 als Symbol des Teufels.

Zu allem Überfluss kann der *Washington Standard* als Beleg für finstere
Motive der Wissenschaftler auch noch auf eine Statue der Hindu-Gottheit
Shiva verweisen, des Gottes der Zerstörung und des Neuentstehens. Die
Figur steht – wie viele andere Kunst- und Ausstellungsobjekte – auf einer
Freifläche im Inneren des CERN-Geländes. Der Zusammenhang zum Zerstörer aus der christlichen Offenbarung bedarf bei der Leserschaft der Seite
offenbar keiner weiteren Erläuterung. Für die Bloggerin Jamie A. Hope
ist durch die Statue klar, dass es sich beim CERN um den neuen Turm
zu Babel handelt [122]. Tatsächlich ist die Statue keine Anschaffung des
CERN, sondern ein Geschenk der indischen Regierung anlässlich der Aufnahme Indiens als Beobachterland im Jahr 2002. Mit Zerstörungskraft hat

die indische Dankbarkeit aber tatsächlich zu tun: Als indische Physiker nach den Kernwaffentests des Jahres 1998 in viele Länder nicht mehr einreisen durften, blieb das CERN eine der wenigen Möglichkeiten für internationale Zusammenarbeit in der Grundlagenforschung.

Die Mythen rund um die Shiva-Statue wurden noch verschlimmert, als das CERN im Bemühen um eine positive Außenwirkung 2015 den Tanz-film *Symmetry* förderte. Der auf dem CERN-Gelände und zum Teil in Experimentierhallen gedrehte Film wird von Verschwörungstheoretikern als okkultes Ritual und Anbetung Shivas oder des Satans verstanden [123].

Ein neues Niveau von Absurdität erreichten die Gerüchte um das CERN im Sommer 2016. Offenbar inspiriert durch die Reaktionen auf den *Symmetry*-Film drehten einige Witzbolde ein Handyvideo eines angeblichen nächtlichen Menschenopfers direkt vor der mythenumwobenen Shiva-Statue. Das Video wurde anschließend im Internet verbreitet. Für amerikanische Verschwörungstheoretiker war das Video der endgültige Beweis, dass im CERN satanische Rituale praktiziert werden [124]. Tatsächlich ist das Gelände um die Statue für jeden der mehr als 10.000 Mitarbeiter und Gast-wissenschaftler auch nachts frei zugänglich – es liegt direkt neben einer der Besucherunterkünfte. Im Sommer füllt sich das CERN zudem mit Hunderten Teilnehmern des Summer Student Programme, die sich ebenfalls jederzeit auf dem Gelände bewegen können, ihre Freiheiten fern der Heimat genießen und dabei wohl auch gelegentlich über die Stränge schlagen. Derlei schlechte Scherze sind bei der CERN-Verwaltung natürlich nicht gerne gesehen, aber sie sind kaum wirksam zu unterbinden, ohne das zu beschneiden, was das Arbeiten am CERN so besonders macht.

Diese bizarren Mythen finden sich aber nicht nur auf obskuren Internetseiten der amerikanischen Rechten. Das Bertolucci-Zitat, die 666 im CERN-Logo und die fragwürdige Interpretation der Shiva-Statue wiederholen sich auf der Seite des russischen Staatsfernsehsenders RT. Dieser behauptet sogar, das CERN hätte sich den Hindu-Gott als Maskottchen ausgesucht [125]. Das ist umso skurriler, als auch Russland selbst zu den Beobachterstaaten des Forschungszentrums gehört und kaum ein größeres Experiment am CERN ohne die Beteiligung russischer Institute abläuft.

RT verbreitet auch das Märchen, der verstorbene britische Theoretiker Stephen Hawking sei besorgt gewesen, dass die Erzeugung von Higgs-Teilchen zum Kollaps des Universums führen könnte. Tatsächlich hatte Hawking darüber spekuliert, dass irgendwann in ferner Zukunft das Universum durch die Wirkung des Higgs-Mechanismus enden könnte. Dass der Higgs-Mechanismus existieren muss, wissen wir, weil wir das von der Higgs-Theorie vorhergesagte Teilchen nachweisen konnten. Seine eventuelle Wirkung auf das Universum hängt aber nicht davon ab, ob oder wie oft diese extrem kurz-lebigen Teilchen produziert werden. Übrigens werden auch Higgs-Teilchen ständig durch Kollisionen der kosmischen Strahlung produziert und zerfallen wieder, ohne bemerkt worden zu sein. Die Idee, das Universum könne durch die Beobachtung des Higgs-Teilchens kollabieren, ist ähnlich unlogisch wie die Behauptung, Sonnenbaden verbrauche den Brennstoff der Sonne. Hier wird also Hawkings Überlegung völlig pervertiert wiedergegeben.

Schließlich spekuliert RT auch noch darüber, dass das CERN sich seinen Standort ausgerechnet um das französische Dorf St. Genis-Pouilly herum ausgesucht habe, das nach einem römischen Apollo-Tempel benannt sein soll. RT verweist wie die amerikanischen Fundamentalisten auf die Offen-barung des Johannes, die Apollo mit Satan identifizieren soll. Tatsächlich hat sich das CERN seinen Standort überhaupt nicht ausgesucht. Das ursprüng-liche Gelände wurde zur Gründung 1954 von der Schweiz zur Verfügung gestellt und muss, hinter dem Flughafen und kurz vor der Grenze gelegen, damals eines der uninteressantesten Grundstücke des Kantons Genf gewesen sein. Dass das Forschungszentrum irgendwann riesige Beschleuniger bis weit nach Frankreich hinein bauen würde, war damals noch gar nicht abzusehen.

Die Mythen über das Genfer Forschungszentrum lassen sich problem-los ins noch Absurdere weiterspinnen. Im Juni 2016 schrieb die Onlineaus-gabe der britischen Boulevardzeitung *Daily Express* über „bizarre Wolken über dem LHC". Berichtet wird über ein Video, nach dem die Wolken zei-gen sollen, dass sich das angekündigte Dimensionstor zum Satan über dem CERN öffnet. Der *Daily Express* bezeichnet die Behauptungen zwar als Ver-schwörungstheorien, lässt sie aber inhaltlich unwidersprochen stehen [126]. Bei den abgebildeten „bizarren Wolken" handelt es sich um ein gewöhn-liches Gewitter.

Vier Wochen später berichtete ebenfalls der *Daily Express* über die Behauptung, der LHC sei abgeschaltet worden, weil er ein massives Erd-beben auf dem Pazifikarchipel Vanuatu ausgelöst hätte [127]. Die Vor-stellung ist schon geografisch absurd: Man kann sich auf der Erde kaum einen Ort ausdenken, der weiter vom CERN entfernt läge als Vanuatu. Aber wie sieht es mit der im LHC auftretenden Energie aus? Von den beiden Protonenstrahlen, die im LHC-Tunnel kreisen, hat tatsächlich jeder etwa die Energie eines fahrenden Zuges. Zum Stoppen werden die Strahlen in große, unterirdische Graphitblöcke (die sogenannten *beam dumps*) geleitet, wobei diese sich auf bis zu 800 Grad erwärmen. Das passiert im normalen Betrieb etwa alle zehn Stunden. Selbst in der direkt über den *beam dumps* gelegenen Siedlung Bois-Chatton ist davon nichts zu spüren. Auch die Magnete des Beschleunigers können unmöglich ein Erdbeben auslösen. Sie erzeugen zwar innerhalb des Strahlrohrs eines der stärksten von Menschen erzeugten Magnetfelder, aber schon einen halben Meter neben der Rohrumhüllung ist das Feld zu schwach, um eine Kreditkarte zu entmagnetisieren [128].

Der 2018 aufgegebene rechtsesoterische Honigmann-Blog [129] und die amerikanische holistische Lebensberaterin Michelle Walling sahen das CERN als Waffe außerirdischer Invasoren im Kampf gegen die Menschen. Walling stellt außerdem die rhetorische Frage, ob „Hadron" etwas mit „Hades" zu tun habe [130]. Das hat es nicht. Der Begriff Hadron für die schwereren Elementarteilchen wie Protonen oder Neutronen kommt vom altgriechischen Wort für „dick": *hadrós*.

Als Teilchenphysiker könnte man schlicht verzweifeln angesichts der unglaublichen Menge absurden und zum Teil böswilligen Unsinns, der über das CERN, andere Forschungszentren und letztlich die Wissenschaft insgesamt verbreitet wird. Man darf dabei aber nicht vergessen, dass ein großer Teil dieses Unsinns seinen Ursprung in wohlmeinenden Versuchen hatte, Wissenschaft interessant und spannend darzustellen. Weitere Auslöser für Quantenunsinn rund um die physikalische Grundlagenforschung sind ein romantisierter Blick von Wissenschaftlern auf ihre eigene Arbeit und die an sich sehr spannende Idee, aus der Wissenschaft heraus auch Kunstprojekte anzustoßen (wie zum Beispiel den schon erwähnten Tanzfilm *Symmetry*).

Wissenschaftler müssen verstehen, dass sie in der Öffentlichkeit falsch verstanden werden können, und sich Mühe geben, ihre Erkenntnisse richtig zu erklären und realistisch einzuordnen. Die Öffentlichkeit muss aber auch verstehen, dass Wissenschaftler auch Menschen sind, die das Bedürfnis und das Recht haben, sich und ihre Arbeit wichtig zu nehmen und als wichtig darzustellen, Träume und Fantasien zu pflegen und sich künstlerisch auszudrücken. Und auch im wissenschaftlichen Nachwuchs gibt es junge Menschen, die in ihrer Freizeit leider manchmal auf dumme Gedanken kommen und ein Bier zu viel trinken.

Zum Mitnehmen

In den Beschleunigern des CERN und anderer Forschungszentren werden Kollisionen kleinster Teilchen erzeugt, um natürliche Vorgänge unter extremen Bedingungen zu untersuchen. Dabei entstehen für winzige Momente neue Teilchen oder Bedingungen wie in den ersten Momenten nach dem Urknall.

Teilchenkollisionen wie in diesen Beschleunigern werden nicht nur durch die Wissenschaft verursacht, sondern geschehen in der Natur durch die kosmische Strahlung ständig, auch bei noch höheren Energien. Beschleuniger erzeugen sie lediglich unter kontrollierten und messbaren Bedingungen. Daher gibt es auch keinen Grund, vor möglichen Effekten Angst zu haben.

Literatur

1. Club der vereinten Wissenschaften (2018) Interview Nassim Haramein 17.06.2018 deutsche Untertitel. https://www.youtube.com/watch?v=r1_XD9wLnRs. Zugegriffen: 10. Jan. 2019
2. Pohl R et al (2010) The size of the proton. Nature 466:213–217
3. Haramein N (2010) The schwarzschild proton. AIP Conf Proc 1303:95–100
4. Haramein N (2013) Quantum gravity and the holographic mass. Phys Rev Res Int 3(4):270–292
5. Bobathon (2013) A brief analysis of "Quantum gravity and the holographic mass". https://3.bp.blogspot.com/-1gUthwQgv1k/V-11_unoqLI/AAAAAAAAAck/b4AzHIfpgk4I7uKvGkh492BpyeiQwBFMQCLcB/s1600/qghm%2Bnotes.png. Zugegriffen: 10. Jan. 2019
6. Bobathon (2017) The disappearing Nassim Haramein posts. https://azure-world.blogspot.com/2017/10/the-disappearing-nassim-haramein-posts.html. Zugegriffen: 10. Jan. 2019
7. Haramein N et al (2016) The unified spacememory network: from cosmogenesis to consciousness. NeuroQuantology 14(4):657–671
8. Carter M (2016) The connected universe. http://www.theconnecteduniverse-film.com. Zugegriffen: 13. Jan. 2019
9. Yadav S (2018) Inside India's fake research paper shops: pay, publish, profit. https://indianexpress.com/article/india/inside-indias-fake-research-paper-shops-pay-publish-profit-5265402/. Zugegriffen: 10. Jan. 2019
10. University Grants Commission: UGC Approved List of Journals. https://www.ugc.ac.in/journallist/journal_list.aspx. Zugegriffen: 10. Jan. 2019
11. Tarlacı S (2019) About the journal. https://www.neuroquantology.com/index.php/journal/about. Zugegriffen: 10. Jan. 2019.
12. McCrone J (2003) Quantum mind. Lancet Neurol 2:450
13. Howell K (2017) Nassim Haramein | The universe within you. http://www.brainsync.com/blog/the-universe-within-you/. Zugegriffen: 13. Jan. 2019
14. Novella S et al (2011) The skeptics' guide to the universe podcast #287. https://www.theskepticsguide.org/podcast/sgu/287. Zugegriffen: 13. Jan. 2019
15. Resonance Science Foundation (2019) ARK. https://resonance.is/ark/. Zugegriffen: 13. Jan. 2019
16. Kowalewski U (2016) WIR-Kongress. http://wir-kongress.org. Zugegriffen: 16. Aug. 2016
17. Conrad J (2012) Aufbruch Gold Rot Schwarz. http://bewusst.tv/aufbruch-gold-rot-schwarz/. Zugegriffen: 13. Jan. 2019
18. Parkes S (2016) Simon Parkes. https://www.simonparkes.org/. Zugegriffen: 13. Jan. 2019
19. Der Standard (2012) Suspendierung von WU-Professor Hörmann bestätigt. https://derstandard.at/1331207055917/Vorwurf-Holocaust-Relativierung-Suspendierung-von-WU-Professor-Hoermann-bestaetigt. Zugegriffen: 13. Jan 2019

20. Fischhaber A (2016) Selbsternannter „König von Deutschland" weint vor Gericht. https://www.sueddeutsche.de/panorama/halle-selbsternannter-koenig-von-deutschland-vor-gericht-1.3213697. Zugegriffen: 13. Jan. 2019

21. Welt Online (2012) Heilen ohne Nebenwirkungen mit Biophotonen. https://www.welt.de/gesundheit/medizin-ratgeber/article157722105/Heilen-ohne-Nebenwirkungen-mit-Biophotonen.html. Zugegriffen: 20. Dez. 2018

22. Schwander D (2018) Biophotonen-Therapie. https://bionfomed.com/news-tips/biophotogen-therapie/. Zugegriffen: 20. Dez. 2018

23. Weber M (2007) Photonen – Biophotonen – Licht als Informationsträger in unseren Zellen. http://www.dr-weber-hno.de/bt.htm. Zugegriffen: 20. Dez. 2018

24. Fuß H (2005) Das rätselhafte Leuchten allen Lebens. http://www.spiegel.de/wissenschaft/mensch/biophotonen-das-raetselhafte-leuchten-allen-lebens-a-370918.html. Zugegriffen: 20. Dez. 2018

25. Popp FA (2009) Prof. Dr. Fritz Albert Popp: Regulationsmedizin. https://www.youtube.com/watch?v=Ho1o4a7P4Hg. Zugegriffen: 23. Dez. 2018

26. Ranftl G, Ranftl R (2016) Wissenschaftlicher Hintergrund zum Photonensequenz Verfahren. http://www.photonic-institut.de/html/photonenkybernetik.html. Zugegriffen: 27. Dez. 2018

27. Wörner H (2018) Bioenergetischer Wein & Sekt. https://www.woerners-schloss.de/weingut. Zugegriffen: 26. Dez. 2018

28. Parkin C (2011) Was der Kosmos mit dem Weinglas zu tun hat. https://www.welt.de/lifestyle/article13558702/Was-der-Kosmos-mit-dem-Weinglas-zu-tun-hat.html. Zugegriffen: 26. Dez. 2018

29. Bader M (2012) Die Selbstbehandlung mit Photonen-Licht. http://www.prolight-regulation.de/unser-photonen-tischgeraet-alpha,25.html. Zugegriffen: 26. Dez. 2018

30. Bader M (2012) Lichtenergie ist Lebensenergie. http://www.prolight-regulation.de/das-tischgeraet-alpha-fuer-die-heimanwendung,4.html. Zugegriffen: 26. Dez. 2018

31. Bader M (2018) Wie Sie in den Genuss dieses wertvollen Photonenlichts kommen können. http://www.prolight-regulation.de/uploads/media/Mietvertraege_ALPHA.pdf. Zugegriffen: 26. Dez. 2018

32. Ranftl G, Ranftl R (2018) Das mysteriöse Geschäft mit Biophotonen. https://livephotonic.de/html/biophotonen.html. Zugegriffen: 27. Dez. 2018

33. Ranftl G, Ranftl R (2018) Über uns. https://livephotonic.de/html/forschung.html. Zugegriffen: 27. Dez. 2018

34. Brunke L (2011) Sind Biophotonen Wirkmediator homöopathischer Arzneien? Allg Homöopath Zeitg 295(5):19–22

35. Schlebusch KP et al (2004) Biophotonik beweist erstmals Meridianstruktur (Leitbahnen-Struktur der Akupunktur) auf der Körperoberfläche. Erfahrungsheilkunde 53(10):619–622

36. Fischer G (2018) Helioda Lichtquantenpulver Faktor 4 (Inh. 310 g = 500 ml). https://www.fischers-shop.de/reformware/kolloide-mineralerde/98/helioda-lichtquantenpulver-faktor-4-inh.-310-g-500-ml. Zugegriffen: 27. Dez. 2018

37. Kühnert H (2016) Biophotonen-Stofftier Photonio. http://www.licht-deslebens.de/biophotonen-produkte/biophotonen-stofftier-photonio/. Zugegriffen: 27. Dez. 2018
38. Middleton Y (2016) 116 Profound Deepak Chopra quotes. http://addicted-2success.com/quotes/116-profound-deepak-chopra-quotes/. Zugegriffen: 20. Sept. 2016
39. Williamson T (2012) The enigmatic wisdom of Deepak Chopra. http://wisdo-mofchopra.com/. Zugegriffen: 20. Sept. 2016
40. Pennycook G et al (2015) On the reception and detection of pseudo-profound bullshit. Judgment Decis Making 10(5):549–563
41. Chopra D (1990) Quantum healing: exploring the frontiers of mind/body medicine. Bantam Books, New York
42. Kinslow F (2009) Quantum entrainment demonstration. https://www.youtube.com/watch?v=XPxGryspmlY. Zugegriffen: 20. Dez. 2018
43. Gössl M, Meyer T (2016) MatrixPower®Quantenheilung- Schöpferkraft statt Ohnmacht. https://www.matrix-power.de/institut/ueber-uns/index.html. Zugegriffen: 20. Dez. 2018
44. Gössl M, Meyer T (2016) MatrixPower® 13-Strang-DNS- & Zirbeldrüsen-Aktivierung. https://www.matrix-power.de/seminare/13-strang-dns-aktivierung/index.html. Zugegriffen: 20. Dez. 2018
45. Kaiser K, Kaiser RM (2014) Einzel- und Fernsitzungen. https://www.quanten-heilung.biz/einzelsitzungen.php. Zugegriffen: 20. Dez. 2018
46. Mattmüller P (2016) Quantenheilung Fernbehandlungen. http://www.praxis-prashanti.ch/quantenheilung-fernbehandlungen. Zugegriffen: 20. Dez. 2018
47. BVerfG (2004) Beschluss der 2. Kammer des Ersten Senats vom 02. März 2004. 1BvR 784/03:1–22.
48. Pietza M (2014) Kontrollierte Studien zur Wirksamkeit der Quantenheilung. Dissertation, Europa-Universität Viadrina, Frankfurt (Oder).
49. Kramer B (2012) Hokuspokus Verschwindibus. http://www.spiegel.de/lebenundlernen/uni/uni-viadrina-komplementaermedizin-droht-das-aus-a-839999.html. Zugegriffen: 20. Dez. 2018
50. Kammerer S (2014) Wenn bei der Heilung der Verstand im Weg steht. https://www.schwarzwaelder-bote.de/inhalt.triberg-wenn-bei-der-heilung-der-verstand-im-weg-steht.703f70b7-bd6a-4545-aebc-b18287dbddf7.html. Zugegriffen: 20. Dez. 2018
51. Mauri G (2014) Geistige Operationen. https://www.heilen-mit-herz.net/geistige-chirurgie.htm. Zugegriffen: 20. Dez. 2018
52. Penguin Random House Australia (2016) Quantum healing (Revised and Updated). https://penguin.com.au/books/quantum-healing-revised-and-updated-9781101884973. Zugegriffen: 20. Sept. 2016
53. Wenski C (2019) Gebrauchtmarkt: Magnetfeldtherapie-Systeme für Mensch & Tier. https://www.magnetfeldberatung.de/magnetfeldtherapie-geraete-gebraucht.html. Zugegriffen: 10. Jan. 2019

54. Inakarb GmbH (2016) Ferntherapie. http://www.inakarb.de/therapemetho-den/ferntherapie.html. Zugegriffen: 1. Okt. 2016

55. Edinger E (2015) Biologische Verjüngung, Rejuvenation, Leistungssteigerung, Behandlung von chronischen und akuten Erkrankungen. www.inakarb.de/wp-content/uploads/2015/09/Vortrag-INAKARB-MedShow-2015-Moscow.pdf. Zugegriffen: 7. Okt. 2015

56. Hasse I (2016) Enki Disconder. https://enki-institut.com/shop.html?jump-To=enki-systeme/87/enki-disconder%3Fc%3D21. Zugegriffen: 1. Okt. 2016

57. Levy P (2014) Quantum physics: the physics of dreaming. http://www.awa-keninthedream.com/wordpress/wp-content/uploads/2014/02/QUANTUM-PHYSICS-THE-PHYSICS-OF-DREAMING.pdf. Zugegriffen: 1. Okt. 2016

58. Stapp H (1993) Mind, matter and quantum mechanics. Springer, Heidelberg

59. Wolf FA (2011) Fred Alan Wolf, Ph.D. http://www.fredalanwolf.com/, Zugegriffen: 1. Okt. 2016

60. TimeWaver Home GmbH (2016) Wissenschaftliche Hintergründe. https://www.timewaver.de/timewaver/wissenschaftlicher-hintergrund. Zugegriffen: 3. Okt. 2016

61. Weiner D, Wurlitzer A (2018) Timewaver – die Technologie. https://www.timewaver-vertrieb.eu/der-timewaver/technologie/. Zugegriffen: 10. Dez. 2018

62. Schmieke M (2008) Informationsfeldmedizin. CoMed 09(08):12–15

63. Schmieke M (2008) Radionik als angewandte Informationsfeldmedizin. CoMed 11(08):10–11

64. Eichelser K (2016) TimeWaver Preise. https://www.youtube.com/watch?v=-4g6Nx5w75U. Zugegriffen: 3. Okt. 2016

65. Brand C (2013) Unternehmensberatung/Erfolg und Teamfindung. http://forum.institut-brand.de/viewtopic.php?t=17. Zugegriffen: 6. Okt. 2016

66. TimeWaver Home GmbH (2016) TimeWaver – Innovativ, Integrativ, Intuitiv. https://www.timewaver.de/timewaver. Zugegriffen: 7. Okt. 2016

67. Von Buengner P (2004) Physik und Traumzeit. m-tec, Sauerlach.

68. Von Buengner P (2013) Das weiße Rauschen. http://www.quantec.eu/deutsch/weisses_rauschen/weisses_rauschen.html. Zugegriffen: 7. Okt. 2016

69. Fretz B (2016) Fretz + Partner/Spezialist für Unternehmensberatung, Prozess-optimierung, Projektmanagement. https://www.youtube.com/watch?v=W2Y-IhlFa5Ys. Zugegriffen: 7. Okt. 2016

70. Steiner-Bernet H (2016) Neue Wege in der Unternehmensberatung. http://www.promotion-consulting.ch/index.php?radionic-quantec. Zugegriffen: 7. Okt. 2016

71. Urbatschek T (2015) Wissenswertes zur Radionik. http://www.mit-radionik.de/wissenswertes-zur-radionik/. Zugegriffen: 7. Okt. 2016

72. Nimtz G, Mäcker S (1994) Elektrosmog. BI-Taschenbuchverl, Mannheim

73. Repacholi MH et al (2011) Systematic review of wireless phone use and brain cancer and other head tumors. Bioelectromagn 33(3):187–206

74. Swerdlow AJ et al (2011) Mobile phones, brain tumors, and the interphone study: where are we now? Environ Health Perspect 119:1534–1538
75. Warnke U (1992) Survey of some working mechanisms of pulsating electromagnetic fields (PEMF). Bioelectrochem Bioenerg 27:317–320
76. Fostac AG (2016) FOSTAC® Tachyonen Produkte. http://www.fostac.de/de/produkte/fostac-tachyonen-produkte.html. Zugegriffen: 7. Okt. 2016
77. Fostac AG (2016) Erklärungsmodell der Wirkungsweise von FOSTAC Produkten. http://www.fostac.de/de/medien/weiteres.html?dlf=/wissenswertes/erklaerungsmodell-tests.pdf. Zugegriffen: 7. Okt. 2016
78. Fostac AG (2016) Elektrosmog. http://www.fostac.de/de/medien/weiteres.html?playPraes=true&showImg=1. Zugegriffen: 7. Okt. 2016
79. Toutain E (2012) SAR test report. http://www.fazup.com/themes/fazup/RapportsDAS/RE052-12-106218-1A_iPhone5bis_900-1800.pdf. Zugegriffen: 7. Okt. 2016
80. Schmeh K (2011) Wunderenergie statt Atomkraft. http://www.heise.de/tp/artikel/31/31247/1.html. Zugegriffen: 10. Okt. 2016
81. Sterner M, Stadler I (2014) Energiespeicher – Bedarf, Technologien, Integration. Springer, Berlin
82. Turtur CW (2011) Dies ist die offizielle Webseite von Prof. Dr. Claus W. Turtur. https://www.ostfalia.de/cms/de/pws/turtur/FundE/. Zugegriffen: 10. Okt. 2016
83. Turtur CW (2010) Wandlung von Vakuumenergie elektromagnetischer Nullpunktsoszillationen in klassische mechanische Energie. https://www.ostfalia.de/export/sites/default/de/pws/turtur/FundE/Deutsch/Schrift_03f_deutsch.pdf. Zugegriffen: 10. Okt. 2016
84. Chmela H, Smetana R (2009) Elektrostatische Rotation. http://www.hcrs.at/TURTUR.HTM. Zugegriffen: 10. Okt. 2016
85. Turtur CW (2015) Freie Energie für alle Menschen. http://www.borderlands.de/Links/Vortrag_2015-Mai-24.pdf. Zugegriffen: 10. Okt. 2016
86. Vogt MF (2011) Freie Raumenergie – Prof. Dr. Claus Turtur. https://www.youtube.com/watch?v=s0BQqHPUs9Y. Zugegriffen: 10. Okt. 2016
87. Höfer F (Regie, 2015) Kongress für Grenzwissen 2015 DVD. Nuoviso, Leipzig
88. Salch A (2015) Rechtsextreme Ex-Anwältin muss in Haft. http://www.sueddeutsche.de/muenchen/urteil-des-landgerichts-rechtsextreme-ex-anwaeltin-muss-in-haft-1.2367053. Zugegriffen: 10. Okt. 2016
89. Volkamer K (1981) Existiert eine kosmische Quantelung? Sterne und Weltraum 20(8):273–275
90. Volkamer K et al (1994) Experimental re-examination of the law of conservation of mass in chemical reactions. JSE 8(2):217–250
91. Volkamer K, Streicher C (1997) A theory of superluminal particles with real mass content in agreement with experimental evidence of a new type of quantized matter. In: Piran T, Ruffini R (Hrsg) Proceedings of the eighth Marcel Grossmann meeting held at the Hebrew University of Jerusalem. World Scientific, Singapore

92. Volkamer K, Streicher C (1998) Consequences of recently detected cold dark matter on planetary, solar, galactic, and cosmological levels. In: Cline DB (Hrsg) Sources and detection of dark matter in the universe. Elsevier, Amsterdam

93. Volkamer K (2009) Gravitational spacecraft anomalies as well as the at present relatively large uncertainty of Newton's gravity constant are explained on the basis of force-effects due to a so-far unknown form of space-like matter. In: Cline DB (Hrsg) Sources and detection of dark matter in the universe. AIP Conference Proceedings, Melville.

94. Meyer-Dinkgräfe D (Hrsg) (2009) Consciousness, theatre, literature and the arts. Cambridge Scholars, Newcastle

95. Seng M (2015) Krimi um angebliche Wundermaschine. http://www.nwzonline.de/wirtschaft/weser-ems/wirtschaftskrimi-um-wirbel-wandler-krimi-um-angebliche-wundermaschine_a_30,0,170333496.html. Zugegriffen: 10. Okt. 2016

96. Volkamer K (2012) Der H2O-zu-Diesel-Prozess von egm International und die Feinstofflichkeitsforschung. http://www.borderlands.de/Links/PraesVolkamer.pdf. Zugegriffen: 10. Okt. 2016

97. Meyl K (2003) Elektromagnetische Umweltverträglichkeit: Skalarwellen und die technische, biologische wie historische Nutzung longitudinaler Wellen und Wirbel. Indel, Villingen-Schwenningen

98. Ebbers J, Meyl K (2013) Medikamenten-Fernübertragung per Skalarwellen. CoMed September 2013:30–33

99. Meyl K (2007) Skalarwellen in der Medizin. http://www.k-meyl.de/go/Primaerliteratur/Skalarwellen-in-der-Medizin.pdf. Zugegriffen: 10. Okt. 2016

100. Meyl K (2013) Das batterielose Elektroauto. Welt der Fertigung 1(2013):58–60

101. Meyl K (2004) Sendetechnik der Götter. Indel, Villingen-Schwenningen

102. Saldanha RN (2012) Precision Measurement of the 7Be Solar Neutrino Interaction Rate in Borexino. Dissertation, Princeton University.

103. Meyl K (2005) Neutrinopower. http://www.k-meyl.de/go/50_Aufsaetze/Neutrino-Power-Vortrag.pdf. Zugegriffen: 10. Okt. 2016

104. Meyl K (2014) Die Bosnische Pyramide – ein künstliches Bauwerk oder ein Werk der Natur? NET-Journal 19(9):15–21

105. Gutjahr M (2014) Pyramiden, Plejaden und Phantasten. https://www.youtube.com/watch?v=HPHRV1HO-O4. Zugegriffen: 10. Okt. 2016

106. Füßler C (2008) Eine Theorie, von der die Hochschule nichts hören will. https://www.badische-zeitung.de/bildung-wissen-1/eine-theorie-von-der-die-hochschule-nichts-hoeren-will–3011665.html. Zugegriffen: 20. Dez. 2018

107. Lederman LM, Teresi D (1993) The god particle. Bantam, New York

108. Storti M (2016) The god particle: man playing god again. http://biblewatchman.com/godparticle.htm. Zugegriffen: 10. Okt. 2016

109. DESY (2016) Die Weltmaschine. http://www.weltmaschine.de/. Zugegriffen: 10. Okt. 2016

110. Liebe M (2008) Interview: Chaos, Verschwörung, schwarze Löcher. http://www.golem.de/0802/57477.html. Zugegriffen: 10. Okt. 2016

111. iHeart Media (2009) Walter L. Wagner. http://www.coasttocoastam.com/guest/wagner-walter/7021/. Zugegriffen: 10. Okt. 2016

112. Spiegel Online (2012) Klage gegen CERN endgültig gescheitert. http://www.spiegel.de/wissenschaft/technik/angst-vor-schwarzen-loechern-klage-gegen-cern-endgueltig-gescheitert-a-861612.html. Zugegriffen: 10. Okt. 2016

113. Dambeck H (2008) Gericht weist Eilantrag gegen Superbeschleuniger ab. http://www.spiegel.de/wissenschaft/mensch/experiment-in-genf-gericht-weist-eilantrag-gegen-superbeschleuniger-ab-a-575275.html. Zugegriffen: 10. Okt. 2016

114. Knoke F (2008) Angst vor Weltuntergang – Amerikaner klagt gegen Teilchenbeschleuniger. http://www.spiegel.de/wissenschaft/mensch/schwarze-loecher-in-genf-angst-vor-weltuntergang-amerikaner-klagt-gegen-teilchenbeschleuniger-a-544088.html. Zugegriffen: 10. Okt. 2016

115. Spiegel Online (2008) Todesdrohungen gegen Nobelpreisträger. http://www.spiegel.de/wissenschaft/mensch/streit-um-superbeschleuniger-lhc-todesdrohungen-gegen-nobelpreistraeger-a-576906.html. Zugegriffen: 10. Okt. 2016

116. Ellis J et al (2008) Review of the safety of LHC collisions. J Phys G 35:115004

117. Johnson EE (2009) The black hole case: the injunction against the end of the world. Tenn Law Rev 76:819–908

118. Kobie N (2009) Video: CERN's research director on extra dimensions. http://www.itpro.co.uk/617296/video-cerns-research-director-on-extra-dimensions. Zugegriffen: 10. Okt. 2016

119. Page L (2009) ‚Something may come through' dimensional ‚doors' at LHC. http://www.theregister.co.uk/2009/11/06/lhc_dimensional_portals/?page=1. Zugegriffen: 10. Okt. 2016

120. Ward M (2015) Cern, the Large Hadron Collider and Bible Prophecy. https://www.raptureready.com/soap2/ward18.html. Zugegriffen: 10. Okt. 2016

121. Snyder M (2015) Occultic CERN: scientist claims Large Hadron Collider may open portal to another dimension. http://thewashingtonstandard.com/occultic-cern-physicist-claims-large-hadron-collider-may-open-portal-to-another-dimension/. Zugegriffen: 10. Okt. 2016

122. Hope JA (2016) Is CERN the new tower of Babel? http://jamieahope.com/is-cern-the-new-tower-of-babel/. Zugegriffen: 10. Okt. 2016

123. Grider G (2015) The Hindu Shiva ‚Dance of Destruction' filmed inside CERN collider. http://www.nowtheendbegins.com/the-hindu-shiva-dance-of-destruction-filmed-inside-cern-collider/. Zugegriffen: 10. Okt. 2016

124. Nate B (2016) CERN bombshell satanic ritual human sacrifice in front of Shiva statue video leaked. https://freedomfightertimes.com/end-times/science/cern/cern-satanic-ritual-sacrifice-video-leaked/. Zugegriffen: 24. Okt. 2016

125. Bridge R (2015) 10 mind-blowing facts about the CERN large collider you need to know. https://www.rt.com/op-edge/313922-cern-collider-hadron-higgs/. Zugegriffen: 10. Okt. 2016

126. Austin J (2016) What is CERN doing? Bizarre clouds over Large Hadron Collider prove portals are opening. http://www.express.co.uk/news/weird/684219/What-is-CERN-doing-Bizarre-clouds-over-Large-Hadron-Collider-prove-portals-are-opening. Zugegriffen: 10. Okt. 2016

127. Austin J (2016) SHOCK CLAIM: Large Hadron Collider ‚shut down after causing massive earthquake'. http://www.express.co.uk/news/weird/693434/SHOCK-CLAIM-Large-Hadron-Collider-shut-down-after-causing-massive-earthquake. Zugegriffen: 10. Okt. 2016

128. Kurz S et al (2000) Accurate calculation of fringe fields in the LHC main dipoles. IEEE Trans Appl Supercond 10(1):85–88

129. Schafii RB (2015) CERN – Das Dimensionstor soll im September hochgefahren werden. https://derhonigmannsagt.wordpress.com/2015/08/12/cern-das-dimensionstor-soll-im-september-hochgefahren-werden/. Zugegriffen: 10. Okt. 2016

130. Walling M (2015) CERN and the war on counsciousness. http://in5d.com/cern-and-the-war-on-consciousness/. Zugegriffen: 10. Okt. 2016

8

Wofür Sie Einstein und Heisenberg garantiert nicht brauchen – Wie Quantenquark entsteht und wie Sie ihn erkennen

In den vergangenen Kapiteln haben wir einen weiten Bogen durch 100 Jahre richtige und falsche Physik geschlagen. Wir haben uns die Grundlagen von Relativitätstheorie und Quantenmechanik angesehen, und wir haben dabei einen relativ ausführlichen Blick auf deren Entstehungsgeschichte geworfen. Wir haben einige der wichtigsten Persönlichkeiten aus der Geschichte dieser Theorien kennengelernt, und hoffentlich sind sie ein bisschen lebendig geworden. Wichtig war das an dieser Stelle vor allem, weil gerade diese Wissenschaftler immer wieder als Beleg für Quantenquark zitiert werden.

Wir haben uns an die vorderste Front der heutigen Forschung begeben und Themen kennengelernt, in denen noch vieles in Bewegung ist. Manche der heutigen Vorstellungen werden sicherlich in einigen Jahren oder Jahrzehnten in den Lehrbüchern angekommen sein – andere werden widerlegt und womöglich schon halb vergessen sein. Im Anschluss daran haben wir uns den zweifelhafteren Konzepten zugewandt: Wissenschaftlern, die sich in bestimmte Vorstellungen verrannt hatten, die Glauben und Wissen verwechselt oder in ihren Aussagen nicht mehr unterschieden haben, ob sie wissenschaftliche Ergebnisse oder ihre persönlichen Spekulationen wiedergeben. Schließlich haben wir uns von einzelnen Quarkstückchen verabschiedet und sind in einige der finstersten Tiefen des Quantenquarks abgetaucht.

© Springer-Verlag GmbH Deutschland, ein Teil von Springer Nature 2019
H. G. Hümmler, *Relativer Quantenquark*, https://doi.org/10.1007/978-3-662-58420-0_8

Kehren wir an dieser Stelle ein letztes Mal zu Herrn Kaufmann aus der Einleitung zurück. Nehmen wir an, Herr Kaufmann weiß, dass es Quantenquark gibt, und er möchte verstehen, wie Quantenquark zustande kommt, welche Mechanismen dabei wirken und welchen Argumentationsmustern er auf den Leim gegangen ist. Wenn Herr Kaufmann ein Seminar belegen könnte unter dem Titel „Quantenquark selbst angerührt", welche Schritte würde er in diesem Seminar lernen?

8.1 Quantenquark selbst angerührt in drei Schritten

Schritt 1

Erwähne eine verblüffende Tatsache aus Relativitätstheorie oder Quantenmechanik:
„In der Relativitätstheorie sind Masse und Energie äquivalent: $E = mc^2$."
„Nach der Quantenmechanik können Teilchen an unterschiedlichen Orten miteinander verschränkt sein."

Ganz am Anfang der Argumentationskette stehen die Punkte, die kritische Leser oder Zuhörer am ehesten versuchen werden, nachzuvollziehen und gegebenenfalls kritisch zu hinterfragen. Auf diesem Schritt gründet die Seriosität aller folgenden Aussagen. Der Quarkproduzent bleibt also zunächst einmal auf dem Boden dessen, was man über Relativitätstheorie oder Quantenmechanik in gängigen populärwissenschaftlichen Darstellungen nachlesen kann. Auf diese Darstellungen kann man verweisen, aber besser noch verwendet man sie, um selbst eine kurze Einführung in die jeweilige Theorie zu geben – das zementiert den eigenen Expertenstatus. Dass man über die Lektüre populärwissenschaftlicher Einführungen hinaus selbst eigentlich keine Ahnung von der Materie hat, fällt normalerweise niemandem auf. Zur Not kann man die eigene Kompetenz noch untermauern, indem man sich auf berühmte Wissenschaftler beruft, aber das ist in diesem Schritt eigentlich noch nicht nötig.

Entscheidend ist, dass im Mittelpunkt eine Aussage steht, die unserer Intuition und Alltagserfahrung widerspricht. Es muss der Eindruck entstehen, dass nach der Relativitätstheorie oder Quantenmechanik alles anders ist, als man nach dem gesunden Menschenverstand annehmen würde. Entsprechende Aussagen finden sich in beiden Theorien reichlich, denn sie beschreiben Dinge, die in unserem Alltag nicht vorkommen, mit denen sich der gesunde Menschenverstand also normalerweise nie beschäftigen muss.

Schritt 2

Verallgemeinere zu einer falschen Aussage, die in einem übertragenen Sinne noch einen wahren Kern enthält:

„Da Masse und Energie äquivalent sind, ist Materie folglich nichts weiter als reine Energie."

„Da auch entfernte Teilchen miteinander verschränkt sind, hängt auf der Welt alles mit allem zusammen."

Das ist ein entscheidender Schritt, weil die Leser oder Zuhörer dazu gebracht werden müssen, einen Gedanken zu akzeptieren, den sie so nicht mehr in seriösen Darstellungen der Physik finden würden. Der gedankliche Sprung von der Aussage aus Schritt 1 sollte also zumindest auf den ersten Blick überschaubar erscheinen. Die Argumentation darf auch noch nicht zu viel Angriffsfläche für kompetente Kritiker enthalten. Kritik der Form „Ich verstehe, was damit gemeint ist, aber das kann man so nicht sagen" ist leichter zu ignorieren als ein klares „Das ist falsch". Eine gewisse Mehrdeutigkeit ist also hilfreich. In irgendeinem Wortsinn hängt ja vielleicht doch alles mit allem zusammen – da wird es schwer, zu erklären, dass das ausgerechnet in der Quantenphysik anders sein soll.

Als Bestätigung für eine solche gewagte Verallgemeinerung empfiehlt es sich, möglichst unangreifbare Autoritäten zu zitieren. Bei Max Planck, Niels Bohr oder Albert Einstein hat man gute Chancen, ein Zitat zu finden, das sich in geeigneter Weise auslegen lässt. Ein Grund dafür ist, dass diese Forscher in einer Zeit gelebt haben, als viele Dinge, die später über Relativitätstheorie und Quantenmechanik klar wurden, noch im Entstehen waren. Wie heutige Wissenschaftler bei ihren aktuellen Themen haben sie spekuliert, haben sich Unklares irgendwie zusammengereimt und damit auch oft genug falsch gelegen. Sie haben in ihrer Zeit wichtige Beiträge zur Entwicklung der heutigen Physik geleistet, und einige ihrer Werke sind bis heute von Bedeutung. Andererseits haben sie selbst einen Grundstein dafür gelegt, dass sich die Wissenschaft auch später noch weiterentwickelt hat, denn das genau ist die Idee von Wissenschaft: niemals stehenzubleiben, kein Wissen als endgültig zu akzeptieren, sondern stets zu hinterfragen und mehr zu entdecken. Ganz realistisch betrachtet lernen Studierende der Physik heute mehr über Quantenphysik als der 1947 verstorbene Max Planck jemals hätte wissen können.

Findet sich bei den Autoritäten der Vergangenheit kein geeignetes Zitat, dann kann man möglicherweise einen der heutigen Spitzenforscher wie zum Beispiel Anton Zeilinger (Abschn. 5.2) entsprechend missverstehen.

Alternativ wird man in Kap. 6 fündig: Viele Äußerungen aus den späteren Lebensjahren von Hans-Peter Dürr sind zwar keine Wissenschaft, aber immerhin war er ein Physiker in einer prominenten Position. Mehr Zitate schinden im Zweifelsfall auch mehr Eindruck.

Wenn alle Stricke reißen und sich überhaupt kein Zitat geeigneter Wissenschaftler finden lässt, muss man improvisieren. Man zitiert einfach einen beliebigen (vorzugsweise männlichen) Esoterikautor, in dessen Texten gelegentlich physikalische Schlagworte vorkommen, und erklärt ihm zum „bekannten Quantenphysiker". Frauen sind hier weniger praktische Pseudoexperten: Inzwischen ist zwar Fabiola Gianotti Generaldirektorin des CERN, und die Teilchenphysikerin Johanna Stachel war 2012 bis 2014 Präsidentin der Deutschen Physikalischen Gesellschaft; wer der Esoterik zuneigt, sucht aber ja eher eine einfache Welt mit traditionellen Rollen, und prominente Physikerinnen fallen immer noch auf. Hier will man ja gerade nicht, dass jemand auf die angebliche Expertin neugierig wird und nachrecherchiert.

Schritt 3

Nimm die Verallgemeinerung wörtlich und definiere die Begriffe so um, wie du sie brauchst:

„Materie ist reine Energie, und diese Energie mobilisieren wir bei der Meditation."

„Da alles mit allem zusammenhängt, funktioniert Quantenheilung auch per Telefon."

Wenn die Zuhörer oder Leser die Verallgemeinerung aus Schritt 2 erst einmal akzeptiert haben, ist der Weg für den Quantenquark frei. Während Fachleute sich weiter darüber den Kopf zerbrechen können, in welchem übertragenen Sinn die dort erfolgte Verallgemeinerung denn gemeint sein könnte, nimmt man sie einfach wörtlich. Natürlich bietet auch das Wörtlichnehmen noch deutlichen Spielraum, denn bei Begriffen wie „groß" oder „entfernt" wird ein Teilchenphysiker an völlig andere Größenordnungen denken als die meisten anderen Menschen. Begriffe wie „Energie" oder „Messung" haben in der Physik sogar genau festgelegte Bedeutungen, über die man beim Quantenquark großzügig hinwegsehen kann. Wenn man nach einem guten Frühstück besonders viel Energie hat, dann wird das schon irgendetwas mit der Energie in Einsteins berühmter Gleichung zu tun haben. Mit ein wenig Übung sind der Kreativität kaum noch Grenzen gesetzt, und man kann fast jeden beliebigen Unsinn mit moderner Physik begründen.

Wichtig ist, an dieser Stelle noch einmal zu betonen, wie sehr die Erkenntnisse von Relativitätstheorie und Quantenmechanik scheinbar dem gesunden Menschenverstand widersprechen. Nur so liefern sie eine gute Rechtfertigung für eigene Behauptungen, die dem gesunden Menschenverstand tatsächlich widersprechen.

Es hilft auch, an dieser Stelle noch einmal zu betonen, welch herausragende Genies die Begründer der modernen Physik wie Einstein, Planck oder Heisenberg gewesen seien. Das verknüpft man mit der Behauptung, sie seien für ihre genialen Erkenntnisse von ihren verbohrten Wissenschaftlerkollegen ausgelacht worden – ob das stimmt, wird ohnehin niemand nachprüfen. Auf jeden Fall kann man dem Publikum so seine eigene Genialität bescheinigen: Schließlich wird man auch selbst von den Wissenschaftlern in ihrer ganzen Wissenschaftsgläubigkeit nicht ernst genommen, ist also ganz offensichtlich ebenso genial wie Einstein.

8.2 Einfache Regeln zum Erkennen von Quantenquark

Dass Herr Kaufmann nun weiß, wie Quantenquark entsteht, heißt noch nicht automatisch, dass er ihn auch erkennen kann. Schließlich sind für ihn als Nichtphysiker die unzulässigen Verallgemeinerungen ebenso wenig offensichtlich wie der falsche Gebrauch von Fachbegriffen. Umgekehrt könnte natürlich auch ein Autor seriöser physikalischer Texte sich auf Zitate von Autoritäten aus der Vergangenheit berufen – auch wenn das nicht unbedingt eine übliche naturwissenschaftliche Argumentationsweise wäre. Wie könnte Herr Kaufmann also auch inhaltlich einschätzen, ob sich eine Behauptung zu Recht oder zu Unrecht auf die moderne Physik beruft? Versuchen wir, einfache Faustregeln zusammenzufassen, die bei einer solchen Einordnung helfen können.

Faustregel 1: Alltagsobjekte

Über Objekte mit den Größen, Energien und Geschwindigkeiten unseres Alltags machen die Quantenmechanik und die Relativitätstheorie praktisch immer die gleichen Aussagen wie die klassische Physik.

Zu den Objekten unseres Alltags zählen in diesem Zusammenhang auch mindestens alle mehrzelligen Lebewesen. Das heißt nicht, dass nicht innerhalb eines Komplexes von Chlorophyllmolekülen in einer Pflanze oder innerhalb einzelner Moleküle unseres Auges möglicherweise Dinge passieren, die im Detail nur mit der Quantenmechanik beschrieben werden können. Es heißt auch nicht, dass nicht ein Astronaut, der von einer sehr langen, schnellen Raumreise zurückkäme, Effekte der Relativitätstheorie wahrnehmen könnte, wenn er eine solche Reise denn überleben würde. Es heißt ebenfalls nicht, dass nicht die Konstrukteure hochempfindlicher technischer Geräte möglicherweise relativistische Einflüsse oder Quanteneffekte berücksichtigen müssen. Mit der tatsächlichen Erfahrungswelt unseres Alltags haben diese Dinge aber eben nichts zu tun.

Die meisten Aussagen von Esoterik und Alternativmedizin beziehen sich aber auf den menschlichen Körper als Ganzes oder zumindest auf Strukturen im Körper, die von der Größe her mit bloßem Auge wahrnehmbar sein sollten. Wie groß ist aber nun der Unterschied zwischen solchen Strukturen und den Größenordnungen, in denen die moderne Physik spürbar andere Aussagen macht als die klassische Physik? Beginnen wir mit der Relativitätstheorie.

Faustregel 2: Objekte, für die die Relativitätstheorie relevant ist

Die Relativitätstheorie würde für ein Objekt dann interessant, wenn es eine dieser Bedingungen erfüllen würde:

- Es hätte eine Geschwindigkeit von mehr als einer Million km/h gegenüber uns auf der Erde.
- Es hätte eine größere Masse als ein typischer Komet, was einem Durchmesser von vielen Kilometern entspräche.
- Es hätte Wahrnehmungs- oder Bewegungsmöglichkeiten, für die Zeiträume von unter einer Milliardstel Sekunde relevant sind.

Wenn nichts davon auf Ihren Körper zutrifft, wovon bei Menschen in der Regel auszugehen ist, können Sie die Relativitätstheorie für Ihren Alltag getrost vergessen.

Wie sieht es im Vergleich dazu mit der Quantenmechanik aus? In Abschn. 5.5 haben wir gesehen, dass es durchaus Quanteneffekte in unserem Körper gibt. Wie müsste unser Körper aussehen, damit es auch Quanteneffekte gäbe, die ihn als Ganzes betreffen?

Faustregel 3: Objekte, für die Quanteneffekte relevant sind

Die Quantenmechanik oder andere Quantentheorien würden für ein Objekt dann relevant, wenn folgende Bedingungen (beide) erfüllt sind:

Es ist vollständig von der Außenwelt abgeschlossen, zum Beispiel in einem lichtdichten Vakuumbehälter oder als einzelnes Teilchen innerhalb eines dafür geeigneten Moleküls.

Wenn es aus mehreren Teilchen besteht, sodass eine Temperatur anzugeben ist, liegt diese Temperatur nahe am absoluten Nullpunkt von –273 °C.

Auch das ist für einen menschlichen Körper und so ziemlich jeden anderen lebenden mehrzelligen Organismus mit großer Sicherheit auszuschließen. Wenn etwas mit Ihrem lebenden Körper geschehen soll, dann muss es also auch mit der ganz normalen klassischen Physik zu erklären sein, die wir alle in der Schule kennengelernt haben. Wer dennoch auf die Quantenmechanik oder die Relativitätstheorie zurückgreift, macht im günstigsten Fall die Dinge komplizierter als sie sein müssten.

Faustregel 4: Achten Sie auf Warnzeichen

Die Aussage, der Beobachter bestimme das Ergebnis, ist im Zusammenhang mit der Physik praktisch ein sicheres Zeichen für Quantenquark. „Alles hängt mit allem zusammen", „Materie existiert nicht" und „Alles besteht aus Wellen/Feldern/Energie" sind zumindest deutliche Indizien, denen eher selten eine vernünftige Aussage folgt. Verweise auf Schrödingers Katze können sich zwar theoretisch auch in seriösem Umfeld finden, aber in der Mehrzahl der Fälle ist auch hier nichts Gutes zu erwarten.

Wenn Sie dieses Buch aufmerksam gelesen haben, könnten Ihnen diese Aussagen im Zusammenhang mit unsinnigen Behauptungen öfter aufgefallen sein. Es gibt gewisse wiederkehrende Behauptungen, mit denen sich Quantenquark-Verbreiter bewusst oder unbewusst immer wieder gegenseitig zitieren. Wenn Sie die Augen offen halten und Ihnen öfter Quantenquark begegnet, werden Ihnen im Laufe der Zeit sicher weitere, solcher Behauptungen auffallen, die auf Quantenquark hindeuten. Die hier genannten Aussagen gehören jedoch aktuell zu den beliebtesten.

Und damit kommen wir zu unserer abschließenden Faustregel:

Faustregel 5: Gesunder Menschenverstand

Klingt etwas zu gut, um wahr zu sein, dann ist es sehr wahrscheinlich auch nicht wahr.

8.3   Diskutieren wir über Quantenquark! Oder lieber nicht?

Jetzt wissen Sie also, was Quantenquark ist. Sie haben gelesen, wie die richtige Relativitätstheorie und die richtige Quantenphysik entstanden sind, warum es sie gibt, und was sie in ihren Grundzügen aussagen. Aber wie reagieren Sie nun, wenn Ihnen Quantenquark begegnet? Ein Produktangebot auf einer zufällig angeklickten Internetseite muss Sie nicht interessieren, aber was ist, wenn ein Mensch, der Ihnen wichtig ist, seine Ersparnisse für ein Tachyonen- oder Biophotonen-Produkt ausgeben möchte? Eine Werbeanzeige in einer Zeitschrift im Wartezimmer können Sie möglicherweise ignorieren, aber was ist, wenn Ihr Arzt Ihnen unter Verweis auf die Quantenphysik eine fragwürdige Therapie empfiehlt? Ein Professor an irgendeiner Fachhochschule, der die Relativitätstheorie oder den Energieerhaltungssatz widerlegt haben möchte, kann Ihnen egal sein, aber wenn bei einer Familienfeier jemand am Tisch sitzt, der Ihnen beweisen möchte, dass Einstein Unrecht hatte, wird es schwierig.

Quantenquark kann einem nicht in allen Fällen einfach egal sein. Oft genug hat man den Drang, solchen Äußerungen entgegenzutreten, und mit diesem Buch sollten Sie dafür zumindest in den Grundlagen ganz gut gerüstet sein. Aber wollen Sie das eigentlich? Sollten Sie? Und wenn ja, wie gehen Sie dabei argumentativ am besten vor? Nehmen Sie sich abschließend ein paar Tipps mit auf den Weg für Ihre nächste Begegnung mit Quantenquark:

> **Tipp 1: Erwarten Sie nicht, dass Sie jemanden überzeugen können.**

Ja, das ist ernüchternd, und es stellt die ganze Diskussion auch irgendwie infrage, oder? Wer offensiv esoterische Heilslehren, Verschwörungstheorien oder eben auch Quantenquark verbreitet, ist aber in der Regel gar nicht an einer ernsthaften Diskussion interessiert, sondern allenfalls daran, andere zu belehren. Das ist auch keine Frage Ihrer persönlichen Kompetenz oder Qualifikation. Sollten Sie zufällig eine Doktorarbeit in Quantenfeldtheorie geschrieben haben oder den heiligen Gral der Teilchenphysiker (eine unbefristete wissenschaftliche Stelle am CERN) ihr Eigen nennen, dann sind Sie eben zu sehr in der „alten Physik" verhaftet und können die „neue Physik" gar nicht verstehen.

Es gibt eine ganze Anzahl psychologisch gut erforschter Mechanismen, die dafür sorgen, dass jemand, der wirklich von etwas überzeugt ist, nur sehr schwer für das Gegenteil erwärmt werden kann. Seine Überzeugung ändern kann man nur selbst, und das tut man in der Regel in einem längeren Prozess und aufgrund von Informationen, die man zumindest meint, sich selbst gesucht zu haben.

Ein solches offensiv-belehrendes Verbreiten von Quantenquark durch einen überzeugten Anhänger ist eine grundsätzlich andere Situation als die Frage „Ich habe da etwas gelesen… meinst du, da ist etwas dran?". Im letzteren Fall wird das Gegenüber in der Regel eher dankbar sein für eine kurze Einschätzung und ein paar Leseempfehlungen. Die beiden Situationen sind aber in der Regel schon im Ansatz leicht zu unterscheiden.

> **Tipp 2: Lassen Sie Unsinn nicht unwidersprochen.**

Das scheint dem ersten Tipp irgendwie zu widersprechen, aber auch das gilt für Quantenquark genauso wie für andere esoterische oder verschwörungstheoretische Ideen. Der Adressat ist nämlich in der Regel nicht die Person, mit der man diskutiert, sondern die Zuhörer oder Mitleser. Bleiben fragwürdige Aussagen unwidersprochen stehen, dann erhalten Sie bei diesen auf den ersten Blick Unbeteiligten allein dadurch eine gewisse Glaubwürdigkeit – vor allem, wenn das wiederholt passiert. Aus genau diesem Grund waren auch zum Beispiel die Talkshowauftritte von Hans-Peter Dürr, regelmäßig als einzigem Physiker, so schädlich.

Zu widersprechen heißt aber nicht, dass Sie sich automatisch auf endlose Diskussionen einlassen müssen. Denen will das Publikum nämlich in der Regel gar nicht mehr folgen. Wichtig ist nur, dass deutlich wird, dass es einen Widerspruch gibt, zu dem ernst zu nehmende Argumente oder seriöse Quellen existieren. Mehr kann man oft nicht erreichen – aber mit weniger sollte man sich auch nicht zufriedengeben.

> **Tipp 3: Vergewissern Sie sich über die gemeinsame Basis.**

Es gibt wenig Ermüdenderes als Naturwissenschaftler, die mit Geisteswissenschaftlern stundenlang über einzelne Fakten diskutieren, ohne zu merken, dass beide völlig unterschiedliche Vorstellungen davon haben, was Fakten eigentlich sind.

Sich einer gemeinsamen Basis zu vergewissern bedeutet nicht, dass man sich am Ende doch irgendwie einig werden müsste – es bedeutet, sich klarzumachen, wo man argumentativ überhaupt anfangen kann. Wer die Bibel als einzige, ultimative Wahrheit anerkennt, mit dem erübrigt sich jede Diskussion über archäologische Funde in Jerusalem, weil er nie bereit sein wird, diese anders als im Sinne der Bibel anzuerkennen.

Wer davon überzeugt ist, dass alle Menschen in einem Weltgeist miteinander verbunden sind, und wer bereit ist, dafür die Grundsätze wissenschaftlichen Denkens aus Kap. 4 über Bord zu werfen, mit dem hat es keinen Sinn, über Details des Eintretens von Dekohärenz bei der Quantenverschränkung zu diskutieren. Hier muss es vielmehr darum gehen, herauszuarbeiten, dass ein solches Denken möglicherweise auf einer metaphorischen oder ideellen Ebene eine gewisse Berechtigung haben, sich aber eben nicht auf die Physik oder eine andere Naturwissenschaft berufen kann. Dann erst kann man darüber sprechen, ob es legitim ist, die moderne Physik als Steinbruch für willkürliche Neudefinitionen von Begriffen wie „Verschränkung", „Quantenfeld" oder „Nullpunktsenergie" zu missbrauchen.

> **Tipp 4: Springen Sie nicht über jedes Stöckchen.**

Wer einen Begriff oder ein Phänomen aus der modernen Physik so zurechtbiegt, dass es zu seinen abstrusen Thesen passt, wird das ganz einfach auch mit weiteren solchen Begriffen tun können – und zwar sehr viel schneller, als das selbst kompetenteste Fachleute widerlegen können. Lassen Sie sich nicht in endlose Diskussionen über ein pseudophysikalisches Konzept nach dem nächsten ein.

Arbeiten Sie ein möglichst zentrales Argument aus dem Quantenquark heraus und machen Sie darin einen entscheidenden Denkfehler deutlich. Meistens ist das Vernachlässigen der Grenzen von Quanteneffekten durch Dekohärenz ein guter Anfang. Wenn Sie diesen Punkt deutlich gemacht haben und es Ihnen immer noch Spaß macht, können Sie natürlich auch noch auf weitere Argumente einsteigen – aber nur dann.

> **Tipp 5: Sie müssen nicht alles allein machen.**

Als naturwissenschaftlicher Laie hat man gegenüber Dritten nicht unbedingt immer einen leichten Stand, wenn man sich an vermeintlichen Kapazitäten wie Hans-Peter Dürr, aus dem Zusammenhang gerissenen Zitaten von Pionieren wie Planck oder Heisenberg oder auch nur an wissenschaftlichen Außenseitern wie Burkhard Heim abarbeitet. Und auch nach der Lektüre von Kap. 2 ist es vermutlich relativ mühevoll, jemandem die Grundlagen der Relativitätstheorie zu erklären, nur um zu verdeutlichen, dass daraus nicht hervorgeht, dass jede subjektive Sicht der Welt gleichermaßen richtig ist.

Glücklicherweise muss man das alles nicht selbst tun, und es ist völlig legitim, eine klare Aussage zu formulieren und als Beleg auf entsprechende Informationen in Büchern oder Internetseiten zu verweisen, sofern man davon ausgehen kann, dass diese für die angesprochene Person zugänglich und verständlich sind. Während es schwierig ist, umfassende Darstellungen zu Quantenquark zu finden (deshalb ist dieses Buch ja entstanden), gibt es gerade online durchaus kritische Auseinandersetzungen mit diversen Einzelaspekten von esoterischem Unsinn und Geschäftemacherei bis hin zu verständlichen Erklärungen der richtigen modernen Physik – und das in ganz unterschiedlichen Formaten. Esoterikkritisches in Schriftform gibt es online umfassend auf Portalen wie gwup.org oder psiram.com und nach Themen in einer Vielzahl skeptischer Einzelblogs. Dazu gehört auch quantenquark.com, wo Themen behandelt sind, die nicht mehr in dieses Buch hineingepasst haben oder irgendwann aktuell aufgetaucht sind. Erklärungen zur Physik und immer wieder auch zu einzelnen Aspekten von Quantenquark, dargestellt von engagierten Autoren aus dem jeweiligen Fach, sind in entsprechenden Rubriken auf Blogportalen wie *Scilogs* oder *Scienceblogs* nachzulesen. Zum Hören als Podcast gibt es Skeptisches bei *Hoaxilla*, bei *Nachgefragt* oder auf Englisch in *Skeptoid* oder dem *Skeptics' Guide to the Universe*, Physik zum Beispiel bei *Methodisch Inkorrekt*. Als Video finden sich gute, verständliche Darstellungen zur Physik zum Beispiel von Harald Lesch oder sehr kurz zusammengefasst von *100 Sekunden Physik*, auf Englisch bei *Space Time* von PBS. Verständliche Darstellungen zur Physik und eine klare Abgrenzung zu pseudophysikalischem Unsinn kommt auch aus der Öffentlichkeitsarbeit einiger renommierter Institute, zum Beispiel von Florian Aigner an der TU Wien oder Markus Pössel am Haus der Astronomie in Heidelberg. Darüber hinaus sind zu entsprechend kritischen Themen in den klassischen Medien die Wissenschaftsteile in der Regel weitaus sachlicher und kompetenter als was sich in Rubriken wie „Vermischtes" oder „Gesundheit" findet.

Und bevor Sie sich jetzt gleich in die erste Diskussion stürzen, werfen Sie noch einmal schnell einen Blick auf Tipp 1…

Anhang A: Lorentz-Transformation in einfachen Formeln

Wir beschreiben die drei Dimensionen des Raums durch ein Koordinatensystem mit den Achsen x, y und z und der Zeit t (Abb. A.1). Nach der Vorstellung von Lorentz würde der Beobachter in diesem Koordinatensystem im Äther stillstehen. Er könnte darin also die tatsächlichen Werte in Raum und Zeit messen. Ein zweites Koordinatensystem beschreibt die Messungen eines Beobachters, der sich entlang der x-Achse mit der Geschwindigkeit v bewegt. Wir bezeichnen die Achsen des bewegten Koordinatensystems als x', y' und z' und die darin gemessenen Zeiten als t'.

Jetzt wollen wir Messungen, die in einem Koordinatensystem gemacht werden, in das andere umrechnen. Nach dieser Transformation, von Galilei entwickelt, rechnen sich die Koordinaten sehr einfach um:

$$x' = x - vt \tag{1}$$

$$y' = y$$

$$z' = z$$

$$t' = t.$$

Da die Bewegung nur in x-Richtung stattfindet, muss nur die x-Koordinate umgerechnet werden; alle anderen und auch die Zeit bleiben gleich. Das ist die Umrechnung, die uns schon im Beispiel mit den Autos ganz alltäglich vorgekommen ist. Problematisch wird es, wenn beide Beobachter die Lichtgeschwindigkeit c messen wollen. Beide messen also den Weg x, den das

© Springer-Verlag GmbH Deutschland, ein Teil von Springer Nature 2019
H. G. Hümmler, *Relativer Quantenquark*, https://doi.org/10.1007/978-3-662-58420-0

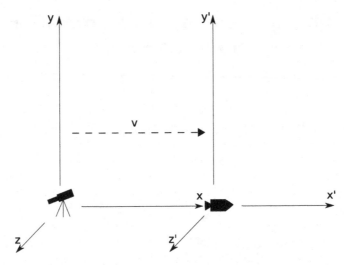

Abb. A.1   Das Koordinatensystem mit den Achsen x', y' und z' (symbolisiert durch das fliegende Raumschiff) bewegt sich gegenüber dem System x, y, z (symbolisiert durch das stehende Teleskop) mit der Geschwindigkeit des Raumschiffs, bezeichnet als v

Licht in der Zeit t zurücklegt. Der Beobachter im ersten Koordinatensystem misst:

$$\frac{x}{t} = c.$$

Der zweite Beobachter misst aber seine transformierten Koordinaten x' und t', und Einsetzen der Transformation von oben ergibt:

$$\frac{x'}{t'} = \frac{x - vt}{t} = \frac{x}{t} - \frac{vt}{t} = c - v.$$

Der bewegte Beobachter sollte also einen von c gerade um seine eigene Geschwindigkeit abweichenden Wert messen – genau wie Michelson in seinem Experiment erwartet hatte. Nach Michelsons Ergebnis müsste im bewegten System der Wert von c gleich sein, also der Weg x' geteilt durch die Zeit t' wieder einfach c ergeben. Um die experimentellen Ergebnisse zu erklären, musste Lorentz die Transformationsformeln erweitern. Die Grundidee dieser Erweiterung ist in Abb. A.2 am Beispiel der sogenannten Lichtuhr dargestellt.

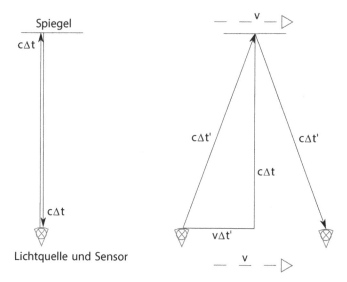

Abb. A.2 Idee der sogenannten Lichtuhr. Eine Messapparatur aus einer Lichtquelle und einem Sensor sendet ein Signal zu einem entfernten Spiegel und misst die Laufzeit bis zu dessen Rückkehr als eine Zeiteinheit. Steht diese Lichtuhr still (links in der Abbildung), dann legt das Licht für einen Umlauf zweimal die Strecke $c\Delta t$ zurück. Bewegt sich die komplette Apparatur samt Spiegel quer zur Ausbreitungsrichtung des Lichts mit der Geschwindigkeit v (rechts in der Abbildung), dann nimmt das Licht aber zweimal die längere Strecke $c\Delta t'$. Wenn die Lichtgeschwindigkeit unverändert ist, dann vergeht aus der Sicht eines ruhenden Beobachters mehr Zeit, bis das Licht in der bewegten Lichtuhr einen kompletten Umlauf absolviert hat. Die Zeit vergeht für die bewegte Lichtuhr also langsamer als für den ruhenden Beobachter

In der Abbildung bilden die dargestellten Strecken ein rechtwinkliges Dreieck, dessen Seitenlängen über den Satz des Pythagoras verknüpft sind:

$$\left(v\Delta t'\right)^2 + (c\Delta t)^2 = \left(c\Delta t'\right)^2.$$

Löst man diese Gleichung nach $\Delta t'$ auf, erhält man:

$$\Delta t' = \Delta t \frac{1}{\sqrt{1 - \frac{v^2}{c^2}}}.$$

Dieser Effekt, dass, aus dem ruhenden System betrachtet, eine bewegte Uhr für die gleiche Zeitmessung einen längeren Zeitraum braucht, wird auch als Zeitdilatation bezeichnet. Der komplette Bruch mit der Wurzel im Nenner wird auch Lorentz-Faktor genannt. Der gleiche Lorentz-Faktor kommt ins Spiel, wenn man Längen in Bewegungsrichtung anstelle von Zeitdifferenzen betrachtet, und führt dort zur sogenannten Längenkontraktion: Ein bewegtes Objekt erscheint für einen ruhenden Beobachter in Bewegungsrichtung verkürzt.

Betrachtet man anstelle von Zeitdifferenzen und Längen absolute Zeitpunkte und Orte, dann muss noch der direkte Effekt der Bewegung im Zähler berücksichtigt werden, und man kommt zur vollständigen Lorentz-Transformation:

$$x' = \frac{x - vt}{\sqrt{1 - \frac{v^2}{t^2}}} \tag{2}$$

$$t' = \frac{t - \frac{vx}{c^2}}{\sqrt{1 - \frac{v^2}{c^2}}}.$$

Die beiden anderen Dimensionen y und z bleiben unverändert. Das vx/c^2 im Zähler der Zeittransformation fügte Lorentz als Erstes in die ursprüngliche Galilei-Transformation ein, um die Formeln an die Veränderungen der Lichtgeschwindigkeit in bewegter dichter Materie anzupassen, die zum Beispiel Fizeau gemessen hatte (Lorentz HA (1895) Versuch einer Theorie der electrischen und optischen Erscheinungen in bewegten Körpern. E. J. Brill, Leiden). Die Lorentz-Faktoren für Zeit und Ort kamen später hinzu, um auch das Michelson-Morley-Experiment erklären zu können.

Aus diesen Formeln lassen sich einige wichtige Eigenschaften der Lorentz-Transformation ableiten. Als Erstes betrachten wir, wie schon bei der Galilei-Transformation, wie sich die Messung der Lichtgeschwindigkeit aus einer vom Licht zurückgelegten Strecke x und der Zeit t in die transformierten Koordinaten umrechnet. Für die Koordinaten x' und t' ergibt sich:

$$\frac{x'}{t'} = \frac{\frac{x-vt}{\sqrt{1-\left(\frac{v^2}{c^2}\right)}}}{\frac{t-\frac{vx}{c^2}}{\sqrt{1-\left(\frac{v^2}{c^2}\right)}}}.$$

Das sieht relativ wüst aus, aber die beiden Wurzeln lassen sich erfreulicherweise gegeneinander kürzen. Außerdem können wir x durch ct ersetzen, denn c wird ja als x geteilt durch t gemessen:

$$\frac{x'}{t'} = \frac{ct - vt}{t - \frac{vct}{c^2}}.$$

Multipliziert man jetzt noch Zähler und Nenner des Bruchs mit c, erhält man:

$$\frac{x'}{t'} = \frac{c(ct - vt)}{ct - vt} = c.$$

Der Beobachter im bewegten Koordinatensystem misst also den gleichen Wert c für die Lichtgeschwindigkeit, der auch im ruhenden Koordinatensystem gemessen wird, und zwar völlig unabhängig von seiner eigenen Geschwindigkeit.

Wir können aber aus den Formeln noch mehr Zusammenhänge der Lorentz-Transformation ableiten. Nehmen wir zum Beispiel an, der Beobachter bewege sich schneller als das Licht. In diesem Fall, also v größer als c, wird in der Berechnung von x' und t' jeweils der Wert unter der Wurzel negativ. In der Welt der realen Zahlen ist aber die Wurzel aus einer negativen Zahl nicht definiert. Für einen solchen Beobachter ließen sich also weder Ort noch Zeit als reale Zahlen berechnen.

Ein Beobachter, der sich genau mit Lichtgeschwindigkeit bewegt, führt ebenfalls zu unsinnigen Ergebnissen: In diesem Fall wären die Terme unter der Wurzel null, sodass die Transformationen von Ort und Zeit beide eine Division durch null enthielten. Für diesen Fall lässt sich die Lorentz-Transformation also ebenfalls nicht berechnen.

Interessant ist auch, was passiert, wenn die Geschwindigkeit des Beobachters viel kleiner ist als die Lichtgeschwindigkeit. Je kleiner v im Vergleich zu c wird, desto mehr nähert sich der Wert der Wurzel der Zahl 1 an. Gleichzeitig wird das vx/c^2 im Zähler der Zeittransformation immer kleiner. Betrachtet man den Extremfall und setzt für die Wurzel 1 und für vx/c^2 0 ein, dann unterscheidet sich die Lorentz-Transformation nicht von der klassischen Galilei-Transformation. Anders gesagt: Sobald alle betrachteten Geschwindigkeiten hinreichend klein im Vergleich zur Lichtgeschwindigkeit sind, stimmt wieder die klassische Physik samt Galilei-Transformation, und die Welt ist wieder in Ordnung. Kompliziert wird es nur, wenn man die Lichtgeschwindigkeit betrachtet – oder andere Geschwindigkeiten, die in ihre Nähe kommen.

Stichwortverzeichnis

Springer

Willkommen zu den Springer Alerts

- Unser Neuerscheinungs-Service für Sie:
  aktuell *** kostenlos *** passgenau *** flexibel

Springer veröffentlicht mehr als 5.500 wissenschaftliche Bücher jährlich in gedruckter Form. Mehr als 2.200 englischsprachige Zeitschriften und mehr als 120.000 eBooks und Referenzwerke sind auf unserer Online Plattform SpringerLink verfügbar. Seit seiner Gründung 1842 arbeitet Springer weltweit mit den hervorragendsten und anerkanntesten Wissenschaftlern zusammen, eine Partnerschaft, die auf Offenheit und gegenseitigem Vertrauen beruht.

Die SpringerAlerts sind der beste Weg, um über Neuentwicklungen im eigenen Fachgebiet auf dem Laufenden zu sein. Sie sind der/die Erste, der/die über neu erschienene Bücher informiert ist oder das Inhalts-verzeichnis des neuesten Zeitschriftenheftes erhält. Unser Service ist kostenlos, schnell und vor allem flexibel. Passen Sie die SpringerAlerts genau an Ihre Interessen und Ihren Bedarf an, um nur diejenigen Informa-tion zu erhalten, die Sie wirklich benötigen.

Mehr Infos unter: springer.com/alert

Printed in the United States
By Bookmasters

Algorithmische Informationstheorie

Kurt-Ulrich Witt · Martin Eric Müller

Algorithmische Informationstheorie

Berechenbarkeit und Komplexität verstehen

 Springer Spektrum

Kurt-Ulrich Witt
Fachbereich Informatik
Hochschule Bonn-Rhein-Sieg
Sankt Augustin, Deutschland

Martin Eric Müller
Fachbereich Informatik
Hochschule Bonn-Rhein-Sieg
Sankt Augustin, Deutschland

ISBN 978-3-662-61693-2   ISBN 978-3-662-61694-9   (eBook)
https://doi.org/10.1007/978-3-662-61694-9

Die Deutsche Nationalbibliothek verzeichnet diese Publikation in der Deutschen Nationalbibliografie;
detaillierte bibliografische Daten sind im Internet über http://dnb.d-nb.de abrufbar.

Planung und Lektorat: Iris Ruhmann
Springer Spektrum ist ein Imprint der eingetragenen Gesellschaft Springer-Verlag GmbH, DE und ist ein
Teil von Springer Nature.
Die Anschrift der Gesellschaft ist: Heidelberger Platz 3, 14197 Berlin, Germany

Vorwort

Unser *Informationszeitalter* mit der zunehmenden *Digitalisierung* von Informationen und deren Verarbeitung und Verbreitung verlangen *effektive* und *effiziente* Konzepte, Methoden, Techniken und Verfahren für die Speicherung, Übertragung und Analyse von Daten. *Effektivität* bedeutet, dass *Algorithmen* zur Verfügung stehen, mit denen diese Verfahren implementiert werden können. *Effizienz* bedeutet, dass die Ausführungszeit der Algorithmen möglichst optimal ist und für die Speicherung und Übertragung der Daten möglichst wenig Platz benötigt wird.

Dieses Lehrbuch gibt eine *Einführung in die theoretischen Grundlagen der Algorithmischen Informationstheorie*, in der die oben genannten Aspekte *Algorithmen*, *Laufzeit-Komplexität* und *Informationskomplexität* eine wesentliche Rolle spielen.

Zumeist werden Kernthemen zu *Grundlagen der Theoretischen Informatik* und zur *Berechenbarkeits- und Komplexitätstheorie* sowie weiterführende Veranstaltungen zur *Algorithmischen Informationstheorie* in den Curricula und in der Literatur getrennt betrachtet. All diese Aspekte sind jedoch eng miteinander verknüpft, und dass man sie häufig getrennt betrachtet, ist lediglich der Tradition geschuldet. Wir sehen es jedoch als sinnvoll an, den inhaltlichen Zusammenhang auch vereinheitlicht im textuellen Zusammenhang darzustellen.

Dazu ist zwar für einführende Veranstaltungen ein unter Umständen etwas höherer Anspruch an die formal präzise mathematische Darstellung notwendig – umgekehrt ermöglicht gerade das in Verbindung mit den Konzepten der algorithmischen Informationstheorie ein der Zeit angepasstes Verständnis der theoretischen Konzepte.

Insofern richten wir uns insbesondere an *Studierende in mathematisch-theoretisch ausgerichteten Studiengängen*; sie werden durch das Buch auf das weitere Studium und Tätigkeiten in Forschung und Entwicklung vorbereitet.

Wir integrieren bisher getrennt behandelte, aber zusammengehörende Inhalte in konsistenten Darstellungen, wobei wir die Konzepte aus den verschiedenen Blickrichtungen zur Vereinheitlichung, Vereinfachung und Verdeutlichung wechselseitig nutzen. Wir möchten zum Ausdruck bringen, dass *Informatik* die Wissenschaft von der *algorithmischen Informationsverarbeitung* ist, die auf theoretischen Konzepten für Algorithmen und deren Komplexität sowie auf theoretischen Konzepten für die Beschreibung der Komplexität von Informationsdarstellungen beruhen.

Das Buch richtet sich an *Studierende in Mathematik- und Informatik-Studiengängen*. Es ist als Begleitlektüre zu entsprechenden Lehrveranstaltungen an Hochschulen aller Art und insbesondere zum *Selbststudium* geeignet. Jedes Kapitel beginnt mit einer seinen Inhalt motivierenden Einleitung. Zusammenfassungen am Ende von Kapiteln bieten Gelegenheit, den Stoff zu reflektieren. Die meisten Beweise sind vergleichsweise ausführlich und mit Querverweisen versehen, aus denen Zusammenhänge hervorgehen. Eingestreut sind Beispiele und Aufgaben, deren Bearbeitung zur Festigung des Wissens und zum Einüben der dargestellten Methoden und Verfahren dient. Zu fast allen Aufgaben sind am Ende des Buches oder im Text Musterlösungen aufgeführt. Die Aufgaben und Lösungen sind als integraler Bestandteil des Buches konzipiert.

Das Schreiben und Publizieren eines solchen Buches ist nicht möglich ohne die Hilfe und Unterstützung vieler Personen, von denen wir an dieser Stelle allerdings nur einige nennen können: Als erstes möchten wir die Autoren der Publikationen erwähnen, die im Literaturverzeichnis aufgeführt sind. Alle dort aufgeführten Werke haben wir für den einen oder anderen Aspekt verwendet. Wir können sie allesamt für weitere ergänzende Studien empfehlen. Zu Dank verpflichtet sind wir Linda Koine, Oliver Lanzerath und Dominic Witt für ihre Hinweise, die an vielen Stellen zu einer präziseren und lesbareren Darstellung geführt haben. Trotz dieser Unterstützung wird das Buch Fehler und Unzulänglichkeiten enthalten. Diese verantworten wir allein – für Hinweise zu ihrer Beseitigung sind wir dankbar.

Die Publikation eines Buches ist auch nicht möglich ohne einen Verlag, der es herausgibt. Wir danken dem Springer-Verlag für die Bereitschaft zur Publikation und insbesondere Frau Ruhmann und Frau Groth für ihre Ermunterung zur und ihre Unterstützung bei der Publikation des Buches.

Bedburg und Sankt Augustin, im März 2020

K.-U. Witt und M. E. Müller

Inhaltsverzeichnis

Kapitel 1

Einführung und Übersicht

Endliche Bitfolgen, also Zeichenfolgen, die aus Nullen und Einsen bestehen, sind *die* Datenstruktur zur logischen Repräsentation von Informationen in der Informations- und Kommunikationstechnologie. Auf der Anwendungsebene können sie – geeignet decodiert – z. B. Texte, Grafiken, Bilder, Musik oder Videos darstellen; auf der technischen Ebene wird ihre Speicherung und Übertragung elektrotechnisch realisiert. Wir werden fast ausschließlich die logische Ebene, d. h. Bitfolgen betrachten.

Die Datenübertragung spielte schon vor Beginn des Computerzeitalters Ende der fünfziger und Anfang der sechziger Jahre des letzten Jahrhunderts eine wichtige Rolle in der Telekommunikation, z. B. bei der Übertragung von Sprache beim Telefonieren sowie bei der Übertragung von Radio- und Fernsehsignalen. Dabei wurden zu dieser Zeit die Signale *analog* übertragen, d. h., ein elektrisches Signal stellte keinen eindeutigen Wert dar, sondern im Prinzip unendlich viele Werte aus einem Intervall.

Im Hinblick auf die Qualität und die Effizienz der Datenübertragung standen u. a. die folgenden zwei wichtigen Problemstellungen zur Lösung an:

- **Fehlertoleranz:** Wie kann auf der Empfängerseite festgestellt werden, ob Signale bei der Übertragung verfälscht wurden? In der Nachrichtentechnik werden solche Phänomene als **Rauschen** bezeichnet. In der digitalen Datenübertragung, bei der jedes Signal eindeutig einem von zwei Werten, dargestellt durch 0 und 1, zugeordnet werden kann, bedeutet Rauschen das Auftreten von Bitfehlern, d. h. das Kippen von Bits: Eine gesendete Eins wird zur Null oder eine gesendete Null wird zur Eins verfälscht. Auch das Zerstören von Bits, z. B. durch Kratzer auf einer DVD, stellt eine Fehlersituation dar.

- **Effizienz:** Wie viele Bits sind ausreichend, um eine Information zu übertragen oder zu speichern? Bei dieser Frage geht es um Methoden und Verfahren zur **Datenkompression**: Wie weit kann eine Bitfolge ohne Informationsverlust komprimiert werden?

© Springer-Verlag GmbH Deutschland, ein Teil von Springer Nature 2020
K.-U. Witt und M. E. Müller, *Algorithmische Informationstheorie*,
https://doi.org/10.1007/978-3-662-61694-9_1

1.1   Informationskomplexität

Mit der Lösung dieser beiden Problemstellungen befassen sich die *Codierungstheorie* und die *Informationstheorie*, als deren Pioniere Richard Hamming[1] und Claude Shannon[2] gelten.

Mithilfe mathematischer Konzepte und Methoden aus der *Linearen Algebra und der Zahlentheorie* können fehlertolerante Codierungsverfahren entwickelt werden. Solche Verfahren erkennen Fehler und können diese möglicherweise sogar korrigieren, d. h. auf der Empfängerseite kann erkannt werden, ob Bits verfälscht wurden, bzw. es kann sogar erkannt werden, welche Bits gekippt sind, die dann korrigiert werden können. Notwendig dafür ist, dass einer (zu sendenden) Bitfolge sogenannte *redundante* Bits hinzugefügt werden, die dann die Fehlertoleranz ermöglichen. Das bedeutet, dass der eigentlich zu übertragende Datenstrom ergänzt werden muss, um Fehlererkennung und -korrektur zu realisieren.

Eine zentrale Fragestellung der Informationstheorie ist, inwieweit ein Datenstrom komprimiert werden kann, ohne dass die Information, die er codiert, verfälscht wird. Im Gegensatz zur fehlertoleranten Codierung, bei der Redundanz von essentieller Bedeutung ist, strebt die Informationstheorie also gerade das Gegenteil an, nämlich die Verkürzung von Codierungen: Wie lang muss eine Bitfolge mindestens sein, um eine Information zu übertragen oder zu speichern?

Dazu benötigt man ein Maß, mit dem der Informationsgehalt eines Datenstroms gemessen werden kann. Ein solches Maß hat Claude Shannon mit der **Entropie einer Informationsquelle** eingeführt. Eine Quelle Q von Datenströmen besteht aus Symbolen der Menge $A_Q = \{a_1, a_1, \ldots, a_N\}$, die mit den unabhängigen Wahrscheinlichkeiten p_i auftreten (Quellen mit unabhängigen Wahrscheinlichkeiten für das Auftreten der Symbole werden gedächtnislos genannt). Eine kompakte Darstellung einer solchen Quelle ist die Folgende:

$$Q = \begin{pmatrix} a_1 & a_2 & \ldots & a_N \\ p_1 & p_2 & \ldots & p_N \end{pmatrix}$$

Dabei ist $p_i > 0$ und $\sum_{i=1}^{N} p_i = 1$. Je niedriger p_i ist, um so höher ist der Informationsgehalt der Nachricht a_i. Nachrichten, die mit hoher Wahrscheinlichkeit auftreten, tragen wenig Information, denn ihr Auftreten ist nicht unerwartet; sie haben also keinen besonderen Neuigkeitswert. Eine mathematische Modellierung dieser Annahmen führt zur Definition des Informationsgehalts

$$I(a_i) = -\log p_i \tag{1.1}$$

---

[1]Richard Hamming (1915–1998), amerikanischer Mathematiker und Ingenieur, entwickelte die Grundlagen für fehlertolerante Codes. Außerdem leistete er u. a. Beiträge zur numerischen Analysis und zur Lösung von Differentialgleichungen, und er war an der Entwicklung der ersten IBM 650-Rechner beteiligt.

[2]Claude E. Shannon (1916–2001) war ein amerikanischer Mathematiker und Elektrotechniker, der 1948 mit seiner Arbeit *A Mathematical Theory of Communication* die Informationstheorie begründete. Shannon war vielseitig interessiert und begabt. So lieferte er unter anderem beachtete Beiträge zur Booleschen Algebra; er beschäftigte sich mit dem Bau von Schachcomputern und der Entwicklung von Schachprogrammen, und er lieferte Beiträge zur Lösung wirtschaftswissenschaftlicher Probleme.

des Nachrichtensymbols a_i. Die Entropie von Q

$$H(Q) = -\sum_{i=1}^{N} p_i \log p_i \qquad (1.2)$$

gibt ihren mittleren Informationsgehalt an.

Die Symbole von A_Q müssen jetzt zur Speicherung auf Datenträgern oder zur digitalen Übertragung durch Bitfolgen codiert werden. Eine Bitfolge besteht aus Nullen und Einsen, kann also als Wort über dem Alphabet $\mathbb{B} = \{0, 1\}$ betrachtet werden. Wenn wir mit $\mathbb{B}^*$ die Menge aller endlichen Bitfolgen bezeichnen, kann eine Codierung von A_Q durch eine Abbildung $c : A_Q \to \mathbb{B}^*$ beschrieben werden. Diese Abbildung sollte injektiv sein, damit eine eindeutige Decodierung der Codewörter möglich ist. Sei A_Q^* die Menge aller endlichen Datenströme, die über A_Q gebildet werden können. Wir erweitern c zur Codierung von Datenströmen zur Abbildung $c^* : A_Q^* \to \mathbb{B}^*$, definiert durch

$$c^*(a_1 a_2 \ldots a_k) = c(a_1) c(a_2) \ldots c(a_k).$$

Damit auch die Decodierung von Datenströmen eindeutig ist, muss die Menge $c(A_Q)$ der Codewörter präfixfrei sein, d. h. für alle Symbole $a, a' \in A_Q$, $a \neq a'$, muss gelten, dass $c(a)$ kein Präfix von $c(a')$ ist. Das folgende einfache Beispiel zeigt, dass die Präfixfreiheit für die eindeutige Decodierung von Datenströmen erforderlich ist. Sei z. B. $c(a) = 11$ und $c(a') = 111$, dann gilt

$$c^*(aa') = c(a)c(a') = 11\,111 = 111\,11 = c(a')c(a).$$

Die Bitfolge 11111 kann also die Codierung von aa' oder die Codierung von $a'a$ sein.

Es stellt sich jetzt die Frage nach einer optimalen präfixfreien Codierung von A_Q. Optimal soll bedeuten, dass die mittlere Codewortlänge minimal ist. Sei $|x|$ die Länge der Bitfolge $x \in \mathbb{B}^*$, dann ist $\ell_c(Q) = \sum_{i=1}^{N} p_i |c(a_i)|$ die mittlere Codewortlänge der Codierung c von A_Q, und

$$\overline{\ell}(Q) = \min \{\ell_c(Q) \mid c \text{ ist präfixfreie Codierung von } A_Q\}$$

ist die minimale mittlere Codewortlänge zur präfixfreien Codierung von A_Q. Es kann gezeigt werden, dass

$$H(Q) \leq \overline{\ell}(Q) < H(Q) + 1$$

gilt. Der Aufwand für eine optimale präfixfreie Codierung einer gedächtnislosen Quelle entspricht quasi deren Entropie. Ein Verfahren, mit dem zu jeder solchen Quelle ein optimaler Code bestimmt werden kann, ist die Huffman-Codierung.[3]

Wesentlich für die Möglichkeiten zur Kompression von Datenströmen einer Quelle sind die Wahrscheinlichkeiten für das Auftreten der Quellensymbole. Völlig unberücksichtigt bleibt dabei die Struktur der Codewörter. Tritt z. B. ein Codewort auf,

---

[3]David A. Huffman (1925–1999) war ein amerikanischer Informatiker, der 1953 in einer Seminararbeit am Massachussetts Institute of Technology dieses Verfahren entwickelte.

das aus 32 Einsen besteht, könnte man dieses wie folgt beschreiben: Die Länge 32 wird als Dualzahl 100000 codiert und dahinter die 1 geschrieben: 100000 1. Diese Beschreibung der Bitfolge, die aus 32 Einsen besteht, benötigt nur sieben anstelle von 32 Bits, ist also deutlich kürzer. Allerdings muss klar sein, wo der dual codierte Wiederholungsfaktor aufhört und die zu wiederholende Bitfolge beginnt.

Wir werden im folgenden Abschnitt beispielhaft Kompressionsmöglichkeiten für Bitfolgen betrachten und im Kapitel 7 ein allgemeines Maß für die Kompression von Bitfolgen kennenlernen.

1.2   Beispiele für die Komprimierung von Bitfolgen

In diesem Abschnitt betrachten wir zur Einstimmung in die Thematik beispielhaft einige Möglichkeiten zur Kompression von Bitfolgen. Dazu müssen wir zunächst ein paar grundlegende Begriffe für Bitfolgen und Mengen von Bitfolgen kennenlernen. Diese und weitere Begriffe werden wir im folgenden Kapitel noch einmal aufgreifen und verallgemeinert betrachten.

1.2.1   Grundlegende Definitionen für Bitfolgen

Bitfolgen sind endliche Zeichenketten, die mit den Elementen 0 und 1 der Menge $\mathbb{B} = \{0, 1\}$ gebildet werden können. Das Symbol ε stellt die leere Zeichenkette dar, sie hat die Länge 0. Mit $\mathbb{B}^*$ bezeichnen wir die Menge aller endlichen Bitfolgen. Diese lässt sich wie folgt mathematisch präzise definieren:

(i) $\varepsilon \in \mathbb{B}^*$: Die **leere Bitfolge** gehört zu $\mathbb{B}^*$.

(ii) Für $x \in \mathbb{B}^*$ sind auch $x0, x1 \in \mathbb{B}^*$: Neue Bitfolgen werden konstruiert, indem an vorhandene Nullen oder Einsen angehängt werden.

Mit $\mathbb{B}^+ = \mathbb{B}^* - \{\varepsilon\}$ bezeichnen wir die Menge, die alle Bitfolgen außer der leeren Folge enthält.

Die **Länge einer Bitfolge** ist die Anzahl der in ihr vorkommenden Nullen und Einsen. Diese Länge können wir wie folgt mathematisch – gemäß dem in (i) und (ii) definierten rekursiven Aufbau von Bitfolgen – festlegen durch die Abbildung

$$|\ | : \mathbb{B}^* \to \mathbb{N}_0$$

definiert durch

$$\begin{aligned} |\varepsilon| &= 0 \\ |xb| &= |x| + 1 \text{ für } x \in \mathbb{B}^* \text{ und } b \in \mathbb{B} \end{aligned} \tag{1.3}$$

Damit lässt sich beispielsweise berechnen:

$$|101| = |10| + 1 = |1| + 1 + 1 = |\varepsilon| + 1 + 1 + 1 = 0 + 1 + 1 + 1 = 3$$

Der Betrag $|x|_0$ gibt die Anzahl der Nullen in x an, entsprechend gibt $|x|_1$ die Anzahl der Einsen in x an.

Übung 1.1 *Überlegen Sie sich eine Definition für $|x|_0$ und $|x|_1$!*

Eine mathematische Definition für diese Funktion ist:

$$|\cdot| : \mathbb{B}^* \times \mathbb{B} \to \mathbb{N}_0,$$

definiert durch

$$|\varepsilon|_b = 0,$$

$$|xc|_b = \begin{cases} |x|_b + 1, & c = b \\ |x|_b, & c \neq b \end{cases} \quad \text{für } x \in \mathbb{B}^* \text{ und } b, c \in \mathbb{B}. \tag{1.4}$$

Damit lässt sich z. B. berechnen:

$$|101|_1 = |10|_1 + 1 = |1|_1 + 1 = |\varepsilon|_1 + 1 + 1 = 0 + 1 + 1 = 2$$

Übung 1.2 *Wie viele Bitfolgen der Länge $n \in \mathbb{N}_0$ gibt es?*

Bei der Bildung einer Bitfolge $b_1 b_2 \ldots b_n$ haben wir für jedes Bit b_i, $1 \leq i \leq n$, zwei Möglichkeiten, für n Bits also

$$\underbrace{2 \cdot 2 \cdot \ldots \cdot 2}_{n\text{-mal}} = 2^n \tag{1.5}$$

Möglichkeiten.

Die Menge aller Bitfolgen der Länge n ist

$$\mathbb{B}^n = \{x \in \mathbb{B}^* : |x| = n\}. \tag{1.6}$$

Es gilt also z. B.

$$\mathbb{B}^0 = \{\varepsilon\} \quad \text{sowie} \quad \mathbb{B}^3 = \{000, 001, 010, 011, 100, 101, 110, 111\}$$

Wegen (1.5) gilt

$$|\mathbb{B}^n| = 2^n. \tag{1.7}$$

Die Menge

$$\mathbb{B}^{\leq n} = \{x \in \mathbb{B}^* : |x| \leq n\} \tag{1.8}$$

enthält alle Bitfolgen der Länge kleiner gleich n. Es ist also z. B.

$$\mathbb{B}^{\leq 3} = \{\varepsilon, 0, 1, 00, 01, 10, 11, 000, 001, 010, 011, 100, 101, 110, 111\}.$$

Übung 1.3   *Überlegen Sie, dass folgende Beziehungen gelten:*

$$\mathbb{B}^{\leq n} = \bigcup_{i=0}^{n} \mathbb{B}^i = \mathbb{B}^0 \cup \mathbb{B}^1 \cup \mathbb{B}^2 \cup \ldots \cup \mathbb{B}^n$$

$$|\mathbb{B}^{\leq n}| = \sum_{i=0}^{n} 2^i = 2^{n+1} - 1$$

$$\mathbb{B}^* = \bigcup_{n \in \mathbb{N}_0} \mathbb{B}^n = \mathbb{B}^0 \cup \mathbb{B}^1 \cup \mathbb{B}^2 \cup \mathbb{B}^3 \cup \ldots$$

In Kapitel 8.6 betrachten wir unendliche Bitfolgen. Die Menge aller unendlich langen Bitfolgen bezeichnen wir mit $\mathbb{B}^\omega$. Für $w \in \mathbb{B}^\omega$ und $n \in \mathbb{N}$ ist dann $w[1, n]$ das Anfangsstück der Länge n von w, und für $i \in \mathbb{N}$ ist $w[i]$ das i-te Bit in w.

1.2.2   Beispiele

Betrachten wir die Bitfolge

$$v = 101101101101101101101101. \tag{1.9}$$

so erkennen wir eine Regelmäßigkeit, nämlich dass sich v aus acht 101-Gruppen zusammensetzt. v lässt sich mit bekannten mathematischen Notationen kürzer darstellen – also „komprimieren" – etwa durch

$$v_1 = [101]^8. \tag{1.10}$$

Betrachten wir als nächstes die Bitfolge

$$w = 110101110111001010101111. \tag{1.11}$$

so erscheint diese „komplexer" zu sein, da keine Regelmäßigkeit zu erkennen ist und man keine Komprimierung findet. Man könnte w als komplexer ansehen als v, da sich der Informationsgehalt von v wesentlich kürzer darstellen lässt als ausgeschrieben wie in (1.9). Wegen seiner regelmäßigen Struktur erscheint das Wort v, bezogen auf seine Länge, weniger Information zu tragen als das unregelmäßige Wort w, denn es lässt sich ohne Informationsverlust komprimieren.

Es stellt sich die Frage nach einem Komplexitätsbegriff für Informationen, der die Regelmäßigkeit bzw. die Zufälligkeit von Bitfolgen besser erfasst. Wie schon angedeutet, könnte die Komprimierbarkeit von Bitfolgen ein Kandidat für ein entsprechendes Informationsmaß sein. Dazu müssen wir präzise, d. h. mit mathematischen Mitteln, definieren, was wir unter einer Komprimierung einer Bitfolge verstehen wollen.

Übung 1.4 *Überlegen Sie sich eine mathematische Definition für die Komprimierung von Bitfolgen!*

Eine Komprimierung sollte Folgendes leisten:

(1) Komprimierungen von Bitfolgen sollen wieder Bitfolgen sein, und

(2) ein Kompressionsverfahren soll alle Bitfolgen komprimieren können, d. h. eine Komprimierung ordnet allen Bitfolgen eine Bitfolge zu.

(3) Des Weiteren soll die Komprimierung kürzer sein als die ursprüngliche Folge.

(4) Die Komprimierung soll verlustlos sein, d. h. aus der Komprimierung muss die ursprüngliche Folge rekonstruiert werden können.

Wir geben eine für die Betrachtungen in diesem Kapitel hinreichende Definition für die Komprimierung von Bitfolgen an; im Kapitel 7 werden wir diese noch weiter präzisieren.

Definition 1.1 *Wir nennen eine totale Abbildung* $\kappa : \mathbb{B}^* \to \mathbb{B}^*$ *eine* **Komprimierung** *von* $\mathbb{B}^*$. *Eine Komprimierung* κ *heißt* **echte Komprimierung** *von* $\mathbb{B}^*$, *falls* $|\kappa(x)| < |x|$ *für fast alle* $x \in \mathbb{B}^*$ *ist.*

Eine Komprimierung κ ordnet also jeder Bitfolge eine Bitfolge zu, weil κ total sein soll; damit sind die Anforderungen (1) und (2) erfüllt. Wir sind natürlich an echten Komprimierungen interessiert. Diese können allerdings Anforderung (3) nicht erfüllen. Auf diese Problematik werden wir im Kapitel 7 näher eingehen.

Die Zeichenkette v_1, siehe (1.10), ist keine Bitfolge, also gemäß Definition 1.1 keine zulässige Komprimierung von v. Mit dem Ziel, v echt zu komprimieren, stellen wir als nächstes den Exponenten dual dar:

$$v_2 = [101]\,1000$$

v_2 ist nun eine Zeichenkette, die aus den Symbolen der Menge $\{\,0,1,[\,,]\,\}$ besteht. Es müssen jetzt also noch die eckigen Klammern dual codiert werden – natürlich so, dass daraus unsere ursprüngliche Folge v zurückgewonnen werden kann; die Komprimierung soll ja verlustlos sein.

Übung 1.5 *Überlegen Sie, wie wir die Elemente der Menge* $\{0,1,[\,,]\}$ *so mit Bitfolgen darstellen können, dass* v_2 *vollständig als Bitfolge codiert werden kann!*

Wir erreichen eine zulässige Komprimierung etwa mithilfe der Abbildung

$$\eta : \{\, 0, 1, [\,,\,] \,\} \to \mathbb{B}^2,$$

definiert durch

$$\eta(0) = 00, \quad \eta(1) = 11, \quad \eta([\,) = 10, \quad \eta(]\,) = 01.$$

Wir erweitern η zu $\eta^* : \{0, 1, [\,,\,]\}^* \to (\mathbb{B}^2)^*$ definiert durch

$$\eta^*(\varepsilon) = \varepsilon,$$
$$\eta^*(bw) = \eta(b)\eta^*(w), \quad \text{für } b \in \{0, 1, [\,,\,]\} \text{ und } w \in \{0, 1, [\,,\,]\}^*.$$

Wir werden im Folgenden nicht zwischen η und η^* unterscheiden und beide Funktionen mit η bezeichnen.

Für unser Beispiel ergibt sich dann

$$v_3 = \eta(v_2) = 10\,110011\,01\,11000000$$

als eine mögliche Komprimierung von v. Es gilt

$$|v_3| = 18 < 24 = |v|.$$

Mit unserer Methode haben wir also v echt und rekonstruierbar zu v_3 komprimiert.

Übung 1.6   *Konstruieren Sie für die Bitfolge*

$$x = 000000110101010101010101010101010101010101010101010$$

mit dem oben beispielhaft vorgestellten Verfahren eine echte, rekonstruierbare Komprimierung!

Die Bitfolge x lässt sich zunächst wie folgt darstellen:

$$x_1 = [0]^6\,[1]^1\,[10]^{22}$$

Daraus ergibt sich mit der Dualdarstellung der Exponenten

$$x_2 = [0]\,110\,[1]\,1\,[10]\,10110$$

und schließlich mit der Abbildung η

$$x_3 = \eta(x_2) = 10\,00\,01\,111100\,10\,11\,01\,11\,10\,1100\,01\,1100111100$$

als eine mögliche echte, rekonstruierbare Komprimierung von x mit

$$|x_3| = 38 < 51 = |x|.$$

Als weiteres Beispiel für Kompressionsmöglichkeiten betrachten wir den Fall, dass der Wiederholungsfaktor eine Mehrfachpotenz ist. Sei etwa die Folge

$$x = \underbrace{1010\ldots10}_{4\,294\,967\,296\text{-mal}} \tag{1.12}$$

mit der Potenzdarstellung

$$x_{11} = [10]^{4\,294\,967\,296} \tag{1.13}$$

gegeben. Dann kann man diese etwa durch

$$x_{12} = [10]^{2^{32}} \tag{1.14}$$

kürzer darstellen, oder noch kürzer durch

$$x_{13} = [10]^{2^{2^5}}. \tag{1.15}$$

Diese Art der Darstellung kann man beliebig weiter treiben, um kurze Darstellungen für

$$[10]^{2^n},\ [10]^{2^{2^n}},\ [10]^{2^{2^{2^n}}},\ \ldots$$

zu erhalten. Wir nennen diese Art der Darstellungen **iterierte Zweierpotenzen**.

Übung 1.7 **a)** *Konstruieren Sie für die Bitfolge (1.13) mit dem oben beispielhaft vorgestellten Verfahren eine echte, rekonstruierbare Komprimierung!*

b) *Überlegen Sie sich für iterierte Zweierpotenzen eine Komprimierung!*

c) *Komprimieren Sie mit diesem Verfahren die Bitfolgen (1.14) und (1.15)!*

d) *Vergleichen Sie die Ergebnisse von a) und c)!*

Zum Abschluss dieser ersten Beispiele für die Komprimierung von Bitfolgen wollen wir eine weitere Möglichkeit für deren Komprimierung ebenfalls beispielhaft betrachten. Wir können alle Elemente von $\mathbb{B}^+$ als **Dualdarstellungen** natürlicher Zahlen auffassen. Für $x = x_{n-1}\ldots x_0 \in \mathbb{B}^n$, $n \geq 1$, sei

$$wert(x) = \sum_{i=0}^{n-1} x_i \cdot 2^i$$

der Wert von x dargestellt im Dezimalsystem.

Jede Zahl $n \in \mathbb{N}$, $n \geq 2$, kann faktorisiert werden, d.h. als Produkt von Primzahlpotenzen dargestellt werden:

$$n = \prod_{j=1}^{k} p_j^{\alpha_j} \tag{1.16}$$

Dabei ist $p_j \in \mathbb{P}$, $1 \leq j \leq k$, und $p_j < p_{j+1}$, $1 \leq j \leq k-1$, sowie $\alpha_j \in \mathbb{N}$, $1 \leq j \leq k$. Die Darstellung in dieser Art, d. h. mehrfach vorkommende Primfaktoren zu Potenzen zusammengefasst und die Primzahlen der Größe nach aufgereiht, ist eindeutig. Diese (**Prim-**) **Faktorisierung** kann man mit den Symbolen der Menge $\{0, 1, [\,,]\}$ wie folgt darstellen:

$$dual(p_1)\,[dual(\alpha_1)]\,dual(p_2)\,[dual(\alpha_2)]\ldots dual(p_k)\,[dual(\alpha_k)]\,. \qquad (1.17)$$

Dabei ist $dual(n)$ die Dualdarstellung von $n \in \mathbb{N}_0$, es gilt also $wert(dual(n)) = n$. Mithilfe der Abbildung η ergibt sich daraus wieder eine Darstellung über $\mathbb{B}$.

Betrachten wir als Beispiel die Zahl

$$n = 1\,428\,273\,264\,576\,872\,238\,279\,737\,182\,200\,000$$

mit der Dualdarstellung $z = dual(n) =$

10001100110101101010101111101000111100010110001000110110100
1011111000011111111111000011000100010110010000011000000.

Die Faktorisierung von z ist

$$2^6 \cdot 3^9 \cdot 5^5 \cdot 7^{11} \cdot 11^3\,.$$

Ihre Darstellung über $\{\,0, 1, [\,,]\,\}$ ist

$$z_\mathbb{P} = 10\,[110]\,11\,[1001]\,101\,[101]\,111\,[1011]\,.1011\,[11]\,.$$

Die Anwendung von η liefert die Darstellung

$$\eta(z_\mathbb{P}) = 1100\,10\,111100\,01\,1111\,10\,11000011\,01\,110011\,10\,110011\,01$$
$$111111\,10\,11001111\,01\,11001111\,10\,1111\,01.$$

Es ist

$$|\eta(z_\mathbb{P})| = 80 < 111 = |z|\,.$$

Man könnte im Übrigen anstelle einer Primzahl selbst ihre Nummer innerhalb einer aufsteigenden Auflistung der Primzahlen in der Darstellung einer Zahl verwenden, d. h. anstelle von p_i ihre Nummer i. Also z. B. anstelle von $p_1 = 2$ verwenden wir 1 und anstelle von $p_5 = 11$ verwenden wir 5. Damit ergäbe sich für die obige Bitfolge z anstelle von $z_\mathbb{P}$ die Darstellung

$$z'_\mathbb{P} = 1\,[110]\,10\,[1001]\,11\,[101]\,100\,[1011]\,101\,[11]$$

worauf die Anwendung von η die Darstellung

$$\eta(z'_\mathbb{P}) = 11\,10\,111100\,01\,1100\,10\,11000011\,01\,1111\,10\,110011\,01$$
$$110000\,10\,11001111\,01\,110011\,10\,1111\,01$$

mit

$$|\eta(z'_\mathbb{P})| = 74$$

ergibt.

Übung 1.8 *Überlegen Sie sich Optimierungen der beiden vorgestellten Methoden oder weitere Methoden, die möglicherweise noch bessere Komprimierungen erreichen!*

Bei allen Kompressionsmethoden, die wir uns bisher überlegt haben oder uns neu ausdenken, stellen sich Fragen wie: Welche davon ist besser, welche ist die beste? Die Methoden sind kaum vergleichbar. Die eine Methode komprimiert manche Zeichenketten besser als die andere, und umgekehrt. Es stellt sich also die Frage nach einer Komprimierungsmethode, die allgemeingültige Aussagen zulässt und die zudem noch in sinnvoller Weise die Komplexität einer Zeichenkette beschreibt. Etwas allgemeiner betrachtet geht es um ein

Komplexitätsmaß für den Informationsgehalt von Zeichenfolgen.

Wegen ihrer wesentlichen Beiträge zu dieser Thematik spricht man auch von

Kolmogorov-, Solomonoff- oder *Chaitin-Komplexität.*[4]

Eine heute gängige Bezeichnung, die die genannten und weitere damit zusammenhängende Aspekte umfasst, ist

Algorithmische Informationstheorie,

in die dieses Buch eine Einführung gibt.

1.3 Inhaltsübersicht

Für die Einführung in die Algorithmische Informationstheorie benötigen wir Kenntnisse über formale Sprachen und Berechenbarkeit; deshalb betrachten wir vorher grundlegende Konzepte, Methoden und Verfahren aus diesen beiden Themengebieten.

Im Kapitel 2 werden Alphabete, Wörter und formale Sprachen sowie wichtige auf ihnen operierende Funktionen und Verknüpfungen allgemein eingeführt. Des Weiteren werden Codierungen und Nummerierungen von Alphabeten und Wörtern durch Bitfolgen und natürliche Zahlen vorgestellt. Mithilfe solcher Codierungen und Nummerierungen können wir bei späteren Betrachtungen eine im Einzelfall geeignete Repräsentation von Daten wählen; die Betrachtungen treffen dann auch auf andere Repräsentationen zu.

---

[4]A. N. Kolmogorov (1903–1987) war ein russischer Mathematiker, der als einer der bedeutendsten Mathematiker des 20. Jahrhunderts gilt. Er lieferte wesentliche Beiträge zu vielen Gebieten der Mathematik und auch zur Physik. Einer seiner grundlegenden Beiträge ist die Axiomatisierung der Wahrscheinlichkeitstheorie.

R. Solomonoff (1926–2009) war ein amerikanischer Mathematiker, der schon zu Beginn der sechziger Jahre des vorigen Jahrhunderts Grundideen zur Algorithmischen Informationstheorie veröffentlichte (also vor Kolmogorov, dem aber diese Arbeiten nicht bekannt waren).

G. Chaitin (∗1947) ist ein amerikanischer Mathematiker, der sich mit Fragen zur prinzipiellen Berechenbarkeit beschäftigt. Im Kapitel 8 gehen wir näher auf einige seiner Ansätze ein.

Für die praktische Verwendung von formalen Sprachen muss entscheidbar sein, ob ein Wort zu der Sprache gehört oder nicht. So muss es z. B. für eine Programmiersprache ein Programm geben (etwa als Bestandteil eines Compilers), das überprüft, ob eine Zeichenkette den Syntaxregeln der Sprache genügt. Denn nur syntaktisch korrekte Programme können in Maschinensprache übersetzt und dann ausgeführt werden.

Im Kapitel 3 wird die Turingmaschine als eine mögliche mathematische Präzisierung für die Begriffe Algorithmus und Programm vorgestellt. Damit liegt eine mathematische Definition für die Berechenbarkeit von Funktionen und für die Entscheidbarkeit von Mengen vor. So können Aussagen über solche Funktionen und Mengen getroffen und bewiesen werden. Des Weiteren wird die Äquivalenz der für die Theoretische Informatik wichtigen Varianten von Turingmaschinen, nämlich deterministische und nicht deterministische Turingmaschinen sowie Turing-Verifizierer, bewiesen.

Kapitel 4 behandelt die Laufzeitkomplexität von Algorithmen. Die Komplexitätsklassen P (deterministisch in Polynomzeit entscheidbare Mengen) und NP (nicht deterministisch in Polynomzeit entscheidbare Mengen) werden vorgestellt, und ihre Bedeutung sowohl für die Theoretische Informatik als auch für praktische Anwendungen wird erläutert.

Für Theorie und Praxis von wesentlicher Bedeutung ist auch, dass es realisierbare universelle Berechenbarkeitskonzepte gibt. Das bedeutet, dass es innerhalb eines solchen Konzepts ein Programm gibt, das alle anderen Programme ausführen kann. Sonst müsste für jedes Programm eine eigene Maschine gebaut werden, die nur dieses Programm ausführen kann. Im Kapitel 5 werden das Konzept und wesentliche Eigenschaften der universellen Turingmaschine betrachtet. Die universelle Turingmaschine ist eine theoretische Grundlage für die Existenz von universellen Rechnern, die jedes Programm ausführen können.

Durch Codierung und Nummerierung von Turingmaschinen gelangt man zu einer abstrakten universellen Programmiersprache. Es wird gezeigt, dass diese alle wesentliche Anforderungen erfüllt, die man an eine solche Sprache stellen kann. Des Weiteren werden weitere wichtige Eigenschaften dieser Sprache bewiesen. Diese Eigenschaften gelten für alle universellen Sprachen.

Im Kapitel 6 werden die Grenzen der algorithmischen Berechenbarkeit aufgezeigt. Diese sind nicht nur von theoretischer Bedeutung, sondern auch von praktischer. So wird gezeigt, dass es keinen Programmbeweiser geben kann, der im Allgemeinen entscheiden kann, ob ein Programm seine Spezifikation erfüllt, d. h. „korrekt" ist. Solche Beweiser wären für die Softwareentwicklung von immenser Bedeutung.

Während im Kapitel 4 die Komplexität von Berechnungen behandelt wird, wird im Kapitel 7 die Beschreibungskomplexität von Datenströmen betrachtet. Ein Maß dafür ist die Kolmogorov-Komplexität. Diese wird vorgestellt, und ihre wesentlichen Eigenschaften werden untersucht. Der Begriff der Kolmogorov-Komplexität ermöglicht, grundsätzliche Aussagen über Komprimierungsmöglichkeiten von Daten zu treffen. Damit kommen wir in diesem Kapitel auf die grundsätzliche Frage nach einem allgemeingültigen Komplexitätsmaß für den Informationsgehalt von Zeichenfolgen zurück, die wir am Ende des vorigen Abschnitts gestellt haben.

Im Kapitel 8 werden Anwendungen der Kolmogorov-Komplexität in der Theoretischen Informatik vorgestellt. Des Weiteren wird die Chaitin-Konstante erläutert. Diese wird auch „Chaitins Zufallszahl der Weisheit" genannt, da in ihr die Antworten zu allen mathematischen Entscheidungsfragen versteckt sind.

Am Ende des Kapitels wird noch kurz auf Anwendungsmöglichkeiten der Kolmogorov-Komplexität bei der Datenanalyse eingegangen.

1.4   Zusammenfassung und bibliografische Hinweise

In diesem Kapitel haben wir zunächst einen Einblick in grundlegende Konzepte der Shannonschen Informationstheorie gegeben, insbesondere im Hinblick auf Grenzen für die Komprimierung von Informationen. Die Grundlage dafür ist die Wahrscheinlichkeit, mit der die Symbole, aus denen die Nachrichten, welche die Träger der Informationen sind, gebildet werden.

Anschließend haben wir beispielhaft gesehen, dass, wenn von solchen Wahrscheinlichkeiten abgesehen wird, Bitfolgen stärker komprimiert werden können. Dabei spielt die Struktur der Bitfolgen eine entscheidende Rolle. Allerdings ist das Vorgehen zur Beschreibung der Folgen nicht systematisch; es soll das Problembewusstsein dafür wecken, dass ein „universelles Maß" zur Beschreibung der Informationskomplexität von Bitfolgen vonnöten ist. Ein solches Maß wird in den Kapiteln 7 und 8 eingeführt, analysiert und angewendet.

Einführungen in die Codierungs- und Informationstheorie sowie in Konzepte, Methoden und Verfahren zur Datenkompression findet man in [D06],[MS08], [Sa05], [Schu03] und [SM10]

Kapitel 2

Alphabete, Wörter, Sprachen

Im vorigen Kapitel haben wir nur Bitfolgen, d. h. nur Zeichenketten, die mit den Symbolen 0 und 1 gebildet werden, betrachtet. Diese beiden Symbole können als Buchstaben des Alphabets $\mathbb{B} = \{0, 1\}$ angesehen werden. Im Allgemeinen sind die Träger von Informationen nicht Bitfolgen, sondern Wörter über jeweils geeigneten endlichen Alphabeten. Das gilt für natürliche Sprachen wie z. B. für die deutsche Sprache als auch für formale Sprachen wie z. B. Programmiersprachen. Die Wörter der deutschen Sprache werden mit den bekannten 26 Klein- und Großbuchstaben, d. h. über dem Alphabet $\{a, b, c, \ldots, z, A, B, C, \ldots, Z\}$, gebildet. In der Schriftsprache kommen dann noch weitere Symbole hinzu, unter anderem der Punkt, das Komma und weitere Symbole zur Zeichensetzung sowie verschiedene Formen von Klammern. Programme von Programmiersprachen werden ebenfalls über einem vorgegebenen Alphabet gebildet. Dazu gehören Symbole aus dem ASCII-Zeichensatz[1] sowie Schlüsselwörter wie z. B. read, write und while.

Wörter einer Sprache werden – und das gilt sowohl für natürliche als auch für formale Sprachen – nach bestimmten Regeln über dem jeweils zugrunde liegenden Alphabet gebildet. So ist *Rechner* ein Wort der deutschen Sprache, *Urx* hingegen nicht, und i++ ist eine zulässige Anweisung in der Programmiersprache C++, die Zeichenkette i:=+-/ aber nicht.

Folgen von Wörtern bilden in natürlichen Sprachen Sätze. Wir wollen weder in natürlichen noch in formalen Sprachen zwischen Wörtern und Sätzen unterscheiden, da wir einen Satz, der aus aneinandergereihten durch Zwischenräume getrennten Wörtern besteht, als ein Wort betrachten wollen. Der Zwischenraum, auch *Blank* genannt, muss dann natürlich ein Symbol aus dem zugrunde liegenden Alphabet sein, sonst könnte es kein Buchstabe in einem solchen Wort sein.

Eine *Sprache* ist eine Menge von Wörtern. Für natürliche Sprachen und Programmiersprachen sollte festgelegt sein, welche Wörter über dem zugrunde liegenden Alphabet zu einer Sprache gehören. Für Programmiersprachen sollte es Programme – etwa als Bestandteil von Compilern – geben, die entscheiden, ob ein Wort zur Sprache gehört oder nicht. Um diese Problematik – in späteren Kapiteln – grundlegend zu

---

[1] *ASCII* ist die Abkürzung für *American Standard Code for Information Interchange*.

© Springer-Verlag GmbH Deutschland, ein Teil von Springer Nature 2020
K.-U. Witt und M. E. Müller, *Algorithmische Informationstheorie*,
https://doi.org/10.1007/978-3-662-61694-9_2

untersuchen, werden wir am Ende dieses Kapitels Sprachklassen zur Behandlung von sogenannten Entscheidbarkeitsfragen einführen.

2.1 Alphabete

Das Alphabet einer Sprache ist die Menge der atomaren Grundsymbole, aus denen die Wörter der Sprache gebildet werden. Die Alphabete der deutschen Sprache bzw. der Programmiersprache C++ haben wir oben in der Einleitung erwähnt. Wir betrachten nur endliche Alphabete.

Im Allgemeinen bezeichnen wir ein Alphabet mit dem griechischen Buchstaben Σ. Falls wir kein konkretes, sondern allgemein ein Alphabet betrachten, dann benennen wir dessen Buchstaben in der Regel mit Buchstaben vom Anfang des deutschen Alphabets, also etwa mit $a, b, c, d, \ldots$, wie z. B. im Alphabet

$$\Sigma = \{a, b, c\}$$

Wenn die Anzahl der Buchstaben nicht genau bestimmt ist, benutzen wir diese Bezeichner indiziert, wie z. B. im folgenden Alphabet:

$$\Sigma = \{a_1, a_2, \ldots, a_n\}, \ n \geq 0$$

Der Fall $n = 0$ bedeutet, dass Σ leer ist: $\Sigma = \emptyset$.

Das Alphabet $\Sigma = \{0, 1\}$ zur Bildung von Bitfolgen kennen wir aus dem vorigen Kapitel. Wir haben es dort mit $\mathbb{B}$ bezeichnet und werden das auch weiterhin tun.[2]

Durch die Reihenfolge der Aufzählung der Buchstaben in Σ soll eine (**lexikografische** oder **alphabetische**) **Ordnung** festgelegt sein: $a_i < a_{i+1}, 1 \leq i \leq n - 1$. Wenn wir z. B. $\mathbb{B} = \{0, 1\}$ schreiben, bedeutet das also, dass $0 < 1$ gilt. Wenn wir möchten, dass $1 < 0$ gilt, müssen wir $\mathbb{B} = \{1, 0\}$ schreiben.

2.2 Wörter und Wortfunktionen

Die endlich langen Zeichenfolgen, die über einem Alphabet Σ gebildet werden können, heißen **Wörter** über Σ. Wörter entstehen, indem Symbole oder bereits erzeugte Wörter aneinandergereiht (miteinander verkettet, konkateniert) werden. Die Menge Σ^* aller Wörter, die über dem Alphabet Σ gebildet werden kann, ist wie folgt definiert (vgl. Definition von $\mathbb{B}^*$ im Abschnitt 1.2.1):

---

[2]Die Bezeichnung dieses Alphabets mit $\mathbb{B}$ steht für die *booleschen Werte* 0 und 1. Der britische Mathematiker und Logiker George Boole (1815–1864) gilt als Begründer der mathematischen Logik. Durch Formalisierung des mathematischen Denkens (*An investigation of the laws of thought* ist eine berühmte Schrift von Boole zu diesem Thema) begründete er eine Algebra der Logik, d. h. eine Logik, mit der man „rechnen" kann. Dazu hat er die Zahlen 0 und 1 zur Repräsentation der Wahrheitswerte *falsch* bzw. *wahr* verwendet und für deren Verknüpfung Rechenregeln aufgestellt. Außerdem entwickelte Boole Ideen zur Konstruktion von Rechnern, die Konzepte enthalten, wie sie etwa hundert Jahre später zum Bau der ersten realen universellen Rechner verwendet wurden.

(1) Jeder Buchstabe $a \in \Sigma$ ist auch ein Wort über Σ; es gilt also $a \in \Sigma^*$ für alle $a \in \Sigma$.

(2) Werden bereits konstruierte Wörter hintereinandergeschrieben, entstehen neue Wörter, d. h. sind $v, w \in \Sigma^*$, dann ist auch ihre **Verkettung (Konkatenation)** vw ein Wort über Σ; es gilt also $vw \in \Sigma^*$ für alle $v, w \in \Sigma^*$.

(3) ε, das **leere Wort**, ist ein Wort über (jedem Alphabet) Σ, d. h. es gilt immer $\varepsilon \in \Sigma^*$. ε ist ein definiertes Wort ohne „Ausdehnung". Es hat die Eigenschaft: $\varepsilon w = w \varepsilon = w$ für alle $w \in \Sigma^*$.

Wegen der Bedingung (3) ist das leere Wort in jedem Fall ein Element von Σ^*, auch dann, wenn Σ leer ist.

Beispiel 2.1 *Sei $\Sigma = \{a, b\}$, dann ist*

$$\Sigma^* = \{\varepsilon, a, b, aa, ab, ba, bb, aaa, aab, aba, abb, baa, bab, bba, bbb, \ldots\}$$

Mit Σ^+ bezeichnen wir die Menge aller Wörter über Σ ohne das leere Wort, d. h. $\Sigma^+ = \Sigma^* - \{\varepsilon\}$.

Folgerung 2.1 *Ist ein Alphabet Σ nicht leer, dann besitzen Σ^* und Σ^+ unendlich viele Wörter; ist dagegen $\Sigma = \emptyset$, dann ist $\Sigma^* = \{\varepsilon\}$ und $\Sigma^+ = \emptyset$.*

Bemerkung 2.1 *Im algebraischen Sinne bildet die Rechenstruktur $(\Sigma^+, \circ)$ für ein Alphabet Σ mit der (Konkatenations-) Operation*

$$\circ : \Sigma^* \times \Sigma^* \to \Sigma^*, \; definiert \; durch \; v \circ w = vw$$

*eine **Halbgruppe**, denn die Konkantenation ist eine assoziative Operation: Für alle Wörter $u, v, w \in \Sigma^*$ gilt $u \circ (v \circ w) = (u \circ v) \circ w$. Wegen der in der obigen Definition festgelegten Eigenschaft (3) bildet die Struktur (Σ^*, ε) ein **Monoid**. Die Konkatenation von Wörtern ist über Alphabeten mit mehr als einem Buchstaben nicht kommutativ.*

Ist

$$w = \underbrace{v\,v \ldots v}_{n\text{-mal}},$$

dann schreiben wir abkürzend $w = v^n$. Wir nennen v^n die **n-te Potenz** von v. Es ist $v^0 = \varepsilon$. In Beispiel 2.1 können wir Σ^* also auch wie folgt schreiben:

$$\Sigma^* = \{\varepsilon, a, b, a^2, ab, ba, b^2, a^3, a^2b, aba, ab^2, ba^2, bab, b^2a, b^3, \ldots\}$$

Übung 2.1   *Geben Sie eine rekursive Definition für Wortpotenzen an!*

Allgemein notieren wir Wörter in der Regel mit Buchstaben vom Ende des deutschen Alphabets: u, v, w, x, y, z. Wenn wir im Folgenden ein Wort w buchstabenweise notieren, $w = w_1 \ldots w_k$, $k \geq 0$, sind die w_i Buchstaben, also $w_i \in \Sigma$, $1 \leq i \leq k$; $k = 0$ bedeutet, dass w das leere Wort ist: $w = \varepsilon$. Anstelle von $w = w_1 \ldots w_k$ schreiben wir auch

$$w = \prod_{i=1}^{k} w_i.$$

Sei $w \in \Sigma^*$ ein Wort mit $k \geq 0$ Buchstaben, dann meinen wir mit $w[i]$ für $1 \leq i \leq k$ den i-ten Buchstaben von w; für $1 \leq i, j \leq k$ ist $w[i,j]$ das Teilwort von w, das beim i-ten Buchstaben beginnt und beim j-ten Buchstaben endet:

$$w[i,j] = \begin{cases} \prod_{s=i}^{j} w[s], & i \leq j \\ \varepsilon, & i > j \end{cases}$$

Offensichtlich gilt $w[i] = w[i,i]$.

Sei $w \in \Sigma^*$ ein Wort der Länge $k \geq 0$. Dann heißt jedes Teilwort $w[1,i]$ mit $0 \leq i \leq k$ ein **Präfix** von w. Entsprechend heißt jedes Teilwort $w[i,j]$ mit $1 \leq i, j \leq k$ ein **Infix** und jedes Teilwort $w[i,k]$ mit $1 \leq i \leq k+1$ ein **Suffix** von w. Ist $w = xy$ mit $x, y \in \Sigma^*$, dann heißen das Präfix x und das Suffix y **einander zugehörig** in w. Das leere Wort ist Prä-, Suf- und Infix von jedem Wort $w \in \Sigma^*$, denn es gilt $w = \varepsilon w$, $w = w\varepsilon$ bzw. $w = x\varepsilon y$ für alle Präfixe x und ihre zugehörigen Suffixe y von w.

Man beachte, dass diese Definitionen Spezialfälle zulassen. So ist wegen

$$w = w\varepsilon = \varepsilon w\varepsilon = \varepsilon w$$

ein Wort w sowohl Präfix als auch Infix als auch Suffix von sich selbst, oder für $w = xy$ mit $x, y \in \Sigma^+$ ist x sowohl Präfix als auch Infix, und y ist sowohl Infix als auch Suffix von w.

Falls x ein Präfix von w ist und $x \neq w$ gilt, dann heißt x **echter Präfix** von w. Entsprechende Definitionen gelten für die Begriffe **echter Infix** bzw. **echter Suffix**.

Die Menge

$$Pref(w) = \{x \mid x \text{ ist Präfix von } w\} \tag{2.1}$$

ist die **Menge der Präfixe** von w. Entsprechend können die **Menge** $Inf(w)$ **der Infixe** bzw. die **Menge** $Suf(w)$ **der Suffixe** von w definiert werden.

Übung 2.2   *Es sei $\Sigma = \{a, b\}$. Bestimmen Sie $Pref(aba)$, $Inf(aba)$, $Suf(aba)$!*

Die **Länge eines Wortes** kann durch die Funktion $|\cdot| : \Sigma^* \to \mathbb{N}_0$, definiert durch

$$|\varepsilon| = 0,$$
$$|wa| = |w| + 1 \text{ für } w \in \Sigma^* \text{ und } a \in \Sigma,$$

berechnet werden, die einem Wort über Σ die Anzahl seiner Buchstaben als Länge zuordnet: Das leere Wort hat die Länge 0; die Länge eines Wortes, das mindestens einen Buchstaben a sowie ein – möglicherweise leeres – Präfix w enthält, wird berechnet, indem zur Länge des Präfixes eine 1 addiert wird.

Übung 2.3   *Es sei $\Sigma = \{a, b\}$. Berechnen Sie schrittweise die Länge des Wortes aba mit der Funktion $|\cdot|$!*

Es sei $k \in \mathbb{N}_0$ und Σ ein Alphabet. Dann ist

$$\Sigma^k = \{w \in \Sigma^* : |w| = k\} \tag{2.2}$$

die Menge aller Wörter über Σ mit der Länge k, und

$$\Sigma^{\leq k} = \{w \in \Sigma^* : |w| \leq k\} \tag{2.3}$$

ist die Menge aller Wörter über Σ mit einer Länge kleiner gleich k. Offensichtlich ist

$$\Sigma^{\leq k} = \bigcup_{i=0}^{k} \Sigma^i = \Sigma^0 \cup \Sigma^1 \cup \Sigma^2 \cup \ldots \cup \Sigma^k \tag{2.4}$$

sowie

$$\Sigma^* = \bigcup_{k \in \mathbb{N}_0} \Sigma^k = \Sigma^0 \cup \Sigma^1 \cup \Sigma^2 \cup \ldots \tag{2.5}$$

Übung 2.4   *Es sei $k \in \mathbb{N}_0$, $n \in \mathbb{N}$ und Σ ein Alphabet mit $|\Sigma| = n$. Bestimmen Sie $|\Sigma^k|$ und $|\Sigma^{\leq k}|$ (vgl. Übungen 1.2 und 1.3)!*

Die Funktion $|\cdot|_. : \Sigma^* \times \Sigma \to \mathbb{N}_0$ soll definiert sein durch:

$|w|_a = $ Häufigkeit des Vorkommens des Buchstaben $a \in \Sigma$ im Wort $w \in \Sigma^*$

Übung 2.5   *Geben Sie in Anlehnung an die Definition der Funktion $|\cdot|$ eine Definition für die Funktion $|\cdot|_.$ an!*

Eine mögliche Definition ist

$$|\varepsilon|_b = 0 \text{ für alle } b \in \Sigma,$$

$$|wa|_b = \begin{cases} |w|_b + 1, & a = b \\ |w|_b, & a \neq b \end{cases} \text{ für } a, b \in \Sigma, \ w \in \Sigma^*.$$

Im leeren Wort kommt kein Buchstabe vor. Stimmt der zu zählende Buchstabe mit dem letzten Buchstaben des zu untersuchenden Wortes überein, wird er gezählt, und die Anzahl muss noch für das Wort ohne den letzten Buchstaben bestimmt werden. Ist der zu zählende Buchstabe verschieden vom letzten Buchstaben, muss nur noch im Wort ohne den letzten Buchstaben gezählt werden.

Übung 2.6   *Es sei $\Sigma = \{a, b, c\}$. Berechnen Sie schrittweise $|cabcca|_c$!*

Für ein Wort $w \in \Sigma^*$ sei $\Sigma(w)$ die Menge der Buchstaben aus Σ, die in w enthalten sind.

Übung 2.7   *Geben sie eine formale Definition für $\Sigma(w)$ an!*

Für ein total geordnetes Alphabet Σ legt die Relation $\preccurlyeq \subseteq \Sigma^* \times \Sigma^*$, definiert durch

$$v \preccurlyeq w \text{ genau dann, wenn } |v| < |w|$$
$$\text{oder } v = w$$
$$\text{oder } |v| = |w| \text{ und } v = xay \text{ und } w = xby$$
$$\text{mit } a, b \in \Sigma \text{ und } a < b \text{ sowie } x, y \in \Sigma^*.$$

eine Ordnung auf Σ^* fest. Diese Ordnung nennen wir **längenlexikografische** oder auch **kanonische (An-) Ordnung** von Σ^*. Die Ordnung wird zunächst durch die Länge bestimmt. Bei Wörtern mit gleicher Länge bestimmen die ersten Buchstaben, an denen sie sich unterscheiden, die Ordnung.

Beispiel 2.2   *Sei $\Sigma = \{a, b, c\}$ ein geordnetes Alphabet mit $a < b < c$, dann gilt $ac \preccurlyeq aba$, $cc \preccurlyeq aaa$, $bac \preccurlyeq bac$ und $aba \preccurlyeq aca$, während $aaa \preccurlyeq ab$ und $ac \preccurlyeq ab$ nicht zutreffen.*

Die Menge Σ^* wird durch die Relation $\preccurlyeq$ total geordnet. Deshalb besitzt jede nicht leere Teilmenge von Σ^* bezüglich dieser Ordnung genau ein kleinstes Element.

Am Ende dieses Abschnitts wollen wir uns zu Übungszwecken noch ein paar Wort-funktionen überlegen, die z. B. in Textverarbeitungssystemen Anwendung finden könn-ten. Wir beginnen mit der Teilwortsuche. Diese Problemstellung lässt sich formal be-schreiben mit der Funktion[3]

$$substr : \Sigma^* \times \Sigma^* \to \mathbb{B},$$

definiert durch

$$substr(w,v) = \begin{cases} 1, & v \in Inf(w), \\ 0, & \text{sonst.} \end{cases}$$

Diese Funktion testet, ob v ein **Teilwort** von w ist. Es gilt z. B.

$$substr(ababba, abb) = 1 \text{ sowie } substr(ababba, aa) = 0.$$

Eine Variante von $substr$ ist die Funktion $substr' : \Sigma^* \times \mathbb{N}_0 \times \mathbb{N}_0 \to \Sigma^*$, definiert durch

$$substr'(w,i,l) = \begin{cases} w[i, i+l-1], & i+l-1 \le n, \\ \bot, & \text{sonst.} \end{cases}$$

$substr'(w,i,l)$ liefert den Infix von w der Länge l ab dem i-ten Buchstaben von w, falls ein solcher existiert.

Die Anwendung $tausche(w,a,b)$ der Funktion $tausche : \Sigma^* \times \Sigma \times \Sigma \to \Sigma^*$ ersetzt jedes Vorkommen des Buchstabens a im Wort w durch den Buchstaben b.

Übung 2.8   **a)** *Geben Sie eine rekursive Definition für die Funktion tausche an!*

b) *Es sei $\Sigma = \{1, 2, 3\}$. Berechnen Sie schrittweise $tausche(12322, 2, 1)$!*

Die Funktion $|\cdot|_{\cdot}^* : \Sigma^+ \times \Sigma^+ \to \mathbb{N}_0$ sei informell definiert durch

$$|x|_y^* = \text{Anzahl, mit der } y \text{ als Infix in } x \text{ vorkommt.}$$

Übung 2.9   *Geben Sie eine formale Definition für die Funktion $|\cdot|_{\cdot}^*$ an!*

Für $w \in \Sigma^*$ sei $\overleftarrow{w}$ die Spiegelung von w.

Übung 2.10   *Geben Sie eine formale Definition für die Spiegelung der Wörter in Σ^* an!*

---

[3] „1" steht für die Antwort *ja*, „0" steht für *nein*.

2.3 Homomorphismen

Seien Σ_1 und Σ_2 zwei Alphabete. Eine totale Abbildung $h : \Sigma_1^* \to \Sigma_2^*$ heißt **Homomorphismus** von Σ_1^* nach Σ_2^* genau dann, wenn

$$h(vw) = h(v)h(w) \text{ für alle } v, w \in \Sigma_1^* \tag{2.6}$$

gilt.

Folgerung 2.2   *Seien Σ_1 und Σ_2 Alphabete und h ein Homomorphismus von Σ_1^* nach Σ_2^*. Dann ist*

a) $h(\varepsilon) = \varepsilon$,

b) *h bereits durch $h_{|\Sigma_1}$ festgelegt.*

Beweis **a)** *Wir nehmen an, es sei $h(\varepsilon) = w$ und $w \in \Sigma_2^+$. Dann gilt*

$$w = h(\varepsilon) = h(\varepsilon\varepsilon) = h(\varepsilon)h(\varepsilon) = ww.$$

Für $w \neq \varepsilon$ ist aber $w \neq ww$. Die Annahme führt also zu einer falschen Aussage, womit sie widerlegt ist.

b) *Sei $w = w_1 \ldots w_k$ mit $w_i \in \Sigma_1$, $1 \leq i \leq k$, dann gilt wegen (2.6)*

$$h(w) = h(w_1) \ldots h(w_k).$$

Es reicht also, h für die Buchstaben von Σ_1 zu definieren, denn damit ist h für alle Wörter über Σ_1 festgelegt.

Beispiel 2.3   *Im Abschnitt 1.2.2 haben wir bei der Kompression von Bitfolgen die Abbildung $\eta : \{0, 1, [,]\} \to \mathbb{B}^2$, definiert durch*

$$\eta(0) = 00, \quad \eta(1) = 11, \quad \eta([) = 10, \quad \eta(]) = 01,$$

verwendet. Die dort eingeführte Erweiterung $\eta^* : \{0, 1, [,]\}^* \to (\mathbb{B}^2)^*$, definiert durch

$$\eta^*(\varepsilon) = \varepsilon,$$
$$\eta^*(bw) = \eta(b) \circ \eta^*(w) \text{ für } b \in \{0, 1, [,]\} \text{ und } w \in \{0, 1, [,]\}^*,$$

ist ein Homomorphismus.

Ist ein Homomorphismus h bijektiv, dann nennen wir ihn **Isomorphismus**. Die Abbildung η^* aus dem obigen Beispiel ist ein Isomorphismus von $\{0, 1, [,]\}^*$ nach $(\mathbb{B}^2)^*$.

2.4 Formale Sprachen

Sei Σ ein Alphabet, dann nennen wir jede Teilmenge $L \subseteq \Sigma^*$ eine **(formale) Sprache** über Σ. Die Potenzmenge 2^{Σ^*} von Σ ist die Menge aller Sprachen über Σ.

Sprachen sind also Mengen von Wörtern und können daher mit den üblichen Mengenoperationen wie Vereinigung, Durchschnitt und Differenz miteinander verknüpft werden. Wir wollen für Sprachen eine weitere Verknüpfung einführen, die wir schon von Wörtern kennen: die **Konkatenation**. Seien L_1 und L_2 zwei Sprachen über Σ, dann ist die Konkatenation $L_1 \circ L_2$ von L_1 und L_2 definiert durch

$$L_1 \circ L_2 = \{vw \mid v \in L_1, w \in L_2\}.$$

Es werden also alle Wörter aus L_1 mit allen Wörtern aus L_2 konkateniert. Gelegentlich lassen wir wie bei der Konkatenation von Wörtern auch bei der Konkatenation von Sprachen das Konkatenationssymbol $\circ$ weg, d. h., anstelle von $L_1 \circ L_2$ schreiben wir $L_1 L_2$. Seien $L_1 = \{\varepsilon, ab, abb\}$ und $L_2 = \{b, ba\}$ zwei Sprachen über dem Alphabet $\Sigma = \{a, b\}$, dann ist

$$L_1 \circ L_2 = \{b, ba, abb, abba, abbb, abbba\}$$

sowie

$$L_2 \circ L_1 = \{b, bab, babb, ba, baab, baabb\}.$$

Folgerung 2.3 *Allgemein gilt: Falls $\varepsilon \in L_1$ ist, dann ist $L_2 \subseteq L_1 \circ L_2$, bzw. umgekehrt, falls $\varepsilon \in L_2$ ist, dann ist $L_1 \subseteq L_1 \circ L_2$.*

Die n**-te Potenz einer Sprache** $L \subseteq \Sigma^*$ ist festgelegt durch

$$\begin{aligned} L^0 &= \{\varepsilon\}, \\ L^{n+1} &= L^n \circ L \text{ für } n \geq 0. \end{aligned} \qquad (2.7)$$

Sei $L = \{a, ab\}$, dann ist

$$\begin{aligned} L^0 &= \{\varepsilon\}, \\ L^1 &= L^0 \circ L = \{\varepsilon\} \circ \{a, ab\} = \{a, ab\} = L, \\ L^2 &= L^1 \circ L = \{a, ab\} \circ \{a, ab\} = \{a^2, a^2 b, aba, (ab)^2\}, \\ L^3 &= L^2 \circ L = \{a^2, a^2 b, aba, (ab)^2\} \circ \{a, ab\}, \\ &= \{a^3, a^3 b, a^2 ba, a^2 bab, aba^2, aba^2 b, (ab)^2 a, (ab)^3\}, \\ &\vdots \end{aligned}$$

Bemerkung 2.2 *Die Struktur* $(2^{\Sigma^*}, \circ, \{\varepsilon\})$, *d. h., die Menge aller Sprachen über einem Alphabet Σ, bildet mit der Konkantenationsoperation für Sprachen ein Monoid (vgl. Bemerkung 2.1).*

Das **Kleene-Stern-Produkt**[4] (auch **Kleenesche Hülle**) L^* einer Sprache L ist die Vereinigung aller ihrer Potenzen L^n, $n \geq 0$:

$$L^* = \bigcup_{n \geq 0} L^n = L^0 \cup L^1 \cup L^2 \cup L^3 \cup \dots$$

Die **positive Hülle** von L ist

$$L^+ = \bigcup_{n \geq 1} L^n = L^1 \cup L^2 \cup L^3 \cup \dots \ .$$

Übung 2.11 *Geben Sie $\emptyset^*$, $\emptyset^+$, $\{\varepsilon\}^*$ und $\{\varepsilon\}^+$ an!*

Sei Σ ein Alphabet und $f : \Sigma \to 2^{\Sigma^*}$ eine totale Abbildung, die jedem Buchstaben $a \in \Sigma$ eine formale Sprache $f(a) = L_a \subseteq \Sigma^*$ zuordnet. Wir definieren die **f-Substitution $sub_f(w)$ eines Wortes** $w = w_1 w_2 \dots w_n$, $w_i \in \Sigma$, $1 \leq i \leq n$, $n \geq 0$, durch

$$sub_f(w) = \begin{cases} \emptyset, & n = 0, \\ \prod_{i=1}^n f(w_i), & n \geq 1. \end{cases} \tag{2.8}$$

Die f-Substitution $sub_f(w)$ ersetzt in einem nicht leeren Wort w jeden Buchstaben w_i durch die Sprache $f(w_i)$, $1 \leq i \leq n$, und konkateniert diese Sprachen.

Die **f-Substitution $SUB_f(L)$ einer Sprache** $L \subseteq \Sigma^*$ ist definiert durch

$$SUB_f(L) = \bigcup_{w \in L} sub_f(w) \tag{2.9}$$

Jedes Wort aus L wird also f-substituiert, und die entstehenden Sprachen werden vereinigt.

Beispiel 2.4 *Sei $\Sigma = \{0, 1, a, b, c\}$, $L = \{0^n c 1^n b \mid n \geq 0\}$ und $f : \Sigma \to 2^{\Sigma^*}$, definiert durch*

$$f(0) = L_0 = \{ab\}, \ f(1) = L_1 = \{aab^k \mid k \geq 1\},$$
$$f(a) = L_a = \{\varepsilon\}, \ f(b) = L_b = \{\varepsilon\}. \ f(c) = L_c = \{c\}.$$

---

[4]Benannt nach Stephen C. Kleene (1909–1998), amerikanischer Mathematiker und Logiker, der fundamentale Beiträge zur Logik und zu theoretischen Grundlagen der Informatik geliefert hat.

Dann gilt z. B.

$$sub_f(0^2c1^2b) = f(0) \circ f(0) \circ f(c) \circ f(1) \circ f(1) \circ f(b)$$
$$= \{ab\} \circ \{ab\} \circ \{c\} \circ \{aab^k \mid k \geq 1\} \circ \{aab^k \mid k \geq 1\} \circ \{\varepsilon\}$$
$$= \{(ab)^2c(aab^r aab^s) \mid r, s \geq 1\}.$$

Die f-Substitution von L ist

$$SUB_f(L) = \{(ab)^n c(aab^{r_1} aab^{r_2} \ldots aab^{r_n}) \mid n \geq 0, \ r_i \geq 1, \ 1 \leq i \leq n\}.$$

Mithilfe der Substitutionsoperation kann man Mengenverknüpfungen darstellen. Seien A, B, C Sprachen über dem Alphabet Σ mit $a, b \in \Sigma$.

Für die Vereinigung wählen wir die Funktion $f : \{a, b\} \to 2^{\Sigma^*}$, definiert durch $f(a) = L_a = A$ und $f(b) = L_b = B$, sowie die Sprache $L = \{a, b\}$. Damit gilt

$$SUB_f(L) = sub_f(a) \cup sub_f(b) = f(a) \cup f(b) = A \cup B.$$

Für die Konkatenation wählen wir ebenfalls die Funktion $f : \{a, b\} \to 2^{\Sigma^*}$, definiert durch $f(a) = L_a = A$ und $f(b) = L_b = B$, sowie die Sprache $L = \{ab\}$. Damit gilt

$$SUB_f(\{ab\}) = sub_f(ab) = f(a) \circ f(b) = A \circ B.$$

Für das Kleene-Stern-Produkt wählen wir die Funktion $f : \{a\} \to 2^{\Sigma^*}$, definiert durch $f(a) = L_a = C$, sowie die Sprache $L = \{a\}^* = \{a^n \mid n \in \mathbb{N}_0\}$. Damit gilt

$$SUB_f(\{a\}^*) = \bigcup_{n \geq 0} sub_f(a^n)$$
$$= sub_f(a^0) \cup sub_f(a^1) \cup sub_f(a^2) \cup \ldots$$
$$= \{\varepsilon\} \cup f(a) \cup (f(a) \circ f(a)) \cup \ldots$$
$$= C^0 \cup C^1 \cup (C^1 \circ C^1) \cup \ldots$$
$$= C^0 \cup C^1 \cup C^2 \cup \ldots$$
$$= \bigcup_{n \geq 0} C^n$$
$$= C^*.$$

Aus diesen Darstellungen der Sprachverknüpfungen durch geeignete Substitutionen kann man möglicherweise Beweise über Abschlusseigenschaften von Sprachklassen vereinfachen. Sei etwa $\mathcal{C}_\Sigma$ eine durch bestimmte Eigenschaften festgelegte Klasse von Sprachen über dem Alphabet Σ. Wenn man zeigen möchte, dass $\mathcal{C}_\Sigma$ abgeschlossen ist gegen Vereinigung, Konkatenation und Kleene-Stern-Produkt, reicht es, die Abgeschlossenheit gegenüber Substitution zu beweisen, denn die Abgeschlossenheit gegenüber den drei Operationen folgt dann daraus unmittelbar wegen der obigen Überlegungen.

2.5 Präfixfreie Sprachen

In späteren Kapiteln spielt die Präfixfreiheit von Sprachen eine wichtige Rolle. Eine Sprache $L \subseteq \Sigma^+$ heißt **präfixfrei** (hat die **Präfixeigenschaft**) genau dann, wenn für alle Wörter $w \in L$ gilt: Ist x ein echter Präfix von w, dann ist $x \notin L$. Von einem Wort $w \in L$ darf also kein echtes Präfix Element der Sprache sein.

Beispiel 2.5   *Betrachten wir als Beispiele die Sprachen*

$$L_1 = \{a^n b^n \mid n \geq 0\} \quad und \quad L_2 = \big\{ w \in \{a,b\}^* : |w|_a = |w|_b \big\}.$$

Die Sprache L_1 hat die Präfixeigenschaft, denn für jedes Wort $w = a^n b^n$ sind alle echten Präfixe $x = a^n b^i$ mit $n > i$ sowie $x = a^j$ für $j \geq 0$ keine Wörter von L_1. Die Sprache L_2 ist nicht präfixfrei, denn z. B. ist $w = abab \in L_2$ und $x = ab \in L_2$.

Der folgende Satz gibt eine hinreichende und notwendige Eigenschaft für die Präfixfreiheit von Sprachen an.

Satz 2.1   *Eine Sprache $L \subseteq \Sigma^*$ ist präfixfrei genau dann, wenn $L \cap (L \circ \Sigma^+) = \emptyset$ ist.*

Beweis   „$\Rightarrow$": *Wir nehmen an, es sei $L \cap (L \circ \Sigma^+) \neq \emptyset$. Dann gibt es ein Wort $w \in L \cap (L \circ \Sigma^+)$, d. h., es ist $w \in L$ und $w \in (L \circ \Sigma^+)$. Aus der zweiten Eigenschaft folgt, dass es ein $x \in L$ und ein $y \in \Sigma^+$ geben muss mit $w = xy$. Somit gibt es also einen echten Präfix x von w, der in L enthalten ist. Das bedeutet aber einen Widerspruch dazu, dass L präfixfrei ist. Damit ist unsere Annahme falsch, d. h., wenn L präfixfrei ist, dann ist $L \cap (L \circ \Sigma^+) = \emptyset$.*

„$\Leftarrow$": Sei nun $L \cap (L \circ \Sigma^+) = \emptyset$. Wir nehmen nun an, dass L nicht präfixfrei ist. Es gibt also ein Wort $w \in L$ mit einem echten Präfix $x \in L$, d. h., es gibt ein $y \in \Sigma^+$ mit $w = xy$. Damit gilt, dass $w \in L \cap (L \circ \Sigma^+)$, d. h., dass $L \cap (L \circ \Sigma^+) \neq \emptyset$ ist, was ein Widerspruch zur Voraussetzung $L \cap (L \circ \Sigma^+) = \emptyset$ ist. Unsere Annahme ist also falsch, L muss also präfixfrei sein.

Damit haben wir insgesamt die Behauptung des Satzes bewiesen.

Bemerkung 2.3   **a)** *Sei $L \subseteq \Sigma^*$ eine Sprache und $\& \notin \Sigma$, dann ist die Sprache $L_\& = L \circ \{\&\}$ präfixfrei.*

b) *Eine präfixfreie Codierung der natürlichen Zahlen ist z. B. durch die Abbildung $\sigma : \mathbb{N}_0 \to \mathbb{B}^*$, definiert durch $\sigma(n) = 1^n 0$, gegeben.*

Übung 2.12 *Geben Sie eine präfixfreie Codierung von Bitfolgen ohne Verwendung eines Sonderzeichens an!*

Sei $\Sigma = \{a_1, a_2, \ldots, a_n\}$ ein geordnetes Alphabet, $\preccurlyeq$ die lexikografische Ordnung auf Σ^* und L eine nicht leere Sprache über Σ. Dann ist $\min(L)$ **das kleinste Wort in** L:

$$\min(L) = w \text{ genau dann, wenn } w \preccurlyeq x \text{ für alle } x \in L$$

Für alle $v \in \Sigma^*$ ist

$$SUC(v) = \{\, w \in \Sigma^* \mid v \prec w \,\}$$

die Sprache, die alle Nachfolger von v enthält, und die **Nachfolgerfunktion**

$$suc(v) = \min(SUC(v))$$

bestimmt den Nachfolger von v.

2.6 Codierungen von Alphabeten und Wörtern über $\mathbb{N}_0$ und $\mathbb{B}$

Sei $\Sigma = \{a_1, \ldots, a_n\}$ ein nicht leeres, geordnetes Alphabet. Dann legt die Funktion $\tau_\Sigma : \Sigma^* \to \mathbb{N}_0$, definiert durch

$$\tau_\Sigma(\varepsilon) = 0,$$
$$\tau_\Sigma(a_i) = i,\ 1 \leq i \leq n,$$
$$\tau_\Sigma(wa) = n \cdot \tau_\Sigma(w) + \tau_\Sigma(a),\ a \in \Sigma,\ w \in \Sigma^*,$$

eine **Codierung** der Wörter von Σ^* durch natürliche Zahlen fest. Außerdem stellt τ_Σ eine **Abzählung** aller Wörter von Σ^* dar: Das Wort w kommt genau dann an der i-ten Stelle in der lexikografischen Anordnung der Wörter von Σ^* vor, wenn $\tau_\Sigma(w) = i$ ist.

Beispiel 2.6 *Sei $\Sigma = \{a, b, c\}$. Dann ist*

$$\begin{aligned}
\tau_\Sigma(abbc) &= 3 \cdot \tau_\Sigma(abb) + \tau_\Sigma(c) \\
&= 3 \cdot (3 \cdot \tau_\Sigma(ab) + \tau_\Sigma(b)) + 3 \\
&= 3 \cdot (3 \cdot (3 \cdot \tau_\Sigma(a) + \tau_\Sigma(b)) + 2) + 3 \\
&= 3 \cdot (3 \cdot (3 \cdot (3 \cdot \tau_\Sigma(\varepsilon) + \tau_\Sigma(a)) + 2) + 2) + 3 \\
&= 3 \cdot (3 \cdot (3 \cdot (3 \cdot 0 + 1) + 2) + 2) + 3 \\
&= 54.
\end{aligned}$$

Das Wort $abbc$ steht in der lexikografischen Anordnung der Wörter über Σ an der 54-ten Stelle.

Übung 2.13   *Es sei $\Sigma = \{a_1, \ldots, a_n\}$ ein geordnetes Alphabet.*

a) *Die Funktion $\tau'_\Sigma : \Sigma^* \to \mathbb{N}_0$ sei für $w = w_1 w_2 \ldots w_k$ mit $w_i \in \Sigma$, $1 \le i \le k$, definiert durch*

$$\tau'_\Sigma(w) = \tau'_\Sigma(w_1 w_2 \ldots w_k) = \sum_{i=1}^{k} \tau_\Sigma(w_i) \cdot n^{k-i}.$$

Außerdem sei $\tau'_\Sigma(\varepsilon) = \tau_\Sigma(\varepsilon) = \varepsilon$.

Zeigen Sie, dass $\tau_\Sigma(w) = \tau'_\Sigma(w)$ für alle $w \in \Sigma^+$ gilt!

b) *Es sei $\Sigma = \mathbb{B}$. Zeigen Sie, dass dann*

$$\tau_\mathbb{B}(w_1 \ldots w_k) = wert(1 w_1 \ldots w_k) - 1$$

gilt!

Für jedes Alphabet Σ sind die Funktionen τ_Σ und ihre Umkehrfunktionen $\nu_\Sigma = \tau_\Sigma^{-1}$ bijektiv. Es ist $\nu_\Sigma(i) = w$ genau dann, wenn w das i-te Wort in der lexikografischen Anordnung von Σ^* ist. Für den Fall $\Sigma = \mathbb{B}$ ergibt sich die folgende lexikografische Anordnung der Bitfolgen als Paare $(w, \tau_\mathbb{B}(w)) \in \mathbb{B}^* \times \mathbb{N}_0$:

$$(\varepsilon, 0), (0, 1), (1, 2), (00, 3), (01, 4), (10, 5), (11, 6), (000, 7), \ldots \tag{2.10}$$

Es ist z. B. $\nu_\mathbb{B}(62) = 11111$ die 62.-Bitfolge in dieser Anordnung. Die Abbildung $\nu_\mathbb{B} : \mathbb{N}_0 \to \mathbb{B}^*$ stellt also neben der üblichen Dualcodierung *dual* eine weitere Codierung natürlicher Zahlen dar. Ihr Zusammenhang ergibt sich aus der Übung 2.13 b).

In späteren Kapiteln werden wir nur Sprachen über dem Alphabet $\mathbb{B} = \{0, 1\}$ betrachten. Dass das keine prinzipielle Einschränkung ist, zeigt die folgende Überlegung: Jeder Buchstabe eines Alphabets $\Sigma = \{a_0, \ldots, a_{n-1}\}$ mit $n \ge 2$ Symbolen kann durch ein Wort der Länge

$$\ell(\Sigma) = \lceil \log n \rceil = \lceil \log |\Sigma| \rceil$$

über dem Alphabet $\mathbb{B}$ codiert werden, indem z. B. a_i durch die Dualdarstellung von i repräsentiert wird, die, falls nötig, nach links mit Nullen auf die Länge $\ell(\Sigma)$ aufgefüllt wird. Wir können dies formal durch die Funktion

$$bin_\Sigma : \Sigma \to \mathbb{B}^{\ell(\Sigma)},$$

definiert durch

$$bin_\Sigma(a_i) = x_{\ell(\Sigma)-1} \ldots x_0 \tag{2.11}$$

mit

$$i = \sum_{i=0}^{\ell(\Sigma)-1} x_i \cdot 2^i,$$

beschreiben. Wir nennen $bin_\Sigma(a)$ die **Binärdarstellung** von $a \in \Sigma$.

Beispiel 2.7 *Für das Alphabet $\Sigma = \{a, b, c\}$ ergibt sich z. B. $bin_\Sigma(a) = 00$, $bin_\Sigma(b) = 01$, $bin_\Sigma(c) = 10$ und damit das Alphabet $bin_\Sigma(\Sigma) = \{00, 01, 10\}$.*

Wir erweitern die Codierung bin_Σ von Symbolen auf Wörter. Dazu sei

$$bin_\Sigma{}^* : \Sigma^* \to \left(\mathbb{B}^{\ell(\Sigma)} \right)^*$$

definiert durch

$$\begin{aligned}
bin_\Sigma{}^*(\varepsilon) &= \varepsilon, \\
bin_\Sigma{}^*(wa) &= bin_\Sigma{}^*(w) \circ bin_\Sigma(a) \text{ für } w \in \Sigma^* \text{ und } a \in \Sigma.
\end{aligned} \tag{2.12}$$

Beispiel 2.8 *Für das Beispiel (2.6) ergibt sich mit der Festlegung von Beispiel 2.7*

$$\begin{aligned}
bin_\Sigma{}^*(abbc) &= bin_\Sigma{}^*(abb) \circ bin_\Sigma(c) = bin_\Sigma{}^*(abb) \circ 10 \\
&= bin_\Sigma{}^*(ab) \circ bin_\Sigma(b) \circ 10 = bin_\Sigma{}^*(ab) \circ 01 \circ 10 \\
&= bin_\Sigma{}^*(a) \circ bin_\Sigma(b) \circ 0110 = bin_\Sigma{}^*(a) \circ 01 \circ 0110 \\
&= bin_\Sigma{}^*(\varepsilon) \circ bin_\Sigma(a) \circ 010110 = bin_\Sigma{}^*(\varepsilon) \circ 00 \circ 010110 \\
&= \varepsilon \circ 00010110 \\
&= 00010110.
\end{aligned}$$

Das Wort $abbc \in \Sigma^*$ wird also durch das Wort $00010110 \in bin_\Sigma(\Sigma)^*$ binär codiert.

Da die Binärdarstellungen $bin_\Sigma(a)$ der Buchstaben $a \in \Sigma$ alle dieselbe Länge haben, folgt, dass $bin_\Sigma{}^*$ injektiv ist, womit die eindeutige Decodierung gewährleistet ist.

Wir wollen im Folgenden aus schreibtechnischen Gründen nicht mehr zwischen bin_Σ und $bin_\Sigma{}^*$ unterscheiden und beide Funktionen mit bin_Σ notieren.

Übung 2.14 *Codieren Sie das Alphabet $\Sigma = \{a, b, c, \ldots, z\}$ der deutschen Kleinbuchstaben binär!*

Für die binäre Codierung $bin_\Sigma(w)$ eines Wortes w über dem Alphabet Σ ergibt sich die Länge $|bin_\Sigma(w)| = |w| \cdot \ell(\Sigma)$. Die Dualcodierungen der Wörter w eines Alphabets mit n Eementen sind also um den Faktor $\lceil \log n \rceil$ länger als w selbst. Dieser Faktor ist konstant durch die Anzahl der Elemente von Σ gegeben und damit unabhängig von der Länge der Wörter w.

Übung 2.15   *Überlegen Sie, warum einelementige (unäre) Alphabete und damit die „Bierdeckelcodierung" von Zahlen ungeeignet sind!*

Die Menge $\mathbb{N}_0$ der natürlichen Zahlen kann als eine Sprache angesehen werden: Natürliche Zahlen sind Zeichenfolgen, die über dem Alphabet $N = \{0, 1, \ldots, 9\}$ gebildet werden. Wenden wir auf dieses Alphabet die Codierung bin_N an, erhalten wir

$$bin_N(N) = \{0000, 0001, 0010, 0011, 0100, 0101, 0110, 0111, 1000, 1001\}. \quad (2.13)$$

Es gilt aber nicht $N^+ = \mathbb{N}_0$, denn üblicherweise lassen wir führende Nullen weg. Wir schreiben beispielsweise nicht 00123, sondern 123. Die Menge der Wörter über N, die die natürlichen Zahlen ohne führende Nullen darstellen, ist $\{0\} \cup (\{1, 2, \ldots, 9\} \circ N^*)$.

Üblicherweise erfolgt die Codierung von natürlichen Zahlen durch Dualzahlen ebenfalls ohne führende Nullen (siehe Abschnitt 1.2.2): Jede Zahl $z \in \mathbb{N}_0$ lässt sich eindeutig darstellen durch eine Folge

$$dual(z) = x = x_{n-1} \ldots x_0 \in \mathbb{B}^n \text{ mit } n \in \mathbb{N},$$
$$x_{n-1} \neq 0 \text{ für } n \geq 2,$$
$$z = wert(x) = \sum_{i=0}^{n-1} x_i \cdot 2^i \text{ und} \quad (2.14)$$
$$n = \lfloor \log z \rfloor + 1.$$

Bemerkung 2.4   *Aus den obigen Überlegungen folgt:*

- *Mithilfe der Bijektionen τ_Σ können Betrachtungen über Zeichenketten und Sprachen über Alphabete Σ simuliert werden durch Betrachtungen über natürliche Zahlen und Teilmengen natürlicher Zahlen;*

- *mithilfe der Bijektionen $\nu = \tau_\Sigma^{-1}$ können Betrachtungen über natürliche Zahlen und Teilmengen natürlicher Zahlen simuliert werden durch Betrachtungen über Zeichenketten und Sprachen über Alphabete Σ;*

- *mithilfe der injektiven Codierung bin_Σ können Betrachtungen über Zeichenketten und Sprachen über Alphabete Σ simuliert werden durch Betrachtungen über Bitfolgen und Teilmengen von Bitfolgen.*

Wir können also im Folgenden „je nach Gusto" Betrachtungen über Elemente oder Teilmengen von Σ^*, $\mathbb{B}^*$ oder $\mathbb{N}_0$ anstellen, diese gelten gleichermaßen für die entsprechenden Codierungen in den jeweils anderen Mengen.

2.7 Entscheidbarkeit von Sprachen und Mengen

Welche Aufgaben hat ein Compiler einer Programmiersprache? Neben vielen weiteren Funktionalitäten hat ein Compiler die beiden folgenden wesentlichen Aufgaben:

(1) Überprüfung, ob ein eingegebenes Wort ein syntaktisch korrektes Programm ist,

(2) Übersetzung des syntaktisch korrekten Programms in eine auf dem vorliegenden Rechnersystem ausführbare Form.

Wir werden uns im Folgenden nur mit dem Aspekt (1) beschäftigen. Abstrakt betrachtet, muss der Compiler beim Syntaxcheck entscheiden, ob ein Wort w über einem Alphabet Σ zu einer Sprache L gehört oder nicht. Er muss die sogenannte charakteristische Funktion von L berechnen.

Für eine Sprache $L \subseteq \Sigma^*$ heißt die Funktion

$$\chi_L : \Sigma^* \to \mathbb{B},$$

definiert durch

$$\chi_L(w) = \begin{cases} 1, & w \in L, \\ 0, & w \notin L, \end{cases} \tag{2.15}$$

charakteristische Funktion von L.

Wegen der Bemerkung 2.4 können Sprachen als Teilmengen natürlicher Zahlen codiert werden. Deshalb werden wir anstelle der charakteristischen Funktionen von Sprachen charakteristische Funktionen von Mengen $A \subseteq \mathbb{N}_0$ betrachten: Für eine Menge $A \subseteq \mathbb{N}_0$ heißt die Funktion

$$\chi_A : \mathbb{N}_0 \to \mathbb{B},$$

definiert durch

$$\chi_A(x) = \begin{cases} 1, & x \in A, \\ 0, & x \notin A, \end{cases} \tag{2.16}$$

charakteristische Funktion von A.

Neben der charakteristischen Funktion benötigen wir noch eine Variante, die sogenannte semi-charakteristische Funktion, die wir nur für Mengen $A \subseteq \mathbb{N}_0$ angeben: Die Funktion

$$\chi'_A : \mathbb{N}_0 \to \mathbb{B},$$

definiert durch

$$\chi'_A(x) = \begin{cases} 1, & x \in A, \\ \bot, & x \notin A, \end{cases} \tag{2.17}$$

heißt **semi-charakteristische Funktion von A.**

Diese beiden Funktionen sind der Ausgangspunkt für die Definition von zwei Klassen von Mengen, mit denen wir uns im folgenden Kapitel noch näher beschäftigen werden: die Klasse der entscheidbaren sowie die Klasse der semi-entscheidbaren Mengen.

Definition 2.1   **a)** *Eine Menge $A \subseteq \mathbb{N}_0$ heißt* **entscheidbar** *genau dann, wenn ihre charakteristische Funktion χ_A berechenbar ist.*

R *sei die* **Klasse der entscheidbaren Mengen.**

b) *Eine Menge $A \subseteq \mathbb{N}_0$ heißt* **semi-entscheidbar** *genau dann, wenn ihre semi-charakteristische Funktion χ'_A berechenbar ist.*

RE *sei die* **Klasse der semi-entscheidbaren Mengen.**

Die Bezeichnung R steht für *recursive*, die englische Bezeichnung für berechenbar, und RE steht für *recursive enumerable*, die englische Bezeichnung für rekursiv aufzählbar. Warum semi-entscheidbare Mengen auch rekursiv aufzählbar genannt werden, wird sich im Abschnitt 3.4 herausstellen.

In Definition 2.1 wird die bisher nicht definierte Eigenschaft der Berechenbarkeit verwendet. Die beiden Funktionen χ und χ' sollen zunächst intuitiv als berechenbar bezeichnet werden, wenn es einen Algorithmus (ein Programm) gibt, der (das) sie berechnet. Die Begriffe *Algorithmus* und *Berechenbarkeit* werden wir im nächsten Kapitel formal präzisieren.

Die Frage nach der Berechenbarkeit von Funktionen $f : \mathbb{N}_0 \to \mathbb{N}_0$, die im folgenden Kapitel der Ausgangspunkt der Betrachtungen sein wird, kann mithilfe des Entscheidbarkeitsbegriffes von Mengen definiert werden. Dazu führen wir für eine Funktion $f : \mathbb{N}_0 \to \mathbb{N}_0$ die Menge

$$G_f = \{(x, f(x)) \mid x \in \mathbb{N}_0\} \tag{2.18}$$

ein und nennen diese den **Graph der Funktion** f.

Beispiel 2.9   *In (2.10) sind Elemente von $G_{\tau_{\mathrm{B}}}$ aufgelistet.*

Definition 2.2   *Eine Funktion $f : \mathbb{N}_0 \to \mathbb{N}_0$ heißt* **berechenbar** *genau dann, wenn G_f semi-entscheidbar, d. h., wenn χ'_{G_f} berechenbar ist.*

Es reicht also, den Begriff der Berechenbarkeit für charakteristische bzw.für semi-charakteristische Funktionen von Mengen formal zu definieren, weil damit implizit die Berechenbarkeit allgemein für Funktionen festgelegt wird.

2.8 Die Cantorsche k-Tupel-Funktion

Bei dem gerade angesprochenen Thema Berechenbarkeit geht es darum, eine mathematisch präzise Definition für die Berechenbarkeit von Funktionen $f : \mathbb{N}_0^k \to \mathbb{N}_0$, $k \geq 1$, und damit formale Definitionen für die oft nur informell festgelegten Begriffe *Algorithmus* und *Programm* anzugeben. Durch geeignete Codierung können wir uns auf Funktionen $f : \mathbb{N}_0 \to \mathbb{N}_0$ beschränken, denn die k-Tupel von $\mathbb{N}_0^k$ lassen sich eineindeutig durch natürliche Zahlen codieren. Eine Möglichkeit für solche Codierungen sind die Cantorschen k-Tupelfunktionen.[5]

Wir beginnen mit dem Fall $k = 2$, d. h., wir wollen die Menge $\mathbb{N}_0^2$ eineindeutig durch die Menge $\mathbb{N}_0$ codieren. Dazu betrachten wir die folgende Matrix:

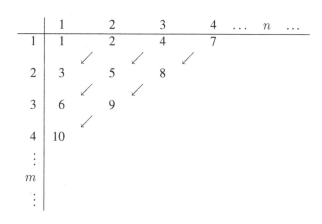

Die Paare $(m, n) \in \mathbb{N}_0 \times \mathbb{N}_0$ werden in Pfeilrichtung nummeriert: Das Paar $(2, 3)$ bekommt z. B. die Nummer 8, und das Paar $(4, 1)$ bekommt die Nummer 10.

Wir wollen nun die bijektive Abbildung $c : \mathbb{N}_0 \times \mathbb{N}_0 \to \mathbb{N}_0$ angeben, die diese Matrix darstellt. In der ersten Spalte stehen die Nummern der Paare $(m, 1)$, $m \geq 1$. Diese ergeben sich durch

$$c(m, 1) = \sum_{i=1}^{m} i = \frac{m(m + 1)}{2}. \tag{2.19}$$

Für $n \geq 2$ gilt, dass sich die Nummer an der Stelle (m, n) in der Matrix ergibt, indem man die Nummer an der Stelle $(m + 1, n - 1)$ (eine Zeile weiter und eine Spalte vorher) um 1 vermindert. Für c gilt also

$$c(m, n) = c(m + 1, n - 1) - 1, \ n \geq 2.$$

---

[5]Georg Cantor (1845–1918) war ein deutscher Mathematiker. Er gilt als Begründer der Mengenlehre und lieferte dadurch eine Basis für ein neues Verständnis der Mathematik. Insbesonders beschäftige er sich mit der Mächtigkeit und dem Vergleich der Mächtigkeiten von Mengen. Dabei verwendete er das Prinzip der Diagonalisierung (siehe oben sowie Kapitel 6).

Daraus ergibt sich

$$c(m, n) = c(m + 1, n - 1) - 1$$
$$= c(m + 2, n - 2) - 2$$
$$\vdots$$
$$= c(m + n - 1, 1) - (n - 1), \ n \geq 2.$$

Mit (2.19) folgt hieraus

$$c(m, n) = \sum_{i=1}^{m+n-1} i - (n - 1) = \frac{(m + n - 1)(m + n)}{2} - (n - 1).$$

Man kann zeigen, dass c bijektiv ist; c stellt quasi eine Abzählung von $\mathbb{N}_0 \times \mathbb{N}_0$ dar. Abzählverfahren dieser Art werden **Cantors erstes Diagonalargument** genannt.

Die Funktion c ist der Ausgangspunkt für die rekursive Definition der sogenannten **Cantorschen k-Tupelfunktionen**

$$\langle \cdot \rangle_k : \mathbb{N}_0^k \to \mathbb{N}_0, \ k \geq 1,$$

die rekursiv wie folgt festgelegt werden können:

$$\langle i \rangle_1 = i$$
$$\langle i, j \rangle_2 = c(i, j + 2) = \frac{(i + j + 1)(i + j + 2)}{2} - (j + 1)$$
$$\langle i_1, \ldots, i_k, i_{k+1} \rangle_{k+1} = \langle \langle i_1, \ldots, i_k \rangle_k, i_{k+1} \rangle_2, \ k \geq 2$$

Man kann zeigen, dass $\langle \cdot \rangle_k$ bijektiv ist für alle $k \geq 1$. Die Funktion $\langle \cdot \rangle_k$ stellt eine eineindeutige Nummerierung von $\mathbb{N}_0^k$ dar.

Mit $\left(\langle \cdot \rangle_k^{-1} \right)_i$, $1 \leq i \leq k$, notieren wir die k Umkehrfunktionen zu $\langle \cdot \rangle_k$, d. h., es ist

$$x_i = \left(\langle z \rangle_k^{-1} \right)_i \ \text{genau dann, wenn} \ \langle x_1, \ldots, x_k \rangle_k = z \ \text{ist.}$$

Wir schreiben im Folgenden, wenn die Stelligkeit k aus dem Zusammenhang klar ist, insbesondere im Fall $k = 2$, $\langle \cdot \rangle$ anstelle von $\langle \cdot \rangle_k$.

Bemerkung 2.5 *Mithilfe der Cantorschen k-Tupelfunktionen können wir uns bei Bedarf auf einstellige Funktionen beschränken, indem wir für eine eigentlich k-stellige Funktion $f : \mathbb{N}_0^k \to \mathbb{N}_0$ nicht $y = f(x_1, \ldots, x_k)$, sondern $y = f\langle x_1, \ldots, x_k \rangle$ schreiben.*

Mithilfe der Cantorschen k-Tupelfunktionen können wir auch den in Definition 2.2 eingeführten Begriff der Berechenbarkeit von Funktionen $f : \mathbb{N}_0 \to \mathbb{N}_0$ auf k-stellige Funktionen erweitern: Für eine Funktion $f : \mathbb{N}_0^k \to \mathbb{N}_0$ sei

$$G_f = \{\langle \langle x_1, \ldots, x_k \rangle, f(x_1, \ldots, x_k) \rangle \mid x_i \in \mathbb{N}_0, 1 \leq i \leq k\} \qquad (2.20)$$

der **Graph von f**.

Definition 2.3 *Eine Funktion $f : \mathbb{N}_0^k \to \mathbb{N}_0$ heißt berechenbar genau dann, wenn G_f semi-entscheidbar ist.*

Die Cantorsche Paarungsfunktion kann verwendet werden, um die Menge $\mathbb{Z}$ der ganzen Zahlen sowie die Menge $\mathbb{Q}$ der rationalen Zahlen zu nummerieren.

Übung 2.16   **a)** *Geben Sie eine Nummerierung für $\mathbb{Z}$ an!*

b) *Geben Sie eine Nummerierung der Menge aller Brüche an!*

Im Unterschied zu der Menge $\mathbb{Q}$ der rationalen Zahlen kann die Menge $\mathbb{R}$ der reellen Zahlen nicht nummeriert werden. Mithilfe einer Diagonalisierung kann gezeigt werden, dass das offene Intervall $I = \{x \in \mathbb{R} \mid 0 < x < 1\}$ der reellen Zahlen zwischen Null und Eins nicht nummeriert werden kann, woraus folgt, dass auch $\mathbb{R}$ nicht nummeriert werden kann. Dazu nehmen wir an, dass I nummeriert werden kann. Jedes Element aus I lässt sich als unendlicher Dezimalbruch darstellen. Eine Nummerierung kann wie folgt als Tabelle dargestellt werden (dabei lassen wir die 0 vor dem Komma und das Komma weg):

$$x_1 = x_{11}x_{12}\ldots x_{1i}\ldots$$
$$x_2 = x_{21}x_{22}\ldots x_{2i}\ldots$$
$$\vdots$$
$$x_i = x_{i1}x_{i2}\ldots x_{ii}\ldots$$
$$\vdots$$

Dabei sind $x_{ij}, j \in \mathbb{N}_0$, die Dezimalziffern von x_i. Wir bilden mithilfe der Diagonalen der Tabelle die Zahl

$$y = y_1 y_2 \ldots y_i \ldots$$

durch

$$y_i = \begin{cases} 1, & x_{ii} \neq 1, \\ 2, & x_{ii} = 1. \end{cases} \tag{2.21}$$

Offensichtlich ist $y \in I$. Die Zahl y muss also in der obigen Tabelle vorkommen, d. h., es gibt eine Nummer k mit $y = x_k$. Daraus folgt, dass $y_k = x_{kk}$ sein muss. Gemäß Definition (2.21) ist aber $y_k \neq x_{kk}$. Die Annahme einer Nummerierung führt zu diesem Widerspruch und ist damit widerlegt.

2.9   Zusammenfassung und bibliografische Hinweise

In diesem Kapitel werden grundlegende Begriffe zu Alphabeten, Wörtern und Sprachen sowie zu Funktionen und Operationen darauf definiert.

Des Weiteren werden Möglichkeiten zur Nummerierung der Menge aller Wörter über einem Alphabet Σ sowie zur Codierung von natürlichen Zahlen durch Bitfolgen angegeben. Wegen dieser Möglichkeiten kann in den folgenden Kapiteln als Grundlage für die Betrachtungen eine dieser Mengen als Ausgangspunkt gewählt werden. Denn wegen der gegenseitigen Codierungen gelten die Betrachtungen gleichermaßen auch für die jeweils beiden anderen Mengen.

Analog ermöglicht die Codierung durch die Cantorschen k-Tupelfunktionen, anstelle von k-stelligen Funktionen nur einstellige Funktionen über $\mathbb{N}_0$ zu betrachten.

Die Darstellungen in diesem Kapitel sind teilweise an entsprechende Darstellungen in [VW16] angelehnt. Formale Sprachen sowie Codierungen und Nummerierungen von Zeichenketten und Sprachen werden in [AB02], [HMU13], [Hr14], [Koz97], [LP98], [Schö09] und [Si06] betrachtet.

Kapitel 3

Berechenbarkeit

Algorithmen werden schon seit alters her entwickelt und angewendet, um Probleme zu lösen. Araber, Chinesen, Inder und Griechen hatten schon vor langer Zeit für viele mathematische Problemstellungen Rechenverfahren entwickelt. Als Beispiel sei der *Euklidische Algorithmus*[1] zur Berechnung des größten gemeinsamen Teilers von zwei natürlichen Zahlen genannt. Allgemein geht es darum,

> *eine Funktion $f : \mathbb{N}_0^k \to \mathbb{N}_0$ als berechenbar anzusehen genau dann, wenn es einen Algorithmus gibt, der f berechnet.*

Der Begriff *Algorithmus* selbst wurde allerdings bis zu Beginn des vorigen Jahrhunderts eher informell beschrieben. Erst zu dieser Zeit entstand das Bedürfnis, diesen Begriff mathematisch präzise zu definieren.

Wegen der Definition 2.3 können wir die Berechenbarkeit von Funktionen auf die (Semi-) Entscheidbarkeit ihrer Graphen zurückführen. Graphen sind Mengen, und gemäß Definition 2.1 sind Mengen entscheidbar bzw. semi-entscheidbar, wenn es Algorithmen gibt, mit denen ihre charakteristischen bzw. ihre semi-charakteristischen Funktionen berechnet werden können. Wir müssen also letztendlich die Berechenbarkeit für charakteristische und semi-charakteristische Funktionen mathematisch präzisieren, dann ist die Entscheidbarkeit bzw. Semi-Entscheidbarkeit von Mengen und damit implizit die Berechenbarkeit von Funktionen formal definiert.

Es gibt eine Reihe von Ansätzen, den Begriff der Berechenbarkeit für Funktionen zu definieren. Wir wählen den Ansatz von Alan M. Turing[2], der das „menschli-

---

[1] Der griechische Mathematiker *Euklid* lebte wohl im 3. Jahrhundert vor Christus in Alexandria. In seinen *Elementen* stellte er die Erkenntnisse der damaligen griechischen Mathematik in einheitlicher, systematischer Weise zusammen. Sein methodisches Vorgehen und seine strenge, auf logischen Prinzipien beruhende Beweisführung waren beispielhaft und grundlegend für die Mathematik bis in die Neuzeit.

[2] Alan M. Turing (1912–1954) war ein britischer Logiker und Mathematiker. Er schuf mit dem Berechenbarkeitskonzept der Turingmaschine eine *der* wesentlichen Grundlagen sowohl für die Theoretische Informatik als auch für die Entwicklung realer universeller Rechner. Im Zweiten Weltkrieg war er maßgeblich an der Entschlüsselung des mit der „Wundermaschine" Enigma verschlüsselten deutschen Funkverkehrs beteiligt. Turing lieferte außerdem wesentliche Beiträge zur Theoretischen Biologie, entwickelte Schachprogramme sowie den Turing-Test, mit dem festgestellt werden soll, ob eine Maschine menschliche

© Springer-Verlag GmbH Deutschland, ein Teil von Springer Nature 2020
K.-U. Witt und M. E. Müller, *Algorithmische Informationstheorie*,
https://doi.org/10.1007/978-3-662-61694-9_3

che Rechnen" als Ausgangspunkt für seine Formalisierung gewählt hat. Alle anderen Ansätze sind äquivalent zum Turingschen Ansatz und damit auch untereinander äquivalent. Die Äquivalenz ist die Begründung für die *Churchsche These* (siehe Abschnitt 3.3), die besagt, dass das Konzept der Turing-Berechenbarkeit genau mit dem intuitiven Verständnis von Berechenbarkeit übereinstimmt.

3.1   Turing-Berechenbarkeit

Angenommen, man möchte eine Formel ausrechnen oder eine Übungsaufgabe lösen, wie geht man vor? Man nimmt z. B. ein Blatt oder mehrere Blätter Papier zur Hand, einen Schreibstift und ein Löschwerkzeug (Radiergummi, Tintenkiller). Man kann dann Berechnungen auf das Papier notieren, kann zu jeder Stelle des Aufgeschriebenen gehen, um dieses zu verändern oder in Abhängigkeit des Notierten Veränderungen an anderen Stellen vornehmen.

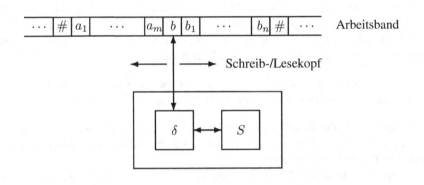

Abbildung 3.1: Arbeitsweise einer Turingmaschine

Diese Überlegung ist der Ausgangspunkt für Turings Ansatz, Berechenbarkeit formal, d. h. mathematisch, zu präzisieren: Berechnungen erfolgen mit der nach ihm benannten Turingmaschine (vgl. Abb. 3.1). Das nach beiden Seiten unendliche Arbeitsband entspricht dem Papier, der Schreib-/Lesekopf realisiert die Schreib- und Löschwerkzeuge. In einem endlichen internen Speicher S können Zustände für den Stand von Berechnungen gespeichert werden. Das auf dem Papier Geschriebene wird in Abhängigkeit vom jeweiligen Zustand nach einem bestimmten endlichen – durch

Intelligenz besitzt. Nach Turing ist der *Turing-Award* benannt, die höchste Auszeichnung für Wissenschaftlerinnen und Wissenschaftler in der Informatik. Wegen seiner Homosexualität wurde Turing 1952 zu einer zwangsweisen Hormonbehandlung verurteilt, in dessen Folge er an Depression erkrankte. Im Juni 1954 starb er durch Suizid. Anlässlich seines hundertsten Geburtstags gab es 2012 weltweit Veranstaltungen zu seinen Ehren. Erst Ende 2013 wurde er durch die britische Regierung und das Königshaus begnadigt und rehabilitiert.

die Zustandsüberführung δ festgelegten – Verfahren (Algorithmus, Programm) manipuliert. Hält das Verfahren in endlicher Zeit, folgt das Ergebnis aus dem erreichten Zustand der Berechnung.

Eingaben für die Berechnung von Turingmaschinen sind im Allgemeinen Wörter über einem Alphabet Σ. Wegen Bemerkung 2.4 können wir uns auf das Alphabet $\mathbb{B}$ beschränken. Das gilt auch im Hinblick auf die (Semi-) Entscheidung von Mengen $A \subseteq \mathbb{N}_0$ und für die Berechnung von Funktionen über $\mathbb{N}_0$.

Definition 3.1 *Eine* **deterministische Turingmaschine** T *ist gegeben durch*

$$T = (\Gamma, S, \delta, s_0, \#, t_a, t_r),$$

bestehend aus

- *dem Arbeitsalphabet (Bandalphabet) Γ, welches das Eingabealphabet $\mathbb{B}$ enthält, d. h., es ist $\mathbb{B} \subset \Gamma$,*

- *der endlichen Zustandsmenge S,*

  - *die den Startzustand s_0,*

  - *den akzeptierenden Zustand t_a (a steht für* accept*)*

  - *und den verwerfenden Zustand t_r (r steht für* reject*) enthält,*

- *dem Blanksymbol $\# \in \Gamma$*

- *und der totalen Funktion*

$$\delta : (S - \{t_a, t_r\}) \times \Gamma \to S \times \Gamma \times \{\leftarrow, \to, -\}, \tag{3.1}$$

die die Zustandsüberführung von T festlegt.

Die Funktion δ kann als **Programm** der Maschine T aufgefasst werden. Die Anweisung $\delta(s, b) = (s', c, m)$, die wir auch in der Form $(s, b, s', c, m) \in \delta$ notieren, bedeutet: Ist T im Zustand s und befindet sich der Schreib-/Lesekopf (im Folgenden kurz S-/L-Kopf) unter dem Symbol b, dann geht T in den Zustand s' über, überschreibt b mit dem Symbol c und führt die Bewegung m aus. Ist $m = \leftarrow$, dann geht der S-/L-Kopf eine Position nach links, ist $m = \to$, geht er eine Position nach rechts, ist $m = -$, dann bewegt er sich nicht. Die Funktion δ beschreibt also das Bearbeiten des Arbeitsbandes sowie die Zustandsänderungen.

Der aktuelle Stand einer Bearbeitung wird beschrieben durch eine **Konfiguration**

$$k = \alpha s \beta \in \Gamma^* \circ S \circ \Gamma^+ \text{ mit } \alpha \in \Gamma^*, \, s \in S, \, \beta \in \Gamma^+,$$

die den aktuellen kompletten Bandinhalt sowie die Position des S-/L-Kopfes auf dem Arbeitswort festhält (siehe Abbildung 3.1). α ist der Teil des Arbeitswortes, der links vor dem Kopf steht; in Abbildung 3.1 ist $\alpha = a_1 \ldots a_m$, $a_i \in \Gamma$, $1 \leq i \leq m$, $m \geq 0$. $\beta[1]$, der erste Buchstabe von β, ist das Symbol, an dem sich der Kopf befindet (in Abbildung 3.1 ist $\beta[1] = b$), und $\beta[2, |\beta|]$ ist der Teil des Arbeitswortes rechts vom Kopf (in Abbildung 3.1 ist $\beta[j + 1] = b_j$, $1 \leq j \leq n$, $n \geq 0$). Es sei

$$K_T = \Gamma^* \circ S \circ \Gamma^+$$

die **Menge der Konfigurationen von** T.

Wenn wir tatsächlich immer den kompletten Inhalt des beidseitig unendlichen Arbeitsbandes einer Turingmaschine betrachten würden, bestünden ein Präfix von α und ein Postfix von β jeweils aus unendlich vielen Blanksymbolen. Deshalb stellen wir nicht den kompletten Inhalt dar, sondern nur den endlichen Ausschnitt, der aktuell von Interesse ist. Das heißt in der Regel, dass α mit höchstens einem Blanksymbol beginnt, β mit höchstens einem oder zwei Blanksymbolen endet und die anderen Buchstaben von α und β – falls vorhanden – ungleich dem Blanksymbol sind.

Definition 3.2   *Die Arbeitsweise, d. h. die Berechnung, die eine Turingmaschine mit einer Eingabe durchführt, wird durch* **Konfigurationsübergänge** *beschrieben. Die Menge der möglichen Konfigurationsübergänge von* T

$$\vdash \, \subseteq K_T \times K_T$$

ist für $b, c \in \Gamma$ *definiert durch*

$$\alpha a s b \beta \vdash \begin{cases} \alpha a s' c \beta, & \text{falls } (s, b, s', c, -) \in \delta, \, \alpha a, \beta \in \Gamma^*, \\ \alpha a c s' \beta, & \text{falls } (s, b, s', c, \rightarrow) \in \delta, \, \alpha a \in \Gamma^* \, \beta \in \Gamma^+, \qquad (3.2) \\ \alpha s' a c \beta, & \text{falls } (s, b, s', c, \leftarrow) \in \delta, \, \alpha, \beta \in \Gamma^*, \, a \in \Gamma. \end{cases}$$

Im ersten Fall wird das Symbol b, das der Automat liest, durch c ersetzt, und der S-/L-Kopf bleibt unverändert. Im zweiten Fall wird b ersetzt durch c, und der Kopf geht nach rechts. Im dritten Fall wird b durch c ersetzt, und der Kopf geht eine Position nach links.

Die Berechnung einer Turingmaschine beginnt mit einer **Startkonfiguration** $s_0 w$: Der S-/L-Kopf befindet sich unter dem ersten Buchstaben der Eingabe $w \in \mathbb{B}^*$. Die Startkonfiguration $s_0 \#$ bedeutet, dass die Eingabe die leere Bitfolge ε ist.

Konfigurationen $\alpha t_a \beta$ und $\alpha t_r \beta$ mit $\alpha \in \Gamma^*$, $\beta \in \Gamma^+$ heißen **akzeptierende** bzw. **verwerfende Konfigurationen**. Da δ total auf $(S - \{t_a, t_r\}) \times \Gamma$ definiert ist, sind akzeptierende und verwerfende Konfigurationen die einzigen Konfigurationen, bei denen die Bearbeitung anhält, weil für diese kein weiterer Konfigurationsübergang mehr möglich ist. Deswegen heißen diese Konfigurationen auch **Haltekonfigurationen**.

Definition 3.3   *Sei $T = (\Gamma, S, \delta, s_0, \#, t_a, t_r)$ eine Turingmaschine. Eine Eingabe $w \in \mathbb{B}^*$ wird von T* **akzeptiert**, *falls $\alpha, \beta \in \Gamma^*$ existieren mit $s_0 w \vdash^* \alpha t_a \beta$; w wird von T* **verworfen**, *falls $\alpha, \beta \in \Gamma^*$ existieren mit $s_0 w \vdash^* \alpha t_r \beta$.*

Konfigurationsfolgen müssen nicht endlich sein. Ist z. B. eine Konfiguration $\alpha s \beta$ erreicht und die Zustandsüberführung $(s, \beta[1], s, \beta[1], -) \in \delta$ gegeben, dann verharrt die Maschine in dieser Konfiguration und erreicht keine Haltekonfiguration.

Für eine Eingabe $w \in \mathbb{B}^*$ gibt es also drei Möglichkeiten: Nach endlich vielen Konfigurationsübergängen

- stoppt die Bearbeitung in einer akzeptierenden
- oder in einer verwerfenden Konfiguration,
- oder die Bearbeitung terminiert nicht.

Definition 3.4   *Eine deterministische Turingmaschine T definiert die Funktion*

$$\Phi_T : \mathbb{B}^* \to \mathbb{B}$$

wie folgt:

$$\Phi_T(w) = \begin{cases} 1, & w \text{ wird von } T \text{ akzeptiert} \\ 0, & w \text{ wird von } T \text{ verworfen} \\ \bot, & \text{sonst} \end{cases} \tag{3.3}$$

Die von T **akzeptierte Sprache** *ist die Menge*

$$L(T) = \{w \in \mathbb{B}^* \mid \Phi_T(w) = 1\} \tag{3.4}$$

der von T akzeptierten Bitfolgen. Eine Menge $L \subseteq \mathbb{B}^*$ heißt **Turing-akzeptierbar**, *falls eine Turingmaschine T existiert mit $L = L(T)$. T heißt* **Turing-Akzeptor** *für L.*

Wir bezeichnen mit DTA *die* **Klasse der von deterministischen Turingmaschinen akzeptierbaren Mengen.**

Eine Menge $L \subseteq \mathbb{B}^*$ heißt **Turing-entscheidbar**, *falls eine Turingmaschine T existiert mit $Def(\Phi_T) = \mathbb{B}^*$ und $L = L(T)$. T heißt* **Turing-Entscheider** *für L.*

Wir bezeichnen mit DTE *die* **Klasse der von deterministischen Turingmaschinen entscheidbaren Mengen.**

Turing-Entscheider terminieren also für jede Eingabe in einer Haltekonfiguration: Eine Eingabe wird entweder akzeptiert oder verworfen. Turing-Akzeptoren können bei einer Eingabe ebenfalls in eine Haltekonfiguration gelangen, sie können aber auch nicht terminieren.

Bemerkung 3.1   *Sei $L \subseteq \mathbb{B}^*$, $w \in \mathbb{B}^*$ und T eine Turingmaschine.*

a) *Gilt $\Phi_T(w) = 0$ oder $\Phi_T(w) = 1$, dann nennen wir 0 bzw. 1 auch die* **Ausgabe** *von T bei Eingabe w.*

b) *Gilt $\Phi_T(w) = \chi_L(w)$ oder $\Phi_T(w) = \chi'_L(w)$ für alle $w \in \mathbb{B}^*$, dann sagen wir, dass T die Funktion χ_L bzw. die Funktion χ'_L* **berechnet***.*

Wir können Turing-Akzeptoren so umformen, dass sie auch in den Fällen, in denen sie in eine verwerfende Konfiguration gelangen, nicht terminieren: Dazu ergänzen wir die Zustandsüberführung durch die Anweisungen $\delta(t_r, a) = (t_r, a, -)$ für alle $a \in \Gamma$. Wir verstoßen damit allerdings gegen die Bedingung (3.1). Da Turing-Akzeptoren aber keinen verwerfenden Zustand benötigen, können wir deren Definition verändern in: $T = (\Gamma, S, \delta, s_0, \#, t_a)$ mit

$$\delta : (S - \{t_a\}) \times \Gamma \to S \times \Gamma \times \{\leftarrow, \to, -\}. \tag{3.5}$$

Mit der so veränderten Definition von Turing-Akzeptoren gilt:

Folgerung 3.1   *Sei $L \subseteq \mathbb{B}^*$, dann gilt:*

a) *$L \in \mathsf{DTA}$ genau dann, wenn ein Turing-Akzeptor T existiert mit*

$$\Phi_T(w) = \begin{cases} 1, & w \in L, \\ \bot, & w \notin L. \end{cases} \tag{3.6}$$

Wegen dieses Ausgabeverhaltens könnten Turing-Akzeptoren auch **Turing-Semi-Ent-scheider** *genannt werden.*

b) *$L \in \mathsf{DTE}$ genau dann, wenn ein Turing-Entscheider T existiert mit*

$$\Phi_T(w) = \begin{cases} 1, & w \in L, \\ 0, & w \notin L. \end{cases} \tag{3.7}$$

c) *Aus a) und b) folgt unmittelbar:* $\mathsf{DTE} \subseteq \mathsf{DTA}$.

Wir können jetzt insbesondere die Definition 2.1 vervollständigen, indem wir die natürlichen Zahlen für die Berechnung der charakteristischen und semi-charakteristischen Funktionen von Teilmengen $A \subseteq \mathbb{N}_0$ mithilfe der in Abschnitt 2.6 eingeführten Bijektion $\nu : \mathbb{N}_0 \to \mathbb{B}^*$ codieren.

Definition 3.5   **a)** *Eine Menge $A \subseteq \mathbb{N}_0$ ist* **entscheidbar** *genau dann, wenn ein Turing-Entscheider T existiert mit $\chi_A(x) = \Phi_T(\nu(x))$ für alle $x \in \mathbb{N}_0$.*

b) *Eine Menge $A \subseteq \mathbb{N}_0$ ist* **semi-entscheidbar** *genau dann, wenn ein Turing-Akzeptor T existiert mit $\chi'_A(x) = \Phi_T(\nu(x))$ für alle $x \in \mathbb{N}_0$.*

Mit der Umkehrfunktion $\tau_{\mathbb{B}} : \mathbb{B}^* \to \mathbb{N}_0$ von ν erhalten wir:

Folgerung 3.2   **a)** *Eine Menge $A \subseteq \mathbb{N}_0$ ist entscheidbar genau dann, wenn ein Turing-Entscheider T existiert mit $A = \tau_{\mathbb{B}}(L(T))$.*

b) *Eine Menge $A \subseteq \mathbb{N}_0$ ist semi-entscheidbar genau dann, wenn ein Turing-Akzeptor T existiert mit $A = \tau_{\mathbb{B}}(L(T))$.*

Im Folgenden vernachlässigen wir aus schreibtechnischen Gründen die Codierungen ν und τ und schreiben (1) anstelle von $\chi_A(x) = \Phi_T(\nu(x))$ nur $\chi_A(x) = \Phi_T(x)$ bzw. (2) anstelle von $\chi'_A(x) = \Phi_T(\nu(x))$ nur $\chi'_A(x) = \Phi_T(x)$. Analog schreiben wir anstelle von $A = \tau_{\mathbb{B}}(L(T))$ nur $A = L(T)$. Im Fall (1) nennen wir T einen **Entscheider für A**, entsprechend nennen wir im Fall (2) T einen **Akzeptor für A**.

Beispiel 3.1   *Wir wollen uns eine Turingmaschine überlegen, welche die charakteristische Funktion der Sprache $L = \{0^n 1^n \mid n \in \mathbb{N}_0\}$ berechnet. Die Grundidee ist, dass die Maschine wiederholt von links nach rechts läuft, dabei überprüft, ob das erste Symbol eine 0 ist, gegebenenfalls diese mit einem Blank überschreibt, zum Ende läuft und überprüft, ob das letzte Symbol eine 1 ist. Falls ja, wird diese mit einem Blank überschrieben, und der S-/L-Kopf kehrt an den Anfang des aktuellen Wortes zurück. Dort wird mit einem neuen Durchlauf begonnen. Ist die Konfiguration vor einem Durchlauf $s0^k 1^k$, dann ist die Konfiguration vor dem nächsten Durchlauf $s0^{k-1} 1^{k-1}$. Ist die Eingabe $0^n 1^n$, also ein Wort aus L, dann stehen nach n solchen Durchläufen nur noch Blanks auf dem Band, was dem leeren Wort entspricht. Da das leere Wort zur Sprache gehört, geht die Maschine in den Zustand t_a. Ist die Eingabe kein Wort aus L, wird der beschriebene Ablauf unterbrochen, und die Maschine geht in den Zustand t_r.*
Das beschriebene Verfahren wird mit der folgenden Maschine realisiert:

$$T = (\{0, 1, \#\}, \{s, s_0, z, z_1, t_a, t_r\}, \delta, s, \#, t_a, t_r)$$

mit

$$
\begin{aligned}
\delta = \{ &(s, \#, t_a, \#, -), && \text{\textit{das leere Wort wird akzeptiert}} \\
&(s, 0, s_0, \#, \rightarrow), && \text{\textit{die nächste 0 wird überschrieben}} \\
&(s_0, 0, s_0, 0, \rightarrow), && \text{\textit{zum Ende laufen, über Nullen}} \\
&(s_0, 1, s_0, 1, \rightarrow), && \text{\textit{und Einsen hinweg}} \\
&(s_0, \#, z_1, \#, \leftarrow), && \text{\textit{am Ende angekommen, ein Symbol zurück}} \\
&(z_1, 1, z, \#, \leftarrow), && \text{\textit{prüfen, ob 1, dann zurück}}
\end{aligned}
$$

$$(z_1, 0, t_r, 0, -),$$ *falls 0, Eingabe verwerfen*

$$(z_1, \#, t_r, \#, -),$$ *falls Band leer, Eingabe verwerfen*

$$(z, 1, z, 1, \leftarrow),$$ *zurück über alle Einsen*

$$(z, 0, z, 0, \leftarrow),$$ *und Nullen*

$$(z, \#, s, \#, \rightarrow),$$ *am Wortanfang angekommen, neue Runde*

$$(s, 1, t_r, 1, -)\}$$ *Anfangssymbol ist 1, Eingabe verwerfen*

Wir testen das Programm mit den Eingaben 0011, 001 und 011:

$$s0011 \vdash s_00011 \vdash 0s_011 \vdash 01s_01 \vdash 011s_0\# \vdash 01z_11 \vdash 0z1 \vdash z01 \vdash z\#01$$
$$\vdash s01 \vdash s_01 \vdash 1s_0\# \vdash z_11 \vdash z\# \vdash s\# \vdash t_a\#$$

$$s001 \vdash s_001 \vdash 0s_01 \vdash 01s_0\# \vdash 0z_11 \vdash z0 \vdash z\#0 \vdash s0 \vdash s_0\# \vdash z_1\# \vdash t_r\#$$

$$s011 \vdash s_011 \vdash 1s_01 \vdash 11s_0\# \vdash 1z_11 \vdash z1 \vdash z\#1 \vdash s1 \vdash t_r1$$

Es gilt also $\Phi_T(0011) = 1$, $\Phi_T(001) = 0$ *sowie* $\Phi_T(011) = 0$. *Es kann gezeigt werden, dass* $\chi_L(x) = \Phi_T(x)$ *für alle* $x \in \mathbb{B}^*$ *gilt.*

Es ist $\tau_\mathbb{B}(0^n1^n) = 2^n(2^n + 1) - 1$. *Sei*

$$A = \{2^n(2^n + 1) - 1 \mid n \in \mathbb{N}_0\} = \{1, 5, 19, 71, 271, \ldots\}$$

dann gilt (mit der oben vereinbarten Schreibweise) $A = L(T)$, *und* A *ist entscheidbar.*

Übung 3.1   *Konstruieren Sie einen Turing-Entscheider für die Sprache*

$$L = \{w\overleftarrow{w} \mid w \in \mathbb{B}^*\}$$

Testen Sie diesen mit den Folgen 1001, 0111 und 111!

Bemerkung 3.2   **a)** *Aufgrund der Definitionen 3.5 und 2.3 haben wir mit den Turingmaschinen eine mathematische Definition für* **Algorithmen** *bzw. für* **Programme** *und damit auch für die Entscheidbarkeit und Semi-Entscheidbarkeit von Mengen bzw. für die* **Berechenbarkeit von Funktionen**. *Bisher war die Definition „Eine Funktion ist berechenbar, wenn es einen Algorithmus gibt, der sie berechnet," eine informelle Beschreibung. Nun haben wir eine formale Definition für die Berechenbarkeit von Funktionen: Eine Funktion* $f : \mathbb{N}_0^k \to \mathbb{N}_0$ *ist berechenbar, wenn es eine Turingmaschine gibt, die* χ'_{G_f} *berechnet. Wir sehen ab jetzt ein Berechnungsverfahren als Algorithmus an, wenn dieser als eine Turingmaschine implementiert werden kann.*

b) *Sei die Funktion* $f : \mathbb{N}_0^k \to \mathbb{N}_0$ *berechenbar und* T *ein Semi-Entscheider von* χ'_{G_f}. *Gilt* $\chi'_{G_f}(x1, \ldots, x_k, y) = 1$, *dann nennen wir* y *die* **Ausgabe** *von* T *bei Eingabe von* $\langle x_1, \ldots, x_k \rangle$ *und schreiben dafür* $\Phi_T \langle x_1, \ldots, x_k \rangle = y$.

3.2 Varianten von Turingmaschinen

Turingmaschinen mit einseitig beschränktem Arbeitsband

In der Definition 3.1 ist das Arbeitsband beidseitig unbeschränkt. Man kann das Band einseitig – z. B. nach links – beschränken ohne Verlust von Berechnungskraft. Es ist klar, dass eine einseitig beschränkte Maschine durch eine beidseitig unbeschränkte unmittelbar simuliert werden kann. Will man eine unbeschränkte Maschine T durch eine einseitig beschränkte Maschine T' simulieren, dann muss T' immer dann, wenn T ein Symbol nach links über das Bandende hinausgehen möchte, in ein Unterprogramm verzweigen, das den kompletten Bandinhalt eine Position nach rechts verschiebt und dann wie T fortfährt.

Mehrband-Maschinen

Man kann Turingautomaten auch mit m Arbeitsbändern, $m \geq 1$, mit jeweils eigenem S-/L-Kopf definieren. In Abhängigkeit vom aktuellen Zustand und den Symbolen, unter denen sich die m S-/L-Köpfe auf ihren jeweiligen Bändern befinden, geht eine m-bändige Turingmaschine in einen neuen Zustand über, überschreibt die gelesenen Symbole mit neuen Symbolen und bewegt die einzelnen Köpfe unabhängig voneinander entweder eine Position nach links, eine Position nach rechts oder lässt sie stehen. Die Zustandsüberführung ist also eine Funktion der Art

$$\delta : (S - \{t_a, t_r\} \times \Gamma^m \to S \times \Gamma^m \times \{\leftarrow, \rightarrow, -\}^m.$$

Die Menge der Konfigurationen ist gegeben durch $K = S \times (\Gamma^* \circ \{\uparrow\} \circ \Gamma^+)^m$. Eine Konfiguration $(s, \alpha_1 \uparrow \beta_1, \ldots, \alpha_m \uparrow \beta_m)$ beschreibt, dass die Maschine sich im Zustand s befindet, der Inhalt von Band i gleich $\alpha_i \beta_i$ ist und der S-/L-Kopf von Band i unter dem Symbol $\beta_i[1]$ steht.

Mehrband-Maschinen sind oft vorteilhaft bei der Berechnung von mehrstelligen Funktionen $f : \mathbb{N}_0^k \to \mathbb{N}_0$, d. h. für die (Semi-) Entscheidung von G_f: Die k Komponenten der Eingabe werden auf k Eingabebänder geschrieben und die Ausgabe auf ein Ausgabeband. Weitere Bänder können als Hilfsbänder dienen. Eine solche Maschine hat dann $k + 1$ und mehr Arbeitsbänder. Die Verfügbarkeit von mehr als einem Arbeitsband erhöht die Mächtigkeit von Turingmaschinen nicht, denn jede Maschine mit mehr als einem Band kann durch eine mit nur einem Band simuliert werden.

Übung 3.2   *Konstruieren Sie eine Maschine mit zwei Bändern, die die charakteristische Funktion der Sprache $L = \{0^n 1^n \mid n \in \mathbb{N}_0\}$ berechnet!*

Mithilfe von Mehrbandmaschinen kann man zeigen, dass die Komposition berechenbarer Funktionen berechenbar ist.

Satz 3.1   *Es seien $f, g : \mathbb{N}_0 \to \mathbb{N}_0$ berechenbare Funktionen, dann ist ihre Komposition $h = f \circ g$, definiert durch $h(x) = f(g(x))$, berechenbar.*

Übung 3.3   *Beweisen Sie Satz 3.1!*

Bemerkung 3.3   *Ist T_h die Turingmaschine, die die Komposition $h = f \circ g$ durch geeignetes Zusammensetzen der Maschinen T_f und T_g berechnet (wie z. B. durch die in der Lösung von Übung 3.3 beschriebenen Konstruktion), dann schreiben wir $T_h = T_f \circ T_g$.*

Mehrere Schreib-/Leseköpfe

Eine weitere Variante lässt auf Arbeitsbändern mehrere S-/L-Köpfe zu. Auch solche Maschinen können durch Maschinen mit nur einem S-/L-Kopf pro Band simuliert werden.

k-dimensionales Arbeitsband

Ein k-dimensionales Arbeitsband kann man sich als k-dimensionales Array von Feldern vorstellen, das in alle $2k$ Richtungen unbeschränkt ist (im Fall $k = 2$ kann man sich das Array als eine in alle vier Richtungen unendliche Matrix vorstellen). In Abhängigkeit vom aktuellen Zustand und dem Feldinhalt der Position, an der sich der S-/L-Kopf befindet, geht die Maschine in einen Folgezustand über, überschreibt den Feldinhalt, und der S-/L-Kopf bewegt sich auf ein Nachbarfeld in einer der $2k$ Richtungen. Auch Maschinen dieser Art können durch Einband-Maschinen simuliert werden.

In den Abschnitten 3.5 und 3.7 werden wir noch zwei weitere Varianten von Turingmaschinen – sogenannte **Verifizierer** sowie **nicht deterministische Turingmaschinen** – kennenlernen und ausführlicher betrachten als die oben nur kurz erläuterten Varianten, denn diese beiden Varianten haben eine größere theoretische und praktische Bedeutung als die anderen.

Alle erwähnten Varianten können sich gegenseitig simulieren, berechnen somit dieselbe Klasse von Funktionen – sie sind berechnungsäquivalent.

Definition 3.6 *Zwei Turingmaschinen T_1 und T_2 (die nicht von derselben Variante sein müssen) heißen* **äquivalent** *genau dann, wenn $\Phi_{T_1}(w) = \Phi_{T_2}(w)$ für alle $w \in \mathbb{B}^*$ gilt, d. h., wenn sie dieselbe Funktion berechnen.*

3.3 Churchsche These

Neben dem Begriff der **Berechenbarkeit**, den wir in der obigen Definition mit Turing-Berechenbarkeit festgelegt haben, haben wir auch den Begriff **Algorithmus** mathematisch präzisiert: Ein Algorithmus ist als formales Berechnungsverfahren zum jetzigen Zeitpunkt durch den Begriff der Turingmaschine definiert. Eine Funktion ist algorithmisch berechenbar, falls es einen Algorithmus – hier eine Turingmaschine – gibt, der sie berechnet.

Neben der Turing-Berechenbarkeit gibt es eine Reihe **weiterer Berechenbarkeitskonzepte**, wie z. B.

- μ-rekursive Funktionen,

- Random Access-Maschinen,

- Markov-Algorithmen,

- λ-Kalkül,

- While-Programme,

- Goto-Programme,

- Programmiersprachen wie C++ und Java, deren Programme auf Rechnern mit beliebig großem Speicher ausgeführt werden.

Wir wollen jedes dieser Konzepte als Programmiersprache verstehen. Sei $\mathcal{M}$ der Name für eine Programmiersprache, z. B. $\mathcal{M} = \mathcal{T}$ für die durch die Menge aller Turing-maschinen $\mathcal{T}$ gegebene Programmiersprache. Ist eine Funktion $f : \mathbb{N}_0^k \to \mathbb{N}_0$ in der Sprache $\mathcal{M}$ durch ein Programm A berechenbar, dann schreiben wir: $f = \Phi_A^{(\mathcal{M})}$.

Es kann gezeigt werden: Sind $\mathcal{M}_1$ und $\mathcal{M}_2$ zwei der oben genannten Programmiersprachen, dann existiert zu jedem Programm $A \in \mathcal{M}_1$ ein Programm $B \in \mathcal{M}_2$ mit $\Phi_A^{(\mathcal{M}_1)} = \Phi_B^{(\mathcal{M}_2)}$, und zu jedem Programm $B \in \mathcal{M}_2$ existiert ein Programm $A \in \mathcal{M}_1$ mit $\Phi_B^{(\mathcal{M}_2)} = \Phi_A^{(\mathcal{M}_1)}$. Die Berechenbarkeitskonzepte sind also, obwohl sie sich (äußerlich) sehr voneinander unterscheiden, zueinander äquivalent, und damit sind alle äquivalent zur Turing-Berechenbarkeit. Diese Äquivalenz ist die Basis für die Churchsche These.[3] Wir werden im Abschnitt 5.4.4 die Existenz von Übersetzern zwischen Programmiersprachen beweisen.

Churchsche These   *Die Menge der Turing-berechenbaren Funktionen ist genau die Menge der im intuitiven Sinne berechenbaren Funktionen.*

Wir nennen die Berechenbarkeitskonzepte, die äquivalent zur Turing-Berechenbarkeit sind, **vollständig**. Beispiele für vollständige Berechenbarkeitskonzepte sind die oben aufgelisteten.

Gemäß der Churchschen These brauchen wir also nicht mehr zwischen unterschiedlichen vollständigen Berechenbarkeitskonzepten zu unterscheiden, z. B. zwischen Turing-Berechenbarkeit und While-Berechenbarkeit, sondern können unabhängig von dem im Einzelfall verwendeten Konzept allgemein von Berechenbarkeit sprechen. Wenn eine Funktion $f : \mathbb{N}_0^k \to \mathbb{N}_0$ Turing-berechenbar ist, d. h., wenn es ein Turingprogramm $T \in \mathcal{T}$ gibt, das f berechnet, müssen wir das nicht explizit angeben: Anstelle von $f = \Phi_T^{(T)}$ können wir lediglich $f = \Phi_T$ schreiben (wie wir das bisher auch gemacht haben).

Ebenso werden wir im Folgenden, wenn gezeigt werden soll, dass eine Funktion $f : \mathbb{N}_0^k \to \mathbb{N}_0$ berechenbar ist, dies nicht immer dadurch belegen, dass wir eine Turingmaschine für f programmieren, sondern dadurch, dass wir einen Algorithmus – mehr oder weniger informell – in einer Programmiersprachen ähnlichen Form angeben – wohl wissend, dass wir auch eine Turingmaschine oder ein Java-Programm zur Berechnung der Funktion angeben könnten. Pseudoformal notierte Programme sind oft verständlicher als Turingmaschinen.

Im Folgenden bezeichnen wir mit $\mathcal{R}^{(k)}$ die Menge der **total berechenbaren k-stelligen Funktionen** und mit $\mathcal{P}^{(k)}$ die **Menge der (partiell) berechenbaren k-stelligen Funktionen** und fassen diese mit

$$\mathcal{R} = \bigcup_{k \geq 0} \mathcal{R}^{(k)} \text{ und } \mathcal{P} = \bigcup_{k \geq 0} \mathcal{P}^{(k)} \tag{3.8}$$

zur **Menge aller total berechenbaren** bzw. zur **Menge aller berechenbaren Funktionen** zusammen.

Übung 3.4   *Zeigen Sie, dass $\mathcal{R} \subset \mathcal{P}$ gilt!*

---

[3]Diese These, auch Church-Turing-These genannt, wurde vorgeschlagen und begründet von Alonzo Church (1903–1995), amerikanischer Mathematiker und Logiker, der – wie sein Schüler Kleene – wesentliche Beiträge zur mathematischen Logik und Berechenbarkeitstheorie geleistet hat.

3.4 Entscheidbare, semi-entscheidbare und rekursiv-aufzählbare Mengen

In diesem Abschnitt werden wir grundlegende Eigenschaften von entscheidbaren und semi-entscheidbaren Mengen betrachten. Des Weiteren werden wir den Begriff der rekursiven Aufzählbarkeit von Mengen einführen und zeigen, dass die rekursiv-aufzählbaren Mengen genau die semi-entscheidbaren Mengen sind. Aus diesem Grund haben wir im Abschnitt 2.7 die Klasse der semi-entscheidbaren Mengen rekursiv-aufzählbar genannt und entsprechend mit RE bezeichnet.

Satz 3.2 **a)** *Ist die Menge $A \subseteq \mathbb{N}_0$ entscheidbar, dann ist auch ihr Komplement $\overline{A}$ entscheidbar.*

b) *Eine Menge $A \subseteq \mathbb{N}_0$ ist entscheidbar genau dann, wenn A und $\overline{A}$ semi-entscheidbar sind.*

Beweis **a)** *Sei T eine Turingmaschine, die χ_A berechnet. Daraus konstruieren wir die Maschine T' wie folgt: T und T' sind identisch bis auf das Ausgabeverhalten. Falls T eine 1 ausgibt, dann gibt T' eine 0 aus, und falls T eine 0 ausgibt, dann gibt T' eine 1 aus.*

b) *„$\Rightarrow$": Sei T eine Turingmaschine, die χ_A berechnet. Daraus konstruieren wir die Maschine T' wie folgt: T und T' sind identisch bis auf das Ausgabeverhalten. Falls T eine 1 ausgibt, dann gibt T' eine 1 aus, und falls T eine 0 ausgibt, dann läuft T' unendlich weiter nach rechts (siehe Übung 3.4). Es folgt $\Phi_{T'} = \chi'_A$. Die Funktion χ'_A ist also berechenbar, und damit ist A semi-entscheidbar. Wir haben also gezeigt: Ist A entscheidbar, dann ist A auch semi-entscheidbar. Hieraus folgt mithilfe von a): Ist A entscheidbar, dann ist $\overline{A}$ semi-entscheidbar.*

„$\Leftarrow$": Sei T_A eine Turingmaschine, die χ'_A berechnet, und sei $T_{\overline{A}}$ eine Turingmaschine, die $\chi'_{\overline{A}}$ berechnet. Wir konstruieren eine 2-Bandmaschine T, die auf dem ersten Band die Maschine T_A und auf dem zweiten Band die Maschine $T_{\overline{A}}$ simuliert. Dabei werden die Konfigurationsübergänge von T_A und $T_{\overline{A}}$ schrittweise parallel durchgeführt. Da eine Eingabe x entweder ein Element von A oder ein Element von $\overline{A}$ ist, wird im ersten Fall $\Phi_{T_A}(x) = 1$ und im anderen Fall $\Phi_{T_{\overline{A}}}(x) = 1$ sein. Die Maschine T, die quasi T_A und $T_{\overline{A}}$ parallel ausführt, terminiert also in jedem Fall. Ist $\Phi_{T_A}(x) = 1$, dann gibt T eine 1 aus, ist $\Phi_{T_{A'}}(x) = 1$, dann gibt T eine 0 aus. Es folgt $\Phi_T = \chi_A$. χ_A ist also berechenbar, und damit ist A entscheidbar.

Satz 3.3 **a)** *Ist $A \subset \mathbb{N}_0$ endlich, dann ist $A \in R$.*

b) *Sind $A, B \in R$, dann gilt $\overline{A}, A \cup B, A \cap B \in R$.*

---

algorithm PN;   // P(rim)N(ummerierung)
  input: $i \in \mathbb{N}_0$;
  output: i-te Primzahl $p(i)$;
    $k := 0; n := 2$;
    while $k < i$ **do**
      if n prim **then** $k := k + 1$ **endif**;
      $n := n + 1$;
    endwhile;
    return $n - 1$
endalgorithm

Abbildung 3.2: Algorithmus zur rekursiven Aufzählung der Primzahlen

---

Übung 3.5   *Beweisen Sie Satz 3.3!*

Definition 3.7   *Eine Menge $A \subseteq \mathbb{N}_0$ heißt* **rekursiv-aufzählbar** *genau dann, wenn $A = \emptyset$ ist oder wenn $A \neq \emptyset$ ist und eine total berechenbare Funktion $f : \mathbb{N}_0 \to \mathbb{N}_0$ mit $W(f) = A$ existiert.*

Wenn f eine rekursive Aufzählung einer nicht leeren Menge $A \subseteq \mathbb{N}_0$ ist, dann gilt $A = \{f(0), f(1), f(2), \ldots\}$. Die Aufzählung f nummeriert also genau die Elemente von A. Da f nicht injektiv sein muss, können Elemente von A mehr als eine Nummer, sogar unendlich viele Nummern haben. Da f total ist, wird jeder Nummer ein Wort aus L zugeordnet.

Beispiel 3.2   *Die Menge der Primzahlen $\mathbb{P}$ ist rekursiv-aufzählbar. Es gibt Algorithmen zum Test von natürlichen Zahlen auf Primalität, z. B. das Sieb des Eratosthenes. Der Algorithmus PN in Abb. 3.2 berechnet die totale Funktion $p : \mathbb{N}_0 \to \mathbb{N}_0$, definiert durch $p(i) = p_i$, und p_i ist die i-te Primzahl: $\Phi_{PN} = p$.*

Der folgende Satz zeigt die bereits in der Einleitung des Abschnitts angedeutete Äquivalenz der Begriffe Semi-Entscheidbarkeit und rekursive Aufzählbarkeit.

Satz 3.4   *Es sei $A \subseteq \mathbb{N}_0$, dann gilt:*

a) *A ist rekursiv-aufzählbar genau dann, wenn A semi-entscheidbar ist.*

b) *A ist genau dann rekursiv aufzählbar, wenn eine berechenbare Funktion $g : \mathbb{N}_0 \to \mathbb{N}_0$ existiert mit $Def(g) = A$.*

Beweis **a)** „⇒“: *Sei* $A = \emptyset$. *Dann ist* $\chi'_A : \mathbb{N}_0 \to \mathbb{B}$, *definiert durch* $\chi'_A(x) = \bot$, *für alle* $x \in \mathbb{N}_0$ *berechenbar (siehe Lösung zur Übung 3.4).*

Sei $A \neq \emptyset$ *rekursiv aufzählbar. Dann gib es eine total berechenbare Funktion* $f : \mathbb{N}_0 \to \mathbb{N}_0$ *mit* $W(f) = A$. *Sei* T *eine Turingmaschine, die* f *berechnet:* $\Phi_T = f$. *Abb. 3.3 zeigt das Programm* X, *das* χ'_A *mithilfe der rekursiven Aufzählung* Φ_T *berechnet. Ist die Eingabe* $x \in A$, *dann ist* $x \in W(f)$, *und es existiert eine Nummer* i *mit* $f(i) = x$. *Das Programm* X *findet die kleinste Nummer mit dieser Eigenschaft und gibt eine 1 aus; es gilt also* $\Phi_X(x) = 1$ *in diesem Fall. Ist die Eingabe* $x \notin A$, *dann gibt es kein* i *mit* $f(i) = x$, *und das Programm terminiert nicht. Es gilt somit* $\Phi_X(x) = \bot$. *Insgesamt folgt* $\Phi_X(x) = \chi'_A(x)$, *damit ist* A *semi-entscheidbar.*

„⇐“: *Ist* $A = \emptyset$, *dann ist* A *per se rekursiv aufzählbar, und es ist nichts weiter zu zeigen.*

Sei also $A \neq \emptyset$, *dann enthält* A *mindestens ein Element. Wir wählen irgendein Element von* A – *etwa das kleinste* – *aus und nennen dieses* j. *Da* A *semi-entscheidbar ist, ist* χ'_A *berechenbar. Sei* X *ein Algorithmus, der* χ'_A *berechnet:* $\Phi_X = \chi'_A$. *Der Algorithmus* F *in Abb. 3.4 berechnet mithilfe von* Φ_X *eine rekursive Aufzählung von* A. F *benutzt die beiden Umkehrfunktionen der Cantorschen Paarungsfunktion um sicherzustellen, dass* F *für jede Eingabe* $i \in \mathbb{N}_0$ *terminiert,* Φ_F *also total ist (*Φ_X *ist nicht total definiert, wenn* $A \subset \mathbb{N}_0$ *ist).*

Der Algorithmus F *muss Folgendes leisten, damit* Φ_F *total sowie* $A = W(\Phi_F)$ *ist:*

(1) *Jedem* $n \in \mathbb{N}_0$ *muss ein* $x \in A$ *zugeordnet werden, d. h.,* Φ_F *muss total und es muss* $W(\Phi_F) \subseteq A$ *sein.*

(2) *Allen* $i \in A$ *muss mindestens ein* $n \in \mathbb{N}_0$ *zugeordnet werden, d. h., es muss* $A \subseteq W(\Phi_F)$ *sein.*

Zu (1): Zu $n \in \mathbb{N}_0$ *existieren eineindeutig* i *und* k *mit* $n = \langle i, k \rangle$. *Ist* $i \in A$ *und stoppt* X *bei Eingabe* i *in* k *Schritten, dann wird* n *die Nummer* $x = i$ *zugeordnet. Ist* $i \notin A$, *dann ist* $\chi'_A(i) = \bot$. *Deshalb gibt es keine Schrittzahl* k, *für die das Programm* X *bei Eingabe* i *anhält. Somit wird für dieses* i *den Elementen* $n = \langle i, k \rangle$ *für alle* $k \in \mathbb{N}_0$ *die Ausgabe* $x = j$ *zugeordnet. In jedem Fall gilt also* $\Phi_F(n) = x \in A$ *für alle* $n \in \mathbb{N}_0$. *Die Funktion* Φ_F *ist also total und* $W(\Phi_F) = \Phi_F(\mathbb{N}_0) \subseteq A$.

Zu (2): Sei $i \in A$, *dann ist* $\chi'_A(i) = 1$. *Deshalb gibt es eine Schrittzahl* k, *bei der das Programm* X *bei Eingabe* i *stoppt. Damit ist* $n = \langle i, k \rangle$ *eindeutig durch* i *und* k *bestimmt. Zu* $i \in A$ *existiert also eine Nummer* n, *d. h., zu* $i \in A$ *existiert* $n \in \mathbb{N}_0$ *mit* $\Phi_F(n) = i$, *d. h., es ist* $A \subseteq \Phi_F(\mathbb{N}_0) = W(\Phi_F)$.

b) *Wegen a) können wir die Behauptung ändern in:* A *ist semi-entscheidbar genau dann, wenn eine berechenbare Funktion* $g : \mathbb{N}_0 \to \mathbb{N}_0$ *existiert mit* $Def(g) = A$.

„⇒“: *Ist* A *semi-entscheidbar, dann ist* χ'_A *berechenbar. Wir setzen* $g(x) = \chi'_A(x)$ *für alle* $x \in \mathbb{N}_0$. *Dann ist* g *berechenbar und* $Def(g) = Def(\chi'_A) = A$.

„⇐": Sei G ein Programm, das g berechnet: $\Phi_G = g$. Der Algorithmus X in Abb. 3.5 berechnet χ'_A: Für ein $x \in \mathbb{N}_0$ sucht X sukzessive einen Wert $y \in \mathbb{N}_0$ mit $g(x) = y$. Falls ein solcher existiert, d. h., wenn $x \in Def(g)$ ist, gibt X eine 1 aus; falls ein solcher nicht existiert, d. h., wenn $x \notin Def(g)$ ist, dann terminiert X nicht, es ist also $\Phi_X(x) = \bot$ für diese x. Insgesamt folgt: $\Phi_X = \chi'_A$. Damit ist χ'_A berechenbar, A ist also semi-entscheidbar.

```
algorithm X;
 input:  x ∈ ℕ₀;
 output: 1 falls x ∈ A;
   i := 0;
   while Φ_T(i) ≠ x do
     i := i + 1;
   endwhile;
   return 1
endalgorithm
```

Abbildung 3.3: Algorithmus X zur Berechnung von χ'_A mithilfe einer rekursiven Aufzählung von A

```
algorithm F;
 input:  n ∈ ℕ₀;
 output: ein Element x ∈ A;
```
$$i := \left(\langle n \rangle_2^{-1} \right)_1; \quad k := \left(\langle n \rangle_2^{-1} \right)_2;$$
if X bei Eingabe von i in k Schritten stoppt und 1 ausgibt
   then $x := i$
   else $x := j$
 endif;
 return x
endalgorithm

Abbildung 3.4: Algorithmus F zur Berechnung einer rekursiven Aufzählung von A mithilfe von χ'_A

Satz 3.5   Sind $A, B \in \mathsf{RE}$, dann gilt $A \cup B, A \cap B \in \mathsf{RE}$.

```
algorithm X;
  input:  x ∈ N₀;
  output: 1 falls x ∈ A;
     y := 0;
     while Φ_G(x) ≠ y do
        y := y + 1;
     endwhile;
     return 1
endalgorithm
```

Abbildung 3.5: Algorithmus X zur Berechnung von χ'_A mithilfe der Funktion g

Übung 3.6   *Beweisen Sie Satz 3.5!*

Der Satz 3.5 b) besagt, dass die Klasse R abgeschlossen gegen Komplement, Vereinigung und Durchschnitt ist, während der obige Satz besagt, dass die Klasse RE abgeschlossen gegen Vereinigung und Durchschnitt ist. RE ist nicht abgeschlossen gegen Komplement; das werden wir in Kapitel 6 (siehe Satz 6.5 b) zeigen.

Übung 3.7   *Sei $A \subseteq \mathbb{N}_0$. Zeigen Sie:*

a) *A ist entscheidbar genau dann, wenn eine Turingmaschine existiert, welche die Elemente von A der Größe nach auf ein Band schreibt.*

b) *A ist semi-entscheidbar genau dann, wenn eine Turingmaschine existiert, welche die Elemente von A auf ein Band schreibt.*

Es ist oftmals hilfreich, die Frage nach der Entscheidbarkeit einer Menge A auf die Entscheidbarkeit einer anderen Menge B zurückzuführen, und zwar in folgendem Sinne: Ist die Entscheidbarkeit von B geklärt, lässt sich daraus die Frage nach der Entscheidbarkeit von A beantworten.

Definition 3.8   *Die Menge $A \subseteq \mathbb{N}_0$ heißt **reduzierbar** auf die Menge $B \subseteq \mathbb{N}_0$, falls es eine total berechenbare Funktion $f : \mathbb{N}_0 \to \mathbb{N}_0$ gibt mit*

$$x \in A \text{ genau dann, wenn } f(x) \in B \text{ für alle } x \in \mathbb{N}_0$$

Ist A reduzierbar auf B (mittels der total berechenbaren Funktion f), so schreiben wir $A \leq B$ (oder $A \leq_f B$, falls die Funktion, mit der die Reduktion vorgenommen wird, genannt werden soll).

Gilt $A \leq B$, dann können wir die Entscheidbarkeit von A auf B (algorithmisch) transformieren: Ist B entscheidbar, d. h., gibt es ein Entscheidungsverfahren für B, dann ist auch A entscheidbar. Um zu entscheiden, ob $x \in A$ ist, berechnen wir $f(x)$ und wenden auf das Ergebnis das Entscheidungsverfahren für B an. Ist $f(x) \in B$, dann ist $x \in A$; ist $f(x) \notin B$, dann ist $x \notin A$. Der folgende Satz fasst diese Überlegung zusammen.

Satz 3.6   *Es sei $A, B \subseteq \mathbb{N}_0$. Ist $A \leq B$ und ist B entscheidbar oder semientscheidbar, dann ist auch A entscheidbar bzw. semi-entscheidbar.*

Beweis   *Wir führen den Beweis nur für den Fall der Entscheidbarkeit, der Beweis für den Fall der Semi-Entscheidbarkeit ist analog.*

Es sei also $A \leq_f B$, $f : \mathbb{N}_0 \to \mathbb{N}_0$ eine total berechenbare Funktion, und B sei entscheidbar, d. h., χ_B, die charakteristische Funktion von B, ist berechenbar. Wir definieren die Funktion $g : \mathbb{N}_0 \to \mathbb{B}$ durch $g(x) = \chi_B(f(x))$. Für diese gilt:

- *g ist die charakteristische Funktion von A, denn es ist*

$$g(x) = \chi_B(f(x)) = \left\{ \begin{array}{ll} 1, & f(x) \in B \\ 0, & f(x) \notin B \end{array} \right\} = \left\{ \begin{array}{ll} 1, & x \in A \\ 0, & x \notin A \end{array} \right\} = \chi_A(x)$$

- *g ist berechenbar, denn f und χ_B sind berechenbar (siehe Satz 3.1).*

Mit der Reduktion f und der charakteristischen Funktion von B können wir also eine berechenbare charakteristische Funktion $\chi_A = g$ für A angeben. A ist also entscheidbar.

Wir werden Satz 3.6 des Öfteren im „negativen Sinne" anwenden:

Folgerung 3.3   *Es sei $A, B \subseteq \mathbb{N}_0$. Ist $A \leq B$ und A nicht entscheidbar oder nicht semi-entscheidbar, dann ist auch B nicht entscheidbar bzw. nicht semi-entscheidbar.*

3.5   Turing-Verifizierer

In diesem Abschnitt führen wir eine weitere Variante von Turingmaschinen ein. Dazu betrachten wir als Erstes ein in der Theoretischen Informatik bedeutendes Entscheidungsproblem: *Das Erfüllbarkeitsproblem der Aussagenlogik*, das allgemein mit *SAT* (von englisch *Satisfiability*) bezeichnet wird.

SAT ist die Menge der erfüllbaren aussagenlogischen Formeln. Die Sprache $\mathcal{A}$ der aussagenlogischen Formeln wird gebildet aus Konstanten und Variablen, die mit aussagenlogischen Operatoren miteinander verknüpft werden.

Die Menge V der aussagenlogischen Variablen wird über dem Alphabet $\{v, |\}$ nach folgenden Regeln gebildet:

(1) v ist eine Variable: $v \in V$.

(2) Falls α eine Variable ist, dann auch $\alpha|$, d. h., ist $\alpha \in V$, dann ist auch $\alpha| \in V$.

Mithilfe dieser Regeln ergibt sich: $V = \{v|^n : n \in \mathbb{N}_0\}$. Wenn wir die Anzahl der Striche als Index notieren, ergibt sich als Variablenmenge: $V = \{v_0, v_1, v_2, \ldots\}$.

Die Menge der Operatorsymbole ist gegeben durch $O = \{0, 1, \neg, \wedge, \vee, (,)\}$. Über V und O werden die Elemente von $\mathcal{A}$, die **aussagenlogischen Formeln**, nach folgenden Regeln gebildet:

(i) Die aussagenlogischen Konstanten $0, 1 \in O$ sind Formeln: $0, 1 \in \mathcal{A}$.

(ii) Auch Variablen sind bereits Formeln: für jede Variable $\alpha \in V$ ist $\alpha \in \mathcal{A}$.

(iii) Sind $\alpha, \beta \in \mathcal{A}$, dann ist $(\alpha \wedge \beta)$, $(\alpha \vee \beta)$, $\neg \alpha \in \mathcal{A}$: Aus aussagenlogischen Formeln werden mithilfe von Operatorsymbolen und Klammern neue Formeln gebildet.

Beispiel 3.3 *Beispiele für aussagenlogische Formeln sind:*

$$v_1$$
$$\neg v_7$$
$$(v_5 \wedge v_3)$$
$$(((v_1 \vee (v_2 \wedge v_3)) \vee \neg(v_3 \wedge v_4)) \wedge \neg v_5)$$
$$((0 \vee v_1) \wedge 1)$$

Sei $\gamma \in \mathcal{A}$, dann bestimmen wir die Menge V_γ der in γ vorkommenden Variablen wie folgt:

(i) Ist $\gamma \in \{0, 1\}$, dann ist $V_\gamma = \{\}$.

(ii) Ist $\gamma \in V$, dann ist $V_\gamma = \{\gamma\}$.

(iii) Es ist $V_\gamma = V_\alpha$, falls $\gamma = \neg\alpha$ ist, sowie $V_\gamma = V_\alpha \cup V_\beta$, falls $\gamma = (\alpha \wedge \beta)$ oder $\gamma = (\alpha \vee \beta)$ ist.

Beispiel 3.4 *Mit diesen Regeln ergibt sich z. B. für die Formel*

$$\gamma = (((v_1 \vee (v_2 \wedge v_3)) \vee \neg(v_3 \wedge v_4)) \wedge \neg v_5)$$

die Variablenmenge

$$
\begin{aligned}
V_\gamma &= V_{((v_1 \vee (v_2 \wedge v_3)) \vee \neg(v_3 \wedge v_4))} \cup V_{\neg v_5} \\
&= V_{(v_1 \vee (v_2 \wedge v_3))} \cup V_{\neg(v_3 \wedge v_4)} \cup \{v_5\} \\
&= V_{v_1} \cup V_{(v_2 \wedge v_3)} \cup V_{(v_3 \wedge v_4)} \cup \{v_5\} \\
&= \{v_1\} \cup V_{v_2} \cup V_{v_3} \cup V_{v_3} \cup V_{v_4} \cup \{v_5\} \\
&= \{v_1\} \cup \{v_2\} \cup \{v_3\} \cup \{v_3\} \cup \{v_4\} \cup \{v_5\} \\
&= \{v_1, v_2, v_3, v_4, v_5\}.
\end{aligned}
$$

Die Bedeutung einer Formel, d. h. ihr Wahrheitswert, ergibt sich durch **Belegung der Variablen** mit Wahrheitswerten. Jeder Variablen v in γ, also jedem $v \in V_\gamma$, wird mit der Belegung $\mathcal{I}$ ($\mathcal{I}$ steht für *Interpretation*) genau ein Wahrheitswert zugewiesen: $\mathcal{I} : V_\gamma \to \mathbb{B}$. Für jede Variable $v \in V_\gamma$ gibt es zwei mögliche Belegungen: $\mathcal{I}(v) = 0$ oder $\mathcal{I}(v) = 1$. Ist n die Anzahl der Variablen in γ, also $|V_\gamma| = n$, dann gibt es 2^n mögliche Belegungen $\mathcal{I} : V_\gamma \to \mathbb{B}$. Diese fassen wir in der Menge

$$
\mathcal{I}_\gamma = \mathbb{B}^{V_\gamma} = \{\mathcal{I} \mid \mathcal{I} : V_\gamma \to \mathbb{B}\}
$$

zusammen. Mit einer gewählten Belegung $\mathcal{I} \in \mathcal{I}_\gamma$ wird die **Interpretation $\mathcal{I}^*(\gamma)$ der aussagenlogischen Formel** $\gamma \in \mathcal{A}$ gemäß den folgenden Regeln berechnet:

(i) Für $\gamma \in \{0, 1\}$ sei $\mathcal{I}^*(0) = 0$ und $\mathcal{I}^*(1) = 1$: Die Konstanten werden unabhängig von der gegebenen Formel durch fest zugewiesene Wahrheitswerte interpretiert.

(ii) $\mathcal{I}^*(v) = \mathcal{I}(v)$: Die Variablen $v \in V_\gamma$ der Formel γ werden durch die gewählte Belegung $\mathcal{I}$ interpretiert.

(iii) Die Interpretation zusammengesetzter Formeln wird gemäß folgender Regeln für $\alpha, \beta \in \mathcal{A}$ berechnet:

Ist $\gamma = (\alpha \wedge \beta)$, dann ist $\mathcal{I}^*(\gamma) = \mathcal{I}^*(\alpha \wedge \beta) = \min\{\mathcal{I}^*(\alpha), \mathcal{I}^*(\beta)\}$.

Ist $\gamma = (\alpha \vee \beta)$, dann ist $\mathcal{I}^*(\gamma) = \mathcal{I}^*(\alpha \vee \beta) = \max\{\mathcal{I}^*(\alpha), \mathcal{I}^*(\beta)\}$.

Ist $\gamma = \neg\alpha$, dann ist $\mathcal{I}^*(\gamma) = \mathcal{I}^*(\neg\alpha) = 1 - \mathcal{I}^*(\alpha)$.

Beispiel 3.5   *Der besseren Lesbarkeit wegen nennen wir die Variablen in diesem Beispiel nicht v_1, v_2 und v_3, sondern p, q und r. Wir betrachten die Formel*

$$
\gamma = (((p \vee (q \wedge r)) \wedge \neg(q \vee \neg r)) \vee 0).
$$

Es ist $V_\gamma = \{p, q, r\}$. Wir wählen die Belegung $\mathcal{I}(p) = 1$, $\mathcal{I}(q) = 0$ sowie $\mathcal{I}(r) = 1$. Mit dieser Belegung ergibt sich gemäß den obigen Regeln folgende Interpretation: $\mathcal{I}^*(\gamma)$

$$
\begin{aligned}
&= \mathcal{I}^*(((p \vee (q \wedge r)) \wedge \neg(q \vee \neg r)) \vee 0) \\
&= \max\{\mathcal{I}^*((p \vee (q \wedge r)) \wedge \neg(q \vee \neg r)), \mathcal{I}^*(0)\} \\
&= \max\{\min\{\mathcal{I}^*(p \vee (q \wedge r)), \mathcal{I}^*(\neg(q \vee \neg r))\}, 0\} \\
&= \max\{\min\{\max\{\mathcal{I}^*(p), \mathcal{I}^*(q \wedge r)\}, 1 - \mathcal{I}^*(q \vee \neg r)\}, 0\} \\
&= \max\{\min\{\max\{\mathcal{I}(p), \min\{\mathcal{I}^*(q), \mathcal{I}^*(r)\}\}, 1 - \max\{\mathcal{I}^*(q), \mathcal{I}^*(\neg r)\}\}, 0\} \\
&= \max\{\min\{\max\{1, \min\{\mathcal{I}(q), \mathcal{I}(r)\}\}, 1 - \max\{\mathcal{I}(q), 1 - \mathcal{I}^*(r)\}\}, 0\} \\
&= \max\{\min\{\max\{1, \min\{0, 1\}\}, 1 - \max\{0, 1 - \mathcal{I}(r)\}\}, 0\} \\
&= \max\{\min\{\max\{1, \min\{0, 1\}\}, 1 - \max\{0, 1 - 1\}\}, 0\} \\
&= \max\{\min\{\max\{1, 0\}, 1 - 0\}, 0\} \\
&= \max\{\min\{1, 1\}, 0\} \\
&= \max\{1, 0\} \\
&= 1
\end{aligned}
$$

Für die gewählte Belegung $\mathcal{I}$ ist der Wert der aussagenlogischen Formel also 1.

Übung 3.8 *Berechnen Sie den Wert der Formel γ für weitere der insgesamt $2^3 = 8$ möglichen Belegungen!*

Eine aussagenlogische Formel $\alpha \in \mathcal{A}$ heißt **erfüllbar**, falls es eine Belegung $\mathcal{I} \in \mathcal{I}_\alpha$ gibt mit $\mathcal{I}^*(\alpha) = 1$, d. h., wenn die Variablen von α so mit 0 oder 1 belegt werden können, dass die Auswertung von α insgesamt 1 ergibt. So ist die Formel γ aus obigem Beispiel erfüllbar, denn die dort gewählte Belegung macht die Formel wahr.

Die Formel $\alpha = (v \wedge \neg v)$ ist ein einfaches Beispiel für eine nicht erfüllbare Formel, denn sowohl für die Belegung $\mathcal{I}(v) = 1$ als auch für die Belegung $\mathcal{I}(v) = 0$ gilt $\mathcal{I}^*(\alpha) = 0$.

Die Menge

$$SAT = \{\alpha \in \mathcal{A} \mid \alpha \text{ ist erfüllbar}\}$$

ist die **Menge der erfüllbaren aussagenlogischen Formeln**. Nach dem derzeitigen Stand der Wissenschaft sind Entscheidungsverfahren, die feststellen, ob eine Formel erfüllbar ist oder nicht, sehr aufwändig: Im schlimmsten Fall müssen die Werte einer Formel mit n Variablen für alle 2^n möglichen Belegungen ausgerechnet werden. Führt mindestens eine Belegung zum Ergebnis 1, dann gehört die Formel zu SAT, ansonsten ist die Formel unerfüllbar.

Da in Anwendungen, z. B. in Steuerungen von Industrieanlagen, Flugzeugen oder medizinischen Geräten, logische Formeln mit 10 000 und mehr Variablen verwendet werden, müssten für ihren Test $2^{10\,000}$ Belegungen berechnet werden. Das würde selbst auf den aktuell schnellsten Rechnern mehrere Jahrhunderte dauern.

In der Berechenbarkeitstheorie hilft man sich bei Problemen dieser Art mit einem Konzept, das bereits Turing vorgeschlagen hat: Um die charakteristische Funktion einer Menge zu berechnen, kann eine Turingmaschine eine zusätzliche Information benutzen.

Definition 3.9   *Ein Turing-Akzeptor T heißt* **Verifizierer** *für $L \subseteq \mathbb{B}^*$, falls*

$$L = \{w \in \mathbb{B}^* \mid es \ existiert \ ein \ x \in \mathbb{B}^* \ mit \ (w, x) \in L(T)\}. \tag{3.9}$$

x wird **Zertifikat** *(auch: Zeuge, Beweis) für w genannt.*

Wir nennen eine Menge, die von einem Verifizierer akzeptiert wird, **verifizierbar**. *Wir bezeichnen die* **Klasse der verifizierbaren Mengen mit** V.

Die Arbeitsweise eines Verifizierers T können wir uns so vorstellen: Zu einem gegebenen Wort w „rät" T eine zusätzliche Information x (oder er befragt ein „**Orakel**" nach einem Hilfswort x), die auf ein zweites Arbeitsband geschrieben wird. Gibt es ein Wort x, mithilfe dessen T bei der Bearbeitung von (w, x) eine 1 ausgibt, dann gehört w zu L. Gibt es kein Zertifikat x, sodass T bei Eingabe (w, x) eine 1 ausgibt, dann ist $w \notin L$.

Ein Verifizierer T_{SAT} für SAT könnte wie folgt arbeiten: Zu einer (mit einer geeigneten Codierung) eingegebenen aussagenlogischen Formel α mit n Variablen $v_1, \ldots, v_n$ rät T_{SAT} eine Bitfolge $x \in \mathbb{B}^n$ und belegt für $1 \leq i \leq n$ die Variable v_i mit dem i-ten Bit $x[i]$ von x. Dann wertet T_{SAT} die Formel α mit dieser Belegung aus.

Bei Verifizierern wird davon ausgegangen, dass sie, wenn es für eine Eingabe w ein Zertifikat x gibt, ein solches auch als Erstes erraten. Ist eine aussagenlogische Formel α mit n Variablen erfüllbar, dann gibt es eine Belegung $x \in \mathbb{B}^n$, die α erfüllt, und T_{SAT} wird bei Eingabe α ein solches x „spontan erraten" und nach der Überprüfung, ob x erfüllend ist, eine 1 ausgeben. Gibt es kein Zertifikat für α, d. h., es gibt keine erfüllende Belegung x für α, dann gibt T_{SAT} eine 0 aus.

3.6 Äquivalenz von Turing-Akzeptoren und Verifizierern

Es stellt sich nun die Frage, ob Verifizierer mächtiger sind als Akzeptoren. Es ist klar, dass jeder „normale" Akzeptor auch ein Verifizierer ist; Akzeptoren benutzen kein Orakel. Wir können einen Akzeptor T in einen äquivalenten Verifizierer T_V transformieren, indem bei jeder Eingabe nur das leere Wort als Hilfswort zugelassen ist, und jede Zustandsüberführung $(s, a, s', b, m) \in \delta_T$ wird in die Überführung

$(s, a, \#, s', b, m, -) \in \delta_{T_V}$ transformiert. Der Verifizierer T_V ist eine 2-Bandmaschine, die auf dem ersten Band die Maschine T ausführt und auf dem zweiten nichts tut, da der S-/L-Kopf dort stehen bleibt. Dann gilt $w \in L(T)$ genau dann, wenn $(w, \varepsilon) \in L(T_V)$, und damit ist $L(T) = L(T_V)$. Es gilt also die nächste Folgerung.

Folgerung 3.4   RE $\subseteq$ V.

Gilt auch die Umkehrung V $\subseteq$ RE und damit RE $=$ V, oder gibt es verifizierbare Sprachen, die nicht rekursiv-aufzählbar sind, gilt also RE $\subset$ V?

Satz 3.7   *Es gilt* RE $=$ V.

Beweis *Aus Folgerung 3.4 wissen wir, dass* RE $\subseteq$ V *gilt. Wir müssen also noch überlegen, ob auch* V $\subseteq$ RE *gilt. Sei* $L \in$ V *und* T_V *ein Verifizierer für* L. *Ein Akzeptor* T_A *für* L *könnte den Verifizierer* T_V *bei einer Eingabe* w *wie folgt simulieren:* T_A *erzeugt auf einem zweiten Arbeitsband sukzessive in längenlexikografischer Ordnung alle Wörter* x *über* $\mathbb{B}$. *Für jedes* x *führt* T_A *die Maschine* T_V *auf der Eingabe* (w, x) *aus. Akzeptiert* T_V *diese Eingabe, dann akzeptiert auch* T_A *und stoppt. Falls* T_V *die Eingabe nicht akzeptiert, bestimmt* T_A *den Nachfolger* $suc(x)$ *von* x *und führt* T_V *auf der Eingabe* $(w, suc(x))$ *aus. Falls es ein Zertifikat* $x \in \mathbb{B}^*$ *für* w *gibt, d. h., es ist* $(w, x) \in L(T_V)$ *und damit* $w \in L$, *dann findet* T_A *dieses und akzeptiert* w, *womit* $w \in L(T_A)$ *gilt. Gibt es kein Zertifikat für* w, *d. h., es ist* $w \notin L$, *dann sucht* T_A *immer weiter und stoppt nicht.* T_A *akzeptiert damit* w *nicht, es ist also* $w \notin L(T_A)$. *Insgesamt folgt* $L = L(T_A)$ *und damit* $L \in$ RE.

3.7   Nicht deterministische Turingmaschinen

Sei T ein Verifizierer mit der Überführungsfunktion δ. Für ein Eingabewort $w \in \mathbb{B}^*$ ist jedes Wort $x \in \mathbb{B}^*$ ein mögliches Zertifikat. Deshalb kann es zu einem Zustand s und einem Buchstaben $a \in \mathbb{B}$ zwei Elemente $b \in \mathbb{B}$ mit $(s, a, b) \in Def(\delta)$ geben. Wir definieren eine neue Zustandsüberführung δ' durch

$$\delta'(s, a) = \{\delta(s, a, b) \mid (s, a, b) \in Def(\delta)\}.$$

Sei T' die Turingmaschine, die entsteht, wenn wir δ durch δ' ersetzen. Die Funktion δ' ist eine mengenwertige Funktion. Deshalb können bei Abarbeitung eines Wortes w durch T' Konfigurationen jeweils bis zu zwei Folgekonfigurationen haben.

Turingmaschinen, bei denen die Zustandsüberführung eine mengenwertige Funktion ist, werden **nicht deterministisch** genannt. Eine nicht deterministische Turingmaschine akzeptiert ein Wort, falls es mindestens eine Konfigurationsfolge gibt, die mit einer Ausgabekonfiguration endet.

Allgemein ist also bei **nicht deterministischen Turingmaschinen** die Zustandsüberführung δ eine mengenwertige Funktion

$$\delta : (S - \{t_a, t_r\}) \times \Gamma \to 2^{S \times \Gamma \times \{\leftarrow, \rightarrow, -\}}.$$

Falls für ein Paar $(s, a) \in S \times \Gamma$ die Übergänge $(s, a, s_j, b_j, m_j) \in \delta$ für $1 \leq j \leq k$
mit $k \geq 0$ definiert sind, können wir dies auf folgende Weisen notieren:

$$(s, a, s_1, b_1, m_1), \ldots, (s, a, s_k, b_k, m_k)$$

oder

$$(s, a, \{(s_1, b_1, m_1), \ldots, (s_k, b_k, m_k)\})$$

oder

$$\delta(s, a) = \{(s_1, b_1, m_1), \ldots, (s_k, b_k, m_k)\}.$$

Es ist möglich, dass $\delta(s, a) = \emptyset$ ist; dies entspricht dem Fall $k = 0$. Das bedeutet, dass
es für die Konfigurationen $\alpha s a \beta$ keine Folgekonfigurationen gibt, d. h., die Maschine
hält an. Ist $\alpha s a \beta$ keine Ausgabekonfiguration, ist Φ_T für die Eingabe, die zu dieser
Konfiguration geführt hat, nicht definiert.

Konfigurationen und Konfigurationsübergänge sind für nicht deterministische Maschinen genau so definiert wie für deterministische – wohl mit dem Unterschied, dass
eine Konfiguration $\alpha s a \beta$ für den Fall, dass $|\delta(s, a)| > 1$ ist, mehrere Folgekonfigura-
tionen haben kann.

Die Abarbeitung eines Wortes $w \in \mathbb{B}^*$ durch eine nicht deterministische Turingmaschine $T = (\Gamma, S, \delta, s_0, \#, t_a, t_r)$ kann durch einen **Konfigurationsbaum** (auch: **Be-
rechnungsbaum**) $Tree_T(w)$ repräsentiert werden. Die Knoten dieses Baums stellen
Konfigurationen dar; die Startkonfiguration $s_0 w$ ist die Wurzel von $Tree_T(w)$. Stellt
ein Knoten die Konfiguration $\alpha s a \beta$ dar und ist $|\delta(s, a)| \geq 1$, dann stellen die Folge-
konfigurationen die Nachfolger des Knotens $\alpha s a \beta$ dar. Ist $|\delta(s, a)| = 0$, dann stellt
$\alpha s a \beta$ ein Blatt des Baums dar. Ist $s = t_a$, dann heißt dieses Blatt **akzeptierendes
Blatt**, und der Weg von der Wurzel dorthin heißt **akzeptierender Pfad** von w. Ist
$s = t_r$, dann heißen das Blatt und der Pfad **verwerfend**. Da eine Startkonfiguration
$s_0 w$ zu nicht endenden Konfigurationsfolgen führen kann, kann $Tree_T(w)$ auch unendlich lange Pfade enthalten (die selbstverständlich keine Ausgabe berechnen).

Eine nicht deterministische Turingmaschine T akzeptiert das Wort $w \in \mathbb{B}^*$ genau
dann, wenn $Tree_T(w)$ (mindestens) einen akzeptierenden Pfad enthält. Es ist

$$L(T) = \{w \in \mathbb{B}^* \mid T \text{ akzeptiert } w\}$$

die von T akzeptierte Sprache; T heißt **nicht deterministischer Turing-Akzeptor** für
L. Eine Sprache $L \subseteq \mathbb{B}^*$ wird von T **akzeptiert**, falls $L = L(T)$ gilt.

NTA ist die **Klasse der Sprachen, die von nicht deterministischen Turingmaschinen akzeptiert werden**.

Eine nicht deterministische Turingmaschine heißt **nicht deterministischer Turing-
Entscheider** für eine Sprache $L \subseteq \mathbb{B}^*$ genau dann, wenn $L = L(T)$ ist und die

Berechnungsbäume $Tree_T(w)$ für alle $w \in \mathbb{B}^*$ keine unendlichen Pfade enthalten. Es gilt also: Ist $w \in L(T)$, dann enthält $Tree_T(w)$ (mindestens) einen akzeptierenden Pfad; ist $w \notin L(T)$, dann sind alle Pfade von $Tree_T(w)$ verwerfend.

NTE ist die **Klasse der Sprachen, die von nicht deterministischen Turingmaschinen entschieden werden**.

Offensichtlich gelten die folgenden Aussagen:

Folgerung 3.5   **a)** NTE $\subseteq$ NTA.

b) DTE $\subseteq$ NTE *sowie* DTA $\subseteq$ NTA.

Eine Übungsaufgabe, die den Wunsch nach nicht deterministischen Turingmaschinen wecken kann, ist die Folgende.

Übung 3.9   *Konstruieren Sie eine Turingmaschine, welche die Menge*

$$L = \{ww \mid w \in \mathbb{B}^*\}$$

entscheidet!

Es ist klar, dass jede deterministische Turingmaschine T durch eine nicht deterministische Maschine T' simuliert werden kann. Denn deterministische Maschinen sind Spezialfälle von nicht deterministischen, bei denen $|\delta(s,a)| \leq 1$ für alle $s \in S$ und alle $a \in \Gamma$ gilt. Der folgende Satz besagt, dass auch die Umkehrung gilt. Nicht deterministische Maschinen sind also nicht mächtiger als deterministische; beide Varianten berechnen dieselbe Klasse von Funktionen.

Satz 3.8   *Zu jeder nicht deterministischen Turingmaschine existiert eine äquivalente deterministische Turingmaschine T'.*

Beweisskizze   *Wir wollen die Transformation einer nicht deterministischen Turingmaschine T in eine äquivalente deterministische Maschine T' nicht formal angeben, sondern nur die Idee einer Transformationsmöglichkeit skizzieren. Im Kern geht es darum, dass T' für eine Eingabe $w \in \mathbb{B}^*$ den Konfigurationsbaum $Tree_T(w)$ in Breitensuche durchläuft und so lange T simuliert, bis eine Haltekonfiguration erreicht wird. Diese Strategie kann man wie folgt realisieren: Da T nicht deterministisch ist, gibt es für jedes Eingabesymbol möglicherweise mehrere Übergangsmöglichkeiten, d. h., für jedes Paar $(s,a) \in S \times \Gamma$ gibt es $|\delta(s,a)|$ viele Möglichkeiten; es sei $k = \max\{|\delta(s,a)| : (s,a) \in S \times \Gamma\}$ die maximale Anzahl solcher Möglichkeiten. Jede endliche Folge von Zahlen zwischen 1 und k stellt eine Folge von nicht deterministischen Auswahlentscheidungen dar.*

*T' kann nun als 3-Bandmaschine konstruiert werden. Auf Band 1 wird die Einga-
be geschrieben, auf Band 2 werden systematisch, d. h. geordnet nach der Länge und
innerhalb gleicher Längen in nummerischer Ordnung, alle mit den Zahlen 1, . . . , k
bildbaren endlichen Folgen generiert. Für jede dieser Folgen kopiert T' die Eingabe
von Band 1 auf Band 3. Anschließend simuliert T' die Maschine T auf Band 3. Dabei
benutzt T' die Zahlenfolge auf Band 2, um in jedem Schritt die durch die entsprechende Zahl festgelegte (ursprünglich nicht deterministische) Übergangsmöglichkeit von
T auszuführen.*

*Wenn T bei Eingabe von x eine Ausgabe y berechnet, dann gibt es eine Konfigura-
tionsfolge von der Startkonfiguration in eine Ausgabekonfiguration mit Ausgabe y,
bei der bei jedem Konfigurationsübergang von mehreren möglichen ein richtiger Zustandsübergang gewählt wird. Es gibt also eine endliche Folge von Zahlen, die die
richtige Folge von Konfigurationsübergängen repräsentiert. Diese Folge wird auf jeden Fall von T' irgendwann auf Band 2 generiert. Dann simuliert T' diese Konfigurationsfolge von T und berechnet ebenfalls y.*

*Wenn T zu einer Eingabe x keine Ausgabe berechnet, gibt es keine Konfigurati-
onsfolge, die bei einer Ausgabekonfiguration endet. Dann gibt es auch keine Folge
von Zahlen, die eine Folge von Konfigurationsübergängen repräsentiert, die zu
einer Ausgabekonfiguration führt, und damit berechnet auch T' bei Eingabe x keine
Ausgabe.*

Aus den Sätzen 3.7 und 3.8 folgt unmittelbar:

Folgerung 3.6   *Sei $L \subseteq \mathbb{B}^*$. Dann sind folgende Aussagen äquivalent:*

a) $L \in$ RE.

b) *Es existiert ein Turing-Akzeptor T mit $L = L(T)$.*

c) *Es existiert ein Verifizierer T mit $L = L(T)$.*

d) *Es existiert eine nicht deterministische Turingmaschine T mit $L = L(T)$.*

e) RE = DTA = V = NTA.

f) DTE = NTE.

3.8 Zusammenfassung und bibliografische Hinweise

In diesem Kapitel werden die Begriffe Algorithmus und Berechenbarkeit von Funktionen sowie Entscheidbarkeit, Semi-Entscheidbarkeit und rekursive Aufzählbarkeit von Mengen mathematisch präzisiert. Als Konzept für Berechenbarkeit wird die Turingmaschine gewählt. Die Churchsche These besagt, dass die Turing-Berechenbarkeit genau das intuitive Verständnis von Berechenbarkeit umfasst, da sich alle anderen Berechenbarkeitskonzepte als äquivalent zur Turing-Berechenbarkeit herausgestellt haben. Damit sind die Klassen $\mathcal{R}$ der total berechenbaren Funktionen sowie die Klasse $\mathcal{P}$ der (partiell) berechenbaren Funktionen unabhängig vom Berechenbarkeitskonzept festgelegt.

Als spezielle, aus theoretischen und praktischen Gesichtspunkten bedeutende Varianten werden deterministische und nicht deterministische Turingmaschinen sowie Turing-Verifizierer vorgestellt. Ihre Äquivalenz wird bewiesen.

Es werden wesentliche Eigenschaften der Klasse R der entscheidbaren Sprachen und der Klasse RE der rekursiv aufzählbaren Sprachen, die sich als identisch mit der Klasse der semi-entscheidbaren Sprachen herausstellt, bewiesen und ihre Zusammenhänge aufgezeigt.

Das Kapitel ist in Teilen an entsprechende Darstellungen in [VW16] angelehnt. Dort wird mehr oder weniger ausführlich erläutert, wie die aufgelisteten Varianten von Turingmaschinen in äquivalente mit nur einem Arbeitsband transformiert werden können. Des Weiteren werden dort neben der Turing-Berechenbarkeit weitere Berechenbarkeitskonzepte wie μ-rekursive Funktionen, While- und Goto-Programme ausführlich vorgestellt, und ihre Äquivalenz wird bewiesen. Außerdem werden die Klasse der Loop-berechenbaren und die dazu identische Klasse der primitiv-rekursiven Funktionen betrachtet, und es wird gezeigt, dass diese Klasse eine echte Teilklasse der total berechenbaren Funktionen bildet.

Einführungen in die Theorie formaler Sprachen und Berechenbarkeit geben auch [AB02], [BL74], [HS01], [HMU13], [Hr14], [Koz97], [LP98], [Ro67], [Schö09], [Si06] und [Wei87].

Kapitel 4

Laufzeit-Komplexität

Insbesondere für praktische Probleme, wie z. B. für SAT, ist von Bedeutung, welchen Aufwand ihre Berechnung kostet. Aufwand kann sein: Zeitaufwand, Speicheraufwand oder Kommunikationsaufwand, wenn die Berechnung auf verteilten Systemen durchgeführt wird. Wir wollen uns in diesem Abschnitt (einführend) mit dem Zeitaufwand von Entscheidungsalgorithmen beschäftigen bzw. mit dem zeitlichen Mindestaufwand, der notwendig ist, um ein Entscheidungsproblem zu lösen.

4.1 Die O-Notation

Dabei interessiert uns bei einem Entscheidungsproblemen nicht für jedes Wort w der exakte Aufwand für die Feststellung, ob es zur Sprache gehört, sondern die Größenordnung des Aufwands. Um diese auszudrücken, kann man die sogenannte O-Notation verwenden.

Definition 4.1   *Sei $f : \mathbb{N}_0 \to \mathbb{R}_{\geq 0}$. Dann ist*

$$O(f) = \{g : \mathbb{N}_0 \to \mathbb{R}_{\geq 0} \mid \text{es existieren ein } n_0 \in \mathbb{N}_0 \text{ und ein } c \in \mathbb{N},$$
$$\text{sodass } g(n) \leq cf(n) \text{ für alle } n \geq n_0 \text{ gilt}\}$$

die Menge der Funktionen, die jeweils ab einem Argument nicht stärker wachsen als die Funktion f, abgesehen von einer multiplikativen Konstante. Anstelle von $g \in O(f)$ schreiben wir $g = O(f)$, um auszudrücken, dass „g (höchstens) von der Ordnung f ist".

© Springer-Verlag GmbH Deutschland, ein Teil von Springer Nature 2020
K.-U. Witt und M. E. Müller, *Algorithmische Informationstheorie*,
https://doi.org/10.1007/978-3-662-61694-9_4

Beispiel 4.1   *Es gilt $3n^2 + 7n + 11 = O(n^2)$, denn wir können wie folgt abschätzen:*

$$3n^2 + 7n + 11 \leq 3n^2 + 7n^2 + 11n^2 \qquad \textit{für alle } n \geq 1$$
$$\leq 11n^2 + 11n^2 + 11n^2 \qquad \textit{für alle } n \geq 1$$
$$= 33n^2$$

Es gibt also ein $c = 33 \geq 1$ und ein $n_0 = 1 \geq 0$, sodass $3n^2 + 7n + 11 \leq c \cdot n^2$ für alle $n \geq n_0$ gilt. Damit ist gezeigt, dass $3n^2 + 7n + 11 = O(n^2)$ ist: Das Polynom zweiten Grades $3n^2 + 7n + 11$ wächst im Wesentlichen wie n^2.

Die Funktion $p_2(n) = 3n^2 + 7n + 11$ ist ein Beispiel für ein Polynom zweiten Grades über $\mathbb{N}_0$. Allgemein sind **Polynome k-ten Grades** über $\mathbb{N}_0$ Funktionen

$$p_k : \mathbb{N}_0 \to \mathbb{R}_{\geq 0},$$

definiert durch

$$p_k(n) = a_k n^k + a_{k-1} n^{k-1} + \ldots + a_1 n + a_0$$
$$= \sum_{i=0}^{k} a_i n^i, \ a_i \in \mathbb{R}_{\geq 0}, \ 0 \leq i \leq k, \ k \geq 0, \ a_k > 0.$$

Satz 4.1   *Es gilt $p_k(n) = O(n^k)$ für alle $k \in \mathbb{N}_0$.*

Beweis   *Wir schätzen $p_k(n)$ ähnlich ab, wie wir die Funktion in Beispiel 4.1 abgeschätzt haben:*

$$p_k(n) = a_k n^k + a_{k-1} n^{k-1} + \ldots + a_1 n + a_0$$
$$\leq a_k n^k + a_{k-1} n^k + \ldots + a_1 n^k + a_0 n^k \qquad \textit{für alle } n \geq 1$$
$$\leq \underbrace{an^k + an^k + \ldots + an^k + an^k}_{k+1\text{-mal}} \qquad \textit{mit } a = \max\{a_i \mid 0 \leq i \leq k\}$$
$$= a(k+1)n^k$$

Wir wählen $c = a(k+1)$ sowie $n_0 = 1$. Dann gilt $p_k(n) \leq c \cdot n^k$ für alle $n \geq n_0$ und damit $p_k(n) = O(n^k)$.

Mithilfe des Satzes können wir unmittelbar die Aussage in Beispiel 4.1 folgern.

Gilt $f(n) = O(p_k(n))$ für eine Funktion $f : \mathbb{N}_0 \to \mathbb{R}_{\geq 0}$, dann nennen wir f von **polynomieller Ordnung**. In späteren Betrachtungen interessiert bei polynomieller Ordnung einer Funktion f oft nicht ihre genaue Größenordnung, sprich der Grad des betreffenden Polynoms, sondern, dass es sich bei der Größenordnung überhaupt um eine polynomielle handelt. In diesen Fällen schreiben wir $f = O(\text{poly})$ oder, wenn das Argument eine Rolle spielt, $f(\cdot) = O(\text{poly}(\cdot))$.

Satz 4.2   *Seien $d \in \mathbb{R}_{\geq 0}$ sowie $f, g, h : \mathbb{N}_0 \to \mathbb{R}_{\geq 0}$, dann gilt:*

(1) $d = O(1)$,

(2) $f = O(f)$,

(3) $d \cdot f = O(f)$,

(4) $f + g = O(g)$, falls $f = O(g)$,

(5) $f + g = O(\max\{f, g\})$,

(6) $f \cdot g = O(f \cdot h)$, falls $g = O(h)$.

Beweis   *(1) folgt unmittelbar aus Satz 4.1, denn Konstanten sind Polynome vom Grad 0.*

(2) Aus $f(n) \leq 1 \cdot f(n)$ für alle $n \geq 0$ folgt sofort die Behauptung.

(3) Nach (2) gilt $f = O(f)$, woraus folgt, dass eine Konstante $c > 0$ und ein $n_0 \in \mathbb{N}_0$ existieren mit $f(n) \leq c \cdot f(n)$ für alle $n \geq n_0$. Daraus folgt $d \cdot f(n) \leq d \cdot c \cdot f(n)$ für alle $n \geq n_0$. Es gibt also eine Konstante $c' = d \cdot c > 0$, sodass $d \cdot f(n) \leq c' \cdot f(n)$ für alle $n \geq n_0$ ist. Daraus folgt $d \cdot f = O(f)$.

(4) Aus $f = O(g)$ folgt, dass ein $c > 0$ und ein $n_0 \in \mathbb{N}_0$ existieren mit $f(n) \leq c \cdot g(n)$ für alle $n \geq n_0$. Daraus folgt

$$
\begin{aligned}
f(n) + g(n) &\leq c \cdot g(n) + g(n) && \text{für alle } n \geq n_0 \\
&= (c + 1) \cdot g(n) && \text{für alle } n \geq n_0 \\
&= c' \cdot g(n) && \text{für alle } n \geq n_0 \text{ und } c' = c + 1.
\end{aligned}
$$

Somit gilt $f + g = O(g)$.

(5) $\max\{f, g\}$ ist definiert durch

$$
\max\{f, g\}(n) = \begin{cases} f(n), & \text{falls } f(n) \geq g(n), \\ g(n), & \text{sonst.} \end{cases}
$$

Hieraus folgt

$$
f(n) + g(n) \leq \max\{f, g\}(n) + \max\{f, g\}(n) = 2 \cdot \max\{f, g\}(n)
$$

für alle $n \geq 0$. Somit gilt $f + g = O(\max\{f, g\})$.

(6) Aus $g = O(h)$ folgt, dass es ein $c > 0$ und ein $n_0 \in \mathbb{N}_0$ gibt mit $g(n) \leq c \cdot h(n)$ für alle $n \geq n_0$. Daraus folgt $f(n) \cdot g(n) \leq f(n) \cdot c \cdot h(n) = c \cdot f(n) \cdot h(n)$ für alle $n \geq n_0$. Somit gilt $f \cdot g = O(f \cdot h)$.

Die O-Notation ermöglicht asymptotische Aussagen über obere Schranken. Dual dazu kann man auch eine Notation für untere Schranken, die sogenannte Ω-Notation, einführen. Stimmen für ein gegebenes Problem obere und untere Schranke überein, wird dies durch die sogenannte Θ-Notation ausgedrückt. Da wir im Folgenden diese beiden Notationen nicht benötigen, gehen wir hier nicht weiter darauf ein.

Neben der Komplexität (insbesondere der Laufzeit) von Algorithmen interessiert auch die Komplexität von Problemen, d. h. die Komplexität, die ein Lösungsalgorithmus für ein Problem mindestens hat. So kann man z. B. zeigen, dass das allgemeine Sortierproblem mit Verfahren, deren Grundoperation der paarweise Vergleich von Objekten ist, mindestens $O(n \log n)$ Schritte benötigt (dabei ist n die Anzahl der zu sortierenden Objekte). Das allgemeine Sortierproblem kann nicht schneller gelöst werden. Da man Sortieralgorithmen mit solchen Laufzeiten kennt, wie z. B. Quicksort, Mergesort und Heapsort, braucht man sich im Prinzip nicht auf die Suche nach weiteren Algorithmen zu machen, da es keinen Sortieralgorithmus mit einer größenordnungsmäßig kleineren Laufzeit gibt. Hat ein Algorithmus eine Laufzeit, die größenordnungsmäßig mit der Komplexität des Problems übereinstimmt, so nennt man ihn **optimal** (für dieses Problem). Heapsort ist also ein optimaler Sortieralgorithmus.

Es ist im Allgemeinen schwierig, die Komplexität eines Problems zu bestimmen bzw. nachzuweisen, dass ein Algorithmus ein Problem optimal löst, da man über eine Klasse von Algorithmen als Ganzes argumentieren muss. Bei einem entsprechenden Nachweis muss man möglicherweise Laufzeitüberlegungen für Algorithmen anstellen, die man noch gar nicht kennt.

4.2   Die Komplexitätsklassen P und NP

Sei T ein Turing-Entscheider. Dann ist die Funktion

$$time_T : \mathbb{B}^* \to \mathbb{N}_0$$

definiert durch

$$time_T(w) = \text{Anzahl der Konfigurationsübergänge von } T \text{ bei Eingabe } w.$$

Wir fassen Mengen, deren Elemente innerhalb einer bestimmten Zeitschranke entschieden werden, zu einer **Komplexitätsklasse** zusammen.

Definition 4.2   *Für eine Funktion* $f : \mathbb{N}_0 \to \mathbb{N}_0$ *ist*

$$TIME(f) = \{L \subseteq \mathbb{B}^* \mid \text{es existiert ein Turing-Entscheider } T \text{ mit } L = L(T)$$
$$\text{und } time_T(w) = O(f(|w|)) \text{ für alle } w \in L\}$$

die Klasse der Mengen, deren Elemente w *mit einer Laufzeit der Größenordnung* $f(|w|)$ *entschieden werden.*

Ist $L \in TIME(f)$, *dann heißt* L **in** f**-Zeit entscheidbar.**

In praktischen Anwendungen sind in der Regel nur Lösungsverfahren von Interesse, deren Laufzeit – gemessen in der Größe der Eingaben – polynomiell ist. Deshalb ist die **Klasse**

$$\mathsf{P} = \bigcup_{k \in \mathbb{N}_0} TIME(p_k) \tag{4.1}$$

der Mengen, die in Polynomzeit entschieden werden können, von Bedeutung.

Wir übertragen die obigen Definitionen auf nicht deterministische Entscheidungen: Sei T ein nicht deterministischer Turing-Entscheider. Dann sei die Funktion

$$ntime_T : \mathbb{B}^* \to \mathbb{N}_0$$

definiert durch

$$ntime_T(w) = \text{minimale Länge eines akzeptierenden Pfades in } Tree_T(w).$$

Definition 4.3   *Für eine Funktion $f : \mathbb{N}_0 \to \mathbb{N}_0$ ist*

$$NTIME(f) = \{L \subseteq \mathbb{B}^* \mid \text{es existiert ein nicht deterministischer Turing-Entscheider}$$
$$T \text{ mit } L = L(T) \text{ und } ntime_T(w) = \mathsf{O}(f(|w|))$$
$$\text{für alle } w \in L\}$$

die Klasse der Mengen, deren Elemente nicht deterministisch mit einer Laufzeit der Größenordnung $f(|w|)$ entschieden werden.

*Ist $L \in NTIME(f)$, dann heißt L **nicht deterministisch in f-Zeit entscheidbar**.*

Damit ergibt sich die **Klasse**

$$\mathsf{NP} = \bigcup_{k \in \mathbb{N}_0} NTIME(p_k) \tag{4.2}$$

der Mengen, die nicht deterministisch in Polynomzeit entschieden werden können.

Definition 4.4   *Ein Turing-Entscheider T für $L \subseteq \mathbb{B}^*$ heißt **Polynomzeit-Verifizierer**, falls*

$$L = \{w \in \mathbb{B}^* \mid \text{es existiert ein } x \in \mathbb{B}^* \text{ mit } (w, x) \in L(T),$$
$$|x| = \mathsf{O}(poly(|w|)), \; time_T(w, x) = \mathsf{O}(poly(|w|))\}. \tag{4.3}$$

*Eine Menge $L \subseteq \mathbb{B}^*$ heißt **Polynomzeit-verifizierbar**, falls es einen Polynomzeit-Verifizierer für L gibt.*

Die Klasse

$$VP = \{L \subseteq \mathbb{B}^* \mid L \text{ ist in Polynomzeit verifizierbar}\} \tag{4.4}$$

ist die Klasse aller Mengen, die von Polynomzeit-Verifizierern entschieden werden können.

Für die folgenden Betrachtungen benötigen wir noch die **Klasse**

$$EXPTIME = \bigcup_{k \in \mathbb{N}} TIME(2^{p_k}) \tag{4.5}$$

der Mengen, die deterministisch in Exponentialzeit entschieden werden können.

Für $L \in$ EXPTIME gilt also: Es gibt einen deterministischen Entscheider T für L mit

$$time_T(w) = O\left(2^{\mathsf{poly}(|w|)}\right) \tag{4.6}$$

für alle $w \in L$.

Satz 4.3   *Es ist* NP $=$ VP.

Beweis   *Sei p ein Polynom, sodass $L \in NTIME(p)$ ist, T eine nicht deterministische Turingmaschine, die L in p-Zeit entscheidet, $w \in \mathbb{B}^*$ sowie g der maximale Verzweigungsgrad im Konfigurationsbaum $Tree_T(w)$. Es gilt:*

(1) *Jeder innere Knoten k in $Tree_T(w)$ hat maximal g Nachfolger k_j, $1 \leq j \leq g$.*

(2) *Ein Pfad der Länge m in $Tree_T(w)$ kann codiert werden durch eine Folge $c_0, c_1, \ldots, c_{m-1}$ mit $1 \leq c_j \leq g$, wobei c_j angibt, dass vom Knoten k_j zu dessen c_j-ten Nachfolger $k_{j_{c_j}}$ gegangen werden soll.*

(3) *Ist $w \in L$ und sind $k_0, k_1, \ldots, k_n$, $n \geq 0$, die Knoten einer minimalen akzeptierenden Konfigurationsfolge für w in $Tree_T(w)$. Dann gilt $n = p(|w|)$.*

Wir können einen Verifizierer V_T wie folgt konstruieren: Als Zertifikate für eine Eingabe $w \in \mathbb{B}^*$ werden Folgen $x = c_0, c_1, \ldots, c_{n-1}$ mit $1 \leq c_j \leq g$ gewählt. V_T führt auf w die Konfigurationsfolge aus, die sich aus der gewählten Folge x in $Tree_T(w)$ ergibt. Ist $w \notin L$, dann gibt es keine Folge, die einen akzeptierenden Pfad darstellt, d. h., es gibt kein Zertifikat für w. Ist $w \in L$, dann gibt es mindestens eine Folge, die einen akzeptierenden Pfad darstellt, d. h., es gibt ein Zertifikat und damit ein minimales Zertifikat x für w. Wegen (3) gilt $|x| = p(|w|)$. Insgesamt folgt, dass V_T ein Polynomzeit-Verifizierer für L ist. Damit gilt $L \in$ VP, und NP $\subseteq$ VP ist gezeigt.

Sei $L \in$ VP und V ein Polynomzeit-Verifizierer für L. Wir konstruieren zu V eine nicht deterministische Turingmaschine T_V, indem wir für alle $a \in \Gamma_V$ die Zustands- überführung von T_V definieren durch

$$\delta_{T_V}(s, a) = \{\delta_V(s, a, b) \mid b \in \Gamma_V\}. \tag{4.7}$$

Sei $w \in L$ und x ein Zertifikat für w, dann definieren die Buchstaben von x gemäß (4.7) einen akzeptierenden Pfad in $\mathrm{Tree}_{T_V}(w)$. Da x durch die Länge von w polynomiell beschränkt ist, gilt dies auch für den akzeptierenden Pfad, d. h., w wird von T_V in Polynomzeit akzeptiert. Ist $w \notin L$, dann existiert auch kein Zertifikat für w, und damit gibt es in $\mathrm{Tree}_{T_V}(w)$ keinen akzeptierenden Pfad. Es folgt $L = L(T_V)$ und damit $L \in$ NP, womit VP $\subseteq$ NP gezeigt ist.

Da wir NP $=$ VP gezeigt haben, werden wir im Folgenden die Klasse VP der Spra- chen, die von Polynomzeit-Verifizierern entschieden werden, auch – wie es allgemein üblich ist – mit NP bezeichnen.

In Satz 3.8 haben wir gesehen, dass jede nicht deterministische Turingmaschine in eine äquivalente deterministische transformiert werden kann. Dabei spielt die Komplexität keine Rolle. Wenn wir diese berücksichtigen, dann gilt der folgende Satz.

Satz 4.4 NP $\subseteq$ EXPTIME.

Beweis *Sei $L \in$ NP und T ein Polynomzeit-Verifizierer, der L entscheidet. Sei p das Polynom, das die Länge der Zertifikate sowie die Laufzeit von T beschränkt. Wir können daraus einen deterministischen Entscheider T_d für L wie folgt konstruieren: T_d erzeugt bei Eingabe eines Wortes $w \in \Sigma^*$ (systematisch) alle möglichen Zertifikate x der Länge $|x| = p(|w|)$ und führt T jeweils auf das Paar (w, x) aus. Akzeptiert T dieses Paar, dann akzeptiert T_d die Eingabe w und stoppt. Akzeptiert T das Paar (w, x) nicht, dann erzeugt T_d das nächste Zertifikat x' und führt T auf das Paar (w, x') aus. Im schlimmsten Fall muss T auf alle möglichen Paare ausgeführt werden. Falls T keines dieser Paare akzeptiert, dann akzeptiert T_d letztendlich die Eingabe w nicht und stoppt.*

Sei $n = |w|$, dann gibt es $2^{p(n)}$ mögliche Zertifikate x mit $|x| = p(n)$. Die Anzahl der Runden, die T_d bei Eingabe von w möglicherweise durchführen muss, ist also von der Ordnung $2^{p(n)}$, und in jeder Runde führt T_d den Verifizierer T aus, der dafür jeweils $p(n)$ Schritte benötigt. Daraus folgt $\mathrm{time}_{T_d}(w) = \mathrm{O}(2^{p(n)} \cdot p(n))$. Sei $\mathrm{grad}(p) = k$. Es ist $n^k \leq 2^{n^k}$, damit gilt

$$\mathrm{time}_{T_d}(w) = \mathrm{O}\left(2^{n^k} \cdot n^k\right) = \mathrm{O}\left(2^{n^k} \cdot 2^{n^k}\right) = \mathrm{O}\left(2^{2n^k}\right) = \mathrm{O}\left(2^{p_k(n)}\right).$$

Damit ist gemäß (4.5) $L \in$ EXPTIME.

Die Transformation einer nicht deterministischen Turingmaschine in eine äquivalente deterministische führt also im Allgemeinen dazu, dass die Laufzeiten auf der deterministischen Maschine im Vergleich zu denen auf der nicht deterministischen exponentiell anwachsen können.

Da offensichtlich $P \subseteq NP$ gilt, folgt mit dem obigen Satz:

Folgerung 4.1 $P \subseteq NP \subseteq EXPTIME$.

Ob auch $NP \subseteq P$ und damit die Gleichheit $P = NP$ gilt, oder ob $P \subset NP$ und damit $P \neq NP$ gilt, ist *das* ungelöste Problem der Theoretischen Informatik. Es wird das **P-NP-Problem** genannt. Wir betrachten im Folgenden einige grundlegende Aspekte dieses Problems.

4.3 NP-Vollständigkeit

Im Abschnitt 3.4 haben wir den Begriff der Reduktion (siehe Definition 3.8) als ein Hilfsmittel kennengelernt, mit dem die Entscheidbarkeit einer Sprache mithilfe einer anderen Sprache gezeigt werden kann. Dabei spielt der Aufwand für die Reduktion keine Rolle. Da wir in diesem Kapitel an der Komplexität von Entscheidungen interessiert sind, müssen wir die Komplexität von Reduktionen beachten.

Definition 4.5   *Es sei $A, B \subseteq \mathbb{N}_0$. A heißt* **polynomiell reduzierbar** *auf B genau dann, wenn $A \leq_f B$ gilt und die Reduktion f in Polynomzeit berechenbar ist. Ist A auf B polynomiell reduzierbar, so schreiben wir $A \leq_{poly} B$.*

Es muss also mindestens eine deterministische Turingmaschine T_f geben, die f in Polynomzeit berechnet, d. h., für die $\Phi_{T_f} = f$ gilt mit $time_{T_f}(n) = O(\text{poly}(n))$.

Folgerung 4.2   *Es seien $A, B, C \subseteq \mathbb{N}_0$.*

a) *Es gilt $A \leq_{poly} B$ genau dann, wenn $\overline{A} \leq_{poly} \overline{B}$ gilt.*

b) *Die Relation $\leq_{poly}$ ist transitiv: Gilt $A \leq_{poly} B$ und $B \leq_{poly} C$, dann gilt auch $A \leq_{poly} C$.*

Übung 4.1   *Beweisen Sie Folgerung 4.2!*

Folgender Satz besagt, dass ein Problem, das polynomiell auf ein in polynomieller Zeit lösbares Problem reduzierbar ist, selbst in polynomieller Zeit lösbar sein muss.

Satz 4.5   *Sei $A, B \subseteq \mathbb{N}_0$. Ist $A \leq_{\text{poly}} B$ und ist $B \in$ P, dann ist auch $A \in$ P.*

Beweis *Aus $A \leq_{\text{poly}} B$ folgt, dass es eine deterministisch in Polynomzeit berechenbare Funktion f geben muss mit $A \leq_f B$. Da $B \in$ P ist, ist die charakteristische Funktion χ_B von B deterministisch in Polynomzeit berechenbar. Wir wissen aus dem Beweis von Satz 3.6, dass die Komposition von f und χ_B eine charakteristische Funktion für A ist: $\chi_A = \chi_B \circ f$. Da f und χ_B deterministisch in Polynomzeit berechenbar sind, ist auch χ_A deterministisch in Polynomzeit berechenbar, also ist $A \in$ P.*

Die Aussage von Satz 4.5 gilt entsprechend auch für die Klasse NP.

Satz 4.6   *Sei $A, B \subseteq \mathbb{N}_0$. Ist $A \leq_{\text{poly}} B$ und ist $B \in$ NP, dann ist auch $A \in$ NP.*

Übung 4.2   *Beweisen Sie Satz 4.6!*

Die folgende Definition legt – auch im Hinblick auf die P-NP-Frage – eine wichtige Teilklasse von NP fest, die Klasse der NP-vollständigen Mengen.

Definition 4.6   **a)** *Eine Menge A heißt* **NP- schwierig** *genau dann, wenn für alle Mengen $B \in$ NP gilt: $B \leq_{\text{poly}} A$.*

b) *A heißt* **NP-vollständig** *genau dann, wenn $A \in$ NP und A NP-schwierig ist.*

c) *Wir bezeichen mit* NPC *die* **Klasse der NP-vollständigen Mengen** *(NPC steht für NP complete).*

NPC enthält im Hinblick auf den zeitlichen Aufwand die schwierigsten Entscheidungsprobleme innerhalb von NP. Wenn man zeigen könnte, dass eine Menge aus NPC deterministisch polynomiell entschieden werden kann, dann wäre P = NP.

Satz 4.7   *Ist $A \in$ NPC, dann gilt $A \in$ P genau dann, wenn P = NP gilt.*

Beweis *„$\Rightarrow$": Sei $A \in$ NPC und $A \in$ P. Wir müssen zeigen, dass dann P = NP gilt. Da P $\subseteq$ NP sowieso gilt, müssen wir also nur noch zeigen, dass auch NP $\subseteq$ P gilt.*

Sei also B eine beliebige Menge aus NP. Da A NP-vollständig ist, ist A auch NP-schwierig (siehe Definition 4.6 b), und deshalb gilt $B \leq_{\text{poly}} A$ (siehe Definition 4.6 a).

Da $A \in$ P ist, folgt mit Satz 4.5, dass auch $B \in$ P ist. Da B beliebig aus NP gewählt ist, folgt somit NP $\subseteq$ P und damit insgesamt P = NP.

„$\Leftarrow$": Wir müssen zeigen: Ist $A \in$ NPC und ist P = NP, dann ist $A \in$ P. Das ist aber offensichtlich: Da A NP-vollständig ist, ist $A \in$ NP (siehe Definition 4.6 b). Wenn P = NP ist, ist damit auch $A \in$ P.

Satz 4.7 besagt: Um zu beweisen, dass P = NP oder dass P $\neq$ NP ist, reicht es, für *irgendeine* NP-vollständige Menge zu zeigen, dass sie in P bzw. nicht in P liegt.

Es herrscht überwiegend die Ansicht, dass P $\neq$ NP und damit P $\subset$ NP gilt; es gibt aber auch Meinungen, die P = NP für möglich halten. Wir gehen im folgenden Abschnitt 4.4 auf mögliche Bedeutungen und Auswirkungen der beiden möglichen Antworten ein.

Der folgende Satz ist die Grundlage für eine Standardtechnik zum Nachweis der NP-Vollständigkeit einer Menge.

Satz 4.8   *Sei $A \in$ NPC. Gilt dann für eine Menge B zum einen $B \in$ NP und zum anderen $A \leq_{\text{poly}} B$, so ist auch $B \in$ NPC.*

Beweis   *Aufgrund unserer Voraussetzungen ist (nach Definition 4.6 a) nur noch zu zeigen, dass für alle Mengen $C \in$ NP gilt: $C \leq_{\text{poly}} B$. Sei also $C \in$ NP beliebig, so gilt zunächst $C \leq_{\text{poly}} A$, da $A \in$ NPC ist. Damit gilt aber $C \leq_{\text{poly}} A \leq_{\text{poly}} B$ und somit aufgrund der Transitivität von $\leq_{\text{poly}}$ (siehe Folgerung 4.2 b) auch $C \leq_{\text{poly}} B$. Also ist auch $B \in$ NPC.*

4.4   Einige Beispiele für NP-vollständige Mengen

Die sich aus Satz 4.8 unmittelbar ergebende Technik zum Nachweis der NP-Vollständigkeit einer Menge B lautet also:

1. Zeige, dass $B \in$ NP gilt.

2. Reduziere eine Sprache $A \in$ NPC polynomiell auf B.

Man benötigt somit zumindest *ein* konkretes NP-vollständiges Problem als „Startpunkt" für Ketten polynomieller Reduktionen.

Am Ende von Abschnitt 3.5 haben wir den Verifizierer T_{SAT} für SAT informell beschrieben. T_{SAT} ist ein Polynomzeit-Verifizierer: Enthält eine aussagenlogische Formel α die Variablen $v_1, \ldots, v_n$ und ist $x \in \mathbb{B}^n$, dann kann T_{SAT} in Polynomzeit überprüfen, ob x ein Zertifikat für α ist, d. h. überprüfen, ob die Belegung $\mathcal{I}(v_i) = x[i]$, $1 \leq i \leq n$, die Formel α erfüllt. Somit gilt $SAT \in$ NP. Wenn zudem gezeigt werden kann, dass $A \leq_{\text{poly}} SAT$ für alle $A \in$ NP gilt, d. h., dass SAT NP-schwierig ist, dann gilt $SAT \in$ NPC. SAT ist dann die erste als NP-vollständig gezeigte Menge, die dann als Ausgangspunkt für Beweise gemäß Satz 4.8 dienen kann.

Dass SAT NP-schwierig – und damit NP-vollständig – ist, zeigt der folgende **Satz von Cook**.

Satz 4.9 $SAT \in$ NPC.

Beweisidee *Es muss gezeigt werden, dass jede Menge $A \in$ NP in Polynomzeit auf SAT reduziert werden kann. Sei T eine nicht deterministische Turingmaschine, die A entscheidet. Die Abarbeitung eines Elementes $n \in \mathbb{N}_0$ durch T kann mithilfe einer aussagenlogischen Formel $\alpha_T(n)$ beschrieben werden, die genau dann erfüllbar ist, wenn n von T akzeptiert wird. Des Weiteren gilt: Ist $time_T(n) = O(p_k(n))$, dann ist $|\alpha_T(n)| = O(p_{3k}(n))$. Der Reduktionsalgorithmus transformiert also die in der Länge durch ein Polynom vom Grad k beschränkte Konfigurationsfolge für die Eingabe n in eine Formel, die in der Länge durch ein Polynom vom Grad $3k$ beschränkt ist. Es gilt somit $A \leq_{\text{poly}} SAT$.*

Wenn man nachweist, dass ein Problem NP-vollständig ist, bedeutet dies – vorausgesetzt, es ist P $\neq$ NP –, dass das Problem zwar prinzipiell, aber praktisch nicht lösbar ist. Denn seine deterministische Berechnung – und Berechnungen auf realen Rechnern erfolgen aufgrund deterministischer Programme – benötigt eine Laufzeit von der Ordnung 2^{n^k}. Das bedeutet schon für $k = 1$ und relativ kleine Problemgrößen n auch für schnellste heute verfügbare Rechner Laufzeiten, die größer sind, als unser Universum alt ist.

NP-vollständige Probleme gelten also als praktisch nicht lösbar (nicht effizient, aber effektiv). Probleme in P gelten als praktisch lösbar (effizient), wobei die Laufzeiten ihrer Berechnungen de facto höchstens von der Ordnung $O(n^3)$ sein sollten, denn bei Laufzeiten von $O(n^k)$ mit $k \geq 4$ können die Laufzeiten auch schon für nicht allzu große n unakzeptabel werden.

Wir listen im Folgenden einige NP-vollständige Probleme auf, die als Abstraktionen von Problemen gelten können, wie sie in der täglichen Praxis häufig vorkommen, wie z. B. aussagenlogische Formeln in Normalform, Routenprobleme, Planungsprobleme, Zuordnungs- und Verteilungsprobleme.

kSAT

Aussagenlogische Formeln $\alpha \in \mathcal{A}$ sind in **konjunktiver Normalform**, falls sie aus Konjunktionen von Disjunktionen bestehen, also von der Gestalt

$$\alpha = \bigwedge_{i=1}^{n} \left(\bigvee_{j=1}^{k_i} v_{ij} \right) \tag{4.8}$$

sind; dabei sind die v_{ij} sogenannte Literale, das sind Variable oder negierte Variable. Die geklammerten Disjunktionen heißen Klauseln. Wir nennen Formeln in der Gestalt (4.8) KNF-Formeln. Man kann jede Formel β in eine äquivalente KNF-Formel β' transformieren. Äquivalent bedeutet, dass für jede Belegung $\mathcal{I}$ der Variablen, die dieselben in β und β' sind, $\mathcal{I}^*(\beta) = \mathcal{I}^*(\beta')$ ist.

Die Sprachen $kSAT \subset SAT$ bestehen aus genau den KNF-Formeln, deren Klauseln höchstens k Literale enthalten (in (4.8) ist dann also $k_i \leq k$, $1 \leq i \leq n$). Man kann zeigen, dass $2SAT \in$ P, aber $3SAT \in$ NPC gilt; aus Letzterem folgt unmittelbar $kSAT \in$ NPC für $k \geq 3$. Da SAT in NP liegt, liegt auch $3SAT$ in NP. Jede KNF-Formel kann mit polynomiellem Aufwand in eine äquivalente $3SAT$-Formel transformiert werden; es gilt also $SAT \leq_{\text{poly}} 3SAT$, woraus $3SAT \in$ NPC folgt.

HAM

HAM bezeichnet das Hamilton-Kreis-Problem: Gegeben sei ein ungerichteter Graph $G = (K, E)$ mit Knotenmenge $K = \{1, \ldots, n\}$ und Kantenmenge $E \subseteq K \times K$. Der Graph G gehört zu HAM genau dann, wenn G einen geschlossenen Pfad enthält, in dem alle Knoten von G genau ein Mal vorkommen (ein solcher Pfad wird Hamilton-Kreis genannt). Dass HAM in NP liegt, kann durch einen Polynom-Verifizierer gezeigt werden, der eine Permutation $k_1, \ldots, k_n$ von K „rät" und überprüft, ob $(k_i, k_{i+1}) \in E$ für $1 \leq i \leq n-1$ sowie $(k_n, k_1) \in E$ gilt. Die Überprüfung kann in Polynomzeit erfolgen. Zum Nachweis der NP-Vollständigkeit kann eine polynomielle Reduktion von $3SAT$ auf HAM angegeben werden: $3SAT$-Formeln α können so in einen ungerichteten Graphen G_α transformiert werden, dass α erfüllbar ist genau dann, wenn G_α einen Hamilton-Kreis besitzt.

TSP

Angenommen, es sind n Orte zu besuchen. Dann ist für viele Anwendungen von Interesse, ob es eine Rundtour gibt, bei der man alle Städte besuchen kann, dabei zum Ausgangsort zurückkehrt und eine bestimmte Gesamtkilometergrenze b nicht überschreitet, weil sonst die Tour nicht in einer vorgegebenen Zeit (oder mit einer bestimmten elektrischen Ladung oder zu einem vorgegebenen Preis) zu schaffen wäre. Dieses Problem heißt Traveling-Salesman-Problem, abgekürzt mit TSP. Ein solches Problem lässt sich mithilfe von bewerteten ungerichteten Graphen $G = (K, E, c)$ mathematisch beschreiben. Dabei ist $K = \{1, \ldots, n\}$, $E \subseteq K \times K$ sowie $c : E \to \mathbb{R}_+$ eine Funktion, die jeder Kante $(i, j) \in E$ die Kosten $c(i, j)$ zuordnet.

Die Sprache TSP besteht aus allen Paaren (G, b), wobei G ein bewerteter Graph und $b \in \mathbb{N}$ ist, sodass G einen Hamilton-Kreis $k_1, \ldots, k_n$ besitzt, dessen Kosten höchstens b betragen, d. h., für den

$$\sum_{j=1}^{n-1} c(k_i, k_{i+1}) + c(k_n, k_1) \leq b \qquad (4.9)$$

gilt. Es gilt $TSP \in$ NP, denn ein Verifizierer kann – wie bei HAM – überprüfen, ob eine Permutation von K ein Hamilton-Kreis ist, und falls ja, feststellen, ob dieser Kreis die Bedingung (4.9) erfüllt. Des Weiteren kann HAM wie folgt in polynomieller Zeit auf TSP reduziert werden: Sei $G = (K, E)$ ein (ungerichteter) Graph. Daraus konstruieren wir den bewerteten Graphen $G' = (K, E, c)$ mit

$$c(i,j) = \begin{cases} 1, & (i,j) \in E, \\ \infty, & \text{sonst.} \end{cases}$$

Durch Setzen der oberen Schranke auf $b = n$ zeigt sich, dass HAM ein Spezialfall von TSP ist: Wenn TSP in Polynomzeit entscheidbar wäre, dann auch HAM.

Wir haben jetzt eine erste Kette von Reduktionen gezeigt, nämlich

$$SAT \leq_{\text{poly}} 3SAT \leq_{\text{poly}} HAM \leq_{\text{poly}} TSP.$$

Damit steht uns bereits eine Reihe von Kandidaten zur Verfügung, mit deren Hilfe sich weitere NP-Vollständigkeitsbeweise führen lassen. Wir geben im Folgenden einige weitere Probleme an, die auf diese Weise als schwierig, d. h. zu NPC gehörig, klassifiziert werden können.

RUCKSACK

Angenommen, man hat einen Behälter (z. B. einen Rucksack, eine Schachtel, einen Container, einen Lastwagen) einer bestimmten Größe $b \in \mathbb{N}_0$ sowie $k \geq 1$ Gegenstände mit den Größen $a_1, \ldots, a_k \in \mathbb{N}_0$. Gibt es dann eine Teilmenge der Gegenstände, die genau in den Behälter passen? Mathematisch ausgedrückt lautet die Fragestellung: Gibt es eine Teilmenge $I \subseteq \{1, \ldots, k\}$, sodass

$$\sum_{i \in I} a_i = b \qquad (4.10)$$

gilt? Auch hier kann man sich einen Polynomzeit-Verifizierer überlegen, der überprüft, ob eine geratene Teilmenge $I \subseteq \{1, \ldots, k\}$ die Bedingung (4.10) erfüllt. Des Weiteren kann man $3SAT$ polynomiell auf $RUCKSACK$ transformieren. Somit gilt $RUCKSACK \in$ NPC.

PARTITION

Gegeben seien k Größen $a_1, \ldots, a_k \in \mathbb{N}$. Können diese in zwei gleich große Teilmengen aufgeteilt werden, d. h., gibt es eine Teilmenge $I \subseteq \{1, \ldots, k\}$, sodass

$$\sum_{i \in I} a_i = \sum_{i \notin I} a_i \qquad (4.11)$$

ist? Es gilt $PARTITION \in$ NP, und $RUCKSACK$ kann mit polynomiellem Aufwand auf $PARTITION$ reduziert werden, woraus $PARTITION \in$ NPC folgt.

BIN PACKING

Es seien n Behälter der gleichen Größe b gegeben sowie k Gegenstände $a_1, \ldots, a_k$. Können die Gegenstände so auf die Behälter verteilt werden, dass kein Behälter überläuft? Mathematisch formuliert lautet die Fragestellung: Gibt es eine Zuordnung

$$pack : \{1, \ldots, k\} \to \{1, \ldots, n\},$$

die jedem Gegenstand $i, 1 \leq i \leq k$, einen Behälter $pack(i) = j, 1 \leq j \leq n$, zuordnet, sodass für jeden Behälter j

$$\sum_{pack(i)=j} a_i \leq b \tag{4.12}$$

gilt? Zur Entscheidung von *BIN PACKING* kann ein Polynomzeit-Verifizierer konstruiert und *PARTITION* kann polynomiell auf *BIN PACKING* reduziert werden, woraus *BIN PACKING* $\in$ NPC folgt.

* * *

Mittlerweise ist von Tausenden von Problemen bewiesen worden, dass sie NP-vollständig sind, sodass man geneigt sein könnte anzunehmen, dass möglicherweise NP = NPC ist, dass also alle Sprachen in NP auch NP-vollständig sind. Der folgende Satz, den wir ohne Beweis angeben, besagt, dass es für den Fall, dass P $\neq$ NP ist, Sprachen gibt, die weder in P noch in NPC liegen.

Satz 4.10   *Ist* P $\neq$ NP, *dann ist* NP $-$ (P $\cup$ NPC) $\neq \emptyset$.

Diese Sprachen werden auch NP-*unvollständig* genannt, und dementsprechend wird die Klasse dieser Sprachen mit NPI bezeichnet (NPI steht für NP *incomplete*).

Übung 4.3   *Für eine Komplexitätsklasse* C *sei* coC $= \{\overline{A} \mid A \in C\}$ *die komplementäre Klasse von* C. *Zeigen Sie, dass folgende Aussagen gelten:*

a) *Ist* C *eine deterministische Komplexitätsklasse, dann gilt* C = coC.

b) *Es ist* P = coP.

c) *Es gilt* P $\subseteq$ NP $\cap$ coNP.

d) *Gilt* P = NP, *dann gilt auch* NP = coNP.

e) *Es gilt* P = NP *genau dann, wenn* NPC $\cap$ coNP $\neq \emptyset$.

Würde der Nachweis NP $\neq$ coNP gelingen, dann folgt aus Übung 4.3 d), dass P $\neq$ NP wäre, und das P-NP-Problem wäre gelöst. Die Frage, ob NP = coNP ist, ist ebenso offen wie die P-NP-Frage. Da bisher kein einziges NP-vollständiges Problem gefunden wurde, dessen Komplement in NP enthalten ist, wird dies als Indiz für NP $\neq$ coNP angesehen. Ob die Frage NP = coNP äquivalent zur Frage P = NP ist, also auch die Umkehrung der Aussage d) gilt, ist heutzutage ebenfalls noch ungelöst. Es könnte auch NP = coNP sein und trotzdem P $\neq$ NP gelten.

Bild 4.1 illustriert den Zusammenhang zwischen den Klassen P, NP und NPC und ihren Komplementärklassen, soweit er sich nach heutigem Wissensstand darstellt.

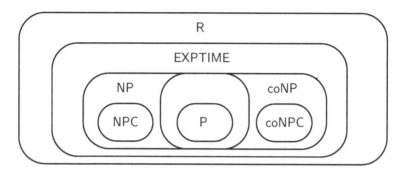

Abbildung 4.1: Beziehungen zwischen Zeit-Komplexitätsklassen

4.5 Bemerkungen zur P-NP-Frage

Einige der oben genannten Probleme, z. B. *RUCKSACK*, *BIN PACKING* und *TSP*, sind mathematische Verallgemeinerungen von Problemen, die in der täglichen Praxis in vielfältigen Ausprägungen vorkommen. Zu diesen Problemen gehören insbesondere Scheduling-Probleme, d. h. Zuordnungs- und Planungsprobleme.

So müssen etwa Aufträge unterschiedlichen Umfangs zum Fertigen von Werkstücken zur Verfügung stehenden Maschinen unterschiedlicher Kapazität so zugeordnet werden, dass ihre Fertigung in einem vorgegebenen Kostenrahmen möglich ist. Diese Probleme müssen in der industriellen Fertigung in der Arbeitsvorbereitung gelöst werden. Transportunternehmen haben ähnliche Probleme: Transportaufträge unterschiedlicher Größe müssen möglichst kostengünstig auf die zur Verfügung stehenden Ladekapazitäten aufgeteilt werden.

Scheduling-Programme in Betriebssystemen haben die Aufgabe, zur Ausführung anstehende Anwendungsprogramme so den zur Verfügung stehenden Prozessoren zuzuordnen, dass ein optimaler Systemdurchsatz erreicht wird.

Das Aufstellen eines Stundenplans, bei dem Klassen von unterschiedlicher Größe, Klassenräume unterschiedlicher Größe, Fächer oder Fächerkombinationen in unterschiedlichem Umfang, Lehrpersonen mit unterschiedlichen Fachkombinationen usw.

so zugeordnet werden müssen, dass alle Schülerinnen und Schüler den vorgeschriebenen Unterricht bekommen, die Lehrpersonen ihr Lehrdeputat erfüllen, dabei möglicherweise ihren Wünschen (Zeiten, Fächern) Rechnung getragen wird, Klassenräume optimal ausgenutzt, auf keinen Fall überbelegt werden usw., gehört ebenfalls – in seiner allgemeinen Form – zu den NP-vollständigen Problemen.

Wenn P $=$ NP wäre, dann wären diese Probleme effizient lösbar, worüber sich viele Anwender freuen würden. Andererseits könnte aber die Schwierigkeit von Problemen nicht mehr benutzt werden, um bestimmte Eigenschaften zu sichern, wie etwa die Vertraulichkeit von Datenübertragungen mithilfe kryptografischer Protokolle, deren Sicherheit etwa auf der Existenz von Einwegfunktionen basiert, die es im Falle P $=$ NP nicht geben würde. In der Konsequenz wären derzeit wesentliche Internettechnologien unbrauchbar.

Was wäre, wenn z. B. bewiesen würde, dass ein NP-vollständiges Problem A mindestens von der Ordnung $n^{2^{2^{100}}}$ ist? Damit wäre P $=$ NP gezeigt, und alle Bücher der Theoretischen Informatik müssten umgeschrieben werden, aber aus praktischen Gesichtspunkten hätte sich die Situation nicht geändert. Es könnte auch sein, dass jemand beweist, dass eine Konstante d existiert, sodass A höchsten von der Ordnung n^d ist, ohne d konkret angeben zu können. Das P-NP-Problem wäre gelöst, aber weiter nicht viel gewonnen. Es könnte aber auch sein, dass A mindestens so aufwändig ist wie 1.2^n oder gar nur 1.0001^n, dann wäre P $\neq$ NP bewiesen, was aber für praktische Problemstellungen wenig relevant wäre (z. B. ist $1.2^{100} \approx 8.3 \cdot 10^7$). Möglich ist ebenso, dass A mindestens so aufwändig wie $n^{\log\log\log n}$ ist, die Laufzeit also superpolynomiell ist. Auch damit wäre P $\neq$ NP gezeigt, was auch in diesem Falle praktisch kaum von Bedeutung ist (z. B. für $n \leq 10^9$ ist $\log\log\log n < 2.3$). Prinzipiell wäre es auch möglich, dass A kein einheitliches Laufzeitverhalten hat: Für eine unendliche Teilmenge von A könnte die Laufzeit polynomiell, für eine andere Teilmenge exponentiell sein.

Unabhängig von diesen Spekulationen gibt es Möglichkeiten, schwierige Probleme zu lösen, z. B. mithilfe von Heuristiken und Randomisierung. Solche Ansätze werden heute schon weit verbreitet in der Praxis angewendet, denn diese kann nicht warten, bis das P-NP-Problem theoretisch gelöst ist, und obige Betrachtungen deuten an, das auch theoretische Lösungen praktisch nicht hilfreich sein müssen. Für einige Problemklassen liefern sogar deterministische Algorithmen in vielen Fällen in vertretbarer Zeit Lösungen. So wurden schon in den sechziger Jahren des vorigen Jahrhunderts *SAT*-Solver entwickelt, die das *SAT*-Problem in vielen Fällen effizient lösen. Mittlerweile sind in diesem Gebiet durch Weiterentwicklungen solcher Solver große Fortschritte erzielt worden. Das Erfüllbarkeitsproblem von aussagenlogischen Formeln ist in wichtigen Anwendungsbereichen von wesentlicher Bedeutung, wie z. B. bei Schaltwerken in Prozessoren oder Steuerungen von Fahr- und Flugzeugen. Hier können durchaus Schaltungen mit mehreren Hundert Variablen vorkommen, deren 2^{100x} Belegungen nicht alle getestet werden können. Hier werden in jüngerer Zeit randomisierte Ansätze zum Finden von geeigneten Zertifikaten untersucht, mit denen mit hoher Wahrscheinlichkeit fehlerhafte Schaltungen entdeckt werden können.

Mengen, die zu P bzw. zu NP gehören, besitzen folgende wesentliche Eigenschaften:

(1) Eine Menge B gehört zu P genau dann, wenn es einen deterministischen Algorithmus A gibt, der in Polynomzeit berechnet, ob ein Element w zu B gehört oder nicht. Das bedeutet, dass A die korrekte Antwort (ohne zusätzliche Information) aus der Eingabe w berechnet.

(2) Eine Menge B gehört zu NP genau dann, wenn es einen (deterministischen) Polynomzeit-Verifizierer V gibt, der mithilfe einer zusätzlichen Information (Beweis, Zertifikat) x in Polynomzeit überprüft, ob w zur Sprache gehört.

Was ist der wesentliche Unterschied? Der Unterschied ist, dass für die Entscheidung der Sprachen in P die Entscheider keiner Hilfe bedürfen, um die korrekte Antwort effizient, d. h. in polynomieller Zeit, zu berechnen. Ein Verifizierer hingegen berechnet die Antwort nicht alleine aus der Eingabe, sondern er überprüft (in polynomieller Zeit) die Zugehörigkeit der Eingabe zu einer Menge und benutzt dabei die Hilfe einer außerhalb stehenden mächtigen Instanz, d. h., er ist nicht in der Lage, selbst das Problem effizient zu lösen. Man kann sagen, dass der Verifizierer zu dumm ist, zu wenig Ideen hat, nicht kreativ genug ist, um die Lösung zu bestimmen. Man nennt diese Art der Entscheidung auch **Guess & Check-Prinzip**: Ein – woher auch kommender – Lösungsvorschlag kann effizient auf Korrektheit überprüft, aber nicht effizient kreiert werden.

Wäre P $\neq$ NP, dann benötigte man also Kreativität, um schwierige Probleme zu lösen oder Behauptungen zu beweisen. Algorithmen alleine sind dann nicht in der Lage, solche Probleme (in akzepbler Zeit) zu lösen; sondern es bedarf einer kreativen Instanz, etwa menschlicher Intelligenz, um Lösungen zu erarbeiten. Das bedeutet im Umkehrschluss: Wenn P $=$ NP wäre, dann könnte das Programmieren und das Beweisen von Sätzen automatisiert werden. Die Kreativität, einen Beweis zu entdecken, würde nicht mehr benötigt, sondern Beweise könnten von Algorithmen erzeugt werden. Alles, was maschinell überprüft werden kann, könnte auch maschinell erschaffen werden. Diese Konsequenz wird von manchen Leuten sogar auf die Kunst ausgedehnt: Finde ich z. B. ein Musikstück schön, d. h., ich überprüfe quasi seine Schönheit, dann kann ich es auch erschaffen.

4.6 Zusammenfassung und bibliografische Hinweise

Die Anzahl der Konfigurationsübergänge wird als Laufzeitmaß für das Akzeptieren von Sprachen zugrunde gelegt. Da man an der Größenordnung von Laufzeiten interessiert ist, wird die O-Notation eingeführt.

Sowohl aus theoretischer als auch aus praktischer Sicht sind die Klassen P und NP von besonderer Bedeutung. P ist die Klasse der von deterministischen Turingmaschinen in Polynomzeit entscheidbaren Mengen. NP ist die Klasse der von nicht deterministischen Turingmaschinen in Polynomzeit entscheidbaren Mengen. Es wird gezeigt, dass NP gleich der Klasse der von Polynomzeit-Verifizierern entscheidbaren Mengen

ist. Die Klasse NPC der NP-vollständigen Mengen enthält die am schwersten innerhalb von NP entscheidbaren Mengen. Die Menge SAT der erfüllbaren aussagenlogischen Formeln wurde als Erste als zugehörig zu dieser Klasse gezeigt. Mithilfe von
NP-vollständigen Mengen kann durch polynomielle Reduktion die NP-Vollständigkeit weiterer Mengen gezeigt werden.

Die Frage, ob P = NP ist, ist bis heute unbeantwortet. Die Entscheidungsprobleme in P gelten als effizient lösbar. Entscheidungsprobleme in NP sind lösbar, aber
nicht effizient, denn – unter der Annahme, dass P $\neq$ NP ist – benötigt die Lösung auf
deterministischen Maschinen exponentielle Zeit. Probleme dieser Art, die vielfältig
in praktischen Anwendungen auftauchen, gelten als „praktisch nicht lösbar". Mithilfe
von Randomisierung oder Heuristiken können solche Probleme effizient gelöst werden, allerdings möglicherweise auf Kosten von Fehlern und Ungenauigkeiten.

Unter der Annahme, dass P $\neq$ NP ist, benötigt man für die Lösung von NP-Problemen
Kreativität, die nicht durch Programme geleistet werden kann. Die Überprüfung, ob eine Lösung korrekt ist, kann effizient mit Programmen erfolgen, das Finden der Lösung
nicht.

Die Darstellungen in diesem Kapitel sind entsprechenden Darstellungen in [VW16]
angelehnt, insbesondere die Beispiele für NP-vollständige Sprachen. Dort werden
auch Platz-Komplexitätsklassen, ihr Zusammenhang untereinander sowie ihr Zusammenhang mit den Zeit-Komplexitätsklassen betrachtet. Hier wird auch gezeigt, dass
bei den Platzkomplexitätsklassen das Analogon zur P-NP-Frage geklärt ist. Die Klasse PSPACE der Mengen, die deterministisch mit polynomiellem Platzbedarf entschieden werden können, ist gleich der Klasse NPSPACE der Mengen, die nicht deterministisch mit polynomiellem Platzbedarf entschieden werden können. Der Grund ist,
dass Speicherplatz im Unterschied zur Laufzeit wiederverwendet werden kann.

Einführungen in die Theorie der (Zeit- und Platz-) Komplexität findet man unter
anderem auch in [HS01], [HMU13], [Hr14], [P94], [Si06] und [Weg05].

Eine Einführung in Randomisierung und Heuristiken wird in [VW16] gegeben.
Umfassend und ausführlich mit deren Aspekten beschäftigt sich [Weg05].

Kapitel 5

Universelle Berechenbarkeit

Computer wie Großrechner, Personal Computer oder Laptops haben eine wesentliche Eigenschaft, die Turingmaschinen so, wie wir sie bisher kennen, nicht haben: Eine Turingmaschine berechnet ein einziges Programm, während die genannten praktisch verfügbaren Computersysteme alle Programme ausführen können. Ist z. B. auf einem Rechner die Programmiersprache JAVA verfügbar, dann können auf diesem alle (unendlich vielen) JAVA-Programme ausgeführt werden. Dazu sind auf dem Computersystem Programme installiert, die dieses leisten. Diese Systeme stellen **Universalrechner** dar, die, vorausgesetzt es steht die erforderliche Hard- und Softwareausstattung zur Verfügung, *alle* Programme ausführen können. Gehen wir von vollständigen Programmiersprachen aus, kann ein Universalrechner alle berechenbaren Funktionen berechnen.[1]

Eine in dieser Hinsicht sinnvolle Anforderung an Berechenbarkeitskonzepte, wie z. B. Turingmaschinen, ist also, dass in diesen ein *universelles* Programm konstruiert werden kann, das alle anderen Programme ausführen kann. Es sollte also eine universelle Turingmaschine U existieren, die jede andere Turingmaschine T ausführen kann. U erhält als Eingabe das (geeignet codierte) Programm δ_T von T sowie eine Eingabe x für T. Das Programm δ_U von U führt dann das Programm δ_T von T auf x aus, sodass

$$\Phi_U(\langle T \rangle, x) = \Phi_T(x)$$

gilt. Dabei sei $\langle T \rangle$ eine Codierung von T, die U verarbeiten kann. Eine universelle Maschine ist also *programmierbar* und somit ein theoretisches Konzept für die Existenz universeller Rechner, wie wir sie in der Praxis vorfinden. Ein universeller Rechner kann jedes Programm auf dessen Eingabe ausführen und damit jede berechenbare Funktion berechnen.

In diesem Kapitel beschäftigen wir uns ausführlich mit Eigenschaften universeller Berechenbarkeitskonzepte; im folgenden Kapitel werden deren Grenzen aufgezeigt.

---

[1]Reale Rechner sind – streng formal betrachtet – endliche Maschinen, denn ihnen steht nur ein endlicher Speicher zur Verfügung. Wir gehen aber davon aus, dass wie bei Turingmaschinen ein beliebig großer Speicher zur Verfügung steht. In der Praxis denken wir uns das dadurch gegeben, dass bei Bedarf hinreichend Speicher zur Verfügung gestellt werden kann.

© Springer-Verlag GmbH Deutschland, ein Teil von Springer Nature 2020
K.-U. Witt und M. E. Müller, *Algorithmische Informationstheorie*,
https://doi.org/10.1007/978-3-662-61694-9_5

5.1   Codierung von Turingmaschinen

Damit eine Turingmaschine T von einer universellen Maschine U ausgeführt werden kann, muss T geeignet als Wort codiert werden, damit es als Eingabe von U dienen kann. In diesem Abschnitt entwickeln wir schrittweise eine Codierung für Turingmaschinen. Dabei gehen wir davon aus, dass eine Turingmaschine

$$T = (\Gamma, S, \delta, s, \#, t_a, t_r)$$

allgemein die Gestalt

$$T = (\{0, 1, A_0, \ldots, A_n\}, \{s_0, \ldots, s_k\}, \delta, s, \#, t_a, t_r) \tag{5.1}$$

hat mit $n \geq 0$, $k \geq 2$, $\# \in \{A_0, \ldots, A_n\}$ und $s, t_a, t_r \in \{s_0, \ldots, s_k\}$.

Des Weiteren kann man überlegen, dass man es – falls notwendig – durch entsprechendes Umnummerieren immer erreichen kann, dass $A_0 = \#$, $s_0 = s$ und $s_1 = t_a$ und $s_2 = t_r$ ist. Durch diese Maßnahmen kann jede Turingmaschine T, die zunächst in der Gestalt (5.1) gegeben ist, kürzer notiert werden in der Form

$$T = (\{A_0, \ldots, A_n\}, \{s_0, \ldots, s_k\}, \delta). \tag{5.2}$$

Startzustand, Haltezustände und Blanksymbol brauchen hierbei nicht mehr gesondert aufgeführt werden. Turingmaschinen dieser Gestalt nennen wir **normiert**.[2] Diese normierte Darstellung erlaubt es, jedem Symbol in der Darstellung (5.2) eine Zahl, etwa seinen Index, zuzuordnen. Ein Problem bei diesem Verfahren ist allerdings, dass die Anzahl von Symbolen und von Zuständen von Turingmaschine zu Turingmaschine variiert und somit auch die Größe der Zahlen, die zur Beschreibung einer Maschine benötigt werden. Dieses Problem kann gelöst werden, indem man die Symbole und Zustände sowie die Kopfbewegungen $\leftarrow$, $\rightarrow$ und $-$ einer Strichcodierung („Bierdeckelnotation") τ unterzieht: Wir setzen $\tau(0) = 0$ und $\tau(1) = 1$ sowie für $0 \leq j \leq n$ und $0 \leq l \leq k$:

$$\tau(A_j) = A|^j, \quad \tau(s_l) = s|^l, \quad \tau(-) = m, \quad \tau(\leftarrow) = m|, \quad \tau(\rightarrow) = m|| \tag{5.3}$$

Und für eine Zustandsüberführung $\sigma = (s, a, s', b, m) \in \delta$ mit $m \in \{\leftarrow, \rightarrow, -\}$ setzen wir

$$\tau(\sigma) = \tau(s, a, s', b, m) = (\tau(s)\tau(a)\tau(s')\tau(b)\tau(m)) \tag{5.4}$$

sowie für $\delta = \{\sigma_1, \ldots, \sigma_t\}$

$$\tau(\delta) = \tau(\sigma_1) \ldots \tau(\sigma_t). \tag{5.5}$$

Insgesamt ergibt sich für eine gemäß (5.2) normierte Turingmaschine die Codierung

$$\langle T \rangle = (\tau(A_0) \ldots \tau(A_n)\tau(s_1) \ldots \tau(s_k)\tau(\delta)). \tag{5.6}$$

---

[2]Wenn klar ist, dass in der normierten Notation von Turingmaschinen die erste Menge die Arbeitssymbole und die zweite die Zustände darstellen, können die normierten Maschinen noch einfacher geschrieben werden: $T = (n, k, \delta)$.

Jede Turingmaschine T kann also mithilfe von τ als Wort $\langle T \rangle$ über dem achtelementigen Alphabet $\Omega = \{0, 1, A, s, m, |, (,)\}$ codiert werden.

Beispiel 5.1 *Für die normierte Turingmaschine*

$$T = (\{\#\}, \{s_0, t_a, t_r\}, \delta) \text{ oder kürzer } T = (0, 2, \delta)$$

mit

$$\delta = \{(s_0, 0, t_a, 0, -), (s_0, 1, t_r, 1, -), (s_0, \#, t_r, \#, -)\}$$

ergibt sich

$$\langle T \rangle = (Ass|s||(s0s|0m)(s1s||1m)(sAs||Am)).$$

T akzeptiert alle Wörter über $\mathbb{B}$*, die mit* 0 *beginnen; es ist also* $L(T) = \{0v \mid v \in \mathbb{B}^*\}$.

Der folgende Satz, das sogenannte **utm-Theorem** (*utm* steht für *universal turing machine*), postuliert die Existenz einer universellen Turingmaschine.

Satz 5.1 *Es existiert eine universelle Turingmaschine U, sodass für alle Turingmaschinen T und alle Wörter* $w \in \mathbb{B}^*$ *gilt*

$$\Phi_U(\langle T \rangle, w) = \Phi_T(w).$$

Beweisidee *U kann als Mehrbandmaschine die Maschine T wie folgt simulieren: Die Eingaben für U, die Codierung $\langle T \rangle$ der Maschine T sowie die Eingabe w für T werden auf Band 1 (Programmband) bzw. auf Band 2 (Arbeitsband) gespeichert. U merkt sich mithilfe weiterer Bänder den jeweils aktuellen Zustand und die Position des S-/L-Kopfes von T auf dem Arbeitsband. Damit hält U die jeweilige Konfiguration von T fest. Zu dieser Konfiguration sucht U dann auf dem Programmband eine passende Zustandsüberführung und führt diese (wie T es tun würde) auf dem Arbeitsband aus.*

Da möglicherweise auch die Eingabe w codiert werden muss, schreiben wir anstelle von $\Phi_U(\langle T \rangle, w)$ auch $\Phi_U(\langle T, w \rangle)$ oder – aus schreibtechnischen Gründen nur – $\Phi_U\langle T, w \rangle$. Im Kapitel 7 gehen wir näher darauf ein, wie eine Codierung $\langle T, w \rangle$ erfolgen kann.

5.2 Nummerierung von Turingmaschinen

Wir gehen jetzt noch einen Schritt weiter und ordnen jedem Buchstaben in Ω durch eine Abbildung $\rho : \Omega \rightarrow \{0, \dots, 7\}$ eineindeutig eine Ziffer zu, etwa wie folgt: $\rho(0) = 0, \rho(1) = 1, \rho(A) = 2, \rho(s) = 3, \rho(m) = 4, \rho(|) = 5, \rho(() = 6, \rho()) = 7$. Die Nummer $\rho(x)$ eines Wortes $x = x_1 \dots x_r$, $x_i \in \Omega$, $1 \leq i \leq r$, $r \geq 1$, ergibt sich durch $\rho(x) = \rho(x_1) \dots \rho(x_r)$.

Mit den folgenden zwei Schritten kann nun jeder normierten Turingmaschine T eine Nummer zugeordnet werden:

1. Bestimme $\langle T \rangle$.

2. Bestimme $\rho(\langle T \rangle)$.

Beispiel 5.2   *Wir bestimmen zu der Codierung $\langle T \rangle$ der Turingmaschine T aus Beispiel 5.1 die Nummer*

$$\rho(\langle T \rangle) = 62335355630350476313551476323552477.$$

Es ist natürlich nicht jede Zahl eine Nummer einer Turingmaschine, genauso wenig wie jedes beliebige Wort über Ω die Codierung einer Turingmaschine ist. Aber man kann, wenn man eine Zahl gegeben hat, feststellen, ob sie Nummer einer Turingmaschine ist. Ist eine Zahl Nummer einer Turingmaschine, lässt sich daraus die dadurch codierte Turingmaschine eindeutig rekonstruieren.

Beispiel 5.3   *Aus der Nummer*

$$\rho(\langle T \rangle) = 62335355632352476303045576313551477$$

lässt sich die Darstellung

$$\langle T \rangle = (Ass|s||(sAs|Am)(s0s0m||)(s1s||1m))$$

rekonstruieren, welche die normierte Maschine

$$T = (\{\#\}, \{s_0, t_a, t_r\}, \delta)$$

mit

$$\delta = \{(s_0, \#, t_a, \#, -), (s_0, 0, s_0, 0, \rightarrow), (s_0, 1, t_r, 1, -)\}$$

repräsentiert. Es ist $L(T) = \{0^n \mid n \in \mathbb{N}_0\}$.

Mit **Gödelisierung**[3] oder **Gödelnummerierung** bezeichnet man eine effektive Codierung von Wörtern durch natürliche Zahlen. Im Allgemeinen ist für ein Alphabet Σ eine Gödelnummerierung gegeben durch eine Abbildung (**Gödelabbildung**)

$$g : \Sigma^* \rightarrow \mathbb{N}_0$$

---

[3]Benannt nach Kurt Gödel (1906–1978), einem österreichischen Mathematiker und Logiker (ab 1947 Staatsbürger der USA), der zu den größten Logikern der Neuzeit gerechnet wird. Er leistete fundamentale Beiträge zur Logik und zur Mengenlehre, insbesondere zur Widerspruchsfreiheit und Vollständigkeit axiomatischer Theorien. Diese Beiträge haben wesentliche Bedeutung für die Informatik.

mit den folgenden Eigenschaften:

(i) g ist injektiv, d. h., für $x, x' \in \Sigma^*$ mit $x \neq x'$ ist $g(x) \neq g(x')$.

(ii) g ist berechenbar.

(iii) Die Funktion $\chi_g : \mathbb{N}_0 \to \mathbb{B}$, definiert durch

$$\chi_g(n) = \begin{cases} 1, & \text{falls ein } x \in \Sigma^* \text{ existiert mit } g(x) = n, \\ 0, & \text{sonst.} \end{cases}$$

ist berechenbar.

(iv) g^{-1} ist berechenbar.

Es sei $\mathcal{T}$ die Menge aller (normierten) Turingmaschinen. Die oben beschriebene Codierung $\rho(\langle \; \rangle) : \mathcal{T} \to \mathbb{N}_0$ stellt eine Gödelisierung der Turingmaschinen dar.

Um allen Nummern eine Turingmaschine zuordnen zu können, benutzen wir die spezielle Turingmaschine $T_\omega = (\mathbb{B} \cup \{\#\}, \{s, t_a, t_r\}, \delta, s, \#, t_a, t_r)$ mit

$$\delta = \{(s, 0, s, 0, \to), (s, 1, s, 1, \to), (s, \#, s, \#, \to)\}.$$

T_ω berechnet die nirgends definierte Funktion ω (siehe Lösung der Übung 3.4).

Übung 5.1 *Bestimmen Sie $\rho(\langle T_\omega \rangle)$!*

Allen Zahlen $i \in \mathbb{N}_0$, denen durch $\rho(\langle \; \rangle)$ keine Maschine zugeordnet ist, ordnen wir die Maschine T_ω zu.

Wir betrachten nun die so vervollständigte (berechenbare) Umkehrung von $\rho(\langle \; \rangle)$: Die Abbildung $\xi : \mathbb{N}_0 \to \mathcal{T}$, definiert durch

$$\xi(i) = \begin{cases} T, & \text{falls } \rho(\langle T \rangle) = i, \\ T_\omega, & \text{sonst,} \end{cases} \tag{5.7}$$

stellt eine totale Abzählung von $\mathcal{T}$ dar. Falls $\xi(i) = T$ ist, nennen wir T auch die i-te Turingmaschine und kennzeichnen T mit dem Index i: $T_i = \xi(i)$. Wir können so die Elemente der Menge $\mathcal{T}$ aller Turingmaschinen entsprechend dieser Indizierung aufzählen:

$$\mathcal{T} = \{T_0, T_1, T_2, \ldots\} \tag{5.8}$$

Die Menge der Turingmaschinen ist also rekursiv-aufzählbar. Es folgt unmittelbar

Satz 5.2 *Die Klasse* RE *ist rekursiv aufzählbar.*

5.3   Nummerierung der berechenbaren Funktionen

Mithilfe der Abbildung ξ erhalten wir nun eine Abzählung $\varphi : \mathbb{N}_0 \to \mathcal{P}$ der Menge $\mathcal{P}$ aller berechenbaren Funktionen, indem wir

$$\varphi(i) = f \text{ genau dann, wenn } \Phi_{\xi(i)} = f$$

festlegen, d. h., wenn $\varphi(i) = \Phi_{\xi(i)}$ ist. φ heißt **Standardnummerierung von** $\mathcal{P}$. Abbildung 5.1 stellt die Schritte zur Nummerierung von $\mathcal{P}$ grafisch dar.

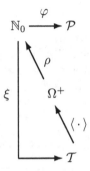

Abbildung 5.1: Standardnummerierung von $\mathcal{P}$

$\varphi(i)$ ist die Funktion $f \in \mathcal{P}$, die von der Turingmaschine $T = \xi(i)$ berechnet wird. Wir sprechen dabei von der i-ten berechenbaren Funktion sowie von der i-ten Turingmaschine. Im Folgenden schreiben wir in der Regel φ_i anstelle von $\varphi(i)$, um zu vermeiden, dass bei Anwendung der Funktion auf ein Argument j eine Reihung von Argumenten auftritt, d. h., wir schreiben $\varphi_i(j)$ anstelle von $\varphi(i)(j)$.

$\mathbb{N}_0$ enthält alle Programme als Nummern codiert: Jede Nummer $i \in \mathbb{N}_0$ stellt quasi den **Objektcode** eines Programms mit **Quellcode** T dar, und jedes Programm wird durch eine Nummer repräsentiert. Durch die Abbildung $\varphi : \mathbb{N}_0 \to \mathcal{P}$ ist die Semantik dieser Programme festgelegt: φ_i ist die Funktion, die vom Programm i berechnet wird.

Beispiel 5.4   *Die normierte T Turingmaschine im Beispiel 5.1 mit der Ω-Codierung*

$$\langle T \rangle = (Ass|s||(s0s|0m)(s1ss||1m)(sAs||Am))$$

berechnet die charakteristische Funktion der Sprache $L = \{0v \mid v \in \mathbb{B}^*\}$; es gilt also $\Phi_T = \chi_L$. Der in Beispiel 5.2 berechnete Objektcode von T ist

$$\rho(\langle T \rangle) = 6233535563035047631355147632355 2477.$$

Damit gilt

$$\varphi_{6233535556303504763135514763235552477} = \chi_L.$$

Die Funktion χ_L hat also die Nummer 6233535556303504763135514763235552477, und es gilt

$$\xi(6233535556303504763135514763235552477) = T.$$

Abbildung 5.2 stellt die Nummerierung von χ_L grafisch dar.

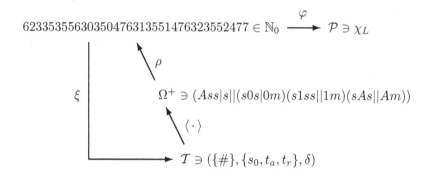

Abbildung 5.2: Standardnummerierung für die Funktion χ_L

Wenn man im Allgemeinen eine Programmiersprache als Tripel

$$(\mathcal{PROG}, \mathcal{F}, \Phi)$$

auffasst, wobei $\mathcal{PROG}$ die Menge aller (syntaktisch korrekten) Programme in einer Programmiersprache ist, $\mathcal{F}$ eine Menge von Funktionen festlegt, und die totale Abbildung $\Phi : \mathcal{PROG} \to \mathcal{F}$ die Semantik von $\mathcal{PROG}$ bestimmt, die jedem Programm $P \in \mathcal{PROG}$ als Bedeutung die Funktion $\Phi_P = \Phi(P) \in \mathcal{F}$ zuordnet, dann haben wir durch die Standardnummerierung aller Turingmaschinen die **abstrakte Programmiersprache**

$$(\mathbb{N}_0, \mathcal{P}, \varphi) \tag{5.9}$$

erhalten. $\mathbb{N}_0$ enthält alle Programme, $\mathcal{P}$ ist die Menge der berechenbaren Funktionen und φ ordnet jedem Programm $i \in \mathbb{N}_0$ seine Bedeutung zu, d.h. die von der Turingmaschine $\xi(i)$ berechnete Funktion $\varphi_i = f$.

5.4 Fundamentale Anforderungen an Programmiersprachen

Von einer Programmiersprache $(\mathcal{PROG}, \mathcal{F}, \Phi)$ kann man die folgenden beiden elementaren Eigenschaften fordern:

(U) Es sollte ein **universelles Programm** $U \in \mathcal{PROG}$ existieren, das alle Programme ausführen kann. U erhält als Eingabe ein Programm $P \in \mathcal{PROG}$ sowie eine Eingabe x für P und berechnet dazu den Wert $\Phi_U \langle P, x \rangle = \Phi_P(x)$.[4] Universelle Programme implementieren quasi universelle Maschinen.

(S) Die Sprache sollte **effektives Programmieren** ermöglichen, d. h., vorhandene Programme sollten „automatisch" zu neuen zusammengesetzt werden können. Es sollte also ein Programm *bind* existieren, das Programme zu neuen Programmen „zusammenbindet". Ist z. B. $P \in \mathcal{PROG}$ ein zweistelliges Programm, das die Funktion $\Phi_P(x, y)$ berechnet, dann sollte *bind* den Parameter x durch jedes Programm $P' \in \mathcal{PROG}$ ersetzen und aus P und P' ein Programm $P'' = bind(P, P')$ generieren können, sodass

$$\Phi_P(P', y) = \Phi_{bind(P,P')}(y) = \Phi_{P''}(y)$$

für alle Eingaben y gilt.

Wir nennen Programmiersprachen, die die Anforderungen (U) und (S) erfüllen, **vollständig**. In diesem Abschnitt zeigen wir, dass unsere abstrakte Programmiersprache $(\mathbb{N}_0, \mathcal{P}, \varphi)$ vollständig ist. Anschließend untersuchen wir wesentliche – auch für die praktische Anwendung bedeutsame – Eigenschaften von vollständigen Programmiersprachen.

5.4.1 Das utm-Theorem

Da unsere Standardnummerierung $(\mathbb{N}_0, \mathcal{P}, \varphi)$ auf der Nummerierung von Turingmaschinen basiert und für diese eine universelle Maschine existiert (siehe Satz 5.1), gibt es in $(\mathbb{N}_0, \mathcal{P}, \varphi)$ ein universelles Programm, genauer eine berechenbare **universelle Funktion**, die alle anderen berechenbaren Funktionen berechnen kann.

Satz 5.3 *Für die Nummerierung $(\mathbb{N}_0, \mathcal{P}, \varphi)$ ist die Funktion $u_\varphi : \mathbb{N}_0 \times \mathbb{N}_0 \to \mathbb{N}_0$, definiert durch*

$$u_\varphi(i, x) = \varphi_i(x) \ \textit{für alle } i, x \in \mathbb{N}_0, \tag{5.10}$$

berechenbar.

---

[4] $\langle P, x \rangle$ sei eine geeignete Codierung für die gesamte Eingabe für U, bestehend aus dem Programm P und der Eingabe x für P.

Die Funktion u_φ heißt universelle Funktion von $(\mathbb{N}_0, \mathcal{P}, \varphi)$: $u_\varphi(i, x)$ berechnet die i-te berechenbare Funktion für die Eingabe x. Wir werden des Öfteren u_φ als einstellige Funktion betrachten, indem wir die Cantorsche Paarungsfunktion verwenden und $u_\varphi : \mathbb{N}_0 \to \mathbb{N}_0$ durch $u_\varphi \langle i, x \rangle = \varphi_i(x)$ festlegen.

Eine Turingmaschine U mit $\Phi_U \langle \xi(i), x \rangle = u_\varphi \langle i, x \rangle$ heißt universelle Turingmaschine (siehe Satz 5.1). Sie kann als **Interpreter** der Programmiersprache $(\mathbb{N}_0, \mathcal{P}, \varphi)$ aufgefasst werden: U führt das i-te Turingprogramm auf die Eingabe x aus. Damit erfüllt die Standardnummerierung $(\mathbb{N}_0, \mathcal{P}, \varphi)$ also die Anforderung (U) aus der Einleitung dieses Kapitels.

Aus dem utm-Theorem folgt unmittelbar Folgerung 5.1.

Folgerung 5.1   *Es gilt $u_\varphi \in \mathcal{P}$. Somit gibt es ein $k \in \mathbb{N}_0$ mit $\varphi_k = u_\varphi$.*

5.4.2   Das smn-Theorem

Turingprogramme können hintereinander ausgeführt werden, und derart zusammengesetzte Programme sind wieder Turingprogramme. Mithilfe der Codierungen aus Abschnitt 5.1 lassen sich aus den Nummern von Turingprogrammen auch die Nummern der komponierten Programme bestimmen. Aufgrund dieser Überlegung kann der folgende Satz bewiesen werden.

Satz 5.4   *Sei $(\mathbb{N}_0, \mathcal{P}, \varphi)$ die Standardnummerierung sowie $i, j \in \mathbb{N}_0$. Dann gibt es eine total berechenbare Funktion* comp $: \mathbb{N}_0 \times \mathbb{N}_0 \to \mathbb{N}_0$ *mit $\varphi_{\mathrm{comp}(i,j)} = \varphi_i \circ \varphi_j$.* comp *berechnet aus den Nummern der Programme i und j die Nummer der Komposition dieser beiden Programme.*

Beweis   *Seien $\xi(i) = A$ und $\xi(j) = B$ die Turingprogramme mit den Nummern i bzw. j. Die Komposition $A \circ B$ der beiden Programme ist wohldefiniert durch (siehe Lösung zur Übung 3.3 und Bemerkung 3.3)*

$$\Phi_{A \circ B}(x) = (\Phi_A \circ \Phi_B)(x) = \begin{cases} \bot, & x \notin Def(\Phi_A), \\ \bot, & \Phi_A(x) \notin Def(\Phi_B), \\ \Phi_A(\Phi_B(x)), & sonst. \end{cases} \qquad (5.11)$$

Die Nummer der Komposition $A \circ B$ von A und B ergibt sich durch Berechnung von $\rho(\langle \xi(i) \circ \xi(j) \rangle)$. Wenn wir nun die Funktion comp $: \mathbb{N}_0 \times \mathbb{N}_0 \to \mathbb{N}_0$ *durch*

$$\mathrm{comp}(i, j) = \rho(\langle \xi(i) \circ \xi(j) \rangle) \qquad (5.12)$$

definieren, gilt für die Standardnummerierung $(\mathbb{N}_0, \mathcal{P}, \varphi)$: Es existiert eine total berechenbare Funktion comp $: \mathbb{N}_0 \times \mathbb{N}_0 \to \mathbb{N}_0$, *sodass*

$$\varphi_{\mathrm{comp}(i,j)} = \varphi_i \circ \varphi_j \qquad (5.13)$$

für alle $i, j \in \mathbb{N}_0$ ist.

In $\mathcal{T}$ existiert also ein Programm $C = \xi(\mathrm{comp}(i, j))$ mit $\Phi_C = \Phi_{A \circ B}(x)$.

Dieser Satz dient als eine Grundlage für den Beweis des folgenden Satzes, der aussagt, dass die Programmiersprache $(\mathbb{N}_0, \mathcal{P}, \varphi)$ auch die Anforderung (S) aus der Einleitung des Kapitels erfüllt: Eingaben können auch als Programme interpretiert und – automatisch mithilfe von Bindungsprogrammen – zu neuen Programmen komponiert werden. Das folgende **smn-Theorem** hält diese Eigenschaft für $(\mathbb{N}_0, \mathcal{P}, \varphi)$ fest.

Satz 5.5   *In der Standardnummerierung $(\mathbb{N}_0, \mathcal{P}, \varphi)$ existiert eine total berechenbare Funktion $s \in \mathcal{R}$, sodass für alle $i, x, y \in \mathbb{N}_0$*

$$\varphi_i \langle x, y \rangle = \varphi_{s\langle i, x \rangle}(y) \tag{5.14}$$

gilt.

Eine allgemeine Formulierung des smn-Theorems lautet:[5] Es existiert eine total berechenbare Funktion $s \in \mathcal{R}$, sodass

$$\varphi_i \langle x_1, \ldots, x_m, y_1, \ldots, y_n \rangle = \varphi_{s\langle i, x_1, \ldots, x_m \rangle} \langle y_1, \ldots, y_n \rangle \tag{5.15}$$

für alle $i \in \mathbb{N}_0$ sowie für alle $(x_1, \ldots, x_m) \in \mathbb{N}_0^m$ und alle $(y_1, \ldots, y_n) \in \mathbb{N}_0^n$ gilt. Dies kann so interpretiert werden: Es gibt einen „Generator" s, der aus dem Programm i und den Programmen $x_1, \ldots, x_m$ ein neues Programm $s \langle i, x_1, \ldots, x_m \rangle$ erzeugt.

5.4.3 Anwendungen von utm- und smn-Theorem

Seien $f, g : \mathbb{N}_0 \to \mathbb{N}_0$ berechenbare Funktionen, dann ist auch $h : \mathbb{N}_0 \times \mathbb{N}_0 \to \mathbb{N}_0$, definiert durch $h(x, y) = f(x) + g(y)$, berechenbar. Es gibt also $i, j \in \mathbb{N}_0$ mit $f = \varphi_i$ und $g = \varphi_j$ mit

$$h(x, y) = \varphi_i(x) + \varphi_j(y) = u_\varphi(i, x) + u_\varphi(j, y).$$

Wir verallgemeinern h zu $h' : \mathbb{N}_0^4 \to \mathbb{N}_0$, definiert durch

$$h'(i, j, x, y) = u_\varphi(i, x) + u_\varphi(j, y),$$

d. h., h' ist berechenbar. Es gibt also ein $m \in \mathbb{N}_0$ mit $h' = \varphi_m$, d. h. mit

$$h'(i, j, x, y) = \varphi_m \langle i, j, x, y \rangle.$$

Gemäß (5.15) gibt es eine totale berechenbare Funktion $s \in \mathcal{R}$ mit

$$\varphi_m \langle i, j, x, y \rangle = \varphi_{s\langle m, i, j \rangle} \langle x, y \rangle.$$

Es gibt also ein Programm s, das aus dem Additionsprogramm m und den Programmen für irgendwelche Funktionen f und g das Programm $s \langle m, i, j \rangle$ generiert, das

---

[5] Aus dieser Formulierung erkennt man, woher die Bezeichnung *smn-Theorem* stammt. Im Satz 5.5 wird die Variante des smn-Theorems für $m = 1$ und $n = 1$ formuliert. Wir wollen diese Variante s-1-1 nennen.

$f(x) + g(y)$ für alle berechenbaren Funktionen f und g berechnet. Die Anforderung (S) (siehe Einleitung von Abschnitt 5.4) ist also für diesen Fall erfüllt: Es gibt ein Programm, nämlich $s\langle m, i, j \rangle$, das die Summe der Ergebnisse der Programme von beliebigen Funktionen f und g berechnet.

Bemerkung 5.1 *Wir können das obige Beispiel für die Anwendung des smn-Theorems verallgemeinern. Seien dazu $f, g : \mathbb{N}_0 \to \mathbb{N}_0$ berechenbare Funktionen, dann ist auch $h : \mathbb{N}_0 \to \mathbb{N}_0$, definiert durch $h(y) = f(g(y))$, berechenbar (siehe Satz 3.1). Es gibt also $i, j \in \mathbb{N}_0$ mit $f = \varphi_i$ und $g = \varphi_j$ mit*

$$h(y) = \varphi_i(\varphi_j(y)) = u_\varphi(i, u_\varphi(j, y)).$$

Wir verallgemeinern h zu $h' : \mathbb{N}_0^3 \to \mathbb{N}_0$, definiert durch

$$h'(i, j, y) = u_\varphi(i, u_\varphi(j, y)),$$

d. h., h' ist berechenbar. Es gibt also ein $k \in \mathbb{N}_0$ mit $h' = \varphi_k$, d. h. mit

$$h'(i, j, y) = \varphi_k \langle i, j, y \rangle.$$

Gemäß (5.15) gibt es eine total berechenbare Funktion $s \in \mathcal{R}$ mit

$$\varphi_k \langle i, j, y \rangle = \varphi_{s\langle k, i, j \rangle} \langle y \rangle.$$

Es gibt also ein Programm s, das aus dem Programm k für die Komposition von Programmen und den Programmen für irgendwelche Funktionen f und g das Programm $s\langle k, i, j \rangle$ generiert, das $f(g(y))$ für alle berechenbaren Funktionen f und g berechnet.

Das smn-Theorem besagt also, dass die Anforderung (S) in dem Sinne erfüllt ist, dass Programme $x_1, \ldots, x_m$ zu neuen Programmen $s\langle i, x_1, \ldots, x_m \rangle$ verknüpft werden können, die die Ergebnisse von $x_1, \ldots, x_m$ angewendet auf $y_1, \ldots, y_n$ gemäß dem Programm i miteinander verknüpfen.

Eine wichtige Folgerung aus dem smn-Theorem ist das **Übersetzungslemma**.

Satz 5.6 *Sei $(\mathbb{N}_0, \mathcal{P}, \varphi)$ die Standardnummerierung und $(\mathbb{N}_0, \mathcal{P}, \psi)$ eine weitere Nummerierung, die das smn-Theorem erfüllt. Dann gibt es eine total berechenbare Funktion $t \in \mathcal{R}$ mit*

$$\varphi_i(x) = \psi_{t(i)}(x) \text{ für alle } x \in \mathbb{N}_0. \tag{5.16}$$

Beweis *Da ψ alle Elemente von $\mathcal{P}$ nummeriert, wird auch u_φ, die universelle Funktion von φ, nummeriert, denn es ist $u_\varphi \in \mathcal{P}$ (siehe Folgerung 5.1). Es gibt also ein*

$k \in \mathbb{N}_0$ mit $\psi_k = u_\varphi$ (auch wenn $\psi_k = u_\varphi$ ist, muss ψ_k nicht zwangsläufig eine universelle Funktion von ψ sein).

Sei $s \in \mathcal{R}$ die gemäß Voraussetzung für ψ existierende s-1-1-Funktion. Wir setzen $t(i) = s \langle k, i \rangle$ (da k als Nummer von u_φ fest gegeben ist, hängt t nur von i ab). Dann ist $t \in \mathcal{R}$, und es gilt mit Satz 5.5

$$\psi_{t(i)}(x) = \psi_{s \langle k,i \rangle}(x) = \psi_k \langle i, x \rangle = u_\varphi(i, x) = \varphi_i(x),$$

was zu zeigen war.

Zwischen der Standardnummerierung $(\mathbb{N}_0, \mathcal{P}, \varphi)$ und der Nummerierung $(\mathbb{N}_0, \mathcal{P}, \psi)$ gibt es immer ein **Übersetzerprogramm** t, welches jedes Programm i von $(\mathbb{N}_0, \mathcal{P}, \varphi)$ in ein äquivalentes Programm $t(i)$ von $(\mathbb{N}_0, \mathcal{P}, \psi)$ transformiert, vorausgesetzt, die Nummerierung $(\mathbb{N}_0, \mathcal{P}, \psi)$ erfüllt das smn-Theorem.

Folgerung 5.2   Sei $f \in \mathcal{P}$. Dann gibt es eine Funktion $t \in \mathcal{R}$, sodass für alle $i, x \in \mathbb{N}_0$ gilt:

$$f \langle i, x \rangle = \varphi_{t(i)}(x) \tag{5.17}$$

Beweis Da $f \in \mathcal{P}$ ist, gibt es ein $k \in \mathbb{N}_0$ mit $f \langle i, x \rangle = \varphi_k \langle i, x \rangle$. Mit dem smn-Theorem folgt, dass es eine Funktion $s \in \mathcal{R}$ gibt mit $\varphi_k \langle i, x \rangle = \varphi_{s \langle k,i \rangle}(x)$. Wir setzen $t(i) = s \langle k, i \rangle$. Dann ist $t \in \mathcal{R}$ und

$$f \langle i, x \rangle = \varphi_k \langle i, x \rangle = \varphi_{s \langle k,i \rangle}(x) = \varphi_{t(i)}(x),$$

womit die Behauptung gezeigt ist.

Analog zur Verallgemeinerung (5.15) des smn-Theorems kann die folgende Verallgemeinerung der obigen Folgerung gezeigt werden: Sei $f \in \mathcal{P}$, dann gibt es eine total berechenbare Funktion $t \in \mathcal{R}$, sodass

$$f \langle i, x_1, \ldots, x_m, y_1, \ldots, y_n \rangle = \varphi_{t \langle i, x_1, \ldots, x_m \rangle} \langle y_1, \ldots, y_n \rangle \tag{5.18}$$

gilt für alle $i \in \mathbb{N}_0$, $(x_1, \ldots, x_m) \in \mathbb{N}_0^m$ und $(y_1, \ldots, y_n) \in \mathbb{N}_0^n$.

Die folgenden Aussagen sind weitere interessante Folgerungen aus dem utm-Theorem und dem smn-Theorem. Der **Rekursionssatz**[6] besagt, dass jede total berechenbare Programmtransformation in $(\mathbb{N}_0, \mathcal{P}, \varphi)$ mindestens ein Programm in ein äquivalentes transformiert, und der Selbstreproduktionssatz besagt, dass es in $(\mathbb{N}_0, \mathcal{P}, \varphi)$ mindestens ein Programm gibt, das für jede Eingabe seinen eigenen Quelltext ausgibt.

---

[6]Der Rekursionssatz ist auch als *Fixpunktsatz von Kleene* bekannt.

Satz 5.7   *Zu jeder total berechenbaren Funktion $f \in \mathcal{R}$ existiert eine Zahl $n \in \mathbb{N}_0$ mit $\varphi_{f(n)} = \varphi_n$.*

Beweis   *Die Funktion $d : \mathbb{N}_0 \times \mathbb{N}_0 \to \mathbb{N}_0$ sei definiert durch*

$$d(x,y) = u_\varphi(u_\varphi(x,x),y).$$

Mithilfe des utm-Theorems gilt

$$d(x,y) = u_\varphi(u_\varphi(x,x),y) = u_\varphi(\varphi_x(x),y) = \varphi_{\varphi_x(x)}(y). \tag{5.19}$$

Gemäß utm-Theorem ist d also berechenbar. Wegen Folgerung 5.2 gibt es zu d ein $t \in \mathcal{R}$ mit

$$d(x,y) = \varphi_{t(x)}(y). \tag{5.20}$$

Die Funktionen f und t sind total berechenbar, also ist auch $f \circ t$ total berechenbar. Somit gibt es ein $m \in \mathbb{N}_0$ mit

$$\varphi_m = f \circ t \tag{5.21}$$

und φ_m ist total. Des Weiteren setzen wir (für das feste m)

$$n = t(m). \tag{5.22}$$

Es gilt mit (5.22), (5.20), (5.19) und (5.21)

$$\varphi_n(y) = \varphi_{t(m)}(y) = d(m,y) = \varphi_{\varphi_m(m)}(y) = \varphi_{f(t(m))}(y) = \varphi_{f(n)}(y),$$

womit die Behauptung gezeigt ist.

Der Rekursionssatz gilt für alle total berechenbaren Funktionen, z. B. für die Funktionen $f(x) = x + 1$ und $g(x) = x^2$. Der Rekursionssatz besagt, dass ein $m \in \mathbb{N}_0$ existiert mit $\varphi_{m+1} = \varphi_m$ bzw. ein $n \in \mathbb{N}_0$ existiert mit $\varphi_{n^2} = \varphi_n$.

Den Rekursionssatz kann man so interpretieren, dass jede total berechenbare Programmtransformation f mindestens ein Programm n in sich selbst transformiert (n also „reproduziert"). Das gilt z. B. auch für den Fall, dass f ein „Computervirus" ist, der alle Programme verändert. Der Rekursionssatz besagt, dass der Virus mindestens ein Programm unverändert lassen würde.

Eine Folgerung aus dem Rekursionssatz ist der **Selbstreproduktionssatz**.

Satz 5.8   *Es gibt eine Zahl $n \in \mathbb{N}_0$ mit $\varphi_n(x) = n$ für alle $x \in \mathbb{N}_0$.*

Beweis   *Wir definieren $f : \mathbb{N}_0 \times \mathbb{N}_0 \to \mathbb{N}_0$ durch $f(i,x) = i$. Die Funktion f ist offensichtlich berechenbar. Gemäß Folgerung 5.2 gibt es somit eine total berechenbare*

Funktion $t \in \mathcal{R}$ mit $\varphi_{t(i)}(x) = f(i, x) = i$. Nach dem Rekursionssatz gibt es zu t ein $n \in \mathbb{N}_0$ mit $\varphi_n = \varphi_{t(n)}$. Insgesamt folgt $\varphi_n(x) = \varphi_{t(n)}(x) = f(n, x) = n$ für alle $x \in \mathbb{N}_0$, womit die Behauptung gezeigt ist.

Der Selbstreproduktionssatz besagt, dass es in einer Programmiersprache, die den Anforderungen (U) und (S) aus der Einleitung genügt, mindestens ein Programm n gibt, das unabhängig von den Eingaben x sich selbst („seinen eigenen Code") ausgibt.

5.4.4 Der Äquivalenzsatz von Rogers

Im vorigen Abschnitt haben wir gesehen, dass die Tatsache, dass die Programmiersprache $(\mathbb{N}_0, \mathcal{P}, \varphi)$ das utm- und das smn-Theorem erfüllt, dazu führt, dass diese Sprache sowohl theoretisch als auch praktisch nützliche Eigenschaften besitzt. Das utm-Theorem und das smn-Theorem können als Präzisierungen der in der Einleitung des Kapitels geforderten elementaren Eigenschaften (U) bzw. (S) für Programmiersprachen betrachtet werden. Dass diese Eigenschaften tatsächlich fundamental sind, besagt der folgende Satz: Jede andere Nummerierung $(\mathbb{N}_0, \mathcal{P}, \psi)$ ist äquivalent zur Standardnummerierung $(\mathbb{N}_0, \mathcal{P}, \varphi)$ genau dann, wenn sie ebenfalls das utm-Theorem und das smn-Theorem erfüllt.

Satz 5.9   *Sei $(\mathbb{N}_0, \mathcal{P}, \varphi)$ die Standardnummerierung und $\psi : \mathbb{N}_0 \to \mathcal{P}$ eine weitere Standardnummerierung von $\mathcal{P}$, dann sind die beiden folgenden Aussagen äquivalent:*

(1) Es gibt total berechenbare Funktionen $t_{\varphi \to \psi}, t_{\psi \to \varphi} \in \mathcal{R}$ („Übersetzer" für φ bzw. ψ) mit $\varphi_i = \psi_{t_{\varphi \to \psi}(i)}$ und $\psi_j = \varphi_{t_{\psi \to \varphi}(j)}$ (d. h., „φ und ψ sind äquivalent").

(2) Die Standardnummerierung ψ erfüllt das utm-Theorem und das smn-Theorem:

(U) Die universelle Funktion $u_\psi : \mathbb{N}_0 \times \mathbb{N}_0 \to \mathbb{N}_0$ mit $u_\psi(i, x) = \psi_i(x)$ für alle $i, x \in \mathbb{N}_0$ ist berechenbar.

(S) Es gibt eine total berechenbare Funktion t mit $\psi_i \langle x, y \rangle = \psi_{t\langle i, x \rangle}(y)$ für alle $i, x, y \in \mathbb{N}_0$.

Beweis   „$(1) \Rightarrow (2)$": *Es gilt*

$$u_\psi(i, x) = \psi_i(x) = \varphi_{t_{\psi \to \varphi}(i)}(x) = u_\varphi(t_{\psi \to \varphi}(i), x). \tag{5.23}$$

Nach dem utm-Theorem für φ ist u_φ berechenbar, und nach Voraussetzung ist $t_{\psi \to \varphi}$ berechenbar. Wegen der Gleichung (5.23) ist dann auch u_ψ berechenbar. Damit haben wir (2 U) gezeigt.

Da für φ das smn-Theorem gilt, gibt es gemäß Folgerung 5.2 für die berechenbare Funktion $u_\psi(i, \langle x, y \rangle)$ eine total berechenbare Funktion $s \in \mathcal{R}$ mit

$$u_\psi(i, \langle x, y \rangle) = \varphi_{s\langle i, x \rangle}(y).$$

Es ist $\psi_i \langle x, y \rangle = u_\psi(i, \langle x, y \rangle)$ und nach Voraussetzung gilt $\varphi_z = \psi_{t_{\varphi \to \psi}(z)}$. Somit gilt also insgesamt

$$\psi_i(x, y) = u_\psi(i, \langle x, y \rangle) = \varphi_{s\langle i, x \rangle}(y) = \psi_{t_{\varphi \to \psi}(s\langle i, x \rangle)}(y).$$

Wir setzen $t \langle i, x \rangle = t_{\varphi \to \psi}(s \langle i, x \rangle)$, also $t = t_{\varphi \to \psi} \circ s$. Somit gibt es also eine total berechenbare Funktion $t \in \mathcal{R}$, für die

$$\psi_i \langle x, y \rangle = \psi_{t\langle i, x \rangle}(y)$$

für alle $i, x, y \in \mathbb{N}_0$ gilt.

Damit ist (2 S) gezeigt.

„(2) $\Rightarrow$ (1)": Die Funktion u_ψ ist berechenbar, da für ψ das utm-Theorem erfüllt ist. Nach dem smn-Theorem für φ gibt es zu u_ψ eine total berechenbare Funktion $t_{\psi \to \varphi} \in \mathcal{R}$ mit $u_\psi(j, y) = \varphi_{t_{\psi \to \varphi}(j)}(y)$. Mit der Voraussetzung $u_\psi(j, y) = \psi_j(y)$ folgt $\psi_j(y) = \varphi_{t_{\psi \to \varphi}(j)}(y)$ und damit $\psi_j = \varphi_{t_{\psi \to \varphi}(j)}$.

Mit analoger Argumentation leitet man $\varphi_i = \psi_{t_{\varphi \to \psi}(i)}$ für ein $t_{\varphi \to \psi} \in \mathcal{R}$ her.

Der Satz von Rogers besagt, dass es bis auf gegenseitige Übersetzbarkeit nur eine einzige Programmiersprache, beispielsweise $(\mathbb{N}_0, \mathcal{P}, \varphi)$, gibt, die das utm-Theorem und das smn-Theorem erfüllt. $(\mathbb{N}_0, \mathcal{P}, \varphi)$ kann somit als „Referenz-Programmiersprache" gelten. Das bedeutet insbesondere, dass alle Eigenschaften, die auf die Sprache $(\mathbb{N}_0, \mathcal{P}, \varphi)$ zutreffen, für alle vollständigen Programmiersprachen gelten.

Aus dem Satz von Rogers folgt unmittelbar folgende für die Praxis wichtige Aussage.

Folgerung 5.3 *Zu zwei vollständigen Programmiersprachen $\mathcal{M}_1$ und $\mathcal{M}_2$ existieren Programme $T_{1 \to 2} \in \mathcal{M}_2$ und $T_{2 \to 1} \in \mathcal{M}_1$ mit*

$$\Phi_A^{(\mathcal{M}_1)} = \Phi_{T_{1 \to 2}(A)}^{(\mathcal{M}_2)} \quad \text{für alle } A \in \mathcal{M}_1 \tag{5.24}$$

bzw. mit

$$\Phi_B^{(\mathcal{M}_2)} = \Phi_{T_{2 \to 1}(B)}^{(\mathcal{M}_1)} \quad \text{für alle } B \in \mathcal{M}_2 \tag{5.25}$$

Es gibt also für je zwei vollständige Programmiersprachen **Übersetzungsprogramme**, welche die Programme der einen Sprache in äquivalente Programme der anderen Sprache übersetzen.

5.5   Zusammenfassung und bibliografische Hinweise

Die Nummerierung von Turingmaschinen führt zur Standardnummerierung $(\mathbb{N}_0, \mathcal{P}, \varphi)$ der partiell berechenbaren Funktionen, die als abstrakte Programmiersprache angesehen werden kann, anhand der grundsätzliche Eigenschaften von Programmiersprachen analysiert werden können.

Fundamentale Anforderungen an Programmiersprachen sind die Existenz von universellen Programmen sowie die Möglichkeit zum effektiven Programmieren. Universelle Programme können alle Programme ausführen und damit alle berechenbaren Funktionen berechnen. Effektives Programmieren bedeutet, dass Programme selbst Eingabe von Programmen sein können und es Programme gibt, die daraus neue Programme generieren können. Das utm-Theorem und das smn-Theorem drücken aus, dass die Standardnummerierung diese Anforderungen erfüllt.

Programmiersprachen, die das utm-Theorem und das smn-Theorem erfüllen, werden vollständig genannt. Der Äquvalenzsatz von Rogers besagt, dass es zwischen vollständigen Programmiersprachen totale Übersetzungsprogramme gibt, die jedes Programm der einen in ein äquivalentes Programm der anderen Sprache transformieren.

Zu den vollständigen Programmiersprachen gehören die in der Praxis weit verbreiteten Sprachen JAVA und C++. Zur Ausführung von Programmen in diesen Sprachen müssen allerdings hinreichend große Speicher – wie bei Turingmaschinen das unendliche Arbeitsband – zur Verfügung stehen.

Unter dem Stichwort „Accidentally Turing Complete" findet man überraschende und kuriose vollständige Programmiermöglichkeiten, wie z. B. Spiele und das Page fault handling des X86-Prozessors.

Das Kapitel folgt Darstellungen in [VW16]. Die Themen werden mehr oder weniger ausführlich in [AB02], [BL74], [HMU13], [Hr14], [Koz97], [LP98], [Ro67], [Schö09], [Si06] und [Wei87] behandelt.

Es gibt viele interessante Fragestellungen, die die Mächtigkeit von Turingmaschinen betreffen, insbesondere dahin gehend, welche Art von Funktionalität noch maximal mit einer möglichst kleinen Menge von Zuständen oder Bandsymbolen erreicht werden kann.

Dazu gehört das sogenannte Fleißige-Biber-Problem, das von Tibor Radó in [Ra62] erstmalig vorgestellt wurde. Radó betrachtet zwei Funktionen: (1) $\Sigma(n)$ = maximale Anzahl der Einsen, die eine anhaltende Turingmaschine mit n Zuständen auf ein anfänglich leeres Band schreiben kann, sowie (2) $S(n)$ = maximale Anzahl der Kopfbewegungen, die eine anhaltende Turingmaschine mit n Zuständen und zweielementigem Arbeitsalphabet durchführen kann. Es kann gezeigt werden, dass die Mengen $\{(n, b) \mid \Sigma(n) \le b\}$ und $\{(n, c) \mid S(n) \le c\}$ nicht rekursiv-aufzählbar sind, d. h., $\Sigma(n)$ und $S(n)$ sind nicht berechenbar; beide Funktionen wachsen schneller als jede berechenbare Funktion. Für $1 \le n \le 4$ sieht das Wachstum von $\Sigma(n)$ noch harmlos aus: $\Sigma(1) = 1$, $\Sigma(2) = 4$, $\Sigma(3) = 6$, $\Sigma(4) = 13$. Für $n = 5$ gilt aber bereits $\Sigma(5) \ge 2^{12}$, und für $n = 6$ gilt $\Sigma(6) > 2^{54\,000}$.

Eine weitere interessante Frage ist: Wie viele Zustände und wie viele Arbeitssymbole muss eine universelle Turingmaschine mindestens haben? Unter

`en.wikipedia.org/wiki/Wolfram%27s_2-state_3-symbol_Turing_machine`

findet man die Beschreibung einer universellen Maschine von Stephen Wolfram mit zwei Zuständen und fünf Symbolen. Wolfram vermutete, dass eine universelle Turingmaschine mit zwei Zuständen und drei Symbolen existiert, und setzte einen Preis in Höhe von $ 25.000 für denjenigen aus, der als Erster eine solche Maschine findet. Alex Smith gibt in

`www.wolframscience.com/prizes/tm23/TM23Proof.pdf`

eine universelle Maschine mit zwei Zuständen und drei Symbolen an, wofür er dann auch den Preis bekam.

Kapitel 6

Unentscheidbare Mengen

In (5.8) wird festgestellt, dass die Menge $\mathcal{T}$ der Turingmaschinen nummeriert werden kann. Daraus folgt, dass diese Menge abzählbar ist. Wir zeigen im Folgenden, dass die Menge

$$X = \{\chi : \mathbb{N}_0 \to \mathbb{B} \mid \chi \text{ ist total}\} \tag{6.1}$$

der charakteristischen Funktionen überabzählbar ist. Daraus folgt, dass es charakteristische Funktionen gibt, die nicht berechenbar sind. Hieraus folgt, dass prinzipiell unentscheidbare Mengen existieren. In den folgenden Abschnitten werden wir dann konkrete unentscheidbare Mengen kennenlernen.

Satz 6.1   *Die in (6.1) definierte Menge X ist überabzählbar.*

Beweis *Wir nehmen an, dass X abzählbar ist. Das bedeutet, dass die Elemente von X eindeutig nummeriert werden können: $X = \{\chi_0, \chi_1, \chi_2, \ldots\}$. Wir denken uns für die beiden abzählbaren Mengen $\mathbb{N}_0$ und X die folgende unendliche Matrix:*

	x_0	x_1	x_2	$\ldots$	x	$\ldots$
χ_0	$\chi_0(x_0)$	$\chi_0(x_1)$	$\chi_0(x_2)$	$\ldots$	$\chi_0(x)$	$\ldots$
χ_1	$\chi_1(x_0)$	$\chi_1(x_1)$	$\chi_1(x_2)$	$\ldots$	$\chi_1(x)$	$\ldots$
χ_2	$\chi_2(x_0)$	$\chi_2(x_1)$	$\chi_2(x_2)$	$\ldots$	$\chi_2(x)$	$\ldots$
$\vdots$	$\vdots$	$\vdots$	$\vdots$	$\vdots$	$\vdots$	$\vdots$

Diese Matrix ist eine 0-1-Matrix, die keine Lücken aufweist, weil alle χ_i total definiert sind.

Mithilfe der Diagonalen dieser Matrix definieren wir die Funktion $\chi : \mathbb{N}_0 \to \mathbb{B}$ durch

$$\chi(x_i) = 1 - \chi_i(x_i). \tag{6.2}$$

© Springer-Verlag GmbH Deutschland, ein Teil von Springer Nature 2020
K.-U. Witt und M. E. Müller, *Algorithmische Informationstheorie*,
https://doi.org/10.1007/978-3-662-61694-9_6

Die Funktion χ unterscheidet sich von allen χ_i mindestens beim Argument x_i:

$$\chi(x_i) = 1 - \chi_i(x_i) = \begin{cases} 1, & \chi_i(x_i) = 0 \\ 0, & \chi_i(x_i) = 1 \end{cases}$$

Die Funktion χ ist eine wohl definierte, totale Funktion von $\mathbb{N}_0$ nach $\mathbb{B}$. Sie muss also ein Element von X sein und deshalb eine Nummer besitzen; sei k diese Nummer:

$$\chi = \chi_k \tag{6.3}$$

Dann folgt für das Argument x_k:

$$\begin{aligned} \chi_k(x_k) &= \chi(x_k) & \textit{wegen (6.3)} \\ &= 1 - \chi_k(x_k) & \textit{wegen (6.2)} \end{aligned}$$

Es folgt $\chi_k(x_k) = 1 - \chi_k(x_k)$, was offensichtlich ein Widerspruch ist. Unsere Annahme, dass X abzählbar ist, ist also falsch, womit die Behauptung gezeigt ist.

Die im obigen Beweis verwendete Beweismethode heißt **Cantors zweites Diagonalargument**.[1] Dabei wird auf der Basis einer Annahme eine Matrix aufgestellt und mithilfe der Diagonale der Matrix eine Funktion, eine Menge oder eine Aussage definiert, die zu einem Widerspruch führt, woraus dann folgt, dass die ursprüngliche Annahme falsch sein muss.

Der Satz 6.1 zeigt, dass es prinzipiell nicht entscheidbare Mengen $A \subseteq \mathbb{N}_0$ geben muss. In den folgenden Abschnitten geben wir sowohl konkrete Beispiele von Mengen an, die nicht entscheidbar sind, als auch Beispiele von Mengen, die nicht semientscheidbar, also nicht rekusiv-aufzählbar sind. Grundlage der Betrachtungen dafür ist nach wie vor unsere Standardprogrammiersprache $(\mathbb{N}_0, \mathcal{P}, \varphi)$. Damit gelten die folgenden Aussagen auch für alle anderen vollständigen Programmiersprachen.

6.1   Das Halteproblem

Wir betrachten zunächst ein **spezielles Halteproblem**, auch **Selbstanwendbarkeitsproblem** genannt, und formulieren es mithilfe der folgenden Menge

$$K = \{i \in \mathbb{N}_0 \mid i \in Def(\varphi_i)\}.$$

Die Menge K enthält alle Nummern von Turingmaschinen, die, angewendet auf sich selbst, anhalten.

---

[1] Cantors erstes Diagonalargument haben wir in Kapitel 2.8 angewendet.

Satz 6.2   a) *K ist rekursiv-aufzählbar.*

b) *K ist nicht entscheidbar.*

Beweis   a) *Wir definieren $f : \mathbb{N}_0 \to \mathbb{N}_0$ durch $f(i) = u_\varphi(i, i)$. Dann gilt: Die Funktion f ist berechenbar sowie*

$$i \in K \text{ genau dann, wenn } i \in Def(\varphi_i),$$
$$\text{genau dann, wenn } (i, i) \in Def(u_\varphi),$$
$$\text{genau dann, wenn } i \in Def(f).$$

Es ist also $K = Def(f)$. Mit Satz 3.4 b) folgt, dass K rekursiv aufzählbar ist.

b) *Wir nehmen an, K sei entscheidbar. Dann ist χ_K berechenbar. Wir definieren die Funktion $g : \mathbb{N}_0 \to \mathbb{N}_0$ durch*

$$g(x) = \begin{cases} u_\varphi(x, x) + 1, & \text{falls } \chi_K(x) = 1, \\ 0, & \text{falls } \chi_K(x) = 0. \end{cases} \tag{6.4}$$

Die Funktion g ist total berechenbar, denn, wenn $\chi_K(x) = 1$ ist, ist $x \in K$ und damit $x \in Def(\varphi_x)$, und demzufolge ist $u_\varphi(x, x) + 1 = \varphi_x(x) + 1$ definiert.

Da g berechenbar ist, gibt es ein p mit $g = \varphi_p$, d. h., es ist

$$g(x) = \varphi_p(x) \text{ für alle } x \in \mathbb{N}_0. \tag{6.5}$$

Wir berechnen nun $g(p)$. Als Ergebnis gibt es zwei Möglichkeiten: (1) $g(p) = 0$ oder (2) $g(p) = u_\varphi(p, p) + 1$.

Zu (1): Es gilt

$$g(p) = 0 \text{ genau dann, wenn } \chi_K(p) = 0, \quad \text{wegen (6.4)}$$
$$\text{genau dann, wenn } p \notin K,$$
$$\text{genau dann, wenn } p \notin Def(\varphi_p),$$
$$\text{genau dann, wenn } p \notin Def(g), \quad \text{wegen (6.5)}$$
$$\text{genau dann, wenn } g(p) = \bot.$$

Damit haben wir die widersprüchliche Aussage

$$g(p) = 0 \text{ genau dann, wenn } g(p) = \bot$$

hergeleitet, d. h., der Fall $g(p) = 0$ kann nicht auftreten.

Zu (2): Mit (6.4) und (6.5) erhalten wir

$$g(p) = u_\varphi(p, p) + 1 = \varphi_p(p) + 1 = g(p) + 1$$

und damit den Widerspruch $g(p) = g(p) + 1$.

Die Anwendung von g auf p, d. h. von g auf sich selbst, führt also in jedem Fall zum Widerspruch. Unsere Annahme, dass K entscheidbar und damit χ_K berechenbar ist, muss also falsch sein, womit die Behauptung gezeigt ist.

Möglicherweise erscheint das Selbstanwendbarkeitsproblem auf den ersten Blick als ein künstliches Problem. Im Hinblick auf Programme, die man auf sich selbst anwenden kann, denke man z. B. an ein Programm, das die Anzahl der Buchstaben in einer Zeichenkette zählt. Es kann durchaus sinnvoll sein, das Programm auf sich selbst anzuwenden um festzustellen, wie lang es ist.

Die Menge

$$H = \{(i,j) \in \mathbb{N}_0 \times \mathbb{N}_0 \mid j \in Def(\varphi_i)\} \tag{6.6}$$

beschreibt das (**allgemeine**) **Halteproblem**. Sie enthält alle Paare von Programmen i und Eingaben j, sodass i angewendet auf j ein Ergebnis liefert, d. h. insbesondere, dass i bei Eingabe j anhält. K ist eine Teilmenge von H,[2] und damit ist intuitiv klar, dass auch H nicht entscheidbar sein kann.

Satz 6.3   **a)** *H ist rekursiv-aufzählbar.*

b) *H ist nicht entscheidbar.*

Übung 6.1   *Beweisen Sie Satz 6.3!*

Die Unentscheidbarkeit des Halteproblems bedeutet, dass es keinen allgemeinen Terminierungsbeweiser geben kann. Ein solcher Beweiser könnte überprüfen, ob ein Programm angewendet auf eine Eingabe anhält. Wenn man also verhindern möchte, dass Ausführungen von Schleifen nicht terminieren, muss man dies schon bei der Programmierung durch Anwendung geeigneter Methoden verhindern, weil im Nachhinein das Terminierungsverhalten algorithmisch im Allgemeinen nicht mehr überprüft werden kann.

Das Halteproblem ist mindestens so „schwierig" wie jedes andere rekursiv-aufzählbare Problem, denn alle rekursiv-aufzählbaren Probleme lassen sich auf das Halteproblem reduzieren. Andererseits lassen sich entscheidbare Probleme auf alle anderen (nicht trivialen) Probleme reduzieren; in diesem Sinne sind entscheidbare Probleme „besonders einfach". Dies werden wir im Abschnitt 8.4 noch aus einem anderen Blickwinkel betrachtet bestätigt finden.

Satz 6.4   **a)** *Für jede rekursiv-aufzählbare Menge $A \subseteq \mathbb{N}_0$ gilt $A \leq H$.*

b) *Für jede entscheidbare Menge $A \subseteq \mathbb{N}_0$ und jede Menge $B \subseteq \mathbb{N}_0$ mit $B \neq \emptyset$ und $B \neq \mathbb{N}_0$ gilt $A \leq B$.*

---

[2]Damit das mathematisch präzise ausgedrückt werden kann, müsste K eigentlich wie folgt notiert werden: $K = \{(i,i) \in \mathbb{N}_0 \times \mathbb{N}_0 \mid i \in Def(i)\}$.

Beweis **a)** *A ist rekursiv-aufzählbar, also semi-entscheidbar, d. h., χ'_A ist berechenbar. Es gibt also ein $i \in \mathbb{N}_0$ mit $\chi'_A = \varphi_i$. Mithilfe dieses fest gegebenen i definieren wir $f : \mathbb{N}_0 \to \mathbb{N}_0 \times \mathbb{N}_0$ durch $f(j) = (i, j)$. Die Funktion f ist total berechenbar, und es gilt*

$$j \in A \text{ genau dann, wenn } \chi'_A(j) = 1,$$
$$\text{genau dann, wenn } \varphi_i(j) = 1,$$
$$\text{genau dann, wenn } j \in Def(\varphi_i),$$
$$\text{genau dann, wenn } (i, j) \in H,$$
$$\text{genau dann, wenn } f(j) \in H.$$

Damit ist die Behauptung $A \leq_f H$ gezeigt.

b) *Da $B \neq \emptyset$, gibt es mindestens ein $i \in B$, und da $B \neq \mathbb{N}_0$, gibt es mindestens ein $j \notin B$. Mit diesen beiden Elementen definieren wir die Funktion $f : \mathbb{N}_0 \to \mathbb{N}_0$ durch*

$$f(x) = \begin{cases} i, & \chi_A(x) = 1, \\ j, & \chi_A(x) = 0. \end{cases}$$

Da A entscheidbar ist, sind χ_A und damit auch f total berechenbar. Außerdem gilt $x \in A$ genau dann, wenn $f(x) \in B$. Damit gilt $A \leq_f B$, was zu zeigen war.

Aus Satz 3.2 b) und den Sätzen 6.2 und 6.3 folgt unmittelbar ein Satz über die Komplemente von K und H.

Satz 6.5 **a)** *Die Komplemente von K und H*

$$\overline{K} = \{i \in \mathbb{N}_0 \mid i \notin Def(\varphi_i)\} \quad bzw. \quad \overline{H} = \{(i, j) \in \mathbb{N}_0 \times \mathbb{N}_0 \mid j \notin Def(\varphi_i)\}$$

sind nicht rekursiv-aufzählbar.

b) RE *ist nicht abgeschlossen gegenüber Komplementbildung.*

$\overline{K}$ und $\overline{H}$ sind also Beispiele für Mengen, die nicht nur nicht entscheidbar, sondern sogar nicht semi-entscheidbar sind. Damit sind zudem $\chi'_{\overline{K}}$ und $\chi'_{\overline{H}}$ Beispiele für nicht berechenbare Funktionen.

Um das Terminierungsproblem grundsätzlich zu vermeiden, könnte man auf die Idee kommen, universelle Programmiersprachen von vornherein so zu gestalten, dass alle Programme nur total berechenbare Funktionen berechnen. Sei $(\mathbb{N}_0, \mathcal{R}, \psi)$ die Nummerierung einer solchen Sprache. Der folgende Satz besagt, dass es in dieser Nummerierung keine universelle Funktion geben kann.

Satz 6.6   *Sei $u_\psi : \mathbb{N}_0 \times \mathbb{N}_0 \to \mathbb{N}_0$, definiert durch $u_\psi(i,j) = \psi_i(j)$, eine universelle Funktion für $(\mathbb{N}_0, \mathcal{R}, \psi)$, dann ist $u_\psi \notin \mathcal{R}$.*

Beweis   *Wir nehmen an, dass $u_\psi \in \mathcal{R}$ ist, und definieren die Funktion $f : \mathbb{N}_0 \to \mathbb{N}_0$ durch $f(x) = u_\psi(x,x) + 1$. Dann folgt, dass $f \in \mathcal{R}$ ist. Damit gibt es ein $k \in \mathbb{N}_0$ mit $\psi_k = f$, d. h., für alle $x \in \mathbb{N}_0$ gilt $\psi_k(x) = f(x) = u_\psi(x,x) + 1$. Für $x = k$ folgt daraus*

$$u_\psi(k,k) = \psi_k(k) = f(k) = u_\psi(k,k) + 1,$$

was offensichtlich einen Widerspruch darstellt, womit unsere Annahme $u_\psi \in \mathcal{R}$ widerlegt ist.

In einem weiteren Schritt, dass Terminierungsproblem in den Griff zu bekommen, könnte man versuchen, die Menge der Programme in $(\mathbb{N}_0, \mathcal{P}, \varphi)$ auf die zu beschränken, die totale Funktionen berechnen. Dass auch dieser Versuch zum Scheitern verurteilt ist, besagt der folgende Satz.

Satz 6.7   *Sei $(\mathbb{N}_0, \mathcal{P}, \varphi)$ die Standardprogrammierung und $A \subset \mathbb{N}_0$ so, dass $\varphi(A) = \mathcal{R}$ gilt. Dann ist A nicht rekursiv-aufzählbar und damit nicht entscheidbar.*

Beweis   *Wir nehmen an, dass A rekursiv-aufzählbar ist. Da $\mathcal{R} \neq \emptyset$ gilt, gilt auch $A \neq \emptyset$. Dann gibt es eine total berechenbare Funktion $f : \mathbb{N}_0 \to \mathbb{N}_0$ mit $A = W(f)$. Wir definieren die Funktion $\psi : \mathbb{N}_0 \to \mathcal{R}$ durch $\psi = \varphi \circ f$. Dann ist ψ eine totale surjektive Funktion mit berechenbarer universeller Funktion $u_\psi(i,x) = \psi_i(x) = \varphi_{f(i)}(x) = u_\varphi(f(i),x)$. Dieses widerspricht aber Satz 6.6.*

Eine Menge $A \subset \mathbb{N}_0$ von Programmen, die nicht entscheidbar ist, kann keine Programmiersprache sein, da für ein $i \in \mathbb{N}_0$ nicht entschieden werden könnte, ob es ein Programm aus A ist oder nicht.

Ein weiterer Ansatz, dass Terminierungsproblem zu lösen, wäre, jede berechenbare Funktion $f \in \mathcal{P}$ zu einer total berechenbaren Funktion $f' \in \mathcal{R}$ mit $f(x) = f'(x)$ für alle $x \in Def(f)$ fortzusetzen. Der folgende Satz besagt, dass auch dieses Ansinnen zum Scheitern verurteilt ist.

Satz 6.8   *Sei $(\mathbb{N}_0, \mathcal{P}, \varphi)$ die Standardnummerierung. Dann besitzt die Funktion $f : \mathbb{N}_0 \to \mathbb{N}_0$, definiert durch $f \langle i,j \rangle = u_\varphi(i,j)$, keine Fortsetzung.*

Beweis   *Sei $f' \in \mathcal{R}$ eine Fortsetzung von f. Damit definieren wir eine Nummerierung $\psi : \mathbb{N}_0 \to \mathcal{R}$ durch $\psi_i(j) = f' \langle i,j \rangle$. Dann wäre die Funktion $u'(i,j) = f'(i,j)$ eine universelle Funktion der Nummerierung $(\mathbb{N}_0, \mathcal{R}, \psi)$, was aber Satz 6.6 widerspricht.*

6.2 Der Satz von Rice

Das Terminierungsproblem ist innerhalb vollständiger Programmiersprachen allgemein algorithmisch nicht lösbar. Es stellt sich die Frage, ob andere Eigenschaften von Programmen algorithmisch überprüfbar sind.

Syntaktische Eigenschaften von Programmen, wie die Länge eines Programms, die Anzahl der Variablen oder die Anzahl der Zuweisungen, in denen eine Variable vorkommt, sind sicher berechenbar. Wie steht es um die Entscheidbarkeit von semantischen Eigenschaften wie z. B.

(1) $E_1 = \{f \in \mathcal{P} \mid f(x) = 3$, für alle $x \in \mathbb{N}_0\}$ enthält alle berechenbaren Funktionen, die jeder Eingabe den Wert 3 zuweisen („Konstante 3").

(2) $E_2 = \{f \in \mathcal{P} \mid f(4) = 17\}$ ist die Menge aller berechenbaren Funktionen, die der Eingabe 4 den Wert 17 zuweisen.

(3) $E_3 = \{f \in \mathcal{P} \mid f(x) = x$, für alle $x \in \mathbb{N}_0\}$ enthält alle berechenbaren Funktionen, die äquivalent zur Identität sind.

(4) $E_4 = \{f \in \mathcal{P} \mid Def(f) = \mathbb{N}_0\}$ ist die Menge aller total berechenbaren Funktionen.

(5) $E_5 = \{f \in \mathcal{P} \mid f \equiv g\}$, $g \in \mathcal{P}$, enthält alle berechenbaren zu g äquivalenten Funktionen.

Der Satz von Rice, den wir im Folgenden vorstellen, besagt, dass alle nicht trivialen semantischen Eigenschaften von Programmen nicht entscheidbar sind.

Definition 6.1   *Es seien f und g Funktionen von $\mathbb{N}_0^k$ nach $\mathbb{N}_0$.*

a) *f heißt **Teilfunktion** von g genau dann, wenn $Def(f) \subseteq Def(g)$ und $f(x) = g(x)$ für alle $x \in Def(f)$ gilt. Wir notieren diese Beziehung mit $f \subseteq g$.*

b) *Ist f eine Teilfunktion von g und ist $Def(f) \neq Def(g)$, dann heißt f **echte Teilfunktion** von g, was wir mit $f \subset g$ notieren.*

c) *Gilt $f \subseteq g$ und $g \subseteq f$, dann heißen f und g **(funktional) äquivalent**, was wir mit $f \approx g$ notieren.*

d) *Es sei F eine Menge von Funktionen von $\mathbb{N}_0^k$ nach $\mathbb{N}_0$. F heißt **funktional vollständig** genau dann, wenn gilt: Ist $f \in F$ und $f \approx g$, dann ist auch $g \in F$.*

Wir übertragen die Begriffe der Definition 6.1 auf Nummerierungen $(\mathbb{N}_0, \mathcal{P}, \varphi)$, indem wir $i \subseteq j$, $i \subset j$ oder $i \approx j$ notieren, falls $\varphi_i \subseteq \varphi_j$, $\varphi_i \subset \varphi_j$ bzw. $\varphi_i \approx \varphi_j$ gilt.

Definition 6.2   *Es sei* $(\mathbb{N}_0, \mathcal{P}, \varphi)$ *eine Standardnummerierung.*

a) *Dann heißt* $A \subseteq \mathbb{N}_0$ **funktional vollständig** *genau dann, wenn gilt: Ist* $i \in A$ *und* $i \approx j$, *dann ist auch* $j \in A$.

b) *Sei* $E \subseteq \mathcal{P}$, *dann ist* $A_E = \{\, i \mid \varphi_i \in E \,\}$ *die* **Indexmenge** *von* E.

c) *Die Indexmengen* $A_E = \emptyset$ *und* $A_E = \mathbb{N}_0$ *der Mengen* $E = \emptyset$ *bzw.* $E = \mathcal{P}$ *heißen* **trivial**.

Folgerung 6.1   *Sei* $(\mathbb{N}_0, \mathcal{P}, \varphi)$ *eine Standardnummerierung und* $E \subseteq \mathcal{P}$, *dann ist die Indexmenge* A_E *von* E *funktional vollständig.*

Übung 6.2   *Beweisen Sie Folgerung 6.1!*

Der folgende **Satz von Rice** besagt, dass alle nicht trivialen semantischen Eigenschaften von Programmen unentscheidbar sind.

Satz 6.9   *Sei* $E \subset \mathcal{P}$ *nicht trivial, dann ist die Indexmenge*

$$A_E = \{\, i \mid \varphi_i \in E \,\}$$

nicht entscheidbar.

Beweis   *Sei* $E \subseteq \mathcal{P}$ *mit* $E \neq \emptyset$ *und* $E \neq \mathcal{P}$. *Dann ist die Indexmenge* A_E *von* E *nicht trivial. Es gibt also mindestens einen Index* $p \in A_E$ *und mindestens einen Index* $q \notin A_E$.

Wir nehmen an, dass A_E *entscheidbar ist. Dann ist die charakteristische Funktion* χ_{A_E} *von* A_E *berechenbar, und damit ist die Funktion* $f : \mathbb{N}_0 \to \mathbb{N}_0$, *definiert durch*

$$f(x) = \begin{cases} q, & \chi_{A_E}(x) = 1, \\ p, & \chi_{A_E}(x) = 0, \end{cases}$$

total berechenbar. Die Funktion f *erfüllt somit die Voraussetzungen des Rekursionssatzes 5.7. Also gibt es ein* $n \in \mathbb{N}_0$ *mit* $\varphi_n = \varphi_{f(n)}$. *Für dieses* n *gilt*

$$\varphi_n \in E \text{ genau dann, wenn } \varphi_{f(n)} \in E \tag{6.7}$$

gilt. Andererseits gilt wegen der Definition von f: $x \in A_E$ *genau dann, wenn* $f(x) = q \notin A_E$, *d. h.* $\varphi_x \in E$ *genau dann, wenn* $\varphi_{f(x)} \notin E$ *ist. Dieses gilt natürlich auch für* $x = n$, *was einen Widerspruch zu (6.7) bedeutet. Deshalb muss unsere Annahme, dass* A_E *entscheidbar ist, falsch sein, d. h., für* $E \neq \emptyset$ *und* $E \neq \mathcal{P}$ *ist* $A_E = \{\, i \mid \varphi_i \in E \,\}$ *nicht entscheidbar.*

Beispiel 6.1 *Wir betrachten die Menge E_4 vom Beginn des Abschnitts. Die Indexmenge ist $A_{E_4} = \{i \mid Def(\varphi_i) = \mathbb{N}_0\}$. Es gilt $E_4 \subseteq \mathcal{P}$, $E_4 \neq \emptyset$, denn es ist z. B. $id \in E_4$, und $E_4 \neq \mathcal{P}$, denn ω, die nirgends definierte Funktion ($Def(\omega) = \emptyset$), ist in $\mathcal{P}$, aber nicht in E_4 enthalten. Mit dem Satz von Rice folgt, dass A_{E_4} nicht entscheidbar ist. Dieses haben wir im Übrigen bereits im Beweis von Satz 6.7 auf andere Weise gezeigt.*

6.3   Das Korrektheitsproblem

Bei der Softwareentwicklung wäre es sehr hilfreich, wenn man die Korrektheit von beliebigen Programmen mithilfe von automatischen Programmbeweisern nachweisen könnte. Ein solcher Beweiser würde überprüfen, ob ein Programm P eine Funktion $f : \mathbb{N}_0^k \to \mathbb{N}_0$ berechnet, ob also $\Phi_P = f$ gilt oder nicht. Der folgende Satz besagt, dass es einen solchen universellen Programmbeweiser nicht geben kann.

Satz 6.10   *Sei $f \in \mathcal{P}$, dann ist die Indexmenge*

$$P_f = \{i \in \mathbb{N}_0 \mid \varphi_i = f\}$$

nicht entscheidbar.

Beweis *Wenn wir $E = \{f\}$ wählen, sind die beiden Voraussetzungen von Satz 6.9, $E \neq \emptyset$ und $E \neq \mathcal{P}$, erfüllt. Damit ist $A_E = \{i \in \mathbb{N}_0 \mid \varphi_i = f\} = \{i \in \mathbb{N}_0 \mid \varphi_i \in E\}$ nicht entscheidbar.*

Die Indexmenge P_f ist nicht entscheidbar, d. h., wenn ein Programm i gegeben ist, dann ist es nicht entscheidbar, ob i die Funktion f berechnet, das Programm i also korrekt ist, oder ob $i \notin P_f$ ist, d. h., ob f nicht von i berechnet wird, das Programm i also nicht korrekt ist.

Da also *im Nachhinein* ein (automatischer) Korrektheitsbeweis nicht möglich ist und das Testen von Programmen dem Finden von Fehlern dient und nicht die Korrektheit von Programmen garantiert, müssen Programmiererinnen und Programmierer *während* der Konstruktion von Programmen für Korrektheit sorgen. Mit Methoden und Verfahren zur Konstruktion von korrekten Programmen beschäftigt sich die *Programmverifikation*.

6.4   Das Äquivalenzproblem

Ein weiteres Problem mit praktischer Bedeutung ist das Äquivalenzproblem. Angenommen, es stehen zwei Programme zur Verfügung, z. B. unterschiedliche Releases einer Software, die ein Problem lösen sollen. Eine interessante Frage ist die nach der Äquivalenz der Programme, d. h., ob sie dasselbe Problem berechnen. Gäbe es einen Äquivalenzbeweiser, dann könnte man ihn zu Hilfe nehmen, um diese Frage zu entscheiden. Im positiven Falle könnte man dann aufgrund weiterer Qualitätskriterien (u.a. Effizienz, Benutzerfreundlichkeit) eines der äquivalenten Programme auswählen. Der folgende Satz besagt, dass es keinen universellen Äquivalenzbeweiser geben kann.

Satz 6.11   *Die Menge*

$$A = \{(i, j) \in \mathbb{N}_0 \times \mathbb{N}_0 \mid \varphi_i = \varphi_j\}$$

ist nicht entscheidbar.

Beweis   *Wir reduzieren für ein $f \in \mathcal{P}$ die bereits in Satz 6.10 als unentscheidbar gezeigte Indexmenge P_f auf die Indexmenge A, woraus die Behauptung folgt (P_f ist ein Spezialfall von A).*

Zu $f \in \mathcal{P}$ existiert ein $i_f \in \mathbb{N}_0$ mit $\varphi_{i_f} = f$. Wir definieren die Funktion $g : \mathbb{N}_0 \to \mathbb{N}_0$ durch $g(j) = (j, i_f)$. g ist offensichtlich total berechenbar. Es gilt

$$j \in P_f \text{ genau dann, wenn } \varphi_j = f,$$
$$\text{genau dann, wenn } \varphi_j = \varphi_{i_f},$$
$$\text{genau dann, wenn } (j, i_f) \in A,$$
$$\text{genau dann, wenn } g(j) \in A,$$

woraus $P_f \leq_g A$ und damit die Behauptung folgt.

6.5   Zusammenfassung und bibliografische Hinweise

Da die Menge der charakteristischen Funktionen überabzählbar ist, müssen nicht entscheidbare Mengen existieren. Beispiele für solche Mengen sind das Selbstanwendbarkeitsproblem und dessen Verallgemeinerung, das Halteproblem. Da beide Mengen rekursiv aufzählbar sind, sind ihre Komplemente nicht rekursiv aufzählbar. Deren semi-charakteristische Funktionen sind somit Beispiele für nicht berechenbare Funktionen.

Der Satz von Rice besagt, dass alle nicht trivialen semantischen Eigenschaften von Programmen unentscheidbar sind. Dazu gehören das Korrektheitsproblem und das Äquivalenzproblem, die auch für die praktische Programmentwicklung von Bedeutung sind.

Die Darstellungen in diesem Kapitel folgen den entsprechenden Darstellungen in [VW16]. Dort wird zudem ein Beweis des **Erweiterten Satzes von Rice** geführt. Dieser Satz besagt: Ist A eine nicht triviale Indexmenge und gibt es $p, q \in \mathbb{N}_0$ mit $p \in A$ und $q \notin A$ sowie $p \subseteq q$, dann ist A nicht rekursiv aufzählbar. Sowohl das Korrektheitsproblem als auch das Äquivalenzproblem erfüllen die zusätzlichen Voraussetzungen des Erweiterten Satzes von Rice; sie sind also nicht rekursiv aufzählbar.

Die Themen dieses Kapitels werden in [BL74], [HS01], [Koz97], [Ro67] und [Wei87] weitaus ausführlicher behandelt als in diesem Buch.

Kapitel 7

Kolmogorov-Komplexität

Im Abschnitt 1.2 haben wir beispielhaft Möglichkeiten zur Codierung von Zeichenketten durch Bitfolgen sowie Beispiele für die Komprimierung von Bitfolgen kennengelernt. Jetzt betrachten wir zunächst Möglichkeiten zur Codierung von Bitfolgen-Sequenzen, die wir für die Definition der Kolmogorov-Komplexität im übernächsten Abschnitt benötigen. Dort spielen nämlich universelle Turingmaschinen (siehe Abschnitt 5.1) eine wesentliche Rolle, und diese bekommen als Eingaben Codierungen von Maschinen und Eingaben. Ist U eine universelle Turingmaschine, dann muss $\Phi_U \langle T, x \rangle = \Phi_T(x)$ gelten. Dabei muss $\langle T, x \rangle \in \mathbb{B}^*$ sein, d. h., die Maschine T, das Komma (oder irgendein anderes Trennsymbol zwischen Maschine und Eingabe) und die Eingabe x müssen so als *eine* Bitfolge codiert sein, dass die drei Einzelteile aus der Codierung rekonstruiert werden können.

Des Weiteren sollen die Codierungen präfixfrei sein, denn eine Codierung von T sollte kein echtes Präfix erhalten, das die Codierung einer Turingmaschine T' ist. Denn sonst würde U möglicherweise die Maschine T' ausführen und nicht die Maschine T.

7.1 Codierung von Bitfolgen-Sequenzen

Um eine solche Codierung zu erhalten, gehen wir von der im Abschnitt 5.2 eingeführten Nummerierung $\rho \langle \cdot \rangle : \mathcal{T} \to \mathbb{N}_0$ der Turingmaschinen aus. Ist $\rho \langle T \rangle = i$, dann besteht die Zahl $i = i_1 \dots i_k$ aus den Ziffern $i_j \in \{0, \dots, 7\}$, $1 \leq j \leq k$, mit $i_1 = 6$ und $i_{k-1} = i_k = 7$. Wir codieren die Nummern $\rho \langle T \rangle = i$ jetzt ziffernweise binär (siehe Definitionen (2.11) und (2.12)). Dazu bezeichnen wir die Menge der Ziffern $0, \dots, 7$ mit Ω (in Abschnitt 5.2 werden die Symbole des Alphabets Ω mit den Ziffern $0, \dots, 7$ codiert).

Daraus ergibt sich mit der Abbildung $bin_\Omega : \Omega \to \mathbb{B}^3$ (es ist $\ell(\Omega) = \lceil \log |\Omega| \rceil = 3$) die Binärcodierung aller Turingmaschinen

$$\mathcal{M}_\mathcal{T} = \{ bin_\Omega(\rho \langle T \rangle) \mid T \in \mathcal{T} \}. \tag{7.1}$$

© Springer-Verlag GmbH Deutschland, ein Teil von Springer Nature 2020
K.-U. Witt und M. E. Müller, *Algorithmische Informationstheorie*,
https://doi.org/10.1007/978-3-662-61694-9_7

Da die Zeichenkette „))" in der Codierung $\langle T \rangle$ für jede Turingmaschine $T \in \mathcal{T}$ genau ein Mal und immer am Ende vorkommt, markiert die Sequenz $111\,111$ auch immer eindeutig das Ende von $bin_\Omega(\rho\langle T \rangle)$. Deshalb ist diese Codierung präfixfrei (siehe Bemerkung 2.3).

Diese Art der präfixfreien Binärcodierung kann für jede Programmiersprache (μ-rekursive Funktionen, WHILE-Programme, JAVA-Programme) vorgenommen werden. Wir gehen im Folgenden davon aus, dass eine vollständige Programmiersprache in präfixfreier Binärcodierung gegeben ist. Die Menge dieser Codierungen bezeichnen wir im Allgemeinen mit $\mathcal{M}$.

Die Eingabe für ein universelles Programm $U \in \mathcal{M}$ besteht aus einem Programm $A \in \mathcal{M}$ und einer Eingabe $x \in \mathbb{B}^*$ für A. Die gesamte Eingabe für U ist das Paar (A, x). Diese, d. h., das Programm A, das Komma und die Eingabe x, müssen als eine Bitfolge $\langle A, x \rangle \in \mathbb{B}^*$ codiert werden, sodass U erkennen kann, wo das Programm A aufhört und die Eingabe x beginnt.

Wir verwenden den „Trick", den wir schon im Abschnitt 1.2 verwendet haben, um Sonderzeichen, hier das Komma zur Trennung von zwei Bitfolgen x und y, zu codieren: Die Bits der Folge x werden verdoppelt, das Komma wird durch 01 oder 10 codiert, und anschließend folgen die Bits von y. Eine solche Codierung bezeichnen wir im Folgenden mit $\langle x, y \rangle$. Wenn wir für das Komma 01 wählen, ist z. B.

$$\langle 01011, 11 \rangle = 0011001111\,01\,11.$$

Für die Länge dieser Codierung gilt

$$|\langle x, y \rangle| = 2\,|x| + 2 + |y| = 2(|x| + 1) + |y|\,. \tag{7.2}$$

Für den Fall, dass U auf eine Folge $A_i \in \mathcal{M}$, $1 \le i \le m$, ausgeführt werden soll, legen wir die Codierung wie folgt fest: Die Bits in den Folgen A_i werden verdoppelt, die Kommata zwischen den A_i werden durch 10 codiert, das Komma vor der Eingabe x wird durch 01 codiert, worauf x unverändert folgt. Für die formale Beschreibung dieser Codierung verwenden wir die Bitverdopplungsfunktion $d : \mathbb{B}^* \to \mathbb{B}^*$, definiert durch

$$\begin{aligned} d(\varepsilon) &= \varepsilon, \\ d(bw) &= bb \circ d(w) \text{ für } b \in \mathbb{B} \text{ und } w \in \mathbb{B}^*. \end{aligned} \tag{7.3}$$

Damit definieren wir

$$\langle A_1, \ldots, A_m, x \rangle = d(A_1)\,10 \ldots 10\,d(A_m)\,01\,x. \tag{7.4}$$

Die Länge dieser Codierung ist

$$|\langle A_1, \ldots, A_m, x \rangle| = 2\sum_{i=1}^m (|A_i| + 1) + |x|\,. \tag{7.5}$$

7.2 Definitionen

Wir haben in Abschnitt 1.2 Möglichkeiten zur Codierung und Komprimierung von Bitfolgen sowie im obigen Abschnitt Möglichkeiten zur Codierung und Komprimierung von Bitfolgen-Sequenzen kennengelernt. Es stellen sich nun Fragen wie: Welche Auswirkung hat die Komplexität einer Folge auf die Komprimierung? Wie können die Folgen beschrieben werden, sodass die Beschreibungen vergleichbar sind? Mit welchem Verfahren erreicht man optimale Beschreibungen?

Ein Ansatz für die Beschreibung der Komplexität von Bitfolgen ist die *Kolmogorov-Komplexität*. Dafür legen wir eine vollständige, binär codierte Programiersprache $\mathcal{M}$ zugrunde, d. h., $\mathcal{M}$ erfüllt das utm-Theorem und das smn-Theorem. Wir können also z. B. Turingmaschinen, While-Programme oder μ-rekursive Funktionen wählen.

Sei $A \in \mathcal{M}$, dann ist die Funktion $\mathcal{K}_A : \mathbb{B}^* \to \mathbb{N}_0 \cup \{\infty\}$ definiert durch[1]

$$\mathcal{K}_A(x) = \begin{cases} \min\{|y| : y \in \Phi_A^{-1}(x)\}, & \text{falls } \Phi_A^{-1}(x) \neq \emptyset, \\ \infty, & \text{sonst.} \end{cases} \tag{7.6}$$

$\mathcal{K}_A(x)$ ist die Länge der kürzesten Bitfolge y, woraus das Programm A die Bitfolge x berechnet, falls ein solches y existiert.

In dieser Definition hängt $\mathcal{K}_A(x)$ nicht nur von x, sondern auch von dem gewählten Programm A ab. Der folgende Satz besagt, dass wir von dieser Abhängigkeit absehen können.

Satz 7.1 *Sei U ein universelles Programm der vollständigen Programmiersprache $\mathcal{M}$. Dann existiert zu jedem Programm $A \in \mathcal{M}$ eine Konstante c_A, sodass*

$$\mathcal{K}_U(x) \leq \mathcal{K}_A(x) + c_A = \mathcal{K}_A(x) + \mathcal{O}(1)$$

für alle $x \in \mathbb{B}^*$ gilt.

Beweis *Es sei $\Phi_A^{-1}(x) \neq \emptyset$. Für alle $y \in \Phi_A^{-1}(x)$ gilt $\Phi_A(y) = x$ und damit $\Phi_U \langle A, y \rangle = x$. Hieraus folgt $\mathcal{K}_U(x) \leq 2\left(|\langle A \rangle| + 1\right) + |y|$. Dieses gilt auch für das lexikografisch kleinste $y \in \Phi_A^{-1}(x)$, d. h., es gilt*

$$\mathcal{K}_U(x) \leq \min\{|y| : y \in \Phi_A^{-1}(x)\} + 2\left(|\langle A \rangle| + 1\right).$$

Das Programm A ist unabhängig von x, d. h., wir können $c_A = 2\left(|\langle A \rangle| + 1\right)$ als Konstante annehmen und erhalten damit die Behauptung.

Falls $\Phi_A^{-1}(x) = \emptyset$ ist, folgt mit analoger Argumentation $\mathcal{K}_U(x) \leq \infty + c_A = \infty$.

Wir können also $\mathcal{K}_A(x)$ für jedes $A \in \mathcal{M}$ ohne wesentliche Beeinträchtigung der folgenden Betrachtungen durch $\mathcal{K}_U(x)$ ersetzen. Es bleibt jetzt noch die Abhängigkeit

---

[1] Wir benutzen im Folgenden das Symbol ∞ mit der Bedeutung $\infty > n$ für alle $n \in \mathbb{N}_0$ sowie mit $n + \infty = \infty$ bzw. $n \cdot \infty = \infty$ für alle $n \in \mathbb{N}_0$.

von der gewählten Programmiersprache $\mathcal{M}$. Der folgende Satz besagt, dass wir auch diese Abhängigkeit vernachlässigen können. Als Vorbereitung auf diesen Satz ziehen wir zunächst zwei Folgerungen aus Satz 7.1.

Folgerung 7.1   *Es seien $\mathcal{M}_1$ und $\mathcal{M}_2$ vollständige Programmiersprachen.*

a) *U_1 sei ein universelles Programm von $\mathcal{M}_1$. Dann existiert zu jedem Programm $B \in \mathcal{M}_2$ eine Konstante c mit $\mathcal{K}_{U_1}(x) \leq \mathcal{K}_B(x) + c$ für alle $x \in \mathbb{B}^*$.*

b) *Seien U_1 und U_2 universelle Programme von $\mathcal{M}_1$ bzw. von $\mathcal{M}_2$. Dann existiert eine Konstante c, sodass für alle $x \in \mathbb{B}^*$ gilt: $\mathcal{K}_{U_1}(x) \leq \mathcal{K}_{U_2}(x) + c$.*

Beweis   **a)** *Gemäß Satz 5.9, dem Äquvalenzsatz von Rogers, existiert ein Programm $T_{2 \to 1} \in \mathcal{M}_1$ mit*

$$\Phi_B^{(\mathcal{M}_2)}(x) = \Phi_{T_{2 \to 1}(B)}^{(\mathcal{M}_1)}(x) \tag{7.7}$$

für alle $x \in \mathbb{B}^*$. Da $T_{2 \to 1}(B) \in \mathcal{M}_1$ ist, gibt es gemäß Satz 7.1 eine Konstante c mit $\mathcal{K}_{U_1}(x) \leq \mathcal{K}_{T_{2 \to 1}(B)}(x) + c$. Hieraus folgt mit (7.7) die Behauptung.

b) *Folgt unmittelbar aus a), wenn wir U_2 für B einsetzen.*

Satz 7.2   *Es seien $\mathcal{M}_1$ und $\mathcal{M}_2$ zwei vollständige Programmiersprachen, und U_1 und U_2 seien universelle Programme von $\mathcal{M}_1$ bzw. $\mathcal{M}_2$. Dann existiert eine Konstante c, so dass für alle $x \in \mathbb{B}^*$ gilt:*

$$|\mathcal{K}_{U_1}(x) - \mathcal{K}_{U_2}(x)| \leq c = \mathsf{O}(1)$$

Beweis   *Gemäß Folgerung 7.1 b) gibt es zwei Konstanten c_1 und c_2, sodass $\mathcal{K}_{U_1}(x) \leq \mathcal{K}_{U_2}(x) + c_1$ bzw. $\mathcal{K}_{U_2}(x) \leq \mathcal{K}_{U_1}(x) + c_2$ für alle $x \in \mathbb{B}^*$ gelten. Damit ist $\mathcal{K}_{U_1}(x) - \mathcal{K}_{U_2}(x) \leq c_1$ bzw. $\mathcal{K}_{U_2}(x) - \mathcal{K}_{U_1}(x) \leq c_2$. Für $c = \max\{c_1, c_2\}$ gilt dann die Behauptung.*

Die Konstante c misst quasi den Aufwand für den (größeren der beiden) Übersetzer zwischen $\mathcal{M}_1$ und $\mathcal{M}_2$.

Aufgrund der Sätze 7.1 und 7.2 unterscheiden sich die Längenmaße $\mathcal{K}$ für Programme und universelle Programme aus einer und auch aus verschiedenen Programmiersprachen jeweils nur um eine additive Konstante. Diesen Unterschied wollen wir als unwesentlich betrachten (obwohl die Konstante, die die Größe eines Übersetzers angibt, sehr groß sein kann). Insofern sind die folgenden Definitionen unabhängig von der gewählten Programmiersprache und unabhängig von dem in dieser Sprache gewählten universellen Programm. Deshalb wechseln wir im Folgenden je nachdem, wie es für die jeweilige Argumentation oder Darstellung verständlicher erscheint, das Berechnungsmodell; so verwenden wir etwa im Einzelfall Turingmaschinen, While-Programme oder μ-rekursive Funktionen. Mit $\mathcal{M}$ bezeichnen wir im Folgenden unabhängig vom Berechnungsmodell die Menge aller Programme, also z. B. die Menge aller Turingmaschinen, die Menge aller While-Programme bzw. die Menge aller μ-rekursiven Funktionen. Mit U bezeichnen wir universelle Programme in diesen Berechnungsmodellen, also universelle Turingmaschinen, universelle While-Programme bzw. universelle Funktionen.

Definition 7.1 *Sei A ein Pogramm von $\mathcal{M}$ sowie $y \in \mathbb{B}^*$ mit $y \in Def(\Phi_A(y))$ und $\Phi_A(y) = x$, dann heißt $b(x) = \langle A, y \rangle$ **Beschreibung** von x. Sei $\mathcal{B}(x)$ die Menge aller Beschreibungen von x, dann ist $b^*(x) = \min\{|y| : y \in \mathcal{B}(x)\}$ die lexikografisch kürzeste Beschreibung von x. Wir nennen die Funktion $\mathcal{K} : \mathbb{B}^* \to \mathbb{N}_0$, definiert durch*

$$\mathcal{K}(x) = |b^*(x)|,$$

*die **Beschreibungs-** oder **Kolmogorov-Komplexität** von x. Die Kolmogorov-Komplexität des Wortes x ist die Länge der lexikografisch kürzesten Bitfolge $\langle A, y \rangle$, sodass das Programm A bei Eingabe y das Wort x ausgibt.*

Wir können $\mathcal{K}(x)$ als den Umfang an Informationen verstehen, die durch die Bitfolge x dargestellt wird.

Bemerkung 7.1 *Da die lexikografische Ordnung von Bitfolgen total ist, ist die kürzeste Beschreibung $b^*(x) = \langle A, y \rangle$ einer Folge x eindeutig. Außerdem gilt $\Phi_U\langle A, y \rangle = \Phi_A(y) = x$ für jedes universelle Programm U. Deshalb können wir das Programm A und die Eingabe y zu einem Programm verschmelzen, d.h., wir betrachten y als Teil des Programms A (y ist quasi „fest in A verdrahtet"). Diese Verschmelzung bezeichnen wir ebenfalls mit A. Wenn wir nun für diese Programme als Default-Eingabe das leere Wort vorsehen (das natürlich nicht codiert werden muss), gilt $\Phi_U\langle A, \varepsilon \rangle = x$. Da ε die Default-Eingabe ist, können wir diese auch weglassen, d.h., wir schreiben $\Phi_U\langle A \rangle$ anstelle von $\Phi_U\langle A, \varepsilon \rangle$. Mit dieser Sichtweise kann die obige Definition unwesentlich abgeändert werden zu:*

*Gilt $\Phi_U\langle A \rangle = x$, dann heißt $b(x) = \langle A \rangle$ eine **Beschreibung** von x. Sei $\mathcal{B}(x)$ die Menge aller Beschreibungen von x, dann ist $b^*(x) = \min\{|A| : A \in \mathcal{B}(x)\}$ die lexikografisch kürzeste Beschreibung von x. Wir nennen die Funktion $\mathcal{K} : \mathbb{B}^* \to \mathbb{N}_0$, definiert durch*

$$\mathcal{K}(x) = \min\{|A| : A \in \mathcal{B}(x)\},$$

*die **Beschreibungs-** oder **Kolmogorov-Komplexität** von x.*

Für natürliche Zahlen $n \in \mathbb{N}_0$ legen wir die Kolmogorov-Komplexität fest als

$$\mathcal{K}(n) = \mathcal{K}(dual(n)). \tag{7.8}$$

7.3 Eigenschaften

Als Erstes können wir überlegen, dass $\mathcal{K}(x)$ im Wesentlichen nach oben durch $|x|$ beschränkt ist, denn es gibt sicherlich ein Programm, das nichts anderes leistet als x zu erzeugen. Ein solches Programm enthält Anweisungen und bekommt x als Eingabe oder enthält x „fest verdrahtet", woraus dann – in beiden Fällen – x erzeugt wird. Somit ergibt sich die Länge dieses Programms aus der Länge von x und der Länge der Anweisungen, die unabhängig von der Länge von x ist. Ein kürzestes Programm zur Erzeugung von x ist höchstens so lang wie x selbst.

Satz 7.3 *Es existiert eine Konstante c, sodass für alle $x \in \mathbb{B}^*$*

$$\mathcal{K}(x) \leq |x| + c = |x| + \mathrm{O}(1) \tag{7.9}$$

gilt.

Beweis *Die Turingmaschine T aus der Lösung von Aufgabe 3.9 entscheidet den Graphen der identischen Funktion $id_{\mathbb{B}^*}$, d. h., T berechnet diese. Es gilt also $\Phi_T(x) = x$ für alle $x \in \mathbb{B}^*$. Es ist also $b(x) = \langle T, x \rangle$ eine Beschreibung für x. T ist unabhängig von x; wir können also $c = |\langle T \rangle|$ setzen. Damit haben wir $|b(x)| = c + |x|$. Mit Definition 7.1 folgt unmittelbar*

$$\mathcal{K}(x) = |b^*(x)| \leq |b(x)| = |x| + c,$$

womit die Behauptung gezeigt ist.

Die Information, die eine Bitfolge x enthält, ist also in keinem Fall wesentlich länger als x selbst – was sicherlich auch intuitiv einsichtig ist.

Bemerkung 7.2 *Im Beweis von Satz 7.3 haben wir eine feste Maschine gewählt, die bei Eingabe $x \in \mathbb{B}^*$ die Ausgabe x berechnet. Gemäß Bemerkung 7.1 können wir aber für jedes x eine eigene Maschine T_x konstruieren, in der x fest verdrahtet ist. Sei $x = x_1 \ldots x_l$, $x_i \in \mathbb{B}$, $1 \leq i \leq l$, dann gilt z. B. für den 2-Bandakzeptor*

$$T_x = (\{0, 1, \#\}, \{s_0, \ldots, s_l\}, \delta, s_0, \#, s_l) \tag{7.10}$$

mit $\delta = \{(s_i, \#, \#, s_{i+1}, x_{i+1}, x_{i+1}, \rightarrow) \mid 0 \leq i \leq l - 1\}$: $\Phi_{T_x}(\varepsilon) = x$. Es ist also $b(x) = \langle T_x \rangle$ eine Beschreibung von x. Die Länge von T_x hängt allerdings von der Länge von x ab. Es gilt $|b(x)| = |x| + c$ und damit auch hier

$$\mathcal{K}(x) = |b^*(x)| \leq |b(x)| = |x| + c.$$

Dabei ist c die Länge des „Overheads", d. h., c gibt die Länge des Anteils von T_x an, der unabhängig von x ist. Dieser ist für alle x identisch, wie z. B. das Arbeitsalphabet und das Blanksymbol sowie Sonderzeichen wie Klammern und Kommata, siehe (7.10).

Wie die durch Satz 7.3 bestätigte Vermutung scheint ebenfalls die Vermutung einsichtig, dass die Folge xx nicht wesentlich mehr Information enthält als x alleine. Das folgende Lemma bestätigt diese Vermutung.

Lemma 7.1 *Es existiert eine Konstante c, sodass für alle $x \in \mathbb{B}^*$*

$$\mathcal{K}(xx) \leq \mathcal{K}(x) + c \leq |x| + \mathsf{O}(1) \tag{7.11}$$

gilt.

Beweis *Sei $b^*(x) = \langle B \rangle \in \mathcal{M}$ die kürzeste Beschreibung von x, d. h., es ist $\Phi_U \langle B \rangle = x$. Sei nun $A \in \mathcal{M}$ eine Maschine, welche die Funktion $f : \mathbb{B}^* \to \mathbb{B}^*$, definiert durch $f(x) = xx$, berechnet: $\Phi_A(x) = f(x) = xx$, $x \in \mathbb{B}^*$. Damit gilt*

$$\Phi_A \langle \Phi_U \langle B \rangle \rangle = f(\Phi_U \langle B \rangle) = \Phi_U \langle B \rangle \Phi_U \langle B \rangle = xx. \tag{7.12}$$

Seien i ein Index von A und u ein Index von U, dann gilt wegen (7.12)

$$\varphi_i \circ \varphi_u \langle B \rangle = \varphi_u \langle B \rangle \varphi_u \langle B \rangle. \tag{7.13}$$

Wegen Bemerkung 5.1 gibt es dann einen Index k und eine total berechenbare Funktion s mit

$$\varphi_{s \langle k, i, u \rangle} \langle B \rangle = \varphi_u \langle B \rangle \varphi_u \langle B \rangle. \tag{7.14}$$

Sei nun $D = \xi(s \langle k, i, u \rangle)$, d. h., D ist die Turingmaschine mit der Nummer $s \langle k, i, u \rangle$, dann haben wir mit (7.12), (7.13) und (7.14)

$$\Phi_D \langle B \rangle = xx \tag{7.15}$$

und damit $\Phi_U \langle D, B \rangle = xx$. Wegen $b^*(x) = \langle B \rangle$ gilt dann

$$\Phi_U \langle D, b^*(x) \rangle = xx, \tag{7.16}$$

woraus sich ergibt, dass $b(xx) = \langle D, b(x^*) \rangle$ eine Beschreibung von xx ist. Es folgt $|b(xx)| = c + |b^*(x)|$ mit $c = 2(|\langle D \rangle| + 1)$ (siehe (7.5)); c ist konstant, da D unabhängig von x ist. Damit sowie mit Satz 7.3 erhalten wir

$$\mathcal{K}(xx) = |b^*(xx)| \leq |b(xx)| = |b^*(x)| + c = \mathcal{K}(x) + c \leq |x| + \mathsf{O}(1)$$

womit die Behauptung gezeigt ist.

Wie bei der Verdopplung kann man vermuten, dass auch der Informationsgehalt der Spiegelung $\overleftarrow{x}$ von $x \in \mathbb{B}^*$ sich unwesentlich von dem von x unterscheidet.

Lemma 7.2   *Es existiert eine Konstante c, sodass für alle $x \in \mathbb{B}^*$*

$$\mathcal{K}(\overleftarrow{x}) \leq \mathcal{K}(x) + c = \mathcal{K}(x) + \mathrm{O}(1) \leq |x| + \mathrm{O}(1) \tag{7.17}$$

gilt.

Beweis   *Sei $b^*(x) = \langle B \rangle \in \mathcal{M}$ die kürzeste Beschreibung von x, d. h., es ist $\Phi_U \langle B \rangle = x$. Sei nun $A \in \mathcal{M}$ ein Programm, das die Funktion $g : \mathbb{B}^* \to \mathbb{B}^*$, definiert durch $g(x) = \overleftarrow{x}$, berechnet: $\Phi_A(x) = g(x) = \overleftarrow{x}$, $x \in \mathbb{B}^*$. Dann gilt*

$$\Phi_A \langle \Phi_U \langle B \rangle \rangle = \overleftarrow{(\Phi_U \langle B \rangle)} = \overleftarrow{x}. \tag{7.18}$$

Seien i ein Index von A und u ein Index von U, dann gilt wegen (7.18)

$$\varphi_i \circ \varphi_u \langle B \rangle = \overleftarrow{(\varphi_u \langle B \rangle)}. \tag{7.19}$$

Wegen Bemerkung 5.1 gibt es dann einen Index k und eine total berechenbare Funktion s mit

$$\varphi_{s \langle k,i,u \rangle} \langle B \rangle = \overleftarrow{(\varphi_u \langle B \rangle)}. \tag{7.20}$$

Sei nun $R = \xi(s \langle k, i, u \rangle)$, dann haben wir mit (7.18), (7.19) und (7.20)

$$\Phi_R \langle B \rangle = \overleftarrow{x} \tag{7.21}$$

und damit $\Phi_U \langle R, B \rangle = \overleftarrow{x}$. Wegen $b^*(x) = \langle B \rangle$ gilt dann

$$\Phi_U \langle R, b^*(x) \rangle = \overleftarrow{x}, \tag{7.22}$$

woraus sich ergibt, dass $b(\overleftarrow{x}) = \langle R, b(x^*) \rangle$ eine Beschreibung von $\overleftarrow{x}$ ist. Damit gilt $|b(\overleftarrow{x})| = c + |b^*(x)|$ mit $c = 2(|\langle R \rangle| + 1)$ (siehe (7.5)); c ist konstant, da R unabhängig von x ist. Damit sowie mit Satz 7.3 erhalten wir

$$\mathcal{K}(\overleftarrow{x}) = |b^*(\overleftarrow{x})| \leq |b(\overleftarrow{x})| = |b^*(x)| + c = \mathcal{K}(x) + c \leq |x| + \mathrm{O}(1)$$

womit die Behauptung gezeigt ist.

Aus den beiden Lemmata ergibt sich unmittelbar die nachfolgende Folgerung.

Folgerung 7.2   *Es existieren Konstanten c bzw. c', sodass für alle $x \in \mathbb{B}^*$*

a) $|\mathcal{K}(xx) - \mathcal{K}(x)| \leq c$ *sowie*

b) $|\mathcal{K}(\overleftarrow{x}) - \mathcal{K}(x)| \leq c'$

gilt. Die von x unabhängigen Konstanten c und c' messen den Aufwand für das Verdoppeln bzw. für das Spiegeln.

Die beiden Funktionen $f, g : \mathbb{B}^* \to \mathbb{B}^*$, definiert durch $f(x) = xx$ bzw. $g(x) = \overleftarrow{x}$, sind total und berechenbar. Ihre Werte tragen unwesentlich mehr Informationen in sich als ihre Argumente. Der folgende Satz besagt, dass diese Eigenschaft für alle total berechenbaren Funktionen gilt.

Satz 7.4 *Sei $f : \mathbb{B}^* \to \mathbb{B}^*$ eine berechenbare Funktion, dann existiert eine Konstante c, sodass für alle $x \in Def(f)$ gilt:*

$$\mathcal{K}(f(x)) \leq \mathcal{K}(x) + c = \mathcal{K}(x) + O(1) \leq |x| + O(1)$$

Beweis *Sei $b^*(x) = \langle A \rangle$ die kürzeste Beschreibung von x, d. h., es ist $\Phi_U \langle A \rangle = x$. Sei F ein Programm, das f berechnet. Dann gilt*

$$\Phi_F \langle \Phi_U \langle A \rangle \rangle = f(\Phi_U \langle A \rangle) = f(x). \tag{7.23}$$

Seien ι ein Index von F und u ein Index von U, dann gilt wegen (7.23)

$$\varphi_\iota \circ \varphi_u \langle A \rangle = f(\varphi_u \langle A \rangle). \tag{7.24}$$

Wegen Bemerkung 5.1 gibt es dann einen Index k und eine total berechenbare Funktion s mit

$$\varphi_{s\langle k, \iota, u \rangle} \langle A \rangle = f(\varphi_u \langle A \rangle). \tag{7.25}$$

Sei nun $\mathcal{F} = \xi(s \langle k, \iota, u \rangle)$, dann haben wir mit (7.23), (7.24) und (7.25)

$$\Phi_{\mathcal{F}} \langle A \rangle = f(x) \tag{7.26}$$

und damit $\Phi_U \langle \mathcal{F}, B \rangle = f(x)$. Wegen $b^*(x) = \langle A \rangle$ gilt dann

$$\Phi_U \langle \mathcal{F}, b^*(x) \rangle = f(x), \tag{7.27}$$

woraus folgt, dass $b(f(x)) = \langle \mathcal{F}, b(x^*) \rangle$ eine Beschreibung von $f(x)$ ist. Damit gilt $|b(f(x))| = c + |b^*(x)|$ mit $c = 2(|\langle \mathcal{F} \rangle| + 1)$ (siehe (7.5)); c ist konstant, da $\mathcal{F}$ unabhängig von x ist. Damit sowie mit Satz 7.3 erhalten wir

$$\mathcal{K}(f(x)) = |b^*(f(x))| \leq |b(f(x))| = |b^*(x)| + c = \mathcal{K}(x) + c \leq |x| + O(1),$$

womit die Behauptung gezeigt ist.

Bemerkung 7.3 *Die Lemmata 7.1 und 7.2 sind Beispiele für die allgemeine Aussage in Satz 7.4.*

Mithilfe der obigen Sätze und Lemmata ergibt sich die nächste Folgerung.

Folgerung 7.3   **a)** *Sind* $f, g : \mathbb{B}^* \to \mathbb{B}^*$ *total berechenbare Funktionen. Dann existiert eine Konstante c, sodass für alle* $x \in \mathbb{B}^*$

$$\mathcal{K}(g(f(x))) \leq \mathcal{K}(x) + c \leq |x| + O(1)$$

gilt.

b) *Für jede monoton wachsende, bijektive, berechenbare Funktion* $f : \mathbb{N}_0 \to \mathbb{N}_0$ *gibt es unendlich viele* $x \in \mathbb{B}^*$ *mit* $\mathcal{K}(x) \leq f^{-1}(|x|)$.

c) *Es gibt unendlich viele* $x \in \mathbb{B}^*$ *mit* $\mathcal{K}(x) \ll |x|$.

Beweis   **a)** *Diese Aussage folgt unmittelbar aus Satz 7.4.*

b) *Zunächst halten wir fest, dass es zu jeder Konstanten* $c \in \mathbb{N}_0$ *ein* $n_c \in \mathbb{N}_0$ *gibt, sodass* $\lfloor \log n \rfloor + c \leq n$ *für alle* $n \geq n_c$ *ist. Dann überlegen wir uns ein Programm A, das bei Eingabe von* $dual(n)$ *die 1-Folge* $x_n = 1^{f(n)}$ *berechnet; es ist also* $A(dual(n)) = 1^{f(n)}$ *und damit* $b(x_n) = \langle A, dual(n) \rangle$ *eine Beschreibung für* x_n. *Es folgt*

$$|b(x_n)| = |\langle A, dual(n) \rangle| = 2(|\langle A \rangle| + 1) + |dual(n)| = c + \lfloor \log n \rfloor$$

mit $c = 2|\langle A \rangle| + 3$. *Damit gilt für alle* $n \geq n_c$

$$\mathcal{K}(x_n) = |b^*(x_n)| \leq |b(x_n)| = \lfloor \log n \rfloor + c \leq n = f^{-1}(f(n)) = f^{-1}(|x_n|),$$

womit die Behauptung gezeigt ist.

c) *Diese Aussage folgt unmittelbar aus b), wenn wir* $f(n) = n$ *setzen und damit* $x_n = 1^n$ *wählen.*

Nach den Vermutungen über die Komplexität von xx bzw. von $\overleftarrow{x}$, die durch die Lemmata 7.1 und 7.2 bestätigt werden, könnte man auch vermuten, dass die Kolmogorov-Komplexität $\mathcal{K}(xx')$ einer Konkatenation von zwei Folgen x und x' sich als Summe von $\mathcal{K}(x)$ und $\mathcal{K}(x')$ ergibt, d. h., dass es ein c gibt, sodass für alle $x, x' \in \mathbb{B}^*$ gilt: $\mathcal{K}(xx') \leq \mathcal{K}(x) + \mathcal{K}(x') + c$. Das ist aber nicht der Fall: Die Kolmogorov-Komplexität ist nicht subadditiv. Der Grund dafür ist, dass eine Information benötigt wird, die x und x' bzw. deren Beschreibungen voneinander abgrenzt. Dazu legen wir zunächst $\mathcal{K}(xx') = \mathcal{K}(\langle x, x' \rangle)$ fest und schreiben auch hierfür nur $\mathcal{K}\langle x, x' \rangle$. Somit benötigen wir für x die doppelte Anzahl von Bits. Damit können wir mithilfe von Beweisschritten analog zu den in den obigen Beweisen zeigen, dass eine Konstante c existiert, sodass für alle $x, x' \in \mathbb{B}^*$

$$\mathcal{K}(xx') \leq 2\mathcal{K}(x) + \mathcal{K}(x') + c$$

gilt. Wir können allerdings die Codierung von x kürzer gestalten, als es durch die

Verdopplung der Bits geschieht, indem wir vor xx' bzw. vor $b^*(x)b^*(x')$ die Länge von x bzw. die Länge von $b^*(x)$ – dual codiert – schreiben: $\langle\, dual(|x|), xx'\,\rangle$. Wir legen also $\mathcal{K}(xx') = \mathcal{K}(\langle\, dual(|x|), xx'\,\rangle)$ fest. Da die Bits von $dual(|x|)$ verdoppelt werden, ergibt sich (siehe (7.2))

$$|\langle\, dual(|x|), xx'\,\rangle| \leq 2(\lfloor \log|x| \rfloor + 1) + |x| + |x'|\,.$$

Falls x' kürzer als x sein sollte, kann man auch die Länge von x' vor xx' schreiben, um eine noch bessere Komprimierung zu erhalten. Diese Überlegungen führen zu folgendem Satz.

Satz 7.5 *Es existiert eine Konstante c, sodass für alle $x, x' \in \mathbb{B}^*$ gilt:*

$$\mathcal{K}(xx') \leq \mathcal{K}(x) + \mathcal{K}(x') + 2\log(\min\{\mathcal{K}(x), \mathcal{K}(x')\}) + c.$$

Beweis *Wir betrachten den Fall, dass $\mathcal{K}(x) \leq \mathcal{K}(x')$ ist, und zeigen*

$$\mathcal{K}(xx') \leq \mathcal{K}(x) + \mathcal{K}(x') + 2\log\mathcal{K}(x) + c' \tag{7.28}$$

Analog kann für den Fall, dass $\mathcal{K}(x') \leq \mathcal{K}(x)$ ist,

$$\mathcal{K}(xx') \leq \mathcal{K}(x) + \mathcal{K}(x') + 2\log\mathcal{K}(x') + c'' \tag{7.29}$$

gezeigt werden. Aus (7.28) und (7.29) folgt dann unmittelbar mit $c = \max\{c', c''\}$ die Behauptung des Satzes.

Sei also $\mathcal{K}(x) \leq \mathcal{K}(x')$, $b^*(x) = \langle A \rangle$ und $b^*(x') = \langle B \rangle$ und damit $\Phi_U\langle A \rangle = x$ bzw. $\Phi_U\langle B \rangle = x'$. Sei D ein Programm, das zunächst testet, ob eine Bitfolge die Struktur $v\,01\,w$ mit $v \in \{00, 11\}^*$ und $w \in \mathbb{B}^*$ hat. Falls das zutrifft, testet D, ob $wert(d^{-1}(v)) \leq |w|$ ist, wobei d die in (7.3) definierte Bit-Verdoppelungsfunktion ist. Falls auch das zutrifft, überprüft D, ob der Präfix der Länge $wert(d^{-1}(v))$ von w sowie der verbleibende Suffix Codierungen von Programmen sind. Gegebenenfalls führt D beide Programme aus und konkateniert ihre Ausgaben; diese Konkatenation ist die Ausgabe von D. In allen anderen Fällen ist D für die eingegebene Bitfolge nicht definiert. Für das so definierte Programm D gilt

$$\Phi_D\langle\, dual(|\langle A \rangle|), AB\,\rangle = \Phi_U\langle A \rangle\,\Phi_U\langle B \rangle$$

und damit

$$\Phi_U\langle D, dual(|\langle A \rangle|), AB\,\rangle = xx'.$$

Die Funktion $b(xx') = \langle D, dual(|\langle A \rangle|), AB\,\rangle$ ist also eine Beschreibung von xx'. Es folgt

$$
\begin{aligned}
|b(xx')| &= 2(|\langle D \rangle| + |dual(|\langle A \rangle|)| + 2) + |\langle AB \rangle| \\
&\leq 2(|\langle D \rangle| + 2) + 2(\log\lfloor|b^*(x)|\rfloor + 1) + |b^*(x)| + |b^*(x')|\,. \tag{7.30}
\end{aligned}
$$

Das Programm D ist unabhängig von x und x'. So setzen wir $c' = 2(|\langle D \rangle| + 3)$ und erhalten aus (7.30)

$$\mathcal{K}(xx') = |b^*(xx')| \leq |b(xx')| \leq \mathcal{K}(x) + \mathcal{K}(x') + 2\log\mathcal{K}(x) + c',$$

womit (7.28) gezeigt ist.

Bemerkung 7.4 *Auch wenn noch Verbesserungen möglich sein sollten, gilt jedoch, dass sich diese logarithmische Differenz zur intuitiven Vermutung generell nicht vermeiden lässt, d. h., dass $\mathcal{K}(xx') \leq \mathcal{K}(x) + \mathcal{K}(x') + c$ im Allgemeinen nicht erreichbar ist. Dieses werden wir in Satz 7.10 beweisen.*

Aus dem Satz 7.1 und dessen Beweis lässt sich leicht folgern, dass

$$\mathcal{K}(x^n) \leq \mathcal{K}(x) + \mathsf{O}(1)$$

für jedes fest gewählte n ist.

Ist n variabel, dann kann n in den Programmen zur Erzeugung von x^n nicht „fest verdrahtet" sein, sondern n muss eine Eingabe für die Programme sein. Es geht also um die Berechnung der Funktion $f : \mathbb{N}_0 \times \mathbb{B}^* \to \mathbb{B}^*$, definiert durch $f(n, x) = x^n$. Diese können wir dual codieren durch $f : \mathbb{B}^* \to \mathbb{B}^*$ mit $f \langle \, dual(n), x \, \rangle = x^n$. Sei $b^*(x) = \langle A \rangle$ die kürzeste Beschreibung für x, womit $\Phi_U \langle A \rangle = x$ gilt. Sei F ein Programm, das – wie das im Beweis von Satz 7.5 beschriebene Programm D – zunächst testet, ob eine Bitfolge die Struktur $v \, 01 \, w$ mit $v \in \{00, 11\}^*$ und $w \in \mathbb{B}^*$ hat. Falls das zutrifft, testet F, ob $wert(d^{-1}(v)) = |w|$ ist, wobei d die in (7.3) definierte Bit-Verdoppelungsfunktion ist. Falls auch das zutrifft, überprüft F, ob w Codierung eines Programms ist. Gegebenenfalls führt F dieses aus und kopiert dessen Ausgabe $(wert(d^{-1}(v)) - 1)$-Mal; die Konkatenation der insgesamt $wert(d^{-1}(v))$ Kopien ist die Ausgabe von F. In allen anderen Fällen ist F für die eingegebene Bitfolge nicht definiert. Für das so definierte Programm F gilt

$$\Phi_F \langle \, dual(n), A \, \rangle = (\Phi_U \langle A \rangle)^n.$$

Damit gilt

$$\Phi_U \langle \, F, dual(n), A \, \rangle = x^n,$$

und $b(x^n) = \langle \, F, dual(n), b^*(x) \, \rangle$ ist eine Beschreibung von x^n. Es folgt

$$
\begin{aligned}
|b(x^n)| &= 2(|\langle F \rangle| + |dual(n)| + 2) + |\langle A \rangle| \\
&\leq 2(|\langle F \rangle| + \lfloor \log n \rfloor + 3) + |b^*(x)| \\
&= 2(|\langle F \rangle| + 3) + 2\lfloor \log n \rfloor + |b^*(x)|.
\end{aligned}
$$

Es folgt mit $c = 2(|\langle F \rangle| + 3)$

$$\begin{aligned} \mathcal{K}(x^n) &= |b^*(x^n)| \\ &\leq |b(x^n)| \\ &\leq |b^*(x)| + 2\lfloor \log n \rfloor + c \\ &= \mathcal{K}(x) + \mathrm{O}(\log n). \end{aligned} \tag{7.31}$$

Diese Aussage kann auch mithilfe von Satz 7.3 hergeleitet werden:

$$\begin{aligned} \mathcal{K} \langle dual(n), x \rangle &\leq |\langle dual(n), x \rangle| + \mathrm{O}(1) \\ &\leq 2(|dual(n)| + 1) + \mathcal{K}(x) + \mathrm{O}(1) \\ &\leq 2(\lfloor \log n \rfloor + 2) + \mathcal{K}(x) + \mathrm{O}(1) \\ &= \mathcal{K}(x) + \mathrm{O}(\log n) \end{aligned}$$

Wir betrachten noch den Spezialfall, dass n eine Zweierpotenz ist: $n = 2^k$, $k \in \mathbb{N}$. Dann benötigen wir zur Erzeugung von x^n nicht den Parameter n, sondern den Exponenten $k = \log n$. Dann ergibt sich aus den obigen Überlegungen

$$\begin{aligned} \mathcal{K} \langle dual(k), x \rangle &= \mathcal{K} \langle dual(\log n), x \rangle \\ &\leq |\langle dual(\log n), x \rangle| + \mathrm{O}(1) \\ &\leq 2(|dual(\log n)| + 1) + \mathcal{K}(x) + \mathrm{O}(1) \\ &\leq 2(\lfloor \log \log n \rfloor + 2) + \mathcal{K}(x) + \mathrm{O}(1) \\ &= \mathcal{K}(x) + \mathrm{O}(\log \log n). \end{aligned} \tag{7.32}$$

Als weiterer Spezialfall betrachten wir die Folgen $x = 1^l$ und $x = 0^l$ für ein beliebiges, aber festes $l \in \mathbb{N}$. Abbildung 7.1 zeigt ein Programm, welches 1^l erzeugt.

```
read();
write(1^l).
```

Abbildung 7.1: Programm zur Erzeugung des Wortes 1^l

Es folgt, dass für jedes l eine Konstante c_l existiert mit

$$\mathcal{K}(1^l) \leq c_l. \tag{7.33}$$

Entsprechendes gilt für $x = 0^l$.

Aus (7.32) und (7.33) folgt, dass für $x \in \{0, 1\}$ und $n = 2^k$ gilt:

$$\mathcal{K}(x^n) \leq \log \log n + \mathrm{O}(1) \tag{7.34}$$

Dass die Art der Codierung von Zahlen keinen wesentlichen Einfluss auf ihre Kolmogorov-Komplexität hat, besagt der folgende Satz.

Satz 7.6   *Es existiert eine Konstante c, sodass für alle $n \in \mathbb{N}_0$*

$$|\mathcal{K}(n) - \mathcal{K}(1^n)| \leq c \tag{7.35}$$

gilt.

Beweis   *Wir halten zunächst fest, dass wir in (7.8) $\mathcal{K}(n) = \mathcal{K}(dual(n))$ festgelegt haben.*

Es sei $b^*(1^n) = \langle A \rangle$, also $\Phi_U \langle A \rangle = 1^n$. Sei B ein Programm, das bei Eingabe $w \in \mathbb{B}^*$ überprüft, ob w die Codierung eines Prgramms ist und gegebenenfalls das Programm ausführt. Besteht die Ausgabe aus einer Folge von Einsen, dann zählt B diese und gibt die Anzahl als Dualzahl aus. In allen anderen Fällen liefert B keine Ausgabe.

Es gilt dann $\Phi_B \langle A \rangle = dual(n)$ und demzufolge $\Phi_U \langle B, A \rangle = dual(n)$. Damit ist $b(dual(n)) = \langle B, A \rangle$ eine Beschreibung von $dual(n)$.

Es folgt

$$\begin{aligned}
\mathcal{K}(n) &= \mathcal{K}(dual(n)) \\
&= |b^*(dual(n))| \\
&\leq |b(dual(n))| \\
&= |\langle B, A \rangle| \\
&= 2(|\langle B \rangle| + 1) + |\langle A \rangle| \\
&= |b^*(1^n)| + c' \\
&= \mathcal{K}(1^n) + c'
\end{aligned} \tag{7.36}$$

für $c' = 2(|\langle B \rangle| + 1)$. Es existiert also eine Konstante c', sodass

$$\mathcal{K}(n) - \mathcal{K}(1^n) \leq c' \tag{7.37}$$

gilt.

Sei nun $b^*(dual(n)) = \langle A \rangle$, also $\Phi_U \langle A \rangle = dual(n)$. Sei B ein Programm, das bei Eingabe $w \in \mathbb{B}^*$ überprüft, ob w die Codierung eines Prgramms ist und gegebenenfalls die Ausgabe $1^{wert(\Phi_U(w))}$ erzeugt, anderenfalls liefert B keine Ausgabe.

Es gilt dann

$$\Phi_B \langle A \rangle = 1^{wert(\Phi_U \langle A \rangle)} = 1^{wert(dual(n))} = 1^n$$

und damit $\Phi_U \langle B, A \rangle = 1^n$. Es ist also $b(1^n) = \langle B, A \rangle$ eine Beschreibung von 1^n.

Es folgt

$$\mathcal{K}(1^n) = |b^*(1^n)|$$
$$\leq |b(1^n)|$$
$$= |\langle B, A \rangle|$$
$$= 2(|\langle B \rangle| + 1) + |\langle A \rangle|$$
$$= |b^*(dual(n))| + c''$$
$$= \mathcal{K}(dual(n)) + c''$$
$$= \mathcal{K}(n) + c''$$

für $c'' = 2(|\langle B \rangle| + 1)$. *Es existiert also eine Konstante* c'', *sodass*

$$\mathcal{K}(1^n) - \mathcal{K}(n) \leq c'' \tag{7.38}$$

gilt.

Mit $c = \max\{c', c''\}$ *folgt aus (7.37) und (7.38) die Behauptung (7.35)*

Zum Schluss dieses Abschnitts betrachten wir noch die Differenz der Kolmogorov-Komplexität $\mathcal{K}(x)$ und $\mathcal{K}(x')$ von Bitfolgen $x, x' \in \mathbb{B}^*$.

Satz 7.7   *Es existiert eine Konstante* c, *sodass für alle* $x, h \in \mathbb{B}^*$ *gilt:*

$$|\mathcal{K}(x + h) - \mathcal{K}(x)| \leq 2|h| + c \tag{7.39}$$

Beweis   *Sei* $b^*(x) = \langle A \rangle$ *die kürzeste Beschreibung von* x; *es ist also* $\Phi_U\langle A \rangle = x$. *Sei* F *ein Programm, das zunächst testet, ob eine eingegebene Bitfolge* u *die Struktur* $u = v01w$ *mit* $v \in \{00, 11\}^*$ *und* $w \in \mathbb{B}^*$ *hat und* w *die Codierung eines Programms von* $\mathcal{M}$ *ist. Falls das nicht der Fall ist, liefert* F *keine Ausgabe, anderenfalls berechnet* F *die Summe von* $d^{-1}(v)$ *und der Ausgabe der Ausführung von* w *(falls die Ausführung* w *nicht terminiert, liefert* F *natürlich ebenfalls keine Ausgabe). Dabei ist* d *die in (7.3) definierte Bit-Verdopplungsfunktion. Für* F *gilt*

$$\Phi_F\langle h, A \rangle = h + \Phi_U\langle A \rangle = h + x$$

und damit

$$\Phi_U\langle F, h, A \rangle = x + h.$$

Es folgt, dass $b(x + h) = \langle F, h, A \rangle$ *eine Beschreibung von* $x + h$ *ist. Damit gilt*

$$\mathcal{K}(x + h) = |b^*(x + h)| \leq |b(x + h)| = |\langle F, h, A \rangle|$$
$$= 2(|\langle F \rangle| + |h| + 2) + |\langle A \rangle|$$
$$= 2|\langle F \rangle| + 4 + 2|h| + |b^*(x)|$$
$$= \mathcal{K}(x) + 2|h| + c'$$

mit $c' = 2(|\langle F \rangle| + 2)$. Es existiert also eine Konstante c' mit

$$\mathcal{K}(x+h) - \mathcal{K}(x) \leq 2\,|h| + c'. \tag{7.40}$$

Sei nun $b^*(x + h) = \langle A \rangle$ die kürzeste Beschreibung von $x + h$; es ist also $\Phi_U \langle A \rangle = x + h$. Sei G ein Programm, das zunächst testet, ob eine eingegebene Bitfolge u die Struktur $u = v01w$ mit $v \in \{00, 11\}^*$ und $w \in \mathbb{B}^*$ hat und w die Codierung eines Programms von $\mathcal{M}$ ist. Falls das nicht der Fall ist, liefert G keine Ausgabe, anderenfalls führt G das Programm aus und bestimmt, falls die Ausführung von G eine Ausgabe liefert, die Differenz $\Phi_U(w) - d^{-1}(v)$ (falls der Subtrahend größer als der Minuend sein sollte, ist die Ausgabe 0). Für G gilt

$$\Phi_G \langle h, A \rangle = \Phi_U \langle A \rangle - h = x + h - h$$

und damit

$$\Phi_U \langle G, h, A \rangle = x.$$

Es folgt, dass $b(x) = \langle G, h, A \rangle$ eine Beschreibung von x ist. Damit gilt

$$\begin{aligned}
\mathcal{K}(x) = |b^*(x)| \leq |b(x)| &= |\langle G, h, A \rangle| \\
&= 2(|\langle G \rangle| + |h| + 2) + |\langle A \rangle| \\
&= 2\,|\langle G \rangle| + 4 + 2\,|h| + |b^*(x+h)| \\
&= \mathcal{K}(x+h) + 2\,|h| + c''
\end{aligned}$$

mit $c'' = 2(|\langle G \rangle| + 2)$. Es existiert also eine Konstante c'' mit

$$\mathcal{K}(x) - \mathcal{K}(x+h) \leq 2\,|h| + c''. \tag{7.41}$$

Mit $c = \max\{c', c''\}$ folgt dann aus (7.40) und (7.41)

$$|\mathcal{K}(x+h) - \mathcal{K}(x)| \leq 2\,|h| + c,$$

womit die Behauptung gezeigt ist.

7.4   (Nicht-) Komprimierbarkeit und Zufälligkeit

Satz 7.1 zeigt, dass eine minimale Beschreibung eines Wortes niemals viel länger als das Wort selbst ist. Sicherlich gibt es Wörter, deren minimale Beschreibung sehr viel kürzer als das Wort selbst ist, etwa wenn es Redundanzen enthält, wie z. B. das Wort xx (siehe Lemma 7.1). Es stellt sich die Frage, ob es Wöter gibt, deren minimale Beschreibungen länger als sie selber sind. Wir zeigen in diesem Kapitel, dass solche Wörter existieren. Eine kurze Beschreibung eines solchen Wortes besteht dann aus einem Programm, das im Wesentlichen nichts anderes tut als dieses auszudrucken.

Zunächst führen wir den Begriff der Komprimierbarkeit von Wörtern ein und werden diesen verwenden, um einen Zufälligkeitsbegriff einzuführen.

Definition 7.2   *Sei $c \in \mathbb{N}$.*

a) *Ein Wort $x \in \mathbb{B}^*$ heißt* **c-komprimierbar** *genau dann, wenn $\mathcal{K}(x) \leq |x| - c$ gilt. Falls es ein c gibt, sodass x c-komprimierbar ist, dann nennen wir x auch* **regelmäßig**.

b) *Falls x nicht 1-komprimierbar ist, d. h., wenn $\mathcal{K}(x) \geq |x|$ ist, dann nennen wir x* **nicht komprimierbar** *oder* **zufällig**.

Wörter sind also regelmäßig, falls sie Beschreibungen besitzen, die deutlich kürzer als sie selbst sind. Diese Eigenschaft trifft insbesondere auf periodisch aufgebaute Wörter zu. Wörter sind dementsprechend zufällig, wenn ihr Aufbau keine Regelmäßigkeiten zeigt. Diese können quasi nur durch sich selbst beschrieben werden.

Der folgende Satz besagt, dass es Wörter gibt, die nicht komprimierbar im Sinne der Kolmogorov-Komplexität sind, und zwar gibt es sogar für jede Zahl n mindestens ein Wort mit der Länge n, dass nicht komprimierbar ist.

Satz 7.8   *Zu jeder Zahl $n \in \mathbb{N}$ gibt es mindestens ein Wort $x \in \mathbb{B}^*$, sodass*

$$\mathcal{K}(x) \geq |x| = n$$

ist.

Beweis *Es gilt $|\mathbb{B}^n| = 2^n$. Es seien x_i, $1 \leq i \leq 2^n$, die Elemente von $\mathbb{B}^n$ und $b^*(x_i)$ die kürzeste Beschreibung von x_i. Somit gilt*

$$\mathcal{K}(x_i) = |b^*(x_i)| . \tag{7.42}$$

Für $i \neq j$ ist $b^*(x_i) \neq b^*(x_j)$. Es gibt also 2^n kürzeste Beschreibungen $b^*(x_i)$, $1 \leq i \leq 2^n$. Es gilt $b^*(x_i) \in \mathbb{B}^*$ sowie $|\mathbb{B}^i| = 2^i$. Die Anzahl der nicht leeren Wörter mit einer Länge von höchstens $n - 1$ ist

$$\sum_{i=1}^{n-1} |\mathbb{B}^i| = \sum_{i=1}^{n-1} 2^i = 2^n - 2 < 2^n .$$

Unter den 2^n Wörtern $b^*(x_i)$, $1 \leq i \leq 2^n$, muss es also mindestens eines mit einer Länge von mindestens n geben. Sei k mit $|b^*(x_k)| \geq n$. Es folgt mit (7.42)

$$\mathcal{K}(x_k) = |b^*(x_k)| \geq n$$

und damit die Behauptung. Das Wort $x = x_k$ ist also nicht komprimierbar.

Aus dem Beweis des Satzes folgt: Für $c \in \mathbb{N}$ kann es nur höchstens $2^{n-c+1} - 1$ Elemente $x \in \mathbb{B}^*$ geben mit $\mathcal{K}(x) \leq n - c$. Der Anteil komprimierbarer Bitfolgen beträgt somit

$$\frac{2^{n-c+1}}{2^n} = 2^{-c+1}.$$

Es gibt also z. B. weniger als 2^{n-7} Bitfolgen der Länge n mit einer Kolmogorov-Komplexität kleiner oder gleich $n-8$. Der Anteil 8-komprimierbarer Bitfolgen beträgt

$$2^{-7} < 0{,}8\,\%.$$

Das heißt, dass mehr als $99\,\%$ Prozent aller Bitfolgen der Länge n eine Kolmogorov-Komplexität größer als $n - 8$ haben. Es ist also sehr unwahrscheinlich, dass eine zufällig erzeugte Bitfolge c-komprimierbar ist.

Aus dem Satz folgt unmittelbar die nächste Folgerung.

Folgerung 7.4   *Es gibt unendlich viele Wörter $x \in \mathbb{B}^*$ mit $\mathcal{K}(x) \geq |x|$, d. h., es gibt unendlich viele Wörter, die nicht komprimierbar sind.*

Des Weiteren können wir die Mindestanzahl von Zeichenketten der Länge n angeben, die nicht c-komprimierbar sind.

Folgerung 7.5   *Seien $c, n \in \mathbb{N}$. Es gibt mindesten $2^n (1 - 2^{-c+1}) + 1$ Elemente $x \in \mathbb{B}^n$, die nicht c-komprimierbar sind.*

Beweis   *Wie im Beweis von Satz 7.8 können wir überlegen, dass höchstens 2^{n-c+1} Zeichenketten der Länge n c-komprimierbar sind, weil höchstens so viele minimale Beschreibungen der Länge $n - c$ existieren. Also sind die restlichen $2^n - (2^{n-c+1} - 1) = 2^n (1 - 2^{-c+1}) + 1$ Zeichenketten nicht c-komprimierbar.*

Bemerkung 7.5   *Die Folgerung 7.5 kann wie folgt umformuliert werden: Seien $c, n \in \mathbb{N}$. Dann gibt es mindesten $2^n (1 - 2^{-c+1}) + 1$ Elemente $x \in \mathbb{B}^n$, für die*

$$\mathcal{K}(x) > n - c = \log 2^n - c = \log |\mathbb{B}^n| - c$$

gilt.

Man könnte vermuten, dass die Kolmogorov-Komplexität Präfix-monoton ist, d. h., dass $\mathcal{K}(x) \leq \mathcal{K}(xy)$ für alle $x, y \in \mathbb{B}^*$ gilt. Das trifft allerdings im Allgemeinen nicht zu; die Komplexität eines Präfixes kann größer sein als die der gesamten Bitfolge.

Dazu betrachten wir folgendes Beispiel: Sei $xy = 1^n$ mit $n = 2^k$, also $k = \log n$, dann gibt es wegen (7.34) ein c mit

$$\mathcal{K}(xy) = \mathcal{K}(1^n) \leq \log \log n + c. \tag{7.43}$$

Laut obiger Bemerkung existieren zu c und k mindestens $2^k(1 - 2^{-c+1}) + 1$ Elemente $z \in \mathbb{B}^k$ mit

$$\mathcal{K}(z) > k - c = \log n - c. \tag{7.44}$$

Für $z \in \mathbb{B}^k$ gilt $wert(z) < 2^k = n$. Damit ist $x = 1^{wert(z)}$ ein Präfix von $xy = 1^n$. Hieraus folgt mit Satz 7.6 (siehe Teil 1 des Beweises), (7.8) und (7.44), dass eine Konstante c' existiert mit

$$
\begin{aligned}
\mathcal{K}(x) = \mathcal{K}\left(1^{wert(z)}\right) & \\
&= \mathcal{K}(dual(wert(z))) - c' \\
&= \mathcal{K}(z) - c' \\
&> \log n - c - c'.
\end{aligned} \tag{7.45}
$$

Aus (7.43) und (7.45) folgt dann für hinreichend große n: $\mathcal{K}(x) > \mathcal{K}(xy)$. Komprimierbare Zeichenketten können also nicht komprimierbare Präfixe enthalten.

Andererseits gilt der nchfolgende Satz.

Satz 7.9 *Sei $d \in \mathbb{N}$ gegeben. Ein hinreichend langes Wort $x \in \mathbb{B}^*$ besitzt immer ein Präfix w, das d-komprimierbar ist, d. h., für das $\mathcal{K}(w) \leq |w| - d$ gilt.*

Beweis *Sei v ein Präfix von x mit $\tau_{\mathbb{B}}(v) = i$, d. h. mit $\nu(i) = v$. Es ist also $x = v\beta$, und v ist das i-te Wort in der lexikografischen Aufzählung der Wörter von $\mathbb{B}^*$. Sei nun w' das Infix von x der Länge i, also mit $|w'| = i$, das auf v folgt. Es ist also $x = vw'\beta'$ mit $|w'| = i$. Wir setzen $w = vw'$, womit $x = w\beta'$ ist. Das Wort w kann aus dem Wort w' erzeugt werden, denn es ist $w = \nu(|w'|)w'$. Die Funktionen $\tau_{\mathbb{B}}, |\cdot|$ sowie die Konkatenation von Wörtern sind total berechenbare Funktionen, mit denen aus einem Wort w' das Wort $w = vw'$ berechnet werden kann. Wegen Folgerung 7.3 gibt es eine Konstante c, sodass $\mathcal{K}(w) \leq |w'| + c$ ist, wobei c weder von x noch von v abhängt. Des Weiteren ist $|w| = |v| + |w'|$. Wenn wir also das Präfix v von x so wählen, dass $|v| \geq c + d$ ist, dann gilt*

$$\mathcal{K}(w) \leq |w'| + c = |w| - |v| + c \leq |w| - (c + d) + c = |w| - d,$$

womit die Behauptung gezeigt ist.

Mithilfe der obigen Überlegungen können wir nun auch zeigen, dass die Kolmogorov-Komplexität nicht subadditiv ist (siehe Bemerkung 7.4).

Satz 7.10   *Es existiert eine Konstante b, sodass für alle $x, x' \in \mathbb{B}^*$ mit $|x|, |x'| \leq n$*

$$\mathcal{K}(xx') > \mathcal{K}(x) + \mathcal{K}(x') + \log n - b$$

gilt.

Beweis *Es sei $B = \{(x, x') \in \mathbb{B}^* \times \mathbb{B}^* : |x| + |x'| = n\}$. Es gilt $|B| = 2^n(n + 1)$. Wegen Folgerung 7.5 gibt es mindestens ein Paar $xx' \in B$, das nicht 1-komprimierbar ist. Für dieses Paar gilt wegen Bemerkung 7.5*

$$\mathcal{K}(xx') \geq \log |B| - 1 = \log\left(2^n(n + 1)\right) - 1 \geq n + \log n - 1. \tag{7.46}$$

Wegen Satz 7.3 gibt es eine von x und x' unabhängige Konstante b, sodass

$$\mathcal{K}(x) + \mathcal{K}(x') \leq |x| + |x'| + b \tag{7.47}$$

gilt. Mit (7.46) und (7.47) gilt

$$
\begin{aligned}
\mathcal{K}(xx') &\geq n + \log n - 1 \\
&= |x| + |x'| + \log n - 1 \\
&\geq \mathcal{K}(x) + \mathcal{K}(x') - b + \log n - 1 \\
&> \mathcal{K}(x) + \mathcal{K}(x') + \log n - b,
\end{aligned}
$$

womit die Behauptung gezeigt ist.

Die obigen Überlegungen können wir verwenden, um die wesentliche Frage zu beantworten, ob es ein Verfahren gibt, mit dem die Kolmogorov-Komplexität $\mathcal{K}(x)$ für jedes $x \in \mathbb{B}^*$ bestimmt werden kann. Der folgende Satz beantwortet diese Frage negativ.

Satz 7.11   *Die Kolmogorov-Komplexität $\mathcal{K}$ ist nicht berechenbar.*

Beweis *Wir nehmen an, dass es ein Programm C gibt, dass die Funktion $\mathcal{K}$ für alle $x \in \mathbb{B}^*$ berechnet. Sei x_n das erste Wort in der lexikografischen Ordnung von $\mathbb{B}^*$ mit $\mathcal{K}(x_n) \geq n$ (ein solches Wort existiert gemäß Satz 7.8 und Folgerung 7.4). Die in Abbildung 7.2 dargestellte Familie W_n, $n \in \mathbb{N}$, von Programmen berechnet die Folge dieser x_n mit $\mathcal{K}(x_n) \geq n$. Da alle Programme W_n bis auf die („fest verdrahtete") Zahl n identisch sind, sind die Binärcodierungen aller W_n ohne n identisch und damit unabhängig von n konstant lang. Diese Länge sei c. Es folgt*

$$\mathcal{K}(x_n) \leq \lfloor \log n \rfloor + 1 + c.$$

Für x_n gilt aber $\mathcal{K}(x_n) \geq n$. Es folgt, dass

$$n \leq \mathcal{K}(x_n) \leq \lfloor \log n \rfloor + 1 + c$$

sein muss. Diese Ungleichung kann aber nur für endlich viele $n \in \mathbb{N}$ zutreffen. Unsere Annahme, dass die Funktion $\mathcal{K}$ berechenbar ist, ist also falsch.

```
read();
    x := ε;
    while Φ_C(x) < n do
        x := suc(x)
    endwhile;
write(x).
```

Abbildung 7.2: Programme W_n zur Erzeugung des kürzesten Wortes x_n mit $\mathcal{K}(x_n) \geq n$

Leider ist die Kolmogorov-Komplexität einer Zeichenkette nicht berechenbar. Allerdings gibt es eine berechenbare Funktion, mit der $\mathcal{K}(x)$ approximiert werden kann.

Satz 7.12   *Es gibt eine total berechenbare Funktion $\Gamma : \mathbb{N}_0 \times \mathbb{N}_0 \to \mathbb{N}_0$ mit*

$$\lim_{t \to \infty} \Gamma(t, x) = \mathcal{K}(x).$$

Beweis   *Γ sei durch das in Abbildung 7.3 dargestellte Programm definiert. Wegen Satz 7.3 existiert eine Konstante c mit $\mathcal{K}(x) \leq |x| + c$ für alle $x \in \mathbb{B}^*$. Der Beweis dieses Satzes zeigt, dass sich ein solches c bestimmen lässt. Deswegen kann in dem in Abbildung 7.3 dargestellten Programm $|x| + c$ als Schleifengrenze verwendet werden. Dieses Programm benutzt außerdem das Programm C, das die total berechenbare Funktion $\gamma : \mathbb{N}_0 \times \mathbb{N}_0 \times \mathbb{N}_0 \to \mathbb{N}_0$, definiert durch*

$$\gamma(U, A, t) = \begin{cases} 1, & \text{falls } U \text{ angewendet auf } A \text{ innerhalb von } t \text{ Schritten hält,} \\ 0, & \text{sonst,} \end{cases}$$

berechnet. Das Programm probiert in lexikografischer Ordnung alle Programme mit einer Länge kleiner gleich $|x| + c$ durch, ob diese in höchstens t Schritten x erzeugen. Falls es solche Programme gibt, wird die Länge des kürzesten dieser Programme ausgegeben. Falls es ein solches Programm nicht gibt, wird die obere Schranke $|x| + c$ von $\mathcal{K}(x)$ ausgegeben. Es ist offensichtlich, dass das Programm für alle Eingaben (t, x) anhält. Die Funktion Γ ist also eine total berechenbare Funktion. Des Weiteren ist offensichtlich, dass Γ monoton fallend in t ist, d. h., es ist $\Gamma(t, x) \geq \Gamma(t', x)$ für $t' > t$, und ebenso offensichtlich ist, dass $\mathcal{K}(x) \leq \Gamma(t, x)$ für alle t gilt. Der Grenzwert $\lim_{t \to \infty} \Gamma(t, x)$ existiert für jedes x, denn für jedes x gibt es ein t, sodass U in t Schritten mit Ausgabe x anhält, nämlich wenn U die Eingabe eines Programms A mit $\langle A \rangle = b^*(x)$, d. h. mit $|\langle A \rangle| = \mathcal{K}(x)$, erhält.

Da für jedes x der Grenzwert $\lim_{t \to \infty} \Gamma(t, x)$ existiert, $\Gamma(t, x)$ eine monoton fallende Folge ist, die nach unten durch $\mathcal{K}(x)$ beschränkt ist, folgt die Behauptung.

```
read(t, x);
   A := ε;
   M := ∅;
   while |⟨A⟩| < |x| + c do
      if Φ_C⟨U, A, t⟩ = 1 and Φ_U⟨A⟩ = x then M := M ∪ {A}
      else A := suc(A) endif
   endwhile;
   if M ≠ ∅ then return min{|⟨A⟩| : A ∈ M}
   else return (|x| + c)
   endif.
```

Abbildung 7.3: Programm zur Berechnung der Approximation $\Gamma(t, x)$ von $\mathcal{K}(x)$

Bemerkung 7.6 *$\mathcal{K}$ ist keine berechenbare Funktion, deswegen kann algorithmisch nicht entschieden werden, ob $\Gamma(t, x) = \mathcal{K}(x)$ ist. $\mathcal{K}(x)$ kann aber durch die total berechenbare Funktion Γ (von oben) approximiert werden; $\mathcal{K}$ ist quasi „von oben berechenbar".*

Satz 7.13 *Es existieren berechenbare Funktionen $g, h : \mathbb{B}^* \to \mathbb{B}^*$ mit*

$$g(b^*(x)) = \langle x, \mathcal{K}(x) \rangle \text{ bzw. mit } h\langle x, \mathcal{K}(x) \rangle = b^*(x).$$

Beweis *Die Funktion g kann durch das folgende Programm $A \in \mathcal{M}$ berechnet werden: A testet, ob eine Eingabe w die Codierung eines Programms ist. Falls ja, bestimmt A die Länge von w und führt w aus. Die Ausgabe von A ist dann die Ausgabe des Programms w sowie $|w|$. Es gilt also*

$$\Phi_A(w) = \begin{cases} \langle \Phi_U(w), |w| \rangle, & w \in \mathcal{M}, \\ \bot, & sonst. \end{cases}$$

Daraus folgt

$$\Phi_A(b^*(x)) = \langle \Phi_U(b^*(x)), |b^*(x)| \rangle = \langle x, \mathcal{K}(x) \rangle$$

und damit $\Phi_A(b^*(x)) = g(b^*(x))$, d. h., g wird von A berechnet.

Die Funktion h kann durch das folgende Programm A berechnet werden: A erhält als Eingabe x sowie $\mathcal{K}(x)$, die Länge des kürzesten Programms, das x berechnet. A erzeugt der Reihe nach alle Programme mit der Länge $\mathcal{K}(x)$ und führt diese jeweils *aus. Wenn ein erzeugtes Programm B die Ausgabe x hat, dann gibt A dieses aus, es ist dann nämlich $b^*(x) = \langle B \rangle$ die kürzeste Beschreibung von x. Da $\mathcal{K}(x)$ als Eingabe existiert, muss A ein Programm dieser Länge x erzeugen.*

Bemerkung 7.7 *Der Satz 7.13 besagt, dass $b^*(x)$ und $\langle x, \mathcal{K}(x) \rangle$ im Wesentlichen denselben Informationsgehalt haben. Denn mit Satz 7.4 folgt aus dem Teil 1 des obigen Satzes*

$$\mathcal{K} \langle x, \mathcal{K}(x) \rangle = \mathcal{K}(g(b^*(x))) \leq \mathcal{K}(b^*(x)) + c.$$

Wir wollen am Ende dieses Kapitels noch die Frage beantworten, ob die kürzeste Beschreibung eines Wortes komprimierbar ist. Die Vermutung, dass das nicht der Fall ist, bestätigt der folgende Satz.

Satz 7.14 *Es existiert eine Konstante $c \in \mathbb{N}$, sodass $b^*(x)$ für alle $x \in \mathbb{B}^*$ nicht c-komprimierbar ist.*

Beweis *Sei $b^*(x) = \langle B \rangle$ die kürzeste Beschreibung von x; es gilt also $\Phi_U \langle B \rangle = x$. Wir überlegen uns das folgendes Programm A mit der Eingabe y: A überprüft, ob y die Codierung eines Programms ist. Gegebenenfalls führt A dieses Programm aus. Dann überprüft A, ob die resultierende Ausgabe ebenfalls die Codierung eines Programms ist. Ist das der Fall, dann führt A auf dieses Programm das universelle Programm aus. Das Ergebnis dieser Anwendung ist dann die Ausgabe von A. In allen anderen Fällen ist A nicht definiert. Mit dieser Festlegung von A gilt*

$$\Phi_A(b^*(b^*(x))) = x, \tag{7.48}$$

denn $b^*(b^*(x))$ ist Codierung eines Programms, und $b^*(b^*(x)) = b^* \langle B \rangle$ ist das kürzeste Programm, das $\langle B \rangle$ erzeugt. Das heißt: $b^* \langle B \rangle$ ist die Codierung eines Programms, dessen Ausführung die Codierung $\langle B \rangle$ erzeugt. Die Anwendung des universellen Programms hierauf liefert die Ausgabe x. Es gilt also

$$\Phi_U \langle A, b^*(b^*(x)) \rangle = x, \tag{7.49}$$

und damit ist

$$b(x) = \langle A, b^*(b^*(x)) \rangle \tag{7.50}$$

eine Beschreibung von x. Wir setzen

$$c = 2 |\langle A \rangle| + 3 \tag{7.51}$$

und zeigen im Folgenden, dass dieses c die Behauptung des Satzes erfüllt.

Dazu nehmen wir an, dass $b^*(x)$ c-komprimierbar für ein $x \in \mathbb{B}^*$ ist, d. h., dass für dieses x

$$\mathcal{K}(b^*(x)) \leq |b^*(x)| - c$$

und damit

$$|b^*(b^*(x))| \leq |b^*(x)| - c \qquad (7.52)$$

ist. Mit (7.50), (7.51) und (7.52) folgt

$$
\begin{aligned}
|b^*(x)| &\leq |b(x)| \\
&= 2(|\langle A \rangle| + 1) + |b^*(b^*(x))| \\
&= c - 1 + |b^*(b^*(x))| \\
&\leq c - 1 + |b^*(x)| - c \\
&= |b^*(x)| - 1,
\end{aligned}
$$

was offensichtlich einen Widerspruch darstellt. Damit ist unsere Annahme widerlegt, und das gewählte c erfüllt die Behauptung.

7.5   Zusammenfassung und bibliografische Hinweise

Der Binärcode eines Programmes, das eine Bitfolge x erzeugt, kann als eine Beschreibung dieser Folge angesehen werden. Das lexikografisch kürzeste Programm, das x erzeugt, ist die Kolmogorov-Komplexität von x. Diese ist im Wesentlichen unabhängig von der gewählten Programmiersprache.

Die Anwendung von berechenbaren Funktionen auf Bitfolgen ändert ihre Kolmogorov-Komplexität nur unwesentlich. Beispiele hierfür sind die Spiegelung und die Wiederholung von Bitfolgen.

Die Kolmogorov-Komplexität der Konkatenation von zwei verschiedenen Bitfolgen ist nicht additiv. Das liegt daran, dass die Länge einer der beiden Folgen Teil der Beschreibung sein muss. Es wird gezeigt, dass es keine wesentlich kürzere Beschreibung als eine solche geben kann.

Bitfolgen, deren Kolmogorov-Komplexität wesentlich kürzer als sie selbst ist, gelten als regelmäßig und komprimierbar. Die Folgen, deren Beschreibungen größer als ihre Länge sind, gelten als zufällig und nicht komprimierbar. Es ist sehr unwahrscheinlich, dass eine zufällig erzeugte Bitfolge komprimierbar ist.

Einerseits existieren Bitfolgen, die Präfixe besitzen, deren Kolmogorov-Komplexität größer als sie selbst ist. Andererseits besitzen hinreichend lange Bitfolgen komprimierbare Präfixe.

Die Kolmogorov-Komplexität ist nicht berechenbar. Sie ist „von oben berechenbar", d. h., sie kann durch eine total berechenbare, monoton fallende Funktion approximiert werden.

Am Ende von Abschnitt 1.2.2 wird erwähnt, dass G. Chaitin, A. Kolmogorov und R. J. Solomonoff etwa zur gleichen Zeit unabhängig voneinander, teilweise unterschiedlich motiviert ähnliche Ansätze zur Einführung und Untersuchung von Beschreibungskomplexitäten für Zeichenketten entwickelt haben. Entsprechende Literaturstellen sind für Chaitin [Ch66], für Kolmogorov [Kol65], [Kol68] und [Kol69] (in englischer Übersetzung) sowie für Solomonoff [So64a] und [So64b].

In [M66] wird begründet, dass der Zufälligkeitsbegriff von Kolmogorov allen Anforderungen der Zufälligkeit genügt.

Eine kurze Einführung in die Beschreibungskomplexität von Bitfolgen gibt [Si06]. Ein umfangreiches und umfassendes Lehrbuch zur Kolmogorov-Komplexität, das weit über die in diesem Kapitel dargestellten Aspekte hinausgeht, ist [LV93]. Wesentliche Aspekte, erläuternd dargestellt, findend man in [Ho11].

Kapitel 8

Anwendungen der Kolmogorov-Komplexität

In diesem Kapitel werden einige Problemstellungen der Theoretischen Informatik mithilfe der Kolmogorov-Komplexität beleuchtet. Wir werden beispielhaft sehen, dass bekannte Aussagen der Theoretischen Informatik, die üblicherweise mit solchen Methoden und Techniken wie der Diagonalisierung oder dem Pumping-Lemma für reguläre Sprachen gezeigt werden, auch mithilfe der Kolmogorov-Komplexität bewiesen werden können. Diese Beweise basieren auf der folgenden Idee: Zufällige Bitfolgen x, d. h., solche, bei denen $\mathcal{K}(x) \geq |x|$ ist, können nicht komprimiert werden. Sei nun das Prädikat $P(y)$ zu beweisen. Für einen Widerspruchsbeweis nimmt man an, dass $\neg P(x)$ gilt für ein nicht komprimierbares x. Folgt nun aus der Annahme, dass x komprimiert werden kann, ist ein Widerspruch hergeleitet, und die Annahme muss falsch sein.

Des Weiteren werden wir sehen, wie alle Entscheidbarkeitsfragen mithilfe einer (unendlichen) Bitfolge, der sogenannten Haltesequenz, codiert werden können.

8.1 Unentscheidbarkeit des Halteproblems

Die Unentscheidbarkeit des Halteproblems haben wir bereits im Abschnitt 6.1 bewiesen. Ein Beweis kann auch mithilfe der Unberechenbarkeit der Kolmogorov-Komplexität erfolgen. Zu diesem Zweck definieren wir das **Halteproblem** durch die Sprache

$$\mathcal{H} = \{\langle A, w \rangle \in \mathbb{B}^* \mid w \in Def(\Phi_A)\}$$

Satz 8.1   *Die charakteristische Funktion $\chi_{\mathcal{H}}$ der Sprache $\mathcal{H}$ ist nicht berechenbar.*

Beweis   *Wir nehmen an, dass $\chi_{\mathcal{H}}$ berechenbar ist. Es sei $H \in \mathcal{M}$ ein Programm, das $\chi_{\mathcal{H}}$ berechnet: $\Phi_H = \chi_{\mathcal{H}}$. Mithilfe von H konstruieren wir das in Abbildung 8.1*

© Springer-Verlag GmbH Deutschland, ein Teil von Springer Nature 2020
K.-U. Witt und M. E. Müller, *Algorithmische Informationstheorie*,
https://doi.org/10.1007/978-3-662-61694-9_8

```
read(x);
   i := 0;
   gefunden := false;
   while not gefunden do
      A := ν(i);
      if A ∈ 𝓜 then
         if Φ_H ⟨A,ε⟩ = 1 then
            if Φ_U ⟨A⟩ = x then
               k := |⟨A⟩|;
               gefunden := true
            else i := i + 1
            endif;
         endif;
      endif;
   endwhile;
write(k).
```

Abbildung 8.1: Programm C zur Berechnung der Kolmogorov-Komplexität unter der Voraussetzung, dass das Halteproblem entscheidbar ist

```
read();
write(x).
```

Abbildung 8.2: Naives Programm zur Erzeugung des Wortes x

dargestellte Programm C. Dabei ist $ν(i) = w$ das i-te Wort in der lexikografischen Anordnung der Wörter von $\mathbb{B}^*$ (siehe Abschnitt 2.6). Das Programm durchläuft die Wörter von $\mathbb{B}^*$ der Größe nach. Es überprüft, ob das aktuelle Wort ein Programm $A \in \mathcal{M}$ darstellt. Falls dies zutrifft, wird überprüft, ob A, angewendet auf das leere Wort, anhält. Im gegebenen Fall wird überprüft, ob A dabei die Eingabe x erzeugt. Falls ja, dann ist die Länge dieses Programms die Kolmogorov-Komplexität von x: $|b^*(x)| = |⟨A⟩|$. Das Programm terminiert und gibt die Kolmogorov-Komplexität

$$k = |⟨A⟩| = \mathcal{K}(x)$$

von x aus. In allen anderen Fällen wird das nächste Wort in der lexikografischen Ordnung entsprechend überprüft.

Da alle Wörter von $\mathbb{B}^*$ durchlaufen werden, werden auch alle Programme von $\mathcal{M}$ durchlaufen. Darunter ist auf jeden Fall eines, welches (ohne Eingabe) das eingegebene Wort x erzeugt (mindestens das in Abbildung 8.2 dargestellte Programm). Damit

*ist für jede Eingabe die Terminierung des Programms C gesichert. Da die Program-
me der Größe nach durchlaufen werden, ist auch gesichert, dass C das kürzeste Programm, das x erzeugt, findet.*

*Damit berechnet das Programm C die Kolmogorov-Komplexität für jedes $x \in \mathbb{B}^*$.
Daraus folgt, dass $\mathcal{K}$ eine berechenbare Funktion ist, ein Widerspruch zu Satz 7.11.
Unsere eingangs des Beweises gemachte und im Programm C verwendete Annahme,
dass $\chi_{\mathcal{H}}$ berechenbar ist, muss also falsch sein. Damit ist die Behauptung des Satzes
gezeigt.*

Bemerkung 8.1   *Der Beweis von Satz 8.1 gibt quasi eine Reduktion der Berechnung von $\mathcal{K}$ auf die Berechnung von $\chi_{\mathcal{H}}$ an.*

8.2   Die Menge der Primzahlen ist unendlich

Ein bekannter Beweis für die Unendlichkeit der Menge $\mathbb{P}$ der Primzahlen geht auf
Euklid zurück und argumentiert wie folgt: Es wird angenommen, dass es nur endliche
viele Primzahlen $p_1, \ldots, p_k$, $k \geq 1$, gibt. Damit bildet man die Zahl $n = p_1 \cdot \ldots \cdot p_k + 1$.
Es folgt, dass keine der Primzahlen p_i, $1 \leq i \leq k$, ein Teiler von n sein kann. Dies
ist ein Widerspruch zu der Tatsache, dass jede Zahl $n \in \mathbb{N}_0$, $n \geq 2$, mindestens einen
Primteiler besitzt (so ist z. B. der kleinste Teiler immer eine Primzahl). Die Annahme,
dass $\mathbb{P}$ endlich ist, führt also zu einem Widerspruch.

Ein Beweis der Unendlichkeit von $\mathbb{P}$ kann wie folgt mithilfe der Kolmogorov-
Komplexität geführt werden. Für die Kolmogorov-Komplexität natürlicher Zahlen
(siehe (7.8)) gilt gemäß Folgerung 7.4, dass es unendlich viele natürliche Zahlen
$n \in \mathbb{N}_0$ mit

$$\mathcal{K}(n) = \mathcal{K}(dual(n)) \geq |dual(n)| = \lfloor \log n \rfloor + 1 \tag{8.1}$$

gibt. Wir nehmen ein solches n und nehmen an, dass es nur endlich viele Primzahlen
$p_1, \ldots, p_k$, $k \geq 1$, gibt. Sei

$$n = p_1^{\alpha_1} \cdot p_2^{\alpha_k} \cdot \ldots \cdot p_k^{\alpha_k} \tag{8.2}$$

die eindeutige Faktorisierung von n; n ist also eindeutig durch die Exponenten α_i,
$1 \leq i \leq k$, erzeugbar, d. h., $b(n) = \langle \alpha_1, \ldots, \alpha_k \rangle$ ist eine Beschreibung von n. Aus
(8.2) folgt

$$n \geq 2^{\alpha_1 + \ldots + \alpha_k}$$

und daraus

$$\log n \geq \alpha_1 + \ldots + \alpha_k \geq \alpha_i, \ 1 \leq i \leq k$$

und hieraus

$$|dual(\alpha_i)| \leq \lfloor \log \log n \rfloor + 1, \ 1 \leq i \leq k.$$

Insgesamt folgt nun

$$\mathcal{K}(n) = |b^*(n)| \le |b(n)| = |\langle \alpha_1, \ldots, \alpha_k \rangle|$$

$$= 2 \sum_{i=1}^{k} (|dual(\alpha_i)| + 1)$$

$$\le k \cdot 2(\lfloor \log \log n \rfloor + 2).$$

Dies ist aber ein Widerspruch zu (8.1), denn für jedes beliebige, aber feste $k \ge 1$ gilt

$$\lfloor \log n \rfloor + 1 > k \cdot 2(\lfloor \log \log n \rfloor + 2)$$

für fast alle n. Damit haben wir auch auf diese Art und Weise die Annahme, dass $\mathbb{P}$ endlich ist, widerlegt.

8.3   Reguläre Sprachen

Wir schränken Turing-Entscheider wie folgt ein:

$$A = (\mathbb{B}, S, \delta, s_0, , t_a, t_r)$$

mit

$$\delta : (S - \{t_a, t_r\}) \times \Sigma \to S \times \Sigma \times \{\to, -\}$$

Das Arbeitsband ist ein reines Eingabeband, das nur von links nach rechts gelesen werden kann, ohne dabei ein Symbol zu verändern. Deshalb benötigen diese Maschinen keine zusätzlichen Hilfssymbole, auch kein Blanksymbol, und der S-/L-Kopf, der nur ein Lesekopf ist, kann stehen bleiben oder nach rechts gehen. Das Stehenbleiben kann durch einen ε-Übergang realisiert werden, d. h., die Maschine liest das Symbol nicht und führt nur einen Zustandswechsel durch. Wir können die Definition solcher Maschinen vereinfachen zu

$$A = (S, \delta, s_0, t_a, t_r)$$

mit

$$\delta : (S - \{t_a, t_r\}) \times (\mathbb{B} \cup \{\varepsilon\}) \to S.$$

Wir nennen Maschinen dieser Art **endliche Automaten**. Die Menge der Konfigurationen ist gegeben durch $K = S \circ \Sigma^*$, die Konfigurationsübergänge $\vdash \subseteq K \times K$ sind definiert durch

$$sav \vdash s'v \text{ genau dann, wenn } \delta(s, a) = s' \text{ mit } a \in \Sigma \cup \{\varepsilon\}, \ v \in \Sigma^*,$$

und

$$L(A) = \{w \in \Sigma^* \mid s_0 w \vdash^* t_a \varepsilon\}$$

ist die von A akzeptierte Sprache. Eine Sprache heißt **regulär** genau dann, wenn ein endlicher Automat existiert, der sie akzeptiert. Wir bezeichnen mit REG die **Klasse der regulären Sprachen**.

Folgerung 8.1 REG $\subseteq$ *TIME*(n).

Beweis *Sei $L \in$ REG. Dann existiert ein endlicher Automat $A = (S, \delta, s_0, t_a, t_r)$ mit $L = L(A)$. Sei $w \in L$ mit $|w| = n \in \mathbb{N}$. Dann existieren Zustände $t_j \in S$, $1 \leq j \leq n+1$, mit $t_1 = s_0$, $t_{n+1} = t_a$ und $t_j w[j, n] \vdash t_{j+1} w[j+1, n]$, $1 \leq j \leq n$. Daraus folgt unmittelbar time$_A(w) = n$ und damit $L \in$ TIME(n), und die Behauptung ist gezeigt.*

Hat ein endlicher Automat A n Zustände und ist $w \in L(A)$ mit $|w| \geq n$, dann wird in der akzeptierenden Konfigurationsfolge $s_0 w \vdash^* t_a \varepsilon$ mindestens ein Zustand s zweimal durchlaufen. w lässt sich deshalb aufteilen in $w = xyz$, sodass

$$s_0 x \vdash syz \vdash sz \vdash t_a \varepsilon \tag{8.3}$$

gilt. Dabei ist $|y| \geq 1$, und xy kann immer so gewählt werden, dass $|xy| < n$ ist. Wenn nämlich $|xy| \geq n$ ist, kann bereits xy in drei Teile mit den oben genannten Eigenschaften aufgeteilt werden.

Aus (8.3) folgt, dass auch folgende akzeptierende Konfiguratinsfolgen existieren

$$s_0 x \vdash sz \vdash sz \vdash t_a \varepsilon,$$
$$s_0 x \vdash syz \vdash syz \vdash sz \vdash t_a \varepsilon,$$
$$s_0 x \vdash syz \vdash syz \vdash syz \vdash sz \vdash t_a \varepsilon,$$

$$\vdots$$

weil der Zyklus $syz \vdash sz$ beliebig oft durchlaufen werden kann.

Aus den obigen Überlegungen folgt das sogenannte **Pumping-Lemma** für reguläre Sprachen.

Satz 8.2 *Sei $L \in$ REG, dann existiert eine Zahl $n \in \mathbb{N}$, sodass sich alle Wörter $w \in L$ mit $|w| \geq n$ aufteilen lassen in $w = xyz$ und für eine solche Aufteilung die folgenden drei Eigenschaften gelten:*

(i) $|y| \geq 1$,

(ii) $|xy| < n$ und

(iii) $xy^i z \in L$ für alle $i \in \mathbb{N}_0$.

Das Pumping-Lemma gibt eine notwendige, keine hinreichende Bedingung für die Regularität einer Sprache an, denn man kann nicht reguläre Sprachen angeben, die das Pumping-Lemma erfüllen. Man kann das Lemma also nur im „negativen Sinne" anwenden, d. h. um zu zeigen, dass eine Sprache nicht regulär ist. Wenn man vermutet, dass eine Sprache nicht regulär ist, nimmt man an, dass sie es doch sei. Sie muss dann das Pumping-Lemma erfüllen. Wenn man dann einen Widerspruch gegen eine der Bedingungen des Lemmas herleiten kann, weiß man, dass die Annahme falsch ist.

Beispiel 8.1   *Die Sprache $L = \{0^l 1^l \mid l > 0\}$ ist nicht regulär. Zum Beweis nehmen wir an, dass L regulär ist. Dann muss gemäß Pumping-Lemma eine Zahl $n \in \mathbb{N}$ existieren, sodass die Bedingungen des Lemmas erfüllt sind. Wir wählen das Wort $w = 0^n 1^n \in L$. Es ist $|w| = 2n > n$. Also kann w zerlegt werden in $w = xyz$, sodass die Bedingungen (i) – (iii) des Pumping-Lemmas erfüllt sind. Da $|xy| < n$ ist, ist xy ein Präfix von 0^n. Die Aufteilung von w hat deshalb Gestalt*

$$w = \underbrace{0^p}_{x}\, \underbrace{0^q}_{y}\, \underbrace{0^r 1^n}_{z}.$$

Dabei ist

(0) $p + q + r = n$,

(1) $q \geq 1$,

(2) $p + q < n$,

(3) $xy^i z \in L$ für alle $i \in \mathbb{N}_0$.

Wir wählen $i = 0$, dann muss $xy^0 z = xz \in L$ sein. Es gilt aber

$$xy^0 z = 0^p (0^q)^0 0^r 1^n = 0^p 0^r 1^n = 0^{p+r} 1^n.$$

Wegen der Bedingungen (0) und (1) ist

$$p + r < p + q + r = n,$$

woraus folgt, dass $0^{p+r} 1^n \notin L$ ist, ein Widerspruch zu (3). Damit ist die Annahme, dass L regulär ist, falsch.

Die Automaten heißen endlich, weil sie ein endliches Gedächtnis haben, nämlich nur eine endliche Anzahl von Zuständen, mit denen sie sich den Stand der Abarbeitung einer Eingabe merken können. Deshalb sind sie nicht in der Lage, Sprachen wie die im Beispiel zu entscheiden. Dazu benötigt ein Automat einen beliebig großen Speicher, um die Präfixe 0^l, $l > 1$, zu speichern, sodass dann die anschließend folgenden Einsen damit abgeglichen werden können. Wenn die Anzahl der Speicherplätze zu gering ist, führt das unweigerlich dazu, dass Zustände mehrfach durchlaufen werden können, wodurch „aufgepumpte" Wörter akzeptiert werden, die nicht zu der zur Entscheidung anstehenden Sprache gehören. Mit einem unendlichen, veränderbaren Speicher, wie sie Turingmaschinen mit dem Arbeitsband zur Verfügung stehen, kann der Abgleich von beliebig langen Wortteilen erfolgen. In Beispiel 3.1 haben wir eine Turingmaschine konstruiert, welche die Sprache $L = \{0^l 1^l \mid l > 0\}$ akzeptiert.

Folgerung 8.2   REG $\subset$ R.

Das Pumping-Lemma sowie Beispiele zu seiner Anwendung gehören zur „Folklore" der Theoretischen Informatik. Wir demonstrieren im Folgenden an zwei Beispielen, wie mithilfe der Kolmogorov-Komplexität gezeigt werden kann, dass eine Sprache nicht regulär ist.

Als Erstes betrachten wir die Sprache $L = \{0^l 1^l \mid l > 0\}$ aus dem obigen Beispiel und nehmen wieder an, dass L regulär ist, dass also ein endlicher deterministischer Automat A mit der Zustandsmenge S und dem akzeptierenden Zustand t_a existiert, der L akzeptiert. Zu jedem k gibt es (eindeutig) einen Zustand $s_k \neq t_a$, der nach Abarbeitung von 0^k erreicht wird; von dort gelangt der Automat nach Abarbeitung von 1^k (erstmals) in den Zustand t_a. Der Automat A und der Zustand s_k können als eine Beschreibung von k angesehen werden, denn wir können uns ein Programm P überlegen, das A als („fest verdrahteten") Bestandteil enthält, und das, wenn ihm s_k übergeben wird, eine Folge von Einsen produziert und sich damit auf den Weg zum Endzustand t_a macht. Dieser Zustand wird nach genau k Einsen erreicht, womit P die Zahl k ausgeben kann.

Da A die Wörter $0^k 1^k$ für alle $k \geq 1$ akzeptiert, muss für jedes k ein (Nicht-End-) Zustand s_k existieren. Das heißt, wir können dem Programm P alle möglichen (Nicht-End-) Zustände s übergeben. Das sind endlich viele Eingaben, und P geht für jedes s jeweils wie oben beschrieben vor und kann so alle $k \in \mathbb{N}$ erzeugen.

Das bedeutet, dass wir eine geeignete Codierung $\langle P, s_k \rangle$ von P (inklusive des „fest verdrahteten" Automaten A) und s_k als Beschreibung der Zahl k ansehen können: $b(k) = \langle P, s_k \rangle$. Ihre Länge $|b(k)|$ ist unabhängig von k, also konstant. Damit gilt $\mathcal{K}(k) \leq |b(k)| = |\langle P, s_k \rangle|$. Sei nun

$$c = \max \{|\langle P, s \rangle| : s \in S - \{t_a, t_r\}\}.$$

Dann gilt

$$\mathcal{K}(k) \leq c \tag{8.4}$$

für alle k.

Aus (7.8) und Folgerung 7.4 folgt, dass es Zahlen $n \in \mathbb{N}$ mit

$$\mathcal{K}(n) = \mathcal{K}(dual(n)) \geq |dual(n)| = \lfloor \log n \rfloor + 1$$

gibt. Sei $n_c \in \mathbb{N}$ eine solche Zahl, d. h. eine Zahl mit

$$\mathcal{K}(n_c) \geq \lfloor \log n_c \rfloor + 1 > c. \tag{8.5}$$

Wenn wir nun das Wort $0^{n_c}1^{n_c}$, also $k = n_c$, wählen, folgt mit (8.4) $\mathcal{K}(n_c) \leq c$, was offensichtlich ein Widerspruch zu (8.5) ist. Damit ist unsere Annahme, dass L regulär ist, widerlegt.

Für das zweite Beispiel verwenden wir das sogenannte **Lemma der KC-Regularität.**

Lemma 8.1   *Es sei $L \subseteq \mathbb{B}^*$ eine reguläre Sprache. Für die Wörter $x \in \mathbb{B}^*$ sei $L_x = \{y \mid xy \in L\}$. Des Weiteren sei $f : \mathbb{N}_0 \to \mathbb{B}^*$ eine rekursive Aufzählung von L_x (siehe Abschnitt 3.4). Dann existiert eine nur von L und f abhängende Konstante c, sodass für jedes x und $y \in L_x$ mit $f(n) = y$ gilt: $\mathcal{K}(y) \leq \mathcal{K}(n) + c$.*

Beweis   *Sei A der endliche deterministische Automat, der L akzeptiert, und s der Zustand, den A nach Abarbeitung von x erreicht. Die Zeichenkette y mit $xy \in L$ und $f(n) = y$ kann nun mithilfe von A, s und dem Programm P_f, das f berechnet, bestimmt werden. Geeignete Codierungen von A, s, P_f und n können somit als Beschreibung von y angesehen werden. Dabei sind die Codierungen von A, s und P_f unabhängig von y. Ihre Gesamtlänge fassen wir unter der Konstanten c zusammen. Damit folgt dann $\mathcal{K}(y) \leq \mathcal{K}(n) + c$.*

Wir wenden das Lemma an, um zu zeigen, dass die Sprache $L = \{1^p \mid p \in \mathbb{P}\}$ nicht regulär ist. Wir nehmen an, dass L regulär ist, und betrachten das Wort $xy = 1^p$ mit $x = 1^{p'}$, wobei p die $k+1$-te Primzahl und p' die k-te Primzahl ist. Des Weiteren sei f die lexikografische Aufzählung von L_x. Dann gilt $f(1) = y = 1^{p-p'}$. Mit dem Lemma folgt dann: $\mathcal{K}(y) \leq \mathcal{K}(1) + \mathrm{O}(1) = \mathrm{O}(1)$. Das bedeutet, dass die Kolmolgorov-Komplexität der Differenz zwischen allen benachbarten Primzahlen jeweils durch eine von diesen unabhängige Konstante beschränkt ist. Das ist ein Widerspruch zur Tatsache, dass zu jeder Differenz $d \in \mathbb{N}$ zwei benachbarte Primzahlen gefunden werden können, die mindestens den Abstand d haben.

8.4 Unvollständigkeit formaler Systeme

Kurt Gödel (siehe Fußnote Seite 86) hat gezeigt, dass die Konsistenz eines hinreichend mächtigen formalen Systems (z. B. ein die Arithmetik natürlicher Zahlen enthaltendes System) nicht innerhalb dieses Systems bewiesen werden kann. Auch diese Unvollständigkeit formaler Systeme, die üblicherweise mit einem Diagonalisierungsbeweis gezeigt wird, kann mithilfe der Kolmogorov-Komplexität gezeigt werden.

Satz 8.3   *Sei $\mathcal{F}$ ein formales System, das folgende Eigenschaften erfüllt:*

(1) Falls es einen korrekten Beweis für eine Aussage α gibt, dann ist diese Aussage auch wahr.

(2) Für eine Aussage α und einen Beweis p kann algorithmisch entschieden werden, ob p ein Beweis für α ist.

```
read(n);
   k := 1;
   while true do
      for all x ∈ 𝔹* with |x| ≤ k do
         for all p ∈ 𝔹* with |p| ≤ k do
            if p ein korrekter Beweis für α(x,n) ist
               then return x
            endif
         endfor
      endfor;
      k := k + 1
   endwhile;
```

Abbildung 8.3: Programm A, das Beweise für die Aussagen $\alpha(x, n)$ findet.

(3) Für jedes $x \in \mathbb{B}^*$ und jedes $n \in \mathbb{N}_0$ kann eine Aussage $\alpha(n, x)$ formuliert werden, die äquivalent zur Aussage „$\mathcal{K}(x) \geq n$" ist.

Dann existiert ein $t \in \mathbb{N}_0$, sodass alle Aussagen $\alpha(x, n)$ für $n > t$ in $\mathcal{F}$ nicht beweisbar sind.

Beweis *Wir betrachten zunächst das Programm A in Abbildung 8.3: Falls es für eine Eingabe n ein x gibt, für das die Aussage $\alpha(x, n)$ beweisbar ist, dann findet A ein solches x. Wir nehmen nun an, dass für alle n ein x existiert, sodass $\alpha(x, n)$ beweisbar ist. Dann findet das Programm A ein solches x. Die Beweisbarkeit von $\alpha(x, n)$ bedeutet, dass $\mathcal{K}(x) \geq n$ ist. Des Weiteren ist $b(x) = \langle A, n \rangle$ eine Beschreibung von x, denn das Programm A erzeugt x bei Eingabe von n. Es folgt mit $c = 2\,|\langle A \rangle| + 3$*

$$\mathcal{K}(x) = |b^*(x)| \leq |b(x)| = |\langle A, n \rangle| = 2(|\langle A \rangle| + 1) + |dual(n)| = \lfloor \log n \rfloor + c.$$

Insgesamt erhalten wir also wieder die Ungleichungen $n \leq \mathcal{K}(x) \leq \lfloor \log n \rfloor + c$, die nur für endlich viele und insbesondere nicht für hinreichend große n erfüllt sind. Damit erhalten wir einen Widerspruch, womit unsere Annahme widerlegt ist.

Bemerkung 8.2 *Der obige Satz zeigt uns eine Möglichkeit auf, in einem hinreichend mächtigen formalen System $\mathcal{F}$, das die Bedingungen (1)–(3) des Satzes erfüllt, Aussagen zu generieren, die wahr aber innerhalb des Systems nicht beweisbar sind. Wir benutzen das Programm A, das die von n und x unabhängige konstante Länge c hat. Für $n \in \mathbb{N}_0$ mit $n > \lfloor \log n \rfloor + c$ ist keine Aussage der Art $\mathcal{K}(x) \geq n$ beweisbar. Wählen wir zufällig eine Bitfolge x der Länge $n + 20$, dann gilt die Aussage $\mathcal{K}(x) \geq x$ mit einer Wahrscheinlichkeit $\geq 1 - 2^{-20}$, aber diese Aussage ist in $\mathcal{F}$ nicht beweisbar.*

8.5 Die Kolmogorov-Komplexität entscheidbarer Sprachen

Der folgende Satz besagt, dass entscheidbare Sprachen nur eine (sehr) geringe Kolmogorov-Komplexität besitzen.

Satz 8.4   *Sei $L \subseteq \mathbb{B}^*$ eine entscheidbare Sprache. Des Weiteren seien die Wörter von L lexikografisch angeordnet, und x_n sei das n-te Wort in dieser Anordnung. Dann gilt*

$$\mathcal{K}(x_n) \leq \lceil \log n \rceil + \mathsf{O}(1).$$

Beweis *Da L entscheidbar ist, ist χ_L berechenbar. Es sei $C_{\chi_L} \in \mathcal{M}$ das Programm, das χ_L berechnet, und suc sei die total berechenbare Funktion, die zu einem Wort in der lexikografischen Anordnung der Wörter von $\mathbb{B}^*$ den Nachfolger bestimmt. Die in Abbildung 8.4 dargestellten Programme X_n generieren jeweils das n-te Wort $x_n \in L$. Wie in anderen Beispielen in den vorherigen Abschnitten sind alle Programme bis auf die Zahl n identisch, unabhängig von n hat der identische Anteil eine konstante Länge. Hieraus folgt unmittelbar die Behauptung.*

```
read();
    i := 0;
    z := ε;
    while i ≤ n do
        if Φ_{C_{χ_L}}(z) = 1 then
            x_n := z;
            i := i + 1;
        endif;
        z := suc(z);
    endwhile;
write(x_n).
```

Abbildung 8.4: Programm X_n zur Generierung des n-ten Wortes der entscheidbaren Sprache L

Die Wörter entscheidbarer Sprachen haben also eine geringe Kolmogorov-Komplexität. Diese Aussage bestätigt die Aussage von Satz 6.4 b), dass entscheidbare Sprachen „besonders einfach" sind.

Satz 8.5   *Die Sprache der zufälligen, d. h. nicht komprimierbaren, Bitfolgen*

$$L = \{x \in \mathbb{B}^* \mid \mathcal{K}(x) \geq |x|\}$$

ist nicht entscheidbar.

Beweis   *Wir nehmen an, dass L entscheidbar ist. Dann ist χ_L berechenbar. Es sei $C_{\chi_L} \in \mathcal{M}$ das Programm, das χ_L berechnet. Sei $n \in \mathbb{N}_0$ beliebig, aber fest gewählt. In Abbildung 8.5 ist das Programm A_n dargestellt, das die erste zufällige Bitfolge x in der lexikografischen Anordnung von $\mathbb{B}^*$ mit $|x| > n$ berechnet (wegen Satz 7.8 existiert eine solche Folge). suc sei wieder die total berechenbare Funktion, die zu jeder Folge x ihren Nachfolger in der lexikografischen Anordnung von $\mathbb{B}^*$ bestimmt. Für die Ausgabe x des Programms A_n gilt*

$$|x| > n \text{ und } \mathcal{K}(x) \leq \lceil \log n \rceil + c. \tag{8.6}$$

Da x zufällig ist, gilt

$$\mathcal{K}(x) \geq |x|. \tag{8.7}$$

Aus (8.6) und (8.7) erhalten wir

$$n < |x| \leq \mathcal{K}(x) \leq \lceil \log n \rceil + c,$$

was für hinreichend große n offensichtlich einen Widerspruch darstellt.

```
read();
    gefunden := false;
    x := ε;
    while not gefunden do
        if |x| > n and Φ_{C_{χ_L}}(x) = 1 then
            gefunden := true;
        else x := suc(x);
        endif;
    endwhile;
write(x).
```

Abbildung 8.5: Programm A_n zur Berechnung der ersten zufälligen Bitfolge x mit $|x| > n$

8.6   Die Chaitin-Konstante

Wir übertragen den Begriff *zufällig* auf unendliche Bitfolgen, d. h., wir betrachten jetzt die Elemente von $\mathbb{B}^\omega$.

Definition 8.1   *Eine Bitfolge $x \in \mathbb{B}^\omega$ heißt* **zufällig** *genau dann, wenn eine Konstante $c \in \mathbb{N}$ existiert, sodass*

$$\mathcal{K}(x[1, n]) > n - c$$

für alle $n \in \mathbb{N}$ gilt.

Den folgenden Betrachtungen legen wir wieder eine Gödelisierung $(\mathbb{N}_0, \mathcal{P}, \varphi)$ einer Programmiersprache $\mathcal{M}$ zugrunde.

Definition 8.2   *Die Bitfolge $H = h_1 h_2 h_3 \ldots \in \mathbb{B}^\omega$, definiert durch*

$$h_i = \begin{cases} 1, & \varepsilon \in Def(\varphi_i), \\ 0, & sonst, \end{cases}$$

heißt **Haltesequenz.**

Die Haltesequenz H ist also eine unendliche Bitfolge, deren i-tes Bit gleich 1 ist, wenn das i-te Programm (bei Eingabe des leeren Wortes) anhält, ansonsten ist das Bit gleich 0. Es ist klar, dass H von der Gödelisierung abhängt. Wir halten fest, dass aus der Nummer i das Programm $\nu(i) = A$ zwar rekonstruiert, aber die Sequenz H wegen der Unentscheidbarkeit des Halteproblems nicht (vollständig) berechnet werden kann.

Bemerkung 8.3   **a)** *Die Sequenz $H[1, k]$ gibt an,*

(1) wie viele der ersten k Progamme anhalten und

(2) welche Programme das sind.

Dabei könnten wir die Information (2) aus der Information (1) gewinnen: Sei $l \leq k$ die Anzahl der terminierenden Programme unter den k ersten. Wir lassen alle k Programme parallel laufen, markieren die haltenden Programme und zählen diese. Falls l Programme gestoppt haben, können wir alle anderen Programme auch anhalten.

b) *Wenn wir wüssten, wie groß die Wahrscheinlichkeit ist, mit der sich unter den k ersten Gödelnummern solche von terminierenden Programmen befinden, dann könnten* *wir die Anzahl l der terminierenden Programme durch Multiplikation mit k bestimmen, denn es gilt*

$$Prob\,[\,H(i) = 1\,] = \frac{l}{k}$$

woraus sich bei gegebenem k und bekannter Wahrscheinlichkeit $Prob\,[\,H(i) = 1\,]$

$$l = k \cdot Prob\,[\,H(i) = 1\,]$$

berechnen lässt.

c) *Im Folgenden geht es im Wesentlichen darum, wie $Prob\,[\,H(i) = 1\,]$ bestimmt werden kann. Daraus könnten l und damit gemäß a) die terminierenden Programme A_i, $1 \leq i \leq k$, bestimmt werden.*

Hilfreich dafür ist die nachfolgende Definition.

Definition 8.3   *Es sei $x \in \mathbb{B}^n$. Dann heißt*

$\Omega_n = Prob[x$ beginnt mit der Gödelnummer eines terminierenden Programms]

Haltewahrscheinlichkeit.

Beispiel 8.2   *Wir verdeutlichen die Definition anhand des folgenden fiktiven Beispiels. Sei etwa*

$$H = 00100000110000001010\ldots.$$

Es ist also $h_i = 1$ für $i \in \{3, 9, 10, 17, 19\}$. Die entsprechenden Gödelnummern seien $a_3 = 10$, $a_9 = 11$, $a_{10} = 101$, $a_{17} = 0101$, $a_{19} = 1010$. Es ergeben sich folgende Haltewahrscheinlichkeiten:

1. $\Omega_1 = 0$, *denn es gibt kein Programm mit einstelliger Gödelnummer.*

2. $\Omega_2 = \frac{1}{2}$, *denn $10 \in \mathbb{B}^2$ ist die Gödelnummer $a_3 = 10$, und $11 \in \mathbb{B}^2$ ist die Gödelnummer $a_9 = 11$*

3. $\Omega_3 = \frac{5}{8}$, *denn 100 und 101 beginnen mit der Gödelnummer $a_3 = 10$; und 110 und 111 beginnen mit der Gödelnummer $a_9 = 11$.*

4. $\Omega_4 = \frac{12}{16}$, *denn $1000, 1001, 1010, 1011 \in \mathbb{B}^4$ beginnen mit der Gödelnummer $a_3 = 10$; $1100, 1101, 1110, 1111 \in \mathbb{B}^4$ beginnen mit der Gödelnummer $a_9 = 11$; $1010, 1011 \in \mathbb{B}^4$ beginnen mit der Gödelnummer $a_{10} = 101$; und $0101, 1010 \in \mathbb{B}^4$ sind die Gödelnummern $a_{17} = 0101$ bzw. $a_{19} = 1010$.*

Wir können uns vorstellen, eine Gödelnummer durch Münzwurf zu generieren. Sobald die so erzeugte Bitfolge eine Gödelnummer ist, können wir aufhören zu würfeln, denn wegen der Präfixfreiheit kann keine weitere Gödelnummer entstehen. Es kann vorkommen, dass keine Gödelnummer gewürfelt wird (das Würfeln stoppt nicht).

Im Beispiel 8.2 werden die Programme mit den Gödelnummern a_3 und a_9 jeweils mit der Wahrscheinlichkeit $\frac{1}{4}$ erzeugt, das Programm a_9 mit der Wahrscheinlichkeit $\frac{1}{8}$ und die Programme a_{17} und a_{19} jeweils mit der Wahrscheinlichkeit $\frac{1}{16}$. Daraus ergibt sich

$$\Omega_1 = 0$$
$$\Omega_2 = \frac{1}{4} + \frac{1}{4} = \frac{1}{2}$$
$$\Omega_3 = \frac{1}{4} + \frac{1}{4} + \frac{1}{8} = \frac{5}{8}$$
$$\Omega_4 = \frac{1}{4} + \frac{1}{4} + \frac{1}{8} + \frac{1}{16} + \frac{1}{16} = \frac{12}{16}.$$

Es gilt

$$\Omega_n = \sum_{\substack{A \text{ terminiert} \\ |\langle A \rangle| \leq n}} 2^{-|\langle A \rangle|}. \tag{8.8}$$

Bemerkung 8.4   *In der binären Darstellung von Ω_n sind die Antworten zu allen mathematischen Fragestellungen codiert, die sich über die Terminierungseigenschaft eines Programms der Länge kleiner oder gleich n berechnen lassen.*

Betrachten wir als Beispiel die Goldbachsche Vermutung: „Jede gerade natürliche Zahl größer zwei lässt sich als Summe zweier Primzahlen darstellen." Diese Vermutung ist für eine große Anzahl von Fällen bestätigt, aber nicht endgültig bewiesen. Wir können uns ein Programm $G \in \mathcal{M}$ überlegen, das die erste Zahl größer zwei sucht, die sich nicht als Summe zweier Primzahlen darstellen lässt. Sei $|\langle G \rangle| = n$. Die Anzahl der Gödelnummern von Programmen mit einer Länge kleiner oder gleich n lässt sich bestimmen. Wenn wir Ω_n kennen würden, dann könnten wir mit diesen beiden Angaben die Anzahl der Bitfolgen bestimmen, die mit der Gödelnummer eines terminierenden Programms beginnen. Aus der Bemerkung 8.3 folgt, dass wir mithilfe dieser Kenntnisse herausfinden können, ob G terminiert oder nicht. Falls G terminiert, wäre die Goldbachsche Vermutung falsch, falls G nicht terminiert, wäre sie wahr.

Dieses Beispiel verdeutlicht die in Bemerkung 8.3 c) geäußerte Bedeutung der Haltesequenz Ω_n für die Lösung von Entscheidungsfragen, insbesondere auch von derzeit offenen Entscheidungsfragen.

Folgerung 8.3   **a)** *Die Folge $\{\Omega_n\}_{n \geq 1}$ wächst monoton, d. h., es ist $\Omega_n \leq \Omega_{n+1}$.*

b) *Die Folge $\{\Omega_n\}_{n \geq 1}$ ist nach oben beschränkt, denn es gilt $\Omega_n \leq 1$ für alle $n \in \mathbb{N}$.*

c) *Die Folge* $\{\Omega_n\}_{n\geq 1}$ *ist konvergent.*

Beweis a) *Die Folgerung ist offensichtlich.*

b) *Es gilt*

$$\Omega_n = \sum_{\substack{A \text{ terminiert} \\ |\langle A \rangle| \leq n}} 2^{-|\langle A \rangle|} \leq \sum_{i=1}^{n} \left(\frac{1}{2}\right)^i = \frac{1 - \left(\frac{1}{2}\right)^{n+1}}{1 - \frac{1}{2}} - 1 = 1 - \left(\frac{1}{2}\right)^n < 1.$$

c) *Die Aussage folgt unmittelbar aus a) und b).*

Definition 8.4 *Der Grenzwert*

$$\Omega = \lim_{n\to\infty} \Omega_n = \sum_{A \text{ terminiert}} 2^{-|\langle A \rangle|}$$

heißt **Chaitin-Konstante**.

Wir wollen uns mit der Frage befassen, ob sich Ω bestimmen lässt. Dazu variieren wir die Definition 8.3 wie folgt.

Definition 8.5 *Es sei* $x \in \mathbb{B}^n$. *Dann heißt*

$\Omega_n^k = Prob[x$ beginnt mit der Gödelnummer eines terminierenden Programms,

das in k Schritten stoppt]

Haltewahrscheinlichkeit *(der in* k *Schritten terminierenden Programme).*

Offensichtlich gilt Folgendes.

Folgerung 8.4 **a)** $\Omega_n^n \leq \Omega_n \leq \Omega.$

b) $\lim_{n\to\infty} \Omega_n^n = \lim_{n\to\infty} \Omega_n = \Omega.$

Trotz dieser gleichen Verhaltensweisen sind die Folgen $\{\Omega_n\}_{n\geq 1}$ und $\{\Omega_n^n\}_{n\geq 1}$ wesentlich verschieden: Im Gegensatz zur ersten Folge sind alle Glieder der zweiten Folge berechenbar. Die Haltewahrscheinlichkeit Ω_n^n kann bestimmt werden, indem jedes Programm A mit $|\langle A \rangle| \leq n$ maximal n Schritte ausgeführt wird und dabei gezählt wird, wie viele terminieren. Je größer n gewählt wird, umso genauer kann so der Grenzwert Ω bestimmt werden: Die Nachkommabits von Ω_n^n müssen sich bei wachsendem n von links nach rechts stabilisieren. Allerdings weiß man nie, wann ein Bit sich nicht mehr ändert – die Änderung weit rechts stehender Bits kann durch Überträge Einfluss auf links stehende Bits haben.

```
read(Ω[1,n]);
    t := 1;
    while Ωᵗₜ[1,n] ≠ Ω[1,n] do
        t := t + 1;
    endwhile;
    // Jedes terminierende Programm A mit |⟨A⟩| ≤ n
    // hält in höchstens t Schritten;
    Aᵗₙ := Menge aller Bitfolgen
              mit einer Länge ≤ n,
              die mit der Gödelnummer
              eines Programms beginnen,
              das in höchstens t Schritten stoppt;

    Ωₙ := |Aᵗₙ| / 2ⁿ ;
write(Ωₙ).
```

Abbildung 8.6: Verfahren zur Konstruktion von Ω_n aus $\Omega[n]$

Satz 8.6 *Die Haltewahrscheinlichkeit Ω_n kann aus $\Omega[1,n]$, d. h. aus den ersten n Bits der Chaitin-Konstante, bestimmt werden.*

Beweis *Abbildung 8.6 stellt ein Verfahren dar, mit dem Ω_n aus $\Omega[1,n]$ konstruiert werden kann. Wir bestimmen $\Omega_1^1, \Omega_2^2, \Omega_3^3, \ldots$ Die Werte der Folgenglieder nähern sich immer mehr an Ω an. Irgendwann wird ein t erreicht, sodass Ω_t^t und Ω in den ersten n Bits übereinstimmen.*

Für $s > t$ können sich die ersten n Bits von Ω_s^s nicht mehr ändern, denn dann wäre $\Omega_s^s > \Omega$, was ein Widerspruch zur Folgerung 8.4 a) ist. Da jedes Programm A mit $\frac{1}{2^{|\langle A \rangle|}}$ in die Berechnung von Ω_s^s eingeht und sich die ersten n Bits nicht mehr ändern können, muss jedes Programm, das nach mehr als t Schritten anhält, eine Länge größer n haben.

Es folgt, dass es kein Programm A mit $|\langle A \rangle| \leq n$ geben kann, das nach mehr als t Schritten anhält. Deshalb können wir Ω_n wie folgt bestimmen: Es werden alle Programme A mit $|\langle A \rangle| \leq n$ t Schritte ausgeführt. Terminiert ein Programm A innerhalb dieser Schrittzahl, dann geht $\frac{1}{2^{|\langle A \rangle|}}$ in die Berechnung von Ω_n ein. Hält ein Programm nicht innerhalb dieser Schrittzahl, dann terminiert es nie, und $\frac{1}{2^{|\langle A \rangle|}}$ wird nicht berücksichtigt.

Bemerkung 8.5 **a)** *Das in Abbildung 8.6 dargestellte Verfahren ist nicht berechenbar. Seine Berechenbarkeit würde voraussetzen, dass das kleinste t, für das* $\Omega_t^t[1, n] = \Omega[1, n]$ *gilt, effektiv berechnet werden kann, d. h., dass die Funktion*

$$f(n) = \min \left\{ t \mid \Omega_t^t[1, n] = \Omega[1, n] \right\}$$

berechenbar ist. Man kann zeigen, dass f schneller wächst als jede berechenbare Funktion, woraus folgt, dass f nicht berechenbar ist.

b) *Die Chaitin-Konstante Ω enthält das Wissen über alle Haltewahrscheinlichkeiten. Diese Konstante wird in einigen Literaturstellen auch „Chaitins Zufallszahl der Weisheit" genannt. In ihr versteckt sind die Antworten auf alle mathematischen Entscheidungsfragen, wie die Entscheidbarkeit des Halteproblems für alle möglichen Programme. Allerdings ist Ω nicht berechenbar, d. h., wir sind nicht in der Lage, das in Ω verborgene Wissen zu erkennen.*

c) *Die Haltesequenz H lässt sich komprimieren. Die ersten 2^n Bits von H lassen sich aus Ω_n bestimmen, und Ω_n lässt sich aus $\Omega[1, n]$ rekonstruieren. Damit kann jedes Anfangsstück der Länge m von H mit einem Programm generiert werden, dessen Länge logarithmisch in m wächst. Somit ist H keine Zufallszahl.*

d) *Ω ist eine rekursiv aufzählbare Zahl.*

```
read();
    Berechne M aus Ω[1, n];
    i := 1;
    x := ν(i);
    while x ∈ M do
        i := i + 1;
        x := ν(i);
    endwhile;
write(x).
```

Abbildung 8.7: Das Programm A_n gibt die erste Bitfolge in der lexikografischen Anordnung von $\mathbb{B}^*$ aus, die von keinem terminierenden Programm mit einer Länge kleiner oder gleich n ausgegeben wird.

Satz 8.7 *Die Chaitin-Konstante ist zufällig.*

Beweis *Gemäß Satz 8.6 können wir aus den ersten n Bits von Ω die Menge T_n aller terminierenden Programme mit einer Länge kleiner gleich n bestimmen. Wir führen diese aus und sammeln deren Ausgaben in der Menge M.*

Nun betrachten wir das in Abbildung 8.7 dargestellte Programm A_n. Dabei sei $\nu(i)$ wieder die total berechenbare Funktion, welche die i-te Bitfolge in der lexikografischen Anordnung von $\mathbb{B}^*$ bestimmt.

Das Programm gibt die erste Bitfolge x in der lexikografischen Anordnung von $\mathbb{B}^*$ aus, die von keinem Programm in T_n erzeugt wird. Es gilt

$$n < \mathcal{K}(x) \le |\langle A_n \rangle|. \tag{8.9}$$

Abgesehen von der Berechnung von $\Omega[n]$ ist die Länge des Programms A_n fest. Wir setzen

$$c = |\langle A_n \rangle| - \mathcal{K}(\Omega[n]).$$

Dieses eingesetzt in (8.9) liefert

$$n < \mathcal{K}(x) \le c + \mathcal{K}(\Omega[n]),$$

woraus

$$\mathcal{K}(\Omega[n]) > n - c$$

folgt, womit die Behauptung gezeigt ist.

Die Chaitin-Konstante ist also nicht komprimierbar. Das Wissen über alle Haltewahrscheinlichkeiten Ω_n kann also im Wesentlichen nicht kürzer angegeben werden als durch die Chaitin-Konstante selbst.

8.7 Praktische Anwendungen

Dieses Buch ist eine Einführung in die Algorithmische Informationstheorie, die lange Zeit ein Spezialthema gewesen ist, mit dem sich nur wenige Experten beschäftigt haben und das bis auf ganz wenige Ausnahmen keine Rolle in mathematischen oder informatischen Studiengängen gespielt hat. Seit einigen Jahren ist eine starke Belebung zu beobachten, was sich unter anderem durch die Veröffentlichung von Lehrbüchern widerspiegelt, die dieses Thema mehr oder weniger ausführlich behandeln und in Zusammenhang mit anderen Themen setzen. Des Weiteren ist zu beobachten, dass Konzepte und Methoden der Theorie Eingang in praktische Anwendungen finden. Dabei spielt oft eine Variante der Kolmogorov-Komplexität, die sogenannte **bedingte Kolmogorov-Komplexität**, eine Rolle, die wir in dieser Ausarbeitung nicht betrachtet haben:

$$\mathcal{K}(x|y) = \min\{|A| : A \in \mathcal{M} \text{ und } \Phi_U\langle A, y \rangle = x\}$$

ist die minimale Länge eines Programms, das x aus y berechnet; zum Erzeugen der Bitfolge x können die Programme $A \in \mathcal{M}$ die Hilfsinformation y benutzen.[1] Offensichtlich ist $\mathcal{K}(x) = \mathcal{K}(x|\varepsilon)$. Des Weiteren ist einsichtig, dass $\mathcal{K}(x|y) \le \mathcal{K}(x) + \mathsf{O}(1)$

---

[1]Falls kein A existiert mit $\Phi_U\langle A, y \rangle = x$, dann setzen wir $\mathcal{K}(x|y) = \infty$.

ist, und je „ähnlicher" sich x und y sind, d. h., je einfacher ein Programm ist, das x aus y berechnet, umso mehr werden sich $\mathcal{K}(x)$ und $\mathcal{K}(x|y)$ voneinander unterscheiden. So misst $I(y:x) = \mathcal{K}(x) - \mathcal{K}(x|y)$ die Information, die y von x enthält; $I(y:x)$ ist quasi die Bedeutung, die y für x hat.

Als **Informationsunterschied** zwischen x und y kann man etwa

$$E(x,y) = \min \left\{ |A| : \Phi_U \langle A, x \rangle = y \text{ und } \Phi_U \langle A, y \rangle = x \right\}$$

festlegen. Man kann dann zeigen, dass $E(x,y) \approx \max \{\mathcal{K}(x|y), \mathcal{K}(y|x)\}$ gilt, d. h. genauer, dass

$$E(x,y) = \max \{\mathcal{K}(x|y), \mathcal{K}(y|x)\} + O(\log \max \{\mathcal{K}(x|y), \mathcal{K}(y|x)\})$$

gilt. Man kann zeigen, dass die Abstandsfunktion E in einem gewissen Sinne minimal ist. Das heißt, dass für alle anderen möglichen Abstandsfunktionen D für alle $x, y \in \mathbb{B}^*$ gilt: $E(x,y) \leq D(x,y)$ (abgesehen von einer additiven Konstante). Durch die Normalisierung von E durch

$$e(x,y) = \frac{\max \{\mathcal{K}(x|y), \mathcal{K}(y|x)\}}{\max \{\mathcal{K}(x), \mathcal{K}(y)\}}$$

erhält man eine relative Distanz zwischen x und y mit Werten zwischen 0 und 1, die eine Metrik darstellt.

Es besteht damit die Möglichkeit, auf dieser Basis ein Ähnlichkeitsmaß zwischen Bitfolgen einzuführen, um Probleme im Bereich der Datenanalyse zu lösen, wie z. B. den Vergleich von Gensequenzen oder das Entdecken von Malware (SPAM). In der praktischen Anwendung kann dabei natürlich nicht die Kolmogorov-Komplexität $\mathcal{K}$ verwendet werden, denn diese ist ja nicht berechenbar (siehe Satz 7.11). Hier muss man in der Praxis verwendete Kompressionsverfahren einsetzen, wie z. B. Lempel-Ziv- oder ZIP-Verfahren. Wenn wir die Kompressionsfunktionen dieser Verfahren mit κ bezeichnen, gilt natürlich $\mathcal{K}(x) \leq \kappa(x)$ für alle $x \in \mathbb{B}^*$, denn die Kolmogorov-Komplexiät $\mathcal{K}(x)$ ist ja die kürzeste Komprimierung von x.

8.8 Zusammenfassung und bibliografische Hinweise

In diesem Kapitel werden zunächst eine Reihe von Anwendungsmöglichkeiten der Kolmogorov-Komplexität beim Beweis von mathematischen und informatischen Aussagen vorgestellt. Des Weiteren wird die Chaitin-Konstante Ω vorgestellt. In ihr ist das gesamte mathematische Wissen versteckt – inklusive der Antworten auf derzeit offenen Fragen –, ohne dass es umfassend genutzt werden kann. Aus dieses Gründen wird Ω auch „Chaitins Zufallszahl der Weisheit" genannt.

Am Ende des Kapitels wird angedeutet, wie die Kolmogorov-Komplexität im Bereich der Datenanalyse, zum Beispiel zur Clusterung von Datenmengen, genutzt werden kann. Da die Kolmogorov-Komplexität nicht berechenbar ist, muss sie in solchen Anwendungen durch praktisch verfügbare Kompressionsverfahren ersetzt werden.

Die Themen dieses Kapitels werden mehr oder weniger ausführlich, teilweise in Zusammenhängen mit anderen mathematischen und informatischen Aspekten, in [Ca94], [Ho11], [Hr14] und [LV93] dargestellt und diskutiert. In [LV08] werden weitere Anwendungsmöglichkeiten der Kolmogorov-Komplexität in der Theorie Formaler Sprachen vorgestellt.

Die Chaitin-Konstante wird in diesen Werken ebenfalls mehr oder weniger ausführlich behandelt. Im Literaturverzeichnis gibt es eine umfangreiche Liste von Chaitin-Originalarbeiten, die sich um diese Konstante drehen und Konsequenzen erörtern, die sich daraus in wissenschaftstheoretischen und philosophischen Hinsichten ergeben.

In [CDS02] und [CD07] werden Päfixe von Ω berechnet.

In [LV93] werden auf der Basis der Kolomogorov-Komplexität Distanzmaße für Bitfolgen eingeführt und diskutiert sowie praktische Anwendungen bei der Klassifikation von Daten vorgestellt.

Lösungen zu den Aufgaben

Aufgabe 1.7

a) Es ist

$$x_{21} = [\,10\,]\,1\underbrace{00\ldots0}_{32\text{-mal}},$$

woraus sich

$$x_{31} = \eta(x_{21}) = 10\,1100\,01\,11\underbrace{00\ldots0}_{64\text{-mal}}$$

ergibt. Somit gilt

$$|x_{31}| = 74 < 8\,589\,934\,392 = |x|\,.$$

b) Im Hinblick auf eine lesbare Notation von iterierten Zweierpotenzen führen wir die Funktion $iter_2 : \mathbb{N} \times \mathbb{N}_0 \to \mathbb{N}$, definiert durch

$$iter_2(k, n) = \begin{cases} 2^n, & k = 1, \\ 2^{iter_2(k-1,n)}, & k \geq 2, \end{cases}$$

ein. Es gilt also z. B.

$$iter_2(2, 5) = 2^{iter_2(1,5)} = 2^{2^5}.$$

Wir betrachten nun mithilfe der Funktion $iter_2$ allgemein für $w \in \mathbb{B}^*$ die k-fach iterierte Zweierpotenz

$$y = \underbrace{ww\ldots w}_{iter_2(k,n)\text{-mal}}.$$

In der Aufgabe a) ist $w = 10$, $k = 2$ und $n = 5$.

Die Potenzdarstellung von y ist

$$y_1 = [\,w\,]^{iter_2(k,n)}.$$

Wir können nun z. B. als Zwischencodierung für y_1 die Darstellung

$$y_2 = [\,w\,]\,dual(k)\,]\,dual(n)$$

© Springer-Verlag GmbH Deutschland, ein Teil von Springer Nature 2020
K.-U. Witt und M. E. Müller, *Algorithmische Informationstheorie*,
https://doi.org/10.1007/978-3-662-61694-9

wählen. Dabei ist $dual(m)$ die Dualdarstellung von $m \in \mathbb{N}_0$. Darauf wird dann η angewendet:

$$y_3 = \eta(y_2)$$

c) Mit dem Verfahren aus b) ergibt sich für x_{12} zunächst

$$x_{22} = [\,10\,]\,1\,]\,100000$$

und daraus dann

$$x_{32} = \eta(x_{22}) = 10\,1100\,01\,11\,01\,110000000000.$$

Damit gilt

$$|x_{32}| = 24 < 8\,589\,934\,392 = |x|\,.$$

Analog erhalten wir für x_{13} zunächst

$$x_{23} = [\,10\,]\,10\,]\,101$$

und dann

$$x_{33} = \eta(x_{23}) = 10\,1100\,01\,1100\,01\,110011$$

sowie

$$|x_{33}| = 20 < 8\,589\,934\,392 = |x|\,.$$

d) Erwartungsgemäß erhalten wir für den Fall, dass die Bitfolgen aus Wiederholungen bestehen, deren Anzahl eine iterierte Zweierpotenz ist, sehr gute Komprimierungen.

Aufgabe 2.1

Wir setzen $v^0 = \varepsilon$ sowie $v^{n+1} = v^n v$ für $n \geq 0$.

Aufgabe 2.2

Es ist

$$\begin{aligned}
Pref(aba) &= \{\varepsilon, a, ab, aba\} \\
Inf(aba) &= \{\varepsilon, a, b, ab, ba, aba\} \\
Suf(aba) &= \{\varepsilon, a, ba, aba\}\,.
\end{aligned}$$

Aufgabe 2.3

Es ergibt sich folgende schrittweise Berechnung:

$$\begin{aligned}
|aba| &= |ab| + 1 \\
&= |a| + 1 + 1 \\
&= |\varepsilon| + 1 + 1 + 1 \\
&= 0 + 1 + 1 + 1 \\
&= 3
\end{aligned}$$

Aufgabe 2.4

Zur Bildung eines Wortes $w = w_1 \ldots w_k$ mit k Buchstaben über einem Alphabet mit n Buchstaben gibt es für jeden Buchstaben w_i n Möglichkeiten. Damit haben wir

$$\left| \Sigma^k \right| = \underbrace{n \cdot \ldots n}_{k\text{ -mal}} = n^k.$$

Damit folgt für $n \geq 2$

$$\left| \Sigma^{\leq k} \right| = \sum_{i=0}^{k} \left| \Sigma^{\leq i} \right| = \sum_{i=0}^{k} n^i = \frac{n^{k+1} - 1}{n - 1}.$$

Für $n = 1$ gilt

$$\left| \Sigma^{\leq k} \right| = \left| \left\{ \varepsilon, a, a^2, \ldots, a^k \right\} \right| = k + 1.$$

Aufgabe 2.6

Es ergibt sich

$$\begin{aligned}
|cabcca|_c &= |cabcc|_c = |cabc|_c + 1 = |cab|_c + 1 + 1 \\
&= |ca|_c + 2 = |c|_c + 2 = |\varepsilon|_c + 1 + 2 = 0 + 3 \\
&= 3.
\end{aligned}$$

Aufgabe 2.7

$$\Sigma(w) = \{ a \in \Sigma : |w|_a \geq 1 \}$$

Aufgabe 2.8

a) Formal kann *tausche* definiert werden durch

$$tausche(\varepsilon, a, b) = \varepsilon \text{ für alle } a, b \in \Sigma$$

und

$$tausche(cw, a, b) = \begin{cases} b \circ tausche(w, a, b), & \text{falls } c = a, \\ c \circ tausche(w, a, b), & \text{falls } c \neq a, \end{cases} \text{ für } a, b, c \in \Sigma \text{ und } w \in \Sigma^*.$$

b) Es ist

$$\begin{aligned}
tausche(12322, 2, 1) &= 1 \circ tausche(2322, 2, 1) = 1 \circ 1 \circ tausche(322, 2, 1) \\
&= 11 \circ 3 \circ tausche(22, 2, 1) = 113 \circ 1 \circ tausche(2, 2, 1) \\
&= 1131 \circ 1 \circ tausche(\varepsilon, 2, 1) = 11311 \circ \varepsilon \\
&= 11311.
\end{aligned}$$

Aufgabe 2.9

Eine Möglichkeit ist

$$|x|_y^* = \begin{cases} 0, & |x| < |y|, \\ |x[2,|x|]|_y^* + 1, & y \in Pref(x), \\ |x[2,|x|]|_y^*, & y \notin Pref(x). \end{cases}$$

Falls y länger als x ist, kann y kein Infix von x sein. Anderenfalls wird geprüft, ob y Präfix von x. Ist das der Fall, dann wird berechnet, wie oft y Infix im Wort x ohne den ersten Buchstaben ist, und dazu eine 1 addiert. Ist das nicht der Fall, dann wird nur berechnet, wie oft y Infix von x ohne den ersten Buchstaben ist.

Aufgabe 2.10

Wir definieren $\overleftarrow{\cdot} : \Sigma^* \to \Sigma^*$ durch

$$\overleftarrow{\varepsilon} = \varepsilon,$$
$$\overleftarrow{wa} = a\overleftarrow{w} \text{ für } a \in \Sigma, w \in \Sigma^*.$$

Aufgabe 2.11

Gemäß (2.7) gilt $L^0 = \{\varepsilon\}$ für alle Sprachen L, also ist auch $\emptyset^0 = \{\varepsilon\}$ und damit $\emptyset^* = \{\varepsilon\}$.

Es ist $\emptyset^1 = \emptyset$ und damit $\emptyset^+ = \emptyset$.

Da $\varepsilon^n = \varepsilon$ für alle $n \in \mathbb{N}_0$ ist, gilt $\{\varepsilon\}^* = \{\varepsilon\}$ sowie $\{\varepsilon\}^+ = \{\varepsilon\}$.

Aufgabe 2.12

Wir können die Codierung η^* aus Abschnitt 1.2.1, welche die Bits in einer Bitfolge verdoppelt, wählen.

Aufgabe 2.13

a) Wir beweisen die Behauptung mit vollständiger Induktion über die Länge k der Wörter w.

Induktionsanfang: Für $k = 1$ gilt einerseits

$$\tau_\Sigma(a_i) = i \text{ für } 1 \le i \le n$$

und andererseits

$$\tau'_\Sigma(a_i) = \sum_{i=1}^{1} \tau(a_i) \cdot n^{1-i} = \tau(a_i).$$

womit der Induktionsanfang gezeigt ist.

Induktionsschritt: Unter Verwendung der Annahme, dass die Behauptung für ein $k \in \mathbb{N}$ gilt, zeigen wir, dass dann die Behauptung auch für $k+1$ gilt, denn es ist

$$\tau'_{\Sigma}(w_1 \ldots w_k w_{k+1}) = \sum_{i=1}^{k+1} \tau_{\Sigma}(w_i) \cdot n^{k+1-i}$$

$$= n \cdot \sum_{i=1}^{k} \tau_{\Sigma}(w_i) \cdot n^{k-i} + \tau_{\Sigma}(w_{k+1})$$

$$= n \cdot \tau_{\Sigma}(w_1 \ldots w_k) + \tau_{\Sigma}(w_{k+1}) \text{ mit Induktionsannahme}$$

$$= \tau_{\Sigma}(w_1 \ldots w_k w_{k+1}) \text{ mit Definition von } \tau_{\Sigma}.$$

b) Auch diese Behauptung zeigen wir mit vollständiger Induktion über die Länge k der Wörter w.

Induktionsanfang: Für $k = 1$ gilt

$$\tau_{\mathbb{B}}(0) = 1 = 2 - 1 = wert(10) - 1,$$
$$\tau_{\mathbb{B}}(1) = 2 = 3 - 1 = wert(11) - 1.$$

Induktionsschritt: Unter Verwendung der Annahme, dass die Behauptung für ein $k \in \mathbb{N}$ gilt, zeigen wir, dass dann die Behauptung auch für $k+1$ gilt, denn es ist

$$\tau_{\mathbb{B}}(w_1 \ldots w_k w_{k+1})$$

$$= 2 \cdot \tau_{\mathbb{B}}(w_1 \ldots w_k) + \tau_{\mathbb{B}}(w_{k+1}) \text{ Definition von } \tau$$

$$= 2 \cdot wert(1 w_1 \ldots w_k) - 1 + \tau_{\mathbb{B}}(w_{k+1}) \text{ Induktionsannahme}$$

$$= wert(1 w_1 \ldots w_k 0) + w_{k+1} - 1$$

$$= 1 \cdot 2^{k+1} + w_1 \cdot 2^k + \ldots + w_k \cdot 2^1 + 0 \cdot 2^0 + w_{k+1} \cdot 2^0 - 1$$

$$= 1 \cdot 2^{k+1} + w_1 \cdot 2^k + \ldots + w_k \cdot 2^1 + w_{k+1} \cdot 2^0 - 1$$

$$= wert(1 w_1 \ldots w_k w_{k+1}) - 1.$$

Aufgabe 2.14

Mit $\lceil \log |\Sigma| \rceil = \lceil \log 26 \rceil = 5$ ergibt sich $bin_{\Sigma}(a) = 00000$, $bin_{\Sigma}(b) = 00001$, $bin_{\Sigma}(c) = 00010, \ldots, bin_{\Sigma}(z) = 11001$.

Aufgabe 2.15

Die Codierung der Zahl $n \in \mathbb{N}_0$ durch $|^n$ hat die Länge n. Die Codierung von n als Dualzahl hat die Länge $\lfloor \log n \rfloor + 1$. Die unäre Codierung ist also exponentiell länger als die Dualcodierung.

Aufgabe 2.16

a) Wir definieren $g : \mathbb{Z} \to \mathbb{N}_0$ durch

$$g(z) = \begin{cases} 0, & \text{falls } z = 0, \\ 2z, & \text{falls } z > 0, \\ -(2z + 1), & \text{falls } z < 0. \end{cases}$$

g ist eine bijektive Abbildung, die den positiven ganzen Zahlen die geraden Zahlen und den negativen ganzen Zahlen die ungeraden Zahlen zuordnet. g nummeriert die ganzen Zahlen wie folgt:

$$\mathbb{Z} \quad 0 \quad -1 \quad 1 \quad -2 \quad 2 \quad -3 \quad 3 \quad \dots$$

$$g \quad \downarrow \quad \downarrow \quad \downarrow \quad \downarrow \quad \downarrow \quad \downarrow \quad \downarrow \quad \dots$$

$$\mathbb{N}_0 \quad 0 \quad 1 \quad 2 \quad 3 \quad 4 \quad 5 \quad 6 \quad \dots$$

b) Wir können die Menge der Brüche wie folgt notieren als

$$\mathbb{Q} = \left\{ \frac{m}{n} \mid m \in \mathbb{Z}, n \in \mathbb{N} \right\}.$$

Wenn wir die Brüche $\frac{m}{n}$ als Paare (m, n) schreiben, ergibt sich

$$\begin{aligned} \mathbb{Q} &= \{(m, n) \mid m \in \mathbb{Z}, n \in \mathbb{N}\} \\ &= \mathbb{Z} \times \mathbb{N} \\ &= (-\mathbb{N} \times \mathbb{N}) \cup \{0\} \cup (\mathbb{N} \times \mathbb{N}). \end{aligned}$$

Wir kennen bereits die Nummerierung c von $\mathbb{N} \times \mathbb{N}$. Wir setzen $c_-(m, n) = -c(m, n)$ und erhalten damit eine Nummerierung $c_- : -\mathbb{N} \times \mathbb{N} \to -\mathbb{N}$. Damit definieren wir

$$h : (-\mathbb{N} \times \mathbb{N}) \cup \{0\} \cup (\mathbb{N} \times \mathbb{N}) \to \mathbb{Z}$$

durch

$$h(0) = 0,$$

$$h(m, n) = \begin{cases} c(m, n), & (m, n) \in \mathbb{N} \times \mathbb{N}, \\ c_-(m, n), & (-m, n) \in -\mathbb{N} \times \mathbb{N}. \end{cases}$$

In a) haben wir die Nummerierung g von $\mathbb{Z}$ definiert. Wir führen nun h und g hintereinander aus und erhalten damit die Nummerierung $q : \mathbb{Q} \to \mathbb{N}_0$ von $\mathbb{Q}$, definiert durch $q = g \circ h$.

Bemerkenswert ist, dass sich die Menge $\mathbb{Q}$ nummerieren lässt, obwohl sie dicht ist. Dicht bedeutet, dass zwischen je zwei verschiedenen Brüchen wieder ein Bruch, z. B. ihr arithmetisches Mittel, liegt (daraus folgt im Übrigen, dass zwischen zwei verschiedenen Brüchen unendlich viele weitere Brüche liegen).

Aufgabe 3.1

Die Lösungsidee ist genau wie im Beispiel 3.1. Es werden in jeder Runde wieder der erste und letzte Buchstabe abgeglichen. Im Beispiel 3.1 muss jeweils der erste Buchstabe eine 0 und der letzte eine 1 sein; jetzt müssen jeweils Anfangs- und Endbuchstabe identisch sein.

Eine Maschine, die dieses Verfahren realisiert, ist

$$T = (\mathbb{B} \cup \{\#\}, \{s, s_0, s_1, z, z_0, z_1, t_a, t_r\}, \delta, s, \#, t_a, t_r)$$

mit

$$
\begin{aligned}
\delta = \{ &(s, \#, t_a, \#, -), && \text{leeres Wort akzeptieren} \\
&(s, 0, s_0, \#, \rightarrow), && \text{die nächste 0 wird überschrieben} \\
&(s_0, 0, s_0, 0, \rightarrow), && \text{zum Ende laufen, über Nullen} \\
&(s_0, 1, s_0, 1, \rightarrow), && \text{und Einsen hinweg} \\
&(s, 1, s_1, \#, \rightarrow), && \text{die nächste 1 wird überschrieben} \\
&(s_1, 0, s_1, 0, \rightarrow), && \text{zum Ende laufen, über Nullen} \\
&(s_1, 1, s_0, 1, \rightarrow), && \text{und Einsen hinweg} \\
&(s_0, \#, z_0, \#, \leftarrow), && \text{am Ende angekommen, ein Symbol zurück} \\
&(s_1, \#, z_1, \#, \leftarrow), && \text{am Ende angekommen, ein Symbol zurück} \\
&(z_0, 0, z, \#, \leftarrow), && \text{prüfen, ob 0, dann zurück} \\
&(z_1, 1, z, \#, \leftarrow), && \text{prüfen, ob 1, dann zurück} \\
&(z_0, 1, t_r, 1, -), && \text{falls keine 0, Eingabe verwerfen} \\
&(z_0, \#, t_r, \#, -), && \text{falls Band leer, Eingabe verwerfen} \\
&(z_1, 0, t_a, 0, -), && \text{falls keine 1, Eingabe verwerfen} \\
&(z_1, \#, t_r, \#, -), && \text{falls Band leer, Eingabe verwerfen} \\
&(z, 1, z, 1, \leftarrow), && \text{zurück über alle Einsen} \\
&(z, 0, z, 0, \leftarrow), && \text{und Nullen} \\
&(z, \#, s, \#, \rightarrow)\} && \text{am Wortanfang angekommen, neue Runde.}
\end{aligned}
$$

Mit dieser Maschine ergeben sich die folgenden Tests:

$$s1001 \vdash s_1001 \vdash 0s_101 \vdash 00s_11 \vdash 001s_1\# \vdash 00z_11 \vdash 0z0 \vdash z00 \vdash z\#00$$
$$\vdash s00 \vdash s_00 \vdash 0s_0\# \vdash z_00 \vdash z\# \vdash s\# \vdash t_a\#$$
$$s0111 \vdash s_0111 \vdash 1s_011 \vdash 11s_01 \vdash 111s_0\# \vdash 11z_01 \vdash 11t_r1$$
$$s111 \vdash s_111 \vdash 1s_11 \vdash 11s_1\# \vdash 1z_11 \vdash z1 \vdash z\#1 \vdash s1 \vdash s_1\# \vdash z_1\# \vdash t_r\#$$

Es gilt also $\Phi_T(1001) = 1$, $\Phi_T(0111) = 0$, $\Phi_T(111) = 0$.

Aufgabe 3.2

Grundidee für die Konstruktion: Das Eingabewort steht auf Band 1. Das Präfix des Eingabewortes, das aus Nullen besteht, wird auf Band 2 kopiert und auf Band 1 mit Blanks überschrieben. Dann wird geprüft, ob der Rest des Eingabewortes aus genau so viel Einsen besteht, wie Nullen auf Band 2 kopiert wurden. Stimmt die Bilanz, akzeptiert die Maschine; in allen anderen Fällen verwirft die Maschine die Eingabe.

Die folgende 2-bändige Maschine realisiert dieses Verfahren:

$$T = (\mathbb{B} \cup \{\#\}, \{s, s_0, k, t_a, t_r\}, \delta, s, \#, t_a, t_r)$$

δ ist definiert durch

$$
\begin{aligned}
\delta = \{ &(s, \#, \#, t_a, \#, \#, -, -), && \text{leeres Wort akzeptieren} \\
&(s, 1, \#, t_r, 1, \#, -, -), && \text{Eingabe beginnt mit 1, verwerfen} \\
&(s, 0, \#, s_0, \#, 0, \rightarrow, \rightarrow), && \text{Nullen auf Band 2 schreiben} \\
&(s_0, 0, \#, s_0, \#, 0, \rightarrow, \rightarrow), && \text{Eingabe besteht nur aus Nullen,} \\
&(s_0, \#, \#, t_r, \#, \#, -, -), && \text{verwerfen} \\
&(s_0, 1, \#, k, 1, \#, -, \leftarrow), && \text{erste 1} \\
&(k, 1, 0, k, \#, \#, \rightarrow, \leftarrow), && \text{Abgleich Nullen und Einsen} \\
&(k, \#, \#, t_a, \#, \#, -, -), && \text{Bilanz ausgeglichen, akzeptieren} \\
&(k, 0, 0, t_r, 0, 0, -, -), && \text{0 nach 1, verwerfen} \\
&(k, 0, \#, t_r, 0, \#, -, -), && \\
&(k, \#, 0, t_r, \#, 0, -, -), && \text{zu wenig Einsen, verwerfen} \\
&(k, 1, \#, t_r, 1, \#, -, -) \} && \text{zu wenig Nullen, verwerfen.}
\end{aligned}
$$

Wir testen das Programm mit den Eingaben 0011, 0111 und 00110:

$$(s, \uparrow 0011, \uparrow \#) \vdash (s_0, \#\uparrow 011, \#0\uparrow\#) \vdash (s_0, \#\uparrow 11, \#00\uparrow\#) \vdash (k, \#\uparrow 11, \#0\uparrow 0\#)$$
$$\vdash (k, \#\uparrow 1, \#\uparrow 0\#) \vdash (k, \#\uparrow\#, \#\uparrow\#) \vdash (t_a, \#\uparrow\#, \#\uparrow\#)$$
$$(s, \uparrow 0111, \uparrow\#) \vdash (s_0, \uparrow 111, \#0\uparrow\#) \vdash (k, \uparrow 111, \#\uparrow 0\#)$$
$$\vdash (k, \uparrow 11, \#\uparrow\#) \vdash (t_r, \uparrow 11, \#\uparrow\#)$$
$$(s, \uparrow 00110, \uparrow\#) \vdash (s_0, \#\uparrow 0110, \#0\uparrow\#) \vdash (s_0, \#\uparrow 110, \#00\uparrow\#)$$
$$\vdash (k, \#\uparrow 110, \#0\uparrow 0\#) \vdash (k, \#\uparrow 10, \#\uparrow 0\#)$$
$$\vdash (k, \#\uparrow 0, \#\uparrow\#) \vdash (t_r, \#\uparrow 0, \#\uparrow\#)$$

Aufgabe 3.3

Sei T_f eine 2-Bandmaschine, die f berechnet, und T_g eine 2-Bandmaschine, die g berechnet. Wir konstruieren daraus eine 3-Bandmaschine T_h, die bei Eingabe x auf das erste Band $y = \Phi_{T_g}(x) = g(x)$ berechnet und y auf Band 2 schreibt. Dann führt T_h die Maschine T_f mit Eingabe y auf Band 2 aus und schreibt das Ergebnis $z = \Phi_{T_f}(y) = f(y)$ auf Band 3. Es gilt

$$
\Phi_{T_h}(x) = \begin{cases} \bot, & x \notin Def(\Phi_{T_g}), \\ \bot, & \Phi_{T_g}(x) \notin Def(\Phi_{T_f}), \\ \Phi_{T_f}(\Phi_{T_g}(x)), & \text{sonst.} \end{cases}
$$

Es folgt $\Phi_{T_h}(x) = \Phi_{T_f}(\Phi_{T_g}(x)) = (\Phi_{T_f} \circ \Phi_{T_g})(x) = (f \circ g)(x) = h(x)$; h ist also berechenbar.

Aufgabe 3.4

Die Funktion $\omega : \mathbb{B}^* \to \mathbb{B}^*$ sei definiert durch $\omega(x) = \perp$ für alle $x \in \mathbb{B}^*$. ω ist die „nirgends definierte Funktion"; es gilt also $Def(\omega) = \emptyset$.

Die Turingmaschine $T = (\mathbb{B} \cup \{\#\}, \{s, t_a, t_r\}, \delta, s, \#, t_a, t_r)$ mit

$$\delta = \{(s, 0, s, 0, \to), (s, 1, s, 1, \to), (s, \#, s, \#, \to)\}$$

wandert bei jeder Eingabe über diese nach rechts hinweg und weiter über alle Blanks, hält also nie an. Damit gilt $\Phi_T(x) = \perp$ für alle $x \in \mathbb{B}^*$. Somit ist also $\Phi_T = \omega$ und $\omega \in \mathcal{P} - \mathcal{R}$ sowie $\mathcal{R} \subset \mathcal{P}$.

Aufgabe 3.5

a) Wir setzen $\chi_A(x) = 1 - sign\left(\prod_{a \in A} |x - a|\right)$. Diese Funktion ist eine charakteristische Funktion für A und berechenbar.

b) Wir setzen

$$\chi_{\overline{A}}(x) = 1 - \chi_A(x),$$
$$\chi_{A \cup B} = \max\{\chi_A(x), \chi_B(x)\},$$
$$\chi_{A \cap B} = \min\{\chi_A(x), \chi_B(x)\}$$

und erhalten damit berechenbare charakteristische Funktionen für $\overline{A}$, $A \cup B$ und $A \cap B$.

Aufgabe 3.6

Es sei T_A ein Turingprogramm, das χ'_A berechnet, und T_B ein Turingprogramm, das χ'_B berechnet. Wir konstruieren zwei 2-Bandmaschinen $T_{A \cup B}$ und $T_{A \cap B}$. Beide führen T_A auf dem ersten Band und T_B auf dem zweiten Band wechselweise – also quasi parallel – aus. $T_{A \cup B}$ stoppt, falls T_A oder T_B stoppt, und gibt eine 1 aus. $T_{A \cap B}$ stoppt, wenn beide angehalten haben und gibt dann eine 1 aus. Offensichtlich gilt $\Phi_{T_{A \cup B}} = \chi'_{A \cup B}$ bzw. $\Phi_{T_{A \cap B}} = \chi'_{A \cap B}$.

Aufgabe 3.7

a) „$\Rightarrow$": Sei A entscheidbar. Dann ist χ_A berechenbar. Sei X das Programm, das χ_A berechnet: $\Phi_X = \chi_A$. Das Programm B in der folgenden Abbildung durchläuft alle natürlichen Zahlen $i \in \mathbb{N}_0$ in aufsteigender Reihenfolge und überprüft jeweils mithilfe des Programms X, ob $i \in A$ ist. Falls ja, wird i ausgegeben und weitergezählt; falls nein, wird nur weitergezählt.

„$\Leftarrow$": Sei T eine Turingmaschine mit zwei Bändern. Band 1 sei das Eingabeband, auf Band 2 stehen die Elemente von A in aufsteigender Reihenfolge von links nach rechts. Bei Eingabe i vergleicht T das i mit den Elementen auf Band 2 von links nach rechts. T stoppt, falls i auf dem Band steht, und gibt eine 1 aus. Falls i nicht auf dem Band steht, stoppt T bei Erreichen des ersten Elements, das größer als i ist, und gibt eine 0 aus. Da die Elemente auf Band 2 aufsteigend sortiert sind, kann i nicht nach einem

---

algorithm B;
  input:
  output: alle Elemente von A aufsteigend;
    $i := 0$;
    while true do
      if $\Phi_X(i) = 1$ **then return** i **endif**;
      $i := i + 1$
    endwhile
endalgorithm

Algorithmus B, der die Elemente der entscheidbaren Menge A der Größe nach ausgibt.

---

bereits größeren Element auf dem Band stehen. Es gilt offensichtlich $\Phi_T = \chi_A \cdot \chi_A$ ist also berechenbar; damit ist A entscheidbar.

b) „⇒": Ist $A = \emptyset$, dann konstruieren wir die 2-Bandmaschine T wie folgt: Band 1 ist das Eingabeband, Band 2 ist das Ausgabeband, und T berechnet auf Band 1 die Funktion ω (siehe Lösung der Aufgabe 3.4).

Sei $A \neq \emptyset$ semi-entscheidbar, d. h., A ist rekursiv-aufzählbar. Sei f eine rekursive Aufzählung von f und F das Programm, das f berechnet: $\Phi_F = f$. Das folgende Programm C durchläuft alle natürlichen Zahlen $i \in \mathbb{N}_0$ in aufsteigender Reihenfolge und gibt $f(i)$ aus.[2]

---

algorithm C;
  input:
  output: alle Elemente von A;
    $i := 0$;
    while true do
      return $\Phi_F(i)$;
      $i := i + 1$
    endwhile
endalgorithm

Algorithmus C, der die Elemente der semi-entscheidbaren Menge A ausgibt.

„⇐": Sei T eine Turingmaschine mit zwei Bändern. Band 1 sei das Eingabeband, auf Band 2 stehen die Elemente von A (in irgendeiner Reihenfolge von links nach rechts).

---

[2]Da f nicht injektiv sein muss, können Elemente von A mehrfach ausgegeben werden. Wenn man das vermeiden möchte, muss man bei jedem i die bereits ausgegebenen Elemente mit $f(i)$ vergleichen. Existiert $f(i)$ bereits, dann braucht es nicht noch einmal ausgegeben zu werden, anderefalls wird es erstmalig – und nur einmalig – ausgegeben.

Bei Eingabe i vergleicht T diese mit den Elementen auf Band 2 von links nach rechts. T stoppt, falls i auf dem Band steht, und gibt eine 1 aus. Falls i nicht auf dem Band steht, stoppt T nicht. Es gibt kein Kriterium, das T benutzen kann, um nicht weiter zu suchen und eine 0 auszugeben. Es gilt offensichtlich $\Phi_T = \chi'_A$. Die Funktion χ'_A ist also berechenbar; damit ist A semi-entscheidbar.

Mithilfe von T kann auch eine rekursive Aufzählung von A konstruiert werden. Da $A = \emptyset$ per se rekursiv aufzählbar ist, ist in diesem Fall nichts zu tun.

Sei $A \neq \emptyset$ unendlich. Bei Eingabe $i \in \mathbb{N}_0$ durchläuft T die Elemente auf Band 2 von links nach rechts bis zum i-ten Element und gibt dieses aus.

Sei $A \neq \emptyset$ endlich mit $|A| = k$, und x sei irgendein Element von A. Bei Eingabe $i \in \mathbb{N}_0$ mit $i \leq k - 1$ durchläuft T die Elemente auf Band 2 von links nach rechts bis zum i-ten Element und gibt dieses aus. Ist $i \geq k$, dann gibt T das Element x aus.

In beiden Fällen ist T für alle $i \in \mathbb{N}_0$ definiert, d. h., Φ_T ist total definiert, und es gilt $W(\Phi_T) = A$. Φ_T ist somit eine rekursive Aufzählung von A.

Aufgabe 3.9

Der Wunsch nach einer nicht deterministischen Maschine kommt daher, dass man beim Scannen einer Eingabe nicht weiß, wo das Wort w endet und seine Wiederholung beginnt.

Ein Verifizierer könnte bei Eingabe eines Wortes $x \in \mathbb{B}^*$ als Zertifikat eine Zahl k raten und dann deterministisch überprüfen, ob $x[i] = x[k+i]$ für $1 \leq i \leq k$ gilt. Falls x zur Menge L gehört, gibt es ein solches k, falls x nicht zu L gehört, gibt es kein k.

Eine nicht deterministische Maschine muss beim Scannen der Eingabe davon ausgehen, dass bei jedem Buchstaben die Wiederholung des ersten Teils beginnen könnte. Dementsprechend gibt es bei jedem Buchstaben zwei Möglickeiten: weiter lesen oder annehmen, dass die Wiederholung beginnt.

Die folgende 2-bändige Maschine T schreibt die Buchstaben auf das Band 2. Sie nimmt bei jedem Buchstaben außerdem an, dass die Wiederholung beginnen könnte. Der S-/L-Kopf von Band 1 bleibt dann stehen, der von Band 2 läuft an den Anfang des Bandes. Dann beginnt der Abgleich von Band 1 und Band 2. Falls die Bilanz stimmt, akzeptiert T die Eingabe. In allen anderen Fällen verwirft T das Eingabewort:

$$T = (\mathbb{B} \cup \{\#\}, \{s, z, k, t_a, t_r\}, \delta, s, \#, t_a, t_r)$$

δ ist definiert durch

$$
\begin{aligned}
\delta = \{ & (s, \#, \#, t_a, \#, \#, -, -), && \text{leeres Wort akzeptieren} \\
& (s, 0, \#, s, \#, 0, \rightarrow, \rightarrow), && \text{Nullen und} \\
& (s, 1, \#, s, \#, 1, \rightarrow, \rightarrow), && \text{Einsen auf Band 2 schreiben} \\
& (s, 0, \#, z, 0, \#, -, \leftarrow), && \text{Annahme, Wiederholung erreicht,} \\
& (s, 1, \#, z, 0, \#, -, \leftarrow), && \\
& (z, 0, 0, z, 0, 0, -, \leftarrow), && \text{zum Anfang von Band 2}
\end{aligned}
$$

$$(z, 0, 1, z, 0, 1, -, \leftarrow), \qquad\qquad \text{zurück}$$
$$(z, 1, 0, z, 1, 0, -, \leftarrow),$$
$$(z, 1, 1, z, 1, 1, -, \leftarrow),$$
$$(z, \#, 0, k, \#, 0, -, \rightarrow), \qquad\qquad \text{Bandanfang erreicht}$$
$$(z, \#, 1, k, \#, 1, -, \rightarrow),$$
$$(k, 0, 0, k, \#, \#, \rightarrow, \rightarrow), \qquad\qquad \text{Abgleich Band 1 und 2}$$
$$(k, 1, 1, k, \#, \#, \rightarrow, \rightarrow),$$
$$(k, \#, \#, t_a, \#, \#, -, -), \qquad\qquad \text{Bilanz stimmt, akzeptieren}$$
$$(k, 0, 1, t_r, \#, \#, -, -), \qquad\qquad \text{Bilanz stimmt nicht, verwerfen}$$
$$(k, 1, 0, t_r, \#, \#, -, -), \qquad\qquad \text{alle anderen Fälle verwerfen}$$
$$(k, 0, \#, t_r, \#, \#, -, -),$$
$$(k, 1, \#, t_r, \#, \#, -, -),$$
$$(k, \#, 0, t_r, \#, \#, -, -),$$
$$(k, \#, 1, t_r, \#, \#, -, -)\}.$$

Aufgabe 4.1

a) Sei f eine polynomielle Reduktion von A auf B. Dann gilt $x \in A$ genau dann, wenn $f(x) \in B$ ist, was äquivalent ist zur Aussage $x \in \overline{A}$ genau dann, wenn $f(x) \in \overline{B}$ ist.

b) Sei f eine polynomielle Reduktion von A auf B und g eine polynomielle Reduktion von B auf C. Dann gilt $x \in A$ genau dann, wenn $f(x) \in B$ ist, sowie $y \in B$ genau dann, wenn $g(y) \in C$ ist. Es folgt $x \in A$ genau dann, wenn $f(g(x)) \in C$ ist, und $f \circ g$ ist polynomiell berechenbar.

Aufgabe 4.2

Der Beweis folgt analog zum Beweis von Satz 4.6: Aus $A \leq_{\mathsf{poly}} B$ folgt, dass es eine deterministisch in Polynomzeit berechenbare Funktion f geben muss mit $A \leq_f B$. Da $B \in \mathsf{NP}$ ist, ist die charakteristische Funktion χ_B von B nicht deterministisch in Polynomzeit berechenbar. Die Komposition von f und χ_B ist eine charakteristische Funktion für A: $\chi_A = \chi_B \circ f$. Die Funktion f ist deterministisch in Polynomzeit berechenbar, und χ_B ist nicht deterministisch in Polynomzeit berechenbar, damit ist auch χ_A nicht deterministisch in Polynomzeit berechenbar, also ist $A \in \mathsf{NP}$.

Aufgabe 4.3

a) Sei $A \in \mathsf{C}$ und $T = (\Gamma, \delta, s, \#, t_a, t_r)$ ein Entscheider für A. Dann ist die Maschine $\overline{T} = (\Gamma, \delta, s, \#, t_r, t_a)$ ein Entscheider für $\overline{A}$, und es gilt $time_T(w) = time_{\overline{T}}(w)$ für alle $w \in \mathbb{B}^*$. Es folgt $A \in \mathsf{C}$ genau dann, wenn $\overline{A} \in \mathsf{C}$, womit die Behauptung gezeigt ist.

b) Folgt aus a), da P eine deterministische Komplexitätsklasse ist.

c) Aus $\mathsf{P} \subseteq \mathsf{NP}$ folgt unmittelbar $\mathsf{coP} \subseteq \mathsf{coNP}$ und daraus mit b) $\mathsf{P} \subseteq \mathsf{coNP}$. Also gilt $\mathsf{P} \subseteq \mathsf{NP} \cap \mathsf{coNP}$.

d) Aus P = NP folgt coP = coNP. Daraus folgt mit b) NP = P = coP = coNP.

e) „⇒": Sei $A \in$ NPC, dann gilt wegen der Voraussetzung NP = coNP und wegen NPC $\subseteq$ NP auch $A \in$ coNP, woraus insgesamt $A \in$ NPC $\cap$ coNP folgt. Damit ist NPC $\cap$ coNP $\neq \emptyset$ gezeigt.

„⇐": Gemäß Voraussetzung existiert eine Menge $A \in$ NPC mit $A \in$ coNP.

Sei $B \in$ NP, dann gilt $B \leq_{\text{poly}} A$ und damit $\overline{B} \leq_{\text{poly}} \overline{A}$. Hieraus folgt, da $\overline{A} \in$ NP ist, dass auch $\overline{B} \in$ NP ist, womit $B \in$ coNP ist. Aus $B \in$ NP folgt also $B \in$ coNP und damit NP $\subseteq$ coNP.

Sei nun $B \in$ coNP, dann ist $\overline{B} \in$ NP. Es folgt $\overline{B} \leq_{\text{poly}} A$, da $A \in$ NPC ist. Es folgt $B \leq_{\text{poly}} \overline{A}$ und daraus $B \in$ NP, da $\overline{A} \in$ NP ist. Aus $B \in$ coNP folgt also $B \in$ NP und damit coNP $\subseteq$ NP.

Damit ist insgesamt NP = coNP gezeigt.

Aufgabe 5.1

Es ist

$$\langle T_\omega \rangle = (Ass|s||(s0s0m||)(s1s1m||)(sAsAm||)),$$

woraus sich

$$\rho(\langle T_\omega \rangle) = 62335355630345576313145576323245577$$

ergibt.

Aufgabe 6.1

a) Wir definieren $f : \mathbb{N}_0 \times \mathbb{N}_0 \to \mathbb{N}_0$ durch $f(i, j) = u_\varphi(i, j)$. Dann gilt: Die Funktion f ist berechenbar sowie

$$(i, j) \in H \text{ genau dann, wenn } j \in Def(\varphi_i),$$
$$\text{genau dann, wenn } (i, j) \in Def(u_\varphi),$$
$$\text{genau dann, wenn } (i, j) \in Def(f).$$

Es ist also $H = Def(f)$. Mit Satz 3.4 b) folgt, dass H rekursiv aufzählbar ist.

b) Wir definieren $g : \mathbb{N}_0 \to \mathbb{N}_0$ durch $g(i) = (i, i)$. Die Funktion g ist offensichtlich total berechenbar, und es gilt

$$i \in K \text{ genau dann, wenn } (i, i) \in H,$$
$$\text{genau dann, wenn } g(i) \in H.$$

Damit ist $K \leq_g H$ gezeigt. Da K nicht entscheidbar ist, ist wegen Folgerung 3.3 H ebenfalls nicht entscheidbar.

Aufgabe 6.2

Sei $i \in A_E$ mit $\varphi_i = f \in E$ sowie $i \approx j$, also $\varphi_i \approx \varphi_j$. Es folgt $\varphi_j = f$ und damit $\varphi_j \in E$ und damit $j \in A_E$.

Anhang: Mathematische Grundbegriffe

Wenn M eine Menge und a ein Element dieser Menge ist, schreiben wir $a \in M$; ist a kein Element von M, dann schreiben wir $a \notin M$. Eine Menge M definieren wir im Allgemeinen auf folgende Arten:

$$M = \{x \mid p(x)\} \quad \text{oder} \quad M = \{x : p(x)\}$$
$$M = \{x \in A \mid p(x)\} \quad \text{oder} \quad M = \{x \in A : p(x)\}$$

p ist ein Prädikat, das – zumeist halbformal notiert – eine Eigenschaft angibt, die bestimmt, ob ein Element a zu M gehört: Gilt ($a \in A$ und) $p(a)$, d. h., trifft die Eigenschaft p auf das Element a zu, dann gilt $a \in M$.

Ein Prädikat p trifft auf fast alle Elemente einer Menge M zu, falls es auf alle bis auf endlich viele Elemente von M zutrifft.

Ist M eine endliche Menge mit m Elementen, dann notieren wir das mit $|M| = m$. Ist M eine unendliche Menge, dann schreiben wir $|M| = \infty$.

Folgende Bezeichner stehen für gängige Zahlenmengen:

$\mathbb{N}_0 = \{0, 1, 2, \ldots\}$	Menge der natürlichen Zahlen
$\mathbb{N} = \mathbb{N}_0 - \{0\}$	Menge der natürlichen Zahlen ohne 0
$-\mathbb{N} = \{-n \mid n \in \mathbb{N}\}$	Menge der negativen ganzen Zahlen
$\mathbb{Z} = \mathbb{N}_0 \cup -\mathbb{N}$	Menge der ganzen Zahlen
$\mathbb{P} = \{x \mid x \text{ besitzt keinen echten Teiler}\}$	Menge der Primzahlen
$\mathbb{Q} = \left\{ \dfrac{p}{q} \mid p \in \mathbb{Z},\, q \in \mathbb{N} \right\}$	Menge der rationalen Zahlen
$\mathbb{Q}_+ = \{x \in \mathbb{Q} \mid x \geq 0\}$	Menge der positiven rationalen Zahlen
$\mathbb{R}$	Menge der reellen Zahlen
$\mathbb{R}_+ = \{x \in \mathbb{R} \mid x \geq 0\}$	Menge der positiven reellen Zahlen

Ist jedes Element einer Menge A auch Element der Menge B, dann ist A eine Teilmenge von B: $A \subseteq B$. Es gilt $A = B$, falls $A \subseteq B$ und $B \subseteq A$ zutreffen. Die Menge A ist eine echte Teilmenge von B, $A \subset B$, falls $A \subseteq B$ und $A \neq B$ gilt.

© Springer-Verlag GmbH Deutschland, ein Teil von Springer Nature 2020
K.-U. Witt und M. E. Müller, *Algorithmische Informationstheorie*,
https://doi.org/10.1007/978-3-662-61694-9

Die Potenzmenge einer Menge M ist die Menge $2^M = \{A \mid A \subseteq M\}$ aller Teilmengen von M. Ist $|M| = m$, dann ist $\left|2^M\right| = 2^m$.

Sind A und B Mengen, dann ist $A \cup B = \{x \mid x \in A \text{ oder } x \in B\}$ die Vereinigung von A und B; $A \cap B = \{x \mid x \in A \text{ und } x \in B\}$ ist der Durchschnitt von A und B; und $A - B = \{x \mid x \in A \text{ und } x \notin B\}$ ist die Differenz von A und B. Ist $A \subseteq B$, dann heißt $B - A$ das Komplement von A bezüglich B.

Seien A_i, $1 \leq i \leq k$, Mengen, dann heißt

$$A_1 \times A_2 \times \ldots \times A_k = \{(a_1, a_2, \ldots, a_k) \mid a_i \in A_i, 1 \leq i \leq k\}$$

das kartesische Produkt der Mengen A_i. $a = (a_1, a_2, \ldots, a_k)$ heißt k-Tupel (im Fall $k = 2$ Paar, im Fall $k = 3$ Tripel, ...). a_i ist die i-te Komponente von a.

Eine Menge $R \subseteq A_1 \times A_2 \times \ldots \times A_k$ heißt k-stellige Relation über $A_1, \ldots, A_k$.

Für $R \subseteq A \times B$ heißt $R^{-1} \subseteq B \times A$, definiert durch $R^{-1} = \{(y, x) \mid (x, y) \in R\}$, Umkehrrelation oder inverse Relation von R.

Seien $R \subseteq A \times B$ und $S \subseteq B \times C$, dann heißt die Relation $R \circ S \subseteq A \times C$, definiert durch

$$R \circ S = \{(x, z) \mid \text{es existiert ein } y \in B \text{ mit } (x, y) \in R \text{ und } (y, z) \in S\},$$

Komposition von R und S.

Sei $R \subseteq A \times A$, dann ist $R^0 = \{(x, x) \mid x \in A\} = A \times A$ die identische Relation auf A, und $R^n \subseteq A \times A$ ist für $n \geq 1$ definiert durch $R^n = R^{n-1} \circ R$.

Ist $R^0 \subseteq R$, dann heißt R reflexiv; ist $R = R^{-1}$, dann heißt R symmetrisch; ist $R \circ R \subseteq R$, dann heißt R transitiv.

Die Relation

$$R^+ = \bigcup_{n \geq 1} R^n$$

heißt transitive Hülle oder transitiver Abschluss von R, und

$$R^* = \bigcup_{n \geq 0} R^n$$

heißt refelxiv-transitive Hülle oder reflexiv-transitiver Abschluss von R.

Eine Relation $f \subseteq A \times B$ heißt rechtseindeutig, falls gilt: Ist $(x, y), (x', y') \in f$ und $y \neq y'$, dann muss auch $x \neq x'$ sein. Rechtseindeutige Relationen werden Funktionen genannt. Funktionen notiert man in der Regel in der Form $f : A \to B$ anstelle von $f \subseteq A \times B$ um auszudrücken, dass die Funktion f Elementen x aus der Ausgangsmenge A jeweils höchstens ein Element $y = f(x)$ aus der Zielmenge B zuordnet.

Die Menge

$$Def(f) = \{x \in A \mid \text{es existiert ein } y \in B \text{ mit } f(x) = y\}$$

heißt Definitionsbereich von f.

Die Menge

$$W(f) = \{y \in B \mid \text{es existiert ein } x \in A \text{ mit } f(x) = y\}$$

heißt Wertebereich oder Wertemenge von f. Anstelle von $W(f)$ schreibt man auch $f(A)$.

Für eine Funktion f schreiben wir $f(x) = \bot$, falls f für das Argument x nicht definiert ist, d. h., falls x nicht zum Definitionsbereich von f gehört: $x \notin Def(f)$.

Gilt $Def(f) = A$, dann heißt f total; gilt $W(f) = B$, dann heißt f surjektiv.

Die Menge $B^A = \{f : A \to B \mid f \text{ total}\}$ ist die Menge aller totalen Funktionen von A nach B. Sind A und B endlich, dann ist

$$\left| B^A \right| = |B|^{|A|}.$$

Gilt für $x, x' \in Def(f)$ mit $x \neq x'$ auch $f(x) \neq f(x')$, dann heißt f linkseindeutig oder injektiv. Ist f total, injektiv und surjektiv, dann heißt f bijektiv.

Ist f injektiv, dann ist $f^{-1} : B \to A$, definiert durch $f^{-1}(y) = x$, genau dann, wenn $f(x) = y$ ist, die Umkehrfunktion von f.

Sei $A' \subseteq A$, dann heißt die Funktion $f_{|A'}$, definiert durch $f_{|A'}(x) = f(x)$ für alle $x \in A'$, die Einschränkung von f auf A'.

Die Signum-Funktion $sign : \mathbb{R} \to \{0, 1\}$ ist definiert durch

$$sign(x) = \begin{cases} 1, & x > 0, \\ 0, & x \leq 0. \end{cases}$$

Die Dualdarstellung $z = dual(n)$ einer Zahl $n \in \mathbb{N}_0$ ist gegeben durch

$$z = z_{n-1} \ldots z_1 z_0$$

mit $z_i \in \{0, 1\}, 0 \leq i \leq n - 1$ und $z_{n-1} = 1$, falls $n \geq 2$, sowie

$$n = wert(z) = \sum_{i=0}^{n-1} z_i \cdot 2^i.$$

log ist der Logarithmus zur Basis 2. Für $a > 0$ ist also $\log a = b$ genau dann, wenn $2^b = a$ ist.

Literaturverzeichnis

[AB02]   Asteroth, A., Baier, C.: *Theoretische Informatik*. Pearson Studium, München, 2002

[BL74]   Brainerd, W.S., Landweber, L.H.: *Theory of Computation*. J. Wiley & Sons, New York, 1974

[Ca94]   Calude, C. S.: *Information and Randomness, 2nd Edition*. Springer, Berlin, 2010

[CDS02]   Calude, C. S., Dinneen, M. J., Shu, C.-K.: Computing a Glimpse of Randomness, *Exper. Math.* **11**, 2002, 361–370

[CD07]   Calude, C. S., Dinneen, M. J.: Exact Approximations of Omega Numbers, *Int. J. Bifur. Chaos* **17**, 2007, 1937–1954

[Ch66]   Chaitin, G.: On the length of programs for computing binary sequences, *Journal of the ACM* **13**, 1966, 547–569

[Ch691]   Chaitin, G.: On the length of programs for computing binary sequences: Statistical considerations, *Journal of the ACM* **16**, 1969, 145–159

[Ch692]   Chaitin, G.: On the simplicity and speed of programs for computing infinite sets of natural numbers, *Journal of the ACM* **16**, 1969, 407–412

[Ch693]   Chaitin, G.: On the difficulty of computations, *IEEE Transactions on Information Theory* **16**, 1969, 5–9

[Ch74a]   Chaitin, G.: Information-theoretic computational complexity, *IEEE Transactions on Information Theory* **20**, 1974, 10–15

[Ch74b]   Chaitin, G.: Information-theoretic limitations of formal systems, *Journal of the ACM* **21**, 1974, 403–424

[Ch75]   Chaitin, G.: A theory of program size formally identical to information theory, *Journal of the ACM* **22**, 1975, 329–340

[Ch98]   Chaitin, G.: *The Limits of Mathematics*. Springer, Heidelberg, 1998

[Ch99]   Chaitin, G.: *The Unknowable*. Springer, Heidelberg, 1999

© Springer-Verlag GmbH Deutschland, ein Teil von Springer Nature 2020
K.-U. Witt und M. E. Müller, *Algorithmische Informationstheorie*,
https://doi.org/10.1007/978-3-662-61694-9

[Ch02]   Chaitin, G.: *Conversations with a Mathematician.* Springer, Heidelberg, 2002

[Ch07]   Chaitin, G.: *Meta Maths: The Quest of Omega.* Atlantic Books, London, 2007

[D06]   Dankmeier, W.: *Grundkurs Codierung, 3. Auflage;* Vieweg, Wiesbaden, 2006

[Ho11]   Hoffmann, D. W.: *Grenzen der Mathematik.* Spektrum Akademischer Verlag, Heidelberg, 2011

[HS01]   Homer, S., Selman, A.L.: *Computability and Complexity Theory.* Springer, New York, 2001

[HMU13]   Hopcroft, J.E., Motwani, R., Ullman, J.D.: *Introduction to Automata Theory, Languages, and Computation, 3rd Edition.* Pearson International Edition, 2013

[Hr14]   Hromkrovič, J.: *Theoretische Informatik–Formale Sprachen, Berechenbarkeit, Komplexittstheorie, Algorithmik, Kommunikation und Kryptografie, 5. Auflage.* Springer Vieweg, Wiesbaden, 2014

[Kol65]   Kolmogorov, A.: Three approaches for defining the concept of information quantity, *Problems of Information Transmission* **1**, 1965, 1–7

[Kol68]   Kolmogorov, A.: Logical basis for information theory and probabilistic theory, *IEEE Transactions on Information Theory* **14**, 1968, 662–664

[Kol69]   Kolmogorov, A.: On the logical foundations of information theory and probability theory, *Problems of Information Transmission* **5**, 1969, 1–4

[Koz97]   Kozen, D.C.: *Automata and Computability.* Springer-Verlag, New York, 1997

[LP98]   Lewis, H.R., Papadimitriou, C.H.: *Elements of the Theory of Computation, 2nd Edition.* Prentice-Hall, Upper Saddle River, NJ, 1998

[LV93]   Li, M., Vitànyi, P.: *Introduction to Kolmogorov Complexity and Its Applications, 3rd Edition.* Springer, New York, 2008

[LV08]   Li, M., Vitànyi, P.: A New Approach to Formal Language Theory by Kolmogorov Complexity, *arXiv:cs/0110040v1* [*cs.CC*] *18 oct 2001*

[MS08]   Mackie, I., Salomon, D.: *A Concise Introduction to Data Compression.* Springer, London, 2008

[M66]   Martin-Löf, P.: The Definition of Random Sequences, *Information and Control* **9**, 602–619, 1966

[P94]   Papadimitriou, C. H.: *Computational Complexity.* Addison-Wesley, Reading, MA, 1994

[Ra62]   Radó, T.: On non-computable functions, *The Bell System Technical Journal*, **41**, 1962, 877–884

[Ro67]   Rogers, H., Jr.: *The Theory of Recursive Functions and Effective Computability.* McGraw-Hill, New York, 1967

[Sa05]   Salomon, D.: *Coding for Data and Computer Communications.* Springer, New York, NY, 2005

[SM10]   Salomon, D., Motta, G.: *Handbook of Data Compression.* Springer, London, 2010

[Schö09]   Schöning, U.: *Theoretische Informatik kurzgefasst, 5. Auflage.* Spektrum Akademischer Verlag, Heidelberg, 2009

[Schu03]   Schulz, R.-H.: *Codierungstheorie–Eine Einführung, 2. Auflage.* Vieweg, Braunschweig/Wiesbaden 2003

[Si06]   Sipser, M.: *Introduction to the Theory of Computation, second Edition, International Edition.* Thomson, Boston, MA, 2006

[So64a]   Solomonoff, R. J.: A formal theory of inductive Inference, Part I, *Information and Control* **7**, 1964, 1–22

[So64b]   Solomonoff, R. J.: A formal theory of inductive Inference, Part II, *Information and Control* **7**, 1964, 224–254

[VW16]   Vossen, G., Witt, K.-U..: *Grundkurs Theoretische Informatik, 6. Auflage.* Springer Vieweg, Wiesbaden, 2016

[Weg05]   Wegener, I.: *Complexity Theory.* Springer Verlag, Berlin, 2005

[Wei87]   Weihrauch, K.: *Computability.* Springer-Verlag, Berlin, 1997

Index

© Springer-Verlag GmbH Deutschland, ein Teil von Springer Nature 2020
K.-U. Witt und M. E. Müller, *Algorithmische Informationstheorie*,
https://doi.org/10.1007/978-3-662-61694-9

Printed in the United States
By Bookmasters